Dirk Thomaschke
In der Gesellschaft der Gene

Histoire | Band 68

Dirk Thomaschke ist Zeithistoriker an der Universität Oldenburg und forscht zur Wissenschaftsgeschichte und Erinnerungskultur.

DIRK THOMASCHKE
In der Gesellschaft der Gene
Räume und Subjekte der Humangenetik
in Deutschland und Dänemark, 1950-1990

[transcript]

Gedruckt mit freundlicher Unterstützung der Deutschen Forschungsgemeinschaft und der Geschwister Boerhinger Ingelheim Stiftung für Geisteswissenschaften in Ingelheim am Rhein.

Bibliografische Information der Deutschen Nationalbibliothek
Die Deutsche Nationalbibliothek verzeichnet diese Publikation in der Deutschen Nationalbibliografie; detaillierte bibliografische Daten sind im Internet über http://dnb.d-nb.de abrufbar.

© 2014 transcript Verlag, Bielefeld

Die Verwertung der Texte und Bilder ist ohne Zustimmung des Verlages urheberrechtswidrig und strafbar. Das gilt auch für Vervielfältigungen, Übersetzungen, Mikroverfilmungen und für die Verarbeitung mit elektronischen Systemen.

Umschlagkonzept: Kordula Röckenhaus, Bielefeld
Satz: Justine Haida, Bielefeld
Druck: Majuskel Medienproduktion GmbH, Wetzlar
Print-ISBN 978-3-8376-2813-5
PDF-ISBN 978-3-8394-2813-9

Gedruckt auf alterungsbeständigem Papier mit chlorfrei gebleichtem Zellstoff.
Besuchen Sie uns im Internet: *http://www.transcript-verlag.de*
Bitte fordern Sie unser Gesamtverzeichnis und andere Broschüren an unter: *info@transcript-verlag.de*

Inhalt

1. Einleitung | 9
Humangenetik und Eugenik | 12
Periodisierung | 14
Forschungsübersicht | 19
Methodologische Überlegungen | 28
Quellenauswahl | 34
Struktur der Arbeit | 37

2. Transformationen der genetischen Ebene in der zweiten Hälfte des 20. Jahrhunderts | 39
Die Entdeckung der genetischen Ebene in der zweiten Hälfte des 19. und der ersten Hälfte des 20. Jahrhunderts (Vorgeschichte) | 39
Biochemische Humangenetik | 59
Medizinische Genetik | 64
Pränataldiagnostik und Screenings | 66
Gentechnologie | 69
Gendiagnostik | 73
Auf dem Weg zu einem komplexeren Genbegriff | 76
Künstliche Befruchtung und Präimplantationsdiagnostik | 80
Elektronische Datenverarbeitung | 81

3. Räume der Humangenetik | 87
Raum als analytische Kategorie | 87
3.1 Behälterräume | 89
Einleitung | 89
Die erbpathologische Erfassung der dänischen Bevölkerung | 91
Die genetische Erfassung Westfalens | 100
Ein bundesweites »Filialsystem« von Erbregistern | 104
Der Anstieg der reproduktiven Mobilität und die Auflösung der Isolate | 106
Behälterräume und Subjektformen | 110

3.2 Funktionsverlust humangenetischer Behälterräume | 112
Einleitung | 112
Genetische Behälterräume im Zeitalter
der biochemischen Humangenetik | 114
Die »Familienbank« in Kopenhagen – Konservierung und globale
Zirkulation des biochemischen Forschungsmaterials | 120
Ausblick: Genetische Register und Versorgungsräume | 125
3.3 Versorgungsräume | 126
Einleitung | 126
Das Schwerpunktprogramm »Pränatale Diagnose genetisch
bedingter Defekte« der Deutschen Forschungsgemeinschaft | 127
Flächendeckende Versorgung | 130
Die Deckung des Bedarfs | 138
Dänemark als humangenetischer Versorgungsraum | 141
Neue strategische Bündnisse – Versorgungsräume
am Übergang zur genetischen Selbstsorge | 149
3.4 Standorte | 154
Einleitung | 154
Die Kartierung des menschlichen Genoms | 155
Die Konkurrenz der Forschungsstandorte | 162
Die Transnationalisierung der Genomforschung | 171
Exkurs: Globale Versorgungsräume | 174
Ausblick: Weltweite medizinische Märkte | 179

4. Subjekte der Humangenetik | 183
Selbsttechnologien und Biopolitik | 183
Drei Phasen der Subjektivierung | 186
4.1 Fortpflanzungsgemeinschaften | 193
Einleitung: Die Sorge um das Erbgut | 193
Die Faszination der genetischen Ebene (Vorgeschichte) | 196
»Follow and control« – Krisenmanager des Genpools | 199
Aufklärung der Bevölkerung – Hilfestellung zur rationalen
Lebensführung | 204
Humangenetisches Verantwortungsbewusstsein | 210
Experten und Laien: Ein asymmetrisches Vertrauensverhältnis | 215
Exkurs: Die unliebsamen Anfänge des medizinischen Datenschutzes | 221
Familiäre Bindungen | 225

4.2 Humangenetik als Angebot | 230
Einleitung: Individualisierung der Humangenetik? | 230
Die Kosten der Erbkrankheiten –
Kontinuität des humangenetischen Krisenmanagers | 237
Angebot und Nachfrage humangenetischer Leistungen | 245
Die Sicherheit der Pränataldiagnostik | 250
Die Entpersonalisierung der Patienten | 255
Ausblick: Das Wuchern der Nachfrage | 261
4.3 Die Psychologisierung des Subjekts | 264
Einleitung: Die Grenzen des Fortschritts | 264
Gentechnologie als Risikotechnologie –
Die Differenz von Natur und Kultur | 266
Bedrohungen der menschlichen Natur | 272
Je mehr Diagnostik, desto besser? –
Problematisierungen von Angebot und Nachfrage | 279
Die psychologische Dimension der humangenetischen Beratung | 284
Die Soziologisierung humangenetischer Subjekte | 295
Die Beteiligung der Betroffenen – Ansätze der Pluralisierung
des humangenetischen Diskurses | 300
Exkurs: Humangenetik und Bioethik | 304
Exkurs: Vergangenheitsbewältigung | 320

**5. Humangenetik im internationalen Vergleich:
   Deutschland – Dänemark** | 327
Konträre Ausgangslagen nach dem Zweiten Weltkrieg | 327
Konjunkturen der nationalsozialistischen Vergangenheit | 332
Ein dänisches Modell der Eugenik? | 334
Transformationen der Internationalität | 337

6. Schluss | 341

Anhang | 353
Danksagung | 353
Abbildungsverzeichnis | 355
Ungedruckte Quellen | 357
Gedruckte Quellen und Literatur | 359

1. Einleitung

Im Jahr 1964 wurde der Norweger Jan Mohr zum Leiter des Instituts für menschliche Erbbiologie und Eugenik an der Universität Kopenhagen berufen. Er übernahm damit die Position des im selben Jahr verstorbenen Dänen Tage Kemp, der das weltweit bekannte und renommierte Institut seit seiner Gründung 1938 geführt hatte. Mohr war neben der Forschung auch im Ausbau der humangenetischen Lehre engagiert. Hierfür fertigte er Ende der 1960er Jahre skizzenhaft einige Richtlinien für Leiter von Genetikkursen an, die für den internen Gebrauch gedacht waren. Eine Unterrichtseinheit sollte sich mit den mutationsauslösenden Effekten verschiedener Mutagene befassen. Es sollte auch um die Folgen, die die so verursachte Erhöhung der Mutationsrate auf die Häufigkeit bestimmter Eigenschaften in einer Population haben kann, gehen. In diesem Rahmen empfahl Mohr zur Illustration statistischer Verhältnisse ein bizarres Bild: »Skizzieren Sie (gerne mit einer Analogie zu Maschinengewehrbeschuss) die sogenannte Treffertheorie«.[1] Mohr beschrieb detaillierter, wie er sich diese didaktische Hilfestellung dachte. Man habe sich eine Fußballmannschaft vorzustellen, die »überall auf einem Fußballfeld herumläuft«, dazu: »1 Maschinengewehr mit einem Magazin von 1.000 Schuss, das von einem Wahnsinnigen bedient wird, der ohne Sicht drauf los schießt, wobei der Lauf hin und her irrt und sich in zufälliger Weise auf alle Stellen des Feldes richtet«.[2] Vor diesem Hintergrund sollte sodann die Wahrscheinlichkeit erörtert werden, mit denen die Spieler durch Maschinengewehrschüsse getroffen würden. Beziehst man diese Illustration zurück auf die ursprüngliche Thematik der Gefährdung von Genen – die als deutlich unterscheidbare, räumliche Einheiten (»Fußballspieler«) imaginiert wurden – durch Mutagene, erschienen jene in sehr drastischer Weise »bedroht« zu sein. Fatale, irrationale Außeneinflüsse könnten ihnen ein ebenso jähes wie endgültiges Ende setzen. Der Eindruck eines Schutzbedürfnisses der Gene entsteht, so wie es Mohrs Vorgänger auf einem wesentlich festlicheren

---

1 | Jan Mohr: Momenter til vejledning for holdlærerne i genetik, 6.10.1969, S. 12 (RA, Københavns Universitet, Jan Mohr, professor, Lb.nr.6); alle Übersetzungen aus dem Dänischen von mir.
2 | Ebd.

Anlass – und mit einer geschmackvolleren Metapher – gut zehn Jahre zuvor formuliert hatte. Zur Eröffnung des Ersten Internationalen Kongresses für Humangenetik, der 1957 durch das Kopenhagener Universitätsinstitut ausgerichtet wurde, sprach Kemp von einem »Schatz normaler Gene«: »Human beings possess a treasure of normal genes and a heritage of valuable hereditary factors. It is the task and responsibility of mankind in our generation, and in particular of the students of human and medical genetics to protect this treasure and to shelter this heritage from harmful influences and threatening hazards.«[3] Hier zeigte sich die andere Seite des Bildes: Der Bedrohung durch den »Beschuss« stand die Bewadeshrung »Schatzes« gegenüber. Hierzu waren in Kemps Worten in erster Linie »students of human and medical genetics« – also humangenetische Experten – aufgerufen.

Beide Episoden stehen im Kontext der »Mutationsforschung«, die vor dem Hintergrund von Atomwaffentests und der zivilen Nutzung von Atomenergie in den 1950er Jahren sowie einer stetig steigenden Anzahl potentieller chemischer Mutagene in der alltäglichen Arbeits- und Lebenswelt des Menschen in den 1960er Jahren erheblich zum institutionellen Aufschwung der Humangenetik in diesen Jahrzehnten beigetragen hat.[4] Welch plastische Fantasien diese Szenarien im Blick auf die genetische Ausstattung des Menschen auslösen konnten, zeigt ein weiteres Beispiel, diesmal aus Deutschland und diesmal mit eher »exotischen« Anklängen. Auf der viel zitierten und vor allem im Rückblick vieler Humangenetiker selbst zum epochemachenden Ereignis stilisierten Marburger Tagung »Genetik und Gesellschaft«, die im Jahr 1969 stattfand, referierte der Genetiker Hans Grünberg über »Das Problem der Mutationsbelastung«. Er kam zu dem Schluss, dass die Forschung zu den genetischen Folgen ionisierender Strahlung bereits soweit fortgeschritten sei, dass weitgehende Entwarnung gegeben werden könne. Sie stelle nur noch den »Gefahren der Landstraße« vergleichbare, also vertraute und zu bewältigende Probleme. Die aktuelle Bedrohung gehe mehr von den chemischen Mutagenen aus: »Die chemische Mutagenese gleicht dagegen mehr einem nächtlichen Gang durch den tropischen Urwald: Man fühlt sich allenthalben bedroht, ohne aber im einzelnen zu wissen, wovon. Hier knackt ein Zweig; dort raschelt es im Grase; nächtliches Getier sitzt vielleicht lautlos auf dem Weg. Kurz und gut, man bleibt nachts nach Möglichkeit zu Hause.«[5]

Derartige Beispiele lassen sich als strategische Aussagen interpretieren, die professionspolitische Ziele verfolgten. Sie liefern zudem Hinweise auf Institutionalisierungsformen und Forschungsparadigmen der Humangenetik. Doch lässt sich aus ihnen wesentlich mehr ableiten. Die Auswahl der Metaphern erfolgte

---

3 | Kemp: Address at the Opening, S. XII.
4 | Siehe Kröner: Förderung der Genetik und Humangenetik; Schwerin: 1961 – Die Contergan-Bombe.
5 | Grünberg: Das Problem der Mutationsbelastung, S. 77.

keineswegs rein willkürlich; sie ist anschlussfähig an eine implizite Konzeptualisierung des Raumes im humangenetischen Diskurs. Hierbei sind nicht allein Bezüge auf den »klassischen« geografischen Raum gemeint, obwohl gerade dies in den ersten Nachkriegsjahrzehnten eine gewichtige Rolle spielte. Vielmehr prägte der »Raum der Humangenetik« auf einer grundlegenderen Ebene die Bedingungen der Möglichkeit, unter denen der humangenetische Gegenstandsbereich überhaupt erscheinen konnte. So lässt sich aus den bisherigen Beispielen bereits ersehen, dass deren Veranschaulichungsfunktion nicht wirksam werden konnte, ohne Gene als separate, teilbare Einheiten aufzufassen, die jeweils einen ihrer Größe entsprechenden Raum einnahmen. Sie erschienen als Ansammlung von »Perlen auf einer Kette«, für die das Individuum eine Art Behälter darstellte, bevor es sie an nachfolgende Generationen weitergab. Dieser Behälter konnte seine »Schutzfunktion« jedoch nur bedingt leisten, wenn er nicht vor den ihn umgebenden, meist unsichtbaren Gefahren geschützt wurde. Diese Konstellation bot wiederum die Grundlage für die Konstruktion größerer »Behälterräume« auf der Ebene von Populationen, die als relativ scharf eingrenzbare »Isolate« durch eine möglichst vollständige Erbregistratur transparent gemacht werden sollten. Die Konzeptualisierung des Raumes erwies sich in den 1950er und 1960er Jahren als weitgehend stabil gegenüber wechselnden Forschungsprogrammen, so zum Beispiel gegenüber der genannten Schwerpunktverlagerung von der ionisierenden Strahlung zu chemischen Mutagenen. Es handelt sich um diese weitgehend impliziten, nichtsdestoweniger wirkmächtigen räumlichen Dispositive des humangenetischen Diskurses, die in der Folge am Beispiel Deutschlands und Dänemarks analysiert werden sollen. Ein solcher Ansatz ist in der Historiografie der Humangenetik bislang nicht verfolgt worden. Er birgt jedoch ein beträchtliches Potential, insbesondere im Hinblick auf die Sichtbarmachung bislang verdeckter Kontinuitäten und Brüche.

Die angeführten Beispiele geben darüber hinaus Auskunft über ein bestimmtes Verhältnis humangenetischer Experten zu ihren Gegenständen sowie zu Laien. Diese historisch spezifischen Expertenfiguren stehen hierbei in einem engen Verhältnis zu den Raum-Dispositiven. Waren die Gene im Individuum gewissermaßen zwischengelagert, um an eine »Fortpflanzungsgemeinschaft« weitergegeben zu werden, und waren sie einer weitgehend unklaren Bedrohungslage ausgesetzt, so bedurften die Individuen der Unterstützung beim Schutz dieses »Schatzes«. Den Laien sollte durch eine stark didaktische tragende Anleitung Hilfe zum Selbstschutz und zur Vermeidung von »Anomalität« gegeben werden. Gegenüber einer fortlaufend bekräftigten Ablehnung der Zwangsmaßnahmen des nationalsozialistischen Regimes wollten Humangenetiker die Eigenverantwortlichkeit forcieren, allerdings in einem vergleichsweise direktiven und technokratischen Rahmen. Humangenetiker setzten hierbei in den 1950er und 1960er Jahren vor allem auf ihren objektiven und rationalen Blick. Sie hatten einen Überblick über die Gesamtheit der menschlichen Erbanlagen zu erarbeiten, um die Zahl »normaler«, noch nicht »zerschossener« Erbeinheiten möglichst hoch zu halten. Damit war das Verlangen nach Überwachung, Messung und Kontrolle »humangenetischer Behälterräume« vorgezeichnet. Hieraus speiste sich das Selbstverständnis und die Legitimation der humangenetischen Experten wie etwa Kemp und Mohr, die in den 1950er und 1960er Jahren die »Mutationsraten« Dänemarks berechnen und ihre zukünftige Entwicklung stetig überwachen wollten. Diese Spuren sollen in der vorliegenden Arbeit im Blick auf die Subjektformen der Humangenetik verfolgt werden. Sie geben Hinweise auf spezifische Subjektivierungsweisen, die der humangenetische Diskurs dieser Jahrzehnte bereitstellte und durch deren Aneignung er gleichsam reproduziert – und auch verändert – wurde. Die diskursive Selbstbildung verläuft hierbei in relativer Unabhängigkeit von dem expliziten Selbstverständnis humangenetischer Experten, was es erlaubt tieferliegende, zum Teil vorreflexive Selbstbildungsmuster zu untersuchen. Zugleich lässt sich die Wechselseitigkeit humangenetischer Problemstellungen mit den Subjekten, die sie hervorbringen und sich aneignen, die sie prägen und denen sie selbst unterworfen sind, würdigen.

Mit der Analyse von Räumen und Subjekten der Humangenetik, die die vorliegende Untersuchung vergleichend für Deutschland und Dänemark zwischen 1950 und 1990 rekonstruiert, weist sie über ideen- und institutionengeschichtliche Ansätze hinaus. Diese Perspektive erlaubt es, Forschungsdesigns und die gesellschaftliche Anwendung der Ergebnisse zusammenzuführen und auf diesem Weg zu untersuchen, wie Theorien, Methoden und Praktiken der Humangenetik gemeinsam an der Konstruktion spezifischer Räume und Subjektformen beteiligt waren. Die Arbeit trägt dazu bei, die Geschichte der Humangenetik deutlicher als bislang geschehen als kulturgeschichtliches Forschungsfeld zu konturieren. Sie analysiert die Humangenetik in einem Spannungsfeld von Medizin, Naturwissenschaften, Biologie, Bevölkerung und Gesellschaft. Daraus ergibt sich gleichsam ein wichtiger Beitrag zur Aufarbeitung des Zusammenhangs von Wissensgesellschaft und Biopolitik in der zweiten Hälfte des 20. Jahrhunderts, der bislang nur wenig in geschichtswissenschaftlichen Studien untersucht wurde, die über die 1950er und 1960er Jahre hinausgehen. Bevor jedoch eine erste Einführung in die Periodisierung des Untersuchungszeitraums anhand der Raum- und Subjektformen des humangenetischen Diskurses erfolgen kann, ist ein begrifflicher Hinweis zur »Eugenik« geboten.

Humangenetik und Eugenik

In erster Linie versteht sich diese Arbeit als Beitrag zur Geschichte der Humangenetik. Was mit diesem Begriff bezeichnet ist, kann unterschiedlich weit gefasst werden und bedarf deshalb einer Klärung. In begriffsgeschichtlicher Hinsicht ist davon auszugehen, dass sich der Begriff »Human Genetics« weltweit in den späten 1940er Jahren etablierte, und zwar im Anschluss an die Gründung der »American Society for Human Genetics« 1948 und der erstmals 1949 von diesem Verband herausgegebenen Zeitschrift »American Journal of Human Genetics«.⁶ In den darauffolgenden Jahrzehnten setzte sich auch in den hier im Mittelpunkt stehenden Ländern Deutschland und Dänemark ein Verständnis von »Humangenetik« als einer primär medizinisch orientierten, wissenschaftlichen Disziplin menschlicher Erbforschung durch.⁷ Von großer Bedeutung für die vorliegende Studie ist das Verhältnis der Humangenetik zur Gesellschaft, insbesondere die historischen Veränderungen, denen dieses Verhältnis unterlag. Dies schließt vor allem auch die Möglichkeiten der praktischen Anwendung humangenetischen Wissens ein sowie die Schwerpunktverlagerungen in Bezug auf die Kontexte, in denen diese Praktiken vornehmlich standen, beispielsweise Gesundheits- und Sozialpolitik, Medizin oder pharmazeutische Industrie. Eine deutliche Trennung von Forschung und Anwendung ist allerdings problematisch, weil beide Bereiche, obwohl konzeptionell meist klar getrennt, praktisch stark miteinander verwoben waren. Der humangenetische Fortschritt war immer wieder auf die umfangreiche Applikation vermeintlich rein medizinischer Technologien und die massenweise »Mitarbeit« freiwilliger, im Eigeninteresse handelnder Patienten angewiesen – gerade um die diesen Technologien und ihrer Anwendung zugrundeliegenden Forschungen durchführen zu können.⁸ Ein Paradebeispiel hierfür stellt die Pränataldiagnostik dar, die seit den 1970er Jahren »Forschungsmaterial« am laufenden Band produzierte.⁹

---

6 | Weingart/Kroll/Bayertz: Rasse, Blut und Gene, S. 632. In seiner deutschsprachigen Übersetzung ist die Bezeichnung wohl erstmalig in den Schriften des Erbbiologen Günther Justs in den 1930er Jahren aufgetaucht, Fuchs: Life Science, S. 226.

7 | »Die Bezeichnung ›Humangenetik‹ oder ›medizinische Genetik‹ für ein Fach, das sich die Erforschung der Orthologie und Pathologie der menschlichen Vererbung und die praktische Anwendung der Ergebnisse in der therapeutischen und präventiven Medizin als Aufgabe gestellt hat, setzte sich weltweit erst in den fünfziger Jahren durch.« (Kröner: Von der Eugenik zum genetischen Screening, S. 23)

8 | Diesen Zusammenhang hat Andreas Lösch am Beispiel der Genomanalyse trefflich herausgearbeitet, Lösch: Genomprojekt und Moderne.

9 | Der Humangenetiker Helmut Baitsch schrieb 1973: »Das Problemfeld der pränatalen Diagnostik ist ein glänzendes Beispiel für einen Entwicklungstrend der modernen Humangenetik, der gekennzeichnet ist durch die enge Kooperation mehrerer Disziplinen und Institutionen: in der Forschung über wichtige Teilprobleme der pränatalen Diagnostik arbeiten Gynäkologen, Pädiater, Biochemiker, Humangenetiker eng zusammen; bei der Praxis der genetischen Beratung wirken Kliniker, Forscher und praktischer Arzt eng zusammen.« (Helmut Batisch: Entwicklung der humangenetischen Forschung und die Rolle der Humangenetik im Medizinstudium, o.D. [1973] [ArchMHH, Dep. 1 acc. 2011/1 Nr. 8]) Diese Verflechtung von Forschung und Anwendung gilt prinzipiell jedoch auch für andere humangenetische Bereiche. Ein eher abseitiges Beispiel bietet die Anwendung der Gendiagnostik in der Strafverfolgung und Justiz, die einige Wissenschaftler in den 1980er Jahren als Forschungsfeld der psychiatrischen Genetik konzipierten, vgl. Keller: Die Genomanalyse im Strafverfahren, S. 2291.

Die Bandbreite humangenetischer Anwendungen im Untersuchungszeitraum schließt hierbei auch eine Reihe von Programmen und Praktiken mit ein, die sich in Übereinstimmung mit der Forschungsliteratur als »eugenisch« bezeichnen lassen. Diese Studie wird deshalb nicht zwischen einer Geschichte der Humangenetik und einer Geschichte der Eugenik trennen. Dessen ungeachtet unterlag die Beziehung zwischen beiden Bereichen deutlichen historischen Veränderungen, die in der Untersuchung berücksichtigt werden. Die Verschiebungen im Verhältnis der Humangenetik zur Eugenik sind weder allein auf bewusste Absichtserklärungen noch auf die Neugründung und Benennung von Forschungseinrichtungen zurückzuführen. Die Eugenikgeschichte ist nur mittelbar abhängig von den begrifflichen Konjunkturen der Bezeichnung »Eugenik« (oder *eugenik* im Dänischen). So ist schwerlich zu bestreiten, dass der Begriff »Eugenik« in den 1970er Jahren als positive Selbstbeschreibungsmöglichkeit nahezu vollständig verschwand. Demgegenüber trat seine Abgrenzungsfunktion in den Vordergrund. »Eugenik« bezeichnete nunmehr moralisch anrüchige und unzeitgemäße Forschungsdesigns, gesundheitspolitische Forderungen oder medizinische Praktiken. Zu dieser Zeit kristalisierte sich im Zuge der fachinternen »Vergangenheitsbewältigung« auch die Begriffsverwendung von »Eugenik« als Bezeichnung einer überwundenen historischen Epoche von Galton bis zum Ende des Zweiten Weltkriegs heraus. Neuere historiografische Forschungsarbeiten haben jedoch – wie auch eine Vielzahl bioethischer und sozialwissenschaftlicher Studien – deutlich gemacht, dass unabhängig von den begrifflichen Konjunkturen von einer Kontinuität der Eugenik über das Ende des Zweiten Weltkriegs hinaus bis zur Gegenwart gesprochen werden kann. In diesen Untersuchungen wurde nachgewiesen, dass viele Forschungsprogramme und Anwendungsformen ab den 1970er Jahren sinnvollerweise als »eugenisch« bezeichnet werden können, auch wenn sich ihre Erscheinungsformen – in relativer Abhängigkeit vom Stand humangenetischer Erkenntnisse und operationalisierbarer Technologien – historisch signifikant wandelten. Daran anknüpfend wird die vorliegende Studie die Kontinuität und den Wandel eugenischer Momente im humangenetischen Diskurs bis in die 1980er Jahre nachzeichnen.

Periodisierung

Unter dem Titel »Von der Rassenhygiene zur Humangenetik« hat Hans-Peter Kröner eine maßgebliche institutionengeschichtliche Studie zur Humangenetik in der Nachkriegszeit vorgelegt. Der Titel bringt Kröners These eines mehr oder weniger spannungsvollen Übergangs einer »eugenisch« imprägnierten zu einer »individualmedizinisch« orientierten Erbforschung nach 1945 auf den Punkt.[10] Einen analogen, stärker auf die Technologiegeschichte abstellenden Verlauf legt ein Aufsatz desselben Autors mit dem Titel »Von der Eugenik zum genetischen

---

10 | Kröner: Von der Rassenhygiene zur Eugenik. Vgl. auch das Kapitel »Von der Eugenik zur Humangenetik« in Weingart/Kroll/Bayertz: Rasse, Blut und Gene, S. 631-668.

Screening« nahe. Dieses Periodisierungsmodell schließt im Wesentlichen an das im Rahmen der facheigenen »Vergangenheitsbewältigung« der Humangenetik in den späten 1970er und 1980er Jahren entwickelte Narrativ an. Im Mittelpunkt standen der Übergang eines zwangsbasierten zu einem freiwilligen Paradigma und der komplementäre Übergang von einer Orientierung humangenetischer Experten an individuellen Präventionsinteressen anstelle des »Volkswohls«. Dieses Modell findet sich auch in den Arbeiten Lene Kochs, die die Epoche der »Zwangssterilisation« in Dänemark im Jahr 1967 zu Ende gehen sieht.[11] Als Kontext dieses Umbruchs fungiert meist ein autonom verlaufender technologischer – gewissermaßen externalisierter – Fortschritt, der biochemische und molekulargenetische Methoden für die Humangenetik verfügbar machte. Dadurch seien Sterilisationsprogramme zwangsläufig durch eine moderne humangenetische Beratung, die auf Pränataldiagnostik basierte, ersetzt worden. Obgleich jüngere Studien dieses Schema bereits kritisierten, besitzt es noch immer eine beträchtliche Beharrungskraft in der Forschungsliteratur.

Anne Waldschmidts Studie zu den Subjektivierungsweisen der humangenetischen Beratung zwischen 1945 und 1990 hat Mitte der 1990er Jahre bereits gezeigt, dass dieses Modell differenzierungsbedürftig ist.[12] Ihre Studie, in der sie von drei sich ablösenden Paradigmen ausgeht, hat zudem verdeutlicht, dass der Begriff des Individuums, auf dem die bislang dominierende These einer »Individualisierung« der Humangenetik nach 1945 aufbaute, selbst historisiert werden muss. Für die vorliegende Studie wird ebenfalls eine zeitliche Einteilung der Jahrzehnte zwischen 1950 und 1990 in drei Phasen leitend sein. Diese ergibt sich aus einem Wandel des Verhältnisses von Wissenschaft, Gesellschaft und Technologie. Da sich hier parallele, voneinander abhängige Prozesse überkreuzen, lässt sie sich nicht an einzelnen Ereignissen, beispielsweise Erfindungen, Gesetzesänderungen oder Programmschriften, festmachen.[13] Obwohl das Periodisierungsmodell aus diesem Grund zeitlich unscharf bleiben muss, lässt es sich im Wesentlichen mit den Jahrzehnten der 1950er/60er, der 1970er und schließlich der 1980er Jahre zur Deckung bringen.[14] Entscheidend für die vorliegende Arbeit ist

---

11 | Koch: Tvangssterilisation i Danmark.

12 | Waldschmidt: Das Subjekt in der Humangenetik.

13 | In diesem Sinne spielte sich die Geschichte der Humangenetik »purely inadvertent« ab, wie Krishna R. Dronamraju schreibt. »There was no deliberate design to develop the field of human genetics.« (Dronamraju: Introduction, S. 1) Auf der anderen Seite verlief diese Geschichte keineswegs völlig zufällig, da sie von spezifischen diskursiven Regelmäßigkeiten geprägt war, die hier im Zentrum stehen werden.

14 | Wenn im Folgenden von »erster«, »zweiter« oder »dritter Phase« des humangenetischen Diskurses die Rede ist, sollen im Wesentlichen diese Jahrzehnte bezeichnet sein. Hierbei ist allerdings stets mitzudenken, dass keineswegs zeitlich derart distinkt eingrenzbare Abschnitte gemeint sind.

darüber hinaus, dass sich dieses Modell für die Bundesrepublik Deutschland wie für Dänemark gleichermaßen als tragfähig erweist.

Die erste Phase war geprägt durch das Dispositiv »genetischer Behälterräume«. Derartige Räume waren mosaikartig aus separaten räumlichen Einheiten – von der Ebene der Gene über Individuen und Familien bis zur »Fortpflanzungsgemeinschaft« – zusammengesetzt. Hierbei konnte die Aggregation einer kritischen Masse an schadhaften Elementen in der Sicht humangenetischer Experten dazu führen, dass die – ständig latent bedrohte – Toleranzschwelle des Behälters überschritten wurde und er zum »Problemfall« wurde. Auf der Ebene von Populationen stellte die versteigte Überwachung von »Mutationsraten« einen zentralen Aspekt dieser Phase dar. Diese Aufgabe lag in der Hand elitärer Expertenzirkel in Wissenschaft, Politik und Verwaltung. Mittels möglichst vollständiger Erbkrankheitsregister sollten die Erbströme genetischer Behälterräume für den Expertenblick transparent gemacht werden. Gleichsam forciert wie vorausgesetzt wurde hierbei eine weitgehende Deckungsgleichheit genetischer Behälterräume mit geografisch eingrenzbaren Zonen. Auf der Ebene von Familien ließ sich in »protonormalistischer« Manier zwischen Individuen unterscheiden, die entweder »deviant« oder »normal« waren, und die als Interventionspunkte in umfassenden Familienstammbäumen sichtbar gemacht werden konnten.[15] In diesen Fällen waren eugenische Eingriffsmöglichkeiten vorgesehen, wobei die Präferenz deutscher und dänischer Experten bis Ende der 1960er Jahre die vermeintlich »nachhaltige« Methode »freiwilliger« Sterilisationen darstellte.

Einige Charakteristika der Subjektformen dieser Phase sind bereits angeklungen: Humangenetische Experten verstanden sich als Kontrolleure einer potentiell bedrohten »Normalität«. Sie agierten vorzugsweise autoritär und exklusiv, also in Kooperation mit Experten anderer Bereiche. Ihre Zuständigkeit speiste sich hierbei vorrangig aus einer überlegenen Übersicht und Einsicht, die ihnen eine selbstbewusst vertretene »Objektivität« ermöglichte. Nichtsdestotrotz lag eines der wichtigsten Ziele dieser Phase bereits in der Aktivierung eines selbständigen genetischen Verantwortungsbewusstseins auf Seiten der Patienten. Dieses Bewusstsein sollte im Wesentlichen durch eine pädagogisch verstandene Aufklärung erzielt werden. Die Unterscheidung zwischen einem individuellen Interesse am Abgleiten in die Anomalität und einem überindividuellen Interesse an der Bewahrung des »genetischen Gleichgewichts« schien hierbei nicht vonnöten zu sein. Beides schien durch objektive humangenetische Experten vergleichsweise unstrittig ermittelbar und direkt komplementär miteinander zu sein.

Die zweite Phase wurde durch einen graduellen Rückgang der Bedeutung genetischer Behälterräume eingeleitet. Entscheidenden Anteil hatte dabei der Aufstieg des humangenetischen Labors und seiner anders gearteten Forschungsansprüche zum technologischen Leitbild. Nunmehr schoben sich »humangene-

---

15 | Siehe zum Begriff des »Protonormalismus« Link: Versuch über den Normalismus.

tische Versorgungsräume« in den Vordergrund, die nicht mehr an geografischen bzw. »evolutionär gewachsenen« Grenzen orientiert waren, sondern stattdessen auf »individuelle Erreichbarkeit von Angeboten« und die »flächendeckende Versorgung« von Verwaltungsräumen setzten. Diese Entwicklung spielte sich in Deutschland und Dänemark in enger Verbindung zur Institutionalisierung der Pränataldiagnostik ab. Sie verband sich mit entscheidenden Verschiebungen in den Subjektformen: Die humangenetischen Experten nahmen hierbei für sich selbst – entgegen ihrem in den 1980er Jahren retrospektiv konstruierten Selbstbild – weiterhin eine deutliche Autorität in Anspruch. Diese basierte im Wesentlichen auf der Annahme eines allgemeinen Wunsches der Patienten nach mehr humangenetischen Informationen und Diagnoseangeboten. Die Vorannahme eines gleichförmigen, in der gesamten Bevölkerung geteilten Interesses an den neuesten genetisch-diagnostischen Leistungen – obwohl empirische Daten praktisch nicht vorlagen und dieses Interesse durch die massive Ausweitung von »Aufklärungsprogrammen« erst erzeugt werden musste – hinterfragten Humangenetiker nicht. Die Zirkularität zwischen der massiven Propaganda und dem Ausbau des Angebots an genetischer Beratung und Pränataldiagnostik auf der einen Seite sowie der Erzeugung der entsprechenden Nachfrage auf der anderen stellte einen blinden Fleck im humangenetischen Diskurs der 1970er Jahre dar. Die Patienten wurden hierbei gewissermaßen »entpersonalisiert«. Sie stellten vor allem anderen Kalkulatoren individueller Risiken dar und hegten aus Sicht der Experten ein eher eindimensionales, quasi-natürliches Interesse an sachlichen, objektiven, genetischen »Informationen«. Darüber hinaus löste sich in dieser Phase der Gleichklang humangenetischer und politischer Expertenzirkel nach und nach auf, da die »Öffentlichkeit« bzw. das »öffentliche Interesse« zunehmend als Akteur entdeckt wurde, der sich direkt ansprechen und gegen Widerstände in Politik und Verwaltung strategisch in Stellung bringen ließ.

Mit dem Beginn der 1980er Jahre trat in der dritten Phase die Konstruktion der Versorgungsräume in den Hintergrund. Sie hatte jedoch mit der Verbreitung von Angebot/Nachfrage- und Kosten/Nutzen-Topoi wesentliche Voraussetzungen für eine voranschreitende »Ökonomisierung« des Raumes geschaffen. Hierbei spielte zudem die Gentechnologie eine maßgebliche Rolle. Vorerst ohne direkte humangenetische Bezüge leistete sie durch das aufkommende industrielle Interesse an der Verwertbarkeit gentechnologischer Forschungsergebnisse Vorschub für ein räumliches Dispositiv, das auf die (internationale) Konkurrenz von »Standorten« abstellte. Die Drohung, dass der eigene Standort an Attraktivität – also an Anziehungskraft für Investitionen und Forschungsnachwuchs – verlieren könnte, entwickelte sich zu einem zentralen Moment in der Rede über Genetik und Gentechnologie, was nicht ohne Folgen für die Humangenetik im Besonderen blieb. Auf der anderen Seite hatte die *inter*nationale Konkurrenz ihr Gegenstück in der *trans*nationalen Zusammenarbeit bei der Genkartierung und -sequenzierung des Menschen. Im Zuge institutioneller, laborpraktischer sowie theoretischer Umstellungen entstand das »Menschheitsprojekt« einer Genkarte des Menschen. Zugleich war der »genetische Code« des Menschen für die Humangenetik operationalisierbar geworden. Die »Berechenbarkeit« dieser »kleinsten gemeinsamen Einheit« der gesamten Menschheit stellte alle geografischen Bezüge in den Schatten; die hauptsächlichen »Kartierungs«-Bemühungen richteten sich nunmehr auf die Gene selbst.

In subjektivierungstheoretischer Hinsicht ergaben sich maßgebliche Veränderungen gegenüber der zweiten Phase, zuerst mit dem Aufkommen der Risikodiskussionen im Rahmen der Gentechnologie, die sich mit unterschiedlicher Intensität und unterschiedlichem Fokus sowohl in Deutschland als auch in Dänemark einstellten. Der humangenetische Fortschritt wurde nicht mehr per se als erstrebenswert, sondern vielmehr als ambivalent angesehen. Humangenetiker mussten nunmehr gesellschaftlich sanktionierte Verwalter eines riskanten Forschungsbereichs sein, der nicht mehr vorrangig durch Objektivität, sondern vielmehr durch selbstgesetzte Grenzen legitimiert wurde. Es tauchte ein weiteres unerwartetes Problemfeld auf: Die Nachfrage nach den humangenetischen Leistungen – allen voran der Pränataldiagnostik, für die erste molekulargenetische Tests zur Verfügung standen – entwickelte sich in den Augen der Experten nicht mehr »von alleine« in rationalen Bahnen; sie begann zu wuchern. Sie ging zu einem gewissen Teil nicht mehr auf gelungene Aufklärung, sondern auf durch Aufklärung erzeugte irrationale Ängste zurück. Derartige Beobachtungen waren nur im Rahmen einer grundlegenden »Psychologisierung« und »Soziologisierung« der Subjekte der Humangenetik überhaupt denkbar. Diese Entwicklung schloss Laien wie Experten gleichermaßen ein. Die Patienten erschienen als »Betroffene« humangenetischen Wissens, die als »Klienten« einer Art »Betreuung« – und nicht mehr einzig der objektiven Information – bedurften. Humangenetiker mussten hierbei eine psychologische Dimension ihrer Tätigkeit anerkennen, von der auch sie selbst nicht verschont blieben. Der Einzug bioethischer Erwägungen in die Humangenetik ist zu einem wesentlichen Teil dadurch zu erklären, dass sowohl Experten als auch Laien eine neue Unsicherheit im Umgang mit dem selbst produzierten bzw. selbst nachgefragten Wissen an den Tag legten. Im Zuge dieser Entwicklung wurde nicht nur eine psychologische und soziologische Einfärbung der Humangenetik sichtbar, der humangenetische Diskurs sah zunehmend zentrale Sprecherpositionen für Nicht-Experten sowie verstetigte Formen der Selbstkritik vor.

Im Zentrum dieser Periodisierung steht der zeitlich parallele Wandel unterschiedlicher Subjektivierungsweisen sowie räumlicher Dispositive, womit keine »Ablösung« expliziter Programmatiken gemeint ist. Vielmehr geht es um die Verschiebung von Schwerpunkten bei der gleichzeitigen Kontinuität älterer Formen. Entscheidend ist die historisch singuläre Verknüpfung oder Lockerung verschiedener Diskursfäden, die – um im Bild zu bleiben – in aller Regel nicht neu geknüpft und anschließend sauber abgetrennt werden. Beispielsweise kehrte sich die Reihenfolge, in der die Topoi der Vermeidung von Belastungen für die Gesellschaft und der Vermeidung individuellen Leids durch die Verhinderung der

Geburt erbkranker Kinder auftraten, zu Beginn der 1970er um, was erhebliche Folgen zeitigte, ohne dass einer dieser Topoi neu erfunden worden wäre. Auch nahm diese »Gesellschaftsbelastung« in den 1970er Jahren eine nunmehr stark ökonomisierte Form an, obwohl eugenische Kosten-Nutzen-Rechnungen freilich sowohl in Dänemark als auch in Deutschland bereits zuvor vorkamen. Diese Entwicklungen hatten wiederum Rückwirkungen auf die Überzeugungskraft anderer Topoi oder die Konjunktur bestimmter Technologien. Keine der drei Phasen ließe sich durch jeweils eine Kerntechnologie oder einen Kernbegriff kennzeichnen, sondern durch die Neuordnung von Prioritäten, die Verlagerung von Allianzen etc., wodurch sich die diskursive Bedeutung einzelner Momente entscheidend verändern konnte.

Es braucht an dieser Stelle nicht geklärt werden, inwiefern sich nach den 1980er Jahren bis zur Gegenwart weitere Veränderungen des humangenetischen Diskurses ergeben haben, zumal hier auf einen umfangreichen Stand an soziologischen, philosophischen und bioethischen Studien zur Humangenetik der Gegenwart verwiesen werden kann. Der Forschungsstand spezifisch historischer Studien zur Eugenik und Humangenetik soll im Folgenden eingehender vorgestellt werden. Vorerst jedoch noch einmal zum Anfang: Die bisherigen Ausführungen haben die Frage, inwieweit die erste hier vorgestellte Phase durch die vorangehenden Jahrzehnte und damit die Rassenhygiene mit ihrer Rolle bei den nationalsozialistischen Verbrechen geprägt war, weitgehend ausgeklammert. Die Kontinuitäten zwischen der frühen bundesrepublikanischen Humangenetik und der nationalsozialistischen Rassenhygiene sind mittlerweile gut dokumentiert. Hier kann auf eine Vielzahl an vorhandenen Studien zurückgegriffen werden. Die vorliegende Arbeit wird sich darauf konzentrieren, die Gemeinsamkeiten des humangenetischen Diskurses ab den 1950er in Deutschland und Dänemark herauszustellen, die sich trotz unterschiedlicher Geschichte und einem anderen gesellschaftspolitischen System in beiden Ländern zeigten.

Forschungsübersicht

Das Interesse an der Geschichte der Eugenik in Deutschland erwachte in den späten 1970er Jahren und stand in engem Zusammenhang mit einem steigenden Bedürfnis nach »Vergangenheitsbewältigung« von Medizinern im Allgemeinen und Humangenetikern im Besonderen. Im Vordergrund stand die »Rassenhygiene«, deren Exzesse im Nationalsozialismus die gesamte Entwicklung der genetischen Forschung in der Bundesrepublik Deutschland »überschattet« hatten, obwohl sie, wie man nun feststellte, in historischer Sicht bislang kaum untersucht und dokumentiert worden waren. Dies galt gleichermaßen für die Rassenideologie und -politik des NS-Regimes. So entwickelte sich anfangs eine ideengeschichtliche Rekonstruktion der Werke führender Rassenhygieniker auf der einen Seite und einer Darstellung des politisch-juristischen Maßnahmenapparats des »Dritten Reiches« auf der anderen Seite, ohne hierbei substantielle Verknüpfungen zwischen beiden

Bereichen herzustellen.[16] Alsbald geriet jedoch die systematische Verbindung von Wissenschaft und Politik in den Blick. In den ersten Veröffentlichungen von Humangenetikern selbst, vor allem den Studien von Benno Müller-Hill, Peter Emil Becker und den Quellensammlungen Gerhard Kochs, war jedoch keine besonders tiefgehende Reflexion dieses Verhältnisses vorzufinden.[17] Aus ihnen sprach entweder die Skandalisierung des Opportunismus namentlich genannter Fachvertreter wie bei Müller-Hill oder ein moralisch betroffenes, jedoch wenig klärendes Umschreiben der »erschreckenden« Beziehung von menschlicher Erbforschung und Nationalsozialismus wie bei Becker oder sogar die unterschwellige Leugnung einer substantiellen Verbindung von Rassenhygiene und Nationalsozialismus wie bei Koch. Die gesamte Diskussion war vorerst von der Frage nach der etwaigen persönlichen, moralischen Schuld von Wissenschaftlern geprägt.

In der zweiten Hälfte der 1980er Jahre engagierten sich nun verstärkt Fachhistoriker und Vertreter anderer Disziplinen in der Historiografie der Eugenik. Einige dieser Arbeiten agierten weiterhin normativ, gingen jedoch im Blick auf die dominierende Leitfrage des Verhältnisses von Wissenschaft und Politik wesentlich reflektierter vor.[18] Dies gilt auch für erste historische Studien aus feministischer Perspektive.[19] Weiterhin bildete der Nationalsozialismus inklusive seiner Vor- und Nachgeschichte das Gravitationszentrum der Eugenikhistoriografie. An dem historischen Boom, der die Medizin im »Dritten Reich« im Allgemeinen betraf, waren zunehmend auch ausländische Wissenschaftler beteiligt.[20] Das Interesse an der Medizin und der Eugenik sowie Humangenetik zur NS-Zeit ist weder in Deutschland noch im Ausland abgeebbt und brachte bis heute eine kaum überschaubare Vielzahl an Überblicksdarstellungen und Einzelstudien hervor.[21]

---

16 | Pommerin: Sterilisierung der Rheinlandbastarde; Seidler/Rett: Das Reichssippenamt entscheidet; Hohmann: Geschichte der Zigeunerverfolgung. Mit dem Ziel, ein solches Nebeneinander zu überwinden, trat noch 1999 der Sammelband »Wissenschaftlicher Rassismus« von Heidrun Kaupen-Haas und Christian Saller an.
17 | Müller-Hill: Tödliche Wissenschaft; Becker: Wege ins Dritte Reich, Bd. 1 und 2; Koch: Die Gesellschaft für Konstitutionsforschung; ders: Humangenetik und Neuro-Psychiatrie.
18 | Weingart/Kroll/Bayertz: Rasse, Blut und Gene; Schmuhl: Rassenhygiene, Nationalsozialismus, Euthanasie; Roth (Hg.): Erfassung zur Vernichtung.
19 | Siehe vor allem Bock: Zwangssterilisation im Nationalsozialismus.
20 | Vgl. Proctor: Racial Hygiene; Weiss: Race Hygiene and National Efficiency; Weindling: Health, Race and German Politics.
21 | Siehe vor allem Jütte u.a.: Medizin im Nationalsozialismus; Westermann/Kühl/Groß (Hg.): Medizin im Dienst der »Erbgesundheit«; Frei (Hg.): Medizin und Gesundheitspolitik; Tascher: Staat, Macht und ärztliche Berufsausübung; Meinel/Voswinckel (Hg.): Medizin, Naturwissenschaft und Technik; Weiss: The Nazi Symbiosis; Aly/Roth: Die restlose Erfassung; Schafft: From Racism to Genocide; Ehrenreich: The Nazi Ancestral Proof; Rickmann: »Rassenpflege im völkischen Staat«; Kater: Doctors under Hitler; Bleker/Jachertz (Hg.): Medizin im Dritten Reich.

Die ideen- und politikgeschichtliche Ausrichtung der bisherigen Forschung wurde vor allem durch institutionengeschichtliche Ansätze ergänzt.[22] Darüber hinaus geriet zuletzt zunehmend die »Nachgeschichte« der nationalsozialistischen Eugenik in den Blick.[23] Dass sich die Geschichte der Eugenik keineswegs auf die politischen Grenzen des Nationalsozialismus einengen ließ, wurde allerdings im Laufe der 1980er Jahre bereits sehr rasch deutlich.[24] Dessen ungeachtet sind die meisten Forschungsarbeiten von Narrativen strukturiert, die die Geschichte der Eugenik seit dem 19. Jahrhundert entweder als »Radikalisierung *hin* zum NS« oder als »Abgrenzung *vom* NS« schreiben.[25] Bezogen diese Arbeiten die Jahrzehnte nach 1945 ein, stand dabei vielfach eine Art »Auslaufen eugenischer Restbestände« in der Bundesrepublik im Vordergrund. Paradigmenwechsel im Blick auf die Theorie und die bevorzugten praktischen Maßnahmen der Eugenik wurden hierbei meist durch einen im Laufe der 1960er Jahre einsetzenden »Generationswechsel« bzw. eine Ablösung alter durch zeitgemäße Institutionen erklärt.[26]

Die Geschichte der Eugenik entwickelte sich während der 1980er Jahre in der angelsächsischen Geschichtsschreibung ebenfalls zu einem populären Forschungsfeld, nachdem in den vorangehenden Jahrzehnten eher verstreute Ansätze vorgelegen hatten. Die Forschung nahm hierbei einen anderen Ausgangspunkt als die deutsche Historiografie. Im Mittelpunkt stand die Unterscheidung von »mainline« und »reform eugenics«, die Daniel Kevles 1985 etablierte.[27] Diese

---

22 | Schmuhl: Rassenforschung an Kaiser-Wilhelm-Instituten; ders.: Grenzüberschreitungen; ders.: The Kaiser Wilhelm Institute for Anthropology; Sachse (Hg.): Politics and Science in Wartime; Cottebrune: Der planbare Mensch; dies.: The Deutsche Forschungsgemeinschaft; Kröner: Von der Rassenhygiene zur Humangenetik; Weiss: Humangenetik und Politik; Vossen: Gesundheitsämter im Nationalsozialismus.
23 | Tümmers: Anerkennungskämpfe; Westermann: Verschwiegenes Leid; dies.: »Die Gemeinschaft hat ein Interesse daran...«.
24 | Siehe aus jeweils sehr unterschiedlicher Perspektive z.B. Harwood: Editor's Introduction, S. 262; Paul: Eugenics and the Left; Kühl: Die Internationale der Rassisten.
25 | Den zentralen Hintergrund stellt der Nationalsozialismus beispielsweise auch in Biografien dar: Weber: Ernst Rüdin; Gessler: Eugen Fischer; Lösch: Rasse als Konstrukt; Rissom: Fritz Lenz; Schwerin: Experimentalisierung des Menschen; Sparing: Von der Rassenhygiene zur Humangenetik.
26 | Siehe auch Thomaschke: »Eigenverantwortliche Reproduktion«, S. 365-367. Auf die Kontinuitäten in der Geschichte der bundesrepublikanischen Humangenetik wies jüngst Veronika Lipphart hin, die dafür plädiert, die Nachkriegsjahrzehnte nicht bloß als Überhang einer auslaufenden Rassenhygiene aufzufassen, Lipphardt: Isolates and Crosses, S. S69-S70.
27 | Kevles: In the Name of Eugenics. Die Unterscheidung tauchte zuvor bereits auf bei Searle: Eugenics and Politics in Britain. In der Folge orientierten sich auch deutsche Arbeiten an dieser Periodisierung, vgl. z.B. Roth: Schöner neuer Mensch. Vor Kevles' Studie sind nur vereinzelte Pionierstudien zu verzeichnen, siehe vor allem Ludmerer: Genetics and American Society; Graham: Science and Values; Haller: Eugenics.

Epocheneinteilung bezog sich im Wesentlichen auf die Geschichte der Humangenetik in den USA und Großbritannien. Demnach habe in den 1920er Jahren ein Umbruch eingesetzt, der sich in den 1930er Jahren zu einem Paradigmenwechsel konsolidiert habe. Eine Art offizielle Gründungserklärung habe die Reformeugenik mit dem sogenannten »Genetiker-Manifest« vorweisen können, das im Anschluss an den Siebten Internationalen Kongress für Genetik in Edinburgh im Jahr 1939 verabschiedet wurde. Die historischen Studien zu »mainline« und »reform eugenics« haben sich allerdings in der Dichotomie von Zwang und genetischem Determinismus auf der einen Seite sowie Freiwilligkeit und Betonung des Umwelteinflusses auf der anderen festgefahren.[28] Dabei müsste gerade die sich wandelnde Bedeutung dieser Kategorien im humangenetischen Diskurs selbst historisiert werden. Weiterhin problematisch bleibt in dieser Forschungsperspektive auch die Dominanz »harter«, in der experimentellen Genetik erzeugter Fakten, die die Eugenik im traditionellen Sinne, die auf sozialen Vorurteilen und den eklektischen Daten der Anthropologie basierte, schlicht widerlegten hätten.[29] Es sind erhebliche Zweifel an diesem Erklärungsmodell anzumelden, da Technik- und Kulturgeschichte hier gewissermaßen füreinander »externalisiert« werden. Der wissenschaftliche Fortschritt bzw. die »Szientifizierung« der Eugenik haben in dieser Perspektive den Wandel eugenischer Theorien quasi automatisch nach sich gezogen. Das Wechselverhältnis von technologischen und programmatischen Elementen muss jedoch gemäß der neueren wissenschaftssoziologischen Forschung als deutlich komplexer aufgefasst werden.[30] Zudem trugen sowohl die experimentelle Genetik als auch die physische Anthropologie zu einem übergreifenden epistemischen Rahmen bei. Dieser diskursive Rahmen konnte innere Widersprüche, zwischen Theorie und Empirie beispielsweise, ohne Weiteres aushalten. Die Erzeugung konträrer Positionen ist vielmehr ein wesentliches Merkmal jedes historischen Diskurses.[31]

Erste eingehendere Studien zur Geschichte der Eugenik in Dänemark sind ebenfalls ab der Mitte der 1980er Jahre zu beobachten.[32] Diese stellten auf der einen Seite eher wissenschaftsgeschichtlich orientierte Arbeiten dar, die An-

---

28 | »Although the programmes of mainline and reform eugenist [sic] probably differed to some extent from one country to another, nevertheless, there is some agreement on the issues which divided these two camps. ›Mainliners‹ tended to advocate compulsory sterilization and/or segregation while reformists supported voluntary sterilization; […] reform eugenics drew attention to the effects of environment upon eugenically important phenotypes; and in general reformists criticized the mainline tradition for neglecting the complexity of genes‹ effects upon phenotypes.« (Harwood: Editor's Introduction, S. 261)
29 | Vgl. z.B. Roll-Hansen: Geneticists and the Eugenics Movement, S. 339.
30 | Siehe den Überblick bei Gugerli: Soziotechnische Evidenzen, S. 134-135.
31 | Foucault: Archäologie des Wissens, insbes. S. 96; Deleuze: Was ist ein Dispositiv?, S. 159.
32 | Drouard: Concerning Eugenics in Scandinavia, S. 261.

schluss an die angelsächsische Forschung und die »mainline«/»reform«-Unterscheidung suchten.[33] Von besonderem Interesse war hierbei das Verhältnis der renommierten dänischen Forschungstradition in der Pflanzen- und Tiergenetik, die vor allem mit dem Namen Wilhelm Johannsen verbunden ist, sowie älteren anthropologischen Forschungsbemühungen Søren Hansens und anderer zur Eugenik. Auf der anderen Seite wurde die Eugenikgeschichte von einem Standpunkt der »Betroffenheit« aus geschrieben, der sich aus einem Interesse an der historischen Rekonstruktion sowie Kritik des gegenwärtigen gesellschaftlichen Umgangs mit behinderten Menschen in Dänemark ergab.[34] Diesen Arbeiten kamen unter anderem die Verdienste zu, den Zusammenhang des gut ausgebauten Anstaltswesens in Dänemark mit der Entwicklung eugenischer Theorien und Praktiken herausgestellt sowie gesellschaftliche Normalisierungsprozesse thematisiert zu haben. Bis Ende der 1990er Jahre herrschte in der dänischen Diskussion die Frage nach dem Verhältnis von »Freiwilligkeit« und »Zwang« im Blick auf die zwischen den 1920er und 1960er Jahren durchgeführten eugenischen Sterilisationen vor. Es kam zudem die Frage auf, wie deutlich sich ein gemäßigtes »skandinavisches« Modell der Eugenik von der nationalsozialistischen Zwangspolitik abgrenzen ließ.[35] Beide Fragen erhielten erheblichen Aufwind durch die Arbeiten der Sozialwissenschaftlerin Lene Koch, vor allem durch ihre beiden Monografien, die auf umfangreichen Archivquellen und sozialstatistischen Daten zur Rassenhygiene und Sterilisation in Dänemark basierten.[36]

Die Geschichtsschreibung zur Eugenik hatte in Deutschland und Dänemark anfänglich also recht unterschiedliche historische Ausgangspunkte. In den letzten beiden Jahrzehnten wurden daraufhin vor allem drei Ansätze der Eugenikhistoriografie ausgebaut. Dies betrifft, erstens, den Zuwachs international vergleichender sowie transnationaler Studien, was sicherlich auch darauf zurückzuführen ist, dass sich seit Ende der 1980er Jahre der internationale Austausch der zur Geschichte der Eugenik arbeitenden Forscher selbst intensivierte. Gelegentlich wird die 1997 erschienene Arbeit Stefan Kühls zur »internationalen Bewegung

---

33 | Roll-Hansen: Geneticists and the Eugenics Movement.
34 | Siehe die Veröffentlichungen Birgit Kirkebæks: Abnormbegrebet i Danmark; dies.: Da de åndssvage blev farlige; dies.: Defekt & deporteret. Der normative Grundzug der Forschungen der Pädagogin Kirkebæk darf jedoch nicht über den bis heute hohen methodischen und analytischen Wert ihrer Arbeiten hinwegtäuschen. Der Bezug zur Erbforschung und Eugenik erfolgte in diesen Arbeiten allerdings nur punktuell durch den Filter der Geschichte der Behinderung.
35 | Drouard: Concerning Eugenics in Scandinavia, S. 262; Hansen: Eugenik i Danmark. Siehe auch Wecker: Eugenics in Switzerland before and after 1945, S. 521-522.
36 | Koch: Racehygiejne i Danmark; dies.: Tvangssterilisation i Danmark. Siehe hierzu auch Etzemüller: Sozialstaat, Eugenik und Normalisierung. Koch hat zudem eine Vielzahl von Aufsätzen publiziert, siehe vor allem Koch: Dansk og tysk racehygiejne; dies.: Sigøjnerne I Søgelyset; dies.: The Ethos of Science.

für Eugenik und Rassenhygiene« in der ersten Hälfte des 20. Jahrhunderts als zentrale Wegmarke dieses Prozesses hervorgehoben.[37] Zahlreiche wichtige vergleichende Arbeiten erschienen jedoch bereits vorher,[38] insbesondere auch mit Blick auf Skandinavien.[39] In jüngster Zeit wurden vor allem auch zuvor weniger beachtete, vermeintliche »Peripherien« der Eugenikgeschichte einbezogen.[40] Von besonderer Bedeutung ist auch die Erforschung des Zusammenhangs kolonialer eugenischer Programme und Praktiken mit der Entwicklung der anglo-amerikanischen und europäischen Eugenik.[41] Zweitens führte ein deutlicher Zuwachs an Untersuchungen sozialwissenschaftlich geschulter Autoren am Ende der 1990er Jahre zu methodischen, insbesondere diskursanalytischen, Innovationen der Eugenikhistoriografie.[42] Viele dieser Arbeiten wurden durch die kritische Absicht angetrieben, die Kontinuität eugenischen Gedankenguts über die vermeintliche »Medikalisierung« und »Individualisierung« der Humangenetik zwischen den 1940er und 1960er Jahren hinaus nachzuweisen. Zudem führten sie zu einem wesentlich komplexeren Verständnis der Zusammenhänge wissenschaftlicher Theoriebildung, Politik und Praxis.[43] Die eindeutigen Trennungen von ideen-, politik- und technik- sowie wissenschaftsgeschichtlichen Untersuchungen wurden noch deutlicher als im vorangehenden Jahrzehnt überschritten. Außerdem ging es diesen Arbeiten – und hierin ist die dritte wichtige Entwicklung der Eugenikhistoriografie seit den 1990er Jahren zu sehen – um die Ausweitung der vorherrschenden zeitlichen Perspektive, die sich auf einen Kernzeitraum von etwa 1880 bzw. 1920 bis 1960 bezog. Die Geschichte der Eugenik begann vor allem auch die zweite Hälfte des 20. Jahrhunderts bis zur Gegenwart in ihre Betrachtungen substantiell einzubeziehen.[44] Alle drei Entwicklungen haben darüber hi-

---

37 | Kühl: Die Internationale der Rassisten.
38 | Siehe z.B. Adams (Hg.): The Wellborn Science; Propping/Heuer: Vergleich des »Archivs für Rassen- und Gesellschaftsbiologie«. Für neuere vergleichende und transnationale Studien siehe Baron: The Anglo-American Biomedical Antecedents of Nazi Crimes; Mazumdar (Hg.): The Eugenics Movement; Spektorowski: The Eugenic Temptation; Lipphardt: Isolates and Crosses.
39 | Siehe vor allem Broberg/Roll-Hansen (Hg.): Eugenics and the Welfare State.
40 | Siehe z.B. Turda/Weindling (Hg.): »Blood and Homeland«; Turda: Modernism and Eugenics; Kato: Women's rights?; Klausen: Women's Resistance; Alemdaroglu: Politics of the Body.
41 | Campbell: Race and Empire; Grosse: Kolonialismus; Becker: Rassenmischehen; Ha: Unrein und vermischt; Dietrich: Weiße Weiblichkeiten; Breman (Hg.): Imperial Monkey Business.
42 | Waldschmidt: Das Subjekt in der Humangenetik; Lösch: Tod des Menschen; Hahn: Modernisierung und Biopolitik; Obermann-Jeschke: Eugenik im Wandel; Wolf: Eugenische Vernunft.
43 | Dies trifft vor allem auch auf die bereits Anfang der 1990er Jahre in Dänemark erschienene Arbeit Birgit Kirkebæks zu, Kirkebæk: Da de Åndssvage blev farlige, z.B. S. 29. Siehe zudem Weß: Einleitung.
44 | Siehe hierzu jüngst Argast/Rosenthal (Hg.): Eugenics after 1945; Cottebrune: Eugenische Konzepte; Wecker u.a. (Hg.): Wie nationalsozialistisch ist die Eugenik? Diese Lang-

naus dazu geführt, dass die Geschichte der Eugenik nicht mehr vorherrschend an den Nationalsozialismus, an Rassismen oder politisch rechte Ideologien geknüpft wird.[45] In der neueren Forschung wurde die Eugenik zu einer breiten Palette sehr verschiedener kultureller Phänomene in Beziehung gesetzt, wobei wesentliche Impulse aus der anglo-amerikanischen Historiografie stammten.[46] In jüngster Zeit entstanden zudem erste Nachschlagewerke.[47]

Im Unterschied zur Eugenik ist die Geschichte der menschlichen Erbforschung – und dies gilt in besonderem Maße für ihre Erscheinungsform als »Humangenetik« in den Jahrzehnten nach dem Zweiten Weltkrieg bis heute – aus geschichtswissenschaftlicher Sicht wesentlich weniger erforscht. Während die Humangenetik als naturwissenschaftliches und medizinisches Phänomen in den letzten drei Jahrzehnten zum Gegenstand zahlreicher Untersuchungen in den gegenwartsbezogenen geistes- und gesellschaftswissenschaftlichen Disziplinen geworden ist, wurde ihre historische Dimension hierbei nicht in gleichem Maße berücksichtigt. In nicht wenigen sozialwissenschaftlichen Arbeiten kommt die Geschichte der Humangenetik zwar vor, jedoch in der Regel als »Vorgeschichte der Gegenwart«, die dazu beitragen soll, eine systematische Argumentation zu unterstützen.[48] Die Anfänge der Humangenetik in Deutschland sind zwar

---

zeitperspektive nehmen für Dänemark auch zahlreiche Aufsätze Lene Kochs aus dem letzten Jahrzehnt ein: How Eugenic was Eugenics?; The Meaning of Eugenics; The Government of Genetic Knowledge; Eugenic Sterilisation in Scandinavia; On ethics; Past Futures.

45 | Vgl. Manz: Bürgerliche Frauenbewegung und Eugenik; Spektorowski: The Eugenic Temptation; Bleker/Ludwig: Emanzipation und Eugenik; Baader/Hofer/Mayer (Hg.): Eugenik in Österreich; Schwartz: Konfessionelle Milieus; ders.: Sozialistische Eugenik. Für die dänische Forschung ergab sich ohnehin von Beginn an die Frage, wie die Etablierung der Eugenik in Dänemark in den 1920er und 1930er Jahren durch die engagierte Unterstützung sozialdemokratischer Politiker zustande kam. Vgl. Argast: Eugenik nach 1945, S. 454.

46 | Cogdell: Eugenic Design; English: Unnatural Selections; Leonard: Mistaking Eugenics; Burke/Castaneda: The Public and Private History of Eugenics; Benn/Chitty: Eugenics, Race and Intelligence; Curell/Cogdell (Hg.): Popular Eugenics; Kline: Building a Better Race; Stern: Eugenic Nation; Reardon: Race to the Finish; Wecker u.a. (Hg.): Eugenik und Sexualität. Umgekehrt wurde die Geschichte der Eugenik in den letzten drei Jahrzehnten durch zahlreiche Impulse aus benachbarten Forschungsfeldern bzw. -perspektiven bereichert, von denen an dieser Stelle nur die Geschichte der Behinderung genannt sein soll. Neben den bereits erwähnten Arbeiten von Birgit Kirkebæk in Dänemark und der neueren Monografie von Susan M. Schweik: The Ugly Laws, sei hier weiterführend auf die Bibliografie von Christoph Beck verwiesen, Beck: Sozialdarwinismus, Rassenhygiene, Zwangssterilisation.

47 | Bashford/Levine (Hg.): The Oxford Handbook; Engs: The Eugenics Movement.

48 | Dies braucht die analytische Tiefe und Brauchbarkeit der Studien keineswegs zu schmälern, vgl. für viele sehr anregende Beispiele Lösch: Genomprojekt und Moderne; Lemke: Die Regierung der Risiken; Kevles: Die Geschichte der Genetik und Eugenik, oder auch Buchanan u.a.: From Chance to Choice. Allerdings tragen derartige Arbeiten nur be-

durch die Eugenikhistoriografie, die wie gesehen meist die Nachgeschichte des Nationalsozialismus bis in die 1960er Jahre mit berücksichtigte, vergleichsweise früh und gut dokumentiert worden. Auch in Dänemark ist die menschliche Erbbiologie vor allem vor dem Hintergrund der Sterilisationspraxis bis in die 1960er Jahre erforscht worden. Die Differenzierung der historischen Forschung zur Eugenik nach 1945, die sich in den letzten beiden Jahrzehnten einstellte, ließ jedoch gleichsam ein grundlegendes gesellschafts- und kulturgeschichtliches Desiderat der Geschichte der Humangenetik aufscheinen. Genuin historische Untersuchungen, die sich dem Längsschnitt der Humangenetik zwischen dem »Nachleben der Rassenhygiene« und der »Vorgeschichte der Gegenwart« widmen, liegen in eher geringer Zahl vor.[49] Für die Geschichte der Humangenetik in der zweiten Hälfte des 20. Jahrhunderts dominierten lange Zeit eher konventionelle Entdeckungsgeschichten die internationale Forschungslandschaft, die sich vor allem auf den wissenschaftlichen Fortschritt in den USA oder Großbritannien konzentrierten – vielfach in der Form von Memoiren ehemaliger Praktiker.[50] In jüngster Zeit trugen die Arbeiten von Alexander von Schwerin und Anne Cottebrune dazu bei, die Eigenständigkeit der bundesrepublikanischen Humangenetik in den 1950er und 1960er Jahren deutlicher zu konturieren.[51] An historischen Studien zu den nachfolgenden Jahrzehnten mangelt es weiterhin.[52]

In der Wissenschaftsgeschichte sind in den letzten zwei Jahrzehnten vielversprechende Ansätze einer Historischen Epistemologie entstanden. An deren Entwicklung war im deutschsprachigen Raum vor allem Hans-Jörg Rheinberger beteiligt. Darauf aufbauend führte er zusammen mit Staffan Müller-Wille vor wenigen Jahren ein umfangreiches internationales Forschungsprojekt zur Geschichte der Vererbungsforschung im Allgemeinen zu Ende. In einer Zusammenfassung der Ergebnisse konzipieren die Autoren die Genetik als ein »Wissensregime« und das

---

dingt zu einer aus dem historischen Quellenmaterial hergeleiteten Periodisierung der Zeitgeschichte bei, da die Ursprünge gegenwärtiger Problemstellungen im Zentrum stehen.

49 | In dem »Niemandsland« zwischen Nach- und Vorgeschichte bewegt sich beispielsweise Hans-Peter Kröner, der die Geschichte der Humangenetik in eine »eugenische« Phase bis zum Ende des Zweiten Weltkriegs und eine »molekulargenetische« Phase der Gegenwart einteilte, zwischen denen er von den 1940er bis 1960er Jahren bezeichnenderweise eine Art »Übergangsphase« verortete, Kröner: Von der Eugenik zum genetischen Screening.

50 | Vgl. z.B. Dronamraju: The Foundations of Human Genetics; ders. (Hg.): The History and Development of Human Genetics; Vogel: Theorie – Methode – Erkenntnis; ders.: Die Entwicklung der Humangenetik.

51 | Schwerin: Humangenetik im Atomzeitalter; ders.: Mutagene Umweltstoffe; Cottebrune: Die westdeutsche Humangenetik.

52 | Vgl. Knippers: Eine kurze Geschichte der Genetik, S. V. Siehe jüngst die historischen Beiträge zu den 1970er bis 1990er Jahren in dem Sammelband zum Heidelberger Institut für Humangenetik von Anne Cottebrune und Wolfgang U. Eckart, die allerdings vorrangig (autobiografische) Forschungsberichte beinhalten.

Gen als »epistemisches Ding«, die Epoche ab den 1970er Jahren ist allerdings nur noch als Ausblick enthalten.[53] Aus dem Projektzusammenhang sind zahlreiche Einzelstudien hervorgegangen, die sich jedoch zum allergrößten Teil mit der Genetik pflanzlicher, tierischer und von Mikroorganismen beschäftigen.[54] Viele dieser Arbeiten zeigen allerdings gewinnbringende praxistheoretische Ansätze für die Erforschung der Beziehung von Wissenschaft und Gesellschaft auf, die auch für die Humangenetik fruchtbar gemacht werden könnten.[55] Auf die Anschlussfähigkeit eines diskurstheoretischen Ansatzes, wie er in der vorliegenden Studie verfolgt wird, mit jüngeren praxistheoretischen Ansätzen ist in der methodologischen Diskussion – vor allem in der Soziologie und weniger in den Geschichtswissenschaften – zuletzt oft hingewiesen worden. Beide Ansätze trachten danach, zu einem komplexeren Verständnis von Makro- und Mikroebene beizutragen und dessen klassische Gegenüberstellung zu überwinden.[56] Die Untersuchung von Wissensregimen steht in einem fruchtbaren Wechselverhältnis mit »Laborstudien« und Untersuchungen spezifischer »Experimentalsysteme«.[57]

Für den hier gewählten Untersuchungsrahmen sind darüber hinaus Studien zur Institutionalisierung sowie politischen und öffentlichen Wahrnehmung der Bio- und Gentechnologie in historischer Perspektive wertvoll.[58] Diese Arbeiten behandeln wichtige Kontexte für die in der vorliegenden Studie herausgearbeiteten Prozesse der »Ökonomisierung« humangenetischer Räume und der Entwicklung der Humangenetik zu einer »Risiko«-Wissenschaft in der dritten Phase des Untersuchungszeitraums.

---

53 | Rheinberger/Müller-Wille: Vererbung. Siehe auch Müller-Wille/Rheinberger: Das Gen im Zeitalter der Postgenomik. Für den Begriff des »epistemischen Dings« siehe vor allem Rheinberger: Experimentalsysteme und epistemische Dinge.
54 | Siehe die Tagungsdokumentationen: Max-Planck-Institut für Wissenschaftsgeschichte (Hg.): A Cultural History of Heredity I-IV. Ein deutlicherer Fokus auf die menschliche Genetik ist von dem Sammelband Gausemeier/Müller-Wille/Ramsden (Hg.): Human Heredity in the Twentieth Century, zu erwarten.
55 | Siehe hierzu auch die inspirierenden Publikationen des US-amerikanischen Historikers Philip Thurtle: The Emergence of Genetic Rationality; ders.: The Creation of Genetic Identity.
56 | Vgl. zur Abgrenzung der Diskurs- und Praxis-Theorien von Mikro-Makro-Dichtomien Füssel: Die Rückkehr des »Subjekts«, S. 142-143.
57 | Siehe z.B. Knorr-Cetina: Laborstudien; Rheinberger: Experimentalsysteme und epistemische Dinge.
58 | Bud: Wie wir das Leben nutzbar machten; Aretz: Kommunikation ohne Verständigung; Wieland: Neue Technik auf alten Pfaden?, S. 199-242; Jelsoe u.a.: Denmark; Lassen: Changing Modes of Biotechnology Governance; Cantley: The Regulation of Modern Biotechnology; Baark/Jamison: Biotechnology and Culture; Horst: Controversy and Collectivity.

Methodologische Überlegungen

Die Übersicht des Forschungsstandes zur Eugenik und Humangenetik hat gezeigt, dass neuere methodische Ansätze in beiden Bereichen Einzug gehalten haben. Die Geschichtsschreibung der Eugenik hat vielfach Anschluss an die Diskursanalyse gesucht,[59] während die wissenschaftsgeschichtlichen Arbeiten zur Geschichte der Genetik vermehrt an die Historische Epistemologie angeknüpft haben.[60] Die vorliegende Studie wird den diskursanalytischen Ansatz weiterverfolgen, allerdings ohne den teilweise deutlich normativen, machtkritischen Impetus eines Großteils der bisherigen Studien zu teilen. Diese Einschränkung macht bereits deutlich, dass »historische Diskursanalyse« durchaus unterschiedlich interpretiert werden kann. Grundlegend ist jedoch ein konstruktivistischer Standpunkt, der von der Historizität aller Wahrheitsansprüche ausgeht.[61] Es geht folglich nicht darum, den Fortschritt des Wissens in der Geschichte zu identifizieren; zu entscheiden, ab welchem Zeitpunkt adäquat gedacht oder gehandelt wurde oder wo »historische Altlasten« und verschiedene retardierende Kräfte, wie etwa gesellschafts- und professionspolitische Interessen, dies noch verhinderten. Stattdessen geht es darum, den humangenetischen Diskurs als historische Singularität zu begreifen. Er generiert zwar fortlaufend universale Wahrheitsansprüche, diese haben ihren Ausgangspunkt jedoch in einer letztlich kontingenten diskursiven Konstellation, die sich selbst zudem niemals vollständig einsichtig ist.

Diskurse lassen sich primär über das Ensemble von Regeln beschreiben, nach denen sie historisch spezifische Aussagen hervorbringen und formatieren.[62] Aussagen sind hierbei in einem sehr weiten Sinne aufzufassen. Sie beschränken sich nicht auf den ideellen, logischen Gehalt sprachlicher Behauptungen, vielmehr besitzen sie eine eigene »Materialität« und lassen sich als diskursive Ereignisse – oder auch Praktiken – auffassen. Das bedeutet, ein Diskurs umfasst nicht nur ideengeschichtlich relevante programmatische Äußerungen. Folglich wird hier als Diskurs nicht, wie es in der »geschichtswissenschaftlichen Alltagssprache« meist geschieht, das »bloß Gesagte und Geschriebene« im Unterschied zu »allem

---

59 | Auf eine allzu eingehende Rekonstruktion der diskursanalytischen Arbeiten Michel Foucaults kann hier verzichtet werden, da hierzu bereits auf verschiedene, oben genannte Publikationen verwiesen werden kann, siehe Waldschmidt: Das Subjekt in der Humangenetik; Hahn: Modernisierung und Biopolitik; Lösch: Genomprojekt und Moderne; Kirkebæk: Da de åndssvage blev farlige. Siehe allgemein zur Verbindung von Geschichtswissenschaft und Diskursanalyse Landwehr: Geschichte des Sagbaren; Sarasin: Geschichtswissenschaft und Diskursanalyse.

60 | Zur Übersicht siehe Rheinberger: Historische Epistemologie.

61 | Siehe Etzemüller: »Ich sehe das, was Du nicht siehst«.

62 | Foucault: Archäologie des Wissens. Bei dem Begriff der Formationsregeln ist Vorsicht geboten. Es geht hier um Aussage-Regularitäten und nicht um einen expliziten Kodex von Vorschriften.

Anderen« gemeint.⁶³ Vielmehr ergibt sich aus einem – meist widerstreitenden – Zusammenspiel aus Institutionen, Praktiken sowie sprachlichen Äußerungen, was zu einem historisch bestimmten Zeitpunkt sagbar ist oder personal gewendet: Wer, wann, wie und wo »im Wahren« spricht.⁶⁴ Hierbei ist keineswegs von einem in sich geschlossenen Zusammenhang auszugehen. Diskurse zeichnen sich zwar durch ein bestimmtes, analysierbares Setting von Produktionsbedingungen aus, ihre Entstehung und Existenz ist jedoch gerade von der fortlaufenden abweichenden Reproduktion dieser Bedingungen abhängig. Zudem zeichnen sie sich durch ein dynamisches Innen-Außen-Verhältnis aus, das die Irritierbarkeit durch »Außeneinflüsse« nicht nur zulässt, sondern voraussetzt.⁶⁵ Ein Diskurs hat seinen Ort gewissermaßen nur in der fortlaufenden Grenzziehung.

Die diskursive Formatierung des »Sagbaren« erfolgt einerseits über die »Verknappung« von Aussagemöglichkeiten; über Einschränkungen dessen, was vernünftigerweise behauptbar ist und welchen Positionen im sozialen Raum die Legitimation zukommt, es zu behaupten. Eine solche Exklusivität ist die Voraussetzung der gesellschaftlichen Produktion von Wahrheit. Wissen und Macht sind hier miteinander verschränkt, was ebenfalls dazu führt, dass es nicht allein darum gehen kann, zu rekonstruieren, wann »erstmalig« etwas Neues geäußert wurde – wie beispielsweise die Kritik an der Sterilisation aus eugenischen Gründen. Es ist zu berücksichtigen, mit welchem Status diese Äußerungen markiert waren. Erfolgten sie inner- oder außerhalb der engen Kreise verantwortlicher Experten in Wissenschaft, Politik und Verwaltung, die in den 1950er und 1960er Jahren tonangebend waren? Nahmen Humangenetiker die Kritik an Sterilisationsmaßnahmen als »bloß« gesellschaftlich wirkmächtig, doch im Grund irrational wahr? Oder integrierten sie diese Kritik, wie ab den 1970er Jahren, in ihr Selbstverständnis? Ein weiteres Beispiel bietet die Skepsis am gentechnologischen Wissensfortschritt. Hier stellen sich analoge Fragen: Wurde die Kritik an der Gentechnologie, die alternative gesellschaftliche Gruppen ab den 1970er Jahren vorbrachten, als »Störfaktor« aufgefasst? Wurde sie unter Experten primär auf historische Vorurteile zurückgeführt? Oder wurde sie als eine Art produktive Selbstkritik in den humangenetischen Diskurs integriert? Wurde sie, wie in den 1980er Jahren, von nunmehr »bioethisch« verantwortlichen Experten vorgebracht, die gegenüber der »Sozialverträglichkeit« ihrer Forschung sensibilisiert worden waren? Diese Beispiele, die im Hauptteil genauer ausgeführt werden, zeigen, dass es bei der Verschiebung diskursiver Aussagemöglichkeiten stets auch um Machtspiele und Exklusionsmechanismen geht.⁶⁶ Es handelt sich hierbei allerdings nur um eine

---

63 | Zur Omnipräsenz und der daraus folgenden Trivialisierung des Diskursbegriffs siehe auch Landwehr: Geschichte des Sagbaren, S. 65-68.
64 | Foucault: Die Ordnung des Diskurses, S. 25.
65 | Foucault: Archäologie des Wissens, S. 238.
66 | Dies wurde vor allem im Blick auf die Geschlechterdifferenz bereits eingehend untersucht. Siehe vor allem Wolf: Eugenische Vernunft. In der vorliegenden Arbeit kann die

Seite der Medaille. Auf der anderen geht es um die Produktivität von Diskursen. Einschränkung und Hervorbringung bedingen sich wechselseitig. Diskurse verhandeln nicht allein bestimmte Gegenstandsbereiche auf exklusive Weise, sie bringen sie überhaupt erst hervor. Dies gilt zugleich für entsprechende Subjekte,[67] die diese Gegenstandsbereiche wissenschaftlich analysieren oder in Frage stellen, moralisch beurteilen, energisch bekämpfen, aufopfernd pflegen, sie zum Ziel ihrer Lust und Unlust machen können etc.

Diskurse stellen also Objekt- und Subjektbereiche zur Verfügung. Sie liegen hierbei allerdings nicht als klar definierte Entitäten vor, mit Grundsatzschriften, die Gegenstand einer bewussten Wahl, einer Aneignung oder Ablehnung, wären. Vielmehr handelt es sich um die historisch zeitweise stabile Verflechtung verschiedener Entwicklungslinien. Untersucht man die zahlreichen, sich überkreuzenden, gegenseitig verstärkenden oder auch konterkarierenden Stränge einer diskursiven Formation, so wie dies im Hauptteil dieser Arbeit für die drei Phasen des humangenetischen Diskurses zwischen 1950 und 1990 unternommen wird, lässt sich kein »Kern« freilegen, kein hierarchisch vorgeordnetes Prinzip, das allein für die jeweilige Phase – und nur für diese – bestimmend wäre. Stattdessen trifft man auf Dispositive. Als solche sollen im ersten Hauptteil die nacheinander vorherrschenden Konzeptualisierungen des Raumes aufgefasst werden. Für die erste Phase ist hier beispielsweise das Dispositiv der »genetischen Behälterräume« von besonderer Bedeutung. Diese ergeben sich aus der historisch spezifischen Kombination der Arbeit mit großen, auf geografische Vollständigkeit angelegten Erbkrankheitsregistern sowie umfangreichen Familienstammbäumen, einer engen Kopplung von Evolution und Raum, einem Kontroll- und Überwachungsverständnis humangenetischer Experten, einem fragilen Normalitätsverständnis, einem biologischen Krisendenken, einem »bausteinhaften« Gen-, Individuen- und Familienverständnis sowie weiteren Phänomenen. Hierbei sind Dispositive nicht programmatisch festgeschrieben und haben keinen Ort jenseits der durch sie gebündelten, autonomen Prozesse.[68] Auch bringen sie ihre eigenen Voraussetzungen selbst mit hervor, was es verbietet, die Entstehung sowie das Verschwinden von Dispositiven als logisch voranschreitende Schrittfolge zu rekonstruieren. Ein neues Dispositiv muss nicht mit dem gleichzeitigen Aufkommen gänzlich neuer bzw. mit dem Verschwinden überkommener Begrifflichkeiten einhergehen. Demgegenüber ist eine Dispositivanalyse jedoch sehr sensibel gegenüber der Veränderung der Relationen von gleichbleibenden Begriffen, Nor-

---

geschlechtsspezifische Verteilung von Subjektformen als Effekt des humangenetischen Diskurses deshalb weitgehend ausgeblendet werden, was ihre zentrale Bedeutung jedoch keineswegs in Frage stellt.

67 | Siehe hierzu vor allem Foucault: Der Gebrauch der Lüste; ders.: Die Sorge um sich; ders.: Hermeneutik des Subjekts. Siehe auch Foucault: Archäologie des Wissens, S. 82; Reckwitz: Subjekt, S. 23-39; Maset: Diskurs, Macht und Geschichte.

68 | Deleuze: Was ist ein Dispositiv?

men, Praktiken etc. zueinander, die entscheidende Veränderungen ihrer Bedeutung mit sich führen.[69]

Im zweiten Abschnitt des Hauptteils sollen die historischen Umbrüche in den dominanten Subjektformen des humangenetischen Diskurses analysiert werden, also insbesondere der Wandel von technokratischen Experten und passiven, sorgenvollen Patienten zu Anbietern und Bedürfnisträgern humangenetischer Leistungen und schließlich zu Managern und Betroffenen des wissenschaftlichen Fortschritts.[70] Humangenetiker wie Patienten und Probanden agieren nicht völlig autonom und positionieren sich diesem Diskurs gegenüber gewissermaßen von außen.[71] Sie werden stattdessen von spezifischen Subjektivierungsweisen geprägt, die dem historischen Wandel unterliegen. Es gilt also einerseits die Historizität der Beteiligungsformen am humangenetischen Diskurs herauszuarbeiten. Auf der anderen Seite setzt das diskursive Geschehen Subjekte als unabhängige Quellen von Subjektivität, Handlungsfähigkeit und Interesse voraus. Sie werden folglich durch dasselbe ambivalente Zusammenspiel von Einschränkung und Hervorbringung geprägt, das auch diskursive Objekte auszeichnet. »Individuen werden zum einen als Orte von Bewußtsein und Initiatoren von Handlung geschaffen – mit Subjektivität und der Befähigung zu handeln ausgestattet; zum anderen erfahren sie ihre Einordnung, Motivation und Beschränkung – und d.h., werden Subjekte – innerhalb von gesellschaftlichen Vernetzungen und kulturellen Codes, die sich letztlich ihrem Verständnis und ihrer Kontrolle entziehen.«[72] Aus dieser Perspektive wird sich an verschiedenen Stellen der Untersuchung zeigen lassen, dass es oft gerade die Einpassung in Subjektformen war, die letztlich zu ihrer nachhaltigen Veränderung oder sogar Auflösung führte. Umgekehrt liefert die Geschichte des humangenetischen Diskurses zahlreiche Beispiele dafür, dass die vermeintliche Widerständigkeit gegenüber Subjektivierungsweisen im Effekt eher deren Stärkung bewirkte.

Auf das »wechselseitige Konstitutionsverhältnis von Unterwerfung und Handlungsfähigkeit« hat zuletzt vor allem die praxeologisch orientierte Subjektivierungsforschung hingewiesen.[73] Bei Subjektformen handelt es sich nicht um

---

69 | »Vielmehr vollzieht sich eine Transformation der Beziehungen der Diskurselemente untereinander, ohne daß unbedingt die Elemente ausgetauscht werden. Die Aussagen gehorchen in einem solchen Fall neuen Formationsregeln, weshalb sich vor dem Hintergrund dieser neuen Regeln Kontinuitäten und Wiederholungen beschreiben lassen«, wie Achim Landwehr schreibt, Landwehr: Geschichte des Sagbaren, S. 79.
70 | Für die Rekonstruktion historischer Selbstbildungsprozesse in der Medizingeschichte siehe vor allem Lengwiler/Madarász (Hg.): Das präventive Selbst. Siehe als theoretische Reflexion der Subjektivierungsgeschichte im Allgemeinen Deines/Jaeger/Nünning (Hg.): Historisierte Subjekte.
71 | Vgl. Kögler: Situierte Autonomie, S. 78.
72 | Montrose: Die Renaissance behaupten, S. 69-70.
73 | Buschmann: Persönlichkeit und geschichtliche Welt, S. 132.

einseitig oktroyierte »Einpassungsformen« in ein diskursives Programm: Gerade die Reproduktion der Subjektivierungsformen hat ihre ständige Verschiebung zur Folge.[74] Praxeologische Ansätze überschneiden sich mit diskursanalytischen Subjektivierungsstudien darin, dass beide Perspektiven den historischen Kontext sowie »die relationalen und prozessualen Dimensionen der Subjekt-Bildung«[75] untersuchen, die sich einer vollständigen Bewusstheit und Beeinflussbarkeit durch das Subjekt entziehen. Zudem gehen beide Ansätze nicht allein von einer repressiven, sondern zugleich einer produktiven Dimension der Subjektivierung aus. Sie unterscheiden sich vor allem, wie Reckwitz betont hat, in ihrem empirischen Zuschnitt.[76] Mit ihrem Fokus auf den Eigensinn, der die *Verkörperung* historischer Subjektformen auszeichnet, und auf nicht-diskursive Praktiken beleuchtet die historische Praxeologie »Praxis/Diskurs-Formationen« aus einer anderen Richtung.[77] Sie richtet sich in erster Linie auf »nicht-diskursive Praktiken« im engeren Sinn.[78] Daran anknüpfend wird der Hauptteil an einigen Stellen Möglichkeiten aufzeigen, die Analysen praxeologisch weiterzuführen.

Im Folgenden wird die Untersuchung der Subjekte des humangenetischen Diskurses durch die zentrale Differenz von Experten und Laien gegliedert werden.[79] Die Machtverteilung entlang dieser Differenz fiel freilich über den ganzen Untersuchungszeitraum zu Gunsten der Experten aus. Dies bedeutet unter anderem, dass die Produktion nahezu aller hier untersuchten Quellen auf letztere zurückgehen und die »Stimmen der Laien« nur gefiltert durch von Experten vorgegebene Strukturen rekonstruierbar ist. Dies ist stets in Erinnerung zu halten, wenn die im humangenetischen Diskurs sehr umfangreich geführten Diskussionen um das Selbstverständnis von Laien und ihr Verhältnis zu den Experten besprochen wird. Allerdings bleibt diese zentrale Grenzziehung selbst keineswegs konstant, sondern unterliegt historischen Veränderungen, wie sich im Hauptteil zeigen wird.

Abschließend gilt es, im Rahmen der methodologischen Ausgangspunkte dieser Untersuchung einige Überlegungen zum Vergleich Deutschlands und Däne-

---

74 | Siehe Alkemeyer/Budde/Freist (Hg.): Selbst-Bildungen; insbesondere dies.: Einleitung, S. 20-22; Alkemeyer: Subjektivierung in sozialen Praktiken, S. 37-42.
75 | Buschmann: Persönlichkeit und geschichtliche Welt, S. 133.
76 | Reckwitz: Praktiken und Diskurse.
77 | Zum Begriff »Praxis/Diskurs-Formation« im Rahmen subjektivierungstheoretischer Überlegungen siehe Reckwitz: Subjekt; ders.: Das hybride Subjekt.
78 | Vgl. Alkemeyer/Villa: Somatischer Eigensinn?, S. 333.
79 | Die Entstehung der modernen Figur des wissenschaftlichen Experten im Allgemeinen wurde bereits differenziert beschrieben, siehe vor allem: Perkin: The Rise of Professional Society; ders.: The Third Revolution; Engstrom/Hess/Thoms (Hg.): Figurationen des Experten; Fisch/Rudloff (Hg.): Experten und Politik; Schauz/Freitag (Hg.): Verbrecher im Visier der Experten; Szöllösi-Janze: Der Wissenschaftler als Experte.

marks anzustellen.⁸⁰ Dieses Vorgehen wird in erster Linie dazu beitragen, allzu schnelle Kurzschlüsse der Periodisierung der Geschichte der Humangenetik an die gesellschaftspolitischen Konjunkturen der jeweiligen Nation zu vermeiden. Bei einer Betrachtung der Humangenetik als diskursiver Formation zeigen sich deutliche Ähnlichkeiten in den dominanten Dispositiven und Subjektivierungsweisen und ihrer historischen Abfolge in beiden Ländern. Durch den internationalen Vergleich lassen sich folglich gemeinsame, am Einzelfall schwer zu validierende Entwicklungsmuster sichtbar machen, wodurch vermeintliche Kausalbeziehungen zu nationalen, geschichtlichen Ereignissen hinterfragt werden können. Die Notwendigkeit, mit der geschichtliche Prozesse mitunter erscheinen, lässt sich vorzugsweise durch einen historischen Vergleich relativieren und stattdessen in ihrer Kontingenz würdigen.⁸¹ Dennoch ist der humangenetische Diskurs kein »utopischer« Diskurs; er kommt stets nur in lokalen Erscheinungsformen vor, abhängig vom jeweiligen gesellschaftlichen Umfeld.⁸² Statt in einem abstrakten, »internationalen« Rahmen, der einzig von den jeweils neuesten wissenschaftlichen Theorien und Methoden gesetzt wird, muss die Geschichte der Humangenetik in verschiedenen kulturellen Kontexen situiert werden.⁸³ Der Vergleich der deutschen und dänischen Humangenetik leistet somit zweierlei zugleich: Er belegt die relative Autonomie des humangenetischen Diskurses ebenso wie die unhintergehbare Lokalität seiner Erscheinungsformen.

Davon abgesehen formierte sich die Humangenetik nach dem Zweiten Weltkrieg noch deutlicher als zuvor als internationales Phänomen. Diese Internationalität trug wesentlich zur Überzeugungskraft im nationalen Rahmen bei. Weiterhin blieben jedoch auch nationale Abgrenzungsmechanismen im Selbstbild der Humangenetik erhalten. Die Diskussion um die gesellschaftliche Bedeutung der Humangenetik schlug sich sowohl in Deutschland als auch in Dänemark in einem jeweils spezifischen Zusammenspiel von Selbst- und Fremdbildern nieder. Hierbei ist keineswegs von einer historisch indifferenten Wahrnehmung des nationalen wie des internationalen Raums auszugehen. Diese Kategorien sind ebenfalls Objekt diskursiver Verschiebungen, was vor allem im ersten Abschnitt des Hauptteils zu den räumlichen Dispositiven herausgearbeitet werden wird. Beispielsweise tritt das noch in den 1950er und 1960er Jahren spürbare Muster einer »eugenischen Konkurrenz« zwischen den Nationen später vollkommen in den Hintergrund und weicht zuerst einer Konkurrenz um nationale Versorgungsräu-

---

80 | Siehe zum historischen Vergleich zuletzt: Kaelble: Die Debatte über Vergleich und Transfer; ders.: Historischer Vergleich; ders.: Der historische Vergleich; Arndt/Häberlen/Rienecke (Hg.): Vergleichen, verflechten, verwirren?; Haupt/Kocka (Hg.): Comparative and Transnational History; Siegrist: Perspektiven der vergleichenden Geschichtswissenschaft; Welskopp: Comparative History.
81 | Rürup: Historikertag 2012.
82 | Tanner: Eugenik und Rassenhygiene, S. 117-118.
83 | Germann: The Abandonment of Race, S. 86.

me und dann einer Standort-Konkurrenz. Zudem beginnen sich in der dritten Phase vormals stark an nationale Grenzen gebundene Raumkonzepte zu »globalisieren«. Es gilt somit nicht nur eine in Deutschland und Dänemark vergleichbare diskursive Formation zu rekonstruieren, sondern auch deren Einfluss auf die sich wandelnde Konstruktion internationaler Grenzen und Verhältnisse selbst.

Im Hauptteil dieser Untersuchung werden die Gemeinsamkeiten des humangenetischen Diskurses in beiden Ländern im Vordergrund stehen, während die Unterschiede vorläufig in den Hintergrund treten. Dies erscheint aus argumentativen Gründen geboten, da es vor allem um die Entwicklung eines tragfähigen Analyse- und Periodisierungsmodells der Geschichte der Humangenetik ab den 1950er Jahren geht, das eine für beide Länder gleich hohe Erklärungskraft aufweist. Die Vergleichbarkeit der Geschichte der deutschen und dänischen Humangenetik wird in einem abschließenden Kapitel nochmals aufgegriffen und dort im Blick auf zeitliche und sachliche Differenzen besprochen werden. Es ist ohne weiterführende Studien schwerlich zu beurteilen, welche Reichweite das angebotene Interpretationsraster über den hier gewählten Untersuchungsraum hinaus entfalten kann. Allerdings ist durchaus davon auszugehen, dass die zentralen Mechanismen der gesellschaftlichen Produktion von Räumen und Subjekten durch die Humangenetik, die in dieser Arbeit dargestellt werden, ein wertvolles Analyseraster für die Geschichte der Humangenetik auch in anderen Ländern liefern.

Quellenauswahl

Einer diskursgeschichtlichen Studie geht es darum, die Formationsregeln zu erschließen, mittels derer bestimmte Aussagen getätigt und andere unterlassen oder sogar unterdrückt werden. Dieses Vorhaben kann nicht von einem eindeutig umgrenzten, als »vollständig« deklarierten Quellensample ausgehen.[84] Bereits die Selektivität des überlieferten Materials – hierin überkreuzt sich, was die historischen Akteure sowie die ihnen nachfolgenden Archivare für überlieferungswürdig gehalten haben[85] – macht die »Repräsentativität« der Quellen problematisch. Im Laufe meines Untersuchungszeitraums wandelt sich nicht allein Inhalt und äußere Form der in den Archiven vorhandenen Nachlässe, Förderakten sowie Bestände zu humangenetischen Forschungsinstituten und anderen. Es las-

---

84 | Sich allein auf die publizierte Literatur als Quellen zu beschränken, würde offenkundig nur einen recht speziellen Ausschnitt der Aussagen des humangenetischen Diskurses berücksichtigen. In vielen Fällen kann zudem das Zusammenspiel zwischen publiziertem und nicht-öffentlichem Quellenmaterial entscheidende Hinweise liefern.

85 | Dass auch die Archivkultur selbst einem erheblichen historischen Wandel unterliegt, steht außer Frage. Der Einfluss, den die Veränderung der archivalischen Praxis auf Auswahl und Form der Quellen hat, muss an dieser Stelle jedoch ausgeblendet werden, um die Untersuchung nicht über Gebühr zu verkomplizieren. Überhaupt muss das Thema aus historischer Sicht als kaum erforscht gelten, Etzemüller: Der ›Vf.‹ als Subjektform, S. 179.

sen sich darüber hinaus Verschiebungen in der Zusammensetzung der Bestände selbst ausmachen. Beispielsweise überwiegt in der Überlieferung der 1950er und 1960er Jahre die Korrespondenz vergleichsweise geschlossener Expertenzirkel von Medizinern, renommierten Wissenschaftlern, Bundes- und Landesministerien. Im Laufe der Jahrzehnte gewinnen Presseartikel sowie Korrespondenzen und andere Formen der Kommunikation mit Laien eine immer größere Präsenz. Bald darauf beginnt der Austausch mit Wirtschaftsunternehmen mehr Raum zu beanspruchen. Deutliche Verschiebungen lassen sich zudem bei der Quantität des interdisziplinären Austauschs mit einem sich wandelnden Fächerkanon beobachten – unter anderem tritt die Anthropologie zurück, die Informatik gewinnt ab den 1970er Jahren an Aufmerksamkeit etc. Gleichzeitig kommt dem interdisziplinären Austausch über die Grenzen der Naturwissenschaft und Medizin hinaus eine neue Qualität zu. Diese wenigen Beispiele zeigen bereits, dass die Materialität der Quellenbestände und nicht allein der daraus erschlossene Inhalt wichtige Hinweise auf »das Spiel der Regeln« liefert, »die während einer gegebenen Periode das Erscheinen von Objekten möglich machen«.[86]

Dieses Spiel lässt sich prinzipiell an verschiedenen Punkten der Überlieferung gleichermaßen erschließen.[87] Dies gilt einerseits für bis in die Gegenwart deutlich herausragende »Forschungszentren«, wie das Institut für Anthropologie und Humangenetik der Universität Heidelberg[88] oder den sogenannten »Marburger Modellversuch« zur humangenetischen Beratung,[89] als auch für die »Peripherie« der Forschungslandschaft, wie das vergleichsweise spät entstehende Zentrum für Humangenetik der Universität Bremen, andererseits.[90] Denn gerade die Unterscheidung von Zentrum und Peripherie sowie die sich wandelnden Ansprüche an diese unterlagen selbst dem historischen Wandel und können für die Analyse des Raumverständnisses im humangenetischen Diskurs von erheblicher Bedeutung sein. Dies zeigt auch das Beispiel Dänemark, wo das *Institut for Human Arvebiologi og Eugenik* in Kopenhagen lange Zeit den zentralen Anlaufpunkt aller sich landesweit formierenden Aktivitäten humangenetischer Forschung bildete. Ab Ende der 1960er und in den 1970er Jahren ergab sich vor allem durch die Gründung der Kartei für psychiatrische Demografie in Risskov in der Nähe

---

86 | Foucault: Archäologie des Wissens, S. 50.
87 | Für eine Übersicht der verwendeten Archivbestände siehe die Liste im Anhang.
88 | Siehe hierzu Cottebrune/Eckart (Hg.): Das Heidelberger Institut für Humangenetik.
89 | Zum Zeitpunkt der Anfertigung dieser Arbeit hatten die genetischen Forschungs- und Beratungseinrichtungen der Philipps-Universität Marburg keine einsehbaren Bestände an das Universitätsarchiv übergeben. Annäherungen erfolgten über die Personalakte G. Gerhard Wendts sowie die Unterlagen von Landesministerien zur Einrichtung der Humangenetischen Beratung in Hessen im Hessischen Hauptstaatsarchiv.
90 | Auch zum ZHG Bremen lag kein eigener Archivbestand vor. Es konnte jedoch auf eine breite Palette von einschlägigen Korrespondenzen und Unterlagen der universitären Verwaltung mit Vertretern des Zentrums im Archiv der Universität Bremen zurückgegriffen werden.

von Århus die Herausforderung, die räumlichen Strukturen humangenetischer Forschung und Anwendung neu zu regeln.[91] Zudem konnte für die dritte Phase des Untersuchungszeitraums ergänzend auf die äußerst umfangreichen Bestände des *Statens Serum Institut* zurückgegriffen werden, die vor allem im Blick auf die Anwendung gentechnologischer Methoden und die weltweiten Verbindungen dänischer Genetiker im Allgemeinen ausgewertet wurden.

Von ebenso großer Bedeutung für diese Untersuchung sind Nachlässe, die vor allem für national und international renommierte deutsche und dänische Humangenetiker zur Verfügung standen.[92] Sie gestatten einen besonderen Einblick in den Wandel der diskursiven Praxis der Humangenetik. Die Veränderungen in der Struktur von Korrespondenzpartnern, Inhalten und Formen beispielsweise können wertvolle Hinweise auf unterschiedliche Subjektivierungsweisen liefern. Nicht zuletzt steht die »Gestaltung« der Nachlässe selbst in untrennbarem Zusammenhang zur Umbildung diskursiver Strukturen.[93]

Von außerordentlichem Wert für die Rekonstruktion der Absichten und Hoffnungen, die sich mit neuen Forschungsparadigmen und Technologien verbanden und die sich im Laufe ihrer Umsetzung beträchtlich wandeln konnten, ohne dass diese Verschiebungen reflektiert worden wären, haben sich die Förderakten der Deutschen Forschungsgemeinschaft im Bundesarchiv erwiesen.[94] Hierbei wurden neben einer einschlägigen Auswahl humangenetischer Forschungsprogram-

---

91 | Weitere wichtige Forschungseinrichtungen wie das Panum Institut in Kopenhagen, das Kennedy Institut in Glostrup und die humangenetischen Institute der Universitäten Århus und Odense haben bislang keine Akten an Archive übergeben.

92 | Neben den erst jüngst archivierten Nachlässen von Peter Emil Becker und Helmut Baitsch konnte auf die Nachlässe Hans Nachtsheims und Otmar Freiherr von Verschuers, die maßgeblichen Einfluss auf die erste Phase der Humangenetik in Deutschland hatten, zurückgegriffen werden. Zudem tragen die sehr umfangreichen Unterlagen zum Institut für Anthropologie und Humangenetik in Heidelberg streckenweise die Züge eines Nachlasses ihres langjährigen Leiters Friedrich Vogel. In Dänemark standen mit den Unterlagen Tage Kemps und seines Nachfolgers als Leiter des Kopenhagener Instituts, dem Norweger Jan Mohr, die Nachlässe der beiden wichtigsten Personen der dänischen Humangenetik bis zu den 1980er Jahren zur Verfügung.

93 | Siehe hierzu Etzemüller: Biographien, S. 80-101. Ein anschauliches Beispiel stellt die umfangreiche Materialsammlung zur menschlichen Erblehre im Nationalsozialismus, die sich für die Zeit ab den 1980er Jahren im Nachlass Helmut Baitschs findet, dar, siehe hierzu Kapitel 4.3.

94 | Dies gilt zu einem gewissen Grad allerdings für alle untersuchten Archivbestände. Im Gegensatz zu Studien, die nur auf Publikationen zurückgreifen, ist es der vorliegenden Arbeit möglich, Erkenntnisse, Forschungsmethoden, Technologien etc. nicht allein »von ihrem Ende her« zu beobachten; das heißt, nachdem sich ihre Erscheinungsform soweit »verfestigt« hat, dass sie überhaupt erst zum Gegenstand einer solch offiziellen Äußerungsform wie einer Publikationen werden konnten. Nicht-öffentliche Korrespondenzen beispielsweise haben

me auch Quellen zu primär auf die gentechnologische Grundlagenforschung ausgerichteten Forschungsverbünden einbezogen, um die stärkere Kopplung der Humangenetik an diese Forschung ab den 1970er Jahren zu berücksichtigen.

Letztlich haftet auch dieser Quellenauswahl ein für die meisten diskursgeschichtlichen Studien typischer Eklektizismus an, der jedoch aus den genannten Gründen nicht zum Nachteil einer Studie gereicht, deren Quellenstudium keine erschöpfende »Repräsentativität« anstrebt. Einschränkende Bedingungen ergeben sich derzeit auch aus der mangelnden Zugänglichkeit zu vielen potentiell wichtigen Archivalien, die auf den Schutz von Patientenrechten oder das schlichte Fehlen einschlägiger Archivalien zurückzuführen ist.[95] Es steht zu erwarten, dass in unmittelbarer Zukunft einige Archivbestände bedeutender Institutionen oder Personen in beiden hier untersuchten Ländern hinzukommen, in Bezug auf die die Anfragen des Verfassers derzeit noch erfolglos blieben. Darüber hinaus werden durch die sukzessive Aufhebung von Sperrfristen, die zum Zeitpunkt der Quellenerhebung der vorliegenden Studie zwischen den Jahren 2009 und 2011 noch galten, vor allem für die 1980er Jahre deutlich mehr Primärquellen zur Verfügung stehen. Diese Unterlagen werden es freilich erlauben, die Geschichte der Humangenetik in der zweiten Hälfte des 20. Jahrhunderts in zunehmender Schärfe auszuleuchten. Dennoch konnte die vorliegende Studie bereits aus einigen zentralen, zuvor nicht oder kaum gesichtete Quellenbeständen schöpfen.

Struktur der Arbeit

Auf diese Einleitung folgt ein historischer Abriss zur Geschichte der Genetik, der sich auf die zweite Hälfte des 20. Jahrhundert sowie die Humangenetik im Besonderen konzentrieren wird. Hier geht es um die Entstehung eines grundlegenden Beobachtungsmodus des Menschen, der sich an der basalen Differenz einer genetischen »Tiefenebene« und einer phänotypischen »Oberfläche« ausrichtete. Dieser Beobachtungsmodus wurde im Laufe des Untersuchungszeitraums durch eine Vielfalt von Technologien – von der Erstellung von Stammbäumen bis zu Computermodellen – stabilisiert und dabei stets auch verändert. Außerdem entwickelten sich verschiedene, in der zweiten Hälfte des 20. Jahrhunderts vor allem medizinische Praktiken, die eine Diagnostik der genetischen Ebene ermöglichen sollten. Dieser Teil steckt den sich wandelnden epistemischen Rahmen ab, in dem sich das genetische Denken im Allgemeinen sowie das humangenetische Denken im Besonderen abspielte. Die sich verändernden Konzeptionen der »genetischen Ebene« hatten zudem beträchtlichen Einfluss auf das Verständnis des Raumes und der Subjekte im humangenetischen Diskurs. Darüber hinaus soll der Ab-

---

eine wesentlich niedrigere Schwelle: Sie bieten den Raum, Hypothesen und Spekulation mit deutlich geringerem Risiko zu verhandeln.

95 | Vgl. für das Institut für Humangenetik der Universität Münster auch Müller-Hill: Das Blut von Auschwitz, S. 226.

schnitt dem Leser zugleich Orientierung über die wichtigsten Etappen der »Entdeckungsgeschichte« der Genetik vermitteln, die für das Verständnis des Hauptteils an einigen Stellen unerlässlich ist. Hierfür ist es nötig, sich vom engeren Rahmen der Humangenetik zu lösen und den wissenschaftlichen Fortschritt in der allgemeinen Genetik, der meist eben nicht am Menschen, sondern durch die Forschung an Tieren und Mikroorganismen erzielt wurde, zu dokumentieren. Außerdem wird der geografische Zuschnitt der vorliegenden Arbeit in diesem Kapitel nur punktuell berücksichtigt, da ein Großteil entscheidender Entdeckungen in der zweiten Hälfte des 20. Jahrhunderts aus anderen Ländern, allen voran Großbritannien und den USA, stammte.

Es schließt sich der Hauptteil an, der in zwei Teile zerfällt – Räume und Subjekte –, die jeweils chronologisch nach den drei oben skizzierten Phasen des humangenetischen Diskurses zwischen 1950 und 1990 gegliedert sind. Es ist jedoch nicht von einer strikten, zeitlich linearen Aufeinanderfolge der in den einzelnen Abschnitten behandelten Entwicklungen auszugehen. Vielmehr überschneiden sich die Phasen stark und lassen sich jeweils nicht an einem eindeutigen Umschlagspunkt festmachen. Auch innerhalb der einzelnen Unterabschnitte gilt: Einzig die Darstellung erfordert eine sukzessive Abfolge separater Themenkomplexe. Diese Linearität darf nicht über die gegenseitige Verflechtung der dargestellten Entwicklungsstränge hinwegtäuschen. Der Text muss hier einzelne Einheiten konstruieren, wo wechselseitige Zusammenhänge zu denken sind. Es geht jeweils um Aspekte, die für sich genommen in aller Regel keineswegs einzigartig für die jeweilige Phase sind, in ihrer historisch einzigartigen gegenseitigen Überlagerung jedoch umso mehr.

Die abschließenden Überlegungen werden daraufhin in zwei Schritten vorgehen. Zuerst werden verschiedene Fäden der bisherigen Überlegungen aufgegriffen und unter dem Gesichtspunkt des internationalen Vergleichs zwischen Deutschland und Dänemark beurteilt. Während der Schwerpunkt im Hauptteil auf der Erarbeitung der analytischen Begrifflichkeiten sowie der Periodisierung lag und die vergleichbaren Entwicklungen in beiden Ländern zu diesem Zweck im Vordergrund standen, sollen hier die nationalen Differenzen stärker gewürdigt werden. Sodann sollen im Schlussteil die Ergebnisse der gesamten Studie zusammengeführt werden. Hierbei wird insbesondere das Zusammenwirken der räumlichen Dispositive und Subjektivierungsweisen, die im Hauptteil getrennt voneinander erläutert werden, in einigen Hypothesen verhandelt. Auch sollen dabei die anfänglichen Überlegungen zur genetischen Ebene im Allgemeinen eingebunden werden.

2. Transformationen der genetischen Ebene in der zweiten Hälfte des 20. Jahrhunderts

Die Entdeckung der genetischen Ebene in der zweiten Hälfte des 19. und der ersten Hälfte des 20. Jahrhunderts (Vorgeschichte)

Als Tage Kemp 1951 in seinem Lehrbuch »Genetics and Disease« den »Aufstieg der Humangenetik« beschrieb, griff er auf eine Vorgeschichte dieser Disziplin zurück, die bereits zu einer festen Ahnenreihe geronnen war.[1] Eine seit der Antike verbreitete »Ahnung« genetischer Zusammenhänge sei erstmals durch die Züchtungsexperimente Gregor Mendels in der zweiten Hälfte des 19. Jahrhunderts zu einem biologisch operationalisierbaren Kalkül geformt worden. Mendels berühmte Gesetze seien allerdings erst um die Jahrhundertwende zum 20. Jahrhundert durch Hugo de Vries, Carl Correns und Ernst Tschermak »wiederentdeckt« worden, als die derzeit auf der Statistik beruhende Erblehre mit der aufkommenden Zytogenetik fusioniert habe. Das Erbgut sei nunmehr im Zellkern verortet und seine Weitergabe zwischen den Generationen nach eindeutig bestimmbaren Regelmäßigkeiten beschrieben worden. Kemp betonte des Weiteren die Bedeutung seines Landsmannes Wilhelm Johannsen, der die begriffliche Unterscheidung von »Genotyp« und »Phänotyp« geprägt und die Vererbbarkeit erworbener Eigenschaften endgültig widerlegt habe. Die sich daran anschließenden Fortschritte spielten sich in Kemps Beschreibung hauptsächlich in der Pflanzen- und Tiergenetik ab. Vor allem die Forschungsgruppe um Thomas Hunt Morgan, die sich in erster Linie der Erforschung großer *Drosophila melanogaster*-Populationen widmete, und die strahlengenetischen Experimente Herman J. Mullers seien von großer Wichtigkeit gewesen. Hierdurch sei das Konzept einer linearen Anordnung der Gene auf den Chromosomen – »like beads on a string« – entstanden. Die menschliche Erbforschung hinkte dieser Entwicklung um viele Jahrzehnte hinterher, da ihr die Möglichkeit des Experiments fehle. Die Kopplung menschlicher Gene sei einzig auf den Geschlechtschromosomen nachweisbar gewesen, bis 1951 der welt-

---

[1] | Kemp: Genetics and Disease, S. 9-16 (Kapitel »The Rise of Human Genetics«).

weit erste Nachweis einer Genkopplung auf einem menschlichen Autosom am humangenetischen Institut der Universität Kopenhagen durch Jan Mohr gelungen sei. Die menschliche Erbforschung war bis dato laut Kemp vor allem auf statistisch-genealogische Methoden sowie Zwillingsstudien angewiesen. Von besonderem Wert für den Nachweise Mendelscher Vererbung beim Menschen seien auch Kreuzungen zwischen relativ distinkten menschlichen Rassen gewesen, wie sie beispielsweise der deutsche Anthropologe Eugen Fischer an den Rehobother Bastarden untersucht habe. Die Anthropologie der ersten Hälfte des 20. Jahrhunderts habe einige Fortschritte und einige Differenzierungen ihrer Untersuchungsinstrumente zu verzeichnen, von denen allerdings die Entdeckung der Blutgruppen und ihrer Erblichkeit die hervorstechendste gewesen sei. Zukünftig werde die menschliche Erbforschung, so Kemp, ihre Hoffnungen auf die Fortschritte der »biochemischen Genetik« setzen. Diese werde derzeit allerdings hauptsächlich durch die Forschung an Mikroorganismen vorangetrieben, während eine konkrete Übertragung auf die Humangenetik noch kaum in Sicht war. Kemp beschrieb zu guter Letzt eine Traditionslinie der Eugenik, die ihren Anfang mit Francis Galton genommen habe, der wiederum auf die Selektionstheorie Charles Darwins zurückgegriffen habe.[2] Weitere Vorläufer werden nicht erwähnt. Die Eugenik sei durch ihre Radikalisierung und den politischen Missbrauch im Nationalsozialismus stark diskreditiert worden. Diese Fehlentwicklung sei vor allem auf den totalitären Charakter des Regimes zurückzuführen. Eine »demokratische Eugenik«, die sich nicht in »Züchtungsfantasien« versteige, wie es der Nationalsozialismus getan habe, sondern sich streng an medizinischen Gesichtspunkten orientiere, habe weiterhin nichts von ihrer Daseinsberechtigung eingebüßt.

Mit dieser Chronologie des eigenen Fachs legte Kemp ein typisches Modell vor, das sich in den Schriften führender Vertreter der Humangenetik in Deutschland zu Beginn der 1950er Jahre in nahezu identischer Weise vorfand. Sei es in Lehrbüchern, in Grundsatzvorträgen oder Ähnlichem: Das Grundgerüst war gleich, während die im Einzelnen erwähnten Namen und Entdeckungen freilich variieren konnten.[3] Das grundlegende Narrativ entsprach hierbei einer Fortschrittsgeschichte, die auf einem kontinuierlichen Zuwachs der Kenntnisse und einer Ver-

---

2 | In einer anderen Einführungsschrift aus demselben Jahr verortete Kemp die Anfänge der Eugenik bereits bei antiken Vorläufern, Kemp: Arvehygiejne, S. 10-11.

3 | Vgl. für viele Verschuer: Genetik des Menschen, S. 1-5, der den Nationalsozialismus ausblendete, zusätzlich die Begründung der modernen »Populationsgenetik« durch Ronald A. Fisher, J.B.S. Haldane, Sewall Wright und Theodosius Dobzhansky erwähnte. Zudem behandelte Verschuer die jüngsten Entdeckungen der biochemischen Genetik ausführlicher, die sich im Jahr des Erscheinens seines Lehrbuchs, 1959, bereits wesentlicher deutlicher herauskristallisiert hatten, als dies acht Jahre zuvor, dem Zeitpunkt der Veröffentlichung von Kemps eingangs zitiertem Werk, der Fall gewesen war.

feinerung der Beobachtungsinstrumente seit der Antike beruhte und die einen maßgeblichen Sprung in der zweiten Hälfte des 19. Jahrhunderts zu verzeichnen hatte, der die Genetik im modernen Sinne einleitete. In der ersten Hälfte des 20. Jahrhunderts seien dann die Gesetzmäßigkeiten der formalen Weitergabe von Genen umfassend dokumentiert worden. Zugleich sei die Vorstellung der stofflichen »Verortung« der Gene im Organismus immer weiter konkretisiert worden. Beides zusammen habe die strenge Experimentalisierung der pflanzlichen und tierischen Genetik ermöglicht. In der menschlichen Erbforschung hätten sich die statistischen Methoden stetig verfeinert, woraus die Populationsgenetik hervorgegangen sei. Währenddessen habe sich der anthropologische Gegenstandsbereich fortlaufend vergrößert: über anthropometrische Daten, psychische Eigenschaften hin zu Blutgruppen, Proteinen und vielem mehr.

Was Kemp und seine Zeitgenossen allerdings nicht reflektierten, war der grundlegende epistemische Bruch, der der Entstehung der Genetik am Ende des 19. Jahrhunderts vorausgegangen war, den aber die gegenwärtige, wissenschaftsgeschichtliche Forschung sehr deutlich herausgestellt hat.[4] Die Vorstellung, dass alle biologischen Populationen, darunter auch die menschliche Bevölkerung, von einer irgendwie gearteten, allgemein geteilten »Erbmasse« beeinflusst wurden, stellte etwas grundsätzlich Neues dar. In ihrer Geschichte des Vererbungsbegriffs heben Hans-Jörg Rheinberger und Staffan Müller-Wille Charles Darwins Evolutionstheorie als wichtigsten Katalysator bei der Herausbildung eines genetischen Bevölkerungsbegriffs hervor: »Seit Darwin stand im Nachdenken über Vererbung allmählich weniger die Beziehung zwischen Vorfahren und Nachkommen im Vordergrund – die vertikale Verbindung zwischen Einzelorganismen –, sondern zunehmend ein horizontal vorgestelltes Verhältnis von Populationen und Generationen zu einem gemeinsamen Erbsubstrat.«[5] Man könnte formulieren: Der Bevölkerung, vormals Summe nebeneinanderstehender, vertikaler Einzelrelationen, wurde eine »genetische Ebene« unterlegt. Dadurch trat erstmals das gemeinsam geteilte Erbgut der »Gattung« in den Vordergrund wissenschaftlicher und bald darauf auch politischer Zugriffe.[6]

---

4 | Siehe vor allem Rheinberger/Müller-Wille: Vererbung; dies.: Das Gen im Zeitalter der Postgenomik; Max-Planck-Institut für Wissenschaftsgeschichte (Hg.): A Cultural History of Heredity III; Keller: Das Jahrhundert des Gens, S. 25-35.

5 | Rheinberger/Müller-Wille: Vererbung, S. 129. Vgl. auch dies.: Das Gen im Zeitalter der Postgenomik, S. 29.

6 | »Der Primat des Individuums wird abgelöst, und die ›Gattung‹ tritt an seine Stelle. Erst als die Erblehre die Abstraktion vom Individuum auf dessen biologisch-materiale Erbmasse vollzogen hat, werden auch diejenigen Kalküle wissenschaftlich untermauert, politisch vertretbar und praktisch operabel, deren Bezugspunkt die Spezies oder ›Rasse‹ ist.« (Weingart/Kroll/Bayertz: Rasse, Blut und Gene, S. 18)

Diese Entwicklung hatte jedoch keineswegs nur wissenschaftliche beziehungsweise theoretische Ursprünge. Sie stand in einem Wechselverhältnis mit gesellschaftlichen Veränderungen. Dies macht die anregende Studie des Historikers Philip Thurtle zum Aufkommen der »genetischen Rationalität« Ende des 19. Jahrhunderts sehr deutlich.[7] Thurtle verbindet das moderne genetische Denken mit der Entstehung eines korrespondierenden »epistemischen Raums«. Durch den Umgang mit immer größeren Datenmassen und der zunehmenden geografischen Mobilität von Gütern und Personen entstand eine neuartige Konzeptualisierung des Raums, die der Genetik Vorschub leistete: »Working on such large scales allowed one to define what I have previously called ›genetic identitiy‹ – a desire to identify the unchanging core of heritable material sealed off from the ravages of time and place.«[8] Thurtle hebt den Zusammenhang der globalen Zirkulation von Gütern, Menschen und Ideen und der Entstehung einer »genetischen Ebene« – eines »core of heritable material« – hervor. Diesen Konnex unterstreichen auch Müller-Wille und Rheinberger: »The emergence of heredity as a research attractor, as a discursive center, occurred in a knowledge regime that started to unfold when people, objects, and relationships among them were set into motion.«[9] Die steigende Mobilität in Gesellschaft und Wirtschaft stehe mit neuen Forschungspraktiken in Zusammenhang. Müller-Wille und Rheinberger beschreiben folglich einen epistemischen Umbruch, der auf gesellschaftliche, technologische und praktische Veränderungen zugleich zurückzuführen und nicht als lineare Entdeckungsgeschichte fassbar ist.

Aus der in der neueren Wissenschaftsgeschichte beschriebenen epistemischen Zäsur in der zweiten Hälfte des 19. Jahrhunderts ergab sich eine neuartige Leitunterscheidung. Der menschlichen Bevölkerung, die sich aus Individuen zusammensetzte – Individuen, die zunehmend in Bewegung, vor allem geografischer, begriffen waren – stand nun ihre »Erbmasse« gegenüber, deren Zusammensetzung keineswegs mit der Summe der Individuen identisch war. Diese genetische Ebene bildete ein eigenständiges Forschungsfeld. Sie bestand aus Erbeinheiten und nicht aus Menschen und gehorchte anderen, wesentlich langsameren Veränderungsrhythmen als die »oberflächlichen« Migrationsbewegungen und Bevölkerungs-

---

7 | Thurtle: The Emergence of Genetic Rationality.
8 | Ebd., S. 6.
9 | Müller-Wille/Rheinberger: Heredity, S. 13. Es folgt eine exemplarische Konkretisierung dieser allgemeinen Beobachtung: »Breeding new varieties for specific marketable characteristics, the exchange of specimens among botanical and zoological gardens, experiments in fertilization and hybridization of geographically separated plants and animals, the dislocation of Europeans and Africans that accompanied colonialism, and the appearance of new social strata in the context of industrialisation and urbanisation, all these processes interlocked in relaxing and severing cultural and natural ties and thus provided the material substrate for the emerging discourse of heredity.«

verschiebungen.¹⁰ Diese Unterscheidung einer Ebene anthropologischer Vielfalt und Kurzlebigkeit und einer genetischen Ebene bildete die Erbforschung ab dem Beginn des 20. Jahrhunderts vor allem in dem fundamentalen Begriffspaar von Genotyp und Phänotyp ab. Der Gesamtheit der Eigenschaften des Individuums unterlegte sie mit dem Genotyp ein »core of heritable material« analog der Differenz von Erbmasse und Population auf der Ebene der Bevölkerung. Es entstand jeweils eine Oberfläche, die von einem vergleichsweise dauerhaften Tiefenprinzip her erklärt werden konnte und musste.

Die Etablierung der genetischen Ebene beschränkte sich nicht allein auf einen zusätzlichen Forschungsbereich der menschlichen Biologie, sondern stellte vielmehr einen neuartigen Modus der Problematisierung des Menschen und der Gesellschaft bereit. Die grundlegende Unterscheidung der Ebenen der Individuen beziehungsweise der Bevölkerung und des Erbguts wurde für alle Bereiche menschlichen Lebens wie beispielsweise Wirtschaft, Politik, Kultur und Kunst relevant. Sie stellte einerseits eine notwendige Voraussetzung für die Entstehung der menschlichen Erbforschung – später der Humangenetik – in all ihren Erscheinungsformen dar, war andererseits jedoch zu keinem Zeitpunkt im 19. und 20. Jahrhundert auf diese Disziplin beschränkt. Die Relevanz der genetischen Ebene in anderen Wissenschafts- und Gesellschaftsbereichen führte zu einer Vielzahl interdisziplinärer Konjunkturen und außerfachlicher Allianzen der Humangenetik und ihrer Vorläufer: zur Anthropologie, zur Psychiatrie, zur Rassenforschung, vor allem auch zur Rassenpolitik des Nationalsozialismus, sodann zur Medizin, zur Molekularbiologie oder auch zur Gesundheits- und Familienpolitik, um nur wenige Beispiele zu nennen. Die »genetische Rationalität« (Thurtle) wirkte hierbei vor allem auch auf die gesellschaftlichen Entwicklungen zurück, durch die sie selbst hervorgebracht worden war. Diese gesellschaftlich-wissenschaftlichen Wechselwirkungen sind für das 19. sowie die erste Hälfte des 20. Jahrhunderts in der Forschungsliteratur bereits ausgiebig dokumentiert worden.¹¹

Für die Beschreibung der genetischen Ebene entwickelte sich anfangs ein ebenso schillerndes wie vielfältiges Vokabular, das erst im Laufe des 20. Jahrhunderts nach und nach vereinheitlicht wurde.¹² Zentrale Bedeutung erlangte der Begriff des »Gens«, der zugleich die Grundlage für die Unterscheidung von

---

10 | Dies bedeutete gleichsam, dass ihre »Verbesserung« aufwendiger und nur in langen Zeiträumen zu bewerkstelligen und ihre »Verschlechterung« – einmal begonnen – nur mit großer Anstrengung zu bremsen war.

11 | Vgl. hierzu die umfangreiche Chronologie von rechtlichen, politischen, wissenschaftlichen, gesellschaftlichen und weiteren Kontexten der Eugenik und Humangenetik vom 18. Jahrhundert bis zur Gegenwart bei Fuchs: Life Science, sowie die Arbeiten aus dem Max-Planck-Institut für Wissenschaftsgeschichte.

12 | In der Historiografie viel zitierte Beispiele sind Alfred Ploetz' Begriff des »Lebensstroms«, August Weismanns »Keimplasma« oder auch der auf Correns zurückgehende, bis heute gebräuchliche Begriff der »Erbanlagen«. Siehe auch Keller: Das Jahrhundert des Gens, S. 12.

Genotyp und Phänotyp bildete und zu Beginn des Jahrhunderts vor allem durch Wilhelm Johannsen geprägt worden war.[13] Im Rahmen der Genetik von Bevölkerungen löste der Begriff »Genpool« erst in den 1950er Jahren die vorangehenden Versuche ab, die »Erbmasse« von Populationen begrifflich zu standardisieren.[14] Damit waren die zwei zentralen Begriffsdoppel Genotyp-Phänotyp und Genpool-Population, die die genetische Ebene von Individuen beziehungsweise Gruppen markierten, zu Beginn des Untersuchungszeitraums der vorliegenden Studie im Wesentlichen etabliert. Dies bedeutet keineswegs, dass das Verhältnis der genetischen Ebene zur Bevölkerung und zum Individuum eindeutig gewesen wäre. Im Gegenteil speiste sich die Produktivität der Unterscheidung gerade daraus, dass sie einen unüberschaubaren Problemhorizont eröffnete, anstatt ihn ein für allemal abzustecken. Auf dem Internationalen Kongress für Humangenetik in Kopenhagen 1956 formulierte der Schwede Tage Larsson: »The interaction between the size, structure and general conditions of a population on the one hand, and the composition, distribution and actions of the gene-mass on the other, presents a great many difficult problems.«[15] Die grundlegende Differenz zwischen Bevölkerung und Genpool beruhte mitnichten auf einer eindeutigen Beziehung zwischen beiden. Ihre »Interaktion« zu verstehen und zu präzisieren, stellte ein prinzipiell unabschließbares, sich stetig wandelndes Forschungsfeld für verschiedene disziplinäre Kontexte, insbesondere die Populationsgenetik, Medizinische Genetik und Anthropologie, dar.[16]

Doch nicht nur in der Forschung hatte sich ein nicht mehr grundsätzlich in Frage gestelltes genetisches Verständnis etabliert. Zu Beginn des Untersuchungszeitraums war die Beziehung von Mensch und Gesellschaft zu einer unterliegenden genetischen Ebene integraler Bestandteil des menschlichen Selbstverständnisses geworden. Otmar Freiherr von Verschuer formulierte in einem Vortrag aus dem Jahr 1956 sehr deutlich, dass das Denken in genetischen Kategorien eine ir-

---

13 | Johannsen: Om arvelighed i samfund og i rene linier; ders.: Erblichkeit in Populationen und in reinen Linien; siehe auch Müller Wille: Leaving Inheritance Behind; Roll-Hansen: Sources of Wilhelm Johannsen's Genotype Theory.
14 | Adams: From »Gene Fund« to »Gene Pool«.
15 | Larsson: The Interaction of Population Changes and Heredity, S. 333.
16 | Unterschiedlich waren beide Ebenen hierbei nicht nur in ihren Bestandteilen, sondern auch in ihrer jeweiligen Rhythmik von Kontinuität und Wandel. Larsson referierte weiter: »It may be stated that the changes in the composition of the gene-mass in connection with the transfer of genes from one reproducing generation to the next take place very slowly. [...] In the long run, however, these specifically genetic changes will be important.« (Larsson: The Interaction of Population Changes and Heredity, S. 336) Die Veränderungen in der »Genmasse« entsprachen nur mittelbar einem »Generationstakt«. Sie liefen in der Regel wesentlich langsamer ab. Vgl. auch Herman J. Mullers Ausführungen auf dem selben Kongress, der die »elimination rate of individuals« von derjenigen von »mutant genes« unterschied, Muller: Further Studies, S. 5.

reversible Schwelle überschritten hatte: »Das Wissen um die Vererbung hat nicht nur dem Arzt, sondern uns Menschen ganz allgemein eine neue Verantwortung auferlegt: die Verantwortung für das kommende Geschlecht, für Kinder und Kindeskinder. Seitdem es eine wissenschaftlich begründete Erbprognose gibt, kann und darf nicht mehr so gelebt werden, als ob es dieses Wissen nicht gäbe; dieses Wissen muß vielmehr unser Handeln und unsere Entscheidungen mitbestimmen.«[17] Im Hinblick auf das Verständnis menschlicher Fortpflanzung und den Zusammenhang der Generationen war die genetische Ebene nicht mehr wegzudenken, gerade auch, weil die Art dieser Beziehung sowie die Konsequenzen, die daraus zu ziehen waren, ständigen Kontroversen unterlagen.

In den 1950er Jahren gewannen in Deutschland und Dänemark diejenigen Genetiker die Oberhand, die die Versuche, in die genetische Ebene einzugreifen – namentlich mittels eugenischer Maßnahmen –, als ein primär »medizinisches« Problem zu definieren versuchten. Dieser Prozess wurde in der Retrospektive vielfach als »Medikalisierung« beschrieben.[18] Insbesondere im Rahmen einer rhetorischen Distanzierung von der Rassenpolitik des »Dritten Reichs« deklarierten Humangenetiker alle Absichten, die sich auf die Zusammensetzung des Genotyps bzw. des Genpools richteten, von nun an als »präventivmedizinisch« und in erster Linie dem Individuum beziehungsweise der Familie dienend. Humangenetische Experten wollten die Beeinflussung der genetischen Ebene stärker mit klinischen Zusammenhängen assoziiert wissen und grenzten sie – zumindest nominell – von politischen Steuerungsmaßnahmen ab. Es ist darauf hinzuweisen, dass es hier in erster Linie um die Veränderung des Vokabulars sowie damit verbundene professionspolitische Deutungskämpfe ging. Die diskursiven Verschiebungen des humangenetischen Diskurses der 1950er und 1960er Jahre spielten sich, wie der Hauptteil zeigen wird, nicht primär zwischen den Polen Medizin–Politik oder Individuum–Bevölkerung ab.

Stammbäume

Zu Beginn des Untersuchungszeitraums in den 1950er Jahren hatten sich verschiedene Strategien der Sichtbarmachung der genetischen Ebene etabliert. Die Entwicklung der Technologien, den Genpool von Gruppen beziehungsweise den Genotyp von Individuen zu modellieren, ist bis zur zweiten Hälfte des 20. Jahrhunderts ebenfalls bereits gut dokumentiert worden.[19] Eines der gän-

---

17 | Otmar Freiherr von Verschuer: Eugenik, biologisch und ethisch. Referat auf der Tagung der westfälischen Arbeitsgemeinschaft »Arzt und Seelsorger«, 17.11.1956 (MPG-Archiv, Abt III Rep 86A Nr. 74), S. 10. Ähnlich schreibt Ute Planert über eine »biologische Modernitätsschwelle« im Hinblick auf Gesellschaften, die ihre Biopolitik vom Individuum auf die Gattung verlegen, Planert: Der dreifache Körper des Volkes, S. 545.
18 | Vgl. Weingart/Bayertz/Kroll: Rasse, Blut und Gene, S. 631-668.
19 | Siehe z.B. Max-Planck-Institut für Wissenschaftsgeschichte (Hg.): A Cultural History of Heredity IV sowie den Überblick durch Kaufmann: Eugenik. Die im Folgenden vorzustellenden

gigsten Mittel der menschlichen Erbforschung, um die Bewegung von Genen bzw. Genkombinationen über mehrere Generationen hinweg zu verfolgen, stellten in Forschung und Anwendung Stammbäume dar. Von diesem Mittel hatte bereits Francis Galton im 19. Jahrhundert ausgiebigen Gebrauch gemacht (Abb. 1). Die Verwendung von grafischen Stammbäumen erfolgte bei Galton noch vergleichsweise unsystematisch. Nichtsdestoweniger fungierten sie als Annäherungsversuche an das eigentlich Nicht-Abbildbare: die Weitergabe von Erbanlagen auf der genetischen Ebene. Die im Stammbaum enthaltenen Personen standen stellvertretend für Begabungen – ablesbar am sozialen Status –, die auf eine entsprechend zu bewertende genetische Ausstattung der Person hinwiesen. Diese genetische Ausstattung »wanderte« unterhalb der Familienbeziehungen, die gewissermaßen als Oberfläche der Bewegungen der genetischen Ebene zu denken waren. In der Anfangsphase der menschlichen Genetik fanden zudem figurative Stammbäume noch weite Verbreitung, die es in vergleichbarer Weise zu Galtons Stammbäumen gestatten sollten, vom sozialen »Erscheinungsbild« auf die genetische Ausstattung zu schließen.[20] Das bekannteste Beispiel dürfte die viel zitierte »Juke«-Familie sein, die in den 1870er Jahren vor allem durch eine Veröffentlichung des US-Amerikaners Richard L. Dugdales bekannt wurde.[21] Ihre »Erbregistratur« wurde später vom Eugenics Record Office in Cold Spring Harbor weiter geführt. Der plastisch ausgestaltete Stammbaum der Familie mit detaillierten figürlichen Zeichnungen fand im Zuge der Popularisierung der menschlichen Erbforschung und Eugenik in Deutschland und Dänemark große Verbreitung, unter anderem durch den dänischen Politiker Karl Kristian Steincke in den 1920er Jahren.[22]

Forschungs- und Darstellungsinstrumente haben sich in wechselseitiger Abhängigkeit voneinander entwickelt. Ihre Entstehung spielte sich zudem im Schnittfeld verschiedener Disziplinen wie der Botanik, Zoologie, Psychiatrie, Statistik, Anthropologie, Eugenik und anderen ab, die alle zur Entstehung eines spezifisch genetischen Instrumentariums beisteuerten.

20 | Siehe Rafter: White Trash. Steven A. Gelb argumentiert, dass die sich formierende Eugenik derartige Familienuntersuchungen aus der älteren »Degenerationsforschung« des 19. Jahrhunderts übernahm, Gelb: Degeneracy Theory, S. 242.
21 | Fuchs: Life Science, S. 71.
22 | Steincke: Fremtidens Forsørgelsesvæsen, S. 238-239. Nach Lene Koch gewann diese »Beispielfamilie« auch bei anderen Autoren und in den dänischen Massenmedien zu dieser Zeit eine große Popularität, Koch: Racehygiejne i Danmark, S. 57-58, insbes. Fn. 39. Vergleichbaren Status erlangten die Fälle Kallikak, Nam, Zero und Hill.

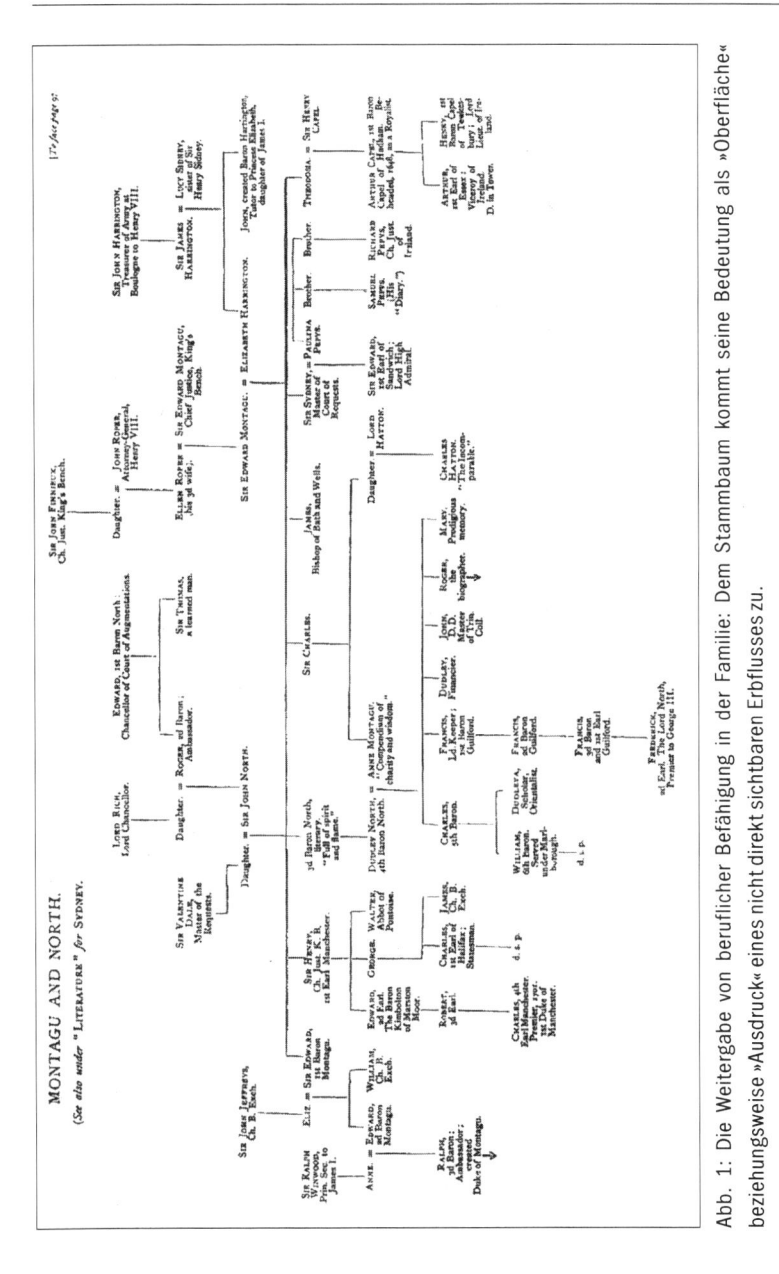

Abb. 1: Die Weitergabe von beruflicher Befähigung in der Familie: Dem Stammbaum kommt seine Bedeutung als »Oberfläche« beziehungsweise »Ausdruck« eines nicht direkt sichtbaren Erbflusses zu.

Zu dieser Zeit war die Standardisierung der menschlichen Erbforschung bereits weit fortgeschritten; figurative Stammbäume dienten einzig noch zur Erzeugung öffentlichen Interesses für die Erbforschung, während im Wissenschaftsbetrieb nahezu ausschließlich formalisierte Stammbäume verwendet wurden.[23] Sie dienten

---

23 | Siehe hierzu die Beispiele in Kapitel 4.1.

meist dazu den Erbgang einzelner normaler und pathologischer Eigenschaften zu visualisieren.[24] Die vormals verwendeten Personennamen inklusive Kurzcharakterisierungen sowie die figurativen Abbildungen waren Quadraten, Kreisen und Dreiecken mit unterschiedlicher Einfärbung gewichen.[25] Dadurch wurde immer eindeutiger, dass es einzelne bzw. Bündel von Genen waren, deren »Weg« man im »Gewimmel der Äste« verfolgen konnte. Man sah quasi, wie einzelne Erbanlagen sich verbargen, auf der genetischen Ebene allerdings erhalten blieben, um sich später erneut zu manifestieren. Im Zuge der »Wiederentdeckung Mendels« zu Beginn des 20. Jahrhunderts wurden Stammbäume hierbei zu Instrumenten, den Nachweis Mendelscher Vererbung auch beim Menschen zu erbringen. Durch den Abgleich schematisierter Erbgänge und empirischer Stammbäume von »erbkranken Familien« ließen sich die mendelnden Gene durch die Generationen verfolgen. Wo sich das erreichbare empirische Material vermeintlich monogen vererbter Eigenschaften mit den zu erwartenden Erbgängen in besonders gut nachvollziehbarer Weise deckte, entstanden wieder und wieder zitierte, fast ikonenhafte Stammbäume. Dies galt neben einigen anderen für die autosomal-dominant erbliche Brachydaktylie oder die gonosomal-rezessiv vererbte Hämophilie. Die Materialität der Erbanlagen brauchte hierzu nicht bekannt zu sein. In der humangenetischen Familienberatung sowie im anthropologischen Gutachterwesen blieben Stammbäume bis zum Ende meines Untersuchungszeitraums von großer Bedeutung. Auch büßten sie ihre zentrale heuristische Bedeutung in Wissenschaft und Praxis zu Zeiten der biochemischen und molekularen Humangenetik keineswegs ein.

Statistik

Eine zweite Technologie, die ebenfalls von Francis Galton für die menschliche Erbforschung popularisiert worden war, ist die Statistik.[26] Sie gewann einen beträchtlichen Wert für die menschliche Erbforschung dadurch, dass sie es erlaubte, menschliche Gesellschaften als »Quasi-Fortpflanzungsexperimente« berechnen zu können. Die »Wiederentdeckung« der Mendel'schen Versuche und ihre umfassende Operationalisierung in der Tier- und Pflanzengenetik ließ das zentrale forschungspraktische Manko der Humangenetik aufscheinen: Die Vererbung

---

24 | Laut Daniel J. Kevles waren zwei der frühesten Merkmale, bei denen eine einfache mendelnde Vererbung zu Beginn des 20. Jahrhunderts beim Menschen nachgewiesen werden konnten, die Augenfarbe sowie die Stoffwechselkrankheit Alkaptonurie, Kevles: Die Geschichte der Genetik und Eugenik, S. 13.
25 | Wilson: Pedigree Charts; Gausemeier: Pedigree vs. Mendelism.
26 | Während zur Entstehung der modernen Statistik im Allgemeinen bereits einige Untersuchungen vorliegen, wurde ihr historisches Zusammenspiel mit der Entstehung der Genetik bislang zwar vielfach punktuell, jedoch noch in keiner übergreifenden Studie erforscht, siehe die bereits klassischen Studien Hacking: The Taming of Chance; Krüger/Daston/Heidelberger (Hg.): The Probalistic Revolution, Bd. 1; Krüger/Gigerenzer/Morgan (Hg.): The Probabilistic Revolution, Bd. 2; Porter: The Rise of Statistical Thinking.

beim Menschen konnte nicht mittels Kreuzungsexperimenten erforscht werden. Dieses Problem ließ sich zwar nicht umgehen, jedoch kompensieren durch die Verfeinerung der erbstatistischen Methoden, die es erlaubten »natürlich« begrenzte Fortpflanzungsgemeinschaften des Menschen statistisch zu erfassen und Häufigkeitsaussagen über normale und pathologische, erbliche Eigenschaften in diesen Gruppen anzustellen.[27] Indem Anthropologen und Erbforscher Verwandtschaftsverhältnisse von auffälligen Individuen in großer Zahl erforschten – wozu statistische Methoden unerlässlich waren –, ließ sich den Defekte und Pathologien verursachenden Erbanlagen auf der genetischen Ebene menschlicher Bevölkerungen nachspüren. Der Schwede Herman Lundborg fertigte in den ersten Jahrzehnten des 20. Jahrhunderts eine paradigmatische Untersuchung von über 2.200 Einwohnern einer ländlichen, schwedischen Region – eines vermeintlichen genetischen »Isolats« – an.[28] Durch die Eingrenzung solcher, vorgeblich geschlossener Untersuchungssamples konstruierten Erbforscher Forschungsfelder, in deren Rahmen die genetische Ebene durch die Erfassung phänotypischer Häufungen statistisch modelliert und nachverfolgt werden sollte.

In der Auseinandersetzung mit Anthropologie und menschlicher Erbforschung entwickelte sich die Erbstatistik im Laufe des 20. Jahrhunderts maßgeblich weiter.[29] Als Beispiel sei hier nur das weithin bekannte »Hardy-Weinberg-Gesetz« genannt, das zu Beginn des 20. Jahrhunderts formuliert wurde.[30] Dessen Formel zur Berechnung von Genfrequenzen geht von einem Idealzustand aus. Es gilt im Grunde nur in einer sehr großen, zugleich »panmiktischen«, also von Selektionsschranken aller Art freien Population. In dieser würde sich sodann ein »Selektionsgleichgewicht« zwischen Mutation und Selektion einstellen, so die Annahme. Der epistemologische Wert entstand nun gerade aus der Kontrafaktizität dieses Gesetzes und der Notwendigkeit, es immer wieder mit dem tatsächlichen Fortpflanzungsgeschehen von Bevölkerungen abzugleichen. Die Unvereinbarkeit empirischer Beobachtungen mit erbstatistischen Berechnungen führte keineswegs zu ihrer Diskreditierung, sondern machte immer neue Desiderate auf beiden Seiten sichtbar. Einerseits müssten die statistischen Instrumente differenziert werden, andererseits sollte die zur Verfügung stehende Empirie rasch erweitert werden. Unabhängig davon war es eben die systematische Nicht-Übereinstimmung von Modell und Beobachtung, die versprach, evolutionäre Prozesse sichtbar zu machen. Die disziplinäre Festigung der »Populationsgenetik« basierte wesentlich auf dieser Verheißung. Sie stellte sich allerdings erst in den 1920er Jahren ein und war vor allem mit den Namen Sewall Wright, Ronald A. Fisher und

---

27 | Vgl. Lipphardt: Isolates and Crosses, S. S75.
28 | Lundborg: Medizinisch-biologische Familienforschungen.
29 | Der Briefwechsel zwischen dem Mathematiker Wilhelm Weinberg und dem Psychiater und Erbforscher Ernst Rüdin aus den ersten Jahrzehnten des 20. Jahrhunderts bietet einen ebenso anschaulichen wie wichtigen Ausschnitt dieser Entwicklung (MPIP-HA, GDA 86).
30 | Weber: Ernst Rüdin, S. 101-104.

J.B.S. Haldane verbunden.[31] Die Überzeugungskraft der Populationsgenetik lag vor allem in der scheinbar exakten mathematischen Beschreibbarkeit der evolutionären Vorgänge Mutation, Selektion und Anpassung. Den Grad, in dem genetisch erfasste Populationen von erbstatistischen Idealmodellen abwichen, führten Populationsgenetiker auf die Wirkung spezifischer Evolutionsfaktoren in diesen Bevölkerungen zurück. Dass sich die menschliche Evolution in formalisierten Modellen ausdrücken ließ, gestattete zudem die weltweite Vergleichbarkeit ihrer unterschiedlichen Wirkung in lokal und/oder sozial eingegrenzten Isolaten.

Die statistischen Methoden forcierten die Attraktivität umfassender humangenetischer Erfassungsprojekte und Register. Erbstatistische Rechnungen erforderten nach Möglichkeit sehr große Gruppen, die nicht nur in homogener Weise verdatet, sondern zudem auslesefrei waren. Diesen Anforderungen schien am besten mittels ausgedehnten Erbregistern begegnet werden zu können. Den Prototyp eines solchen Vorhabens stellte das 1912 in Cold Spring Harbor im US-amerikanischen Bundesstaat New York von Charles S. Davenport eröffnete »Eugenics Record Office« dar.[32] Unterstützt durch verschiedene Institutionen vor allem aus der Psychiatrie sammelte Davenport Daten über vermeintlich erbkranke Patienten, ihre Biografie und ihre Familien. Es ging bei diesem Register wie später bei dem dänischen Erbkrankheitsregister ab 1938 darum, die Bevölkerungsentwicklung so »transparent« zu machen, dass die zugrundeliegende genetische Ebene sichtbar gemacht werden konnte.[33] Das dänische Register, das im folgenden Kapi-

---

31 | Weß: Einleitung, S. 28-31. Die Entstehung der Populationsgenetik geht mit der »Synthetischen Evolutionstheorie« einher, die die Vererbung nach Mendel, die die experimentelle Genetik der ersten beiden Jahrzehnte des 20. Jahrhunderts geprägt hatte, mit der wiederbelebten Selektionstheorie Darwins verband, vgl. Rheinberger/Müller-Wille: Vererbung, S. 202-203. Siehe des Weiteren Norton: Fisher's Entrance into Evolutionary Science; Mayr/Provine (Hg.): The Evolutionary Synthesis; Bodmer: Early British Discoveries in Human Genetics; Provine: The Origins of Theoretical Population Genetics; Bowler: Evolution; Cain: Rethinking the Synthesis Period. Ein Gegner der Vereinbarkeit erbstatistischer Untersuchungen am Menschen mit den Mendel'schen Gesetzen war zuvor beispielsweise Karl Pearson, der Leiter des Galton Laboratory for National Eugenics in London, gewesen, Kevles: Die Geschichte der Genetik und Eugenik, S. 16. Zur anfangs sehr zögerlichen internationalen Rezeption der Synthetischen Evolutionstheorie und der Populationsgenetik siehe Lipphardt: Isolates and Crosses, S. S73-S74.

32 | Allen: The Eugenics Record Office.

33 | »The hope in compiling this information was to establish a clearinghouse of information on the germplasm, which would help researchers view the complex inheritance patterns of a slow breeding organism that remained mostly hidden to the unaided eye.« (Thurtle: The Emergence of Genetic Rationality, S. 291) Die Vorläufer des landesweiten erbpathologischen Registers in Dänemark liegen in dem bereits 1904 gegründeten Anthropologischen Komitee (*Antropologisk Komité*), das vor allem mit dem Namen des Anthropologen Søren Hansen verbunden ist, siehe Koch: Racehygiejne in Danmark, S. 147-150.

tel ausführlich beschrieben wird, sollte es erlauben, die Verbreitung und Entwicklung der »krankhaften Erbanlagen« auf der genetischen Ebene in Beziehung zu einem geografisch abgeschlossen Raum »zu verfolgen« und »zu kontrollieren«.[34] Vergleichbare Vorhaben wurden von deutschen Rassenhygienikern ebenfalls gefordert. Die »Erbregistratur« des Deutschen Reiches wurde vor allem im Nationalsozialismus vorangetrieben und hierbei durch die flächendeckende Einrichtung der Erbgesundheitsämter zu systematisieren versucht, was führende Erbforscher nachdrücklich begrüßten.[35] Darüber hinaus erfuhren zahlreiche mehr oder weniger akademisch fundierte bevölkerungsbiologische Erhebungen, verstreut über das ganze Reichsgebiet, erheblichen Aufwind.[36] Am Ende sollte die Vollerfassung der »kranken Erblinien« des gesamten Volkes stehen.[37] Nach dem Zweiten Weltkrieg gab die deutsche Humangenetik diese Vorhaben keineswegs auf, musste sie jedoch angesichts der in Verruf geratenen nationalsozialistischen Rassenhygiene mühsam und punktuell wieder aufbauen, wie beispielsweise in Westfalen, wobei nun das dänische Erbkrankheitsregister als erklärtes Vorbild galt.[38]

Ein zentrales Feld der Symbiose von Statistik und Genetik stellte die Psychiatrie dar.[39] Um die Wende vom 19. zum 20. Jahrhundert entdeckten menschliche Erbforscher sowohl in Dänemark als auch in Deutschland die psychiatrischen Anstalten als humangenetische Forschungsfelder. In Dänemark ist hierbei vor allem an den Einfluss der Psychiater Christian Keller, Hans Otto Wildenskov und August Wimmer auf die Entstehung einer eugenischen und rassenhygienischen Bewegung sowie die »Keller'sche Schwachsinnigenanstalt« (*Kellerske Aandssvageanstalt*) zu denken.[40] In Deutschland wurde der Schweizer Ernst Rüdin zu einer zentralen Figur der psychiatrischen Genetik. Er veröffentlichte eine maßgebliche Untersuchung zur Erblichkeit der Schizophrenie, war an der Gründung der Genealogisch-Demographischen Abteilung des Kaiser-Wilhelm-Instituts für Psychiatrie beteiligt

---

34 | Brief von Tage Kemp an Det lægevidenskabelige Fakultet, 17.1.1950 (RA, Københavns Universitet, Afdeling for Medicinsk Genetik, Institutsager, Lb.nr. 2).

35 | Vgl. z.B. Verschuer: Praktische Erbprognose, S. 76; Schade: Erbbiologische Bestandsaufnahme.

36 | Siehe hierzu Etzemüller: Die große Angst. Einschlägige Beispiele sind die bereits in den 1920er Jahren begonnene Untersuchung der Elbinsel Finkenwerder durch Walter Scheidt, die Rassenuntersuchungen Schlesiens unter der Ägide Egon Freiherr von Eickstedts oder auch die Erfassung von »Problemzonen« wie der Vulkaneifel oder der Rhön. Siehe auch Pyta: »Menschenökonomie«; Roth: »Erbbiologische Bestandsaufnahme«.

37 | Vgl. zu diesem Ziel Ernst Rüdin: Berufungsverfahren Universität Uppsala: Gutachten für Sjögren und Dahlberg, 1935 (MPIP-HA, GDA 113).

38 | Siehe hierzu Kapitel 3.1.

39 | Siehe auch Mazumdar: Two models for human genetics.

40 | Koch: Racehygiejne i Danmark; Hansen: Something Rotten in the State of Denmark, insbesondere S. 16-23; Kirkebæk: Da de åndssvage blev farlige.

und entwickelte in der Folge die Methode der »Empirischen Erbprognose«.[41] Dabei ging es vor allem darum, trotz der Uneindeutigkeit der Erbgänge psychischer Krankheiten mit statistischen Methoden zu eugenisch verwertbaren Aussagen über die Erkrankungswahrscheinlichkeit von Nachkommen zu gelangen.

Zwillingsforschung

Eine weitere zentrale Technologie, mit der die Lesbarkeit der genetischen Ebene hergestellt werden sollte, war die Zwillingsforschung. Phänotypische und biografische Ähnlichkeiten deuteten in den Augen der Zeitgenossen direkt auf den Genotyp hin. Derartige Untersuchungen regte bereits Galton an.[42] Auf dem Wege des Vergleichs von Zwillingen meinte man die genuin erblichen Faktoren von den umweltbedingten Einflüssen, die die soziale und medizinische Biografie eines Individuums prägten, scheiden zu können und somit einen nahezu direkten Zugang zur genetischen Ebene vorliegen zu haben. Das Aufwachsen zweier eineiiger Geschwister simulierte gewissermaßen ein genetisches Experiment mit zwei Probeläufen bei identischen genetischen Ausgangsbedingungen. In Deutschland widmete sich vor allem Otmar Freiherr von Verschuer der Zwillingsforschung, insbesondere im Rahmen einer Kartei am Kaiser-Wilhelm-Institut für Anthropologie, menschliche Erblehre und Eugenik.[43] In Dänemark wurden am Kopenhagener humangenetischen Institut ebenfalls Zwillingspaare registriert; das landesweite »Dänische Zwillingsregister« (*dansk tvillingsregister*) wurde allerdings erst 1954 verselbständigt. Einige Humangenetiker und humangenetische Einrichtungen pflegten die Zwillingsforschung auch in der zweiten Hälfte des 20. Jahrhunderts, sie büßte jedoch bereits ab den 1950er und 1960er Jahren immer stärker an Bedeutung ein.[44]

---

41 | Siehe Weber: Ernst Rüdin; Mazumdar: Two Models for Human Genetics. Siehe zur Institutionengeschichte zudem Weber: Rassenhygienische und genetische Forschungen; ders./Burgmair: Das Max-Planck-Institut für Psychiatrie.

42 | Galton: The History of Twins. Siehe auch Mai: Humangenetik im Dienste der »Rassenhygiene«.

43 | Laut Richard Fuchs hatte eine »systematische Zwillingsforschung« in Deutschland erstmals im Jahr 1923 eingesetzt und ist im Wesentlichen mit den Namen Hermann Werner Siemens und Wilhelm Weitz, einem langjährigen Arbeitskollegen Otmar Freiherr von Verschuers, verbunden, Fuchs: Life Science, S. 215-216.

44 | Siehe hierzu die streckenweise apologetische Tendenz der entsprechenden Beiträge auf dem Ersten Internationalen Kongress für Humangenetik in Kopenhagen im Jahr 1956, Kemp/Hauge/Harvald (Hg.): Proceedings IV, S. 7-52.

Experimentelle Genetik

Von entscheidender Bedeutung für die allgemeine Genetik und dadurch auch für die Humangenetik sind Experimente mit Pflanzen, Tieren und später auch Mikroorganismen. Die im Experiment verwendeten Modellorganismen dienten der Erforschung allgemeiner Strukturen biologischer Vererbung, die prinzipiell auch für andere Spezies wie den Menschen Geltung beanspruchen konnten. Nach Hans-Jörg Rheinberger und Staffan Müller-Wille konnte sich »das Gen« erst durch systematische Tierversuche zu einem »epistemischen Objekt« verdichten.[45] Vor allem Thomas Hunt Morgan gelang es 1910 im Rahmen seiner berühmten Versuche mit Taufliegen zu beweisen, dass die Erbanlagen von Organismen über die Chromosomen weitergegeben werden. Die tatsächliche Wirkungsweise und Beschaffenheit der Gene blieb jedoch weitgehend unbekannt: »De facto blieb die Praxis der Transmissionsgenetik darauf beschränkt, dass man identifizierbare Aspekte des Phänotyps als Hinweise auf die formalen Strukturen des Genotyps interpretierte. In welcher Weise die Gene auf den Phänotyp wirkten, blieb dabei ebenso oft ausgeklammert wie die Frage nach ihrer materiellen Konstitution.«[46] Obwohl die experimentelle Genetik in der ersten Hälfte des 20. Jahrhunderts zu keiner konkreten materiellen Vorstellung der Gene führte, außer dass diese auf den im Zellkern liegenden Chromosomen zu verorten seien, ließ sich der zuvor eröffnete epistemische Raum der Vererbung nun systematisch und detailliert vermessen. Die räumliche Anordnung der Gene auf den Chromosomen konnte »kartiert« werden; die genetische Ebene wurde somit einem unentdeckten Gebiet analog erkundet und verzeichnet. Eine erste solche »Genkarte« veröffentlichte Morgan gemeinsam mit seinen Schülern im Jahr 1915.[47] Auf der Grundlage der Wahrscheinlichkeit, mit der sich einzelne, isolierbare Eigenschaften gemeinsam vererbten, ließ sich aus massenweisen Kreuzungsexperimenten der relative Abstand der entsprechenden Erbanlagen bestimmen. Hierbei galt die einfache Annahme: Je höher die Wahrscheinlichkeit einer gemeinsamen Vererbung ausfiel, desto näher lagen die Genorte beieinander. Auch wenn die tatsächlichen Abstände unbekannt waren, hatte ihre grafische Umsetzung eine außerordentliche Suggestivkraft in Bezug auf die Sichtbarkeit der genetischen Ebene (Abb. 2). Genetische Tierexperimente in größerem Umfang verbreiteten sich mit einiger Verspätung auch in Deutschland und Dänemark und stellten zu Beginn meines

---

45 | Rheinberger/Müller-Wille: Vererbung, S. 183.
46 | Ebd., S. 202.
47 | Morgan u.a.: The Mechanism of Mendelian Heredity. Eine homologe Kartierung stand für den Menschen lange Zeit nicht in Aussicht, sie wurde aber bereits seit den 1930er Jahren theoretisch angeregt, siehe Hogben: Genetical Principles, S. 82; Morton: The Development of Linkage Analysis.

Untersuchungszeitraums ein etabliertes Forschungsfeld dar, das Entscheidendes zur Unterstützung humangenetischer Forschungsanliegen beitrug.[48]

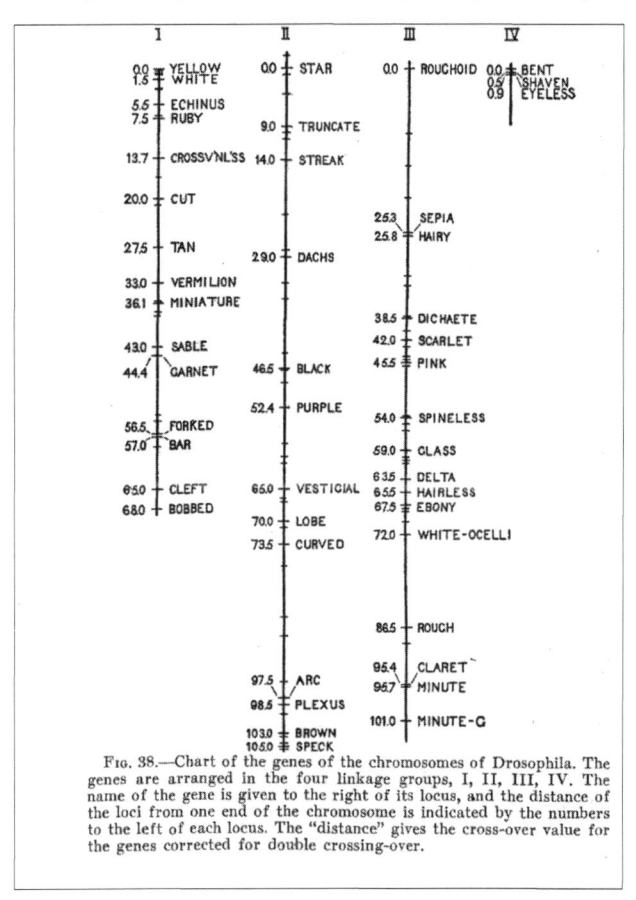

```
                    I                    II              III                 IV
        0.0 ⫶ YELLOW         0.0 ⫶ STAR        0.0 ⫶ ROUCHOID    0.0 ⫶ BENT
        1.5 ⫶ WHITE                                                0.2 ⫶ SHAVEN
        5.5 ⫶ ECHINUS                                               0.9 ⫶ EYELESS
        7.5 ⫶ RUBY            9.0 ⫶ TRUNCATE
       13.7 ⫶ CROSSV'NL'SS   14.0 ⫶ STREAK

       20.0 ⫶ CUT
                                                 25.3 ⫶ SEPIA
       27.5 ⫶ TAN            29.0 ⫶ DACHS        25.8 ⫶ HAIRY
       33.0 ⫶ VERMILION
       36.1 ⫶ MINIATURE
                                                 38.5 ⫶ DICHAETE
       43.0 ⫶ SABLE                              42.0 ⫶ SCARLET
       44.4 ⫶ GARNET         46.5 ⫶ BLACK        45.5 ⫶ PINK

                             52.4 ⫶ PURPLE
       56.5 ⫶ FORKED                             54.0 ⫶ SPINELESS
       57.0 ⫶ BAR                                59.0 ⫶ GLASS
                                                 63.5 ⫶ DELTA
       65.0 ⫶ CLEFT          66.0 ⫶ VESTIGIAL   65.5 ⫶ HAIRLESS
       68.0 ⫶ BOBBED                             67.5 ⫶ EBONY
                             70.0 ⫶ LOBE
                             73.5 ⫶ CURVED      72.0 ⫶ WHITE-OCELLI

                                                 86.5 ⫶ ROUGH
                                                 95.4 ⫶ CLARET
                             97.5 ⫶ ARC          95.7 ⫶ MINUTE
                             98.5 ⫶ PLEXUS
                                                101.0 ⫶ MINUTE-G
                            103.0 ⫶ BROWN
                            105.0 ⫶ SPECK
```
FIG. 38.—Chart of the genes of the chromosomes of Drosophila. The genes are arranged in the four linkage groups, I, II, III, IV. The name of the gene is given to the right of its locus, and the distance of the loci from one end of the chromosome is indicated by the numbers to the left of each locus. The "distance" gives the cross-over value for the genes corrected for double crossing-over.

Abb. 2: Vereinfachte Genkarte von *Drosophila melanogaster*. Die Gene sind mit relativen Abständen zueinander angegeben, die sich aus der Wahrscheinlichkeit ergeben, in Kreuzungsexperimenten gemeinsam weitervererbt zu werden. Nichtsdestotrotz deuten die relativen Abstände auf tatsächliche, aber unbekannte räumliche Distanzen zwischen molekularen Einheiten auf den Chromosomen hin.

---

48 | Von großer Bedeutung in Deutschland war die Abteilung für experimentelle Erbpathologie am Kaiser-Wilhelm-Institut für Anthropologie, menschliche Erblehre und Eugenik, die ab 1941 von Hans Nachtsheim geleitet wurde, der von 1925 bis 1927 Stipendiat an Thomas Hunt Morgans Forschungszentrum gewesen war. In Dänemark hatte die experimentelle Genetik am 1938 gegründeten erbbiologischen Institut in Kopenhagen ebenfalls einen wichtigen Platz.

In den ersten Jahrzehnten des 20. Jahrhunderts stellte der Nachweis der Konstanz genetischer Einflüsse gegenüber Umwelteinwirkungen noch ein zentrales Anliegen genetischer Tierexperimente dar. Die neolamarckistische Position, dass auch erworbene Eigenschaften vererbt werden könnten, galt dadurch im Allgemeinen als widerlegt. Auf der anderen Seite dienten gerade derartige Versuche dazu, vermeintlich erbschädigende Umwelteinflüsse zu testen. Im Laufe der Jahrzehnte wurde eine wachsende Anzahl an »Mutagenen« entdeckt, das heißt Strahlungen und Substanzen, die zu genetischen Schädigungen führten, die auch an Nachkommen weitergegeben werden konnten. In diesem Zusammenhang sind vor allem die Studien Herman J. Mullers zur Erzeugung von Mutationen durch ionisierende Strahlung aus dem Jahr 1927 berühmt geworden.[49] In der Übertragung auf den Menschen entwickelte sich ab den 1950er Jahren eine umfangreiche »Mutationsforschung«. Die Hauptsorge humangenetischer Experten bestand derzeit in der Erbgutveränderung durch die Folgen atomaren Fallouts, doch wurde eine Vielzahl weiterer, vor allem auch chemischer Mutagene untersucht.[50] Humangenetiker testeten die entsprechenden Substanzen in der Regel an Säugetieren und diskutierten die Übertragbarkeit der Testergebnisse auf den Menschen.

Die allgemeine Genetik entdeckte ab den 1940er Jahren die Erforschung von Mikroorganismen für sich, was ihre Verbindungen zur physikalischen und chemischen Forschung entscheidend intensivierte.[51] An verschiedenen internationalen Standorten experimentierten Forscher an Pilzen und Bakterien sowie Phagen.[52] George W. Beadle und Edward L. Tatum taten sich hierbei durch die Entwicklung der »Ein-Gen-Ein-Enzym-Hypothese« hervor. Die Hypothese besagte im Wesentlichen, dass eindeutige Beziehungen zwischen einzelnen Genen und Genprodukten bestanden. Zudem ermöglichten es diese Forschungen, Genkarten von Phagen und Bakterien anzufertigen, die deutlich schneller und einfacher erarbeitet werden konnten, als dies noch bei der Fruchtfliegen-Genetik der Fall gewesen war. Auch führte die Forschung an Mikroorganismen zu erheblichen Fortschritten im Blick auf die Konkretisierung der materiellen Beschaffenheit der Erbanlagen. Die Entdeckung, dass innerhalb der Chromosomen die DNA das Erbgut enthält, wurde im Jahr 1944 durch Oswald Avery publiziert. Das theoretische Modell ihres Aufbaus und ihrer Funktionalität im Zuge der Übertragung des Erbguts lieferten allerdings James D. Watson und Francis H. Crick

---

49 | Carlson: H.J. Muller and Human Genetics.
50 | Als Überblick: Fuchs: Life Science, S. 247-294; siehe auch Kröner: Von der Eugenik zum genetischen Screening, S. 32-35. Eine zeitgenössische Übersicht über die internationalen Forschungsbemühungen gibt Kemp: Strålebeskadigelse.
51 | Weß: Einleitung, S. 21; Bud: Wie wir das Leben nutzbar machten, S. 217-218; Brock: The Emergence of Bacterial Genetics.
52 | In den 1950er Jahren sollte »das Bakterium Escherichia coli zum verbreitetsten Modellorganismus für genetische Analysen« aufsteigen, Rheinberger: Experimentalsysteme und epistemische Dinge, S. 249.

im Jahr 1953, wobei sie wesentlich von der Entdeckung Erwin Chargaffs drei Jahre zuvor profitierten, dass die DNA vier, in einem bestimmten Zahlenverhältnis zueinander stehende Basen enthielt.

Von großer Bedeutung war die experimentelle Genetik zudem für die medizinische Genetik. Vorzugsweise an Säugetieren wie Mäusen, die einen schnellen Generationstakt und zugleich eine relativ enge stammesgeschichtliche Verwandtschaft zum Menschen aufwiesen, ließ sich die Vererbung einzelner Erbkrankheiten erforschen.[53] Durch umfassende und möglichst viele Generationen übergreifende Tierversuche ließ sich die weitreichende Unbekanntheit, die im Blick auf die meisten den Menschen betreffenden Erbkrankheiten bestand, zumindest teilweise kompensieren. Neben dem Erbgang waren oftmals auch die homozygoten Zustände seltener Erbkrankheiten nicht bekannt, da sie in einem sehr frühen Stadium nach der Befruchtung zum Tode führen konnten. Mittels Tierexperimenten konnte trotzdem danach gefahndet werden.[54] Zum anderen ließ die experimentelle Genetik mit ihrer kontrollierten Verfolgung von Erbgängen über mehrere Generationen hinweg überhaupt erst den Kontrast zum weitgehenden Fehlen genauer Kenntnisse über die genetische Ebene menschlicher Individuen und Populationen aufscheinen.

Anthropologie

Zuletzt ein Wort zur Anthropometrie, die im 19. Jahrhundert von entscheidender Bedeutung für die sich formierende Anthropologie war.[55] Die menschliche Morphologie wurde in eine Vielzahl messbarer Werte zerlegt, die in standardisierten Skalen sortiert und verglichen wurden.[56] Hier schließt sich der Kreis zur Erbstatistik, deren Entwicklung mit der biometrischen Anthropologie Hand in

---

53 | Im Bereich der Eugenik wirkte noch in der ersten Hälfte des 20. Jahrhunderts die aus dem vorangehenden Jahrhundert stammende Annahme nach, dass die Erkenntnisse der Pflanzen- und Tierzucht mehr oder weniger direkt auf den Menschen übertragen werden könnten. Obschon derartige Analogien mit der Ausdifferenzierung genetischer Forschungen immer komplexer wurden, dienten sie noch bis in die 1930er Jahre zur Popularisierung der Eugenik, vgl. z.B. Steincke: Fremtidens Forsørgelsesvæsen, S. 238; Brief von Oluf Thomsen an Undervisningsministeriet, 16.2.1935 (RA, Københavns Universitet, Afdeling for Medicinsk Genetik, Institutsager, Lb.nr. 1), S. 4-5; siehe auch einige exemplarische Formulierungen in den Gutachten Ernst Rüdins: Eheberatungen, 1933-1938 (MPIP-HA, GDA 63). Nach dem Zweiten Weltkrieg haftete derartigen Analogien der Vorwurf pseudowissenschaftlicher, nationalsozialistischer »Züchtungsfantasien« an.
54 | Siehe z.B. Nachtsheim: Vergleichende und experimentelle Erbpathologie, S. 77.
55 | Die Geschichte der Anthropologie kann an dieser Stelle nicht gesondert rekonstruiert werden, siehe zur biologischen Anthropologie vor allem Barth u.a.: One Discipline, Four Ways; Theile (Hg.): Anthropometrie.
56 | Siehe Etzemüller: Die große Angst.

Hand ging.[57] Im 19. Jahrhundert ging es der Anthropologie noch weitgehend um Eigenschaften, die den menschlichen Sinnen, auch wenn diese hierzu besonders geschult werden mussten, direkt zugänglich waren. In diesem Rahmen wurde allerdings mit großer Detailliertheit sowie unter Zuhilfenahme vieler Spezialinstrumente gearbeitet.[58] Bekannte Beispiele sind die Erfassung von insgesamt etwa sieben Millionen Schulkindern im Deutschen Reich durch Rudolf Virchow sowie die Untersuchung von Wehrpflichtigen in Baden durch Otto Ammon.[59] Derartige Untersuchungen orientierten sich in aller Regel an rassischen Klassifikationen, die eine unterschiedlich fein gegliederte Systematik von Subtypen vorsahen. Stets generierten Anthropologen statistisch berechnete Normalwerte aus der Fülle der empirischen Beobachtungen.[60] Ende des 19. Jahrhundert ging die Anthropometrie eine Allianz mit der Vererbungsforschung ein. Ihre Daten sollten Aussagen über nicht äußerlich erfassbare, erbliche Verhältnisse erlauben. Es ging um eine nicht direkt zugängliche genetische Ebene. Aussagen über Ähnlichkeit gestatteten vermeintlich Aussagen über Abstammung. Die »reine Messerei« stand jedoch schon in den ersten Jahrzehnten des 20. Jahrhunderts in der Kritik der nunmehr als eigenständigem Forschungsfeld erstarkenden menschlichen Erbforschung, da sie immer weniger geeignet erschien, die genetischen Tiefenverhältnisse unter den Formähnlichkeiten aufzudecken.[61]

---

57 | Ab dem Jahr 1902 trug die von Francis Galton und seinem Schüler Karl Pearson herausgegebene Zeitschrift »Biometrika« zudem viel zur transnationalen Vernetzung der statistisch-naturwissenschaftlichen Anthropometrie bei.
58 | Besonders im Gutachterwesen erhielten sich kleinteilige, den gesamten menschlichen Körper fein rasternde Erfassungsmethoden bis ins Zeitalter der DNA-Diagnostik. Ein »Anthropologisches Maßschema« des Erbbiologischen Instituts der Universität Kopenhagen aus den 1950er Jahren fragte beispielsweise in 22 Punkten Details zu Konstitution, Haaren und Gesichtsmerkmalen ab, jeweils mit (meist drei) vorgefertigten Auswahlmöglichkeiten, z.B. »schwach«, »mittel«, »stark«. Sodann waren die Körpermaße nach 25 skalierten Variablen aufgeteilt, die wiederum in Höhe, Breite und Länge untergliedert waren. Außerdem wurde die Kopfform in 15 Punkten abgefragt, unter anderem »geringste Stirnbreite«, »Unterkieferwinkelweite«, »äußerer Augenwinkelabstand«. Als Beilagen waren Fotografien und Fingerabdrücke vorgesehen. Zusätzlich wurde die Blutgruppe erhoben, 9.9.1955 (RA, Københavns Universitet, Tage Kemp, professor Lb.nr. 5). Vgl. auch Hans Nachtsheim: Erbbiologisches Gutachten, 4.4.1952 (MPG-Archiv, Abt III Rep 20A Nr. 101-1).
59 | Virchow: Gesamtbericht; Ammon: Zur Anthropologie der Badener. Vgl. die vom »Anthropologischen Komitee« in Dänemark publizierten Arbeiten, Den Antropologiske Komité: Meddelelser om Danmarks antropologi.
60 | Zum historischen Zusammenhang von Anthropologie und Normalisierung siehe Link: Versuch über den Normalismus.
61 | Vgl. hierzu Eugen Fischer: Fünzig Jahre im Dienst der menschlichen Erbforschung und Anthropologie. Lebenserinnerungen und Einblicke in die Entwicklung dieser Wissenschaften, 1945-1949 (MPG-Archiv, Abt III Rep 94 Nr. 45), insbesondere S. 63-64 und 70-80.

Auf der anderen Seite ergaben sich nun immer mehr serologische Erfassungsmethoden für die Anthropologie, insbesondere im Zuge der Entdeckung der Blutgruppen, deren Vererbung nach den Mendel'schen Gesetzen erstmals 1910 durch Emil von Dungern und Ludwig Hirschfeld nachgewiesen wurde.[62] Auch dürfen die internationale Ächtung der nationalsozialistischen Rassenanthropologie während und nach dem Zweiten Weltkrieg sowie das UNESCO *Statement on Race* von 1951 in ihrer Bedeutung nicht überschätzt werden.[63] Anthropometrische Methoden und darauf basierende Rassentypologien verschwanden nach 1945 weder in Deutschland noch in der internationalen Forschungslandschaft aus dem Kanon »ernstzunehmender« human- bzw. populationsgenetischer Methoden.[64] Allerdings wurden sie nahezu gänzlich aus dem nunmehr aufs Labor fokussierten, humangenetischen Alltagsgeschäft verdrängt. Rassenklassifikationen gerieten Ende der 1960er Jahre immer stärker in Verruf und verloren, dies ist entscheidend, ihre Funktion für den humangenetischen Diskurs. Zu dieser Zeit – und nicht vorher – kristallisierte sich zudem eine deutliche disziplinäre Trennung zwischen Humangenetik und Anthropologie heraus. Letztlich wurde diese Trennung erst durch die Etablierung der biochemischen Humangenetik endgültig sanktioniert.[65]

Zu Beginn des Untersuchungszeitraums der vorliegenden Studie konnten die Genetik im Allgemeinen und die Humangenetik im Besonderen also bereits auf eine breite Palette aktueller sowie »angestaubter« Forschungsbereiche und -instrumente zurückblicken. Im Zusammenspiel so diverser Technologien wie der Erstellung von Stammbäumen, der Erbstatistik, der Errichtung von Erbkatastern, der Zwillingsforschung, der experimentellen Genetik mit ihren stetig »kleiner« werdenden Modellorganismen, der Mutationsforschung sowie der anthropologischen und serologischen Rasterung des Menschen hatte sich die genetische Ebene »unterhalb der Oberfläche« von Individuen und Populationen zu einem schillernden Objekt entwickelt. Diese Ebene spezifisch genetischer Phänomene war darüber hinaus zu einem nicht mehr wegzudenkenden Bezugspunkt der Identität von Individuen und Gesellschaften geworden, so unklar ihr tatsächliches Wir-

---

62 | Siehe hierzu Spörri: Mischungen und Reinheit. Da sich das Vererbungsschema der Blutgruppen beim Menschen als äußerst konsistent herausstellte, entwickelte es sich im 20. Jahrhundert zu einem Hauptstandbein anthropologisch-juristischer Gutachtertätigkeit. Siehe auch Marks: The Legacy of Serological Studies; Gannett/Griesemer: The ABO Blood Groups.

63 | Zur Geschichte der UNESCO-Deklaration und zugleich als Kritik an der bisherigen Überbewertung ihrer historischen Bedeutung siehe Müller-Wille: Was ist Rasse?; Stoczkowski: UNESCO's Doctrine of Human Diversity. Dem Statement war ein weiteres zur selben Thematik im Jahr 1950 vorausgegangen.

64 | Vgl. Lipphardt: Isolates and Crosses. Siehe als Beispiele Schwidetzky/Walter: Untersuchungen zur anthropologischen Gliederung Westfalens; Schwidetzky u.a.: Anthropologische Untersuchungen in Rheinland-Pfalz.

65 | Siehe hierzu Thomaschke: »A stable and easily traced group of subjects«.

ken weiterhin blieb. Sie stellte das »eigentliche Objekt« aller Bestrebungen der Humangenetik dar.[66] Durch die biochemische Genetik, die in den 1950er und 1960er Jahren aufkam und Gegenstand des nächsten Kapitels ist, sah man sich diesem Ziel abermals näher als je zuvor.

Biochemische Humangenetik

Ruft man sich die eingangs wiedergegebene Kurzgeschichte der Humangenetik nach Tage Kemp ins Gedächtnis, so ließe sich diese Geschichte bis zum Jahr 1951 auch als stetige »Annäherung« an die genetische Ebene interpretieren. Das heißt, die genetische Ebene gewann immer deutlicher an »Materialität«. Die Einheiten, die sich sichtbar machen ließen, schienen immer mehr den Elementareinheiten der genetischen Ebene zu entsprechen.[67] Chromosomen konnten mikroskopiert und kartiert werden, im Rahmen der »Ein-Gen-Ein-Enzym-Hypothese« ließen sich Proteine als »direkte« Genprodukte erforschen und jüngst waren Hypothesen zur Zusammensetzung der DNA entwickelt worden. Averys Experimente hatten bereits klar gemacht, dass die DNA aus nur vier Bausteinen bestand, die in festgesetzten Mengenverhältnissen zueinander vorkamen. Zwei Jahre nach dem Erscheinen von Kemps Handbuch, 1953, gab das Watson-Crick-Modell der DNA endgültig eine anerkannte Form. Diesem Modell gelang es zugleich, die DNA als kleinste Einheit des Erbguts zu bestätigen, indem es erklärte, wie erbliche Identität und Differenz in Form von Basenpaar-Abfolgen gespeichert und über Generationen weitergegeben werden konnten. Die vorangegangenen Entdeckungen initiierten weitere Fortschritte im Laufe der 1950er Jahre. Zudem wurden immer mehr Erkenntnisse für die menschliche Vererbungswissenschaft operationalisierbar. 1956 publizierten die Genetiker Joe H. Tijo und Albert Levan erstmals eine genaue Bestimmung der Chromosomenzahl des Menschen. Die Weiterentwicklung verschiedener Technologien in den Bereichen der Mikroskopie, der Kultivierung menschlicher Zellen sowie deren Frostkonservierung hatten zur Etablierung einer menschlichen Zytogenetik geführt, die zumindest

---

66 | Rheinberger und Müller-Wille schreiben über »die klassische Genetik« zwischen ca. 1900 und 1950: »Sie schloss vom Phänotyp, der ihr zugänglich war, auf den Genotyp, der zwar manipuliert, aber nicht als solcher sichtbar gemacht werden konnte. Zugleich drängte sie ständig über den Phänotyp hinaus, indem sie beständig auf ihr ›eigentliches‹ Objekt verwies, aber weder in der Kreuzungstechnik noch in der experimentellen Zytologie die Werkzeuge fand, um es auch materialiter zu einem epistemischen Objekt zu verdichten.« (Rheinberger/Müller-Wille: Vererbung, S. 203-204)

67 | Andreas Lösch formuliert, dass sich die genetische Ebene im 20. Jahrhundert »weiter vertieft [hat], insofern der Ursprung des Lebens nicht mehr nur im Organischen, sondern ›darunter‹ in der ›Keimzelle‹, im ›Protein‹ und schließlich im ›Gen‹ vermutet wird.« Laut Lösch ging es der Humangenetik darum, »zu dieser ›dunklen‹ Materie hinabzusteigen, um sie an das ›Licht‹ der Erkenntnis emporzuholen.« (Lösch: Tod des Menschen, S. 30)

numerische Chromosomenaberrationen und erhebliche Formveränderungen zu bestimmen erlaubte.[68] Es dauerte allerdings noch bis zur Wende der 1960er zu den 1970er Jahren, dass Chromosomen gleicher Größe durch eine spezifische Einfärbungstechnik (»Banding«) eindeutig voneinander zu unterscheiden waren. Die Weiterentwicklung dieser Technologie erlaubte es in der Folge immer kleinere Strukturveränderungen sichtbar zu machen. Ähnlich aufsehenerregende Fortschritte wurden zuvor im Hinblick auf die Feinunterscheidung menschlicher Proteine erzielt. Im Jahr 1955 hatte der US-amerikanische Genetiker Oliver Smithies die Vorzüge der Verwendung von Stärkegel zur Elektrophorese gezeigt, wodurch maßgebliche Schwierigkeiten der bisherigen Versuche elektrophoretischer Untersuchungen überwunden werden konnte. Die Stärkegel-Elektrophorese wurde zwei Jahre später von R.L. Hunter und Clement L. Markert derart verfeinert, dass unterschiedliche Formen menschlicher Enzyme durch Einfärbung sichtbar gemacht werden konnten. Dadurch ließen sich der Theorie nach erbbedingte Differenzen auf molekularer Ebene unterscheiden.

Angesichts der neuen Technologien verbreitete sich vorerst das diffuse Bewusstsein unter Genetikern, eine entscheidende Umbruchphase zu durchleben. 1953 wurde in der Bundesrepublik ein DFG-Schwerpunktprogramm ins Leben gerufen, das den pauschalen Titel »Genetik« trug.[69] In der ersten Hälfte seiner insgesamt elfjährigen Förderperiode bis 1963 war ausschließlich die experimentelle Genetik vertreten. Abgesehen von Hans Nachtsheim wiesen die Teilnehmer disziplinäre Bindungen an die Mikrobiologie, die Botanik, die Zoologie sowie die Biochemie und -physik, jedoch nicht an die Humangenetik auf. Der thematische Zusammenhalt der Forschungsvorhaben war hierbei eher zweitrangig. In erster Linie sollte der materielle, personelle und institutionelle »Wiederaufbau« der Genetik in der BRD erreicht werden, insbesondere im Hinblick auf einen internationalen Anschlussverlust durch den Zweiten Weltkrieg. Vorgesehen waren unter anderem die Förderung von Auslandsaufenthalten von Nachwuchswissenschaftlern in den USA sowie die Etablierung neuer Technologien in deutschen Forschungseinrichtungen.[70] Erst ab dem Jahr 1960 wurden Humangenetiker in das Förderprogramm aufgenommen.[71] Zu dieser Zeit hatte sich die Förderung wis-

---

68 | Vgl. Osten: »Wir hatten die besseren Bilder«.
69 | Siehe die entsprechenden Unterlagen im Bundesarchiv (BA, 1863K - 731, 17, Heft 1 bis 5).
70 | Ein großer Teil der apparativen Ausstattung bestand aus Anlagen zur Kultivierung von Bakterien. Eine wichtige Rolle spielte andererseits auch die Elektronenenzephalografie, die gleichsam bei Tieren und bei Menschen einsetzbar war und Aufschlüsse über erbliche Differenzen des EEG geben sollte.
71 | Hierzu war Hans Nachtsheim Ende 1959 aufgefordert worden, eine Liste mit Humangenetikern, die für die Förderung in Frage kämen, vorzulegen. Nachtsheim nannte sechs Kandidaten: Peter Emil Becker, Karl-Heinz Degenhardt, Wolfgang Lehmann, Widukind Lenz, Friedrich Vogel und G. Gerhard Wendt, Brief von Hans Nachtsheim an die Deutsche Forschungsgemeinschaft, 6.1.1960 (BA, 1863 K, 731,17 Heft 3). Die Diskussion der NS-

senschaftlichen Nachwuchses bereits zum Hauptziel des gesamten Programms entwickelt.

Am Übergang der 1950er zu den 1960er Jahren festigte sich im Rahmen des Schwerpunktprogramms die Überzeugung, dass die biochemische Genetik, deren Anfänge in den 1940er Jahren in den USA verortet wurden, nunmehr – freilich nur in Ansätzen – auch in Deutschland etabliert worden war. Die Beteiligten waren weniger vom Fortschritt einzelner Technologien als von einem grundlegenden Paradigmenwechsel fasziniert.[72] Die »moderne Genetik« richtete sich gegenüber der »klassischen Genetik« vermeintlich direkt auf die »Natur der Gene«.[73] Sie versprach zudem Erkenntnisse darüber, welcher Weg »von den unsichtbar im Kern bzw. in den Chromosomen liegenden Genen zu den sichtbaren Eigenschaften führt.«[74] Dass mit der DNA der Endpunkt des Vordringens zur Materialität der Gene, der Endpunkt des Vordringens zu den elementarsten Einheiten der Vererbung, erreicht zu sein schien, eröffnete einen Möglichkeitshorizont, der in der zeitgenössischen Beobachtung gar nicht überschätzt werden konnte: »Schon heute weist die zugehörige Forschungsrichtung Ergebnisse auf, die unsere Einsicht in die Struktur des Organismus – wie keine Wissenschaft zuvor – vertieft hat: die Geheimschrift des Organismus bedient sich der Möglichkeiten, die im Molekül der [unleserlicher Wortteil]nucleinsäure – sie ist die Gensubstanz – durch die Existenz von vier verschieden gearteten Bausteinen gegeben sind.«[75] Dieses epochale Bewusstsein, das zwischen einer »klassischen« und einer »modernen« Genetik unterschied, hatten auch Humangenetiker verinnerlicht: »Die wesentlichen formalen Gesetze der Übertragung von Erbanlagen erarbeitete man

---

Belastung von Genetikern und Humangenetikern spielte eine gewisse Rolle in den DFG-Akten zum Schwerpunktprogramm. Nachtsheim beispielsweise brachte sie vor allem gegen das ehemalige SS-Mitglied Heinrich Schade vor. Aufgrund der Absichten des Programms kam diesen Diskussionen jedoch hauptsächlich eine strategische Dimension im Hinblick auf die »Wiederherstellung des Rufs« der deutschen Genetik im Ausland und kaum eine moralische Dimension zu.

72 | Helmut Baitsch schrieb in der Retrospektive angesichts seiner Emeritierung: »Ich meine, mich zu erinnern, daß in den frühen Sechziger Jahren, als wir das Freiburger Institut aufbauten, bei uns die Vorstellung herrschte, es müsse jetzt ein Neuanfang gemacht werden und die alten Probleme seien wohl so obsolet und so sehr überholt, daß es sich nicht lohne, darüber noch weiter zu sprechen. Wir waren so sehr fasziniert von den neuen Methoden, die es einzuüben galt, daß wir glaubten, die Auseinandersetzung mit den älteren Problemstellungen und Ideen sei nicht nur obsolet, sondern einfach eine Verschwendung wertvoller Zeit.« (Brief von Helmut Baitsch an Peter Weingart, 28.9.1987 [ArchMHH, Dep. 1 acc. 2011/1 Nr. 4])

73 | Brief von Hoffmann an Massow (BA, 1863 K, 731,17 Heft 5); J. Straub: Senatsprotokoll vom 20.2.1963, Anlage 3 (BA, 1863 K, 731, 17, Heft 5).

74 | Ebd.

75 | Ebd.

im vorigen und in den ersten beiden Jahrzehnten dieses Jahrhunderts [...]. In den letzten beiden Jahrzehnten traten nun zwei andere Fragen in den Vordergrund des Interesses: Einmal, was sind die zunächst formal, aus dem Kreuzungsexperimente definierten Erbanlagen oder ›Gene‹ stofflich, chemisch? Zweitens: Wie wirken diese Gene? Auf welche Weise prägen sie den ›Phänotyp‹ des Lebewesens?«[76] An der zweiten Frage sieht man zudem, wie entwicklungsbiologische Fragen ein neues Gewicht für humangenetische Problemstellungen erlangten.

Im Zuge dieser Entwicklung konnte die ältere Annahme, dass die basalen Vorgänge der Vererbung bei allen Organismen gleich ablaufen, zunehmend konkretisiert werden. Die Humangenetik vermochte jenseits der Kreuzungsexperimente mit Säugetieren, die die formale Genetik geprägt hatten, scheinbar »direkt« von der genetischen Forschung an Mikroorganismen zu lernen.[77] Diese Entwicklung wurde in den 1950er Jahren dadurch forciert, dass sich das Konzept eines »Codes« und seiner individuen- und artspezifischen Programmierung zu etablieren begann.[78] Zu Beginn der 1960er Jahre hatte sich diese Vorstellung soweit durchgesetzt, dass eine Konkurrenz um seine Erst-»Entschlüsselung« entstand. 1961 wurde das erste »Codon« – gemeint ist ein zusammenhängendes Basen-Triplett dieses Codes – insofern entschlüsselt, als dass es der ihm zugehörigen Aminosäure Phenylalanin zugeordnet wurde. Hieran war im Labor Marshall W. Nierenbergs in Maryland auch der deutsche Biochemiker und Gastwissenschaftler J. Heinrich Matthaei beteiligt. Die vollständige Entschlüsselung aller 64 möglichen Triplets des genetischen Codes konnte bereits im Jahr 1966 ausgerufen werden.

Diese Fortschritte der biochemischen Genetik wirkten sich zudem nachhaltig auf die Verschiebung der »räumlichen Ausrichtung« der hauptsächlichen Forschungsbemühungen auf. Der Großteil der Forschung hatte sich zuvor auf die »Horizontale« gerichtet: das Nebeneinander von Genen auf Chromosomenkarten sowie die Kartierung genetischer Behälterräume mittels großer Register.[79] Nach und nach wuchs der Raum zwischen den groben, phänotypischen Erscheinungen an der Oberfläche wie Krankheitsbildern oder Missbildungen und der nunmehr theoretisch bekannten DNA am Grunde der genetischen Ebene in der »Vertikale« an; man könnte auch sagen: er gewann an weiterer Tiefe. Eine bezeichnende Metapher für diese Umkehr der räumlichen Stoßrichtung der Forschung verwendete der Humangenetiker Friedrich Vogel in einem Vortrag aus dem Jahr 1963, in dem er vom »Hinabsteigen« von den Chromosomen zur basalen genetischen

---

76 | Vogel: Moderne Anschauungen, S. 1825-1826.
77 | Ebd., S. 1826.
78 | Rheinberger/Müller-Wille: Vererbung; Rheinberger: Experimentalsysteme und epistemische Dinge, S. 257-288; Kay: Cybernetics; dies.: Who Wrote the Book of Life?; Keller: Refiguring Life. Der Physiker Erwin Schrödinger formulierte in seiner vielzitierten Vorlesungsveröffentlichung »Was ist Leben?« aus dem Jahr 1944 erstmals öffentlichkeitswirksam den Begriff des »genetischen Codes«.
79 | Siehe Kapitel 3.1.

Ebene sprach.[80] Innerhalb des Menschen eröffneten sich durch die forschungspraktische Erfassung von Chromosomen und Proteinen immer neue Horizonte, die es mit Phänomenen zu füllen galt. Es ging nunmehr an vorderster Front um die Vertiefung der »Einblicke in die Zelle«,[81] während die horizontalen Relationierungen – beispielsweise von Bevölkerungen im geografischen Raum – sukzessive an Bedeutung einbüßten, allerdings ohne hierbei vollständig obsolet zu werden.[82] Auf der anderen Seite verlief die Erklärungshierarchie der Genetik in genau umgekehrter Richtung: von »unten nach oben«. Nach Möglichkeit sollten die »materiellen Gene« als kleinste, elementare Einheit der Vererbung in ihrer Ursächlichkeit für höhere Ebenen (Chromosomen, Individuen, Familien, Bevölkerungen) erkennbar gemacht werden. Statt einer gleichberechtigten Wechselwirkung dieser Ebenen ging es vielmehr darum das »Durchscheinen« der entscheidenden »genetischen Fundamente« aufzufangen.[83]

Bei der bisherigen Darstellung der technologischen und epistemologischen Verschiebungen sowie der Euphorie, die sich mit der Entstehung der biochemischen Humangenetik in den 1950er und 1960er Jahren verband, ist zu bedenken, dass sich diese Entwicklung einzig in der Retrospektive als stringente Weiterentwicklung genetischen Wissens und seiner direkten Übertragung auf den Menschen darstellt. Sie erschien den zeitgenössischen Genetikern beziehungsweise Humangenetikern keineswegs in so eindeutiger Weise. Zudem besaßen die

---

80 | »Während Herr Schade soeben über den normalen Chromosomensatz des Menschen und seine Abweichungen berichtet hat, wollen wir nun noch einige weitere Grössenordnungen hinabsteigen und uns mit dem Aufbau und der Wirkung der Erbanlagen auf molekularer Grundlage befassen.« (Friedrich Vogel: Das Gen und seine Wirkung, 1963 [UAH, Acc 12/95 – 37]) Vgl. auch: »Überhaupt gehört der Übergang von der Größenordnung der DNS-Moleküle zur Größenordnung der Chromosomen noch zu den wichtigsten ungelösten Problemen.« (Ders.: Moderne Anschauungen, S. 1828)
81 | Helmut Baitsch: Entwicklung der humangenetischen Forschung und die Rolle der Humangenetik im Medizinstudium, o.D. [1973] (ArchMHH, Dep. 1 acc. 2011/1 Nr. 8).
82 | Siehe Kapitel 3.2. Was sich zuvor als »oberflächliche« Gleichheit dargestellt hatte, konnte mit neuen Analysemethoden und -gegenständen, mit denen man eine tiefere Ebene erreichen konnte, als »tatsächliche« Differenz sichtbar gemacht werden. Dies gilt insbesondere für die Unterscheidung unterschiedlicher Proteinvarianten, die auf Gendifferenzen zurückgeführt werden konnten und zum neuen Ausgangspunkt geografischer Kartierungsbemühungen wurden. Friedrich Vogel beschrieb 1959 einen solchen beispielhaften Fall: »Überraschenderweise erwies sich nun Hb D aus drei Gegenden der Welt, Nordindien, Südindien und der Türkei, verschieden in der Aminosäuren-Sequenz. Demnach kann auch der zunächst gleiche biochemische ›Phänotyp‹ auf verschiedene Änderungen im Genotyp und damit in der Spezifität von Proteinen zurückgehen.« (Vogel: Moderne Anschauungen, S. 1832)
83 | Brief von Jan Mohr an Det lægevidenskabelige Fakultat, 20.06.1967 (RA, Københavns Universitet, Jan Mohr, professor, Lb.nr.2); vgl. auch Williams: Biochemical Genetics, S. 172-173.

hergebrachten Paradigmen und Forschungspraktiken eine gewisse Beharrungskraft. Wie der Historiker David Gugerli schreibt, gelingt es neuen Technologien keineswegs »von selbst« Evidenz beziehungsweise eine neuartige »Sichtbarkeit« zu erzeugen. Vielmehr entsteht diese erst in komplexen »soziotechnischen« Aushandlungsprozessen, die die »Anschlussfähigkeit an vorhandene Paradigmen, Kommunikations- und Wahrnehmungsschemata« herstellen muss.[84] Damit sind in anderen Worten die Formationsregeln des humangenetischen Diskurses bezeichnet, die einerseits von der technologischen Entwicklung abhängig sind, andererseits jedoch entscheidend auf sie zurückwirken, was im Hauptteil im Mittelpunkt stehen wird.

Medizinische Genetik

1949 erschien die Veröffentlichung einer Untersuchung unter Leitung des Biochemikers Linus Pauling, in der die Sichelzellenanämie als »molekulare Krankheit« bezeichnet wurde, was im Nachhinein vielfach als Geburtsstunde der molekulargenetischen Medizin bezeichnet worden ist. Die Studie basierte auf dem Nachweis von Abweichungen eines Hämoglobins bei Erkrankten mittels Elektrophorese. Man sprach von den »molekularen Ursachen« der Krankheit, die in Zukunft für zahlreiche weitere Krankheiten erforschbar schienen. In den 1950er Jahren folgten weitere aufsehenerregende Fortschritte im Hinblick auf die Feinunterscheidung menschlicher Proteine, die im Wesentlichen auf die oben genannte Entwicklung der Stärkegelelektrophorese zurückgingen. Protein- oder Enzymvarianten deuteten auf Veränderungen des genetischen Materials hin. Damit schien der Weg für eine »molekulare Annäherung« an die Ursachen von Erbkrankheiten prinzipiell eröffnet worden zu sein. Zudem erzielte die im Entstehen begriffene Zytogenetik des Menschen wie gesehen erhebliche Fortschritte in der Chromosomenforschung. Drei Jahre nach der Bestimmung der Chromosomenanzahl durch Tjio und Levan konnte nachgewiesen werden, dass dem Down-Syndrom sowie dem Klinefelter- und Turner-Syndrom Chromosomenaberrationen zugrunde lagen.[85]

Die biochemische Genetik trug wesentlich dazu bei, dass es der Humangenetik der Nachkriegszeit überaus erfolgreich gelang, sich ein wirkmächtiges Selbst-

---

84 | Gugerli: Soziotechnische Evidenzen, S. 142. Der Wissenschaftshistoriker Robert Bud schreibt: »Aus heutiger Sicht erscheint die Verbindung zwischen Genetik und dem Studium einzelner Zellen ›selbstverständlich‹. In den 50er Jahren dagegen war sie neu und aufregend. Zu atemberaubend erschienen die möglichen Auswirkungen.« (Bud: Wie wir das Leben nutzbar machten, S. 218)

85 | Für eine Übersicht der verfügbaren zytogenetischen Methoden sowie der Entdeckung weiterer Chromosomenanomalien in den 1960er Jahren siehe Kröner: Von der Eugenik zum genetischen Screening, S. 35. Siehe des Weiteren Passarge: Einige Ergebnisse.

bild als »medizinische Genetik« zu konstruieren.[86] Vor allem die Fortschritte, die die Elektrophorese zur Bestimmung unterschiedlicher Varianten von Proteinen mit sich brachte, führten zu einer Neujustierung des Verhältnisses der genetischen Ebene und der Krankheitsdiagnostik. Die Untersuchung von Erbkrankheiten war geprägt durch eine grundsätzliche Verschiebbarkeit dieser Ebenen der phänotypischen Diagnose und der genetischen Ursachen gegeneinander. Der Versuch, die Phänomene auf beiden Ebenen (Krankheiten auf der einen und Mutationen auf der anderen Seite) in Einklang zu bringen, erforderte die fortlaufende Neudefinition von Krankheitsgruppen und ihre Unterteilung in erbliche und nicht-erbliche Formen im Zusammenspiel von Fachärzten und Humangenetikern. Klassifikationen mussten ausgeweitet, verengt oder differenziert werden.[87] Hierbei verlor die Entdeckung der genetischen Ebene für die medizinische Genetik keineswegs ihren Bezug zu Veränderungen auf der Bevölkerungs- oder Gesellschaftsebene.[88] Dies zeigt sich nicht zuletzt an der erbpathologischen Ausrichtung der humangenetischen Register in Deutschland und Dänemark in den 1950er und 1960er Jahren sowie den zytogenetischen Datenbanken, die diese seit Ende der 1960er Jahre in beiden Ländern ablösten.[89]

---

86 | Vgl. nur Kemp: Arvehygiejne.

87 | Ein anschauliches Beispiel bieten die jahrzehntelangen Forschungen Peter Emil Beckers zur umfangreichen Gruppe der erblichen Muskelkrankheiten, die in seinem Nachlass im Archiv der Medizinischen Hochschule Hannover dokumentiert sind.

88 | Vgl. z.B. die paradigmatische Skizze derartiger Zusammenhänge im Kontext multifaktorieller Erbkrankheiten durch den dänischen Humangenetiker Bent Harvald: »Die Erforschung etwaiger Veränderungen in der Häufigkeit dieser Krankheiten in der Bevölkerung, samt des Zusammenhangs solcher Veränderungen mit Veränderungen in der Gesellschaftsstruktur und der Krankheitsbehandlung, sind von zentraler Bedeutung, genauso wie die Bestimmung geografischer und ethnischer Unterschiede in der Krankheitsausbreitung wesentliche Aufschlüsse über die Faktoren geben kann, die für die Entstehung der Krankheiten bestimmend sind.« (Bent Harvald: Om faget Klinisk Genetik, 1968 [RA, Københavns Universitet, Jan Mohr, professor, Lb.nr.4]) Vgl. des Weiteren Friedrich Vogel: Einige Bemerkungen über die theoretische Grundlage der Erforschung von Isolaten, September 1963 (UAH, Acc 12/95 - 37), S. 5.

89 | Siehe Kapitel 3.2. Ende der 1960er Jahre wurde die begriffliche Kombination »Population Cytogenetics« geprägt, die den Zusammenhang zwischen klinisch-zytologischen Studien und der Populationsgenetik bezeichnete, siehe Passarge: Population Cytogentics, S. 2.

Pränataldiagnostik und Screenings

Als zentrale Technologie der medizinischen Genetik, die die neuen zytogenetischen Möglichkeiten aufgriff, sollte sich die Amniozentese erweisen. Auf ihrer Grundlage kam es in den 1970er Jahren zur Institutionalisierung der »Pränataldiagnostik«. Weltweit erstmalig wurde Ende der 1960er Jahre in den USA einer schwangeren Frau zwischen der 16. und 18. Schwangerschaftswoche Fruchtwasser entnommen, aus dem humangenetische Experten Zellkulturen anlegten, die sie im Anschluss zur Analyse des Chromosomensatzes des ungeborenen Kindes nutzten.[90] In Deutschland und Dänemark wurde diese Technologie im Jahr 1970 zum ersten Mal erfolgreich angewandt.[91] Wissenschaftler und Ärzte feierten sie sehr bald als humangenetisches Instrument mit bislang ungekannter diagnostischer Sicherheit und Präzision. Im Gegensatz zur Risikoberechnung der formalen Genetik sollte sie es erlauben, die »random events inherent in meiosis and fertilization« zu umgehen, indem sie eine Diagnosestellung nach der Zeugung erlaubte.[92] Dadurch schienen in den Augen der Humangenetiker »direct information about the embryo or fetus« zur Verfügung zu stehen, auf deren Grundlage eugenische Entscheidungen mit einer gänzlich neuen Sicherheit getroffen werden konnten.[93] Im Laufe der 1970er Jahre kamen zudem Testverfahren für verschiedene Stoffwechselerkrankungen des Kindes aus dem Fruchtwasser hinzu. Exemplarisch hierfür ist die Messung des Alpha-Fetoproteins, das in erhöhter Menge auf schwerwiegende Neuralrohrdefekte hinwies.[94]

Die biochemischen bzw. zytogenetischen Technologien der Pränataldiagnostik konnten sich auf dem Feld ausbreiten, das das Aufkommen der Ultraschalldia-

---

90 | Die Absicht der Entwicklung dieser Technologie war ursprünglich eine andere gewesen: »Das Verfahren war zunächst zur Diagnostik einer fetalen Erythroblastose wegen RH-Inkompatibilität eingeführt worden, stand daher eher im Dienste einer frühzeitigen Therapie als im Dienste der Prävention.« (Kröner: Von der Eugenik zum genetischen Screening, S. 36)
91 | Knudsen: Fosterdiagnostik, S. 29. Pränatale Diagnosen des Geschlechts waren im Verdachtsfall geschlechtschromosomal vererbbarer Krankheiten wie der Hämophilie bereits seit der zweiten Hälfte der 1950er Jahre möglich, vgl. Fuchs u.a.: Antenatal Detection.
92 | Jan Mohr: Antenatal Fetal Diagnosis in Genetic Disease, 4.6.1969 (RA, Københavns Universitet, Jan Mohr, professor, Lb.nr.7), S. 1.
93 | Ebd. Im Sommer 1970 berichtete Jan Mohr allerdings noch von erheblichen Problemen stabile Zellkulturen zu erzeugen und hielt die Amniozentese für keine zukunftsweisende Technik. Vielversprechender sei die Chorionzottenbiopsie. Tatsächlich sollte sich Letztere jedoch erst in den 1980er Jahren etablieren, während sich die Amniozentese sehr bald zu einer in den 1970er Jahren konkurrenzlosen Methode der Pränataldiagnostik entwickelte, Brief von Jan Mohr an Lionel Penrose, 22.7.1970 (RA, Københavns Universitet, Jan Mohr, professor, Lb.nr.8).
94 | Vgl. z.B. Malmqvist u.a.: Elevated Levels of Alfa Fetoprotein; Kristoffersen u.a.: Akrani og spina bifida.

gnostik in der Gynäkologie in den 1960er Jahren bestellt hatte.[95] Die Evidenz der Ultraschall- und der biochemischen Diagnostik verstärkten sich in ihrer Anfangszeit gegenseitig. Beide Technologien boten sich an, die adäquate Anwendung der jeweils anderen zu leiten bzw. zu überprüfen. Fehlbildungsdiagnosen im Ultraschallbild und zytogenetische Diagnosen in vitro trafen sich in dem allgemeinen Impetus der humangenetischen Forschung und Gynäkologie, die medizinische »Transparenz« der schwangeren Frau voranzutreiben. Auch waren sie von der Erwartung geprägt, die genetisch bedingte, »medizinische Biografie« des Kindes in der Zukunft vorwegnehmen zu können. Die Simulation von Zustand und künftiger Entwicklung der Frucht außerhalb der Gebärmutter, die bereits einige Zeit vor der Geburt erstellt werden konnte, stellte ein inhärentes Versprechen der Pränataldiagnostik dar, das sich als unmittelbar anschlussfähig an die durch Ultraschallbilder eingeleitete Entwicklung erwies. Im Zuge dieses Prozesses erhielt das ungeborene Kind im Bauch der Schwangeren zusehends den Status einer eigenständigen Entität im humangenetischen Diskurs.[96]

Während der ersten Hälfte der 1970er Jahre verwandelte sich die Amniozentese in den drei dänischen Laboratorien, die sie durchführten – das John F. Kennedy-Institut in Glostrup, das Institut für Humangenetik in Århus und das Rigshospital in Kopenhagen –, von einer experimentellen Methode in ein Routineverfahren. Während 1970 gerade einmal acht Amniozentesen verzeichnet wurden, stieg diese Zahl über 141 im Jahr 1973 auf 1281 im Jahr 1977 an.[97] In Deutschland wuchsen die Fallzahlen in den ersten vier Jahren des Schwerpunktprogramms »Pränatale Diagnose genetisch bedingter Defekte« der DFG zwischen 1973 bis 1977 von 165 Fällen pro Jahr auf 1829 an.[98] Am Ende meines Untersuchungszeitraums im Jahre 1989 wurden in der Bundesrepublik Deutschland bereits über 53.000 pränatale Diagnosen im Jahr gestellt.[99] In Dänemark lag die Zahl der durchgeführten Pränataldiagnosen im Jahr 1988 bei über 7.400.[100] Die große Mehrzahl der Diagnosen basierte in beiden Ländern auf der sogenann-

---

95 | Gugerli: Soziotechnische Evidenzen, S. 143; Blume: Insight and Industry; Levi: The History of Ultrasound in Gynecology; Stabile: Shooting the Mother.
96 | Vgl. Duden: Zwischen »wahrem Wissen« und Prophetie.
97 | Mikkelsen: Prænatal diagnostik i Danmark, S. 5. 1973 erfolgten insgesamt ca. 72.000 Geburten und 1977 ca. 62.000 Geburten im ganzen Land.
98 | 12. Informationsblatt über die Dokumentation der Untersuchungen im Rahmen des Schwerpunktprogramms »Pränatale Diagnose genetisch bedingter Defekte« der Deutschen Forschungsgemeinschaft, München 31.3.1977 (BA 227/225095). Die Anzahl der Lebendgeburten betrug nach dem Statistischen Jahrbuch der Bundesrepublik Deutschland 1973 um die 630.000 und 1977 um die 580.000.
99 | Fuchs: Life Science, S. 322. Die Geburtenzahl war derweil wieder auf ca. 680.000 gestiegen.
100 | Mikkelsen: Prænatal diagnostik i Danmark, S. 5. Die Anzahl der jährlichen Geburten war derweil auf knapp über 59.000 gesunken.

ten »Altersindikation«, bei der aus dem erhöhten Alter der Mutter ein erhöhtes Risiko für die Geburt eines Kindes mit Down-Syndrom bzw. einer anderen Chromosomenanomalie abgeleitet wurde. Die Zahl der pränatal diagnostizierbaren Erbkrankheiten stieg hingegen nur langsam an. Dies tat der Faszination, die die Pränataldiagnostik im humangenetischen Diskurs ausübte, allerdings keinen Abbruch.[101] Im Jahre 1982 konnten nicht einmal 100 von über 3000 bekannten monogenen Erbkrankheiten erkannt werden.[102]

Bereits in den 1960er Jahren diskutierten Humangenetiker über Techniken, mit denen man Informationen über das ungeborene Kind aus dem Chorion, der den Embryo umgebenden Hülle, gewinnen könnte. Diese Technologie trat jedoch vorerst vor dem rasanten Aufstieg der Amniozentese zurück und wurde nicht vor der ersten Hälfte der 1980er Jahre umsetzbar.[103] Sie profitierte erheblich von der simultanen Kontrolle des Eingriffs durch eine verbesserte Ultraschalldiagnostik.[104] Die Chorionzottenbiopsie erlaubte es, den Zeitpunkt einer pränatalen Diagnose im Vergleich zur Amniozentese vorzuverlegen. Der Eingriff konnte bereits in der achten bis elften Schwangerschaftswoche vorgenommen werden. Somit barg die Chorionzottenbiopsie in den Augen der Zeitgenossen ein ausgesprochenes Potential, zumal sich die diagnostizierbaren Defekte gegenüber der Fruchtwasserentnahme unterschieden.[105] Sie entwickelte sich zum Ende der 1980er Jahre zu einem Routineverfahren der Pränataldiagnostik. 1987 zum Beispiel wurden in der Bundesrepublik Deutschland über 3.100 Chrionzottenbiopsien gegenüber 33.500 Amniozentesen durchgeführt.[106] In Dänemark lag dieser Wert im selben Jahr bei 1.039 gegenüber 5.814 Fruchtwasserentnahmen.[107]

---

101 | Auf der anderen Seite war auch die Kritik der Technologie in anderen Diskursen und Öffentlichkeitsbereichen nur mittelbar von den tatsächlichen Fallzahlen und Diagnosemöglichkeiten abhängig. Vgl. zur gesamtgesellschaftlichen Diskussion um den Schwangerschaftsabbruch als Kontext der Pränataldiagnostik Schwartz: Abtreibung und Wertewandel; Gante: §218 in der Diskussion; Jütte: Geschichte der Abtreibung. Vgl. auch die historischen Beiträge in Petersson/Knudsen/Helweg-Larsen (Hg.): Abort i 25 år.
102 | Sperling: Pränatale Diagnose von Erbleiden, S. 199.
103 | 1983 wurde sie in Dänemark im Rahmen einer Pionierstudie erstmals eingesetzt, Mikkelsen: Prænatal diagnostik i Danmark, S. 5. In Deutschland wurde 1984 die erste pränatale Diagnose nach Chorionzottenbiopsie gestellt, Nippert: History of Prenatal Genetic Diagnosis, S. 50.
104 | Eine detaillierte Zusammenfassung des Vorgehens liefert Friedrich Vogel: Antrag auf Förderung eines Modellvorhabens: »Pränatale Chromosomendiagnostik ohne Amniocentese im I. Trimenon«, 14.10.1983 (UAH, Acc 12/95 - 36), S. 2.
105 | Im Mittelpunkt der Chorionzottenbiopsie standen Stoffwechseldefekte und gendiagnostische Verfahren, Memorandum zur Versorgung der Bevölkerung mit Leistungen der Medizinischen Genetik, o.D. [ca. 1988] (HHStAW, Abt. 511 Nr. 428), S. 15-16.
106 | Wagenmann: Massentests und Mißerfolge, S. 9.
107 | Mikkelsen: Prænatal Diagnostik i Danmark, S. 5; siehe auch Det Etiske Råd: Fosterdiagnostik og etik, S. 15. 1988 kam zudem der sogenannte »Triple-Test« zum Methodenka-

Pränataldiagnostische Tests schlossen ursprünglich an perinatale Diagnoseverfahren an Neugeborenen an. Bereits zu Beginn der 1960er Jahre war ein derartiges »Screening« Neugeborener für die Stoffwechselkrankheit Phenylketonurie entwickelt worden. Es hatte sich weltweit in mehreren Ländern als Routineverfahren etabliert.[108] Die Phenylketonurie konnte durch eine spezielle Diät, sofern ihre Verabreichung früh genug einsetzte, nahezu vollständig am Ausbruch gehindert werden. Es folgten im Laufe der 1960er Jahre weitere Stoffwechselkrankheiten, die auf diesem Wege diagnostiziert werden konnten. In den 1970er Jahren machte auch die Entwicklung von Tests für heterozygote Träger von Erbkrankheiten erhebliche Fortschritte.[109] Phänotypisch gesunde, »unauffällige« Patienten konnten auf diesem Weg mittels biochemischer Methoden eindeutig als »genetische Risikopersonen« erkannt werden. Beispielhafte Programme waren die »carrier-screenings« für die Tay-Sach'sche Krankheit sowie die Sichelzellenanämie in den USA.[110]

Gentechnologie

Der Begriff der »Gentechnologie« setzte sich in Deutschland und Dänemark ab den 1970er Jahren zur Bezeichnung der experimentellen Arbeit mit Mikroorganismen, Pflanzen und Tieren durch, deren Erbgut verändert wurde.[111] Zu einem zentralen Thema des *humangenetischen* Diskurses wurde die Gentechnologie jedoch erst Ende der 1970er Jahre und zu Beginn der 1980er Jahre. Sie bestimmte ab dann nicht nur fachinterne Debatten, sondern war zu einem kontroversen, öffentlich diskutierten Thema geworden. Sowohl die technologischen Voraussetzungen der Gentechnologie als auch die typischerweise mit ihr assoziierten Utopien und Schreckensszenarien waren freilich schon älter. 1952 hatte Joshua Lederberg nachgewiesen, dass Bakteriophagen Teile eines Bakteriengenoms auf ein anderes Bakterium übertragen können – ein Vorgang der »Transduktion« genannt wurde. Lederberg führte auch den Begriff »Plasmid« für die ringförmige DNA ein, die in Bakterien wie dem »gentechnologischen Pionierorganismus« Escherichia coli neben den Hauptchromosomen vorkommt und sich zu einem überaus praktikablen Ansatzpunkt der Gentechnologie entwickeln sollte. Aus der Verbindung derartiger Experimente mit der im Laufe des Jahrzehnts aufkommenden Code-Metaphorik für die genetische Ebene entstand die grundlegende

---

non der Pränataldiagnostik hinzu, bei dem Wahrscheinlichkeitsaussagen über die Erkrankungen des Kindes aus einem Bluttest der Schwangeren abgeleitet werden.
108 | Weingart/Bayertz/Kroll: Rasse, Blut und Gene, S. 652-653. Der Test war 1961 von Robert Guthrie in den USA entwickelt worden.
109 | Laut Hans-Peter Kröner standen derartige Prüfverfahren bereits zu Beginn der 1970er Jahre für ca. 50 Krankheiten zur Verfügung, Kröner: Von der Eugenik zum genetischen Screening, S. 41.
110 | Weingart/Bayertz/Kroll: Rasse, Blut und Gene, S. 653-654.
111 | Bud: Wie wir das Leben nutzbar machten, S. 276.

Auffassung des Erbguts von Organismen als etwas, das sich punktuell »neuschreiben« ließ.[112] Die ersten Technologien zur Erzeugung von genetisch hybriden Zellen verschiedener Spezies wurden ab Beginn der 1960er Jahre entwickelt. 1965 beschrieben Boris Ephrussi und Mary Weiss die Übertragung von Genen zwischen Ratte und Maus. Einige Jahre später ließen sich auch menschliche Gene in Versuchstiere einbringen.[113]

Die wesentlichen Fortschritte in der Kontrollierbarkeit dieser Prozesse – ihre Entwicklung zu einem letztlich sogar industriell nutzbaren Instrument – stellten sich allerdings erst in den 1970er Jahren ein. Im ersten Jahr des Jahrzehnts wurden die sogenannten »Restriktionsenzyme« entdeckt.[114] Hiermit gelang es den US-Amerikanern Herbert W. Boyer und Stanley N. Cohen 1973 rekombinante DNA von Viren und Bakterien in vitro herzustellen. Durch diese und vergleichbare Instrumente nahmen Genetiker die Restriktionsenzyme vor allem als eine Art »Instrument« oder »Werkzeug« wahr, mit denen sich DNA gezielt »zerschneiden« ließ, so dass sie modifiziert wieder zusammengesetzt werden konnte. Im Laufe des Jahrzehnts wurde immer deutlicher: DNA ließ sich im Labor auseinandernehmen, wieder zusammensetzen, über Speziesgrenzen hinweg kombinieren und wieder zum Funktionieren bringen. Abermals verortete sich die Genetik im Epizentrum eines revolutionären Umbruchs.[115] Im Laufe der 1970er und 1980er Jahre konnten diese Abläufe konstant verbessert und dabei erheblich beschleunigt und automatisiert werden. Einen wesentlichen Schritt stellte hierbei die Entdeckung der Polymerase-Kettenreaktion durch Kary Mullis dar. Das Verfahren schien DNA quasi »automatisch« zu vervielfältigen.

In den USA entstanden hieraus neue Märkte. Mittels Gentechnologie konnten genetisch modifizierte, pflanzliche und tierische Organismen im industriellen Maßstab produziert werden. Dadurch ließen sich beispielsweise medizinisch verwertbare Proteine in großen Mengen herstellen. Ende der 1970er Jahre hatten sich die vier führenden »biotechnologischen« Firmen Cetus, Genentech, Biogen

---

112 | Vgl. Blumenberg: Die Lesbarkeit der Welt, S. 372-409, insbesondere S. 398-399.

113 | Vgl. Jan Mohr: Program for licentiatstudium, 30.1.1970 (RA, Københavns Universitet, Jan Mohr, professor, Lb.nr.8).

114 | Das Gegenstück stellten die erstmals 1967 an Escherichia coli beschriebenen DNA-Ligasen dar – Enzyme, die getrennte DNA-Stränge verbinden.

115 | »Zusammenfassend kann man heute schon feststellen, daß es sich hier nicht nur um eine neue Technologie, sondern auch um eine vollständig neue Denkweise zur Bearbeitung biologischer Fragestellungen handelt. Die Implikation dieser neuen Forschungsrichtung für Biologie, Medizin und Biotechnologie liegen [sic] auf der Hand.« (H. Schaller: Erster Entwurf einer Begründung zur Einrichtung eines neuen Schwerpunktprogramms der DFG: Analyse [und Variation] von Genen und regulatorischen Elementen in der DNA auf dem Nukleotidniveau, 1.6.1978 [BA, B 227/322251], S. 2)

und Genex auf der Grundlage umfangreicher, privater Investitionen etabliert.[116] Im Jahr 1977 konnte die von Herbert W. Boyer gegründete Firma Genentech die Herstellung menschlichen Insulins verkünden, das auf der Grundlage rekombinanter DNA in Escherichia coli-Bakterien »produziert« wurde.[117] Der Vertrieb begann – gemeinsam mit dem Pharmakonzern Eli Lily – ab 1982. Sowohl in Dänemark als auch in Deutschland erkannten Unternehmer und Wissenschaftler die Gentechnologie erst einige Jahre später und vor dem Hintergrund einer wesentlich rigideren staatlichen Regulierung als Markt.[118] In Dänemark gaben 1984 zwei pharmazeutische Unternehmen, Novo und Nordisk Gentofte, bekannt, dass sie gentechnologisch produziertes Insulin bzw. Wachstumshormon herzustellen beabsichtigten.[119] In Deutschland hatte die Hoechst AG bereits einige Jahre zuvor unter finanzieller Beteiligung des Bundes an der Herstellung von Insulin mittels genetisch veränderter Mikroorganismen geforscht.[120] Die gentechnologische Herstellung dieses in großem Umfang medizinisch verwertbaren Hormons stellte gewissermaßen den Prototyp »gentechnologischer Produktion« dar.

Im Zentrum der Gentechnologie standen »gentechnologische Werkzeuge«, die den Untersuchungsgegenständen selbst entstammten. Man konnte »automatisch« ablaufende Prozesse experimentell nutzbar und somit Organismen selbst zum »Labor« machen.[121] Der untersuchte Organismus stellte nunmehr selbst ein »technisches Objekt« und einen »Repräsentationsraum« genetischer Forschungs-

---

116 | Bud: Wie wir das Leben nutzbar machten, S. 240. Siehe auch Baark/Jamison: Biotechnology and Culture, S. 34.

117 | Kurz zuvor hatte Genentech bereits Somatostatin als erstes auf diesem Wege produziertes menschliches Hormon hergestellt.

118 | Bud: Wie wir das Leben nutzbar machten, S. 276-278. Siehe auch Aretz: Kommunikation ohne Verständigung; Baark/Jamison: Biotechnology and Culture.

119 | Lassen: Changing Modes of Bioetchnology Governance, S. 8; Jelsøe u.a.: Denmark, S. 30.

120 | Siehe die Antwort der Bundesregierung auf die Große Anfrage der Abgeordneten Frau Dr. Hickel. Dort findet sich auch eine Übersicht über weitere gentechnologische Forschungsvorhaben unter Beteiligung politischer und industrieller Akteure. Deutschen Wissenschaftlern war die gentechnologische Herstellung von Insulin erstmals 1979 gelungen. Siehe des Weiteren Quadbeck-Seeger: Gentechnologie als neue Methode.

121 | Rheinberger/Müller-Wille: Vererbung, S. 243. Hans-Jörg Rheinberger schreibt hierzu auch: »Mit der Gentechnologie werden die zentralen ›technischen‹ Entitäten, die Manipulationswerkzeuge des molekularbiologischen Unternehmens selbst zu molekularen Werkzeugen, sie sind ihrem Charakter nach nicht mehr zu unterscheiden von den Prozessen, mit denen sie interferieren.« (Rheinberger: Von der Zelle zum Gen, S. 275) Im Dänischen taucht in diesem Zusammenhang ebenfalls die Werkzeug-Metapher (værktøj) auf, siehe beispielsweise Jens Vuust: Kloning og sekvensanalyse af cDNA for to kobber/PQQ-afhængige polyamin oksidaser, 12.9.1990 (RA, Statens Serum Institut, Klinisk Biokemisk Afdeling, Korrespondance indland, Lb.nr. 30).

gegenstände dar.[122] Im Zuge dieser Entwicklung stellte sich eine »Umkehr der Untersuchungsrichtung« ein. Das vormals bestimmende Streben, die genetische »Tiefenebene« unter der Oberfläche auszuloten, wurde grundlegend modifiziert. Andreas Lösch schreibt: »Innerhalb der Wissensordnung der Molekulargenetik verläuft der Weg der Erkenntnis nun von Innen nach Außen.«[123] Es handelte sich hierbei weniger um Veränderungen auf der Ebene programmatischer Reflexionen, als vielmehr um eine implizite epistemologische Umstellung der Forschungspraxis. Bisherige Untersuchungsgegenstände wurden zu Untersuchungsinstrumenten umgeformt. Genetikern war es gelungen, die genetische Ebene selbst zu transformieren – »umzuschreiben« – und die daraus resultierenden Veränderungen in der phänotypischen Erscheinung zum Analysegegenstand zu machen.[124] Der Abteilung für Medizinische Genetik der Universität Kopenhagen ging 1982 ein Antrag des mikrobiologischen Instituts in Kopie zu, in dem diese Umkehr der Forschungsrichtung deutlich zum Ausdruck kam. Über die Untersuchung der Genexpression in Escherichia-coli-Bakterien heißt es: »Auf experimentellem Weg rufen wir Veränderungen in DNA-Sequenzen hervor und analysieren dabei, welchen Effekt diese Änderungen für die lebenden Zellen (den resultierenden Phänotyp) haben.«[125] Auch ließ sich das Verhalten menschlicher Gene außerhalb des menschlichen Körpers – in anderen Organismen – beobachten. In transgenen Mäusen beispielsweise konnte unter experimentell kontrollierten Bedingungen getestet werden, zu welchen phänotypischen Auswirkungen die Übertragung be-

---

122 | »Gentechnologisch zu arbeiten bedeutet, unter biochemischen Bedingungen informationstragende Moleküle zu konstruieren, die dann in das intrazelluläre Milieu eines Organismus verpflanzt werden, welcher sie transponiert, reproduziert und ihre Eigenschaften testet. Damit nimmt der Organismus selbst den Status eines technischen Objekts an, d.h. den Status eins Repräsentationsraums, in dem neue epistemische Dinge ausprobiert und artikuliert werden.« (Rheinberger: Von der Zelle zum Gen, S. 275)
123 | Lösch: Tod des Menschen, S. 37.
124 | Rheinberger/Staffan Müller-Wille: Vererbung, S. 243. Diese Möglichkeiten zur gezielten Veränderung des menschlichen Genoms mit medizinischen Absichten zu nutzen, also »Gentherapien« zu entwickeln, stellte zwar ein immer wiederkehrendes Thema des humangenetischen Diskurses dar, war jedoch im Laufe der 1980er Jahre noch nicht einmal experimentell realisierbar. Systematische Experimente mit »Gentherapien« zur Heilung von Krankheiten am Menschen fanden erstmals in den 1990er Jahren in den USA statt.
125 | Brief von Universitetets Mikrobiologiske Institut an Undervisningsministeriet, Oktober 1982 (RA, Københavns Universitet, Afdeling for Medicinsk Genetik, Registerudvalget, Lb.nr.1). Vgl. auch: »In den letzten fünf Jahren ist noch etwas hinzugekommen: Bei dem Entwurf der Struktur brauchen die Molekulargenetiker nicht stehenzubleiben. Mit Hilfe von ›Gen-Maschinen‹ können sie ihre Entwürfe praktisch überprüfen, indem sie das Gen aus den Einzelbausteinen synthetisieren und auf seine Funktion überprüfen.« (Schöpfer neuen Lebens, S. 81)

stimmter menschlicher Gene führte.[126] In derartigen Experimenten erprobten Humangenetiker das Verhalten des menschlichen genetischen Materials unter verschiedenen Bedingungen. Die Gentechnologie hatte Verfahren zur materiellen Simulation der genetischen Ebene in scheinbar beliebig variierbaren Kontexten zur Verfügung gestellt.[127]

Gendiagnostik

Das Versprechen, die phänotypische Entwicklung des Menschen auf der Basis seines »genetischen Codes« vorwegzunehmen, wohnte auch der Gendiagnostik inne, die sich parallel zur Gentechnologie entwickelte. Im Jahr 1978 wurde mit der Sichelzellenanämie erstmals eine Erbkrankheit mithilfe sogenannter Restriktionsfragment-Längenpolymorphismen pränatal diagnostiziert. Hierbei ergeben sich durch die Auftrennung von DNA-Strängen mittels Restriktionsenzymen charakteristische Längenmuster, die Hinweise auf die Weitergabe eines bestimmten Gens liefern. Dieses Vorgehen basierte im Prinzip auf »Markierungen« in der unmittelbaren »genetischen Nachbarschaft« nicht genau bekannter, krankheitsverursachender Gene. Die entsprechenden »DNA-Marker« mussten durch begleitende Familienuntersuchungen individuell ermittelt werden.[128] Allerdings erlaubte es diese Technologie, die gesuchten Gene indirekt zu verorten, wodurch sich das jeweilige Vorliegen des Gens mit an Sicherheit grenzender statistischer Wahrscheinlichkeit diagnostizieren ließ. 1983 konnte auf diesem Weg das Gen, das für Chorea Huntington verantwortlich gemacht wurde, lokalisiert werden. Die medizinischen Möglichkeiten der genetischen Diagnostik wiesen hierbei deutlich über die Pränataldiagnostik hinaus:[129] Es wurde die Möglichkeit eröffnet, erwachsene, phänotypisch gesunde Personen mit diagnostischer Sicherheit auf eine zukünftige Erkrankung hin zu testen.[130] Ab 1985 stand ein entsprechender Test für die

---

126 | Vgl. hierzu z.B. die entsprechenden Projekte aus dem DFG-Schwerpunkt »Analyse des menschlichen Genoms mit molekularbiologischen Methoden« (1985-1995), Deutsche Forschungsgemeinschaft (Hg.): Abschlußbericht.
127 | Vgl. hierzu auch die anregenden Überlegungen Donna Haraways zur Verschiebung des menschlichen Selbstverständnisses von einem Organismus zu einem kybernetischen System im Laufe der zweiten Hälfte des 20. Jahrhunderts, an der die Humangenetik einen maßgeblichen Anteil gehabt habe, Haraway: Die Biopolitik postmoderner Körper.
128 | Siehe z.B. Sperling: Pränatale Diagnose von Erbleiden.
129 | Zudem wurde im Jahr 1984 der »genetische Fingerabdruck« durch Alex Jeffreys in Großbritannien entwickelt, der ebenfalls auf der Bestimmung von Sequenzpolymorphismen mittels der Restriktionsfragment-Längenanalyse beruhte und alsbald zum zentralen Instrument der Identifizierung in Rechtsprechung und Strafverfolgung werden sollte. Siehe die Übersicht bei Keller: Die Genomanalyse im Strafverfahren.
130 | Gusella u.a.: A Polymorphic DNA Marker. Siehe hierzu Det Etiske Råd: Genundersøgelse af Raske, S. 6.

Zystische Fibrose zur Verfügung. In den späten 1980er und frühen 1990er Jahren wurden »direkte« Testmethoden entwickelt und eine wachsende Anzahl von Krankheiten ließ sich durch die Identifikation des »Basisdefekts« und nicht bloß eines »benachbarten« Markers diagnostizieren.[131]

Bis zum Ende der 1980er Jahre war nur ein kleiner Teil aller monogen vererbten Krankheiten »ursächlich« erforscht und ein noch kleinerer Teil überhaupt diagnostizierbar: »Von den derzeit bekannten etwa 3.500 monogenen Erbkrankheiten des Menschen ist nur bei etwa 200 die Ursache bekannt. Nur bei etwa 40 dieser Erkrankungen ist eine meist indirekte molekulargenetische Diagnostik möglich«, hieß es in einem Memorandum der medizinischen Genetik in Hessen zum Ende des Jahrzehnts.[132] Dessen ungeachtet prägten diese prototypischen Gentests die Diskussion um die Möglichkeiten der Humangenetik in den 1980er Jahren im Allgemeinen. Gentests stellten den Idealtyp der »präzisen Aufklärung« von Erbkrankheiten dar. Die Entwicklung von präventiv-diagnostischen Gentests bestimmte zahlreiche Forschungsdesigns und sorgte für eine nachhaltige Finanzierung der Humangenetik.[133] Die Aufklärung der »Basisdefekte« erblicher Krankheiten hatte bereits im Fahrwasser der biochemischen Humangenetik große Faszination ausgeübt. Diese Begeisterung wiederholte sich im Zuge der Molekulargenetik des Menschen Anfang der 1980er Jahre. Die »primäre Ursache menschlicher Erbleiden« schien nun im Labor sichtbar gemacht werden zu können.[134]

---

131 | Kröner: Von der Eugenik zum genetischen Screening, S. 42-43.

132 | Memorandum zur Versorgung der Bevölkerung mit Leistungen der Medizinischen Genetik, o.D. [ca. 1988] (HHStAW, Abt. 511 Nr. 428), S. 20. Für eine Liste der 1990 molekulargenetisch diagnostizierbaren Krankheiten inklusive der Einrichtungen, in denen sie durchgeführt werden konnten, siehe Jörg Schmidtke: Molekulargenetische Diagnostik, 6.6.1990 (HHStAW, Abt. 511 Nr. 1096). Nach Hans-Peter Kröner konnten Mitte der 1990er Jahren bereits ca. 400 Krankheiten durch eine direkte Gendiagnostik bestimmt werden, Kröner: Von der Eugenik zum genetischen Screening, S. 37. Diese Angaben können auch für Dänemark Geltung beanspruchen.

133 | Vgl. die Standortbestimmung des humangenetischen Instituts der Universität in Kopenhagen: Humangenetiske perspektiver i forskningsudviklingen ved det lægevidenskabelige fakultet, o.D. [1984] (RA, Københavns Universitet, Afdeling for Medicinsk Genetik, Institutssager, Lb.nr. 7).

134 | Walther Klofat: Auszug aus dem Protokoll der Sitzung des DFG-Senates, 20.10.1983 (DFG-Archiv, 322 256). Vgl. auch Winfrid Krone: Abschlußbericht über die Schwerpunktprogramme der Deutschen Forschungsgemeinschaft »Biochemische Grundlagen der Populationsgenetik des Menschen« und »Biochemische Humangenetik«, o.D. [1981] (BA, B 227/138700); Karl Sperling: Antrag auf Einrichtung eines neuen DFG-Schwerpunktprogrammes »Analyse des menschlichen Genoms mit gentechnologischen Methoden«, 8.9.1983 (DFG-Archiv, 322 256), S. 4.

Die Entdeckung der Restriktionsfragment-Längenpolymorphismen war neben ihrer medizinischen Bedeutung von großem Gewicht für die Anfertigung einer Genkarte des Menschen.[135] Mit ihrer Hilfe ließen sich die Lage und der relative Abstand der Gene auf den menschlichen Chromosomen kartieren. Diesem Unterfangen kam entscheidend zugute, dass die Gentechnologie es mittlerweile ermöglicht hatte, rekombinante DNA in großen Mengen zu reproduzieren. Neben der Kartierung von Genen machte nunmehr allerdings auch ihre Sequenzierung, also die Bestimmung der Basenabfolge, einen deutlichen Fortschritt. 1976 wurde die erste vollständige Sequenzierung eines Bakteriophagen-Genoms durch eine belgische Arbeitsgruppe unter der Leitung von Walter Fiers bekannt gegeben. In den folgenden Jahren und im nächsten Jahrzehnt kamen zahlreiche weitere Mikroorganismen hinzu, deren Genom vollständig sequenziert worden war. Bakteriophagen wiesen allerdings ein vielfach kleineres Genom als der Mensch auf. Dessen Gensequenzierung schritt deutlich langsamer voran. Ein entscheidender Durchbruch fiel in das Jahr 1977, als es Walter Gilbert, Allan Maxam sowie Frederick Sanger parallel gelang, eine erhebliche Effizienzsteigerung der DNA-Sequenzierung zu erzielen. Dieser Erfolg stellte eine vollständige »DNA-Bibliothek« des Menschen in Aussicht, auch wenn allen Experten klar war, dass dieses Ziel nur in intensiver Kooperation und Arbeitsteilung überhaupt erreichbar sein würde.[136] Das menschliche Genom vollständig zu sequenzieren, stellte ein überaus ressourcenaufwändiges Unterfangen dar. Neben zahlreichen nationalen Initiativen in den 1980er Jahren kristallisierte sich zunehmend eine internationale Zusammenführung der Sequenzierungs- bzw. Kartierungsbemühungen heraus. Zum zentralen Bezugspunkt dieses Unterfangens sollte die Gründung der *Human Genome Organisation* im Jahr 1988 werden.[137]

Vor dem Hintergrund weiterer technologischer Fortschritte auf dem Gebiet der Gensequenzierung überschritt die Humangenetik hierbei die Schwelle zur »Big Science«. Es zeichnete sich eine über viele Jahre andauernde Forschungsaufgabe ab, an der zahlreiche internationale Labore beteiligt waren und die umfangreiche finanzielle Ressourcen sowie EDV-Kapazitäten beanspruchte. Trotz gelegentlicher Skepsis am enormen Aufwand der Genomforschung wurde sie im humangenetischen Diskurs nicht grundlegend in Frage gestellt. Mit der Identifikation und Sequenzierung menschlicher Gene machten Humangenetiker vermeintlich den »Bauplan« des Menschen lesbar. Im Blick auf einzelne Individuen bedeutete dies, dass der mehr oder weniger feste Rahmen, in dem sich dessen

---

135 | Bostein u.a.: Construction of a Genetic Linkage Map in Man.
136 | Kevles: Die Geschichte der Genetik und Eugenik, S. 33. Siehe auch Hans-Peter Vosberg: Überblick über neue Möglichkeiten zur Analyse menschlicher Gene, 2.7.1982 (DFG-Archiv, 322 256).
137 | McKusick: Mapping and Sequencing the Human Genome, S. 913. Eine Liste der Mitglieder des Jahres 1989 ist auf der aktuellen Homepage der Organisation einsehbar, <www.hugo-international.org/abt_history.php>.

Biografie vorgeblich abspielen würde, bestimmt werden konnte. Welche, wie schwerwiegende Erbkrankheiten wird eine bestimmte Person im Laufe ihres zukünftigen Lebens erleiden? Vor allem diese medizinisch-genetische Frage schien durch die aufkommende Gendiagnostik immer präziser beantwortbar zu werden. Mit der fortgesetzten Annäherung an die genetische Ebene, die die Molekulargenetik, als vermeintlich logische Fortführung der biochemischen Humangenetik, in den Augen der Zeitgenossen darstellte, näherte man sich der entscheidenden »Ursachenebene« menschlicher Defekte aller Art – so die Verheißung.

Auf dem Weg zu einem komplexeren Genbegriff

In den 1980er Jahren verwendeten Vertreter und Kritiker der Gendiagnostik gleichermaßen das Bild der sich öffnenden Schere, um die Diskrepanz zwischen den bekannten vererbbaren Krankheiten auf der einen Seite sowie den wenigen, die davon diagnostizierbar waren, auf der anderen Seite zu illustrieren – ganz zu schweigen von ihrer generellen Nicht-Therapierbarkeit. Dieses Missverhältnis stellte den Fortschritt humangenetischer Forschung in Frage. Die Handlungsfähigkeit, die der Zuwachs humangenetischen Wissens versprach, wurde jedoch noch von einer anderen, grundlegenden Problematik erschüttert. Im Laufe der 1980er Jahre zeichnete sich ab, dass die eingespielten Unterscheidungen von Genotyp und Phänotyp sowie genetischen und umweltbedingten Einflüssen auf wesentlich komplexere Verhältnisse verwiesen, als bis dato angenommen worden war. Beide Unterscheidungen waren zuvor asymmetrisch aufgeladen. Die jeweils genetische Seite erschien wichtiger und zudem in letzter Instanz eindeutig von »bloßen« Entwicklungs- oder Umweltfragen abgrenzbar zu sein. Inner- und außerfachliche Kritik an einem vermeintlich übertriebenen genetischen Determinismus war zwar im gesamten 20. Jahrhunderts in unterschiedlicher Schärfe präsent gewesen.[138] Bis in die 1980er Jahre konnte die genetische Ebene sich jedoch trotz aller bereitwillig eingestandenen Wechselseitigkeit von Genen und Umwelt einen deutlichen Vorrang erhalten. Im Laufe des Jahrzehnts büßte die Vorstellung des einheitlichen, räumlich klar situierbaren Gens an forschungsleitender Kraft ein – und dies gerade zu einem Zeitpunkt, als euphorisch verkündet wurde, dass die grundlegende Erbsubstanz selbst beobachtet und sogar manipuliert werden könne.

---

138 | Die Thematik wurde zudem im Rahmen der Auseinandersetzung der Humangenetik mit ihrer rassenhygienischen Vergangenheit relevant. Hierbei wurde die fachliche Präferenz für oder gegen einen dezidierten genetischen Determinismus gelegentlich mit politischen Präferenzen unmittelbar gleichgesetzt, vgl. nur Friedrich Vogel: Glanz und Elend der Genetik psychischer Merkmale. Festvortrag 5.2.1979, 60 Geburtstag W. Lenz, 5.2.1979 (UAH, Acc 12/95-27), S. 2.

Dass es identifizier- und isolierbare Gene gab, die sich für phänotypische Eigenschaften direkt und unzweifelhaft verantwortlich machen ließen, wurde mehr und mehr zu einem Ausnahmefall. Es zeigte sich, dass das Vorhandensein eines Gens keineswegs stets zum selben Krankheitsbild führte. Humangenetiker entwickelten eine steigende Skepsis gegenüber eindeutigen Beziehungen zwischen Krankheitsbild und Mutation.[139] Stattdessen begannen sich »komplexe Krankheiten«, bei denen Gene nur einen gleichrangigen Einflussfaktor neben anderen darstellten, in den Mittelpunkt der Aufmerksamkeit zu schieben.[140] Zudem hatte die Expression von Genen im Zuge ihrer molekulargenetischen Erforschung, durch Entdeckungen wie das alternative Spleißen beispielsweise, in den Modellen der Genetik erheblich an Linearität eingebüßt.[141] Epigenetische Experimente deuteten an, dass die angebliche »Einbahnstraße« von der DNA zur RNA zum Protein tatsächlich in beide Richtungen befahrbar war. Entwicklungs- und Umweltfaktoren kam nicht mehr ein bloß sekundärer Status zu. Sie galten nunmehr als gleichrangige Einflüsse in wechselwirkenden Systemen.[142]

---

139 | Vgl. als nur ein Beispiel für viele Sven Asger Sørensen: Ajourføring af og tillæg til skrivelserne »Arvebiologisk instituts forskningsmæssige fremtid; forsknings- og ressourcebehov i de nærmeste år« og »Humangenetiske perspektiver i forskningsudviklingen ved det lægevidenskabelige fakultet«, 7.3.1986 (RA, Københavns Universitet, Afdeling for Medicinsk Genetik, Meddelelser fra formanden, Lb.nr.4).

140 | Dieser Prozess stellte gewissermaßen die Umkehrung einer vorangehenden »Genetifizierung« der Medizin dar, die sich bereits in den 1960er und 1970er durchgesetzt hatte. Die damit einhergehende Ausweitung des genetischen Zuständigkeitsbereiches führte langfristig zur Unterminierung einer einheitlichen medizinischen Genetik – nicht obwohl, sondern gerade weil genetische Zusammenhänge omnipräsent waren. Zum vieldiskutierten Konzept der Genetifizierung siehe nur Argast: Eine arglose Eugenik?, S. 85-86; Koch: The Government of Genetic Knowledge, S. 94.

141 | Alternatives Spleißen bedeutet, dass dieselbe »DNA-Vorlage« auf verschiedene Weise weiterverarbeitet – zusammengeschnitten – wird und somit zum Ausgangspunkt verschiedener Genprodukte werden kann. Vgl. »Codierende DNA-Sequenzen wandelten sich von Determinanten bestimmter Merkmale – von ›Genen für‹ – in Ressourcen, die im Entwicklungs- und Stoffwechselprozess des Organismus zu höchst variablem und differenziellen Einsatz kamen.« (Rheinberger/Müller-Wille: Vererbung, S. 259) Zur entscheidenden Bedeutung der Entwicklungsbiologie für diesen Prozess siehe Nüsslein-Volhard: Das Werden des Lebens, S. 77-78; Keller: Refiguring Life.

142 | Hans-Jörg Rheinberger und Staffan Müller-Wille beschreiben diese Entwicklung als Übergang zum »Zeitalter der Postgenomik«, dessen Ursprünge durchaus weiter in die zweite Hälfte des 20. Jahrhunderts zurückreichten, Rheinberger/Müller-Wille: Das Gen im Zeitalter der Postgenomik. Siehe auch Keller: Das Jahrhundert des Gens. Der gegenwärtige Diskussionsstand zum Thema »genetischer Reduktionismus« ist nahezu unüberschaubar, allerdings setzt er sich nahezu ausschließlich aus Arbeiten mit systematischem und nicht genuin historischem Interesse zusammen.

Diesen Entwicklungen standen allerdings widersätzliche Kräfte gegenüber, die die Wirkmächtigkeit des einheitlichen Genbegriffs vorerst erhielten. Hierzu zählt vor allem die bereits skizzierte generelle Faszination, auf den »Grund« der genetischen Ebene vorstoßen zu können. Sie wurde befeuert durch die Bestätigung, die die vermeintlich erfolgreiche Anwendung der Gendiagnostik auf den Menschen vermittelte. Die medizinischen Interessen wirkten unzweifelhaft in diese Richtung. Die Entwicklung gendiagnostischer Verfahren sollte »Risikopersonen« eindeutige medizinische Diagnosen zur Verfügung stellen. Dazu waren eindeutige Anhaltspunkte in Form klar bestimmter »Krankheitsgene« vonnöten. Doch auch die industriellen Interessen an der Gentechnologie wirkten der neuen Komplexität des Genbegriffs sowie der Gen-/Umweltrelation entgegen. Die Gentechnologie als Produktquelle verlangte nach industriell operationalisierbaren Einheiten und forcierte somit weiterhin implizit einen einheitlichen, materiell lokalisierbaren Genbegriff.[143]

Die Beharrlichkeit des Konzepts von Genen als räumlich eingrenzbaren Einheiten, denen letztendlich Priorität im Blick auf alle »darüber liegenden« bzw. »nachfolgenden« Ebenen zukomme, zeigt das folgende Beispiel aus dem Nachlass des Humangenetikers Helmut Baitsch, der eines überzogenen genetischen Reduktionismus alles andere als verdächtig war.[144] Die Grafik mit der Überschrift »Humangenetik: Struktur, Funktion und Weitergabe d. genet. Materials« enthält ein rechteckiges Diagramm, dass den steigenden Anteil der »Umwelt« und den gegenläufig abnehmenden Anteil der »Gene (DNS)« durch die Veränderung der Flächengröße anzeigt, je nachdem auf welcher »Analyseebene« man sich bewegt (Abb. 3).[145] Dieser Verschiebung ist eine Tabellenspalte zugeordnet, die erläutert, mit welcher Art von Gegenständen man es auf der jeweiligen Ebene zu tun hat, auf die hier nicht näher eingegangen zu werden braucht. Von Interesse ist an dieser Stelle, dass zwar ein fließender Übergang von Gen- und Umwelteinflüssen suggeriert wird – durch die Stufenlosigkeit der Balkenverschiebung –, Umwelteinflüsse jedoch, einerseits, deutlich von Geneinflüssen zu unterscheiden sind und, andererseits, der Geneinfluss niemals ganz verdrängt wird. Dies zeigt sich am oberen Rand des Rechtecks, an dem die »Umwelt« zwar größeren Anteil als die »Gene« hat, letztere trotzdem noch einen beträchtlichen Teil des Raums einnehmen. Umgekehrt ist diese Ambivalenz jedoch keineswegs gegeben: An der Unterseite des Balkens, im Bereich der »molekularen Genetik« ist der genetische

---

143 | Müller-Wille/Rheinberger: Das Gen im Zeitalter der Postgenomik, S. 92; Rifkin: Das biotechnische Zeitalter, S. 329-332.
144 | Siehe die exemplarische Kritik in Helmut Baitsch: Naturwissenschaften und Politik. Am Beispiel des Faches Anthropologie während des Dritten Reiches, 8.5.1985 (ArchMHH, Dep. 1 acc. 2011/1 Nr. 8), S. 10.
145 | Helmut Baitsch: Biologische Existenz des Menschen, o.D. [1985/1986] (ArchMHH, Dep. 1 acc. 2011/1 Nr. 2). Die genaue Herkunft und der Verwendungszusammenhang der Grafik ist aus dem Nachlass nicht zu rekonstruieren.

Anteil unangefochten. Selbstverständlich ist bei der Analyse dieses Schaubildes ein nicht zu übersehender Grad an Simplifizierung in Rechnung zu stellen, was vermutlich der Anschaulichkeit im Rahmen eines Vortrags oder einer Lehrveranstaltung geschuldet war.[146]

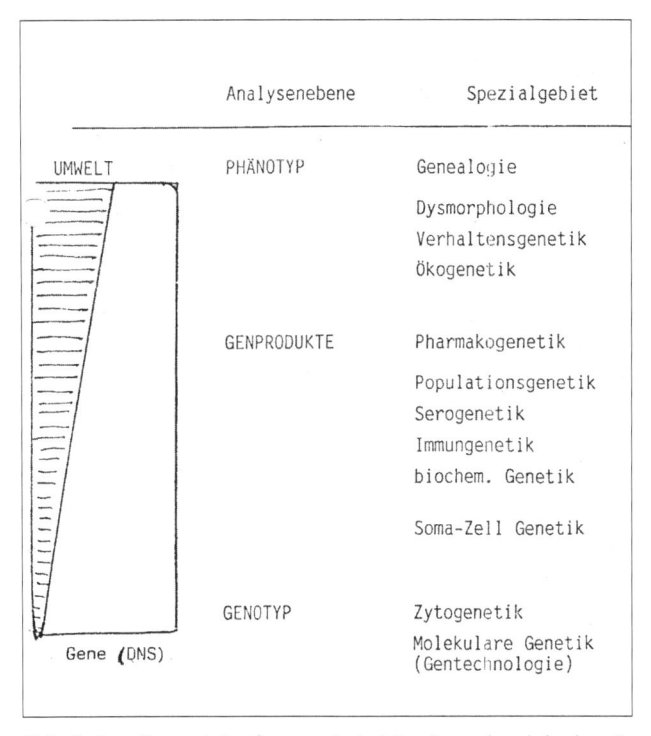

	Analysenebene	Spezialgebiet
UMWELT	PHÄNOTYP	Genealogie
		Dysmorphologie
		Verhaltensgenetik
		Ökogenetik
	GENPRODUKTE	Pharmakogenetik
		Populationsgenetik
		Serogenetik
		Immungenetik
		biochem. Genetik
		Soma-Zell Genetik
	GENOTYP	Zytogenetik
Gene (DNS)		Molekulare Genetik (Gentechnologie)

Abb. 3: Der »Vorrang der Gene« schwindet entsprechend der jeweils gewählten »Analyseebene« (»Genotyp – Genprodukte – Phänotyp«), lässt sich jedoch nie ganz verdrängen. Die unterste Ebene dominieren die Gene nahezu uneingeschränkt.

Nichtsdestoweniger ist dieses Schema paradigmatisch für die vorerst anhaltende Sicht auf die genetische Ebene, als deutlich abgrenzbarer, priorisierter Ebene, die die 1980er Jahre noch beherrschte – ungeachtet der oben skizzierten, sich bereits deutlich ankündigenden epistemischen Umstellungen.[147]

---

146 | Auch darf nicht vergessen werden, dass der tatsächliche Einfluss der genetischen Ebene selbst in konkreten Forschungszusammenhängen meist alles andere als eindeutig war. Die Isolation eines letztlich »rein genetischen« Ursachenzusammenhangs war jedoch meist der zentrale Antrieb humangenetischer Forschungen. Zur Fruchtbarkeit dieses Forschungsdesigns sowie weiterführender, wissenschaftsgeschichtlicher Literatur siehe Waters: A pluralist interpretation.
147 | Siehe hierzu auch Sommer: History in the Gene.

Künstliche Befruchtung und Präimplantationsdiagnostik

Die Geschichte der Künstlichen Befruchtung beim Menschen überschnitt sich zu verschiedenen Zeitpunkten und in verschiedenen Zusammenhängen mit der Geschichte der Humangenetik.[148] Im angloamerikanischen Raum ist hierbei vor allem an die Indienstnahme der künstlichen Befruchtung für positiv-eugenische Utopien zu denken, wie sie vor allem durch die viel diskutierte Tagung »The Future of Man« 1962 verbreitet wurden.[149] Testverfahren der »genetischen Qualität« menschlicher Keimzellen standen derzeit jenseits der Einbettung der Spender in Familienstammbäume, die Gesundheit und sozialen Erfolg dokumentierten, nicht zur Verfügung. Diese Situation änderte sich in den nächsten Jahrzehnten nicht grundlegend; allerdings wurden die Technologien der Befruchtung menschlicher Keimzellen außerhalb des menschlichen Körpers weiterentwickelt, so dass 1978 das erste sogenannte »Retortenbaby« Louise Brown nach einer In-vitro-Fertilisation in Großbritannien zur Welt kam.[150] In Deutschland wurde diese Technologie erstmals 1982 angewandt, in Dänemark ein Jahr später.[151] Zu diesem Zeitpunkt war die biochemische bzw. molekulargenetische Humangenetik bereits weiter fortgeschritten, was die Aussicht auf eine sogenannte Präimplantationsdiagnostik alles andere als utopisch erscheinen ließ.[152] Die Durchführung der ersten Präimplantationsdiagnose weltweit wurde im Jahr 1990 bekannt gegeben und somit erst zum Ende meines Untersuchungszeitraums durchgeführt. Trotzdem erlangte die Reproduktionsmedizin in den 1980er eine hohe Prominenz im Rahmen gesellschaftlicher Diskussionen um die Humangenetik.[153] Die Thematik stellte einen zentralen Ausgangspunkt der Bioethik dar, die in Deutschland und Dänemark während der 1980er Jahre aufkam, und wurde in vielen Fällen mit den Debatten um Gendiagnostik im Allgemeinen verknüpft.

---

148 | Siehe für das späte 19. Jahrhundert und die erste Hälfte des 20. Jahrhunderts Semke: Künstliche Befruchtung; Schreiber: Natürlich künstliche Befruchtung?

149 | Siehe Kapitel 4.3.

150 | Verantwortlich waren der Gynäkologe Patrick Steptoe und der Physiologe Richard G. Edwards, siehe auch Riewenherm: Die Wunschgeneration.

151 | Siehe The Danish Council of Ethics: Second Annual Report, S. 58-59. Bis zum Ende der 1980er Jahre wurden in Dänemark über 100 Kinder nach In-vitro-Fertilisationen geboren. Das bedeutete, dass die In-vitro-Fertilisation in ca. 30 Prozent aller Fälle zu einer Lebendgeburt geführt hatte. Zu Beginn, im Jahr 1983, lag die Erfolgsquote noch bei 19 Prozent, Lauritsen: Ægtransplantation, S. 36.

152 | Damit ist die genetische Untersuchung von durch In-vitro-Fertilisation erzeugten Embryonen vor der Einpflanzung in den Mutterleib gemeint.

153 | Vgl. Indenrigsministeriet (Hg.): Fremskridtets pris, S. 14. Hierbei spielte auch die Thematisierung dieser Zusammenhänge in politischen Debatten eine erhebliche Rolle, siehe beispielsweise: Antwort der Bundesregierung auf die Große Anfrage der Abgeordneten Frau Dr. Hickel.

Elektronische Datenverarbeitung

Von erheblicher Bedeutung für die dritte Phase des humangenetischen Diskurses in den 1980er Jahren war die Elektronische Datenverarbeitung. Erste Versuche, die Rechenleistung von Computern für die humangenetische Forschung und Medizin nutzbar zu machen, datieren bereits in die späten 1950er bis 1970er Jahre.[154] Die Genetik-Register der 1950er und 1960er Jahre basierten noch auf Hollerithkarten. Aufwendige statistische Berechnungen, insbesondere in der Populationsgenetik, waren jedoch bereits an Experten anderer Fächer delegiert und von den zur Verfügung stehenden »Großrechenanlagen« durchgeführt worden.[155] Im Zuge der Auswertung, Speicherung und Vernetzung zytogenetischer Befunde sowie pränataler Diagnosen in den 1970er Jahren begannen nach und nach erste elektronische Datenbanken in die humangenetische Praxis Einzug zu halten.[156] Dieses anfängliche Zusammengehen von Humangenetik und EDV führte allerdings nicht zu grundlegenden forschungspraktischen Verschiebungen. Humangenetiker nahmen diesen Prozess in aller Regel als »Rationalisierung« wahr. Andererseits bereitete diese Entwicklung den epistemologischen Umbruch, der sich in den 1980er Jahren durch die verstärkte Abhängigkeit der Humangenetik von EDV-Einrichtungen einstellen sollte, bereits vor.

Wie Hans-Jörg Rheinberger und Staffan Müller-Wille schreiben, sprengte die »Genomik« die bisherigen Methoden der humangenetischen Datensammlung und -auswertung. Die Herausforderung der Molekulargenetik mit ihren Sequenzierungsprojekten »war an die Entwicklung neuer bioinformatischer Datenbanken und algorithmischer Instrumente gebunden, mit denen die neu erzeugten

---

154 | Vgl. Carsten Bresch: Antrag auf Bewilligung von Mitteln zur Durchführung einer Pilot-Studie zum Thema: Computer-Analyse menschlicher Chromosomen, 25.11.1971 (BA, B 227/225090); Mohr: Human arvebiologi og eugenik, S. 247.
155 | Vgl. z.B. Friedrich Vogel: Arbeitsbericht über das Haushaltsjahr 1959/60 zum Antrag für das Schwerpunktprogramm Genetik, o.D. [1960] (UAH, Acc 12/95 – 8); Brief von Helmut Baitsch an Ludwig Heilmeyer, 20.7.1959 (ArchMHH, Dep. 1 acc. 2011/1 Nr. 12); Brief von Lasse M. Sonne an Tage Kemp, 26.9.1958 (RA, Københavns Universitet, Tage Kemp, professor Lb.nr. 6); Tage Kemp: Besvarelse af Dansk Medicinsk Selskabs forskningsenquete, o.D. [1960/63] (RA, Københavns Universitet, Tage Kemp, professor Lb.nr. 7). Hierbei gab es zudem Versuche, Stammbäume mit mendelnden Erbgängen in mathematisch verwendbare Formen zu übersetzen, siehe z.B. den Brief von Jørgen Hilden an Anthony Edwards, 21.6.1967 (RA, Københavns Universitet, Jan Mohr, professor, Lb.nr.2).
156 | 2. Informationsblatt über die Dokumentation der Untersuchungen im Rahmen des Schwerpunktprogramms »Pränatale Diagnose genetisch bedingter Defekte« Der Deutschen Forschungsgemeinschaft Zeitraum: 1.9.73-15.10.74, München 4.11.74, (BA, B 227/225094), S. 2; K.R. Schneid: Zwischenbericht zur Verarbeitung und Dokumentation der im Rahmen des DFG-Schwerpunktprogramms »Pränatale Diagnostik genetisch bedingter Defekte« angefallenden [sic] Daten, o.D. [1973/1976] (BA, B 227/225094).

Daten fortlaufend eingespeist und bearbeitbar sowie gegenseitig vergleichbar gemacht werden konnten.«[157] Es entstand eine intensive Reziprozität zwischen dem Fortschritt der Bioinformatik und der Genomforschung: »In der Genomik ist die Entwicklung neuer Geräte und technischer Verfahren mit der Entwicklung der Datenverarbeitung eine enge Verbindung eingegangen; beide Seiten haben sich gegenseitig angetrieben.«[158] Der Bedarf an Verarbeitungskapazität für ein menschliches Genomprojekt wurde von allen Experten als »gigantisch« eingeschätzt und mit monumentalen Anstrengungen wie beispielsweise der ersten Mondreise verglichen.[159] Omnipräsent war zudem der Topos einer fortlaufend und exponentiell ansteigenden »Datenflut«. Ende der 1980er Jahre konstatierte ein Mitarbeiter des Dechema-Instituts: »Ist man derzeit in der Lage mit einer Genauigkeit von 98 % täglich 10.000 Basenpaare der DNA apparategestützt zu analysieren, so muß das Ziel am Ende der nächsten Dekade sein möglichst 100.000 bis 1 Mill. DNA-Sequenzen pro Tag richtig lesen zu können.«[160] Für solche Herausforderungen hatte sich derweil die EDV als alternativlose Antwort etabliert. Die Computerisierung der genetischen Labors schien die neuen Forschungsfelder in den Augen der Zeitgenossen überhaupt erst ermöglicht zu haben.[161] Ein weiteres zentrales Moment der Diskussion um die »Ehe zwischen Informatik und Genetik«[162] stellte die ausgesprochene Zukunftsoffenheit dar, die EDV-Systeme gegenüber bestehenden Datenbanken zu bieten hatten.[163] Die sich auftür-

---

157 | Rheinberger/Müller-Wille: Vererbung, S. 258.
158 | Ebd.
159 | Ein Hauptziel der 1988 gegründeten Human Genome Organization war die Koordination der Datenmassen auf der Grundlage eines »innovative electronic network«. Ihr Leiter Victor McKusick schrieb über die Zentren der Organisation: »They will have a useful role in the transfer of information, serving as distribution centers for data bases«. (McKusick: Mapping and Sequencing the Human Genome, S. 914)
160 | Driesel: Genomforschung, S. 63.
161 | Kristen Fenger vom erbbiologischen Institut der Universität Kopenhagen schrieb 1984: »Zwei technologische Bereiche haben durch ihre Entwicklung in den letzten Jahren derart radikal verbesserte Möglichkeiten für die humangenetische Grundlagenforschung geschaffen, dass sie eine deutliche Ausweitung der Forschungsaktivitäten des Instituts motiviert haben: [...] Der eine der technologischen Bereiche, der diese Möglichkeiten eröffnet hat, ist die DNA-Technologie; der andere ist derjenige der Computer. [...] Wir haben eine neue Dimension dessen erreicht, was forschungsmäßig möglich ist.« (Kristen Fenger: Arvebiologisk Institut's forskningsmæssige fremtid; forsknings- og ressourcebehov i de nærmest år, 3.2.1984 [RA, københavns Universitet, Afdeling for Medicinsk Genetik, Institutsager, Lb.nr. 7], S. 1-2)
162 | Rifkin: Das biotechnische Zeitalter, S. 20.
163 | Kristen Fenger: Arvebiologisk Institut's forskningsmæssige fremtid; forsknings- og ressourcebehov i de nærmest år, 3.2.1984 (RA, københavns Universitet, Afdeling for Medicinsk Genetik, Institutsager, Lb.nr. 7), S. 2.

menden »Datenmassen« konnten nicht allein elegant analysiert werden, sondern es schien sich auch ihre stetige Erweiterung vereinfachen zu lassen.

Der Einzug der EDV in der Genforschung veränderte die praktische Laborarbeit erheblich und gestaltete die gewohnte Forschungsumgebung um. Es ergaben sich gebäudetechnische Fragen, was die Verlegung von Netzwerkanschlüssen anging, ohne die ein humangenetisches Institut gewissermaßen »blind« blieb.[164] Rechtliche Fragen, insbesondere die in den 1980er Jahren heikler werdenden Problem des Datenschutzes betreffend, wurden neu aufgerollt. Die Ursache lag in einer potentiell nahezu grenzenlosen Vernetzung von EDV-Systemen. Gleichzeitig bot die Technologie durch automatische Verschlüsselungsinstrumente jedoch neuartige Lösungen an.[165] Die humangenetischen Experten der 1980er Jahren mussten lernen, sich in neuen instrumentellen, architektonischen und rechtlichen Räumen zu bewegen. Dies schloss nicht zuletzt die praktische Gewöhnung an die ungewohnten Interfaces ein. Die Arbeit mit Tastaturen oder anderen »Eingabegeräten« wie z.B. »digitalen Stiften« und die Verwaltung von Datenbanken über Computerbildschirme machte einen wachsenden Anteil an der wissenschaftlichen und medizinischen Tätigkeit aus. Bildschirme mussten »lesen« gelernt werden. Elektronisch generierte Daten mussten »sehen« gelernt werden.[166]

Neue, auf die Benutzung durch Einzelpersonen zugeschnittene digitale Endgeräte fanden Verbreitung. Eines davon war beispielsweise die »Gene-Master DNA workstation« der US-amerikanischen Firma Bio-Rad Laboratories. Die Produktbroschüre pries die Bedienung des Geräts an, wobei die Betonung von Beschleunigung, Vereinfachung und der automatischen Vernetzung verschiedener Datensätze durch den Rechner besonders hervorstachen: »Comparing newly

---

164 | Brief von Jørgen Hilden an Bygningsplanlægningen, 28.2.1983 (RA, Københavns Universitet, Afdeling for Medicinsk Genetik, Institutsager, Lb.nr. 7).

165 | Brief von Kirsten Fenger an Registertilsynet, 15.11.1984 (RA, Københavns Universitet, Afdeling for Medicinsk Genetik, Registerudvalget, Lb.nr.1).

166 | Siehe die teils enthusiastischen, teils skeptischen Erfahrungsberichte von »Selbstversuchen« der Einführung von EDV-Methoden in die medizinische Praxis im Allgemeinen in der *Ugeskrift for Læger*: Krogh-Jensen: Edb i almen praksis; Møller Jensen: Registrering. Siehe auch Erling Hammer-Jacobsen: EDB i lægepraksis. Egne erfaringer med mikrocomputer, 22.11.1982 (RA, Københavns Universitet, Afdeling for Medicinsk Genetik, Registerudvalget, Lb.nr.1). Der Autor hat seinen Ausführungen eine siebzehnseitige Sammlung von Screenshots beigelegt und bot Besichtigungen seiner Anlage für interessierte Fachkollegen an. Vgl. des Weiteren den handschriftlichen Zettel, der einer Aufsatzkopie aus dem *American Journal of Medical Genetics* in den Akten des humangenetischen Instituts der Universität Kopenhagen beiliegt. Vermutlich von der Institutsdirektorin Kirsten Fenger zum Eigengebrauch angefertigt übersetzt und erläutert das Papier grundlegende EDV-Begriffe wie z.B. »Megabyte«, »floppy-disk« und »password«, 4.11.1981 (Københavns Universitet, Afdeling for Medicinsk Genetik, Registerudvalget, Lb.nr.1).

sequenced fragments of DNA with established DNA databases is becoming an indispensible part of any sequencing project. Until now, such comparisons have required consultants, or expensive telephone connections to large computers. These requirements have inhibited creativity in varying search parameters. The Gene-Master workstation provides the complete GeneBank database, including annotations, with a unique search method which allows you to identify files by keywords, typically in less than 10 seconds. Query sequences can be compared against the entire database, using an implementation of Neddleman-Wunsch, the most sensitive method available.«[167] Anschaulich wurden die neuen Praktiken mit herkömmlichen Methoden (»consultants«, »expensive telephone connections«) kontrastiert. Der neuen Technologie kam zudem eine implizite »Selbständigkeit« zu, mit der sie aufwändige Vergleichsprozesse quasi von selbst – zumindest unsichtbar an der »Benutzeroberfläche« – durchführte.[168] Allerdings ersetzte sie hierbei genau genommen keine vormals menschlichen Tätigkeiten, da die durchgeführten Prozesse aufgrund ihrer enormen Kapazitätsansprüche ohnehin nur vom Gerät selbst durchgeführt werden konnten. Es ging folglich nicht allein um die Ersetzung, Beschleunigung, Vereinfachung oder Rationalisierung von Laborarbeiten, sondern auch um die Generierung einer neuartigen Qualität von Daten.

Die epistemischen Konsequenzen der Computerisierung des humangenetischen Labors wurden allerdings erst in den Folgejahrzehnten zum Gegenstand expliziter Reflexionen. Rheinberger und Müller-Wille haben jüngst behauptet: »Genetische Information ist jetzt nicht mehr nur, was in der Zelle abrufbar ist, um in biologische Funktion umgesetzt zu werden, sondern auch das, was aus Datenbanken abrufbar ist, um weitere Daten zu generieren.«[169] Dies wiederum habe zu einem radikal induktiven Datensammel-Paradigma in der genetischen Forschung geführt, das am ehesten mit einer »Naturgeschichte auf molekularer Ebene« vergleichbar sei.[170] Auch wenn die Autoren deutlich machen, dass sich diese Entwicklung erst im »Zeitalter der Postgenomik«, also den letzten zwei Jahrzehnten, vollends durchsetzte, nahm sie ihren Anfang im Zusammenwachsen von EDV und Genforschung in den 1980er Jahren. Nach und nach wurden Forschungsdesigns »von den Daten selbst angetrieben«. Datenbanken stellten nicht mehr bloß Mittel zum Zweck der Bestätigung einer bestimmten, zuvor

---

167 | Siehe zudem die Ausführungen zur Bedienung: »The Gene-Master sequence reader reduces the tedium and error involved in reading nucleic acid sequences. The user-operated digitizing pen, which instantly enters sequences into the computer, triples reading speed over that of conventional sequence reading. Bio-Rad's digitizing method is fast because the need to look away from the autoradiogram has been minimized.« (Bio-Rad Laboratories: New Gene-Master DNA Workstation, o.D. [1986] [HHStAW, Abt. 511 Nr. 440])
168 | Vgl. auch Fuhry: Sammeln, Ordnen und Sortieren.
169 | Müller-Wille/Rheinberger: Das Gen im Zeitalter der Postgenomik, S. 122.
170 | Ebd.; siehe auch Strasser: Collecting and Experimenting.

aufgestellten Hypothese dar. Stattdessen wurden die Datensammlungen vom Lösungsinstrument zur Quelle wissenschaftlicher Fragen.[171]

---

171 | Müller-Wille/Rheinberger: Das Gen im Zeitalter der Postgenomik, S. 123. Siehe auch die exemplarische Erzählung Jeremy Rifkins aus einem US-Amerikanischen Forschungslabor: »Welche potentiellen Fähigkeiten Computer besitzen, wenn es darum geht Gene zu entschlüsseln und die gewonnene Information zu verwerten, wurde im Jahr 1983 deutlich. In jenem Jahr gelang Russell Doolittle, seinerzeit Professor für Chemie an der University of California in San Diego, und seinen Mitarbeitern allein durch das Auswerten von Computerausdrucken eine wichtige biologische Entdeckung. Doolittles Arbeitsgruppe verglich die Sequenzdaten zweier Proteine und erkannte, daß eine DNA-Sequenz aus einem Tumor mit einer anderen DNA übereinstimmte, die für zelluläre Wachstumsprozesse verantwortlich ist, und wies damit erstmals nach, daß Krebsgene abnormes Wachstum verursachen können. Für diese Erkenntnis war kein einziges Experiment nötig gewesen.« (Rifkin: Das biotechnische Zeitalter, S. 282-3)

3. Räume der Humangenetik

Raum als analytische Kategorie

Die Soziologin Martina Löw hat herausgestellt, dass sich Räume am angemessensten als prozesshafte, soziale Konstruktionen analysieren lassen. Sie schreibt: »Raum wird konstituiert als Synthese von sozialen Gütern, anderen Menschen und Orten in Vorstellungen, durch Wahrnehmungen und Erinnerungen, aber auch im Spacing durch Platzierung (Bauen, Vermessen, Errichten) jener Güter und Menschen an Orten in Relation zu anderen Gütern und Menschen.«[1] Die so verstandene Konstitution von Räumen läuft in aller Regel unbewusst und unreflektiert in alltäglichen Wahrnehmungen, Handlungen und Äußerungen ab. Sie ist allerdings auch in die Existenz und das Funktionieren gesellschaftlicher Institutionen eingeschrieben. Dies gilt insbesondere für die oberflächlich betrachtet nicht mit Raum in Beziehung stehenden Institutionen der Humangenetik wie z.B. Erbkrankheitsregister, humangenetische Beratungsstellen oder gentechnologische Labore. Die Räume der Humangenetik werden in der Folge als Dispositive verstanden, die sich aus der historisch spezifischen Überschneidung von Theorien, Institutionen und Praktiken ergaben.[2] Aus dieser Perspektive gilt es – im Blick auf Individuen sowie Bevölkerungen – zu fragen, »welche Form der Speicherung, der Zirkulation, des Auffindens und der Klassifikation der menschlichen Elemente« in bestimmten historischen Konstellationen vorherrschend im humangenetischen Diskurs war.[3]

Hierbei konstruierte die Humangenetik allerdings keinen »exklusiven« Raum, der aus ihren »ureigenen« Theorien und Praktiken hervorgegangen wäre. Sie war in breitere wissenschaftliche, medizinische und auch gesamtgesellschaftliche Zusammenhänge eingebettet und griff bestehende Raumvorstellungen auf. Zum anderen leistete der humangenetische Diskurs spezifische Beiträge zur Raumkonstitution, die dann wiederum über ihn hinaus auf andere Gesellschaftsbereiche rückwirkten und größeren gesellschaftlichen Einfluss entfalteten. Im

---

1 | Löw: Raumsoziologie, S. 263. Vgl. Foucault: Von anderen Räumen, S. 934.
2 | Vgl. Sandl: Geschichtswissenschaft, S. 162.
3 | Foucault: Von anderen Räumen, S. 933.

folgenden Abschnitt geht es darum, die prägenden räumlichen Dispositive des humangenetischen Diskurses zu rekonstruieren, ohne hierbei in Anspruch zu nehmen, dass es sich um »ausschließlich humangenetische Räume« handelte oder dass diese Raumkonzepte nicht von anderen Bereichen, wie zum Beispiel der Medizin im Allgemeinen, der staatlichen Gesundheitsverwaltung oder der Wirtschaft, beeinflusst wurden. Es würde die vorliegende Arbeit jedoch deutlich überfordern, diese über die Humangenetik hinausgehenden Bereiche in die genauere Analyse einzubeziehen; die Konzentration auf den humangenetischen Diskurs erscheint, insbesondere aufgrund des Fehlens von Vorgängeruntersuchungen, durchweg geboten.[4]

Es ist davon auszugehen, dass die Wahrnehmung des Raumes einen maßgeblichen Einfluss auf das Design von Forschungsvorhaben, von medizinischen Einrichtungen oder von wissenschaftlichen Theorien im Bereich der Humangenetik hatte und hat. Dies gilt, ohne dass diese Zusammenhänge von den Beteiligten reflektiert werden müssten.[5] Allerdings wäre die Annahme irreführend, dass zu einem bestimmten Zeitpunkt jeweils nur ein einzelnes, geschlossenes Raumkonstrukt vorlag – weder im humangenetischen Diskurs noch in anderen Gesellschaftsbereichen. Vielmehr standen widerstreitende, sich überlagernde oder gegenseitig ergänzende Räume nebeneinander. Was sich jedoch wandelte und was sich beobachten lässt, sind Verschiebungen der Hierarchie von Raumvorstellungen. Bestimmte Dispositive dominierten den humangenetischen Diskurs zu bestimmten Zeiten – und diese Dominanz wirkte sich wiederum auf alle konkurrierenden Raumkonzepte aus, die zwangsläufig in Beziehung zu dem hegemonialen Paradigma gesehen werden mussten. Darüber hinaus verschwanden ältere Raumvorstellungen niemals vollständig zugunsten jüngerer, sondern bestanden in modifizierter, gegebenenfalls marginalisierter Form weiter.

Die nachfolgenden Ausführungen werden sich mit humangenetischen Räumen in drei sich überlagernden, jedoch unterscheidbaren Phasen beschäftigen, so wie sie in der Einleitung skizziert wurden. Dieser erste Hauptteil soll dazu beitragen, die eingangs vorgeschlagene Periodisierung der Geschichte der Humangenetik zu konkretisieren und auf diesem Wege zugleich ihre analytische Ergiebigkeit zu unterstreichen. Für die 1950er und 1960er Jahre waren in Deutschland und Dänemark »genetische Behälterräume« bestimmend, die im Vergleich zu den anderen Phasen durch ihre Geschlossenheit auffallen. Sie enthielten vermeintlich homogene – bzw. in großen Verdatungsvorhaben »zu

---

4 | Insgesamt ist der Zusammenhang von Raum und Medizin in der Medizingeschichte, auch in jüngeren kulturgeschichtlichen Arbeiten, kaum berücksichtigt worden, Hänel/Unterkircher: Die Verräumlichung des Medikalen, S. 7-8. Vgl. Hofer/Sauerteig: Perspektiven einer Kulturgeschichte der Medizin.

5 | Laut Sandl ermöglicht eine kulturwissenschaftliche Raumanalyse in vortrefflicher Weise, »handlungstheoretische Vorgaben« zu vermeiden, Sandl: Geschichtswissenschaft, S. 162.

homogenisierende« –, evolutiv entstandene Bevölkerungen. Dieses Raumkonzept entstammte der älteren Rassenanthropologie, war jedoch nicht auf diese beschränkt. Es hatte auch nach dem Zweiten Weltkrieg vor dem Hintergrund einer stärker »medikalisierten« Humangenetik Bestand. An die Diskussion der Behälterräume schließt sich ein Kapitel zum Auslaufen dieses Paradigmas an. Seine Funktionalität für die Eugenik sowie für die Forschung ging im Laufe der 1960er und frühen 1970er Jahre spürbar zurück. In dieser »Lockerung« enger räumlicher Bezüge wurde die spätere »Globalisierung« der Genomforschung in den 1980er Jahren bereits vorgezeichnet. Vorerst schob sich in der zweiten Phase allerdings ein neues Primat in den Vordergrund, und zwar das der »Versorgungsräume«, das die 1970er Jahre bestimmte. Dieses Dispositiv wiederum bereitete das Feld für einen stärker »ökonomisierten Raum«, der in der anschließenden, dritten Phase an Bedeutung gewann. Ab den späten 1970er und vor allem in den 1980er Jahren wurde ein Phänomen dominant, dass sich als »Standortkonkurrenz« beschreiben lässt. Diese Phaseneinteilung darf – was nochmals betont werden muss – nicht als Ablösung oder Verdrängung des einen Raumkonstrukts durch ein jeweils nachfolgendes aufgefasst werden. Vielmehr geht es in allen Phasen um eine Koexistenz verschiedener Raumvorstellungen im Rahmen jeweils neu gesetzter Prioritäten.

3.1 Behälterräume

Einleitung

Bereits in der ersten Hälfte des 20. Jahrhunderts hatte sich in Deutschland und Dänemark ein stark von der Rassenforschung geprägtes Paradigma der menschlichen Erbforschung etabliert. Dieses war gekennzeichnet durch die Vorstellung distinkter räumlicher Einheiten. Erbforscher nahmen an, dass sich in sehr langen Zeitspannen – meist über viele Jahrhunderte hinweg oder länger – im Zusammenspiel historischer und geografischer Besonderheiten auf der einen Seite und der biologischen Evolution des Menschen auf der anderen spezifische Genbestände herausgebildet hätten. Diese Genbestände würden von mehr oder weniger großen Gruppen innerhalb bestimmbarer regionaler Grenzen geteilt. Bevölkerungen gewannen dadurch eine eigene genetische Räumlichkeit: als eine Art genetischer Behälter. Dieses Denken war mit dem Glaubenssatz verbunden, dass sich der jeweilige Genpool beim Ausbleiben signifikanter Migrationsbewegungen letztlich harmonisch an den ihn jeweils beherbergenden Raum anpassen würde. Der renommierte Humangenetiker J.B.S. Haldane vermutete auf dem internationalen Kopenhagener Humangenetik-Kongress 1956: »In the absence of migration the human beings in any area would probably become homozygous for a great many genes.«[6]

---

6 | Haldane: Natural Selection in Man, S. 168.

Am Beispiel der Hautfarbe bedeute dies laut Haldane, dass sich unweigerlich eine Pigmentierung verbreiten würde, die optimal an die natürlichen Lebensbedingungen der jeweiligen Umwelt (Sonneneinstrahlung) angepasst sei.[7] Es bestand eine direkte Verbindung zwischen Genbestand, Fortpflanzung und Geografie, die es epistemologisch nutzbar zu machen galt. Geografische Grenzen hätten den Genfluss in und aus genetischen Behälterräumen jahrhundertelang nachhaltig begrenzt. Ein Beispiel einer solchen Koinzidenz von geografischen und genetischen Grenzen stellte für menschliche Erbforscher, seien sie nun Populationsgenetiker oder derzeit noch eng mit diesen zusammenarbeitende Anthropologen, bis in die 1960er Jahre der Rhein dar. In einer Grafik der prominenten Anthropologin Ilse Schwidetzky aus dem Jahr 1959 fungierte der Rhein als »Heiratsgrenze« und deshalb zugleich als Grenze eines genetischen Behälterraums (Abb. 4).[8]

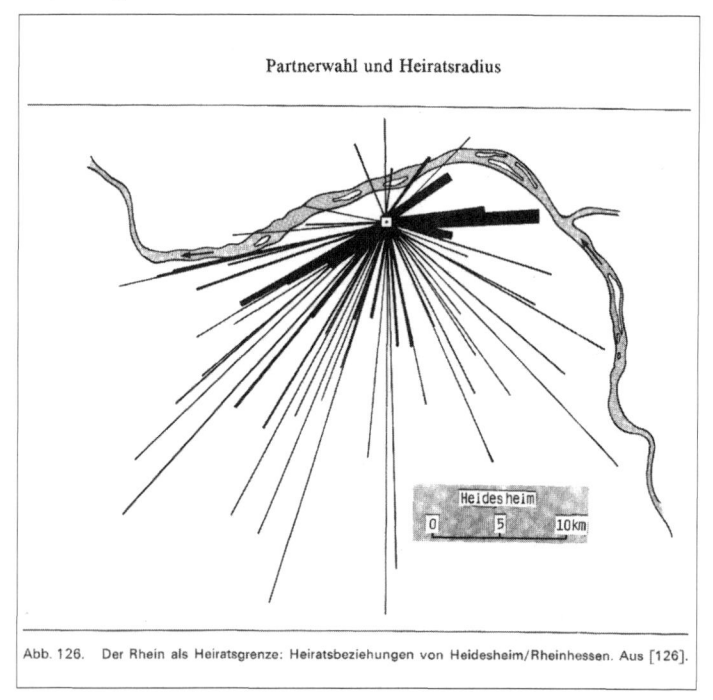

Partnerwahl und Heiratsradius

Abb. 126. Der Rhein als Heiratsgrenze: Heiratsbeziehungen von Heidesheim/Rheinhessen. Aus [126].

Abb. 4: Veranschaulichung der Kongruenz von geografischen und genetischen räumlichen Einheiten: »Der Rhein als Heiratsgrenze«

---

7 | Ebd.
8 | Schwidetzky: Das Menschenbild der Biologie, S. 176. Die Autorin hatte die Abbildung aus Wolf: Der Rhein als Heirats- und Wandergrenze, S. 4, entnommen. Die hier verwendete Version stellt wiederum eine Reproduktion von Schwidetzkys Grafik aus Stengel: Grundriß der menschlichen Erblehre, S. 273, dar.

Genetische Behälterräume stellten vermeintlich vielversprechende Forschungsgegenstände der Humangenetik bis in die 1960er Jahre dar, erlaubten sie es doch umfangreiche Quasi-Fortpflanzungsexperimente menschlicher Populationen zu simulieren.[9] Die zeitliche Dimension war hierbei keineswegs irrelevant. Die historischen Veränderungen, die sich durch Genvermischung, Migration oder die Verschiebung bzw. Auflösung räumlicher Grenzen für den Genbestand von Behälterräumen ergaben, standen im Mittelpunkt des Interesses der Forschung. Diese zeitliche Dynamik war jedoch ambivalent. Denn sie führte im Zuge der Mobilitätssteigerung moderner Gesellschaften zu einer Auflösung der vielversprechenden Erkenntnisgegenstände »Isolate«. Seit dem 19. Jahrhundert hatte sich dieser Prozess in den Augen der Humangenetiker erheblich beschleunigt. Genetische Isolate lösten sich gewissermaßen vor den Augen der Zeitgenossen auf, wurden verschüttet und schienen zukünftig zum Gegenstand einer »genetischen Archäologie« werden zu müssen.

Die erbpathologische Erfassung der dänischen Bevölkerung

1939, ein Jahr nach der offiziellen Eröffnung des »Instituts für menschliche Erbbiologie und Eugenik« (*Institut for Human Arvebiologi og Eugenik*) an der Kopenhagener Universität, bewarb sich dessen Leiter Tage Kemp bei einer Stiftung um Reisekosten für die Angestellten des Instituts. Diese reisten im Rahmen einer »Erbkrankheitserfassung« der dänischen Bevölkerung im ganzen Land umher. Die Erfassung sollte nach Möglichkeit alle wichtigen Erbkrankheiten abdecken und stellte eine der zentralen Ziele dar, die zur Gründung des Forschungsinstituts geführt hatten. Kemp schrieb an die Stiftung: »In diesem Zusammenhang möchte ich erläutern, dass hier am Institut eine Untersuchung zu Vorkommen und Vererbung einer Reihe verschiedener erblicher Krankheiten in Dänemark begonnen wurde. [...] Diese Untersuchungen sind zuvorderst von wissenschaftlicher Bedeutung; es ist im Wesentlichen noch unbekannt, nach welchen Gesetzen sich diese Krankheiten vererben und wie häufig sie in der Bevölkerung vorkommen.«[10] In Aussicht stand die Aufdeckung bislang weitgehend unbekannter »Erbkrankheitsströme«, die sich durch die dänische Bevölkerung zogen. Diese waren bislang nur anhand einzelner Spuren, z.B. auffälligen Häufungen von Krankheitsfällen in bestimmten Familien oder Regionen, sichtbar geworden. Ihr tatsächliches Ausmaß war jedoch unbekannt und sollte durch die Reisen zu den

---

9 | Vgl. Lipphardt: Isolates and Crosses.
10 | Brief von T. Kemp an Overretsagfører L. Zeuthen's Mindelegat, 15.9.1939 (RA, Københavns Universitet, Afdeling for Medicinsk Genetik, Institutsager, Lb.nr. 1). Als Beispiele nennt Kemp einige Augenkrankheiten, Morbus Basedow, Bluterkrankheit, Zwergwuchs und Taubstummheit, die von den Mitarbeitern C.J. Møllenbach, E.D. Bartels, M. Andreassen, E. Trier Mørch und H. Lindenow bearbeitet wurden.

(potentiell) Betroffenen und ihren Angehörigen gewissermaßen physisch nachverfolgt werden. Kemp zufolge bot sich die dänische Bevölkerung für ein solches Vorhaben in ganz besonderem Maße an: »Die Möglichkeiten, solche Verhältnisse in Dänemark zu erforschen, sind aufgrund der Landesgröße, der Einheitlichkeit (*ensartethed*) der Bevölkerung, der allgemeinen, relativ guten sozialen Verhältnisse und des organisierten Gesundheitswesens besonders gut.«[11] Die dänische Bevölkerung hatte in dieser Konzeption gleich zwei entscheidende Merkmale zugleich: Sie war auf der einen Seite relativ geschlossen – im Sinne von homogen – und auf der anderen Seite relativ erschlossen – durch die in allen Landesteilen gut ausgebaute Verwaltung, insbesondere im Gesundheitswesen. Indem die Wissenschaftler des Kopenhagener Instituts sich die vorhandenen Infrastrukturen und ihren heuristischen Effekt im Blick auf die Detektion von Erbkrankheiten zunutze machten, sollte eine letztlich möglichst vollständige und flächendeckende Erbkrankheitsfassung der dänischen Bevölkerung erreicht werden.

Einer solchen Erfassung kam nicht allein, wie von Kemp beschrieben, wissenschaftlicher Wert zu. Sie diente darüber hinaus als zentrale Grundlage der dänischen Erbgesundheitspolitik. 1929 hatte die dänische Regierung ein landesweites Gesetz zur freiwilligen Sterilisation aus eugenischen Gründen erlassen. 1937 war zudem der Schwangerschaftsabbruch im Verdachtsfall einer Erbkrankheit legalisiert worden.[12] Die durch beide Gesetze anfallenden eugenischen Sachentscheidungen sollten mit der Forschungsarbeit des Instituts für menschliche Erbforschung und Eugenik eine wissenschaftliche Grundlage erhalten.[13] Kemp schrieb hierzu in dem bereits zitierten Antrag: »Außerdem haben Untersuchungen dieser Art eine praktische Bedeutung für die Bekämpfung der genannten Krankheiten.«[14]

Diese Ziele und die mit ihnen verbundenen Forschungsvorhaben blieben die nächsten drei Jahrzehnte im Wesentlichen bestehen. Im Jahr 1950 versuchte Tage Kemp abermals Forschungsgelder hierfür einzuwerben. Diesmal ging es um eine in Aussicht stehende Unterstützung durch die WHO. Hierzu schrieb Kemp an die medizinische Fakultät der Universität Kopenhagen und fasste wiederum die Vorzüge Dänemarks im Hinblick auf die Erbkrankheitsregistratur zusammen.[15]

---

11 | Ebd.
12 | Koch: Tvangssterilisation i Danmark.
13 | Koch: Racehygiejne i Danmark, S. 175-176.
14 | Brief von T. Kemp an Overretsagfører L. Zeuthen's Mindelegat, 15.9.1939 (RA, Københavns Universitet, Afdeling for Medicinsk Genetik, Institutsager, Lb.nr. 1).
15 | »Es gibt in Dänemark besonders gute Möglichkeiten für die medizinische Erbforschung. Die Bevölkerung ist verhältnismäßig homogen und gut aufgeklärt. Das Gesundheitswesen ist gut organisiert, die allgemeine Hygiene, das Hospitalswesen und der Ärztestand weisen einen hohen Standard auf. Die soziale Fürsorge hat eine lange Tradition und einen bemerkenswerten Entwicklungsstand erreicht.« (Brief von T. Kemp an Det lægevidenskabe-

Auch schilderte er den Fortschritt, den die tatsächliche Erfassung der Ausbreitung von Erbkrankheiten in der Bevölkerung bis dato gemacht hatte: »Ferner findet seit 1938 eine erbhygienische Registratur der Bevölkerung in Dänemark statt, bei welcher man soweit möglich ein vollständiges Register oder eine vollständige Kartothek zu allen Patienten mit schweren Erbkrankheiten, die es im Land gibt, zu erstellen versucht. Zurzeit liegen Informationen zu mehr als 150.000 Patienten mit Erbleiden und deren Angehörigen vor. Durch das erbhygienische Register ist man im Stand, der Ausbreitung von Erbkrankheiten in der Bevölkerung zu folgen; zu kontrollieren, ob deren Anzahl sich erhöht oder abnimmt oder ob sie ihren Charakter ändert.«[16] Laut Kemp hatte dieses Material einen außerordentlichen wissenschaftlichen Wert, da eine solche »systematisch durchgeführte erbhygienische Registratur bislang nur in Dänemark stattgefunden hat«.[17] Er wies wiederum auf die präventionsmedizinische Bedeutung hin: »Mithilfe des erbhygienischen Registers kann die Bekämpfung von Erbkrankheiten zielbewusst und systematisch vorgehen – ohne ein solches arbeitet man blind. Ein erbhygienisches Register gibt den Gesundheitsbehörden die Möglichkeit einer effektiven Kontrolle der Erbkrankheiten«.[18]

Ohne eine solche Aufzeichnung der landesweiten Erbströme würden die Wissenschaftler und die an der Umsetzung der Erbgesundheitspolitik beteiligten Juristen, Verwaltungsbeamten und Politiker also »blind« agieren. Das Register hingegen mache die »Erbkrankheits-Ausbreitung« innerhalb der Bevölkerung sichtbar. Kemp verwendete hier sowohl für die wissenschaftliche also auch für die eugenische Dimension die Formel »folgen und kontrollieren« (*følge og kontrollere*). Diese Wendung tauchte in den Schriften Kemps aus den 1950er Jahren

---

lige Fakultet, 17.1.1950 [RA, Københavns Universitet, Afdeling for Medicinsk Genetik, Institutsager, Lb.nr. 2])

16 | Ebd.

17 | Ebd.

18 | Ebd. Die Gelder der WHO sollten vor allem dazu beitragen, die laut Kemp dringend erforderliche Ausweitung der Registratur auf psychische Krankheiten zu ermöglichen. Angeblich lagen hierzu große Mengen unbearbeiteter Materialien im Zuge der bisherigen erbhygienischen Erfassung vor. Insbesondere sollte das Verhältnis erblicher Psychopathien zu »Asozialität, Kriminalität, Prostitution, Alkoholismus und Drogenabhängigkeit« untersucht werden, ebd. Der Katalog der »psychischen Leiden«, die im humangenetischen Diskurs als erblich angesehen wurde, variierte freilich mit der Zeit. Die Erblichkeit einiger der genannten Phänomene, wie z.B. der Prostitution, wurde in den 1950er Jahren bereits stark angezweifelt. Derartige Verschiebungen änderten jedoch nichts am generellen Wert, der einer psychiatrisch-genetischen Registratur beigemessen wurde. In den 1950er Jahren führte Kemp zudem immer wieder den Anstieg der Verwendung radioaktiver Substanzen im industriellen und militärischen Bereich als praktische Rechtfertigung eines Erbkrankheitsregisters an, vgl. den Brief von T. Kemp an Undervisningsministeriet, 14.12.1954 (RA, Københavns Universitet, Afdeling for Medicinsk Genetik, Institutsager, Lb.nr. 2).

mehrmals auf. Gerade auch bei Vorstellungen der dänischen Erbforschung und Erbgesundheitspolitik im Ausland griff Kemp auf die englische Formulierung »to follow and control« zurück.[19] Es besteht kein Zweifel darüber, dass der »Verteilung der Erbkrankheiten«, die hier ermittelt werden sollte, eine ausgeprägte geografische Dimension innewohnte. Der Blick der Humangenetik richtete sich auf geografisch eingrenzbare Raumeinheiten, in diesem Fall auf das nicht nur als kohärente Verwaltungszone, sondern zugleich als Bereich einer relativ homogenen Bevölkerung konzipierte Dänemark. Die relative Geschlossenheit des Raums wurde auf eine vergleichsweise stabile Reproduktion der ansässigen Bevölkerung zurückgeführt. Aus den regionalen Häufungen der verzeichneten Leiden bzw. ihrer Zunahme oder ihres Rückgangs ließ sich eine genetische Topografie Dänemarks erstellen. Brennpunkte und Normalbereiche setzten sich so zu einer imaginären Karte des Landes zusammen, die mit der geografischen Karte abgeglichen werden konnte.

Forschungspraktisch meinte »to follow and control« eine zu großen Teilen physische Tätigkeit, und zwar in zweierlei Hinsicht. Erstens ging es, wie gesehen, um das persönliche Bereisen des dänischen Landesgebiets: das Aufsuchen von Ärzten und Patienten, die eigenhändige Bestätigung, meist Verfeinerung von Diagnosen, das Aufspüren weiterer Fälle unter Angehörigen.[20] Hierzu begaben sich die Angestellten des Kopenhagener Instituts selbst auf den Weg. Jan Mohr, der Leiter des Instituts ab 1964, beschrieb das idealtypische Vorgehen bei der Untersuchung einzelner Krankheiten im Rahmen des Registers folgendermaßen: Anfänglich seien alle bereits vorhandenen Materialien gesichtet und eine Initialschätzung der Verbreitung der jeweiligen Erbkrankheit angestellt worden. »Der nächste Schritt war sodann, dass ein Arzt mit diagnostischen Spezialkenntnissen der jeweiligen Krankheit die Erfassung in ihrer Gesamtheit durchführte, wobei er Informationen sammelte auf umfassenden Reisen durch Dänemark mit Besuchen und persönlichen Untersuchungen bei allen denjenigen Patienten, die aufgespürt werden konnten.«[21] Zweitens ging es um das handwerkliche Sortieren von Karteikarten. Das Register basierte im Wesentlichen auf Lochkarten. Die Erbgänge und die Verbreitung einzelner Erbkrankheiten mussten aus dem Register »herausgezogen« werden.[22] Gemeinsam mit den wissenschaftlichen und eugeni-

---

19 | So beispielsweise bei einer Tagung 1953 in Maryland, die unter anderem von den National Institutes of Health organisiert worden war, Genetics Conference – Evening Session, 10.9.1953 (RA, Københavns Universitet, Tage Kemp, professor, Lb.nr. 5), S. 126.
20 | Siehe auch Koch: Racehygiejne i Danmark, S. 179.
21 | Jan Mohr: Virkosomhed og målsætning ved institutet for human arvebiologie og eugenik, o.D. [1967-1970] (RA, Københavns Universitet, Jan Mohr, professor, Lb.nr.4).
22 | In diesem Zusammenhang wäre eine historisch-praxeologische Analyse der Kopenhagener Erbregistratur in ihrem Zusammenspiel mit dem Behälterraum-Dispositiv besonders gewinnbringend. Zum Wechselspiel unterschiedlicher »record-keeping technologies« und

schen Funktionen des Registers trug diese Praxis zur Konstruktion »genetischer Behälterräume« in der ersten Phase des humangenetischen Diskurses bei.

Hierbei ist von einer wechselseitigen Entwicklung auszugehen: Die Entstehung großer humangenetischer Register wie das in Kopenhagen forcierte das Denken in genetischen Behälterräumen, die eine ausreichende Kohärenz für die Erfassungsvorhaben und deren statistische Auswertung liefern würden. Hierzu mussten die Zonen, über die sich die Registratur erstrecken sollte, von dieser unabhängig sein. Für die forschenden Humangenetiker durften sie keine rein statistischen Konstrukte darstellen, sondern mussten vorgefunden und in Registern *re*konstruiert werden. Maßgeblich für die Identifikation derartiger Gebiete war ein bestimmtes Maß an genetischer Homogenität, das humangenetische Experten dort vermuteten. Genetische Homogenität sollte hierbei vergleichsweise direkt mit geografischen Grenzen und historisch gewachsenen Lebensräumen korrelieren, die durch die Populationsgeschichte des Menschen vermeintlich vorgegeben waren. Die indigene Bevölkerung habe sich, so die Hintergrundannahme, in Zeiträumen langer Dauer mit geringer sozialer und sexueller Mobilität in evolutionären Selektionsprozessen geformt. Auf der anderen Seite war es jedoch gerade das Streben nach umfassenden humangenetischen Registern, dass die Wahrnehmung vorstrukturierte und Humangenetiker wie Tage Kemp genetische Behälterräume sehen ließ. Der Aufbau humangenetischer Register und das Denken in genetischen Behälterräumen bedingten sich in den 1950er und 1960er Jahren gegenseitig.[23]

Vollständige und zentrale Datensammlung
Die Wahrnehmung relativ stabiler genetischer Raumeinheiten eröffnete die theoretische Möglichkeit einer Vollerfassung dieser Einheiten. Dies galt im Blick auf das dänische Register vorerst für einzelne Erbkrankheiten, zu denen alle Fälle – ob bereits bekannt oder bislang unbekannt – zusammengetragen werden soll-

---

einer »genetic rationality« siehe die anregende Studie Philip Thurtles zur Genetik in den USA im späten 19. und frühen 20. Jahrhundert, Thurtle: The Emergence of Genetic Rationality.
23 | Lipphardt hat analysiert, dass die Humangenetik der 1950er Jahre im Gegensatz zur Rassenanthropologie der ersten Jahrhunderthälfte unter einem gewissen Druck stand, die epistemologisch benötigten Bevölkerungsisolate überhaupt erst zu konstruieren und empirisch zu »stabilisieren«, Lipphardt: Isolates and Crosses, S. S78. Das Kopenhagener Register bietet hierfür ein treffendes Beispiel. Allerdings ist hierbei kaum von einem vollständig bewussten, programmatischen Verhältnis auszugehen. Genetische Behälterräume besaßen zu dieser Zeit eine vorreflexive Evidenz. Es galt in den Augen der Zeitgenossen vielmehr sie durch konkrete empirische Arbeiten wissenschaftlich abzubilden und damit ihre tatsächliche genetische »Füllung« zu erfassen. Erst in der historischen Analyse erscheint dies zugleich als Konstruktionsprozess der eigentlich zugrundegelegten Forschungsgegenstände.

ten.[24] Die Vollständigkeit der Daten stellte für Kemp und seine Mitarbeiter ein ebenso selbstverständliches wie erreichbares Ziel dar, das einzig durch begrenzte Ressourcen (Finanzmittel, Zeit, Arbeitskraft) limitiert wurde. Jan Mohr beschrieb die bisher geleistete Arbeit Ende der 1960er Jahre von diesem Ziel her: »Es wurde eine soweit als möglich vollständige Registratur einschlägiger Krankheiten in Dänemark angestrebt. Dabei wurde großes Gewicht darauf gelegt, eine hohe Qualität im Blick auf die Einheitlichkeit der klinischen Untersuchungen zu erzielen. Hinzu kam die Vollständigkeit der Erfassung, die in vielen Fällen derart ausfiel, dass über 90 % der Patienten im Land enthalten waren. Beides machte dieses Material einzigartig für seine Zeit.«[25] Die Einzelstudien sollten schlussendlich zu einem immer vollständigeren Gesamtmosaik zusammengefügt werden. So wie die genetischen Behälterräume relativ kohärent waren, sollten es auch die Register sein. Nur so ließ sich die räumliche Kohärenz adäquat abbilden. Hierzu war eine zentrale Sammelstelle wie die in Kopenhagen vonnöten, die den Überblick über die »genetische Entwicklung« des ganzen Landes behielt.

Bereits in den 1950er Jahren kam allerdings der Plan auf, an der Universität Århus eine eigene humangenetische Forschungsstelle einzurichten. Zuerst konzentrierte sich dieses Vorhaben auf die psychiatrische Genetik, insbesondere aufgrund der Nähe zu der erbbiologisch sehr aktiven Psychiatrischen Klinik in Risskov (*Psykiatrisk Hospital Risskov*). In den 1960er Jahren entstanden dann ein eigenständiges Institut für Humangenetik (*Institut for Human Genetik*) an der Universität sowie eine Abteilung und ein landesweites Register für Psychiatrische Demografie (*Psykiatrisk Demografi*) in Risskov. Kemp begrüßte das Vorhaben in einem Schreiben von 1958 an einen der Verantwortlichen der Initiative in Århus, Erik Strömgren, grundsätzlich und skizzierte, wie er sich eine zukünftige Aufgabenteilung vorstellte. Ihm schwebte eine flächendeckende, zusammenfassende Erbkrankheitserfassung in Kopenhagen kombiniert mit »tiefgehenden« Spezialstudien zu psychischen Erbleiden in Århus vor. »Eine unser Hauptaufgaben war ja eine systematische Registratur aller wichtigeren Erbkrankheiten in Dänemark. [...] Das würden wir gerne aufrechterhalten, aber es steht nichts im Wege, gleichzeitig eine tiefgehendere Registratur spezieller Gebiete andernorts vorzunehmen. Solche Register werden sich wohl auf eine fruchtbare Weise gegenseitig unter-

---

24 | Dies weckte auch Begehrlichkeiten der genetischen Zwillingsforschung. Ab Mitte der 1950er Jahre differenzierte sich aus dem Kopenhagener Register das »Dänische Zwillingsregister« aus, das bis heute existiert. Der deutsche Zwillingsforscher Otmar Freiherr von Verschuer formulierte das Prinzip der geografischen Vollerfassung als eine wesentliche Vorgehensweise: »Auslesefreie Zwillingsseren werden dadurch gewonnen, daß man [...] sämtliche Zwillinge in einer geographisch umgrenzten Bevölkerung und aus einem bestimmten Zeitabschnitt erfaßt«. (Verschuer: Genetik des Menschen, S. 20)

25 | Jan Mohr: Virkosomhed og målsætning ved institutet for human arvebiologie og eugenik, o.D. [1967-1970] (RA, Københavns Universitet, Jan Mohr, professor, Lb.nr.4).

stützen können.«[26] Die humangenetische Erkundung Dänemarks sollte also ein zentral organisiertes Unterfangen bleiben, das es einerseits gestattete, die Gesamtheit des Raumes und der in ihm vorkommenden Phänomene zu überblicken und andererseits von diesem Überblick aus mittels Spezialstudien »in die Tiefe« vorzustoßen.[27] Der »Inhalt« genetischer Behälterräume ließ sich vorgeblich nur dann mit hinreichender Sicherheit erschließen, wenn die Register den verantwortlichen Humangenetikern einen vollständigen Überblick über alle (potentiell) auffälligen Phänotypen gestatteten. Zentrale Verwaltung, genetische Übersicht und die Sichtbarkeit einer genetischen Tiefenebene standen in engem Zusammenhang.

Der eugenische Wert von Erbregistern
Von zentraler Bedeutung für das Behälterraum-Dispositiv, insbesondere die möglichst vollständige und zentralisierte Registratur dieser Räume, ist seine Komplementarität mit der Eugenik der 1950er und 1960er Jahre.[28] Von einer solchen Erfassung humangenetischer Daten versprach man sich zugleich den größtmöglichen eugenischen Nutzen. Die humangenetischen Register stellten nicht allein ein epistemologisches, sondern auch ein praktisches Desiderat dar. 1953 brachte Tage Kemp diesen Zusammenhang in seiner bereits zitierten Vorstellung des Kopenhagener Registers in den USA auf den Punkt: »If you for many years have a registration of population, you will be able to follow and control the incidence of the various abnormalities in diseases in the population. Therefore, we decided we must do what was necessary to have this registration, if we should do anything serious to fight against the hereditary diseases in the population.«[29] Der Zusammenhang zu der dänischen Eugenikgesetzgebung ist bereits angesprochen worden. Das dänische Register war 1938 vor allem zur Unterstützung von Sterilisations- und Schwangerschaftsabbruchsverfahren nach den Gesetzen aus den 1920er

---

26 | Brief von T. Kemp an E. Strömgren, 12.9.1958 (RA, Københavns Universitet, Tage Kemp, professor Lb.nr. 6). Siehe auch den im selben Bestand enthaltenen Brief von E. Strömgren an T. Kemp, 21.10.1958.
27 | Die tatsächliche Überführung des psychiatrischen Registerteils aus Kopenhagen nach Risskov fand 1966 statt, siehe Mohr: Human arvebiologi og eugenik, S. 247.
28 | Jan Mohr benannte den Zusammenhang der älteren Eugenik – in Dänemark als »Rassenhygiene« (*racehygiejne*) firmierend – mit geografischen Behälterräumen in der Rückschau des Jahres 1979 deutlich: »Das Wort ›Rassenhygiene‹ bedeutete ursprünglich bloß ›Erbhygiene‹ (*arvehygiejne*), wie zum Beispiel die Verhütung genetischer Krankheiten innerhalb eines geografisch definierten Bevölkerungszusammenhangs.« (Mohr: Human arvebiologi og eugenik, S. 243) Dieser Zusammenhang galt, wie aus den vorliegenden Ausführungen ersichtlich werden sollte, auch für die dänische Erbforschung in den 1950er und 1960er Jahren, auch wenn diese sich selbst nicht mehr als »racehygiejne« bezeichnete.
29 | Genetics Conference – Evening Session, 10.9.1953 (RA, Københavns Universitet, Tage Kemp, professor Lb.nr. 5), S. 126.

und 1930er Jahren eingerichtet worden. So dienten die eugenischen Gutachten des Kopenhagener Instituts, die auf der Grundlage der Forschungs- und Registraturarbeit erstellt wurden, dazu, Ansatzpunkte eugenischer Interventionen im Kampf gegen die Ausbreitung der Erbkrankheiten zu markieren.[30]

Im Laufe der 1950er und 1960er Jahre gewann die Bestimmung der Mutationsraten von Bevölkerungen vor einem neuen Hintergrund entscheidende Bedeutung, und zwar im Rahmen eines vorgeblichen Anstiegs ionisierender Strahlungen und mutagener Substanzen in der Umwelt des Menschen. Die »praktische Krankheitsbekämpfung« auf der Grundlage des erbpathologischen Registers am Kopenhagener Institut »hat in den letzten Jahren steigende Bedeutung erlangt, da radioaktive Materialien in Industrie, Militär und einer Reihe anderer Bereiche mehr und mehr Verwendung finden«, schrieb Kemp 1954.[31] Nur mittels eines solchen Registers ließ sich ein etwaiger Anstieg der Mutationsrate einer Bevölkerung innerhalb eines genetischen Behälterraums – möglicherweise dessen natürliche Toleranzschwelle überschreitend – abschätzen. Die Sorge einer vermeintlich bedrohlichen Erhöhung der »normalen Mutationsrate« einer geografisch verorteten Bevölkerung trug wesentlich zur Wirkmächtigkeit des Behälterraum-Dispositivs in den 1950er und 1960er Jahren bei. Humangenetiker korrelierten Behälterräume mit Fortpflanzungsgemeinschaften, die diese bewohnten und deren gemeinsam geteilter Genpool sich innerhalb eines engen Spektrums »normaler Abweichung« bewegte. Drohte diese Abweichungsfrequenz aus dem Gleichgewicht zu geraten, so drohte die genetische Ebene des Behälterraums mit einer mehr oder weniger schwer zu tolerierenden Masse an genetischen Anomalien »angefüllt« zu werden.

Internationale Vergleichbarkeit von Isolaten

Humangenetiker im In- und Ausland nahmen Dänemark in den 1950er und 1960er Jahren als Ganzes als epistemologisch wertvollen Behälterraum wahr. Dies traf zugleich auf die geografischen Untereinheiten des Landes zu, wie zum Beispiel die Insel Fur, auf der eine Häufung von Chondrodystrophie und Achromatopsie beobachtet worden sei.[32] Die Erbforscher dieser Zeit sahen ein Aggregat aus zahlreichen, miteinander in Austausch stehenden, jedoch hinreichend distinkten Isolaten, die jeweils im Einzelnen als auch in ihrer Zusammensetzung von Interesse waren. Der erkenntnistheoretische Wert des dänischen Erbregisters im Blick auf die Beantwortung älterer sowie die Generierung aktueller human-

---

30 | Für eine eingehende Darstellung dieser Zusammenhänge sei auf die umfangreichen historischen Arbeiten von Lene Koch verwiesen, Koch: Racehygiejne i Danmark; dies.: Tvangssterilisation i Danmark.

31 | Brief von T. Kemp an Undervisningsministeriet, 14.12.1954 (RA, Københavns Universitet, Afdeling for Medicinsk Genetik, Institutsager, 1949-1955, Lb.nr. 2).

32 | Brief von E. Hanhart an T. Kemp, 11.8.1953 (RA, Københavns Universitet, Tage Kemp, professor Lb.nr. 5).

genetischer Fragestellungen war in den 1950er und 1960er Jahren offenkundig.[33] Zu der epistemologischen Bedeutung des Registers trug maßgeblich die Möglichkeit der überregionalen und internationalen Vergleichbarkeit genetischer Behälterräume bei. Die Arbeit am dänischen Erbregister verstanden Kemp und seine Mitarbeiter als paradigmatischen Fall der Erstellung eines genetischen Registers, wie es für zahlreiche andere Gegenden weltweit ebenfalls erstellt wurde bzw. werden konnte und sollte. Dies galt insbesondere auch für die skandinavischen Nachbarländer, mit denen das Kopenhagener Institut in engem Austausch stand.[34] Ihren vollen Wert entfaltete die Erfassung von Isolaten im Vergleich zu anderen Isolaten, vor allem auch im Vergleich der zeitlichen Entwicklung der »genetischen Verhältnisse« solcher Gebiete. So wie humangenetische Experten die Weltkarte als mehr oder weniger deutliches Mosaik genetischer Behälterräume imaginierten, ließ sie sich theoretisch mit einem entsprechenden Netz genetischer Registraturen überziehen. Durch den Vergleich dieser Register waren wertvolle Erkenntnisse über die genetische Ebene des Menschen im eigenen Gebiet zu erwarten, insbesondere über die etwaige Abweichung von Mutationsraten, die vor der Folie anderer Regionen sichtbar werden konnte.

Dieser Meinung war man auch in Deutschland. Im März 1958 unternahm der Kieler Anthropologe Wolfgang Lehmann mit seinen Mitarbeitern eine Exkursion nach Kopenhagen, um sich das dortige Erbregister vorführen zu lassen. Er kehrte bestärkt in dem Vorhaben, ein vergleichbares Register für Schleswig-Holstein aufzubauen, zurück. Durch die Einbindung von Krankenakten aus Krankenhäusern und Arztpraxen sollte ein »möglichst lückenloses Ausgangsmaterial« erarbeitet werden. Schleswig-Holstein sollte so in genetischer Hinsicht zu einem international vergleichbaren, räumlichen Konstrukt werden: »Sehr interessant wäre es, wenn wir für statistische Zwecke später die Häufigkeit bestimmter Erbmerkmale in dem Raum Schleswig-Holstein/Dänemark vergleichen könnten.«[35] Diese Ambitionen beschränkten sich jedoch nicht auf benachbarte Räume wie die skandinavischen Länder und Deutschland. Anthropologen und Humangenetiker erachteten adäquat verdatete genetische Räume als Instrumente, die weltweite Vergleiche zwischen sehr entfernten Kulturen sowie Vergleiche zwischen entwickelten und »primitiven« Bevölkerungen erlaubten. Der österreichische Humangenetiker Walter F. Haberlandt, der im Rahmen des Westfälischen Erbregisters an der Universität Münster eine Untersuchung an dem »Krankengut« der Region in Bezug auf die Charcot-Krankheit durchführte, sah seine Arbeit als Beitrag zur Aufbereitung eines lokalen genetischen Behälterraums für den prinzipiell weltweiten Vergleich. Auf dem 17. Internationalen Soziologenkongress im

---

33 | Ebd.
34 | Brief von Tage Kemp an Torsten Sjögren, 10.6.1954 (RA, Københavns Universitet, Tage Kemp, professor Lb.nr. 5).
35 | Brief von W. Lehmann an T. Kemp, 21.12.1959 (RA, Københavns Universitet, Tage Kemp, professor Lb.nr. 6).

Jahr 1963 reihte er seine Forschungsergebnisse in einer Vortragssektion zur »Sozialanthropologie« in US-amerikanische Untersuchungen zu so weit entfernten Gebieten wie Mikronesien und Guam ein.[36] Durch die Homogenisierung der untersuchten Räume auf der Grundlage eines vollständigen Erbkrankheitsregisters ließen sich räumliche Einheiten isolieren und gerade dadurch in verschiedene Vergleichsbezüge zu anderen Regionen setzen, um aus diesem Abgleich sodann wissenschaftliche und eugenische Erkenntnisse für den eigenen Raum zu ziehen.

Die genetische Erfassung Westfalens

Das Zusammenspiel einer geografisch verorteten Bevölkerung, ihrer vollständigen erbpathologischen Registratur sowie der Sorge um einen etwaigen Anstieg der Mutationsrate in dieser Bevölkerung stand auch bei der Einrichtung des genetischen Registers von Westfalen unter der Leitung von Otmar Freiherr von Verschuer im Mittelpunkt. Ein solches Register war ein zentrales Anliegen Verschuers, das er mit seiner Berufung auf den Lehrstuhl für Humangenetik an der Universität Münster 1951 für den Regierungsbezirk Münster exemplarisch in Angriff nahm. Das wichtigste Vorbild für dieses Unterfangen stellte das in Deutschland seinerzeit viel beachtete dänische Register dar. In einem Aufriss seines Vorhabens, der 1959 publiziert wurde, schrieb Verschuer, dass die Frage nach der »Mutationsrate beim Menschen« nach wie vor von aktueller Relevanz sei. Es bestehe allerdings ein offenkundiges Desiderat, die Lückenhaftigkeit des vorliegenden empirischen Materials zu beheben. Dies sei bislang nur in Dänemark erreicht worden: »Große Schwierigkeiten bereitet die Beschaffung des Materials, da hierzu eine möglichst lückenlose Erfassung aller Mutanten einer bestimmten Bevölkerung notwendig ist. Vorbildlich ist in dieser Hinsicht die Registrierung der Erbkranken in dem Institut von Tage Kemp in Kopenhagen für die Bevöl-

---

36 | Haberlandt: Soziologische Beobachtungen, S. 161. Als späteres Beispiel siehe auch die Äußerungen Vogels in einem Vortrag Ende der 1970er Jahre, das die Bandbreite des Vergleichsspektrums solcher Räume aufzeigt: »Wie stark [...] das Spektrum der Erbkrankheiten von dem anderer Länder abweichen kann, wurde innerhalb Europas am Beispiel von Finnland gezeigt; dort kommt zum Beispiel die Phenylketonurie praktisch nicht vor, während mehrere Krankheiten relativ häufig sind, die man sonst in Europa nicht kennt. Die Bevölkerungen vieler Entwicklungsländer setzen sich in ähnlicher Weise aus Isolaten zusammen, wie auch die Bevölkerung Finnlands im Verhältnis zum sonstigen Europa ein Isolat darstellt. Gründliche Untersuchung von Ländern wie Indien, Thailand, Indonesien oder Schwarz-Afrika wird viele neue erbliche Anomalien zu Tage fördern.« (Friedrich Vogel: Zukunftsaufgaben der medizinischen Genetik. Vortrag Basel, 1978 [UAH, Acc 12/95 - 29], S. 3)

kerung von Dänemark.«³⁷ Das dänische Register erschien wegweisend in dieser Frage zu sein, deren Dringlichkeit international immer wieder bekräftigt wurde. Der renommierte US-amerikanische Genetiker James V. Neel, der unter anderem Studien an den Überlebenden von Hiroshima vorgenommen hatte, betonte auf dem Internationalen Kopenhagener Humangenetik-Kongress 1956 die Bedeutung der Strahlen- bzw. Mutationsbelastung für die Forschung: »There seems to be agreement at all levels that with the advent of the atomic age, one of the most pressing questions in the entire field of human biology, including medicine, concerns the genetic problems created by the exposure, for various reasons, of the human race to increasing amounts of high energy irradiation.«³⁸ Dieses Desiderat stand in direktem Zusammenhang mit geografisch kohärenten Erbregistern als zentralem Forschungsinstrument. Sowohl Kemp als auch Verschuer nahmen im Anschluss an den Kongress an einer von der Weltgesundheitsorganisation einberufenen Studiengruppe aus Radiologen und Humangenetikern teil. Diese empfahl die Einrichtung von »Mutationsregistern« mit einer Einzugsgröße von etwa zwei Millionen Personen pro zuständigem Institut.³⁹

In Anlehnung an diese Vorbilder plante Verschuer ab 1951, nach Möglichkeit alle Träger von etwa zweihundert Erbkrankheiten inklusive Familienangehöriger in der damals ca. 2,2 Millionen Einwohner zählenden Bevölkerung des Regierungsbezirks Münster zu erfassen. Verschuer und sein Mitarbeiterstab hatten eine insgesamt neun Punkte umfassende Liste von Quellen erarbeitet, aus denen sie ihre Daten zusammentragen wollten:⁴⁰ »Krankenakten für stationär behandelte Kranke«, »Befundprotokolle von ambulanten Patienten«, »Sektionsprotokolle«, »Geburtsprotokolle«, »Befunde der Schulärzte«, »Militärärztliche Befunde bei Dienstpflichtigen«, »Unterlagen der Landesfürsorgeverbände bzw. der Landesärzte für Körperbehinderte«, »Akten der Arbeiterrenten- und Angestellten-

---

37 | Verschuer/Ebbing: Die Mutationsrate des Menschen I, S. 93. Vgl. des Weiteren die Einschätzung Walter F. Haberlandts auf dem 17. Internationalen Soziologenkongress 1963 in Deutschland: »Ähnlich wie in Dänemark schon seit über 20 Jahren ein genetisches Register geführt wird und zur wissenschaftlichen Bearbeitung am Zentralinstitut für Humangenetik [gemeint ist das Institut in Kopenhagen] zur Verfügung steht, wird seit über einem Jahr an zwei von den wenigen westdeutschen Universitäten, die über einen Lehrstuhl für Humangenetik verfügen, d.h. vorläufig in Münster und Kiel, eine umfassende erbbiologische Bestandsaufnahme durchgeführt, um damit die wissenschaftlichen Grundlagen für die Beantwortung der so bedeutungsvollen Frage nach der Strahlenschädigung der Erbanlagen und damit auch der Mutationsrate beim Menschen zu schaffen.« (Haberlandt: Soziologische Beobachtungen, S. 159-160)
38 | Neel/Schull: Studies on the Potential Genetic Effects, S. 40.
39 | World Health Organization (Hg.): Effect of Radiation on Human Heredity; Eve: Statement Made By WHO; Bundesministerium für Atomenergie und Wasserwirtschaft (Hg.): Strahlenwirkung auf menschliche Erbanlagen.
40 | Ebbing: Die Mutationsrate des Menschen III, S. 406-413.

versicherung« und »Material der gesetzlichen Krankenkassen«. In dieser Liste fanden sich medizinische und karitative Einrichtungen ebenso wie einige andere klassische Produzenten anthropologischer Daten, z.B. Rekruten- oder Schülervermessungen. Ergänzt werden sollte das zusammengetragene Material durch eigene Erfassungsvorhaben. Das Register selbst wurde auf Hollerithkarten angelegt. Verschuer publizierte regelmäßige, tabellarische Auswertungen des Registers.[41] Die Forschungsergebnisse stellte er nicht nur unter Wissenschaftlern im In- und Ausland vor, beispielsweise auf dem Zweiten Internationalen Kongress für Humangenetik in Rom im September 1961, sondern auch im Bundesministerium für Atomkernenergie.[42]

Das ganze Vorhaben basierte auf der Annahme, dass mit Westfalen ein Raum eingegrenzt werden konnte, in dem die Grenzen des Registereinzugsbereichs mit den Grenzen einer realen, relativ geschlossenen Fortpflanzungsgemeinschaft ungefähr übereinstimmten. Das genetische Register erlaubte den Zugriff auf einen Ausschnitt der genetischen Ebene, der sich mit einem Ausschnitt einer geografischen Karte mehr oder weniger grob zur Deckung bringen ließ. Einer seiner Publikationen fügte Verschuer eine Grafik bei, in der die Kompaktheit des eingeschwärzten Bereichs »Münsterland« hervorsticht (Abb. 5). Der visuelle Eindruck legte eine vermeintliche Abtrennbarkeit dieses Gebiets vom umliegenden Raum nahe. Das Münsterland als genetischer Behälterraum zeichnete sich in dieser Perspektive durch eine hinreichende genetische Homogenität aus, was die Berechnung der Mutationsraten für diesen Raum sinnvoll erscheinen ließ.[43] Um trotz aller beobachteten Migrations- und Austauschbeziehungen mit anderen Räumen zu einer einheitlichen Datengrundlage zu kommen, unterteilte Verschuer die ansässige Bevölkerung nach ihrem Geburtsort. Für die untersuchten Erbkrankheiten wurde jeweils die »Häufigkeit in bezug auf die im Bezirk Münster Geborenen« und der »Häufigkeit in bezug auf die Wohnbevölkerung« erhoben (Abb. 6).[44]

---

41 | Siehe z.B. Verschuer: Die Mutationsrate beim Menschen IV, S. 386-393. Die in diesem Bericht enthaltene mehrseitige Tabelle bildete die Häufigkeiten von Krankheitsgruppen und Einzelmerkmalen für alle erfassten Patienten in Westfalen ab. Neben der laufenden Hollerithkarten-Nummer im Register ist die Anzahl der erfassten Fälle angegeben, differenziert nach dem Geschlecht der Patienten. Die rechnerische Schwierigkeit, die sich daraus ergab, dass unterschiedliche Bevölkerungsgruppen unterschiedlich weitgehend erfasst waren, diskutierte Verschuer im Fließtext. Das Register wurde 1967 eingestellt, da die finanzielle Förderung versiegte. Verschuer war bereits zwei Jahre zuvor emeritiert worden.
42 | Ebd., S. 385.
43 | Vgl. zur Problematik der »genetischen Räumlichkeit« Westfalens auch Schwidetzky: Das »Aufbrechen der Isolate«.
44 | Ebd., S. 386-393. Zusätzlich sind die Daten nach Geburtsjahrgängen sortiert. Dazu sind jeweils die absolute und die relative Häufigkeit im Blick auf die jeweilige Krankheit bzw. Krankheitsgruppe angegeben.

3. Räume der Humangenetik   103

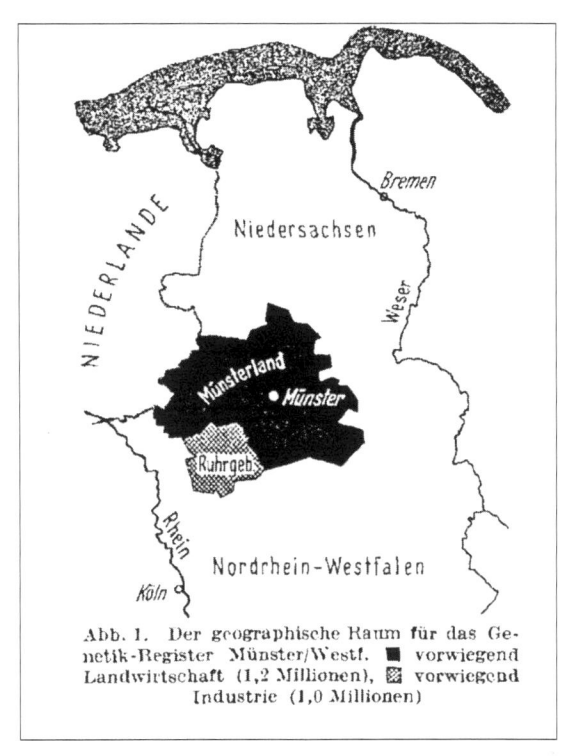

Abb. 1. Der geographische Raum für das Genetik-Register Münster/Westf. ■ vorwiegend Landwirtschaft (1,2 Millionen), ▨ vorwiegend Industrie (1,0 Millionen)

Abb. 5: Das »Münsterland« als Einzugsgebiet eines erbpathologischen Registers. Die optische Abgeschlossenheit suggerierte die (relative) »genetische Geschlossenheit«.

Dem Register Verschuers lag die Annahme zugrunde, dass die Vollerfassung eines vermeintlichen genetischen Behälterraums ein Abbild einer distinkten Einheit der genetischen Ebene menschlicher Bevölkerungen ergab. Anhand einer solchen großen Einheit ließen sich Normalverteilungen und Abweichungsraten berechnen. Die entsprechenden Räume hatten sich im Rahmen dieses Wahrnehmungsschemas in einem Wechselspiel aus geografischen und kulturellen Faktoren gebildet, wie auch die sehr unscharfen Kategorien »vorwiegend Landwirtschaft« und »vorwiegend Industrie« zur Unterscheidung des Münsterlandes und des Ruhrgebiets in der abgebildeten Karte demonstrieren.[45]

---

45 | Veronika Lipphardt hat auf die unauflösbare Verquickung genetischer und »bio-historischer« Narrative bei der Konstruktion derartiger Forschungsfelder hingewiesen, die eine Vielzahl nicht-naturwissenschaftlicher Bereiche involvierte, Lipphardt: Isolates and Crosses. Lisa Gannett und James R. Griesemer schreiben ebenfalls, dass die »ursprünglichen Fortpflanzungsgemeinschaften«, der die Populationsgenetik auf der Spur war, in der Regel nie einfach aufzufinden waren, sondern »a priori« konstruiert werden mussten – meist unter Zuhilfenahme politischer, linguistischer, geografischer, religiöser, nationaler und weiterer

im Bezirk Münster, erfaßt 1950—1956							
Häufigkeit in bezug auf die im Bezirk Münster Geborenen				Häufigkeit in bezug auf die Wohnbevölkerung			
Ausgewählte Jahrgänge	Zahl der Merkmalsträger	Bezugsziffer	Relative Häufigkeit auf 100 000	Ausgewählte Jahrgänge	Zahl der Merkmalsträger	Bezugsziffer (1950)	Relative Häufigkeit auf 100 000
(7)	(8)	(9)	(10)	(11)	(12)	(13)	(14)
1930—1949	8	546 932	1,5	1930—1949	13	640 111	2,0
1920—1952	4	974 305	0,4	1920—1949	3	960 178	0,3
1930—1949	246	546 932	44,9	1930—1949	330	640 111	51,6
1930—1949	100	546 932	18,3	1930—1949	123	640 111	19,2
1920—1939	19	606 972	3,1	1920—1939	35	660 338	5,3
1930—1949	321	546 932	58,7	1930—1949	503	640 111	78,6
1930—1949	30	546 932	5,5	1930—1949	40	640 111	6,2
1930—1949	48	546 932	8,8	1930—1949	71	640 111	11,1
1930—1949	68	546 932	12,4	1930—1949	99	640 111	15,5
1930—1940	17	546 932	3,1	1930—1949	21	640 111	3,3
1910—1954	34	1 366 193	2,5	1910—1949	36	1 203 322	2,9
1930—1950	1	580 013	0,2	1930—1949	—	—	—
1930—1950	52	580 013	8,9	1930—1949	73	640 111	11,4
1920—1949	16	872 294	1,8	1920—1949	23	960 178	2,4
1900—1919	1	617 847	0,2	1900—1919	1	528 027	0,2
1910—1939	1	923 818	0,1	1910—1939	1	903 482	0,1

Abb. 6: Erfassung von Erbkrankheiten im Bezirk Münster: Der Geburtsort als entscheidendes Kriterium für die Aufbereitung der Daten

Die Tabelle erlaubte es Verschuer Migrationsbewegungen der jüngeren Zeit von mittelfristigen genetischen Siebungsprozessen im Zuge der Industrialisierung und langwierigen evolutionsgeschichtlichen Zusammenhängen zu unterscheiden, so dass die zeitliche Dynamik des Behälterraums – in verschieden lange Zeiträume gestaffelt – in die Untersuchung einbezogen werden konnte. Die von Verschuer beobachtete »Vermischung« genetisch-geografischer Behälterräume führte also mitnichten per se zur Unterminierung des Wahrnehmungsschemas, sondern zu seiner Differenzierung in zeitlicher Hinsicht.

Ein bundesweites »Filialsystem« von Erbregistern

In den Augen einiger deutscher Humangenetiker war das Erbregister Verschuers zu begrenzt, um verlässliche Aussagen über menschliche Mutationsraten zu gewährleisten. Es ergaben sich vor allem Bedenken bezüglich seiner statistischen Aussagekraft. Diese Bedenken stellten die grundsätzliche Relevanz des Münsteraner Erbregisters allerdings keineswegs in Frage. Vielmehr sollte es als Teil eines Erfassungssystems weiterbestehen, das zwar eine erheblich kleinere Bandbreite genetischer Defekte abdeckte, diese aber für das gesamte Bundesgebiet erfassen

---

Kriterien, Gannett/Griesemer: The ABO blood groups, S. 130, 132, 139-145. Die sich anschließenden genetischen Untersuchungen sollten diese Vorannahmen rückwirkend bestätigen. So kam die »genetische Verortung« faktisch immer auch einer mehr oder weniger expliziten sozialen Verortung gleich.

würde.[46] Trotz der fachlichen Kontroversen, die sich hieraus ergaben, fügten sich beide Modelle gleichermaßen in das Dispositiv genetischer Behälterräume ein. Dies lässt sich an einigen Aussagen des Humangenetikers Friedrich Vogels, einem Verfechter der bundesweiten Erfassung, veranschaulichen. Im Jahr 1960 dachte Vogel gemeinsam mit dem zeitweise am Institut für Humangenetik der Universität Münster beschäftigten Statistiker Hans Christian Ebbing über ein »Filialsystem« von humangenetischen Datensammelstellen zur Ermittlung der Mutationsrate der Bundesrepublik Deutschland nach.[47] Hierzu sollte ein flächendeckendes Netz über die Bundesrepublik gespannt werden, um einen homogenen Datenkorpus zu erstellen: Die Rede war von »Filialen, d.s. regionale Register bzw. Forschungsgruppen in Anlehnung an erbbiologische Universitäts- oder andere Forschungsinstitute, deren Direktoren oder Leiter in Personalunion Leiter der regionalen Register sind. Da einerseits nur Bevölkerungsgruppen und geographische Räume von der Größe Schleswig-Holsteins oder des Regierungsbezirks Münster ausreichend übersehen werden können, andererseits aber die Population dieser Regionen zu klein ist, muß überall mit völlig gleicher Methode nach allgemeinverbindlichem Plan gearbeitet werden. Forschungsprogramme müssen zentral bestimmt werden als Auftrag an die regionalen Gruppen. Das Material muß von einer zentralen Stelle archiviert werden«.[48] In Finanzierung und Organisation dieses »Filialsystems« sollten Atomkommission, Innenministerium, Bundesgesundheitsamt, Statistisches Bundesamt und Bundesärztekammer eingebunden werden.[49] Zur Sammlung der Daten wollten die Initiatoren dieses Vorhabens in erster Linie vorhandene Strukturen des Gesundheitswesens nutzen. Die im regionalen Rahmen erhobenen Daten sollten in einer zentralen Sammelstelle zusammengeführt und überschaut werden.

Vogel machte sich 1960 im selben Zusammenhang für den Einbezug humangenetischer Erhebungen in schulärztliche Untersuchungen stark. Auch hier verwies Vogel auf die Notwendigkeit einer zentralen Auswertungsstelle der anfallenden Daten. In einem Brief von Lothar Loeffler, ein ehemaliger Rassenhygieniker und Mitarbeiter des Kaiser-Wilhelm-Instituts für Anthropologe, menschliche Erblehre und Eugenik, derzeit Mitglied der Deutschen Atomkommission, hieß es

---

46 | Vgl. Bundesministerium für Atomenergie und Wasserwirtschaft (Hg.): Die spontane und induzierte Mutationsrate; Schwerin: Humangenetik im Atomzeitalter, S. 95-100; Kröner: Förderung der Genetik und Humangenetik, S. 78-80.
47 | Vgl. den Briefwechsel zwischen Vogel und Ebbing im Universitätsarchiv Heidelberg (Acc 12/95 - 8). Für die Errichtung eines Bundesregisters sprachen sich unter anderem auch Hans Nachtsheim, Lothar Loeffler und Gerhard Wendt aus.
48 | Brief von H.C. Ebbing an F. Vogel, 20.6.1960 (UAH, Acc 12/95 - 8).
49 | Zur Förderung der humangenetischen Forschung durch die Deutsche Atomkommission, das Bundesministerium für Atomfragen, ab 1957 Bundesministerium für Atomkernenergie und Wasserwirtschaft, sowie weitere mit atomaren Fragen beschäftigte Bundeseinrichtungen in den 1950er Jahren siehe Kröner: Förderung der Genetik und Humangenetik.

über entsprechende Unterlagen für genetische Zusatzerhebungen: »Damit dürfte jeder in der Schulgesundheitspflege tätige Kollege versorgt werden können. [...] Wenn die Aktion auch viele Jahre – wir rechnen mit etwa 15 Jahren – wird dauern müssen, können wir in Anbetracht des seltenen Vorkommens jedes einzelnen Krankheitsbildes nur mit einem Erfolg rechnen, wenn in den Gebieten Berlin, Schleswig-Holstein und Niedersachsen wirklich jeder in diesem Zeitraum bekannt werdende Fall erfaßt und untersucht wird.«[50] Bezüglich der Organisation einer zentralen Sammelstelle überlegte Vogel in einem Schreiben an Loeffler, eine »eigene Bundesanstalt für diesen Zweck zu schaffen«.[51] Stets stellte die angestrebte Vollständigkeit und Zentralität der Erfassung einen wesentlichen Bestandteil der Forderungen dar. Dies sollte die »genetische Übersicht« eines eingegrenzten Raums ermöglichen, und zwar in erster Linie, um das potentiell bedrohte Gleichgewicht von Normalität und Abweichung ermitteln und überwachen zu können. Darin unterschieden sich die von Vogel verfolgten Pläne keineswegs von Verschuers Arbeit in Münster, sie ergänzten sich vielmehr und strebten letztlich beide – jenseits von Kontroversen um Methodik um Umsetzbarkeit – nach einer möglichst umfassenden genetischen Erfassung.[52]

Der Anstieg der reproduktiven Mobilität und die Auflösung der Isolate

An Otmar Freiherr von Verschuers Kategorien »Häufigkeit in bezug auf die im Bezirk Münster Geborenen« und »Häufigkeit in bezug auf die Wohnbevölkerung« lässt sich einerseits das implizite Streben nach der humangenetischen Homogenisierung von Räumen ablesen. Andererseits deutete sich im Fall Westfalens bereits deutlich an, dass die Beobachtung einer steigenden Mobilität in der deutschen und dänischen Gesellschaft im 20. Jahrhundert quer zu der Konstruktion genetischer Behälterräume stand. In den 1950er Jahren war unter menschlichen Erbforschern die Überzeugung verbreitet, dass man sich in einer Umbruchphase befand. Die Auflösung menschlicher Bevölkerungsisolate war bereits seit Längerem im Gang, schien sich nunmehr jedoch weiter zu verschärfen. Herman J. Muller schrieb 1959 in einer vielbeachteten Schrift: »Our single species is undergoing, genetically, something analogous to an increase in entropy within itself. For its diverse sublines – hitherto numerous, partly isolated, and to some extent subject to ultimate competition with one another – are increasingly dissipating

---

50 | Brief von L. Loeffler an den Senator für Gesundheitswesen, Berlin, 16.11.1962 (UAH, Acc 12/95 - 2).

51 | Brief von F. Vogel an L. Loeffler, 2.8.1960 (UAH, Acc 12/95 - 8).

52 | Vgl. Schwerin: Humangenetik im Atomzeitalter, S. 99-100. Die Errichtung des bundesweiten genetischen »Filialsystems«, das in den Jahren 1960 bis 1967 von verschiedenen Bundesministerien finanziell gefördert worden war, kam letzten Endes nicht über wenige Ansätze hinaus, ebd., S. 100-101.

their separate individualities by merging genetic combinations«.⁵³ Das von Muller verwendete physikalische Bild der Entropie entfaltete seine volle Wirkung vor dem Hintergrund des zeitgenössisch hegemonialen räumlichen Dispositivs: der Gewohnheit, Räume als nebeneinander liegende, begrenzte genetische Container zu denken, deren Austausch untereinander bislang noch mehr oder minder statistisch handhabbar war. Die Konturen dieser für Humangenetiker evidenten, Forschungsvorhaben strukturierenden Räume schienen nun jedoch in Auflösung begriffen zu sein (»increasingly dissipating«, »merging«).⁵⁴

Für die überall zu beobachtende Zunahme der Bevölkerungsvermischung machten Humangenetiker verschiedene moderne Entwicklungen verantwortlich. Eine exemplarische Liste beginnt mit der Industrialisierung als Auslöser einer allgemeinen Migration, die die Genverteilung von Populationen nachhaltig verändert hatte. Die Wanderung großer Bevölkerungsgruppen in die Zentren der Lohnarbeit, der Anstieg der sozialen Mobilität, die Veränderung der Familienstrukturen und vieles mehr hatten die Fortpflanzungsgewohnheiten der industriellen Gesellschaft und somit auch die Genverteilung einschneidend verändert.⁵⁵ Hiermit in unmittelbarem Zusammenhang standen Urbanisierungsprozesse, die für Genetiker die Auflösung ländlicher Isolate und den Rückgang von Inzucht mit sich geführt hatten.⁵⁶ Darüber hinaus wurde immer wieder der technologische Fortschritt im Allgemeinen für die Auflösung von Migrations- und Fortpflanzungsschranken verantwortlich gemacht. Hierbei ist insbesondere an die Entwicklungen in den Bereichen Verkehr und Kommunikation zu denken. Hans Nachtsheim beispielsweise war der Ansicht, dass die Entwicklung des Verkehrs zum Abbau geografischer und damit automatisch auch rassischer Schranken beitrug.⁵⁷ Neben der Urbanisierung trage auch dieser Aspekt zu einem allgemeinen

---

53 | Muller: The Guidance of Human Evolution, S. 1. Auch wenn Mullers Thesen einer positiven Eugenik, die im Zentrum dieses Artikels standen, unter Humangenetikern vielfach auf Irritation stießen, erregte der zitierte Befund keinen nennenswerten Widerspruch.

54 | Dabei hatte sich, wie Veronika Lipphardt zeigen konnte, die Zeitspanne, die in den Augen der Populationsgenetiker zur Konstitution eines Isolats nötig war, gegenüber der älteren Rassenforschung bereits deutlich verkürzt: »Notably, population geneticists did not require that these units be isolated since prehistoric times, as proponents of race concepts in the early twentieth century would have. A time span of a few thousand, even some hundred years of isolation was enough to bring about the desired experimental results: differing allele frequencies. Thus, the timescale on which genetic diversity was imagined to emerge changed considerably by the mid-twentieth century.« (Lipphardt: Isolates and Crosses, S. S77-S78)

55 | Vgl. nur Baitsch: Humangenetik, S. 59.

56 | Vgl. z.B. Friedrich Vogel: Einige Bemerkungen über die theoretische Grundlage der Erforschung von Isolaten, September 1963 (UAH, Acc 12/95 – 37).

57 | Hans Nachtsheim: Biologie im totalitären System, 19.6.1963 (MPG-Archiv, Abt III Rep 20A Nr. 142-2).

Rückgang von Verwandtenehen bei. Ehemalige »Heiratsgrenzen«, wie das oben gezeigte Beispiel des Rheins, seien angesichts dieser Entwicklung immer durchlässiger geworden. Der Anthropologe Hans Stengel schrieb in der Rückschau des Jahres 1980 über den Evidenzverlust des Rheins als Grenze einer genetisch relevanten räumlichen Einheit: »Durch die fortschreitende Technisierung und die Mobilität der Bevölkerung sind diese Grenzen im Schwinden begriffen und es kommt häufiger zu einer gerichteten Partnerwahl außerhalb der engeren Nachbarschaft oder Siedlungsgemeinschaft.«[58]

Neben den bislang angeführten sozialstrukturellen und technologischen Entwicklungen machten Humangenetiker nicht zuletzt auch geschichtliche Großereignisse für eine Verwischung genetischer Grenzen verantwortlich, namentlich die beiden Weltkriege im 20. Jahrhundert. So schrieb der Vertreter der Rockefeller-Stiftung Alan Gregg an Tage Kemp: »Our population experienced as a result of the very great effort to produce war material an increase in the usual degree of moving from one state to another so that one of the factors which favor studies in human heredity namely a stable and easily traced group of subjects has become more difficult than ever.«[59] In Deutschland hingegen fragte man nach dem Zweiten Weltkrieg nach den populationsgenetischen Folgen der Eingliederung der Flüchtlinge und Vertriebenen in die westdeutsche Gesellschaft. Die meisten dieser modernen Entwicklungen, die zur Auflösung einstiger Isolate beitrugen, trafen in den »melting pot mulattoes« aufeinander, die Tage Kemp 1961 in einer Rezension zu einer Studie des italienischen Humangenetikers Luigi Gedda beschrieb. Es handle sich um »a growing subgroup due to improved means of travel and communication, dwindling of national barriers, political independence of former colonies, and worldwide distribution of many economic products – facilitating contacts, exchanges, friendships and marriages between individuals of different ethnic groups.«[60]

In forschungsstrategischer Hinsicht galt es in den 1950er und 1960er Jahren die gerade noch vorhandenen Spuren einstiger Isolate aufzuspüren und wissenschaftlich auszuschöpfen, bevor es zu spät war. Metaphorisch ließe sich von »humangenetischen Notgrabungen« sprechen. Friedrich Vogel besuchte 1965 ein internationales Symposium zum Zusammenhang von natürlicher Selektion und Infektionskrankheiten. Im Tagungskommentar hieß es über die Prävalenz bestimmter Krankheiten in Isolaten: »Geographical correlations may have been dis-

---

58 | Stengel: Grundriß der menschlichen Erblehre, S. 274. Ilse Schwidetzky schrieb hierzu sehr ähnlich: »Das ›Aufbrechen der Isolate‹ und die Erweiterung der Heiratskreise ist ein Kennzeichen industrialisierter Gesellschaften mit ihren schnellen Verkehrsmitteln und ihrer Mobilität.« (Schwidetzky: Das Menschenbild der Biologie, S. 178)
59 | Brief von Alan Gregg an Tage Kemp, 3.3.1946 (RA, Københavns Universitet, Tage Kemp, professor Lb.nr. 3).
60 | Tage Kemp: Review by Tage Kemp dr. prof Luigi Gedda, 1.5.1961 (RA, Københavns Universitet, Tage Kemp, professor Lb.nr. 7).

turbed by relatively recent population movements and historical data on these may be meagre. In studying emigrant populations there are uncertainties about the exact origins of the migrants and the extent of intermixture in their new home.«[61] Der Autor ging von einer Störung (»disturbed«) geografisch-biologischer Korrelationen aus, die für genetische Behälterräume fundamental waren. Die Ursache dieser Störung sah er in jüngsten Migrationsbewegungen. Die genauen empirischen Verhältnisse der zu erwartenden genetischen Verschiebungen waren jedoch unbekannt. Das Forschungsdesiderat war folglich eindeutig: Die Überreste geografischer Isolation sollten wissenschaftlich ausgewertet werden, bevor sie vollends verwischt würden. Nicht zuletzt waren gerade auch diese Prozesse der Vermischung genetischer Behälterräume von Interesse. Unvermischte, räumlich getrennte Bevölkerungsgruppen wurden zu dieser Zeit bereits als Sonderfall wahrgenommen – als eine Art Anachronismus, die es sozusagen genetisch zu »musealisieren« galt, um ihren potentiellen Erkenntniswert nicht vorbeiziehen zu lassen. Es entwickelte sich eine international vernetzte Suche nach humangenetischen Isolaten.[62] Gerade Dänemark als Ganzes bot sich vor diesem Hintergrund wie gesehen als ideales Forschungsgebiet an aufgrund seiner bis in die 1960er Jahre vergleichsweise homogenen Bevölkerung mit einer eher geringen Mobilität bei gleichzeitig guter Erfassung derselben durch Sozialsysteme.

Für Friedrich Vogel stand der wissenschaftliche Schatz, den die im Verschwinden begriffenen Isolate darstellten, außer Frage: »Durch die Erforschung von Isolaten wissen wir viel mehr über eine grosse Zahl von meist autosomal-rezessiven Erbleiden, als wir ohne diese Methode wissen würden«, referierte er 1963 auf einer Tagung in Den Haag.[63] Vogel führte weiter aus, dass sich die »Züchtungsstruktur« der modernen europäischen Gesellschaften grundlegend geändert habe und humangenetische Isolate deshalb nur noch in wenigen Enklaven zu finden seien. Vogel beobachtete, »dass die Inzucht in der allgemeinen Bevölkerung stark zurückgegangen ist. Dieser Rückgang begann in den grossen Städten und in den zusammenhängend besiedelten Gebieten, und er ergreift erst allmählich die abgelegenen und stärker isolierten Bevölkerungen. Daraus folgt, dass in der Gegenwart die Gesamtzahl der Patienten mit rezessiven Erbleiden in der allgemeinen Bevölkerung abgenommen hat, nicht jedoch in den mehr isoliert lebenden Bevölkerungen.«[64] Von eminenter Wichtigkeit sei es, den epis-

---

61 | CIBA-Symposium »Natural Selection and Transmissible Disease«, 21./22.6.1965 (UAH, Acc 12/95 – 10a).
62 | Vgl. z.B. den Brief von E. Hanhart an T. Kemp, 11.8.1953 (RA, Københavns Universitet, Tage Kemp, professor Lb.nr. 5).
63 | Friedrich Vogel: Einige Bemerkungen über die theoretische Grundlage der Erforschung von Isolaten, September 1963 (UAH, Acc 12/95 – 37), S. 1.
64 | Ebd. Eine geografische Konkretisierung erfahren die theoretischen Ausführungen Vogels an späterer Stelle im Vortrag: »Die Inzucht nahm jedoch nicht in allen Teilen der Bevölkerung gleichmassen ab, sondern für relativ lange Zeit blieben abgelegene und geographisch

temologischen Wert dieser Gebiete rechtzeitig abzuschöpfen: »Wir können denjenigen Forschern, die diese Chance rechtzeitig erkannten, nicht dankbar genug für ihre Arbeit sein; denn wir danken ihnen die Kenntnis einer grossen Anzahl seltener rezessiver Krankheitsbilder.«[65] Die beobachtete Auflösung einstiger Isolate ging somit keineswegs automatisch mit dem Rückgang ihrer Bedeutung für die Humangenetik einher. Im Gegenteil: Die Wirkmächtigkeit des Behälterraum-Dispositivs führte überhaupt erst dazu, dass der Verlust dieser vermeintlich wertvollen Forschungsgegenstände als so gravierend empfunden wurde. Jede wissenschaftlich »konservierende« Anstrengung, das bedeutet: jede umfangreiche Aufzeichnung und Untersuchung von derzeitigen und ehemaligen Bewohnern eines sich auflösenden Isolats, schien es wert zu sein, unternommen zu werden.

Behälterräume und Subjektformen

Die genetischen Behälterräume standen in einem Wechselverhältnis mit den Subjektformen der ersten Phase des humangenetischen Diskurses. Die Kartierung verschiedener, zwar durchlässiger, jedoch eindeutig konturierbarer Behälterräume, die sich in den bisherigen Beispielen zeigte und die in der humangenetischen Forschung und Praxis bis in die 1960er Jahre dominant bleiben sollte, ging einher mit einer homologen Körperlichkeit auf den Ebenen der Familie und des Individuums. Es ergab sich eine aufsteigende Stufenleiter vom einzelnen menschlichen Körper als Behälter der Gene des Individuums über die Familie als Zwischenebene zur Bevölkerung als Gefäß ihres Genbestandes. Auf allen Ebenen zeigte sich den humangenetischen Experten ein gestaffeltes Nebeneinander separater, räumlich eindeutig verortbarer Einheiten. Dieses Wahrnehmungsschema stabilisierte sich dabei auf den verschiedenen Ebenen gegenseitig, was letztlich zu einer ubiquitären Evidenz genetischer Behälterräume im humangenetischen Diskurs der 1950er und 1960er Jahre führte.

In diesen Jahrzehnten richtete sich ein beträchtlicher Teil der genetischen Forschungsbemühungen darauf, in die Zellen des menschlichen Körpers »vorzudringen« und sich an die materiellen Gene »anzunähern«. Im Rahmen des DFG-Schwerpunktprogramms »Genetik« wurde das, was man in den Zellen vorzufinden gedachte, metaphorisch als »Perlenkette« beschrieben. Im DFG-Senat hieß es 1963, »dass alle Eigenschaften eines Organismus von erblichen Einheiten, den Genen, gesteuert werden, die wie die Perlen einer Perlenkette auf den Chromosomen hintereinander gereiht liegen müssen. Sie werden von Zellteilung zu Zellteilung bzw. von Generation zu Generation weitgehend unverändert weiter-

---

oder sozial isolierte Bevölkerungsteile von ihr ausgenommen. Beispiele von Populationen dieser Art finden sich in Europa z.B. in den Alpen, aber auch auf mehreren Inseln, in abgelegenen Teilen Schwedens und in anderen Ländern.« (Ebd., S. 5)

65 | Ebd., S. 6. Vogel nennt exemplarisch die Namen von Herman Lundborg und Torsten Sjögren aus Schweden sowie Ernst Hanhart aus der Schweiz.

gegeben.«[66] Dieses Modell der Gene entsprach einer Vorstellung dieser als distinkten, räumlich trennbaren und einzeln zu untersuchenden Einheiten.[67] Die Gene waren bis dato »unsichtbar« gewesen. Ende der 1950er und vor allem in den 1960er Jahren hatte die biochemische Humangenetik jedoch aufsehenerregende Erfolge zu verzeichnen, inspiriert durch die experimentelle Forschung an Mikroorganismen. Diese Fortschritte erlaubten es, sich – im Rahmen eines räumlichen Denkens – den Genen immer weiter »zu nähern«.[68] Durch die Proteinforschung und die Zytogenetik schienen erste Schritte auf dem Weg zu einer mehr oder weniger »direkten« Sichtbarkeit der Gene als unterscheidbaren, lokalisierbaren Einheiten getan zu sein.

Das Individuum stellte sich dabei als Behälter dieser Einheiten dar. Individuen waren Träger einer im Ganzen entweder als normal oder abweichend zu beurteilenden Ansammlung von Erbeinheiten.[69] Die belasteten Individuen wiederum »steckten in« Familien, die über Familienanamnesen oder Karteien erfassbar waren.[70] Die Bevölkerung war als nebeneinander solcher »Familienbehälter« gedacht, deren Fortpflanzung untereinander Gegenstand von Kontrollfantasien werden konnte, die einer ausgeprägt räumlichen Metaphorik verhaftet waren. Hans Nachtsheim schrieb über die sogenannte Paarungssiebung bei erblich bedingter Taubstummheit: »Eugenisch betrachtet ist es durchaus erwünscht, wenn das krankhafte Gen in den kranken Familien bleibt und nicht auch noch in gesunde hineingetragen wird.«[71] Die Humangenetik der 1950er

---

66 | J. Straub: Senatsprotokoll vom 20.2.1963 (BA, 1863 K - 731, 17, 5). Siehe zur Perlenkettenmetaphorik auch Kemp: Strålebeskadigelse.

67 | Dieses Bild schlug sich beispielsweise auch in der noch wenig kybernetischen Metapher des »Morsekodes« nieder, die Friedrich Vogel in den 1960er Jahren verwendete, Friedrich Vogel: Vortrag Rotterdam, o.D. [1964] (UAH, Acc 12/95 - 10a).

68 | Dieses Näherungskonzept prägte auch Helmut Baitschs wegweisenden Vortrag über die Proteinforschung auf der 7. Tagung der Deutschen Gesellschaft für Anthropologie: »Stellen doch die Proteine geradezu ideale Merkmale dar, da sie sehr wahrscheinlich unmittelbare (oder nahezu unmittelbare) Genprodukte sind und deshalb wie kein anderes Merkmal Einblick in die genetische Struktur und in die primäre Genwirkung geben können. Hier hätten wir es endlich einmal mit solchen Merkmalen zu tun, die sozusagen ganz nahe am Gen liegen.« (Baitsch: Die Serumproteine, S. 98) Vgl. auch Baitsch: Humangenetik, S. 63.

69 | Dies äußerte sich symptomatisch in der Bevorzugung der Sterilisation als probatestem eugenischen Mittel durch viele führende Humangenetiker dieser Zeit, mittels der stigmatisierte Individuen vollständig von der Reproduktion ausgeschlossen werden konnten. Damit einher ging die individuelle Angst auf Seiten der »Belasteten«, nicht aus dem relativ starren und relativ engen Normalbereich zu fallen, die kennzeichnend für Jürgen Links Epoche des »Protonormalismus« ist, siehe hierzu Kapitel 4.1.

70 | Siehe für die zitierte Formulierung Nachtsheim: Kampf den Erbkrankheiten, S. 13.

71 | Hans Nachtsheim: Erbhygienisches Gutachten, 17.2.1959 (MPG-Archiv, Abt III Rep 20A Nr. 100-6). Eine ähnliche Wortwahl findet sich auch bei seinem Schüler Friedrich

und 1960er Jahre ging also nicht nur von einem Behältercharakter auf der Ebene von Populationen aus, sondern hatte es zudem mit distinkten Einheiten auf der Ebene der Gene und einer Staffelung von entsprechenden Containern vom Individuum über die Familie bis zur Bevölkerung zu tun. Diese Ebenen waren jeweils mosaikartig ineinander enthalten und trugen so gegenseitig zur Überzeugungskraft des Behälterraum-Dispositivs bei. Auf allen Ebenen verfolgten humangenetische Experten Forschungs-, Erfassungs- und Eugenikprogramme, die sie mit räumlichen Semantiken beschrieben. Aus den Verhältnissen der jeweiligen Elemente – auffälliger und normaler – zueinander sollten letzten Endes die zugrundeliegenden »Bewegungen«, »Flüsse«, »Verteilungen« etc. der genetischen Ebene erschlossen werden. Zugleich sollten diejenigen Elemente erschlossen werden, die sich als Ansatzpunkte einer eugenischen Regulierung von Fehlentwicklungen anboten.

3.2 Funktionsverlust humangenetischer Behälterräume

Einleitung

In einem Brief Friedrich Vogels an den Präsidenten der Deutschen Forschungsgemeinschaft aus dem Jahr 1974 stellte sich das im vorigen Abschnitt beschriebene Dispositiv genetischer Behälterräume fast schon als historisch dar. Der Grund hierfür war der fundamentale Einschnitt, als den die Zeitgenossen den Einzug neuer laborbezogener Forschungspraktiken in die Erbforschung am Menschen erfahren hatten. Vogel schrieb: »Die Populationsgenetik des Menschen einschließlich der Epidemiologie genetisch bedingter Erkrankungen hatte bereits in den 40er und 50er Jahren, besonders in Dänemark, [...] vielversprechende Anfänge genommen. Mit dem Aufkommen neuer Labormethoden gegen Ende der 50er und zu Anfang der 60er Jahre trat diese Forschungsrichtung jedoch in den Hintergrund.«[72] Vogel zufolge hatte die biochemische Humangenetik das Forschungsfeld der Populationsgenetik und Epidemiologie vollständig neu eröffnet: »Inzwischen ist es an der Zeit, daß die neuen Methoden in die epidemiologische Feldforschung eingebracht werden. Im Ausland, – so in angelsächsischen Ländern, in Dänemark, aber neuerdings auch in der Sowjetunion,– gibt es z.B. auf dem Gebiet der Populations-Cytogenetik vielversprechende Anfänge.«[73] Auch in Deutschland seien erste Anfänge zu verzeichnen, allerdings lägen die meisten Gebiete der Welt, insbesondere in Afrika, Asien und Südamerika »fast unbe-

---

Vogel, der im Zusammenhang mit der humangenetischen Beratung von Familien schreibt, »die Erbkranke enthalten«, Vogel: Über Sinn und Grenzen praktischer Eugenik, S.240.

72 | Brief von Friedrich Vogel an den Präsidenten der Deutschen Forschungsgemeinschaft, 8.7.1974 (UAH, Acc 12/95 - 33), S. 7.
73 | Ebd.

arbeitet offen vor uns«.[74] Aus diesen Erörterungen Vogels geht hervor, dass es auch in der Humangenetik der 1970er Jahre weiterhin um die Verdatung geografischer Räume ging, und zwar, so hat es den Anschein, möglichst vieler Gebiete weltweit.

Die biochemische Populationsgenetik bediente sich hierbei anfangs einiger Elemente, die typisch für das Behälterraum-Dispositiv gewesen waren, so zum Beispiel der Kartierung genetischer Räume, die im Hinblick auf ein bestimmtes Merkmal möglichst vollständig erfasst und sodann weltweit verglichen werden sollten. In diesem Sinne passte sich die im Aufstreben begriffene menschliche Proteinforschung, die Helmut Baitsch in seinem Vortrag aus dem Jahr 1959 deutschen Anthropologen und Humangenetikern vorstellte,[75] vorerst als ein zusätzlicher Baustein in den Rahmen genetisch-geografischer Kartierungsbemühungen ein.[76] Die Faszination für die neuen Untersuchungsmethoden ging wie selbstverständlich von der herkömmlichen räumlichen Organisation humangenetischer Forschungsvorhaben aus. Baitsch ging es um das Studium regionaler Häufungen, wie eine Karte der Häufigkeitsverteilung einer bestimmten Haptoglobinvariante »im ozeanischen Raum« verdeutlicht (Abb. 7). Mit ihren relativ klar lokalisierbaren, eingeschwärzten oder schraffierten Flächen, die sich ihrer vermeintlichen genetischen Homogenität nach unterschieden, schloss diese Darstellung an das genetische Behälterparadigma an. Auch forderte Baitsch im begleitenden Text die Vervollständigung der zugrundeliegenden Daten, um die auf diesem Wege »abgeschlossenen« Räume in Vergleich zu anderen Gebieten weltweit setzen zu können.[77]

---

74 | Ebd. Siehe auch Passarge: Einige Ergebnisse, S. 367-368.
75 | Baitsch: Die Serumproteine.
76 | Ohnehin sah Baitsch seine Forschungen zu menschlichen Proteinvarianten in der älteren Tradition des 1952 verstorbenen Anthropologen Theodor Mollison stehen, Brief von Helmut Baitsch an Ludwig Heilmeyer, 20.7.1959 (ArchMHH, Dep. 1 acc. 2011/1 Nr. 12).
77 | Baitsch schreibt über die im Idealfall globale Vervollständigung des Datenmaterials: »Die regionale Aufgliederung des eigenen Untersuchungsgutes nach den Entnahmeorten der einzelnen Stichproben zeigt deutliche Inhomogenitäten in den Genhäufigkeiten. Diese Häufigkeitsunterschiede innerhalb kleiner Gruppen werden im allgemeinen zu wenig beachtet. Sie bilden ein interessantes Forschungsgebiet für die Untersuchung von Isolatwirkungen, für Gendrift und Genfluß. Für die Bearbeitung derartiger Fragestellungen ist ein großes, regional gut gegliedertes Untersuchungsgut notwendig, das nach möglichst gleichbleibenden Auslesekriterien gewonnen werden muß. Unser Material wird über Blutbanken speziell für die Bearbeitung derartiger populationsgenetischer Fragestellungen gesammelt. Es umfaßt bis jetzt schon weit über 30 000 Bestimmungen, das Material reicht jedoch für die bearbeiteten Fragestellungen immer noch nicht aus.« (Baitsch: Die Serumproteine, S. 103-105)

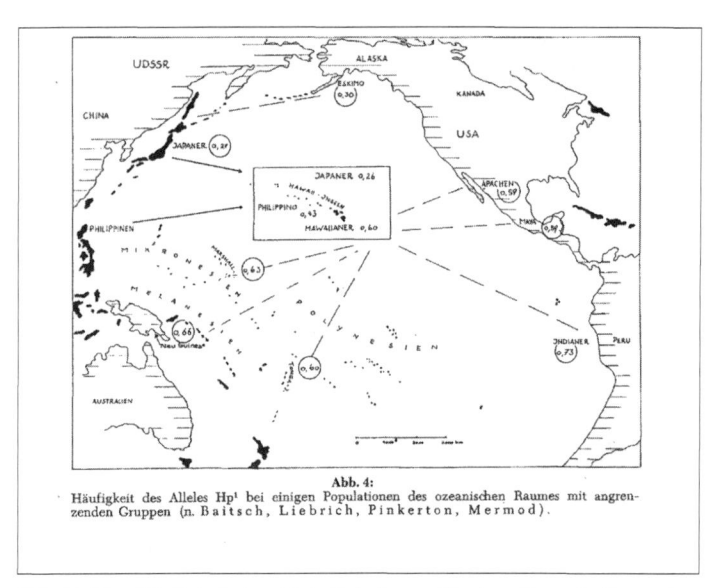

Abb. 4:
Häufigkeit des Alleles Hp¹ bei einigen Populationen des ozeanischen Raumes mit angrenzenden Gruppen (n. Baitsch, Liebrich, Pinkerton, Mermod).

Abb. 7: Die »Häufigkeit des Allels Hp¹« im pazifischen Raum in Form einer geografischen Karte

Nichtsdestoweniger führte die von Vogel skizzierte Entwicklung – die Eröffnung einer zytogenetischen Analyseebene der Populationsgenetik sowie der Einbezug weiterer biochemischer Methoden – alsbald zu einem weitgehenden »Aufbrechen« der genetischen Containerräume der 1950er und 1960er Jahre. Das Paradigma der relativ geschlossenen, miteinander in Wechselwirkung, doch deutlich nebeneinander stehenden genetischen Behälterräume verlor im Laufe der 1960er Jahre seine erkenntnisleitende und seine eugenische Bedeutung. Dies lag einerseits daran, dass es einem neuen hegemonialen Raum-Dispositiv wich: den »Versorgungsräumen«, die Gegenstand des nächsten Abschnitts sein werden. Andererseits ergaben sich zentrale Verschiebungen innerhalb der Hierarchie humangenetischer Forschungskonzepte, die vor allem durch eine Verschiebung vom Lochkarten-Register ins Labor gekennzeichnet waren. Dadurch unterlagen geografisch orientierte Registraturen einem allmählichen Funktionswandel. Die Überwachung von Mutationsraten von Bevölkerungen und die geografische – und auch soziale – Verortung von Individuen verloren erheblich an Bedeutung.

Genetische Behälterräume im Zeitalter der biochemischen Humangenetik

Im Laufe der 1960er Jahre etablierten sich an mehreren Standorten in Dänemark klinische Forschungen, die zytogenetische Untersuchungsmethoden in ihr Forschungsdesign integrierten. Mit zytogenetischen Studien ließen sich humangenetische Forschungsergebnisse nach neuesten internationalen Standards erzielen. Diese Forschungen stellten spezielle Ausbildungsanforderungen und erforderten die Anschaffung kostspieliger Forschungsapparaturen, drängten sich jedoch schnell in den Mittelpunkt der Aufmerksamkeit der Humangenetik. Allen voran widmete sich das Kopenhagener Institut zytogenetischen Methoden. Zudem erhielten der Institutsleiter Tage Kemp sowie sein Nachfolger Jan Mohr regelmäßig Anfragen von Medizinern und Wissenschaftlern aus anderen Landesteilen nach Unterstützung der jeweiligen Forschungsvorhaben.[78] Die zunehmende Ausbreitung neuer Forschungsmethoden in der Humangenetik, die in aller Regel auf Chromosomenanalysen abzielten, machten vor allem eines deutlich: Die herkömmliche erbpathologische Registratur, wie sie am Institut in Kopenhagen durchgeführt worden war, war immer weniger geeignet, die Anfragen zu beantworten und die entsprechenden Forschungsvorhaben zu unterstützen. Sie enthielt schlicht keine zytogenetisch verwertbaren Materialien oder Befunde. Deshalb ergab sich im Laufe der 1960er Jahren unter führenden Experten auf dem Gebiet der medizinischen Genetik in Dänemark der Plan, eine weitere Sammel- und Koordinationsstelle aller zytogenetischen Forschungsvorhaben zu errichten. Das Projekt wurde unter der Bezeichnung »Dansk Cytogenetisk Centralregister« diskutiert und sollte unter der Leitung des Arztes und Humangenetikers Johannes Nielsens an der Staatlichen Klinik in Risskov (*Statshospitalet Risskov*) untergebracht werden. Ende des Jahres 1968 wurde die Gründung des Registers endgültig beschlossen. Auf einer Besprechung im Kennedy-Institut in Kopenhagen formulierten die Initiatoren hierbei die zentrale Zielsetzung des Registers. Erfasst werden sollten: »1. Nach Möglichkeit alle Patienten mit Chromosomenanomalien, die vor dem 31.12.1968 diagnostiziert wurden. 2. Alle Patienten mit Chromosomenanomalien, die vom 1.1.1969 an diagnostiziert werden. 3. Alle Patienten mit Anomalien jeglicher Art, bei denen vom 1.1.1969 an ein normaler Karyotyp gefunden wurde.«[79] Neben dem Karyotyp waren hierbei eine Reihe persönlicher Daten zu sammeln, unter anderem Name, Geburtsdatum, Wohnort, Beruf und Familienstand. Nach Möglichkeit sollte auch die »personnummer« aus dem dänischen Meldewesen registriert werden.[80] Das gesamte Unterfangen sollte alle zytogenetischen Diagnosen, die landesweit durchgeführt wurden, registrieren, zusammenführen und vergleichbar machen.

Durch diese neue Institution wurde das Kopenhagener Erbregister, das maßgeblich zur Konstitution Dänemarks als genetischem Behälterraum beigetragen hatte, nunmehr zu einem »herkömmlichen« Register degradiert. Dessen ursprüngliche Ziele im Blick auf die Abschätzung eines etwaigen Anstiegs der Mutationsraten der dänischen Bevölkerung und einer eugenischen Zurückdrän-

---

78 | Vgl. die entsprechenden Briefe aus der Korrespondenz Kemps und Mohrs im dänischen Reichsarchiv: RA, Københavns Universitet, Tage Kemp, professor/Jan Mohr, professor, diverse Bestände.
79 | Johannes Nielsen: Dansk Cytogenetisk Centralregister, 12.12.1968 (RA, Københavns Universitet, Jan Mohr, professor, Lb.nr. 4).
80 | Ebd.

gung von Erbkrankheiten spielten bei dem zytogenetischen Zentralregister keine ausschlaggebende Rolle. Nielsen schrieb 1968 im Zuge des Planungsprozesses der neuen Einrichtung: »Ich möchte unterstreichen, dass der epidemiologische Wert eines zytogenetischen Zentralregisters zum gegenwärtigen Zeitpunkt sehr begrenzt sein wird.«[81] Dessen ungeachtet trug das Vorhaben weiterhin zentrale Züge des behälterräumlichen Dispositivs, insbesondere das Streben nach Vollständigkeit im Hinblick auf einen geografischen Raum. So stellte Nielsen im selben Schreiben in Aussicht, dass das neue Register »auf längere Sicht« in der Tat epidemiologische Wirkung im Blick auf Erbkrankheiten zeitigen könnte, und zwar »besonders wenn alle zytogenetischen Laboratorien teilnehmen und alle ihre Patienten mit Chromosomenanomalien zum Register beisteuern«.[82] Wie bereits in dem obigen Auszug aus dem Sitzungsprotokoll aus dem Kennedy-Institut gelesen, kam auch hier das prinzipielle Streben nach einer vollständigen, landesweiten Erfassung zum Ausdruck. Aus einer solchen Vollständigkeit sollten sich letztlich epidemiologische Erkenntnisse über das Ausbreitungsverhalten von Erbkrankheiten innerhalb Dänemarks gewinnen lassen. Es ging gewissermaßen darum, die genetische Ebene der eingegrenzten Gruppe »dänische Bevölkerung« auf »chromosomalem Level« sichtbar zu machen und ihre Entwicklung zu verfolgen.

Auf der anderen Seite gab es jedoch eine spürbare Tendenz, die das Primat der räumlich-geografischen Vollständigkeit allmählich durch ein anderes ersetzte: die analytische Ergiebigkeit im Hinblick auf biochemische Methoden. Bereits für die Erstellung des älteren Erbregisters in Kopenhagen war die genaue Diagnosestellung von großer Wichtigkeit für die Operationalität der gesammelten Daten. Die erkrankten Personen mussten von Fachleuten – nötigenfalls mehrmals und mit verschiedenen Methoden – untersucht werden. Die Untersuchungsergebnisse mussten homogenisiert werden; das heißt, es galt vor allem die Erfassungskriterien und die Diagnosestellung zu vereinheitlichen, um eine hinreichende Vergleichbarkeit aller Einträge zu erzielen. Im Zentrum der Registratur stand nichtsdestoweniger die größtmögliche Vollständigkeit aller (Verdachts-)Fälle – im Rahmen der gegebenen Forschungskapazität. Die Menge der erfassten Patienten und Verwandten im Hinblick auf ein eingegrenztes Gebiet war von zentraler Bedeutung. Dies galt insbesondere im Zusammenhang mit dem drängenden Desiderat, Mutationsraten zu berechnen. In der zweiten Hälfte der 1960er Jahre schob sich demgegenüber ein anderes Leitkriterium ins Zentrum der Diskussionen unter Humangenetikern: die Anzahl an »Spezialuntersuchungen«, die an einzelnen Proben durchgeführt werden konnten.[83] Vor dem Hintergrund

---

81 | Johannes Nielsen: Dansk Cytogenetisk Centralregister, o.D. [1968] (RA, Københavns Universitet, Jan Mohr, professor, Lb.nr.4).
82 | Ebd.Vgl. Mikkelsen: Cytogenetiske og autoradiografiske undersøgelser, S. 64.
83 | Die Ausdifferenzierung der eng mit dem Behälterraum-Dispositiv verknüpften Mutationsraten-Berechnung auf der einen Seite und der biochemischen Humangenetik auf der anderen Seite hatte sich bereits seit einigen Jahren angebahnt. Helmut Baitsch ging bereits

der wachsenden Verfügbarkeit biochemischer Analysemethoden in der humangenetischen Praxis trat die quantitative Vollständigkeit des Registers hinter die qualitative Vollständigkeit der einzelnen Fallerfassung zurück. Johannes Nielsen schrieb über die Zusammenarbeit aller dänischen zytogenetischen Laboratorien im Rahmen des zytogenetischen Zentralregisters: »Eine solche Zusammenarbeit wird von großem Wert sein im Blick darauf, Patienten mit Chromosomenanomalien und in gewissen Fällen auch deren Angehörige so gründlich wie möglich zu untersuchen: zytogenetisch, biochemisch, klinisch, erbbiologisch, psychologisch und psychiatrisch.«[84] Diese Auflistung deutet an, dass die Quantität der Finzeluntersuchungen an einem Patienten tendenziell wichtiger als die Quantität der erfassten Patienten insgesamt wurde. Hierbei waren nicht nur die tatsächlich bereits vorgenommenen Untersuchungen entscheidend, sondern die potentielle Untersuchbarkeit der Fälle mit einer Vielzahl neuer, auch zukünftiger Methoden. Die »gründliche« biochemische Aufarbeitung bzw. Aufarbeitbarkeit der registrierten Fälle entwickelte sich nach und nach zur zentralen Anforderung an zeitgenössische Erbregister.

An dieser Stelle bietet sich ein vergleichender Blick auf den Sonderforschungsbereich »Klinische Genetik« an der Universität Heidelberg in Deutschland an. Dieser Forschungsverbund wurde nach einigen Antrags- und Startschwierigkeiten ab 1970 unter der Leitung von Friedrich Vogel ins Leben gerufen und in das gerade neu entworfene Sonderforschungsbereich-Programm der DFG aufgenommen.[85] Vogel wünschte sich zusätzlich zu den einzelnen Forschungsvorhaben

---

in einem Schreiben aus dem Jahr 1959 von einer eindeutigen Trennung beider Bereiche aus. Der erste Zweig hatte hierbei im Bewusstsein Baitschs nichts an seiner Aktualität gegenüber dem zweiten eingebüßt. Allerdings habe die biochemische Forschung in der Humangenetik jüngst deutlichen Auftrieb erfahren: Sie stünde »augenblicklich mit im Vordergrund des Interesses.« Baitsch schrieb weiter: »Die andere umfangreiche Aufgabe der moderneren Humangenetik, an Hand grosser Statistiken die Mutationsraten bestimmter Gene zu schätzen, kann ich nicht bearbeiten, da mir hierzu nicht nur die notwendigen Mittel und das Personal fehlen, sondern vor allem auch die Beschäftigung mit den experimentellen Arbeiten keine Zeit mehr für andere Aufgaben lässt.« (Brief von Helmut Baitsch an Ludwig Heilmeyer, 20.7.1959 [ArchMHH, Dep. 1 acc. 2011/1 Nr. 12]) Doch gerade wegen dieser vermeintlich »einseitigen« Orientierung wurde Baitsch in der Folge nach Freiburg berufen und baute dort ein als äußerst fortschrittlich angesehenes humangenetisches Institut auf.

84 | Johannes Nielsen: Dansk Cytogenetisk Centralregister, o.D. [1968] (RA, Københavns Universitet, Jan Mohr, professor, Lb.nr.4).

85 | Siehe hierzu die Akten im Bundesarchiv, Koblenz: B 227/10683, 10756-10757, 10865-10866, 10990, 11192, 11399-11401, 11624-11625, 11846-11848, 12025. Der SFB wurde nach einem gescheiterten Erstantrag von 1970 bis 1978 gefördert. Immer wieder bemängelten die Gutachter eine fehlende Gesamtkonzeption sowie die mangelhafte Qualität einzelner Projekte. Nichtsdestotrotz lief die Förderung erst 1978 aus, da auch in der letzten Förderperiode (1976-1978) konstatiert wurde: »Nur in Anbetracht der Tatsache, daß zum

die Errichtung eines genetisch-epidemiologischen Registers.[86] Diese Einrichtung sollte alle Fälle bestimmter Krankheitsgruppen in einem zusammenhängenden Gebiet erfassen. Vogel schwebte hier das Land Baden-Württemberg mit etwa neun Millionen Einwohnern vor.[87] Das Register sollte eugenisch verwertbare Informationen bereitstellen. Allerdings ging es dabei kaum noch um die Berechnung von Mutationsraten, sondern vielmehr um die Unterstützung der individuellen genetischen Beratung.[88] Von besonderem Interesse für den vorliegenden Zusammenhang ist die Einschätzung des Registers als überkommenes, fast »historisches« Addendum zeitgenössischer Forschungen der biochemischen Humangenetik. Vogel selbst schrieb Mitte der 1970er Jahre an einen US-amerikanischen Kollegen: »However, this type of research has not been any more in the center of human genetics since about 10-15 years – and for good reasons: Biochemical and molecular genetics have made possible a much more thorough analysis. At present, however, a new turn of the screw seems to be appropriate – epidemiological research including the recent results of laboratory work – working out of special problems on the levels of the individual family, of the single cell, and, on the other hand, in the population. Within this context, documentation is needed, but it is not an aim in itself, but one (very important) instrument, which has to be complemented by clinical-genetic, cytological, and biochemical work.«[89] Die geplante Erbkrankheitserfassung Baden-Württembergs stellte sich hier als eine »Neuauflage« des Erbregisters im »Zeitalter der biochemischen Humangenetik« dar. Das Erbregister verlor seine Bedeutung nicht grundsätzlich, es büßte jedoch

---

gegenwärtigen Zeitpunkt nirgendwo in der Bundesrepublik Deutschland vergleichbar interessante Untersuchungen auf dem Gebiet der klinischen Genetik durchgeführt werden, und mangels einer derartigen Konzentration von Potential, wie es in Heidelberg der Fall ist, auch nicht durchgeführt werden können, wird dieser Sonderforschungsbereich trotz dieser Mängel weitergefördert.« (Sonderforschungsbereich 35 – Klinische Genetik, Heidelberg – Entscheidungsvorschlag zur Behandlung des Finanzierungsantrags 1976 bis 1978, 4.12.1975 [BA, B 227/011846])

86 | Die Bewilligung von Mitteln für dieses Teilprojekt wurde bis zuletzt aufgeschoben; es kam nicht zur Umsetzung. Die Begründung hierfür lag einerseits im Fehlen eines überzeugenden Konzepts und andererseits im Fehlen einer geeigneten Person, die die Dokumentationsstelle leiten könnte. Es war unklar, ob hierfür ein Humangenetiker oder ein Statistiker zu bevorzugen wäre. Auch gab es Streitigkeiten über die finanzielle Ausstattung der Stelle, um den Posten entsprechend attraktiv für qualifizierte Interessenten zu machen, siehe die in der vorigen Anmerkung genannten Akten.

87 | Abermals diente Dänemark als Vorbild, Brief von Friedrich Vogel an M. Anthony Schork, 11.12.1973 (UAH, Acc 12/95-15).

88 | Ebd.

89 | Ebd.

an Relevanz ein. Es stand in einer Reihe von Hilfseinrichtungen, die der »klinischen, zytogenetischen, biochemischen Forschung« zuspielten.[90]

Es wäre allerdings falsch anzunehmen, dass das Dispositiv genetischer Behälterräume an ein einzelnes Forschungsdesign – wie das »klassische Erbregister« – geschweige denn eine einzelne Methode gebunden war. Es wurde somit auch nicht durch das Aufkommen neuer Forschungsmethoden einfach »abgelöst«. Dies zeigte sich bereits an der Ambivalenz des Dänischen Zytogenetischen Zentralregisters in dieser Hinsicht, das weiterhin nach einem vollständigen Überblick über die »chromosomalen Verhältnisse Dänemarks« strebte. Am Ende der 1960er Jahre verschwanden die hergebrachten Untersuchungsinstrumente wie das Erbkataster in Kopenhagen und sein psychiatrischer Ableger in Risskov (oder auch die Familien- und Zwillingsstudien) keineswegs aus der humangenetischen Forschung. Vielmehr wurde der humangenetische Diskurs nunmehr von einem neuen Leitprinzip her organisiert: den biochemischen Untersuchungserfordernissen. Die zuvor erkenntnisleitende Bestimmung und Vollerfassung genetisch-geografischer Gebiete büßte im Laufe der 1960er Jahre ihre Vorrangstellung ein, was zu einer Neuordnung des humangenetischen Methodenkanons führte.[91] Bestehende Erb-, Familien- und Zwillingskarteien erschienen vor diesem Hintergrund als überarbeitungs- und erweiterungswürdig und verloren stark an Bedeutung. Die Kategorien des Innovativen auf der einen Seite und des Konventionellen auf der anderen verteilten sich entlang der Trennlinie, ob ein Forschungsansatz »etwas mit dem Labor zu tun hatte« oder nicht.[92] Es entstand ein weites Expe-

---

90 | Vgl. auch die Bezeichnung »Hilfsinstitution« von Vogel im Neuantrag zur Einrichtung des SFB von 1969. Als Hauptargument führte Vogel die Effizienzsteigerung anderer Forschungsvorhaben durch das Register an – anstelle eines originären erkenntnistheoretischen Mehrwerts, der von dem Register selbst ausginge, Friedrich Vogel: Sonderforschungsbereich »klinische Genetik«. Neuantrag für die Jahre 1970-1972, 18.8.1969 (BA, B 227/010757).

91 | Vgl. auch Hans-Jörg Rheinbergers Beschreibung der sich verändernden »Resonanzen« die »epistemische Dinge« zwischen wissenschaftlichen Bereichen erzeugen: »Epistemische Dinge haben ihre Zeit. In der Regel ist es allerdings nicht so, daß sie eines Tages zu bloßen Illusionen zusammenschrumpfen. Vielmehr können sie in einem veränderten wissenschaftlichen Kontext ganz unbedeutend werden, weil niemand mehr in ihnen etwas sieht, woraus unvorwegnehmbare Ereignisse hervorgehen können. Sie können aber auch einfach als Forschungsobjekte verstummen und als schlichte technische Werkzeuge überdauern. Um die seltsame und – über längere Zeiträume betrachtet – stets fragile Realität von Wissenschaftsobjekten zu verstehen, muß man sich diese doppelte Bewegung klarmachen: daß sie innerhalb bestimmter Experimentalkulturen ins Zentrum rücken, aber auch in die Marginalität entschwinden können.« (Rheinberger: Experimentalsysteme und epistemische Dinge, S. 283)

92 | Als Beispiel aus Deutschland kann die Diskussion innerhalb des DFG-Schwerpunktprogramms »Biochemische Humangenetik« Ende der 1960er Jahre dienen. Projektanträge, die auf die »bloße« geografische Kartierung vermeintlicher Genverteilungen ausgerichtet

rimentierfeld jenseits des bisherigen, geografisch imprägnierten Paradigmas. Diese Entwicklung führte zu einer beträchtlichen Marginalisierung humangenetischer Behälterräume. Die unterschiedliche Häufung genetischer Phänomene in »nebeneinanderliegenden« genetischen Behälterräumen trat hinter der Qualität biochemischer Untersuchungen am Einzelfall zurück – ein Prozess der sich als »Enträumlichung« oder auch als Umkehr der primären räumlichen Ausrichtung von der Horizontale zur Vertikale, wie dies im zweiten Abschnitt dieser Arbeit skizziert wurde, beschreiben ließe.

Die »Familienbank« in Kopenhagen – Konservierung und globale Zirkulation des biochemischen Forschungsmaterials

Die »Familienbank« (*familiebank*), die Jan Mohr am Kopenhagener humangenetischen Institut errichtete, trug ebenfalls zur Relativierung der genetischen Behälterräume bei. Diese Serumprobenbank löste das alte, seit Ende der 1930er Jahre laufende Register letztlich vollständig ab. Bereits der Name deutete an, dass die Bezugsgröße nicht mehr die Nation, sondern die Familie darstellte. Es wurden in erster Linie Blut-, Serum- und Speichelproben sowie weiteres organisches Material dänischer Familien, in denen Erbkrankheiten vorkamen, gesammelt und für verschiedene experimentelle Forschungsvorhaben konserviert.[93] Für die Familienbank hatte das herkömmliche Registermaterial am Kopenhagener Institut

---

waren, wurden zusehends mit einer mehr oder weniger unterschwellig als antiquiert apostrophierten Anthropologie assoziiert. Sie würden zwar weiterhin brauchbares Wissen produzieren, allerdings kein fortschrittliches, sondern vielmehr ein »museales«. Die Entwicklung des SPP mündete in eine allgemeine Krisendiskussion um die Identität und den Stellenwert der »Anthropologie«, insbesondere gegenüber der Humangenetik. Eine Reduktion des Schwerpunktprogramms im Jahr 1973 von »Biochemische Grundlagen der Populationsgenetik des Menschen« zu »Biochemische Humangenetik«, was praktisch dem Ausschluss klassisch-anthropologischer Forschungsprojekte aus dem Schwerpunkt gleichkam, war dadurch jedoch nicht mehr zu verhindern. Vgl. vor allem die Diskussion mit den Hauptprotagonisten Helmut Baitsch und Ilse Schwidetzky, die letztlich zur Lancierung der »Systemanalyse Anthropologie« unter Leitung der Sozialpsychologin und Tochter Schwidetzkys Ina Spiegel-Rösing führte (BA, B 227/138694). Vgl. dazu auch Etzemüller: Die große Angst. In dieser Episode manifestierte sich nicht allein ein zeitgenössischer Methodenwandel, im Hintergrund stand der eugenische und epistemologische Funktionsverlust des Behälterraum-Dispositivs im humangenetischen Diskurs, siehe Thomaschke: »A stable and easily traced group of subjects«.
93 | »Dieses weitsichtige Forschungsprojekt beruht auf dem Material von ca. 900 dänischen Familien und umfasst Blutproben, Serumproben, Speichelproben, Hautbiopsien, Lymphozyten etc. Das ganze Material ergibt unsere ›Familienbank‹ und wird in flüssigem Stickstoff gelagert, also bei -196° C, was eine so gut wie unbegrenzte Haltbarkeit garantiert.« (Kirsten Fenger: Basal humangenetik: Kortlægning af menneskets genom ved udredning af koblingsrelationer, kromosomtilhørighed, regional beliggenhed samt struktur af normale og

nur einen begrenzten Nutzen. Es fungierte jedoch als wertvoller Wegweiser bei der gezielten Sammlung neuer, biochemisch verwertbarer Proben. Voraussetzung dieses Projekts waren nicht nur die Fortschritte der biochemischen Genetik im Laufe der 1960er Jahre, sondern auch die Innovationen auf dem Gebiet der Konservierung entsprechender Untersuchungsmaterialien, namentlich durch Tieffrieren. Dies ermöglichte die Erhaltung der »humangenetischen Essenz« von Patienten oder ihren Familienmitgliedern über einen scheinbar beliebigen Zeitraum hinweg.[94] Diese neuartigen, konservierten Forschungsgegenstände ließen sich weitgehend abstrahieren von der unmittelbaren Anwesenheit der Patienten bzw. Probanden sowie von der genauen räumlichen Verortung ihrer Erhebung. Entscheidend war ihre Haltbarkeit im Kontext der »Laborzeit«, abgekoppelt von der Lebenszeit des Individuums. Es handelte sich gewissermaßen um ein biochemisch operationalisierbares »Exzerpt« der Person bzw. seiner Familie für die Verwertung in zukünftigen, sich wandelnden Forschungskontexten.

Zudem erwiesen sich tiefgefrorene humangenetische Proben selbst als äußerst »mobil« in geografischer Hinsicht. Ihrer Zirkulation von Labor zu Labor – auch weltweit – standen keine prinzipiellen Schranken im Wege. Das vorangehende Erbkrankheitsregister entfaltete seinen vollen epistemologischen Wert im Prinzip nur in seiner Gesamtheit. So wie die einzelnen Einträge ihren festen Ort hatten, war auch das Register als Ganzes ortsgebunden. Welche Möglichkeiten die Zirkulationsfähigkeit von Flüssigkeitsproben oder Zellkulturen, die vor Ort labortechnisch untersucht werden konnten, barg, deutete sich schon früh an. Tage Kemp brachte von einem zytogenetischen Arbeitstreffen in Uppsala 1961 einige Erkenntnisse über die Vorteile der Konservierung und Aufbewahrung menschlichen Zellmaterials mit. Diese neue Technologie hatte zur Folge, »dass man die Gewebekultur bloß eine verhältnismäßig kurze Zeit wachsen zu lassen braucht, und die Züchtung des gefrorenen Materials danach eventuell wieder aufnehmen kann, falls es sich als notwendig erweist die Untersuchung fortzuführen. Man braucht auf diesem Weg in einer entsprechenden Situation kein neues Material für den betreffenden Patienten heranzuschaffen. Dies könnte sich in verschiedenen Fällen ohnehin als unmöglich erweisen, da es sich unter anderem um sehr kritische Patienten handelt, die in der Zwischenzeit verstorben sein könnten. Schließlich bringt die Methode mit sich, wie oben angedeutet, dass man Zellmaterial von untersuchten Patienten mit sehr geringem Platzaufwand aufbewahren

---

patologiske humangenetiske systemer, 3.2.1984 [RA, Københavns Universitet, Afdeling for Medicinsk Genetik, Institutsager, 1980-1989, Lb.nr. 7])

94 | In dem gerade zitierten Schreiben fügte die dänische Humangenetikerin Kirsten Fenger zu der »unbegrenzten Haltbarkeit« des Materials hinzu: »Mit so einer Haltbarkeit wird erreicht, dass man über viele Jahre hinweg auf den früheren Testergebnissen aufbauen und diese weiterführen kann.« Mitte der 1980er Jahre war das Material auf verschiedene Chromosomenanomalien sowie mit über fünfzig verschiedenen Testsystemen untersucht worden.

kann, wahrscheinlich über einen beliebigen Zeitraum, im Hinblick auf später mögliche wissenschaftliche (zum Beispiel zytogenetische) Untersuchungen«.[95] Es eröffnete sich eine neue Dimension der Zirkulation humangenetischer – und damit auch eugenischer – Erkenntnisgegenstände, die zeitliche und räumliche Schranken vergleichsweise mühelos überwinden konnte. Die Forschungspraxis im Rahmen der »family bank« war in den 1970er Jahren bereits nachhaltig von dieser weltweiten Materialzirkulation und ihres »enträumlichenden« Effekts geprägt. Es ging nicht länger um den internationalen Vergleich von jeweils vollständig zu erfassenden Containern, sondern um den transnationalen Austausch von biochemischen Proben und Testsystemen. Der Einzug der neuen Verfahren in die alltägliche Forschungsarbeit trug maßgeblich dazu bei, das Wahrnehmungsmuster der genetischen Behälter, das an die eindeutige räumlich-zeitliche Verortung gebunden war, zu erodieren.[96]

In Deutschland formierten sich im Laufe der 1960er Jahre ebenfalls einige Initiativen, eine »Gewebebank« ähnlich dem Dänischen Zytogenetischen Zentralregister zu gründen. Helmut Baitsch schrieb 1964 im Nachgang eines DFG-Rundgesprächs zum Thema »Klinische Zytogenetik« an eine Reihe namhafter deutscher Humangenetiker und fasste die Ziele bisheriger Pläne zusammen. Er ging davon aus, dass es derzeit vor allem an Gewebematerial für zytogenetische Untersuchungen mangelte. »Diesem Mangel kann dadurch abgeholfen werden, daß derartig spezifisches Gewebematerial über längere Zeit kultiviert oder konserviert wird. Zellmaterial von selten auffindbaren oder sogar singulär beobachteten Chromosomenanomalien sollte außerdem zur Verfügung stehen, um Spezialuntersuchungen zu einem späteren Zeitpunkt anschliessen oder dieses Material anderen Laboratorien für Vergleichszwecke zur Verfügung stellen zu können. Die fortlaufende Kultivation von solchem Gewebsmaterial ist kostspielig; darüber hinaus bleiben diese Stämme nicht unbegrenzt konstant. Konservierung bei sehr tiefen Temperaturen ist deshalb anzustreben. Wir haben nun in den letzten Monaten mehr und mehr die Dringlichkeit der Errichtung einer leistungsfähigen Gewebebank erkannt.«[97] In dieser Beschreibung bündeln sich viele der bislang am dänischen Beispiel hergeleiteten Entwicklungen. Vor allem stand die Sammlung von Gewebeproben im Mittelpunkt, bei denen die möglichst unbegrenzte Konservierbarkeit, Zirkulationsfähigkeit und Untersuchungsfähigkeit mittels einer zukunftsoffenen Reihe verschiedener Systeme gewährleistet werden

---

95 | Brief von Tage Kemp an Universitetets Kurator, 24.1.1962 (RA, Københavns Universitet, Afdeling for Medicinsk Genetik, Institutsager, 1962-1963, Lb.nr. 4). Siehe zur vergleichbaren Rezeption derartiger Technologien in Deutschland zum Beispiel Eberhard Passarge: Antrag auf Einrichtung und Förderung einer Forschergruppe für Pränataldiagnostik an der Universität Hamburg, 18.10.1972 (BA, B 227/225090), S. 10.
96 | Vgl. Thomaschke: »A stable and easily traced group of subjects«.
97 | Brief von Helmut Baitsch an Peter Emil Becker u.a., 12.10.1964 (ArchMHH, Dep. 2 acc. 2011/1 Nr. 7).

sollte. Die damit einhergehenden Forschungsdesiderata und -praktiken führten wie in Dänemark auch zu einer schleichenden Auftrennung der engen Bindung humangenetischer Erkenntnisproduktion an geografische Behälterräume. Die neuen Methoden der Frostkonservierung und Zellkultivierung eröffneten eine artifizielle Raumdimension, die von einer geografischen Karte als Hintergrund weitgehend entkoppelt war. Die Beziehungen biochemischer Proben zueinander bestimmten sich vielmehr aus ihrer unterschiedlichen Reaktionsweise untereinander bzw. im Rahmen verschiedene Untersuchungssysteme.

Mit dem Niedergang der genetischen Behälterräume ging auch die dänische Spitzenstellung in der internationalen Forschung verloren. Diese basierte im Wesentlichen auf dem Zusammenspiel des vorbildlichen dänischen Erbkrankheitsregisters mit der Sichtweise des Landes als relativ geschlossenem genetischen Raum. Als diese Voraussetzung zu Lebzeiten Tage Kemps noch gegeben war, war im Kopenhagener Institut das Bewusstsein verbreitet, weltweit führende humangenetische Forschung zu betreiben.[98] Dies galt selbst im Vergleich zum angloamerikanischen Raum, aus dem ein Großteil der maßgeblichen wissenschaftlichen Fortschritte der Genetik stammte. In den Jahrzehnten nach dem Zweiten Weltkrieg, insbesondere den 1960er Jahren, büßte die dänische Humangenetik allerdings schleichend ihren Stellenwert ein. Zu Zeiten Jan Mohrs als Institutsleiter in Kopenhagen ging es darum – wie dies bereits seit zwei Jahrzehnten in Deutschland der Fall war – den Anschluss an den internationalen Forschungsstand zu halten; und dies galt vor allem für den biochemischen Forschungsbereich.[99] Der wesentliche Grund hierfür war, dass das Kopenhagener Erbkrankheitsregister zu dieser Zeit kaum mehr fortschrittliche Funktionen erfüllte. Parallel mit der epistemologischen und eugenischen Bedeutung der Behälterräume ging die Bedeutung des »klassischen« Registers zurück.

---

98 | In einem Brief an den Holländischen Genetiker Gerrit Pieter Frets vermutete Kemp: »I think our investigations in this institute essentially have changed the general viewpoints and aspects of medical genetics.«(Brief von Tage Kemp an Gerrit Pieter Frets, 8.11.1945 (RA, Københavns Universitet, Tage Kemp, professor, Lb.nr. 3) Vgl. auch: »I am convinced that our institute in the future shall form a model for similar institutions in other universities and medical schools.« (Brief von Tage Kemp an D.P. O'Brien, 18.9.1945 [RA, Københavns Universitet, Tage Kemp, professor Lb.nr. 3])

99 | Das Kopenhagener Institut fand weiterhin einige Anerkennung – auch für seine landesweite Erbkrankheitsregistratur –, die sich vor allem in fachlichen Anfragen ausländischer Kollegen äußerte. Derartige Korrespondenzen lassen sich ab der zweiten Hälfte der 1960er Jahre jedoch nur noch sporadisch im Archivbestand zum Kopenhagener Institut finden. Zudem werden Absender und Inhalt merklich esoterischer. Vgl. als Beispiele nur den Brief von Medora S. Bass an Jan Mohr, 26.5.1968 sowie den Brief vom Verein für freiwillige Erbpflege/Österrich an Jan Mohr, o.D. [1967-1970] (beide: RA, Københavns Universitet, Jan Mohr, professor, Lb.nr.4).

Mohr schrieb Anfang der 1970er Jahre einen Rundbrief an die dänischen Fürsorge- und psychiatrischen Anstalten, in dem er die zukünftige Einstellung der automatischen Meldung aller Fälle von Oligophrenie (»Schwachsinn«) bekannt gab. Der Hauptgrund lag darin, dass das Institut keinen Bedarf mehr für eine eigene psychiatrisch-genetische Registratur sah, da der »rein wissenschaftliche Nutzen dieses Registers nach und nach sehr bescheiden« geworden war.[100] Diese Ankündigung stieß bei den Adressaten auf breite Zustimmung.[101] Zudem hatte sich der epidemiologische Kontrollcharakter des Registers aufgelöst. Die Eugenik, die auf die »Ausschaltung« von Individuen aus dem Erbstrom von Bevölkerungen ausgerichtet war, hatte gemeinsam mit dem Denken in genetischen Behälterräumen an Bedeutung verloren. Dies hatte sich in der Änderung der dänischen Eugenik-Gesetzgebung im Laufe der 1960er Jahre niedergeschlagen.[102] Durch die geänderten eugenischen Rahmenbedingungen büßte auch das Erbkrankheitsregister an Relevanz und internationalem Renommee ein.[103] Die neue Familienbank und das Dänische Zytogenetische Zentralregister konnten zwar weiterhin den Anschluss der dänischen Humangenetik an den neuesten Stand der Forschung bewahren, sie konnten jedoch den Verlust der einstigen Pionierstellung in der Epoche genetischer Behälterräume nicht aufhalten.[104]

---

100 | Brief von Jan Mohr an Hans Simonsen, 14.1.1972 (RA, Københavns Universitet, Afdeling for Medicinsk Genetik, Korrespondance, Lb.nr.5). Vgl. auch Jan Mohr: Almindelig plan for det arvepatologiske register ved Universitets Arvebiologiske Institut, København, Oktober 1969 (RA, Københavns Universitet, Jan Mohr, professor, Lb.nr.6.), S. 5-6.
101 | Siehe die Rückmeldungen in: RA, Københavns Universitet, Afdeling for Medicinsk Genetik, Korrespondance, 1970-72, Lb.nr. 5.
102 | Siehe zum Wandel der dänischen Eugenikgesetze in den 1960er Jahren Koch: Tvangssterilisation i Danmark.
103 | Vgl. ohne Autor [vermutlich Jan Mohr]: Indledning til diskusjon af Instituttets principper med hensyn til valg af forskningsopgaver og andre aktiviteter, 27.4.1973 (RA, Københavns Universitet, Afdeling for Medicinsk Genetik, Institutråd, Lb.nr.3), S. 2.
104 | In den 1970er Jahren löste das Dänische Zytogenetische Zentralregister auch in Deutschland keine Begeisterungsstürme im dem Maß aus, wie sie bis in die frühen 1960er Jahre dem »klassischen« Register zugekommen waren. Einem von Johannes Nielsen eingereichten Manuskript (»Report on the Danish Cytogenetic Central Register«) begegneten die Herausgeber der Zeitschrift »Humangenetik« beispielsweise mit einer gewissen Ratlosigkeit in Bezug auf den geeigneten Publikationsort und auch die wissenschaftliche Bedeutung des Textes, siehe den Briefwechsel zwischen Friedrich Vogel, Widukind Lenz und Peter Emil Becker 1977 und 1978 (ArchMHH, Dep. 2 acc. 2011/1 Nr. 17 und 18). Der Text erschien 1980 in der Schriftenreihe »Topics in Human Genetics«.

Ausblick: Genetische Register und Versorgungsräume

Die 1970er Jahre wurden, wie das folgende Kapitel zeigen wird, von einem »Versorgungsdenken« im Blick auf humangenetische »Dienstleistungen« geprägt. Diese Entwicklung stand in einem Wechselverhältnis zu einer neuartigen eugenischen Problematisierung der Bevölkerung und des Individuums. Genetische Register erfüllten vor diesem Hintergrund wesentlich andere Funktionen, als dies in den 1950er und 1960er Jahren der Fall gewesen war. Sie dienten in erster Linie dazu, möglichst alle »Risikopersonen« zu ermitteln, denen nachfolgend eine humangenetische Beratung »angeboten« werden sollte. Weiterhin ging es um die vollständige Erfassung eines bestimmten Raumes, jedoch von einem deutlich anderen Ziel aus. Hierzu zwei Beispiele aus den frühen 1980er Jahren: Im März 1981 bat der Würzburger Humangenetiker Tiemo Grimm die »Deutsche Gesellschaft zur Bekämpfung der Muskelkrankheiten« um Unterstützung bei der Errichtung einer Registratur für die Umgebung Würzburgs: »So möchte ich möglichst alle Familien mit DMD [Duchenne'sche Muskeldystrophie] im Einzugsbereich der Universität Würzburg erfassen. In diesen Familien soll dann bei allen weiblichen Angehörigen eine CPK-Bestimmung durchgeführt werden. Mit Hilfe der CPK-Daten und den Stammbauminformationen können die Wahrscheinlichkeiten dieser Frauen geschätzt werden, Überträgerin für DMD zu sein. Danach ist eine entsprechende genetische Beratung dieser Frauen möglich und erforderlich.«[105] Das Vorhaben der Erfassung aller etwaigen Überträger einer genetischen Muskelkrankheit stand in Grimms Plänen nicht in Verbindung mit einem geografisch trennscharf einzugrenzenden genetischen Behälterraum, sondern mit dem »Einzugsbereich der Universität Würzburg«. Dieser Einzugsbereich war zudem nicht an der »Mutationsrate« dieses Gebiets interessiert, sondern auf die Effektivitätssteigerung der humangenetischen Beratung ausgerichtet. Die primäre Existenzberechtigung des Registers lag in der Bereitstellung von Daten für das Beratungsangebot der Universität.

Die von Grimm angeschriebene Gesellschaft bat den Experten für genetische Muskelkrankheiten, Peter Emil Becker, dieses Vorhaben im Vergleich zu einem weiteren zu begutachten. Der zweite Antrag ging von der Medizinischen Hochschule Lübeck aus. Dort war eine »epidemiologische Untersuchung über Häufigkeit und Art von Muskelerkrankungen im Raum Schleswig-Holstein geplant« worden.[106] Die Begründung dieses Vorhabens stellte allerdings keineswegs auf eine etwaige genetische Homogenität dieses Raumes ab. Vielmehr sollte die Untersuchung »die Grundlage für eine flächendeckende bessere medizinische und soziale Versorgung dieser Kranken« im Umkreis einer humangenetischen

---

105 | Brief von Tiemo Grimm an die Deutsche Gesellschaft zur Bekämpfung der Muskelkrankheiten e.V., 6.3.1981 (ArchMHH, Dep. 2 acc. 2011/1 Nr. 5).

106 | Brief von B. Neundörfer/E. Schwinger an die Deutsche Gesellschaft Bekämpfung der Muskelkrankheiten e.V., 11.9.1981 (Dep. 2 acc. 2011/1 Nr. 5).

Beratungsstelle legen.[107] Der Gutachter Becker bevorzugte letztlich den Würzburger Antrag, hob in seiner Begründung allerdings hervor, dass beide Vorschläge hauptsächlich »der Planung medizinischer und eventuell sozialer Versorgung« von Patienten dienen würden.[108] Diese Beurteilung macht deutlich: Das neue Epizentrum humangenetischer Forschung stellte die medizinische »Versorgung« und nicht die möglichst weitgehende Ausweitung genetisch-epidemiologischer Untersuchungen dar. Erbkrankheitsregister blieben Teil der humangenetischen Agenda, sie waren jedoch nicht mehr an das Dispositiv genetischer Behälterräume gekoppelt, weder in epistemologischer noch in eugenischer Hinsicht.

3.3 Versorgungsräume

Einleitung

In den 1970er Jahren wurde ein neues räumliches Dispositiv hegemonial im humangenetischen Diskurs: die »flächendeckende Versorgung«.[109] Wie bereits das Dispositiv genetischer Behälterräume waren auch die genetischen Versorgungsräume von einer bestimmten Form der Verdatung und der räumlichen Relationierung dieser Daten abhängig. In Deutschland produzierte das Schwerpunktprogramm »Pränatale Diagnose genetisch bedingter Defekte« eine Masse an medizinischen Befunden, zytogenetischen und biochemischen Untersuchungsergebnissen, Sozialdaten zu Patienten sowie diversen weiteren Angaben. Diese Daten wurden von einer zentralen Dokumentationsstelle gesammelt und von

---

107 | Ebd.
108 | Peter Emil Becker an die Deutsche Gesellschaft zur Bekämpfung der Muskelkrankheiten e.V., 19.11.81 (ArchMHH, Dep. 2 acc. 2001/1 Nr. 5).
109 | Diese Versorgung bezog sich ganz wesentlich auf präventivmedizinische Technologien wie die Pränataldiagnostik. In der Historiografie zur medizinischen Vorsorge sind raumanalytische Methoden bislang allerdings kaum auszumachen, vgl. für das 20. Jahrhundert Lengwiler/Madarász: Präventionsgeschichte als Kulturgeschichte; Hauss u.a.: Eingriffe ins Leben; Sarasin: Die Geschichte der Gesundheitsvorsorge; Stöckel/Walter (Hg.): Prävention im 20. Jahrhundert; Elkeles u.a. (Hg.): Prävention und Prophylaxe. Weitere Impulse sind zu erwarten von Schenk/Thießen/Kirsch (Hg.): Zeitgeschichte der Vorsorge. Jan Brügelmann hat 1982 eine Dissertation zur Entstehung »Medizinischer Topographien« am Beginn des 19. Jahrhunderts vorgelegt. Diese Arbeit rekonstruiert den »ärztlichen Blick«, der sich in derartigen Beschreibungen der klimatischen, epidemiologischen, medizinischen, demografischen und sozialen Verhältnisse von eingegrenzten Gebieten, meist Städten, niederschlug. Es ging in medizinischen Topographien zudem um die Medikalisierung von Räumen sowie die Versorgungslage dieser Räume in vielfältiger Hinsicht. Allerdings analysiert Brügelmann in diesen Quellen vorrangig die Auffassung von Krankheit sowie dem Arzt-Patienten-Verhältnis und ignoriert die räumlichen Aspekte, Brügelmann: Der Blick des Arztes.

dieser unter anderem nach geografischen Gesichtspunkten aufbereitet. Ausschlaggebend war hierbei allerdings nicht mehr die Identifikation räumlicher Differenzen genetischer Verteilungen, die sich auf Isolate oder evolutionär unterschiedliche Selektionsbedingungen zurückführen ließen und deren »eugenische Toleranzschwelle« von humangenetischen Experten überwacht werden musste. Die genetisch-geografische Kartierung mehr oder weniger abgeschlossener Räume wurde als Methode zwar keineswegs »widerlegt«, sie machte jedoch nicht mehr das Wesentliche bzw. das unmittelbar Brauchbare sichtbar. Im Rahmen der wissenschaftlichen Entwicklung und Institutionalisierung der Pränataldiagnostik trat im Laufe der 1970er Jahre die Kartierung von »Versorgungsräumen« in den Vordergrund.[110] Eine vergleichbare Entwicklung lässt sich am dänischen Beispiel zeigen. Unter anderen institutionellen Rahmenbedingungen gewann auch hier das Versorgungsraum-Dispositiv erheblich an Bedeutung im humangenetischen Diskurs.

Auch wenn Humangenetiker die Errechnung normaler und möglicherweise ansteigender Mutationsraten punktuell weiterverfolgten, kam ihr keine Vorrangstellung mehr im Blick auf die gesellschaftliche Bedeutung der Humangenetik zu. Im Mittelpunkt stand nunmehr die Bereitstellung humangenetischer Analysekapazitäten, um die regional unterschiedliche Nachfrage danach bedienen zu können. Dieser Wandel wurde durch neue Forschungsdesigns und neue Anwendungsmöglichkeiten hervorgerufen, wobei hier von einer wechselseitigen Entwicklung auszugehen ist. Die durch die Pränataldiagnostik neu geordneten Prioritäten der praktischen Anwendung humangenetischen Wissens brachten neue Präferenzen der Grundlagenforschung hervor, insbesondere im Blick auf die zytogenetischen und biochemischen Ursachen von Erbkrankheiten, und umgekehrt.

Das Schwerpunktprogramm »Pränatale Diagnose genetisch bedingter Defekte« der Deutschen Forschungsgemeinschaft

Zu Beginn der 1970er Jahre orientierte sich die DFG umfassend über die wissenschaftlichen und praktischen Möglichkeiten der »pränatalen Diagnose«. Aus der bisherigen Fördertätigkeit der Forschungsgemeinschaft hatte sich im Laufe der zweiten Hälfte der 1960er Jahre die Absicht ergeben, die Forschungen zur Pränataldiagnostik in der Bundesrepublik im Rahmen eines umfassenden Verbundes zu fördern. Das Interesse daran hatte sich im Fahrwasser medizinischer und physiologischer Projekte entwickelt, insbesondere des ab 1964 eingerichteten Schwerpunktprogramms »Schwangerschaftsverlauf und Kindesentwicklung« sowie der Arbeitsgruppe zu genetisch bedingten Stoffwechseldefekten des Schwerpunktes

---

110 | Dies bedeutet keineswegs, dass der Raum im humangenetischen Diskurs nicht bereits vorher – in geringerem Ausmaß – unter Versorgungsgesichtspunkten betrachtet wurde. Vgl. nur die Forderung, humangenetische Eheberatungsstellen in gesamten Bundesgebiet zu installieren, beispielsweise bei Nachtsheim: Kampf den Erbkrankheiten, S. 110-111.

»Ernährungsforschung«. Doch brachten vor allem auch Humangenetiker das Thema im Rahmen des SPP »Biochemische Grundlagen der Populationsgenetik des Menschen«, das ab 1973 zum Schwerpunkt »Biochemische Humangenetik« umgetauft wurde, auf die Tagesordnung. Zudem erreichten die DFG mehrere Einzelanträge, die das Desiderat einer großangelegten Bündelung aller medizinischen und genetischen Bemühungen zur Pränataldiagnostik bekräftigten.[111] Die entscheidende methodische Neuerung, die die Entwicklung der Pränataldiagnostik so lohnenswert erscheinen ließ, war die Amniozentese, die in Deutschland und Dänemark 1970 erstmals erfolgreich erprobt worden war.

Die Initiative übernahm letztlich die DFG-»Kommission für Mutagenitätsfragen« unter Leitung ihres Sprechers Carsten Bresch. Auf ihren Antrag hin wurden zwei »Rundgespräche« mit dem Ziel, ein Schwerpunktprogramm zur Pränataldiagnostik einzurichten, veranstaltet.[112] Hierzu holten die Veranstalter zuvor bundesweit mittels eines mehrseitigen Fragenkatalogs Einschätzungen ein zu den internationalen und nationalen Möglichkeiten im Bereich der Amniozentese, den erwartbaren Fortschritten bis 1980 sowie dem Stand und dem Bedarf an Institutionalisierung der Pränataldiagnostik in der Bundesrepublik.[113] Beide Arbeitstreffen sowie der angedachte Schwerpunkt stießen auf reges Interesse der mit pränataler Diagnostik befassten Experten in der Bundesrepublik.[114] In der Folge wurde das SPP »Pränatale Diagnose genetische bedingter Defekte« im Juni 1973 unter der Federführung des damaligen DFG-Referenten für Biochemie, Walther Klofat, offiziell ins Leben gerufen.[115] Die Förderung wurde 1979 eingestellt. Bis zu diesem Zeitpunkt hatte die Forschungsarbeit der jährlich etwa 30 Einzelprojekte sowie die Lobbyarbeit der Verantwortlichen zwei einschlägige rechtliche und politische Ereignisse maßgeblich beeinflusst: die Aufnahme einer »genetischen Indikation« in den §218 des Strafgesetzbuchs und die Aufnahme der Pränataldiagnostik in den Leistungskatalog der Krankenkassen. Beide Ereignisse fielen in das Jahr 1976.[116] Das pränataldiagnostische »Angebot«, dass im Laufe des SPPs

---

111 | Vgl. beispielhaft den Antrag von E. Passarge/P. Berle/H. Schultze-Mosgau/H.W. Rüdiger, 18.10.1972 (BA, B 227/225090), zur Förderung einer »Forschergruppe ›Pränataldiagnostik‹« an der Universität Hamburg, der mit dem Hinweis auf bereits bestehende vergleichbare Forschungszusammenhänge in der BRD und die bevorstehende Gründung eines entsprechenden Schwerpunktprogramms abgelehnt wurde.
112 | Die relevanten Unterlagen befinden sich in: BA, B 227/225090; siehe insbesondere den Brief von C. Bresch an Meyl, 21.07.1971.
113 | Fragenkatalog zum Rundgespräch über »Pränatale Diagnose genetischer Defekte« vom 20.-22. März 1972 auf »Schloß Reisensburg« bei Günzburg/Donau (BA, B 227/225090).
114 | Der Bestand BA, B 227/225090 enthält zahlreiche Anmeldungsschreiben und Interessenbekundungen.
115 | Siehe auch Waldschmidt: Das Subjekt in der Humangenetik, S. 138.
116 | Praktisch war die Unterbrechung der Schwangerschaft aufgrund einer »kindlichen«, also eugenischen Indikation bereits seit einem Urteil des Bundesverfassungsgerichts im

bundesweit errichtet wurde, ging daraufhin sukzessive in die Haushaltspläne der Bundesländer über.[117]

Dass diese Ziele zentrale Anliegen der am Schwerpunktprogramm beteiligten humangenetischen Experten darstellten, weist auf den ambivalenten Charakter des Programms hin. Ziel seiner Einrichtung war von Beginn an nicht allein, neue wissenschaftliche Erkenntnisse zu erzielen, sondern die finanzielle und institutionelle Absicherung einer medizinischen Technologie. Dass diese Absicht nicht ohne Weiteres mit den Förderprinzipien der DFG vereinbar war, bot fortlaufenden Anlass zur Diskussion,[118] ihre Umsetzung wurde im Nachhinein jedoch einhellig als Erfolg bewertet. Klofat formulierte dies zehn Jahre nach Beendigung des SPP in einer nostalgischen Notiz mit den Worten: »Das Einmalige an diesem Schwerpunktprogramm war, daß innerhalb der vorgegebenen Zeit [...] die wissenschaftlichen Grundlagen für eine pränatale Diagnostik in der Bundesrepublik erarbeitet werden konnten und die im Rahmen des Schwerpunktprogramms finanzierten Arbeitsgruppen nahezu vollständig nach einer umfangreichen Briefaktion des damaligen Präsidenten der DFG an alle einschlägigen Länderminister von den jeweiligen Bundesländern übernommen wurden.«[119] Zu diesem Ziel hatten sich zahlreiche Teilnehmer des SPP in der Öffentlichkeitsarbeit engagiert und insbesondere versucht, die Thematik der humangenetischen Beratung und Pränataldiagnostik in den Massenmedien präsent zu machen, was den Finanzierungsdruck auf die Politik erhöhte.[120] Während der 1970er Jahre genoss ein »dringender Bedarf« an der Institutionalisierung der Pränataldiagnostik – vor al-

---

Jahr 1974 möglich. An der ebenso breiten wie kontroversen gesamtgesellschaftlichen Debatte um die Lockerung der Gesetzeslage zum Schwangerschaftsabbruch waren zahlreiche Akteure beteiligt. Zudem berührte sie eine Vielfalt an Themenfeldern. Hierbei ist insbesondere an religiöse, geschlechterpolitische, wirtschaftliche und arbeitsmarktbezogene sowie freiheitsrechtliche Erwägungen zu denken, siehe Schwartz: Abtreibung und Wertewandel; Behren: Die Geschichte des §218.

117 | Siehe z.B. den Brief von H. Maier-Leibnitz an den Hessischen Kultusminister, 30.11.1978 und den Brief vom Hessischen Kultusminster an den Schleswig-Holsteinischen Sozialminister, 28.6.1976 (beide: HHStaW, Abt. 511 Nr. 1095).

118 | Vgl. insbesondere die Stellungnahme der Prüfungsgruppe vom 3.11.1976 (BA, B 227/225098).

119 | Walther Klofat: Geschichte der Pränataldiagnostik in der Bundesrepublik (Vermerk), 18.9.1989 (BA, B 227/225099). Siehe auch Nippert: History of Prenatal Genetic Diagnosis, S. 58; Brief von W. Fuhrmann an das Hessische Sozialministerium, 25.10.1989 (HHStaW, Abt. 511 Nr. 1096); Brief von H. Rehder/K.-H. Grzeschik/U. Langenbeck an das Hessisches Ministerium für Wissenschaft und Kunst, 15.11.1991 (HHStaW, Abt. 511, Nr. 1097).

120 | Vgl. die Artikelsammlung in BA, B 227/225091 und die entsprechende Korrespondenz in: B 227/225097. Für die beispielhaften Aktivitäten der Universitätsinstitute für Humangenetik an der Philipps-Universität Marburg und der Justus-Liebig-Universität Giessen siehe HHStaW, Abt. 504 Nr. 13.111 und Abt. 511 Nr. 1095.

lem auf der Grundlage der Datenerhebungen des SPPs – eine unwidersprochene Evidenz unter humangenetischen Experten, der auch über die Kreise des Programms hinaus Überzeugungskraft erlangte. So fasste der Deutsche Ärztetag im Mai 1978 im Anschluss an einen Vortrag von Jan-Diether Murken zum Stand der Weiterförderung der Pränataldiagnostik nach dem Auslaufen des SPP den Beschluss: »Der Deutsche Ärztetag appelliert an die zuständigen Länderministerien, die personelle und sachliche Ausstattung der Institute für Humangenetik und der entsprechenden Einrichtungen an den Universitäten so zu verstärken, daß der dringende Bedarf an genetischer Beratung und Diagnostik erfüllt werden kann und daß die Weiterbildung einer ausreichenden Zahl von Ärzten auf dem Gebiet der medizinischen Genetik ermöglicht werden kann.«[121]

Flächendeckende Versorgung

Während der Laufzeit des Schwerpunktprogramms »Pränatale Diagnose genetisch bedingter Defekte« gab die Koordinationsstelle des SPP unter der Redaktion von Jan Murken und Sabine Stengel-Rutkowski insgesamt 16 »Informationsblätter« heraus.[122] Um sich dem Beitrag, den das Programm zur Entstehung des Versorgungsraum-Dispositivs im humangenetischen Diskus leistete, zu nähern, empfiehlt sich ein genauerer Blick in diese Veröffentlichungen. Der Schwerpunkt des Periodikums lag auf der Registratur aller laufenden Forschungsmethoden, -projekte und -resultate zur Pränataldiagnostik. Ebenso ging es um die quantitative Erfassung möglichst aller klinischen Fälle und ihrer Auswertungen. Die Informationsblätter vermittelten somit nicht nur Überblickswissen – vorwiegend in Form von Statistiken, umgesetzt in Tabellen, Balken- und Kurvendiagrammen sowie weiteren grafischen Darstellungsformen –, sondern sie schufen gleichsam das Bewusstsein einer einheitlichen Forschungsgemeinschaft im Bereich der Pränataldiagnostik.[123] Das SPP trug darüber hinaus entscheidend zur Standardisierung, Normierung und Homogenisierung aller Daten bei, die die Erforschung und Anwendung der pränatalen Diagnostik in Deutschland produzierten, insbesondere durch die Publikation von uniformen Untersuchungsbögen, Normwerttabellen etc. Hierin lag eine wichtige Funktion des gesamten Schwerpunkts.

Der Großteil der Informationsblätter wurde bereits auf dem Deckblatt mit einer Karte der BRD eingeleitet (Abb. 8 und 9). Es handelte sich hierbei um in schlichtem Schwarz-Weiß gehaltene und auf die politischen Grenzen reduzierte Abbildungen. In die Karte waren jeweils die Standorte (Städtenamen) eingetragen worden, an denen derzeit in Deutschland pränatale Diagnosen gestellt werden

---

121 | Hier zitiert nach der Abschrift in: BA, B 227/225097.
122 | BA, B 227/225094 und B 227/225095.
123 | Des Weiteren ging es um organisatorische Fragen, die Planung und Protokollierung von Arbeitstreffen, die Veröffentlichung von Rundschreiben und anderen relevanten Texten sowie gelegentlich auch um Geselliges.

konnten. Durch die Wiederkehr dieser in den Grundlagen immer gleichen Karte auf jeder Ausgabe des Informationsblattes entstand – aufgrund der stetigen Vermehrung der Einträge in der Karte – eine Fortschrittssequenz der Pränataldiagnostik auf dem Gebiet der BRD. Vor den Augen des Betrachters spannte sich ein immer dichteres, flächendeckendes Netz. Die letzten drei Informationsblätter fügten dieser Abbildung als eine Art Überschrift einen Zählerstand der insgesamt »dokumentierten Fälle« pränataler Diagnosen hinzu. Ab der 13. Ausgabe vom 31.12.1977 wurde die Tiefenschärfe dieser Darstellung um eine zusätzliche Ebene erweitert: Auf jeweils einer DIN-A4 Seite wurden die Fälle pränataler Diagnostik in der BRD für einzelne Regionen, jeweils unterteilt in Postleitzahlbezirke, separat abgebildet. Abgerundet wurden die Informationsblätter des SPP durch eine Adressenliste humangenetischer Beratungsstellen und pränataldiagnostischer Einrichtungen in der Bundesrepublik am Ende der Ausgaben.

Abb. 8: Titelseite des 3. Informationsblatts des Schwerpunktprogramms »Pränatale Diagnose genetisch bedingter Defekte« der Deutschen Forschungsgemeinschaft von 1975. In die Umrisse West-Deutschlands wurden die Standorte eingetragen, an denen bereits pränatale Diagnosen durchgeführt werden konnten.

Worum es hier ging, war nicht die Steigerung der Auflösung einer »genetischen Karte« der Bundesrepublik. Vielmehr ging es um den Ausbau einer bestimmten Technologie, und zwar unter zwei Gesichtspunkten zugleich: Erstens bedeuteten mehr Standorte, an denen Pränataldiagnostik durchgeführt werden konnte, mehr

Produktionsstätten von Forschungsmaterial und wissenschaftlichem Fortschritt. Zweitens verhieß dieser Ausbau eine bessere Verfügbarkeit eines Diagnoseangebots für potentielle Patienten. Im Lichte dieser Verfügbarkeit machten die Herausgeber des Informationsblatts den Raum der Bundesrepublik unter dem Aspekt seiner Versorgungsdichte sichtbar.[124] Die Grenzziehungen der Karten orientierten sich hierbei nicht an den vermeintlichen Wirkungsgrenzen von Selektionsfaktoren oder an der unterschiedlichen Häufigkeit genetischer Auffälligkeiten, sondern an der sukzessiven Abdeckung potentieller Anwendungsgebiete oder anders: an Bedarfszonen genetischer Analysemethoden. In diesem Zusammenhang spielte die Geografie des Raums eine nachrangige Rolle. Die Grenzen der Karten bezogen sich auf Verwaltungsbezirke (Nation, Bundesländer, Postleitzahlbezirke).

Abb. 9: Titelseite des 14. Informationsblatt von 1979. Die Standorte vermehren sich. Hinzu kam ein Zähler, der die Gesamtanzahl der in Deutschland durchgeführten Pränataldiagnosen anzeigte.

---

124 | Man mag argumentieren, dass eine solche Versorgungskartierung der Bevölkerung in anderen medizinischen Bereichen bereits deutlich früher entstand, im Zusammenhang mit humangenetischen Präventivleistungen gewann sie jedoch erst in den 70er Jahren des 20. Jahrhunderts erheblich an Bedeutung, vgl. Cottebrune: Von der eugenischen Familienberatung, S. 183-188. Von einer »rediscovery of prevention« im Gesundheitssystem der 1970er Jahre im Allgemeinen spricht Freeman: The Politics of Health, S. 120-141.

Die im Rahmen des SPP weitergeführte Fortschrittskarte entwickelte sich in den 1970er Jahren zu einem Leitbild, das in vielen verwandten Zusammenhängen adaptiert wurde. Im Jahresbericht des Bundesministeriums für Jugend, Familie und Gesundheit für die Jahre 1978 und 1979 stellte Friedrich Vogel die »Genetische Prävention in Kooperation zwischen einer Genetischen Beratungsstelle und dem öffentlichen Gesundheitsdienst« für das »Einzugsgebiet« des humangenetischen Instituts der Universität Heidelberg vor.[125] Eine der im Text enthaltenen Abbildungen, die einen Ausschnitt der Bundesrepublik von Köln bis zum Bodensee und von Trier bis nach Würzburg zeigt, trägt den Titel »Genetische Beratungsstelle Heidelberg. Verteilung der Beratungen nach Postleitzahlbezirken« (Abb. 10). Die Grafik entsprach den im SPP »Pränatale Diagnose genetisch bedingter Defekte« kursierenden Karten. Sie kam ebenfalls ohne geografische Details aus und bildete stattdessen nur verschieden fett gedruckte Bezirkseinteilungen sowie wichtige Städtenamen als Orientierungshilfe ab. Im Mittelpunkt stand die Verteilung der jeweiligen Fallzahlen genetischer Beratung über die erweiterte Umgebung Heidelbergs. Es ging Vogel um die Verfügbarkeit bzw. Inanspruchnahme von Leistungen in einem Raum, der einzig in städtische Zentren und umgebende Flächen gegliedert war und ansonsten unterschiedslos ausfiel. Typisch war zudem die Kopplung der Versorgungskarte mit einem Kurvendiagramm auf der vorangehenden Doppelseite desselben Artikels zur »Gesamtentwicklung der verschiedenen Leistungen der Genetischen Beratungsstelle«. Die ansteigenden Kurven zeigten die starke Zunahme der Chromosomenanalysen und Pränataldiagnosen zwischen 1973 und 1980. Vogel steckte damit einen Raum ab, der durch ein zwar relativ diffuses, jedoch ubiquitäres Nachfrageverhalten geformt wurde. Die Bevölkerung – hier konzeptualisiert als die Bewohner einer Region – bestand aus Anspruchshaltern eines Rechts auf angemessene Versorgung mit humangenetischen Präventivleistungen.[126] Vor diesem Hintergrund unterschied Vogel ausreichend und unterversorgte Gebiete. »Nach wie vor sind die benachbarten Gebiete in Rheinland-Pfalz und Hessen mit genetischer Beratung weniger gut

---

125 | Vogel: Genetische Prävention.

126 | Siehe als Beispiel aus dem Nachbarland Bayern die Forderungen der »Fördergemeinschaft für genetische Beratung und pränatale Diagnostik e.V.«: »Wir [...] sind dabei, die optimale Gestaltung eines Ländernetzes von genetischen Beratungs- und Diagnosezentren für Bayern zu konzipieren, um alle Mitbürger in den Genuß dieser segensreichen Einrichtung kommen zu lassen.« (Brief von H. Westphal an das Hessische Kultusministerium, 3.8.1976 [HHStAW, Abt. 504 Nr. 13.111]) Das Vorstandsmitglied des Vereins, Heinrich Westphal, variierte diese Thematik in einem weiteren Schreiben: »Würden sich alle Kultus- und Sozialministerien der BRD dazu entschließen, ein einigermaßen hinreichend dichtes Netz von genetischen Beratungs- und Diagnosezentren (durchschnittlich 5 Zentren pro Land = 55 Zentren) einzurichten, würden sie [...] dem dringenden Bedürfnis unserer Bevölkerung entsprechen«. (Brief von H. Westphal an das Hessischen Kultusministerium und das Hessische Sozialministerium, vom 12.7.1976 [HHStAW, Abt. 504 Nr. 13.111])

ausgebaut, so daß die Versorgung der Bevölkerung mit genetischer Beratung und pränataler Diagnostik nicht gewährleistet ist«, heißt es im begleitenden Text.[127] Diese Einteilung war von einem Zentrum, das genetische Beratung und Pränataldiagnostik anbot, und seiner Reichweite her strukturiert.[128]

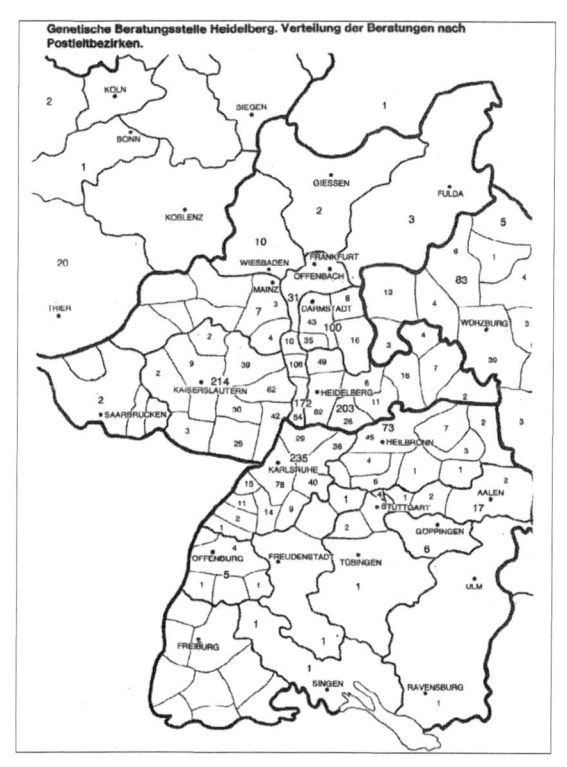

Abb. 10: Das »Einzugsgebiet« für Pränataldiagnostik der Universität Heidelberg. Die Herkunft der untersuchten Patientinnen wurde in eine Karte der Postleitzahlbezirke eingetragen.

Die Konzeptualisierung des Raums mittels der Differenz ausreichend und nicht ausreichend versorgter Bereiche war zeitlich hoch variabel. Räumliche Veränderungen waren an die Veränderungen des vermeintlichen Bedarfs und der Versorgungskapazitäten gekoppelt. Das Streben der humangenetischen Berater

127 | Vogel: Genetische Prävention, S. 138.
128 | Vgl. zu dieser Struktur genetischer Versorgungsräume auch Stiftung Rehabilitation: Antrag auf Förderung eines Modellvorhabens – Modell zur ausreichenden Versorgung der Bevölkerung einer Region mit genetischer Präventiv-Medizin in Kooperation zwischen einer Genetischen Beratungsstelle und dem Öffentlichen Gesundheitsdienst – Entwicklung eines Satellitensystems für den Rhein-Neckar-Raum, Oktober 1977 (UAH, Acc 12/95 - 24). Siehe zu diesem Modellvorhaben Cottebrune: Von der eugenischen Familienberatung, S. 183-185.

richtete sich letztlich darauf, die Topologie der Nachfrage und des Angebots zur Deckung zu bringen. Die Inkongruenz dieser Topologien sorgte für räumliche Verzerrungen, die sich in der Überforderung von Ressourcen auf der einen Seite und der mangelhaften Versorgung auf der anderen Seite niederschlugen. Der Bedarf konnte steigen und die Kapazitäten nicht im gleichen Tempo mithalten. Vogel schrieb 1979 gemeinsam mit der Humangenetikerin Traute M. Schroeder in einem Brief an das Gesundheitsministerium des Landes Rheinland-Pfalz, dass die Versorgung von Familien aus dem südlichen Rheinland-Pfalz mit humangenetischen Beratungsleistungen, die bislang zusätzlich zum eigentlichen Einzugsgebiet in Nordbaden an der Universität Heidelberg erbracht worden waren, eingestellt werden müsse. Zur Begründung hieß es: »Die Zahl der genetischen Beratungen und vor allem der pränatalen Diagnosen hat auch im letzten Jahr so erheblich zugenommen, daß unsere Kapazität, selbst bei Ausschöpfung aller Möglichkeiten, erschöpft ist. So hatten wir im Jahr 1979 z.B. im Monat November nicht weniger als 18 % genetischer Beratungen aus Rheinland-Pfalz.«[129] Der Hessische Sozialminister schrieb in Reaktion auf dieses Schreiben an Vogel und Schroeder zurück und bat sie, ihre Drohung, die Versorgung rheinland-pfälzischer Bürger einzustellen, zurückzunehmen.[130] Die Spezialisierung auf bestimmte Krankheiten, der vorübergehende Ausfall von lokalen Laborkapazitäten oder auch die kürzeren Wege aus Randgebieten von Bundesländern würden die »Wanderungen über Ländergrenzen« im Rahmen der Inanspruchnahme von Pränataldiagnostik zum Normalfall machen. In einem erneuten Schreiben teilte Vogel mit, dass auch er die Orientierung am Wohnsitz der Patienten für einen willkürlichen Behelf halte, der dem Wesen des Angebotscharakters der pränatalen Diagnostik nicht entspreche: »Selbstverständlich sind wir mit Ihnen im Grunde der Auffassung, daß man an sich jede Familie zur genetischen Beratung annehmen sollte, die dieser Beratung bedarf, – unabhängig von ihrem Wohnsitz.«[131] Doch diese Situation der flächendeckenden Versorgung galt es im Zusammenspiel von Politik, Wissenschaft und Medizin aktiv herzustellen. Humangenetische Versorgungsräume waren fragil und wiesen eine hohe topologische und zeitliche Dynamik auf; sie mussten gestaltet werden.

Ein besonders interessantes Beispiel für die Wahrnehmung des Raums unter Versorgungsgesichtspunkten bietet die Einrichtung der humangenetischen Beratungsstelle an der Universität Bremen. 1974 wurde Werner Schloot, vormals Privatdozent am Institut für Humangenetik der Universität Hamburg, auf eine Professur für Genetik an der Universität Bremen berufen.[132] Er trat mit Forde-

---

129 | Brief von F. Vogel an Gesundheitsministerium des Landes Rheinland-Pfalz, 18.12. 1979 (UAH, Acc 12/95 - 14).
130 | Brief von Hessischer Sozialminister an F. Vogel/T.M. Schroeder, 31.3.1980 (UAH, Acc 12/95 - 14).
131 | Brief von F. Vogel an den Hessischen Sozialminister, 16.5.1980 (UAH, Acc 12/95 - 14).
132 | Siehe die Unterlagen in: BUA, 2/BK - Nr. 1813.

rungen, die über den Ausbau der Forschung hinausgingen, in die Berufungsverhandlungen ein und forderte die Einrichtung einer »Genetischen Beratungsstelle« und eines »Chromosomenlabors« an der Universität.[133] Hiermit stieß Schloot auf Wohlwollen bei den Bremer Kollegen und den verantwortlichen Stellen der Universität. Laut Schloot ging es um die »Anwendung moderner Erkenntnisse der Humangenetik zum Nutzen der Bevölkerung«[134] auf der Grundlage einer Verbindung von »Lehre, Forschung und Krankenversorgung im Bereich Humangenetik«.[135] Aus diesen Bestrebungen ergab sich 1979 eine »Kooperationsvereinbarung« zwischen der Universität und dem Hauptgesundheitsamt zur gemeinsamen Organisation und Finanzierung der humangenetischen Beratung in Bremen und Umland.[136] Die Finanzierung wurde vom Senator für Umwelt und Gesundheit ab 1977 als Übergangsfinanzierung und ab 1979 dauerhaft zugesagt. Im gleichen Jahr bemühte sich Schloot um die Gründung einer Zentralen Wissenschaftlichen Einrichtung (ZWE) »Experimentelle und angewandte Humangenetik/Genetische Beratungsstelle« an der Universität.

Durch diesen Institutionalisierungsprozess zog sich fortlaufend der Verweis auf eine mangelhafte Abdeckung des regionalen Bedarfs an humangenetischen Diagnose- und Analyseangeboten, insbesondere im Vergleich zu anderen Bundesregionen. In diesem Rahmen war unzählige Male von einer fehlenden »Versorgung« die Rede, an deren Gewährleistung ein allgemein geteiltes Interesse bestünde. Laut Schloot »wurden genetische Beratungsstellen und/oder Chromosomenlabors eingerichtet, so daß das gesamte Gebiet der Bundesrepublik incl. West-Berlin gleichmäßig abgedeckt ist.«[137] Daraufhin folgte die optisch mehrfach hervorgehobene Aussage: »Ausnahme ist der Raum Bremen/nördliches Niedersachsen«.[138] Schloot präsentierte diese Ausnahme mittels zweier Strategien als räumliche Leerstelle. Erstens folgte eine Liste mit »Entfernungen in Bahnkilometern« und »Straßenkilometern«, die potentielle »Patienten und deren Angehörige« aus dem Raum Bremen zurücklegen müssten, um die nächstgelegene genetische Beratungsstelle zu erreichen.[139]

---

133 | Siehe hierzu die Unterlagen in: BUA, 2/AkAn - Nr. 4994a und 1/AS - 2906.

134 | Brief von W. Schloot an Senator für Bildung, Wissenschaft und Kunst der Freien Hansestadt Bremen, Senator für Gesundheit und Umweltschutz, Präsident der Ärztekammer Bremen, Universität Bremen, 28.9.1974 (BUA, 2/AkAn - Nr. 4994a).

135 | Brief von W. Schloot an C. Bäuml, 28.2.1979 (BUA, 2/AkAn - Nr. 4994a).

136 | Vgl. für die in vielen institutionellen Details kontrovers diskutierte Kooperation die Unterlagen in: BUA, 2/AkAn - Nr. 4994a und Nr. 4994b.

137 | Werner Schloot: Einrichtung einer genetischen Untersuchungsstelle an der Universität Bremen, 28.9.1974 (BUA, 1/AS - 2906).

138 | Ebd.

139 | Diese befand sich entweder in Hannover, Hamburg, Kiel, Lübeck oder Münster. Vgl. für die Korrelation von Länge des Anreiseweges zur humangenetischen Beratungsstelle und Nachfrageverhalten, die kennzeichnend für das Versorgungsraum-Dispositiv war, auch die

3. Räume der Humangenetik   137

```
Genetische Beratungsstellen und/oder Chromosomenlabors
in der Bundesrepublik
Deutschland - 36 - und
in der Schweiz - 6 -.

- 1974 -
```

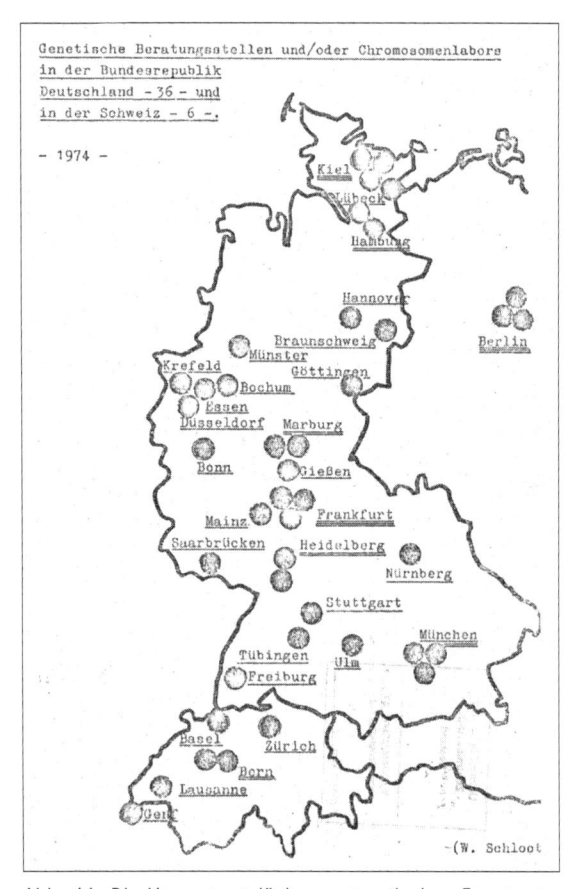

Abb. 11: Die Versorgungslücke an genetischen Beratungsstellen zwischen Hamburg, Hannover und Münster stellte sich als weißer Fleck auf der Karte dar.

Zweitens verwies Schloot auf eine »Übersichtskarte« im Anhang (Abb. 11). Hierbei handelte es sich um genau die Art schematischer Darstellung, die auch im Rahmen des DFG-SPP und der humangenetischen Beratung in Heidelberg Verwendung fand. Die Karte mit der Überschrift »Genetische Beratungsstel-

Pläne des niedersächsischen Sozialministeriums zur Einrichtung genetischer Sprechstunden an Gesundheitsämtern: »Unser Modellvorhaben soll lediglich den Zweck haben, ortsnah die Möglichkeit zu schaffen, die Bevölkerung an die humangenetische Beratung heranzuführen. Es wird sicher eine ganze Reihe von Fällen geben, die bei diesen ersten Gesprächen im Gesundheitsamt nicht gelöst werden können. Dann wird das Interesse der Ratsuchenden aber soweit geweckt sein, daß man ihnen die Anreise nach Göttingen oder Hannover zumuten kann. Wie sie wissen, scheuen viele Ratsuchende weitere Wege.« (Brief vom Niedersächsischen Sozialministerium an P.E. Becker, 9.9.1974 [ArchMHH, Dep. 2 acc. 2011/1 Nr. 10])

len und/oder Chromosomenlabors in der Bundesrepublik Deutschland und in der Schweiz 1974« zeigt ein dichtes Netz von Punkten und Städtenamen, einige mehrfach unterstrichen, in den Umrissen der Grenzlinien der genannten Staaten. Das zuvor textlich erläuterte »Versorgungsvakuum«[140] wurde hier als Abwesenheit von Markierungen in einem Viereck zwischen Münster, Hannover, Hamburg und niederländischer Grenze als »weißer Fleck auf der Landkarte« augenfällig. Im Rahmen der oben erwähnten ZWE »Experimentelle und angewandte Humangenetik/Genetische Beratungsstelle« forderte die Universität Bremen 1976 ein Gutachten an, in dem es hieß: Die humangenetische Beratung »schliesst eine geographische Lücke im nordwestdeutschen Raum, die dem Einzugsgebiet der Hochschulregion Bremen entspricht«.[141] Auch im Falle Bremens ging es um einen durch Angebotszentren und Randgebiete[142] – und nicht durch Häufungen bestimmter Erbkrankheiten – strukturierten Raum. Mit der Institutionalisierung der humangenetischen Beratung sollte die lokale »Lücke« in der Versorgungs-Topologie schnellstmöglich geschlossen werden.

Die Deckung des Bedarfs

Die bisherigen Beispiele haben ein neues Gliederungsprinzip des Raumes im humangenetischen Diskurs der 1970er Jahre veranschaulicht. Im Rahmen genetischer Versorgungsräume hantierten Humangenetiker nicht mehr vorrangig mit biologischen oder epidemiologischen Sonderzonen, sondern orientierten sich an Verwaltungsgrenzen, medizinischen Kapazitäten und Nachfrageverhalten. Das Ziel war die Einrichtung eines flächendeckenden Systems, das die Nachfrage dort, wo sie anfiel, vollständig zu bedienen in der Lage war. Ein grundlegendes Element für den Zuschnitt der Versorgungsräume war folglich die Veränderung des Bedarfs bzw. der Nachfrage an Pränataldiagnostik. Hierbei wurde dieser Bedarf im Rahmen des DFG-Schwerpunktes »Pränatale Diagnose genetisch bedingter Defekte« im Wesentlichen an der tatsächlichen Inanspruchnahme der angebotenen Leistungen gemessen. Die darin verborgene Zirkularität, dass das

---

140 | Diesen Begriff verwendete unter anderem der Senator für Gesundheit und Umweltschutz: Kurzprotokoll über die Besprechung am 12. Mai 1976 mit Prof.-Heß, 24.5.1976 (BUA, 1/AkAn – Nr. 4994a).

141 | Antrag auf Einrichtung einer Forschungsgruppe »Experimentelle und angewandte Humangenetik (Genetische Beratung) – Gutachten, 18.12.1976 (BUA, 1/FNK – Nr. 2278).

142 | Das nationale »Randgebiet« Nordwestdeutschland ließ sich hierbei selbst wiederum in Zentren und Randbereiche unterteilen. Schloot schrieb 1979: »In Zusammenarbeit mit Gesundheitsämtern in Ostfriesland haben wir für Gebiete, deren Versorgung mit humangenetischer Beratung besonders schwierig ist (Randgebiete), ein Konzept zur humangenetischen Beratung entwickelt, welches demnächst realisiert werden soll.« (Werner Schloot: Bericht über die Arbeit der Forschungsgruppe »Experimentelle und Angewandte Humangenetik (Genetische Beratung)« der Universität Bremen, 29.01.1979 [BUA, 1/AS – Nr. 467b])

Angebot an der Erzeugung der Nachfrage beteiligt sein konnte, problematisierten die beteiligten Humangenetiker, Ärzte und Politiker allerdings nicht.[143]

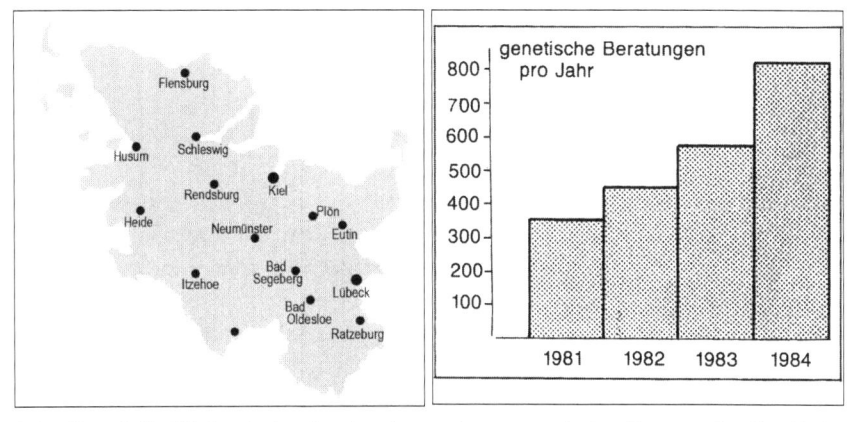

Abb. 12 und 13: Flächendeckendes Angebot an humangenetischer Beratung in allen Kreisstädten Schleswig-Holsteins (1980er Jahre). Der Ausbau wurde auf der Grundlage eines oftmals im Detail unbekannten »Bedarfs« der ansässigen Bevölkerung gefordert.

Hierzu empfiehlt sich ein exemplarischer Blick auf Schleswig-Holstein, wo in der ersten Hälfte der 1980er Jahre ein Modellversuch zum Ausbau des Angebots humangenetischer Beratung »flächendeckend in allen Kreisstädten des Landes« installiert wurde.[144] Humangenetiker aus den Universitätsinstituten in Kiel und Lübeck reisten hierzu regelmäßig in die lokalen Gesundheitsämter, um entsprechenden Sprechstunden abzuhalten.[145] In einem Überblicksartikel aus dem Jahr 1986, der allerdings ganz dem Versorgungsraum-Dispositiv, das sich in den 1970er Jahren durchsetzte, verpflichtet war, hieß es resümierend: »Die humangenetische Beratung ist ein wichtiger Aspekt in der Geburtenplanung geworden. Sie wird immer mehr in Anspruch genommen, besonders wenn man sie, wie in Schleswig-Holstein, auch in ländlichen Bezirken anbietet.«[146] Diese Beobachtung illustrierte die Autorin mit einer Karte Schleswig-Holsteins, in der die Orte eingetragen waren, an denen Gesundheitsämter genetische Beratung anboten, und einem einfachen Balkendiagramm, das den Beratungsanstieg zwischen 1981 und 1984 darstellte (Abb. 12 und 13). Die Quellen dieses Bedarfsanstiegs problematisierte sie nicht weiter; sie schienen unabhängig vom Ausbau des Netzes an Beratungsmöglichkeiten gegeben zu sein. Der Anstieg der Beratungsfälle war eben

---

143 | Eine solche Reflexivität hielt erst im Laufe der 1980er Jahre langsam Einzug in die Fachdiskussionen. Siehe hierzu retrospektiv zusammenfassend Nippert: Entwicklung der pränatalen Diagnostik. Vgl. als aktuelles Beispiel Nippert: Gentests.
144 | Krejci: Anthropologen und Gen-Forscher, S. 374.
145 | Ebd.
146 | Ebd., S. 373.

nicht durch den Ausbau des Angebots erzeugt worden, sondern folgte scheinbar ausschließlich aus der besseren Bedienung eines ohnehin existierenden Bedürfnisses. Es tat der Evidenz des Bedarfs an humangenetischer Beratung in den 1970er Jahren gerade keinen Abbruch, dass er nicht allzu genau bekannt war. Der Hannoveraner Humangenetiker Gebhard Flatz schrieb 1974, dass »die Erfassung der Leute, die eine genetische Beratung brauchen, doch sehr zu wünschen übrig läßt«.[147] Dies hinderte ihn allerdings nicht daran, der gesamten »jungen Generation« – gemeint sind hier die 20- bis 30jährigen – ein nachdrückliches Interesse an der Institutionalisierung humangenetischer Beratung zuzusprechen. Als Grundlage reichten hierzu seine »Gespräche in der Beratungspraxis« aus.[148] Abgesehen von dieser persönlichen Praxiserfahrung ergab sich das Interesse an ihren Diagnoseleistungen in den Augen der Humangenetiker quasi automatisch aus der Anzahl der Geburten von Kindern mit angeborenen Defekten. In einem Protokoll zur Gründung der humangenetischen Beratungsstelle an der Universität Bremen postulierte der prospektive Leiter der Einrichtung Werner Schloot unter dem Stichwort »Bedarfsanalyse« lapidar: »Es besteht ein erheblicher Bedarf an genetischer Beratung/Chromosomenanalyse.«[149] Dieser Feststellung folgte unter der Überschrift »Statistik« eine zehnteilige Liste von ausformulierten, sehr heterogenen Beobachtungen, von »10 % der Schwangerschaften sind von einer Chromosomenanomalie begleitet« über »Bei Frauen in einem Lebensalter 35 Jahre [sic] und älter liegt das Risiko für Chromosomenanomalien (u.a. Mongolismus) für die Neugeborenen bei über 2 %« oder »4 bis 10 % der Neugeborenen leiden an einer genetisch bedingten Störung; darunter weisen 0,6 bis 0,7 % eine Chromosomenanomalie auf« zu »Von 150 Stoffwechselkrankheiten sind 45 mit Schwachsinn verbunden.«[150] Dieser nicht thematisierte, selbstverständlich erscheinende Kurzschluss von statistischen Aussagen über Erbkrankheiten, Schwangerschaften, Geburten etc. auf einen »erheblichen Bedarf« an humangenetischer Beratung im Allgemeinen und Pränataldiagnostik im Besonderen ist typisch für diese Phase der Humangenetik und bildete ein zentrales Moment ihrer Versorgungsforderungen.

---

147 | Brief von G. Flatz an P.E. Becker, 26.8.1974 (ArchMHH, Dep. 2 acc. 2011/1 Nr. 10).
148 | Ebd.
149 | W. Schloot: Humangenetische Beratungsstelle an der Universität Bremen, 24.5.1976 (BUA, 2/AkAn - Nr. 4994a).
150 | Quellenangaben vermerkte Schloot in diesem Gesprächsprotokoll nicht. Die strategische Bedeutung der gelieferten Empirie stand außer Frage. Der Autor schrieb in einem Begleitschreiben an den Senator für Gesundheit und Umweltschutz, 24.5.1976 (BUA, 2/AkAn - Nr. 4994a): »Ich hoffe, daß die hinzugefügten Zahlenangaben etc. dazu beitragen, die Notwendigkeit der genetischen Beratung/Chromosomenanalyse auch in Bremen zu übernehmen.«

In vergleichbarer Weise wurde auch die im Zuge der Institutionalisierung der Pränataldiagnostik konstruierte »Altersindikation« mit einem korrespondierenden Bedarf kurzgeschlossen. Da der Zusammenhang eines erhöhten Risikos der Geburt von Kindern mit Chromosomenaberrationen und dem Alter der Mutter vielfach belegt war, trat das Alter schwangerer Frauen als Indikation für eine pränatale Diagnose auf den Plan. Obwohl die hierfür diskutierten Altersgrenzen hochgradig arbiträr waren – was auch den zeitgenössischen Humangenetikern bewusst war –, schienen sie gleichbedeutend mit einem realen Bedarf an humangenetischer Beratung und Pränataldiagnostik zu sein. Da Mediziner und Genetiker von allen Frauen, die über der Altersgrenze lagen, wie selbstverständlich erwarteten, dass sie entsprechende diagnostische Leistungen in Anspruch nehmen wollten, musste sich die Altersindikation einzig an den Kapazitäten der vorhandenen Beratungsstellen und Universitätsinstitute bemessen lassen.[151] Dass nicht jede ältere Schwangere Interesse an humangenetischen Leistungen hatte bzw. dass dieses Interesse erst nach der Festsetzung und öffentlichen Verbreitung der Altersindikation entstehen konnte, thematisierten die humangenetischen Experten in den 1970er Jahren praktisch nicht.

Dänemark als humangenetischer Versorgungsraum

In Dänemark prägte in den 1970er Jahren ebenfalls ein genetisches Versorgungsraum-Dispositiv den humangenetischen Diskurs. Allerdings spielte sich diese Entwicklung etwas »lautloser« als in Deutschland ab. Der ausgeprägte Aktionismus bei der Anpreisung und Durchsetzung einer flächendeckenden Versorgung mit humangenetischer Beratung und Pränataldiagnostik, wie er sich in den 1970er Jahren in Deutschland zeigte, fand in Dänemark einen weniger starken Widerhall. Der Hauptgrund hierfür ist sicherlich darin zu suchen, dass der Schwangerschaftsabbruch aus eugenischen Gründen bereits Mitte der 1930er Jahre legalisiert worden war.[152] In der überarbeiten Version aus dem Jahr 1956 erlaubte das entsprechende Gesetz den straffreien Schwangerschaftsabbruch, wenn »eine naheliegende Gefahr für das Kind besteht, aufgrund einer erblichen Anlage oder aufgrund von Schädigungen oder Krankheiten, die sich im Embryonalstadium eingestellt haben, an einer Krankheit, Schwachsinn, anderen schweren psychischen Störungen, Epilepsie oder ernsten und unheilbaren

---

151 | Vgl. für viele die Aktennotiz: Konferenz von Dr. Schmidt, Dr. Müller, Herr Hager, Prof. Schroeder und weiteren Mitarbeitern, 23.4.80 (UAH Acc 12/95 - 14).
152 | Lov om Foranstaltninger i Anledning af Svangerskab m.m., nr. 163, 18.5.1937. Das Gesetz trat erst zum 1.7.1938 in Kraft. Erste Vorbereitungen hatte das dänische Justizministerium bereits 1932 eingeleitet. Revisionen fanden 1939 und 1956 statt. Siehe Det Etiske Råd: Fremtidens Fosterdiagnostik; Nexø: Gode liv.

Anomalien oder körperlichen Krankheiten zu leiden.«[153] Als Hilfseinrichtung für schwangere Frauen im Allgemeinen wurden 1939 die Mütterhilfsstellen (mødrehjælpsinstitutioner) gegründet.[154] Diese Einrichtungen waren in erster Linie zur Betreuung unehelicher Schwangerschaften sowie zur Senkung der Anzahl illegaler Aborte gedacht. Sie fungierten jedoch auch als Antragsinstanz für eugenische Schwangerschaftsabbrüche. Die *mødrehjælpsinstitution* stellte fest, ob die rechtlichen Voraussetzungen erfüllt waren. Hierzu konsultierte sie entsprechende Spezialisten, meist aus dem erbbiologischen Institut in Kopenhagen.[155] Die Entscheidung fällte letztendlich ein Beirat (*samråd*), der sich aus Ärzten und einer Vertreterin der Mütterhilfe zusammensetzte.[156] Einen beträchtlichen Teil der eugenisch begründeten Anträge auf Schwangerschaftsabbrüche stellte darüber hinaus die staatlichen Schwachsinnigen-Fürsorge (*åndssvageforsorg*), und zwar für die in Anstalten untergebrachten Patientinnen. Der Schwangerschaftsabbruch aus eugenischen Gründen war folglich ein Routineverfahren in Dänemark, das seit Ende der 1930 Jahre von einem etablierten Institutionengeflecht prozessiert worden war.[157]

---

153 | Lov om foranstaltninger i anledning af svangerskab m.v., nr. 177, 23.6.1956, §1, Stk. 1, Nr. 3.

154 | Lov om mødrehjælpsinstitutioner, nr. 119, 15.3.1939.

155 | Obwohl die Mütterhilfsstellen zu einem landesweiten, lokal dichten Netz ausgebaut worden waren, zeigten sich deutliche regionale Unterschiede in der Erreichbarkeit medizinischer Spezialisten, die Antragsteller fachgerecht untersuchen konnten: »Einer Frau, die um Schwangerschaftsabbruch ersucht, müssen oftmals mehrere Untersuchungstermine, gelegentlich in verschiedenen Orten, gegeben werden. Die Mütterhilfsstellen in der Provinz haben jedoch keine Möglichkeiten, gegenüber diesen beschwerlichen Umständen für die Anstragstellerinnen Abhilfe zu schaffen. Neben rein geografischen Verhältnissen liegt die Ursache hierfür vor allem in dem Personalmangel, insbesondere Ärztemangel.« (Betænkning om Adgang til Svangerskabsafbrydelse, S. 15)

156 | Die vom Justizministerium eingesetzte Kommission zur Überarbeitung des dänischen Sterilisations- und Kastrationsgesetzes empfahl in ihrem 1964 publizierten Änderungsvorschlag, dass derselbe Beirat sich zukünftig auch mit den Sterilisationsanträgen befassen sollte. Die Praxis habe gezeigt: »Ein sehr großer Teil der Sterilisationen wird in Verbindung mit einem Schwangerschaftsabbruch vorgenommen.« (Betænkning om Sterilisation og Kastration, S. 33)

157 | Allerdings wurde ab dem Ende der 1960er Jahre auch in Dänemark eine gesellschaftliche Diskussion um die allgemeine Freigabe des Schwangerschaftsabbruchs im Namen des Selbstbestimmungsrechts von Frauen geführt. Die Debatten mündeten schließlich in die Freigabe des Schwangerschaftsabbruchs für alle Frauen über 38 oder mit vier und mehr Kindern im Jahr 1970 sowie die Ausweitung dieser Freigabe auf alle Frauen drei Jahre später (*Lov om fri abort*). Diese Regelung erlaubte den Schwangerschaftsabbruch bis zur zwölften Woche auf Wunsch der Schwangeren, danach nur mit festgelegten Indikationen, zu denen

Die Pränataldiagnostik konnte in den 1970er Jahren im Prinzip an diese Routinen anschließen.[158] Auch seien die dänischen Schwangeren, so erinnerte sich die Ärztin und Humangenetikerin Margareta Mikkelsen 1990, der neuen Technologie gegenüber von Beginn an sehr aufgeschlossen gewesen.[159] Diese These kann in der vorliegenden Untersuchung nicht überprüft werden. Als sicher kann allerdings gelten, dass die dänischen Humangenetiker die neuen Methoden als ebenso revolutionär ansahen wie ihre deutschen Kollegen. Die Pränataldiagnostik konnte vermeintlich »sichere« und »eindeutige« Diagnosen auf der Grundlage von Laboruntersuchungen vermitteln. Hierbei stellte die Amniozentese, basierend auf zytogenetischen und biochemischen Untersuchungen, zu Beginn der 1970er Jahre auch in Dänemark eine grundlegend neue Technologie dar, für die eine entsprechende Infrastruktur geschaffen werden musste.[160] Somit geriet sie auch in Dänemark ins Zentrum eines Versorgungsraum-Dispositivs. Landesweit boten drei Zentren pränatale Diagnosen für Familien, in denen bereits Erbkrankheitsfälle beobachtet worden waren, an. Die Pränataldiagnostik nach Altersindikation blieb bis 1978 im Wesentlichen auf die Großräume Kopenhagen und Århus beschränkt.[161] Im Anschluss an einen 1977 veröffentlichten Expertenbericht wurde allerdings ein politischer Beschluss zum landesweiten Ausbau der Pränataldiagnostik für alle Indikationen getroffen.[162] Aufgabe der 1975 eingesetzten Expertenkommission war es gewesen, die Förderungswürdigkeit der Technologie Pränataldiagnostik zu eruieren und auch bereits einen Plan zum Ausbau eines entsprechenden Angebots im Land zu entwickeln.[163] Dieser Bericht bietet ein treffliches Beispiel für die Konstruktion genetischer Versorgungsräume in Dänemark.

Der Ausgangspunkt des Berichts war die Feststellung eines Bedarfs bzw. einer Nachfrage, die das vorhandene Angebot überstieg: »Die diagnostischen Methoden sind jetzt auf vielen Gebieten fertig entwickelt und standardisiert, aber die

---

auch die Gefahr einer Erbschädigung des Kindes zählte, Det Etiske Råd: Fosterdiagnostik og etik, S. 63-64; Rendtorff: Bioethics in Denmark, S. 209.
158 | Das Mütterhilfsstellen-System wurde allerdings im Lauf der 1970er Jahre aufgelöst. Die Schwangerschaftsbetreuung ging in die Hände der Frauenärzte und Geburtshilfezentren (*jordmodercenter*) über.
159 | Mikkelsen: Prænatal diagnostik i Danmark, S. 5.
160 | Analog der Deutschen Forschungsgemeinschaft in Deutschland förderte der Dänische Forschungsrat (*forskningsråd*) diesen Ausbau in den 1970er Jahren, Philip: Fostervandsundersøgelser, S. 29.
161 | Mikkelsen: Prænatal diagnostik i Danmark, S. 5.
162 | Betænkning om Prænatal Genetisk Diagnostik. Entsprechende Richtlinien zur Standardisierung von Technologie, Indikation und Beratung wurden allerdings erst 1981 durch eine Mitteilung des Gesundheitsministeriums erlassen, Meddelelse nr. 84, 21.4.1981.
163 | Der Kommission gehörten hauptsächlich Universitätsprofessoren und Ärzte, die mit der Pränataldiagnostik befasst waren, an, darunter Margareta Mikkelsen. Siehe dazu auch Det Etiske Råd: Fremtidens Fosterdiagnostik.

vorhandene Kapazität ist als unzureichend einzuschätzen, um den Bedarf zu decken.«[164] Zur empirischen Unterfütterung dieser Beobachtung ist eine einfache Kreuztabelle in den Fließtext eingebunden, die den Anstieg der Chromosomenuntersuchungen zeigt, die an den drei vorhandenen Chromosomenlaboratorien, am *Rigshospitalet* (Kopenhagen), am *Kennedy Institut* (Glostrup) und am *Institut for Human Genetik* (Århus), vorgenommen worden waren (Abb. 14).

Tabel 2. Antal kromosomundersøgelser udført i perioden 1970 til udgangen af 1975 på henholdsvis Rigshospitalet, Kennedy Instituttet og Institut for Human Genetik, Århus Universitet:

År	Rigshospitalet	Kennedy Instituttet	Institut for Human Genetik, Århus Universitet	I alt
1970	0	1	7	8
1971	6	7	18	31
1972	26	13	25	61
1973	54	43	41	138
1974	184	106	54	344
1975	336	122	144	602
I alt	606	292	289	1.187

Abb. 14: Der Anstieg der Chromosomenuntersuchungen im Zusammenhang mit der Pränataldiagnostik in Dänemark. Die Zahlen fanden sowohl für den nationalen als auch den internationalen Vergleich Verwendung.

Aus der Tabelle ist sofort eine eindeutige Tendenz abzulesen, nämlich die stetige Zunahme der Untersuchungen. Die Einträge wachsen in augenfälliger Weise von einstelligen zu dreistelligen Zahlen an. Diese Tabelle stand im Zusammenhang mit zwei weiteren, die das eine Mal die Resultate dieser Chromosomenuntersuchungen sortiert nach Indikationen und das andere Mal eine Kombination aus Fallzahlen und Resultaten für vier Vergleichsgebiete (West-Schottland, die USA, Europa und West-Deutschland) zeigten.[165] Die dänische Humangenetik wurde hierdurch in einem Feld situiert, dessen zentrale Vergleichsdimension der Fortschritt des Ausbaus der Pränataldiagnostik war. Dieser Vergleich beschränkte sich nicht auf etwaige Unausgewogenheiten im eigenen nationalen Raum, sondern bezog die internationale »Konkurrenz« mit ein.

Die Strategien, mit denen dem vermeintlichen Bedarf an neuesten humangenetischen Diagnosetechnologien laut dem Kommissionsbericht begegnet werden sollte, ähnelten denjenigen im Nachbarland. Der nationale Raum wurde hierbei ebenfalls in Zentren und Umgebungen gegliedert. Entscheidend sollte die effiziente Anordnung dieser Zentren im Raum sein, um mit angemessenem Aufwand

---

164 | Betænkning om Prænatal Genetisk Diagnostik, S. 5.
165 | Ebd., S. 23-24.

ein Versorgungsnetz errichten zu können, das die größtmögliche Zahl potentieller Patienten erreichte. Dazu bot sich den humangenetischen Experten zufolge in Dänemark die systematische Bildung von regionalen Schwerpunkten an – anstelle der bislang eher zufällig durch die Forschungsschwerpunkte einzelner Wissenschaftler bzw. Ärzte im Land verteilten Kapazitäten: »Im Augenblick beruht ein Teil der qualifizierten diagnostischen Arbeit auf einzelnen Forschern, die sich für eine bestimmte Krankheit oder Krankheitsgruppe interessiert haben, und falls der jeweilige Forscher aus irgendeinem Grund mit dieser Arbeit aufhört, verschwindet die Möglichkeit zur Diagnostik der entsprechenden Krankheit oder Krankheitsgruppe. Da es unmöglich ist, dass alle Laboratorien die Möglichkeit erhalten, die ganzen differenzierten und komplizierten Untersuchungen durchzuführen, um die es hier geht, ist die Kommission der Ansicht, dass eine Zentralisierung stattfinden soll. Man ist der Ansicht, dass zwei Zentren, eines in Kopenhagen und eines in Århus, ausreichend wären, da diese Orte die Möglichkeit der notwendigen, engeren Zusammenarbeit mit anderen Spezialisten haben.«[166] Auch im Bereich des postnatalen Screenings auf erbliche Stoffwechseldefekte sollte eine solche Regelung greifen, um ineffiziente »Überschneidungen« zu vermeiden und die diagnostischen Kapazitäten landesweit zu koordinieren.[167] Der zu versorgende Raum sollte durch das Nebeneinander von klinischen Einrichtungen und diesen Einrichtungen zuarbeitenden Forschungszentren gekennzeichnet sein, die ihn einerseits vollständig abdeckten, andererseits jedoch unnötige Überlagerungen (von Einzugsbereichen und Zuständigkeiten) vermieden.[168]

Drei Jahre nach dem Erscheinen des Kommissionsberichts zur Pränataldiagnostik publizierte Johannes Nielsen, der Leiter des Dänischen Zytogenetischen Zentralregisters, eine Übersicht über den Stand des Ausbaus von Chromosomenuntersuchungen und Pränataldiagnostik in Dänemark, in der von führenden deutschen Humangenetikern herausgegebenen Reihe »Topics in Human Genetics«.[169] Nielsen wählte zur Veranschaulichung des rapide ansteigenden allgemeinen Bedarfs an Pränataldiagnostik im Land eine plastischere Form als die oben

---

166 | Ebd., S. 35. Die Aufteilung der »humangenetischen Zentren« sollte nicht nur die bestmögliche Angebotslage schaffen, sie sollte auch so gestaltet werden, dass die bereits vorhandene Expertise bestmöglich ausgeschöpft, also das im Land verstreute »humangenetische Humankapital« genutzt werden konnte, vgl. hierzu auch ebd., S. 30. Darüber hinaus sollte die Kapazität der Zentren in Kopenhagen und Århus es zulassen, jedwede Anfrage zügig zu bearbeiten, zukünftig neu entwickelte Methoden aufzunehmen und mit ausländischen Einrichtungen zusammenzuarbeiten, ebd., S. 35.
167 | Ebd.
168 | Hiermit waren auch Kostenfragen angeschnitten. Zu den Kosten-Nutzen-Rechnungen, die den Ausbau der Pränataldiagnostik in Dänemark wie in Deutschland begleiteten siehe z.B. Mikkelsen/Nielsen/Rasmussen: Cost-benefit analyse; Koch: The Meaning of Eugenics, S. 236-237.
169 | Nielsen (Hg.): The Danish Cytogenetic Central Register.

zitierte Tabelle aus dem Kommissionsbericht: eine steil ansteigende Kurve, die alle erfassten Chromosomenanalysen von 1971 bis 1977 visualisieren sollte (Abb. 15). Den Ausgangspunkt bildete also abermals die Feststellung eines großen – noch steigenden – Bedarfs an Versorgung mit Pränataldiagnostik: »The results from the DCCR [Danish Cytogenetic Central Register] indicate that there is a need for more cytogenetic service laboratories in Denmark.«[170] Da die Untersuchungskapazitäten bei einem derart rapiden Anstieg kaum mithalten konnten, mussten sich mehr oder weniger offensichtliche Versorgungs-»Engpässe« in Dänemark finden lassen, so die implizite Annahme.

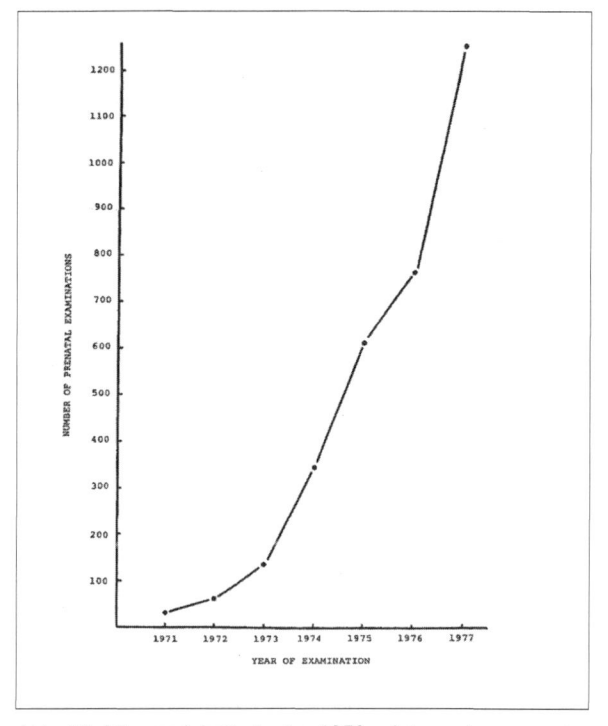

Abb. 15: Dänemark hatte in den 1970er Jahren einen rasanten Anstieg an pränatalen Chromosomenanalysen zu verzeichnen.

Die derzeitige Lage war dann auch, Nielsen zufolge, durch eine räumliche Verzerrung gekennzeichnet, die es auszugleichen galt. Interessanterweise forderte er allerdings, anders als die Kommission drei Jahre zuvor, die Einrichtung von insgesamt dreizehn Chromosomenlaboratorien in allen größeren dänischen Verwaltungsbezirken. Gerade die Konzentration auf zwei Zentren – Kopenhagen und Århus – habe zu einer Schieflage der Inanspruchnahme der Pränataldiagnostik geführt. Bei Patienten aus einem Umkreis von weniger als hundert Kilometern zu den be-

---

170 | Nielsen: Cytogenetic Service Planning, S. 81.

reits vorhandenen Laboratorien würden deutlich mehr Befunde gestellt als bei weiter entfernt wohnenden. Nielsen führte dies auf die Unterschiede in der geografischen Erreichbarkeit der entsprechenden Einrichtungen für potentielle Patienten zurück. Die weitere Entfernung, so lasse sich indirekt aus der geringeren Befundanzahl schließen, bringe eine deutlich niedrigere Inanspruchnahme mit sich.[171] Wie hingegen ein flächendeckendes für jedermann gut erreichbares Versorgungssystem aussehen könne, zeigte Nielsen mit einer Grafik, die gegenwärtig vorhandene und zusätzlich notwendige zytogenetische Laboratorien anzeige (Abb. 16). Beide Gruppen waren als Punkte in eine Karte der dänischen Verwaltungsbezirke eingetragen.

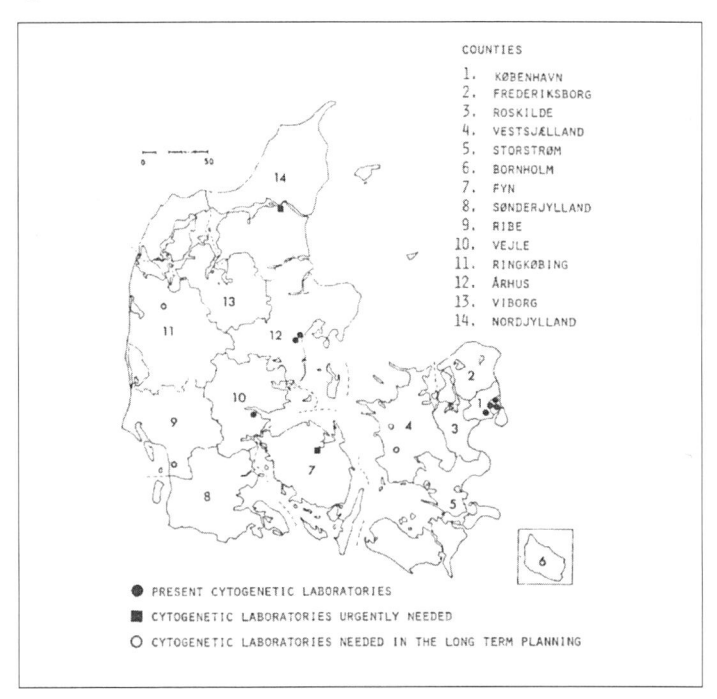

Abb. 16: Dänemark als Versorgungsfläche für Pränataldiagnostik. Die eingetragenen zytogenetischen Laboratorien sind klassifiziert nach »present«, »urgently needed« und »needed in the long term«.

Die Inbetriebnahme aller angedachten dreizehn Laboratorien bezeichnete der Autor als »ideal coverage of cytogenetic service«.[172] Damit wäre die Erreichbarkeit für Patienten ebenso wie die ausgewogene Zusammenarbeit zwischen den einzelnen Zentren gegeben.[173] Auch dieser Text wies einige Selbstverständlich-

---

171 | Nielsen u.a.: Chromosome Abnormalities, S. 64-65.
172 | Nielsen: Cytogenetic Service Planning, S. 81.
173 | Ebd., S. 81-82.

keiten des Versorgungsraum-Dispositivs auf: Aufbauend auf einem indirekt über mutmaßliche Versorgungslücken erschlossenen – und daher in Teilen vermuteten – Bedarf forderte Nielsen dessen dringende Bedienung durch den Ausbau humangenetischer Leistungen. Die Wünschbarkeit einer »Vollversorgung« der Bevölkerung mit Pränataldiagnostik stand außer Frage.[174] Aus Nielsens Bericht zum »zytogenetischen Service« in Dänemark sprach somit dasselbe räumliche Dispositiv wie aus dem Kommissionsbericht zur Pränataldiagnostik von 1977. Zwar sind inhaltliche Widersprüche zur konkreten Konzeption des flächendeckenden Versorgungsnetzes sichtbar, doch bewegen sich beide Texte auf derselben Grundlage. Deutlich geworden ist darüber hinaus die Vergleichbarkeit zur Diskussion um humangenetische Versorgungsräume in Deutschland. In beiden Ländern war diese Konzeptualisierung des Raums zudem in einen internationalen Vergleich eingebunden: Die Versorgungsdichte mit humangenetischen Leistungen in anderen Ländern wurde als Argument des dringend nötigen Ausbaus im eigenen Land herangezogen.

Am Ende der 1970er Jahre gewann die pränatale Diagnostik – inklusive der zu ihrer Durchführung nötigen genetischen Labore – sowohl in Deutschland als auch in Dänemark an institutioneller Sicherheit, vor allem wurde ihre Unterstützung durch die öffentlichen Kassen abgesichert. Darin ist ein Grund zu sehen, dass das genetische Versorgungsraum-Dispositiv in den 1980er Jahren zwar nicht verschwand, jedoch tendenziell an Bedeutung einbüßte. Am Ende der zweiten Phase verwandelte sich die »Versorgung mit genetischer Beratung und Pränataldiagnostik« zu weiten Teilen zu einem Reflex auf Vorgaben des Gesundheitswesens.[175] Charakteristische Topoi der genetischen Versorgungsräume finden sich auch in den 1980er Jahren, und zwar vornehmlich dann, wenn neue Technologien die Schwelle zur Anwendbarkeit im präventionsmedizinischen Bereich überschritten. Dies galt beispielsweise für die Chorionzottenbiopsie, die im Laufe des

---

174 | Genauso selbstverständlich war für Nielsen der Zusammenhang eines solchen Angebotsausbaus und dem prospektiven Rückgang von Kindern mit Chromosomenanomalien im Land. Vgl. Mikkelsen u.a.: The Impact of Legal Termination, S. 124.

175 | In einem Artikel in der Marburger Universitätszeitung aus den 1980er Jahren ist zu lesen, dass mit dem Umzug der Marburger Genetischen Poliklinik aus einer provisorischen Unterkunft in das Gebäude des Instituts für Humangenetik nicht nur ein Provisorium zu Ende gehe, sondern »auch eine Pionierzeit endgültig abgeschlossen« sei, Kaiser: Genetische Poliklinik. Vgl. für einen ähnlichen Automatismus der pränataldiagnostischen »Krankenversorgung« in Bremen z.B. das Protokoll der konstituierenden Sitzung der Zentralen Wissenschaftlichen Einrichtung am 20.6.1979 (BUA, 2/AkAn - Nr. 4994b). Die dortigen Ausführungen tragen bereits einen vorwiegend technischen Charakter, der von Ausbau und Verwaltung eines nahezu selbstverständlichen Phänomens ausging. Sie führen damit über den hier beschriebenen Prozess der Normalisierung humangenetischer Versorgung hinaus in ihren Normalbetrieb.

Jahrzehnts allgemeinen Eingang in die humangenetische Beratung fand,[176] oder für die steigende Anzahl molekulargenetischer Methoden in der Pränataldiagnostik, die als »neue ärztliche Versorgungsbereiche« zum Spektrum humangenetischer Leistungen hinzukamen.[177]

Neue Strategische Bündnisse – Versorgungsräume am Übergang zur genetischen Selbstsorge

Im Zuge der »Vermarktung« der Pränataldiagnostik in der Bundesrepublik Deutschland gewann die Konstruktion einer »empörten Öffentlichkeit« erheblich an Gewicht im humangenetischen Diskurs. Humangenetiker versuchten, einerseits eine solche Öffentlichkeit aktiv zu erzeugen und sie andererseits zu instrumentalisieren in ihrer Auseinandersetzung mit politischen bzw. Verwaltungsstellen. Dies kennzeichnete eine gegenüber den vorangegangenen Jahrzehnten neuartige Strategie. Die Zusammenführung von Daten zu umfassenden Erbregistern, die Berechnung von Mutationsraten und die gesetzliche Regelung der Sterilisation, die den Diskurs der 1950er und weiter Teile der 1960er Jahre bestimmt hatten, wurden vorzugsweise innerhalb geschlossener Expertenzirkel in Politik, Verwaltung, Justiz sowie Medizin und Wissenschaft verhandelt. In den 1970er Jahren bahnte sich – vorerst episodisch – die Formierung einer ungewohnten Allianz von Humangenetikern mit einer breiteren Laienöffentlichkeit an, die gegen Experten in anderen Bereichen in Stellung gebracht werden konnte. Die Aspekte der Bedarfsdeckung, der öffentlichen Gesundheitsversorgung, der Kosteneinsparung, der Verhinderung von Erbkrankheiten etc., die den humangenetischen Diskurs der 1970er Jahre prägten, kursierten als mehr oder weniger stringente Assoziationskette in vielen Medien, Öffentlichkeitsbereichen und im privaten Raum. Es geht an dieser Stelle darum zu zeigen, wie diese – aus Sicht der Wissenschaftler und Ärzte in aller Regel simplifizierenden und weltanschaulich getränkten Adaptionen – im humangenetischen Diskurs mit strategischen Ab-

---

176 | Siehe zum Beispiel die Argumentationen der »Arbeitsgemeinschaft Medizinische Genetik Baden-Württemberg«: Memorandum zur Versorgung der Bevölkerung mit Leistungen der Medizinischen Genetik, 22.04.1988, S. 3. Sie des Weiteren z.B. Traute Schroeder-Kurth: Bedarfsplan für die Versorgung der Bevölkerung im Raum Heidelberg, 29.12.1987 (beide: UAH, Acc 12/95 – 32).

177 | Vgl. z.B.: »Bisher können nur wenige Institutionen in der Bundesrepublik DNA-Untersuchungen zur Frage des Betroffenseins eines familiär belasteten Familienmitglieds und zur pränatalen Diagnostik durchführen. Daher bestehen große Versorgungslücken, besonders im Land Hessen, wo eine DNA-Diagnostik in keinem der humangenetischen Institute oder Laboratorien bisher etabliert ist.« (Helga Rehder: Antrag auf Ermächtigung zur Teilnahme an der ambulanten kassenärztlichen Versorgung für Teilgebiete der Medizinischen Genetik, 8.10.1989 [HHStAW, Abt. 511 Nr. 440]) Die in den 1970er Jahren diskutierten zyotgenetischen Methoden treten in diesem Dokument bereits als »traditionelle Versorgungsbereiche« auf.

sichten aufgegriffen wurden. Es empfiehlt sich ein exemplarischer Blick auf die humangenetische Beratung und Pränataldiagnostik in Hessen.[178]

1972 nahm die humangenetische Beratungsstelle an der Philipps-Universität Marburg unter der Leitung des Humangenetikers G. Gerhard Wendt ihre Arbeit als »Modellversuch« für das gesamte Bundesgebiet auf.[179] Dieses Vorhaben wurde im Wesentlichen durch Mittel des Bundesministeriums für Jugend, Familie und Gesundheit sowie der Stiftung Volkswagenwerk ermöglicht. Ab 1974 beteiligte sich auch das Hessische Kultusministerium an der Finanzierung von Planstellen.[180] Ein Jahr später konnte die angestrebte »Genetische Poliklinik« eröffnet werden. 1976 stellte dann das Bundesministerium die Förderung ein. Zugleich nahm die Zahl der Anfragen nach pränatalen Diagnosen gerade in diesem Jahr – vor allem im Zusammenhang mit der Reform des §218 – stark zu. Verschiedene Initiativen, die Förderung der Landesbehörden aufzustocken, führten vorerst nicht zum Erfolg. Wendt kündigte daraufhin in einer demonstrativen Aktion die vorläufige Einstellung der humangenetischen Beratung ab dem 1. Juni 1976 an, um ausstehende Chromosomenuntersuchungen und Beratungsfälle abarbeiten zu können. Er hatte bereits seit der Gründung der Beratungsstelle versucht, ein breites mediales Interesse für die »in der Bundesrepublik und im Ausland als Vorbild geltende genetische Poliklinik in Marburg« zu erzeugen.[181] In der Situation des Jahres 1976 griff Wendt allerdings zu einer Strategie, die im Zusammenhang mit der Institutionalisierung der Humangenetik in der BRD eine neue Qualität hatte: Er setzte die Information der Öffentlichkeit nicht mehr nur zur Aufklärung über Gefahren, Handlungsmöglichkeiten und -bedarf ein, sondern als gezielte Kampagne zur Bloßstellung der Hessischen Landesregierung. Damit kündigte Wendt das vormals trotz aller Konflikte grundlegende Bündnis von Wissenschaft und Politik zumindest punktuell auf. An seiner Stelle bahnte sich eine erweiterte Konstellation an, in der »die Öffentlichkeit« als eigene, bündnisfähige Instanz

---

178 | Im Hintergrund der im Folgenden verwendeten Beispiele stand die gesamtgesellschaftliche Debatte um den Zugang zum Schwangerschaftsabbruch, in die zahlreiche weitere Komponenten einflossen. Zu denken ist an Religion, Gesundheit, Freiheit, Selbstbestimmung, Körperbilder, das Verhältnis von Individuum und Gesellschaft, von Individuum und Rechtsstaat und Einiges mehr. Dieser Kontext kann im vorliegenden Rahmen jedoch keine Berücksichtigung finden.

179 | Siehe die Unterlagen in: HHStAW, Abt. 504 Nr. 13.111.

180 | In den Jahren 1972 bis 1974 wurde der Modellversuch mit insgesamt 275.850 DM vom Bundesministerium sowie 411.000 DM von der Stiftung gefördert. Ab 1975 wurden aus dem Hessischen Landeshaushalt fünf Stellen sowie knapp 200.000 DM für zusätzliche Personal- sowie Sachmittel bezahlt. 1976 kamen nochmals 125.000 DM hinzu, Genetische Beratungsstelle Marburg/Lahn – Finanzierung der Personal- und Sachkosten/Stellenpotential (HHStAW, Abt. 504 Nr. 13.111).

181 | Brief von G.G. Wendt an den Hessischen Kultusminister, 12.5.1976 (HHStAW Abt. 504 Nr. 13.111); Waldschmidt: Das Subjekt in der Humangenetik, S. 132-189.

hinzukam.[182] Wendt lancierte, genauso wie der Humangenetiker Walter Fuhrmann in Gießen, der vor den gleichen Finanzierungsschwierigkeiten in Bezug auf die humangenetische Beratung stand, Zeitungsartikel in der regionalen und überregionalen Presse und wandte sich auch an das Fernsehen. Dem Hessischen Kultusministerium wurde eine Unterschriftensammlung bezüglich der Fortführung der genetischen Poliklinik zugeleitet. Die Absicht, indirekten Druck auf die Politik auszuüben, war schnell von Erfolg gekrönt. Im Juli 1976 ging ein besorgtes Schreiben aus dem Hessischen Sozialministerium an das Kultusministerium, in dem es hieß: »Die in Zusammenhang mit dem Auslaufen des Modellversuchszeitraumes an der genetischen Beratungsstelle im Institut für Humangenetik der Philipps-Universität Marburg aufgetretenen Personalschwierigkeiten waren schon wiederholt Gegenstand von Presseartikeln. Im Hinblick darauf, daß die Arbeit dieser genetischen Beratungsstelle bundesweit starke Beachtung und Anerkennung gefunden hat, ist auch in naher Zukunft mit heftigen Reaktionen aus Tages- und Fachpresse zu rechnen. Für den Fall, daß Ihnen die [...] mit Schreiben vom 30.6.1976 vorgelegte Unterschriftensammlung gegen die Schließung der genetischen Beratungsstelle noch nicht direkt zugegangen ist, erlaube ich mir, Ihnen eine Ablichtung als Anlage mit der Bitte um wohlwollende Prüfung zuzuleiten. Ich [...] würde es sehr begrüßen, wenn der Fortbestand dieser Einrichtung gesichert werden könnte.«[183] Die Landesregierung wendete die Angelegenheit im Laufe des Sommers 1976 letztlich so, dass sie nicht rechtzeitig über den Engpass informiert worden sei. Wäre eine frühzeitigere Information erfolgt, hätte man eher reagieren können. Die Garantie der Weiterarbeit der Poliklinik im bisherigen Umfang wurde bald darauf vom Finanzministerium bestätigt.[184]

Auch der Appell von Seiten der Humangenetiker an »Betroffene«, im eigenen Interesse aktiv zu werden, zeitigte gewisse Erfolge. Bei den Hessischen Behörden gingen einige Beschwerden von Bürgern ein. Diese Schreiben bieten ein treffendes Beispiel dafür, welche Verbreitung das flächenmäßige Versorgungsdenken in Bezug auf die Humangenetik in den 1970er Jahren gefunden hatte. So heißt es in einem Brief eines Studienrats an den Hessischen Kultusminister, der als Re-

---

182 | Auf die »Unerhörtheit« dieses Vorgehens verwies auch der anfängliche Versuch der Hessischen Landesregierung, die Information der Presse sowie jeglicher externer Personen über die Ausstattung der medizinischen Kliniken im Land zu untersagen. Die hierzu konzipierte Bestimmung wurde jedoch selbst wiederum öffentlich, als »Maulkorberlaß« gebrandmarkt und daraufhin teilweise zurückgenommen, siehe z.B. Versuch der Zensur durch ein Ministerium?

183 | Brief vom Hessischen Sozialministerium an das Hessische Kultusministerium, 14.7.1976 (HHStAW Abt. 504 Nr. 31.111). Siehe als exemplarische Zeitungsartikel nur Wendt: An einer Planstelle scheitert die genetische Beratung; Rodenhausen: Genetische Poliklinik vorläufig geschlossen.

184 | Kleine Anfrage der Abgeordneten Frau Beckmann (CDU), 20.7.1976, in: Hessischer Landtag, 8. Wahlperiode, Drucksache 8/2729.

aktion auf einen Bericht in der Süddeutschen Zeitung geschrieben wurde: »Mit Bestürzung lasen meine Frau und ich von dieser durch Ihr Ministerium angeordneten Sperre einer offensichtlich dringend erforderlichen fachärztl. Planstelle! Bestürzt deshalb, weil gerade in der Bundesrepublik im Bereich der rechtzeitigen und intensiven genetischen Beratung ein leider großer Nachholbedarf besteht; die Zahl und räumliche Verbreitung solcher Einrichtungen in der BRD völlig ungenügend ist«.[185] Die hier vorgetragene Bestürzung ging wie selbstverständlich von einer flächendeckenden »räumlichen Verbreitung« von Pränataldiagnostik bzw. humangenetischer Beratung aus. Bezeichnend ist zudem die Verknüpfung des Ausbaus der Humangenetik innerhalb des Verwaltungsgebiets Hessen mit seiner Fortschrittlichkeit. Der Autor zeigte sich nämlich besonders empört darüber, dass sich dieser Engpass »in einem Bundesland, das bislang mit Recht sagen konnte – hinsichtlich des Mutes, neue Wege zu beschreiten! –: Hessen vorn!«, eingestellt hatte.[186] Weitere Beschwerdeschreiben verknüpften die humangenetische Versorgung in vergleichbarer Weise mit einer Konkurrenzlogik zwischen den Bundesländern. »Warum veranlassen Sie nicht«, wurde der Hessische Kultusminister gefragt, »daß ab Januar 1979 die Kosten für die genetischen Untersuchungen bei der Universitätsklinik in Gießen vom Land Hessen getragen werden, wenn die bisherigen Kostenträger dazu nicht mehr in der Lage sind? Warum sind diese Untersuchungen (lt. Prof. Fuhrmann) in anderen Ländern, wie z.B. in Baden-Württemberg, Hamburg, Berlin möglich und bei uns in Hessen nicht?«[187] Diese Beispiele weisen zudem eine selbstverständliche Kausalreihe vom Ausbau der Pränataldiagnostik über die daraus folgende Prävention erbkranker Kinder zur sich anschließenden Einsparung öffentlicher Kosten auf, wie sie für den humangenetischen Diskurs der 1970er Jahre prägend war.[188] Der eugenische Anspruch der Vermeidung von Erbkrankheiten verband sich nahezu selbstredend mit der bedarfsdeckenden Versorgung von Räumen mit diagnostischen Angeboten.

In den zitierten Protestschreiben kam einem weiteren Motiv entscheidende Bedeutung zu: dem individuellen Anspruch auf humangenetische Versorgung. Das Dispositiv genetischer Versorgungsräume war eng mit einem Angebot-Nachfrage-Konzept von humangenetischer Beratung und Pränataldiagnostik verknüpft. Insbesondere die Patienten aus Risikogruppen, die auf statistischen Konstruktionen wie der Altersindikation basierten, hatten ein vermeintlich selbstverständliches

---

185 | Brief an das Hessische Kultusministerium, 16.6.1976 (HHStAW, Abt. 504 Nr. 13.111).
186 | Ebd.
187 | Brief an das Hessische Kultusministerium, 13.11.1978 (HHStAW, Abt. 511 Nr. 1095). Vgl. den Brief einer weiteren Gießenerin an das Hessische Kultusministerium, 14.11.1978, sowie die Eingabe der Arbeitsgemeinschaft sozialdemokratischer Frauen in Bebra an den Hessischen Kultusminister, 19.12.1978 (beide: HHStAW Abt. 504 Nr. 13.111), die die Entstehung einer Versorgungs-»Lücke« im Raum Gießen fürchtete.
188 | Siehe Kapitel 4.2.

Interesse an genetischer Diagnostik. Die Humangenetik hatte entsprechende Leistungen bereitzustellen, um diesen legitimen Anspruch vollständig und flächendeckend bedienen zu können. Genetische Register fungierten vor diesem Hintergrund nicht mehr als Kontrollinstanzen des Erbstroms der Bevölkerung. Die automatische Erfassung von Neugeborenen mit Erbkrankheiten beispielsweise diente in erster Linie dazu, Risikopersonen für biochemische und zytogenetische Untersuchungen bei zukünftigen Schwangerschaften zu identifizieren. Der Kommissionsbericht zur Pränataldiagnostik in Dänemark konzipierte ein System, in dem Personen mit erhöhtem Risiko bestimmt werden sollten, um diese dann über lokale Ärzte und Klinikabteilungen mit den gegenwärtigen pränataldiagnostischen Möglichkeiten bekannt zu machen.[189] Dieses System sollte auf einer landesweiten Erfassung aller Schwangeren beruhen, das auf die Kooperation bestehender Versorgungseinrichtungen baute.[190] Humangenetische Experten nutzten die hergebrachten Methoden der Stammbaumerstellung und epidemiologischen Registratur hierbei vorrangig heuristisch, um eine Vorauswahl für die Untersuchung mit neueren biochemischen Methoden zu treffen. Die genetische Versorgung stellte auf das Eigeninteresse und die aktive Mitarbeit der Patienten ab. Sie ging von individuellen Ängsten sowie einem damit verbundenen Informationsbedürfnis über Erbkrankheiten und der Möglichkeit ihrer Prävention aus. In diesem Dispositiv stand einer als generell »erbbewusst« bzw. »besorgt« konzipierten Bevölkerung ein begrenztes Angebotsspektrum gegenüber. Die Aufstockung von Ressourcen zum Ausbau eines flächendeckenden Versorgungsangebots war im humangenetischen Diskurs letzten Endes weiterhin in die »Bekämpfung von Erbkrankheiten« eingebunden. Dieses Streben folgte nun allerdings einem »induktiven« Zugriff, der die genetische Selbstsorge schwangerer Frauen aktivieren und bedienen und auf diesem Weg zugleich der Verbreitung von Erbkrankheiten in der Bevölkerung entgegenwirken sollte.[191]

---

189 | Betænkning om Prænatal Genetisk Diagnostik, S. 18-19.
190 | Ebd., S. 19.
191 | Es darf allerdings nicht übersehen werden, dass der Ausbau der gesundheitlichen Versorgungssysteme in den 1970er Jahren im Allgemeinen noch deutlich staatlich-direktive bzw. expertokratische Züge trug: »One version of the development of the health care state would see the universalisation of access to health care by the 1970s as a near-perfect expression of the state in high modernity. Science and technology, professional judgement and bureaucratic reason were combined to provide sophisticated and effective health care to whole populations, as a right of citizenship, equally and comprehensively (at least, almost all citizens, and more equally and comprehensively than ever before). Among and above this, the state itself appeared hegemonic.« (Freeman: The Politics of Health, S. 27)

3.4 STANDORTE

Einleitung

Ab den späten 1970er und vor allem den 1980er Jahren begannen sich neue räumliche Dispositive in der Humangenetik durchzusetzen. Das Spektrum der Raumkonstrukte der vorangehenden Phasen wurde dadurch einerseits erweitert – es erhielt gewissermaßen eine neue Dimension –, andererseits wurde es genau dadurch grundlegend transformiert. Diese Prozesse standen in Verbindung zur Verbreitung der Gentechnologie in Forschung und Anwendung. Die Impulse, die von der Gentechnologie ausgingen, schufen auf der einen Seite die Voraussetzung der neuen Räume: Eine weltweite, teils konzertierte, teils konkurrierende Kartierung und Sequenzierung des menschlichen Genoms lief an. Ein auf der Gentechnologie basierender Wettbewerb um industrielle Standorte entstand. Auf der anderen Seite erfuhr die Gentechnologie durch diese Verschiebung der räumlichen Dispositive selbst eine maßgebliche Forcierung.

Der Prozess der Marginalisierung genetischer Behälterräume, der bereits ein Jahrzehnt zuvor im Zuge der biochemischen Humangenetik eingesetzt hatte, wurde durch die molekulargenetische Humangenetik gewissermaßen weitergeführt. Die Bedeutung des nationalen Raums blieb jedoch abermals, wie zuvor im Rahmen der Versorgungsräume, erhalten. Dies lag vor allem daran, dass sich ein Dispositiv in den Vordergrund schob, das wesentlich durch nationale Konkurrenz geprägt war. Diese Konkurrenz der Forschungs- und Entwicklungs-»Standorte« machte den nationalen Rahmen weiterhin zu einem zentralen Bezugspunkt, allerdings in wesentlich anderer Hinsicht als zuvor. Entscheidend war die Förderung nationaler »Zentren«, die vor allem durch die Häufung finanzieller Mittel – Fördermittel, Kapitalinvestitionen, Unternehmensprofite – gekennzeichnet waren. Freilich spielte dieser Aspekt in den vorangehenden Jahrzehnten bereits eine wichtige Rolle im Rahmen einer internationalen wissenschaftlich-technologischen Disziplin wie der Humangenetik. Nun wurde er jedoch immer deutlicher zu einem zentralen Organisationsprinzip des gesamten Diskurses: Ökonomische Denkweisen durchdrangen die Humangenetik. Hierfür stellte das Angebot-Nachfrage- und Dienstleistungsparadigma der genetischen Versorgungsräume adäquate Anknüpfungspunkte bereit, die nunmehr – vor dem Horizont einer industriell verwertbaren gentechnologischen »Produktion« – in den Mittelpunkt traten.

Im Anschluss gilt es, eine weitere Entwicklung in den Blick zu nehmen, die man als »Globalisierung der Versorgungsräume« bezeichnen könnte. Hierbei handelt es sich um ein Phänomen, das die gentechnologische Forschung und die daraus resultierenden medizinischen Produkte im Allgemeinen betraf und weniger die humangenetische Forschung im engeren Sinne. Allerdings zeigen sich deutliche Anknüpfungspunkte sowohl zu den im vorangehenden Abschnitt diskutierten Versorgungsräumen als auch zu dem in diesem Abschnitt fokussierten Standort-Dispositiv, stellte die globale Versorgung unterentwickelter Gebiete mit medizinischer Forschung doch die Kehrseite der weltweiten Standortkonkurrenz dar. Letztere brachte Zentren des Fortschritts und der Produktion auf der einen Seite und abgehängte Peripherien auf der anderen Seite hervor. Auf diese peripheren, vor allem in der »Dritten Welt« zu verortenden Gebiete richteten sich in den 1970er und 1980er Jahren verstärkte Bemühungen, sie an den »medizinischen Früchten« der gentechnologischen Forschung teilhaben zu lassen.

Die Kartierung des menschlichen Genoms

Die Deutsche Forschungsgemeinschaft förderte von 1985 bis 1995 das Schwerpunktprogramm »Analyse des menschlichen Genoms mit molekularbiologischen Methoden«.[192] Die ersten Vorbereitungen dieses Schwerpunktes liefen bereits Ende der 1970er Jahre an.[193] Das Programm ging von den wissenschaftlichen Fortschritten der 1970er Jahre aus, die nach und nach zur forschungspraktischen Anwendbarkeit gelangten und es erlaubten, »die Genomstruktur auf dem Nukleotidniveau zu analysieren und gezielt zu verändern«.[194] Hier ist in erster Linie an die Entdeckung der Restriktionsenzyme zu denken, mit denen sich DNA »sequenzspezifisch in kurze, leicht analysierbare Fragmente zerlegen und fusionieren« ließ.[195] Diese Bausteine konnten sodann mittels Klonierungstechniken in Bakterien eingeschleust werden, um dort vielfach – gewissermaßen »fabrikmäßig« – reproduziert zu werden. Im Anschluss hatte man »schnelle und einfache Methoden« zur Analyse dieser DNA-Fragmente zur Verfügung.[196] Neben der Stück für Stück erfolgenden Kartierung und Sequenzierung des menschlichen Genoms erwarteten die beteiligten Forscher und Förderer vor allem medizinisch nutzbares Wissen.

---

192 | Der Abschlussbericht ist publiziert, Deutsche Forschungsgemeinschaft (Hg.): Abschlußbericht. Einige Archivalien sind im DFG-Archiv in Bonn unter der Signatur 322 256 einsehbar.
193 | Winfrid Krone/Ulrich Wolf: Antrag auf Gründung eines neuen Schwerpunktprogramms im Fachgebiet Humangenetik mit dem Thema: »Organisation und Expression des menschlichen Genoms«, 7.4.1978 (DFG-Archiv, 322 256).
194 | H. Schaller: Erster Entwurf einer Begründung zur Einrichtung eines neuen Schwerpunktprogramms der DFG: »Analyse (und Variation) von Genen und regulatorischen Elementen in der DNA auf dem Nukleotidniveau«, 1.6.1978 (BA, B 227/322251). Die Vorläuferprojekte der DFG, aus denen sich die Konzeption des neuen Schwerpunkts mit ergab, wiesen noch keine humangenetischen Bezüge auf, sondern waren allgemein biologischer Art. Es handelt sich hier vor allem um die Programme »Molekulare Biologie«, »Nukleinsäuren- und Proteinbiosynthese«, »Chromatinstruktur und Regulation der Transkription« sowie »Gentechnologie«.
195 | Ebd.
196 | Ebd. Hierbei war die Technik der Restriktionsfragment-Längenanalyse (RFLP) von entscheidender Bedeutung.

Mit der Genomanalyse des Menschen meinten sie nunmehr endlich den »kleinsten gemeinsamen Nenner« der menschlichen Biologie mehr oder minder direkt erreichen zu können.[197] Der Würzburger Professor Tiemo Grimm schrieb 1984 in einem Forschungsantrag: »Die Anwendung der Methoden der DNA-Technik (Gentechnologie) auf das menschliche Genom erlaubt es erstmalig, das Erbmaterial selbst, die DNA, zu analysieren.«[198] Zum wiederholten Male verbreitete sich das Bewusstsein einer Revolution nicht nur der Humangenetik, sondern der gesamten Biologie und Medizin des Menschen. Der damalige Präsident der Deutschen Forschungsgemeinschaft, Eugen Seibold, mutmaßte in einem Radiointerview: »Ich kann mir gut vorstellen, daß auch Wissenschaftler etwas erschaudern, wenn wir jetzt an den Kern der Materie kommen, wenn wir an den Kern des Lebens kommen, in der Zelle. Und daß man da ein Gefühl hat: Jetzt sind wir ganz weit vorgeprescht«.[199] In diesem Kontext richteten sich die primären Kartierungsbemühungen der Humangenetik nun nicht mehr auf die Geografie oder die Versorgungslandschaft, sondern auf das Genom. Bereits Mitte der 1970er Jahre im Ausklang des Schwerpunktprogramms »Biochemische Humangenetik« hatte es geheißen, »daß eine detaillierte Genkarte des Menschen grundlegende Bedeutung für die allgemeine Humangenetik wie die medizinische Genetik habe«.[200] Die Metaphorik der »Karte« verbreitete sich in den Folgejahrzehnten inflationär. Sie erlaubte es, das menschliche Genom als eine Art Horizont zu sehen, der durch das neue Schwerpunktprogramm zur »Analyse des menschlichen Genoms« Stück für Stück erkundet wurde.[201]

In Dänemark verfolgten die Humangenetiker direkt vergleichbare Forschungsvorhaben. Mitte der 1980er Jahre diskutierten die Vertreter des erbbiologischen

---

197 | Im Rahmen eines DFG-Rundgesprächs referierte der Heidelberger Wissenschaftler Hans-Peter Vosberg über die aktuellen Methoden der Genkartierung beim Menschen. Er behauptete: »Eine Grenze nach unten gibt es nicht«, Hans-Peter Vosberg: Überblick über neue Möglichkeiten zur Analyse menschlicher Gene, 2.7.1982 (DFG-Archiv, 322 256), S. 4.
198 | Tiemo Grimm: DNA-Techniken in der Pränataldiagnostik. Heterozygoten-Erkennung und vorgeburtliche Diagnostik erblicher Muskelerkrankungen, 21.12.1984 (BA, B 227/225093). Vergleichbar ist die Rede von der Erreichbarkeit »molekularer Ursachen« der Prozesse des menschlichen Körpers, Karl Sperling: Antrag auf Einrichtung eines neuen DFG-Schwerpunktprogrammes »Analyse des menschlichen Genoms mit gentechnologischen Methoden«, 8.9.1983 (DFG-Archiv, 322 256).
199 | Anne-Lydia Edingshaus: Brauchen wir eine neue Wissenschafts-Ethik? 9.1.1985 (ArchMHH, Dep. 1 acc. 2011/1 Nr. 2), S. 5-6.
200 | Walter Klofat: Nachtrag zur SP-Liste 1/75, o.D. [1975] (BA, B 227/138698).
201 | Diese Entdecker-Atmosphäre wurde durch die Erkenntnis, dass sehr große Teile des menschlichen Genoms scheinbar funktionslos waren und dass auch Gensequenzen selbst nicht-codierende Abschnitte enthielten – also vollständig unbekanntes Territorium darstellten –, nur zusätzlich befeuert, vgl. z.B. P. Karlson: Exposé zu einem neuen Schwerpunktprogramm: »Genomstruktur und Genexpression«, 29.5.1978 (BA, B 227/322251), S. 1.

Instituts der Universität Kopenhagen über die wissenschaftliche Zukunft des Instituts, um der medizinischen Fakultät den Ressourcenbedarf der nächsten Jahre vorzulegen.[202] Ein wesentlicher Teil dieser Zukunft sollte die Kartierung (*kortlægning*) der menschlichen Gene – der Bestimmung ihrer Lage auf den menschlichen Chromosomen mittels Kopplungsanalysen – bringen.[203] Das Institutsmitglied Sven Asger Sørensen beschrieb dieses Vorhaben mittels einer anschaulichen Metapher: Durch das »Entlangwandern« am DNA-Strang vom Marker zum Gen, könne dieses »präzise lokalisiert« werden.[204] Durch eine derartige Metaphorik gewann die Genkartierung eine Plastizität, die fast schon an das persönliche Bereisen des Landes durch die Mitarbeiter des Kopenhagener Erbregisters in den 1950er und 1960er Jahren erinnerte. Von der Genkartierung versprach Sørensen sich dabei mehrere Vorteile. Die Funktion des Gens könne ermittelt werden, die Pathogenese von Erbkrankheiten könne besser verstanden werden und gezieltere Therapien, die sich »gegen den Gendefekt selbst« oder seine unmittelbaren Auswirkungen richteten, könnten entwickelt werden.[205]

Wenige Jahre vor Sørensens Diskussionsbeitrag hatte ein Förderantrag aus dem humangenetischen Institut der Universität Kopenhagen an die Nationale Medizinische Forschungsgemeinschaft (*Statens Lægevidenskabelige Forskningsråd*) den »Ausbau des Netzes« von RFLP-Markersystemen für das menschliche Genom angepriesen.[206] Ein solches Netzes müsse sich »überall über das menschliche Genom verteilen«.[207] In seinem Fehlen habe bislang das zentrale

---

202 | Siehe den Schriftwechsel in: RA, Københavns Universitet, Afdeling for Medicinsk Genetik, Institutsager, Lb.nr. 7.

203 | Kirsten Fenger: Basal humangenetik: Kortlægning af menneskets genom ved udredning af koblingsrelationer, kromosomtilhørighed, regional beliggenhed samt struktur af normale og patologiske humangenetiske systemer, 3.2.1984 (RA, Københavns Universitet, Afdeling for Medicinsk Genetik, Institutsager, Lb.nr. 7).

204 | Sven Asger Sørensen: Ajourføring af og tillæg til skrivelserne: »Arvebiologisk instituts forskningsmæssige fremtid; forsknings- og ressourcebehov i de nærmeste år« og »Humangenetiske perspektiver i forskningsudviklingen ved det lægevidenskabelige fakultet«, 7.3.1986 (RA, Københavns Universitet, Afdeling for Medicinsk Genetik, Meddelelser fra formanden, Lb.nr.4). Prominent war auch die Metapher des »Einkreisens« von Genen mittels Markersystemen, die beispielsweise die Institutsleiterin Kirsten Fenger verwendete: Hvorledes opnåelsen af det i hovedteksten nævnte »endelige« mål for humangenetisk forskning kan udnyttes til forskellige »gendiagnostiske« formål i prænatal-, præklinisk- og heterozygot-diagnose, 3.2.1984 (RA, Københavns Universitet, Afdeling for Medicinsk Genetik, Institutsager, Lb.nr. 7).

205 | Ebd.

206 | Brief von Universitetets Arvebiologiske Institut an Statens Lægevidenskabelige Forskningsråd, 14.1.1983 (RA, Københavns Universitet, Afdeling for Medicinsk Genetik, Institutsager, Lb.nr. 7).

207 | Ebd.

Hemmnis humangenetischen Fortschritts gelegen.[208] Denkt man an Sørensens Metapher des »Entlangwanderns« am Genom, ließe sich dieser »Fortschritt« nahezu wörtlich als Abschreiten der genetischen Ebene auffassen. In freier Anlehnung an das obige Bild wären die Marker, aus denen sich das geplante Netz zusammensetzen sollte, die »Wanderhütten« des Humangenetikers.

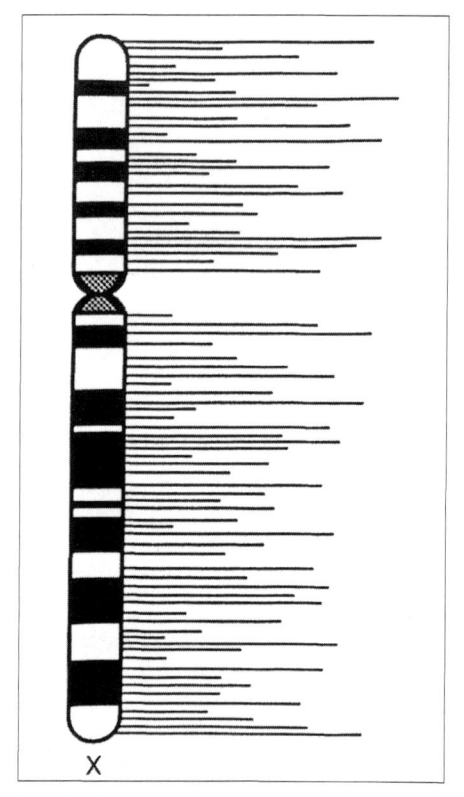

Abb. 17: Schematische Karte des menschlichen X-Chromosoms, die die Lage aller bekannten RFLP-Marler simuliert, und damit eine punktgenaue Verortung – oder zumindest »Einkreisung« – menschlicher Gene suggeriert.

Die Kopenhagener Forschungen basierten hierbei im Wesentlichen auf der Familien-Datenbank (*familiebank*) des Instituts, verstanden sich zugleich allerdings als Beitrag zur internationalen Anfertigung einer menschlichen Genkarte, wie

---

208 | Darüber hinaus sollten die Forschungen der »vorbeugenden genetischen Arbeit«, also der Heterozygoten- und Pränataldiagnostik, dienen. Auch stünde die Identifikation von »Hauptgenen« nicht-pathologischer Eigenschaften wie dem Fingerabdrucksmuster, der Körpergröße oder des Intelligenzquotienten in Aussicht, ebd.

sie unter der Leitung des US-amerikanischen Humangenetikers Victor McKusick seit den 1970er Jahren organisiert und sukzessive publiziert worden war.[209] Abbildung 17 zeigt eine beispielhafte, schematisierte Illustration dieser Kartierungsbemühungen, die sich nicht mehr auf genetische Behälterräume, sondern das menschliche Genom selbst richteten. In den Augen der Zeitgenossen war der »Untergrund« der genetischen Ebene, ihre »kleinste Einheit«, erreicht worden – und sie schien »messbar« zu sein.

Diese nochmalige »Verkleinerung« der Forschungsgegenstände der Humangenetik – gewissermaßen ihre »Digitalisierung« – stellte sich als Ausgangspunkt einer außerordentlichen Intensivierung des transnationalen Austauschs heraus. Die Erforschung des menschlichen Genoms mit gentechnologischen Methoden trieb die Internationalisierung der Humangenetik einen deutlichen Schritt weiter.[210] Die Erstellung einer genetischen Karte mit möglichst »hoher Auflösung« entwickelte sich in den 1980er Jahren zu einem nationenübergreifenden Gemeinschaftsprojekt.[211] Es lässt sich also eine der Größenordnung nach gegenläufige Bewegung beobachten: Die Forschung strebte immer größere nationale und auch transnationale Verbünde an, während ihre zentrale Gegenstandsebene sich weiter ins »Innerste des Menschen« hinein verschob. Dabei richteten sich die leitenden Forschungsdesigns weltweit immer einheitlicher aus. Das primäre Paradigma war die Vervollständigung der Karte bzw. Sequenz des menschlichen Genoms.

209 | Samarbejdsgruppen »familiebanken«: Basal humagenetik: Kortlægning af menneskets genom ved udredning af koblingsrelationer, kromosomtilhørighed, regional beliggenhed samt struktur af normale og patologiske humangenetiske systemer, 27.1.1984 (RA, Københavns Universitet, Afdeling for Medicinsk Genetik, Institutsager, 1980-1989, Lb.nr. 7). McKusick hatte bereits zu Beginn der 1960er Jahre begonnen, die die gonosomalen und autosomalen Erbkrankheiten zu »katalogisieren«, das heißt, sie zu sammeln, nach Chromosomen zu sortieren – soweit möglich – und diese Daten auf Magnetbändern zu speichern, McKusick: Mendelian Inheritance in Man.

210 | Selbstverständlich lassen sich frühere Pläne umfangreicher internationaler Forschungskooperationen der Humangenetik finden. Bereits 1967 konnte man beispielsweise in der dänischen Tagespresse anlässlich des Besuchs des Nobelpreisträgers François Jacob in Kopenhagen über die Erforschung der menschlichen DNA lesen: »Falls es uns wirklich gelingen sollte zum Grund der ungeheuer verwickelten chemischen Prozesse vorzustoßen, die Voraussetzung der Lebensfunktionen sind, ist eine engere Zusammenarbeit zwischen den europäischen Wissenschaftlern notwendig.« (Forbenede universiteter) Ab den 1980er Jahren wurde das Drängen nach einer »Transnationalisierung« der humangenetischen Forschung allerdings immer präsenter, insbesondere in der alltäglichen Forschungspraxis.

211 | Siehe für die Formulierung und den europäischen Bezug Deutsche Forschungsgemeinschaft (Hg.): Abschlußbericht, Anlage 1 »Arbeitsberichte für den Zeitraum April bis Dezember 1995«: Die genetische Karte des Menschen (EUROGEM) – Karl-Heinz Grzeschik – Medizinisches Zentrum für Humangenetik, Marburg; siehe auch Botstein u.a.: Construction of a Genetic Linkage Map.

Die »globale Mission« lautete, eine Genkarte des Menschen zu erstellen, und somit den kleinsten gemeinsamen Nenner der gesamten Menschheit in Form dieser Karte vollständig zu erkunden. Die Identität der gesamten Menschheit schien hierbei in humangenetischer Hinsicht auf ein gemeinsames Substrat reduzierbar zu sein, dessen Sequenz aufschreibbar war.

Für die Zusammensetzung der Genkarten bzw. -sequenzen des Menschen war es nahezu unerheblich, welcher geografischen Herkunft das verwendete Ausgangsmaterial war. Das Konstrukt »des menschlichen Genoms« stellte in geografischer Hinsicht ein zweifaches Patchwork dar: Nicht nur strömten die Forschungsergebnisse aus einer transnationalen Laborlandschaft zusammen, auch die Herkunft des Forschungsmaterials war global verstreut. Oft hatten die Genomforscher es mit DNA-Proben zu tun, die am Beginn des Forschungsprozesses einmal menschlichen Individuen entnommen worden waren, sodann jedoch in bakterielle Plasmide überführt, vervielfältigt und vielfach weiterverarbeitet und verschickt worden waren. Darin lag eine weitere Abstraktion der humangenetischen Gegenstände von geografischen Bezügen begründet. Die Gene, die es zu kartieren galt, wurden vielmehr in submikroskopischen räumlichen Strukturen in der Zelle bzw. im Zellkern verortet. Somit verkleinerte sich auch die unmittelbare »Umwelt« der Gene. Die Lagerung des Chromatins im Zellkern oder die Erforschung von »Chromosomenterritorien« wurden zu zentralen Bezugspunkten.[212] »Gröbere« räumliche Bezüge, beispielsweise auf Regionen, wurden demgegenüber tendenziell weniger wichtig im humangenetischen Diskurs. Die räumliche, ethnische oder soziale Kohärenz der Personen, denen die ursprünglichen Proben entnommen worden waren, war zwar nicht unbedeutend, jedoch zweitrangig gegenüber der Reaktionsweise der Forschungsmaterialien untereinander. Dieser Prozess fand sein Gegenstück in der (Um-)Gestaltbarkeit des Genoms, die durch die Methoden der Gentechnologie suggeriert wurde.[213] Die Austauschbarkeit von

---

212 | Zu Erforschung und Nachweis von Chromosomenterritorien im Zellkern im Laufe der 1980er Jahre siehe Cremer: »Die funktionale Organisation...«.

213 | Der Artikel »Schöpfer neuen Lebens« in der Zeitschrift »Bild der Wissenschaft« sprach 1984 beispielsweise von einem »Gen-Technologie-Hobbykasten«, mittels dem zeitgenössische Molekularbiologen »nicht nur natürliche Gene zu vervielfachen vermögen, sondern selber Stück für Stück zusammensetzen können«, S. 81-82. Vgl. auch die Bemerkung Hans-Jörg Rheinbergers und Staffan Müller-Willes zur Produktion »Genetisch Modifizierter Organismen«: »Wenn man so will, haben sie die Zirkulation von Erbmaterial von eng umschriebenen, sexuell reproduzierenden Populationen auf die Welt der Lebewesen insgesamt ausgeweitet und globalisiert und dabei nicht nur Artgrenzen, sondern auch die Reiche von Pflanzen, Tieren und Mikroben durchlässig gemacht. Damit wurden aber auch organische Grenzen zur Disposition gestellt, die im 18. Jahrhundert weitgehend als fix und im 19. Jahrhundert als nur in evolutionären Zeiträumen veränderbar angesehen wurden. Der evolutionär entstandene Genpool des Lebens insgesamt wurde so zu einem universalen Werkzeugkasten«. (Rheinberger/Müller-Wille: Vererbung, S. 264)

Genen über Organismusgrenzen hinweg und ihre generelle Rekombinierbarkeit unterminierte das Denken in vorgegebenen räumlichen Rahmenbedingungen – also in Grenzen, die nur schwerlich überschritten werden können, oder in relativ stabilen, unveränderlichen Umweltbedingungen etc. Auch hier wirkten sich, wie bereits zuvor in der Umbruchzeit der späten 1960er Jahre, forschungspraktische Umstellungen im humangenetischen Alltag auf räumliche Dispositive aus.

Das Vorhaben einer vollständigen Karte der Gene auf den menschlichen Chromosomen sowie der Verschriftlichung ihrer genauen Sequenzen war im Blick auf den internationalen Raum ambivalent. Wie bereits angedeutet beförderte es einerseits die transnationale Kooperation, während es andererseits die internationale Konkurrenz zwischen den Forschungsnationen eher verstärkte, indem diese sich in einem Wettlauf um das Erreichen jener Ziele wiederfanden. Die genetische Ebene stellte sich in diesem Sinne als ein unentdeckter Kontinent dar. Es entstand der nationale Forschungsimperativ, an seiner Erschließung teilzuhaben und nicht bloß längst kartiertes Gebiet vorzufinden. Dieser Imperativ erschien trotz aller beiläufigen Kritik am Sinn dieses Vorhabens alternativlos. In den 1980er Jahren formierten sich in mehreren europäischen und außereuropäischen Staaten wie den USA und Japan konkrete Initiativen, die nationale Forschung zur Kartierung des menschlichen Genoms zu bündeln und zu forcieren.[214] Das Bewusstsein eines Wettlaufs der Nationen im Rahmen einer im Wesentlichen definierten Forschungsfrage war hierbei sehr präsent bzw. brachte diese Projekte überhaupt erst hervor. Im Juli 1982 fand ein wegweisendes Rundgespräch der Deutschen Forschungsgemeinschaft zu »molekular-genetischen Forschungsprojekten in der Humangenetik« in Heidelberg statt, auf dem eine bereits vielfach geäußerte Sorge deutscher Humangenetiker bekräftigt wurde: Die deutsche Forschung drohte in der Molekulargenetik international abgehängt zu werden. Dies sollte, so die Befürchtung, neben der Grundlagenforschung auch Folgen für den medizinisch-genetischen Bereich zeitigen.[215] Der Berliner Humangenetiker Karl Sperling identifizierte diese Entwicklung in der Rückschau als internationale Herausforderung: »Die meisten anderen großen Industrienationen [...] haben diese Herausforderung erkannt und eigene Genomprojekte begonnen.«[216] Miteinander

---

214 | Detaillierte Angaben liefert Kevles: Die Geschichte der Genetik und Eugenik, S. 33-47. Siehe auch McKusick: Mapping and Sequencing the Human Genome. Die Forschungsliteratur zu nationalen wie internationalen Genomprojekten ist mittlerweile kaum noch überschaubar, weshalb hier auf eine Literaturübersicht verzichtet wird. In der Regel handelt es sich um sozialwissenschaftliche, philosophische, bioethische oder medizinische Studien mit ausgeprägtem Gegenwartsbezug, die gelegentlich historische Rückblicke bis in die 1970er Jahre beinhalten.
215 | K. Sperling: Antrag auf Einrichtung eines neuen DFG-Schwerpunktprogrammes »Analyse des menschlichen Genoms mit gentechnologischen Methoden«, 8.9.1983 (DFG-Archiv 322 256).
216 | Sperling: Einleitung, S. 2.

konkurrierende nationale Räume wurden in der Hinsicht verglichen, wie weit sie im globalen Projekt der Genomforschung vorangekommen waren.[217] Diese Standortkonkurrenz entwickelte sich zu einem wesentlichen Element des humangenetischen Diskurses in den 1980er Jahren.

Die Konkurrenz der Forschungsstandorte

Es ging im Wettlauf um die Genomforschung nicht allein um wissenschaftlichen Fortschritt und (vermeintlich) medizinisch nutzbares Wissen, sondern auch um wirtschaftliche Erwägungen. Die Gentechnologie hatte die Forschung zu einer industriell nutzbaren Produktionsmaschinerie gemacht, wie die US-amerikanischen Gentechnologie-Unternehmen bereits seit den frühen 1970er Jahren bewiesen hatten. In Deutschland und Dänemark setzte das wirtschaftliche Interesse an der Gentechnologie erst gut zehn Jahre später ein.[218] Die internationale Konkurrenz der Genforschung bekam dadurch eine zusätzliche Dimension als Wettbewerb um »Standorte«, die in erster Linie durch die Verflechtung von Wissenschaft, Medizin und Wirtschaft geformt wurden. Bei der Darstellung der Versorgungsräume, die sich in den 1970er Jahren in Deutschland und Dänemark als zentrales Raumdispositiv durchgesetzt hatten, ging es bereits um die effiziente Gestaltung von Räumen. Aufwand und Ertrag sollten beim Ausbau humangenetischer Leistungen in ein angemessenes Verhältnis gebracht werden. Auch stellten (eugenische) Kosten-Nutzen-Rechnungen ein zentrales Moment bei der Etablierung der Pränataldiagnostik dar. Darüber hinaus orientierten sich humangenetische Versorgungsräume wesentlich an einem Schema von Angebot und Nachfrage bzw. Bedarf. Nicht zuletzt stellte die Konkurrenz zwischen nationalen Regionen um ein ausreichendes Angebot einen ubiquitären Topos dar. Obwohl es sich hierbei um einschlägige Elemente ökonomischen Denkens handelte, war der humangenetische Versorgungsraum noch kein »ökonomisierter Raum«. Tonangebend waren medizinische, präventive und im Hintergrund weiterhin epidemiologische Ziele. Allerdings bestellte das Versorgungsdenken der Humangenetik den Boden, auf dem sich ab den späten 1970er und in den 1980er Jahren ein deutlich ökonomisch geprägtes Raumkonzept in der deutschen und dänischen Humangenetik ausbreiten konnte. Der humangenetische Diskurs drehte sich hierbei in seiner dritten Phase vor allem um die gentechnologische Forschung als Grund-

---

217 | Vgl. Driesel: Genomforschung, S. 59.

218 | Aretz: Kommunikation ohne Verständigung; Jelsøe u.a.: Denmark. Robert Bud macht hierfür eine mangelnde Verbindung der Wissenschaft zur Wirtschaft sowie die breite öffentliche Ablehnung der Gentechnologie verantwortlich. Auch hätten sowohl Unternehmen als auch die Politik in Europa bis Ende der 1980er Jahre sehr zurückhaltend agiert, Bud: Wie wir das Leben nutzbar machten, S. 242-247; vgl. Kiel u.a.: Gensplejsning, insbesondere S. 155-156.

lage industriell verwertbarer »Produkte«.[219] Die Konkurrenz der Forschungs- und Entwicklungs-Standorte war hierbei sowohl international als auch im Blick auf die Regionen innerhalb der Nation von Bedeutung.

Ein zentrales Moment der Untergliederung von Räumen stellte in den 1980er Jahren die Höhe der finanziellen Fördermittel bzw. des investierten Kapitals dar. Zentren der Forschung definierten sich zu weiten Teilen über ihr Finanzvolumen. Im Jahr 1984 waren in Deutschland in Zusammenarbeit von Politik, Industrie, Universitäten und Max-Planck-Gesellschaft vier sogenannten »Gen-Zentren« gekürt worden. In mehreren Publikationen zum Thema ging es um finanzielle Fragen, vor allem um die Forschungsförderung von öffentlicher und privater Seite sowie um die Chancen für gentechnologische Unternehmen in Deutschland. Die populärwissenschaftliche Zeitschrift »Bild der Wissenschaft« veranschaulichte die Bedeutung der »Gen-Zentren in Deutschland« mit einer Grafik (Abb. 18). Die vier Zentren in Köln, Berlin, Heidelberg und München – es handelte sich um Max-Planck- und Universitätsinstitute – definierten sich über die »Höhe«, die die »Balken« ihres Finanzierungsvolumens erreichten. Entscheidend war das Ausmaß der Kooperation von öffentlichen Geldgebern mit Privatunternehmen. So war in drei Fällen das Bundesministerium für Forschung und Technologie beteiligt, in einem der Berliner Senat, wobei die öffentliche Finanzierung durch Mittel der Unternehmen Bayer, Schering, BASF, Hoechst und Wacker Chemie ergänzt wurde.[220] Es galt das Prinzip: je mehr Verbundforschung, je mehr industrielle Beteiligung, desto besser. In den 1980er Jahren potenzierten sich die wissenschaftlichen und politischen Anstrengungen, den Technologietransfer von der Forschung in die privatwirtschaftliche Entwicklung medizinischer und anderer »Produkte« auszubauen. Forschungsstandorte waren zu fördern, um auf ihrer Grundlage gentechnologische Produktionsstandorte zu kreieren. Die Finanzierung der Forschung führe somit mehr oder weniger direkt zur Entstehung entsprechender Wirtschaftsstandorte.[221] Dieser Raum besaß eine ausgeprägt internationale Dimension.

---

219 | Vgl. mit Blick auf die Biotechnologie im Allgemeinen Bud: Wie wir das Leben nutzbar machten, S. 192-200. Eine paradigmatische Rolle spielte hierbei die Herstellung medizinisch verwertbarer Stoffe, wie z.B. Insulin, mittels gentechnologischer Methoden, siehe Driesel: Genomforschung, S. 68. Vgl. für die Beispiele der deutschen Firma Hoechst und der dänischen Firma Novo Industries auch: Schöpfer neuen Lebens, S. 82-84.

220 | Die Bundesregierung förderte Anfang der 1980er Jahre mehrere gentechnologische, größtenteils medizinische Projekte, die von Industrieunternehmen betrieben worden. Neben den oben genannten Firmen zählten hierzu zum Beispiel Bioferon, Biotest, Boehringer-Mannheim und Grünenthal. An den meisten dieser Forschungsunterfangen waren zudem deutsche Universitäten beteiligt, vgl. Antwort der Bundesregierung auf die Große Anfrage der Abgeordneten Frau Dr. Hickel.

221 | Vgl. hierzu die Argumentation des Bielefelder Genetikers Alfred Pühler: »Andererseits spielen auch rein wirtschaftliche Überlegungen eine Rolle. Noch nie fand vorher eine Grund-

Gen-Zentren in Deutschland

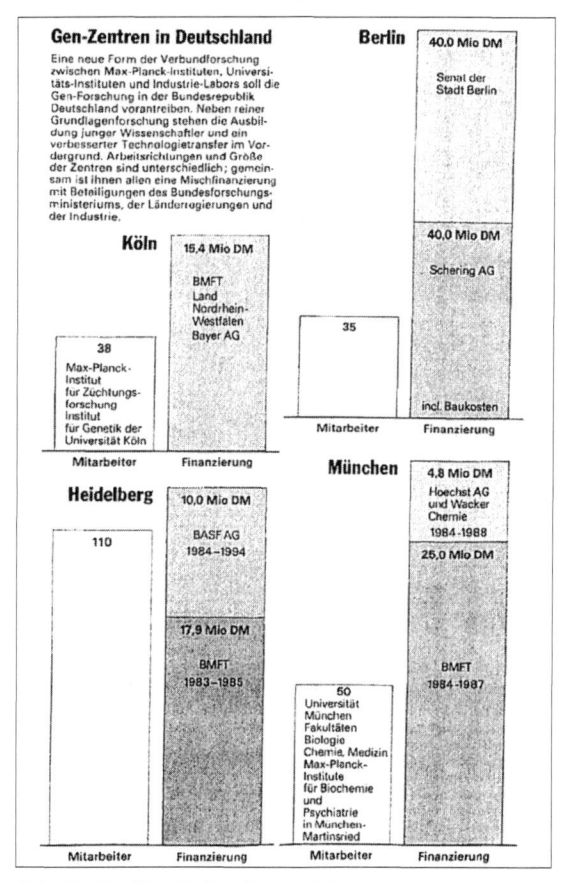

Eine neue Form der Verbundforschung zwischen Max-Planck-Instituten, Universitäts-Instituten und Industrie-Labors soll die Gen-Forschung in der Bundesrepublik Deutschland vorantreiben. Neben reiner Grundlagenforschung stehen die Ausbildung junger Wissenschaftler und ein verbesserter Technologietransfer im Vordergrund. Arbeitsrichtungen und Größe der Zentren sind unterschiedlich; gemeinsam ist ihnen allen eine Mischfinanzierung mit Beteiligungen des Bundesforschungsministeriums, der Länderregierungen und der Industrie.

Köln — Mitarbeiter: 38 (Max-Planck-Institut für Züchtungsforschung, Institut für Genetik der Universität Köln); Finanzierung: 15,4 Mio DM (BMFT, Land Nordrhein-Westfalen, Bayer AG)

Heidelberg — Mitarbeiter: 110; Finanzierung: 10,0 Mio DM (BASF AG 1984–1994); 17,9 Mio DM (BMFT 1983–1985)

Berlin — Mitarbeiter: 35; Finanzierung: 40,0 Mio DM (Senat der Stadt Berlin); 40,0 Mio DM (Schering AG) incl. Baukosten

München — Mitarbeiter: 50 (Universität München Fakultäten Biologie Chemie, Medizin, Max-Planck-Institute für Biochemie und Psychiatrie in München-Martinsried); Finanzierung: 4,8 Mio DM (Hoechst AG und Wacker Chemie 1984–1988); 25,0 Mio DM; BMFT 1984–1987

Abb. 18: Die über die Bundesrepublik Deutschland verteilten »Zentren« genetischer Forschung zeichnen sich durch ihr Finanzierungsvolumens aus. Die Höhe der »Finanzierungs-Balken« im Diagramm symbolisiert die Sichtbarkeit im internationalen Raum.

Die deutsche Forschung und ihre industrielle Verwertung waren eingebettet in einen Horizont internationaler Konkurrenz, der durch die Höhe von Investitions-

---

lagenforschung so schnell Eingang in den industriellen Bereich. Es ist deshalb nötig, diese Technologie auch in unserem Lande zu entwickeln, damit in Zukunft unsere chemische und pharmazeutische Industrie nicht erneut eine Vielzahl von Patenten aus dem Ausland übernehmen muß. Hier sollten auch die Überlegungen des Bundesministeriums für Forschung und Technologie ansetzen und diesem Wissenschaftszweig eine größere Förderung zukommen lassen.« (Pühler: Gentechnologie, S. 55)

summen und den Erfolg gentechnologischer Unternehmen konturiert wurde.[222] Allerdings ging es in Deutschland vorrangig darum, nicht den Anschluss zu verlieren, da die hiesige Forschung und »Vermarktung« der Gentechnologie bereits in den 1970er Jahren praktisch unaufholbar von den USA abgehängt worden waren.[223]

Die Entstehung eines vergleichbaren Dispositivs lässt sich in Dänemark beobachten. Die Experten in Wissenschaft, Politik und Industrie versuchten, sich einen Überblick über den Gesamtstand der Forschung und Entwicklung im Land zu verschaffen, um auf dieser Grundlage »nationale forschungspolitische Überlegungen« anzustellen.[224] Leitlinie dieser forschungspolitischen Diskussion im Blick auf die Genetik war in den 1980er Jahren eindeutig, die »Attraktivität« Dänemarks für Wirtschaftsunternehmen zu erhöhen, die die Gentechnologie in verwertbare Produkte umwandelten. Der Expertenbericht zur Gentechnologie hatte 1985 beobachtet, dass Dänemark im »biotechnologischen Bereich« (*bioteknologisk område*) einen »kleinen, aber anerkannten Platz« weltweit einnehme, den es nach Möglichkeit – durch Investitionen und gesetzgeberische Maßnahmen sowie die Förderung der Forschung und Entwicklung – zu erhalten oder sogar auszubauen galt.[225] Vor allem schien es problematisch zu sein, dass alle größeren dänischen

---

222 | Vgl. die Einschätzung aus dem Nachlass Helmut Baitschs: »Wichtige Faktoren für die wirtschaftliche Entwicklung der Gentechnologie sind die Finanzierung von Firmengründungen und Steueranreize. Unter den Industrienationen bestehen in den USA die günstigsten Bedingungen zur Kapitalbeschaffung. In Japan und Europa spielt Risikokapital nur eine untergeordnete Rolle, da keine Anreize zur Bildung von Risikokapital und Investitionen in sehr risikoreiche Entwicklungen besteht. [...] Mittlerweile gibt es weltweit ca. 200 neue Genfirmen, in der Bundesrepublik Deutschland 6. Aufgrund der langwierigen und risikoreichen Forschungsprojekte ziehen sich viele Anleger und Investoren jedoch wieder zurück. Es findet eine Art Auslese- und Konzentrationsprozeß statt.« (Forschungspolitische Bewertung von Chancen und Risiken der Gentechnologie als Teil der Biotechnologie – Entwurf, o.D. [1985/86] [ArchMHH, Dep. 1 acc. 2011/1 Nr. 2])

223 | Siehe Quadbeck-Seeger: Gentechnologie als neue Methode, S. 34; Hanna Neumeister: Aktuelle Fragen der Gentechnologie in der politischen Auseinandersetzung. Referat bei der Tagung in Tutzing, 19.1.1985 (ArchMHH, Dep. 1 acc. 2011/1 Nr. 14). Vgl. auch Aretz: Kommunikation ohne Verständigung, S. 171, mit Bezug auf eine ifo-Studie.

224 | Forskningsdirektoratet: Vejledning til skema A – Forskningsstatistik 1987 (Statens Serum Institut, Klinisk Biokemisk Afdeling – Korrespondance indland, Lb.nr. 28-30). Diese Übersichten wurden zudem der OECD für die Zwecke internationaler Vergleiche zur Verfügung gestellt. Vgl. auch das PEGASUS-Projekt: Kiel u.a.: Gensplejsning.

225 | Indenrigsministeriet (Hg.): Genteknologi & sikkerhed, S. 97. Vgl. die positivere, jedoch aus kritischer Absicht geschriebene Einschätzung Jesper Tofts: »Die Gentechnologie ist ein sehr gutes Beispiel für die das Zusammenwachsen von öffentlicher und privater Forschung. [...] Die industriellen Interessen im Gentechnologiebereich haben seit der Entdeckung gentechnologischer Methoden zu Beginn der 1970er Jahre einen starken Anstieg zu

Unternehmen, die sich im Bereich der Verwertung der Gentechnologie engagierten oder engagieren wollten mit wissenschaftlichen Einrichtungen im Ausland zusammenarbeiten mussten.[226] Ende der 1980er Jahre räsonierte die dänische »Consensus Conference«, dass eine Nicht-Beteiligung am geplanten europäischen Genomprojekt eine Art »Verödung« der dänischen Forschungs- und Wirtschaftsumgebung zur Folge haben könnte: »If Denmark says no to participate in the EC project, the consequence will be that Danish research enivronments get increasing difficulties in participation in research cooperation in the EC, and they will lag behind. We may even run the risk of a ›brain drain‹.«[227] Die Teilnahme am Projekt hingegen könne die bestehende Abhängigkeit von »Wissensimporten« verringern: »We can expect the European mapping project to have technological and commercial importance, also to Denmark if we decide to join. The programme will strengthen EC industries and will aim at the furthering of advanced technologies (for instance DNA probes for diagnostic equipment). In this area Europe is emminently [sic] dependent upon imports.«[228] In den 1980er Jahren erschienen nationale Räume vor allem im Zusammenspiel politischer, wirtschaftlicher und wissenschaftlicher Handlungen gestaltbar zu sein. Sie sollten als möglichst attraktive »Standorte« vor dem Hintergrund einer nicht nur nationalen, sondern auch internationalen Konkurrenz ausgebaut werden.

Die Struktur dieses Raumes war hochgradig gestaltungsoffen. Er konnte und musste aktiv hergestellt werden. Es galt möglichst fruchtbare Bedingungen für das Wachstum von Grundlagenforschung und Entwicklung bzw. Technologietransfer zu schaffen. Hierbei waren nicht nur die Forschung, sondern auch die Politik und die Wirtschaft gefragt. Die vorherrschende Drohkulisse bestand darin, in ein »Investitionsvakuum« zu geraten, was Nationen wie Deutschland oder Dänemark als eine Art »weißer Fleck« auf der gentechnologischen Landkarte erscheinen lassen könnte. Die Probleme der Sichtbarkeit des Forschungsstandortes wurden im humangenetischen Diskurs auf eine Reihe von Gründen zurückgeführt. Hierbei waren einige Faktoren besonders prominent: Erstens wurde ein Nachholbedarf konstatiert, der auf eine langjährige Vernachlässigung der Grundlagenforschung zugunsten der klinischen Forschung zurückzuführen sei.[229]

---

verzeichnen. Die Industrie hat aufgrund der beträchtlichen Möglichkeiten, die in der Anwendung der Gentechnologie vermutet werden, enorme Summen in die Forschung investiert.« (Toft: Genteknologi, S. 97-99)

226 | Indenrigsministeriet (Hg.): Genteknologi & sikkerhed, S. 98.
227 | Teknologinævnet (Hg.): Consensus Conference, S. 24.
228 | Ebd.
229 | Die Antragsteller Winfrid Krone und Ulrich Wolf schrieben in ihrem Antrag zur Einrichtung des DFG-SPPs zur Analyse des menschlichen Genoms, dass die »die wesentlichen Anstrengungen zur Analyse des menschlichen Genoms [...] in den USA und den britischen Ländern unternommen werden. Auch der Beitrag Skandinaviens und des übrigen europäischen Auslandes dürfte zusammen genommen die vergleichbare Forschung in Deutschland

Ein weiterer Hauptfaktor sei die »generelle negative Einstellung zur Gentechnologie« in der Öffentlichkeit gewesen.[230] Diese stand in Deutschland in direkter Verbindung zu der nationalsozialistischen Vergangenheit und den vermeintlich pauschalen Vorurteilen gegenüber humangenetischer Forschung und ihrer Anwendung.[231] Dieses »Problem« war freilich nicht neu für die Humangenetik in Deutschland, doch interessierte es Genetiker in den 1980er Jahren vor allem im Hinblick auf seine vorgeblich negativen Auswirkungen auf den Forschungsstandort Deutschland im internationalen Vergleich. Darüber hinaus forderten Forschung und Wirtschaft gleichermaßen eine lockere Gestaltung der rechtlichen Rahmenbedingungen bei der Erforschung und Anwendung der Gentechnologie, da es sich hierbei um einen entscheidenden Standortfaktor handele – insbesondere im Vergleich zu anderen Ländern wie den USA.[232]

Eugenische und ökonomische Konkurrenzfelder
Das Standort-Dispositiv der 1980er Jahre wurde wesentlich durch Konkurrenz strukturiert. Es führte zu einer Gliederung des Raums in unterschiedlich attraktive Forschungs- und Entwicklungsstandorte. Konkurrenz zwischen Regionen und Nationen war kein neues Phänomen in der Humangenetik. Der vorherrschende Charakter humangenetischer Konkurrenzfelder änderte sich jedoch in den 1980er Jahren entscheidend. Zu Beginn des Untersuchungszeitraums in den 1950er und 1960er Jahren stand eine »eugenische Konkurrenz« im Vordergrund. Hierfür liefern sowohl Deutschland als auch Dänemark viele treffende Beispiele, von denen an dieser Stelle eine kleine Auswahl ausreichen wird, um den grundlegenden Unterschied zu den nachfolgenden Phasen des humangenetischen Diskurses deutlich zu machen. Tage Kemp verortete Dänemark 1951 in einer internationalen eugenischen Konkurrenzsituation, die er mittels der Fall-

---

übertreffen. Diese Situation zeigt den noch immer bestehenden Nachholbedarf der experimentellen Humangenetik in Deutschland auf. Erschwert wird diese Aufgabe durch die überwiegend klinische Orientierung der meisten zuständigen Institute, aber auch dadurch, daß keine größeren Einrichtungen für humangenetische Grundlagenforschung in Deutschland existieren.« (Winfrid Krone/Ulrich Wolf: Antrag auf Gründung eines neuen Schwerpunktprogramms im Fachgebiet Humangenetik mit dem Thema: »Organisation und Expression des menschlichen Genoms«, 7.4.1978 [DFG-Archiv, 322 256], S. 8) Vgl. im selben Text: »Während hier wie in kaum einem anderen Fach Erkenntnisse aus der Forschung unmittelbare Anwendung in der Krankenversorgung finden, werden doch von seiten der Länder und Universitäten die klinisch-angewandten Aspekte einseitig gefördert. Gerade dabei wird verkannt, in welchem Ausmaß hier die Grundlagenforschung die notwendige Voraussetzung für die weitere Entwicklung des Faches ist. Dieser Zusammenhang wird hingegen in den auf dem Gebiet Humangenetik führenden Ländern, wie u.a. den USA und England, klar erkannt.« (Ebd., S. 5)
230 | Aretz: Kommunikation ohne Verständigung, S. 171.
231 | Karl Sperling: Einleitung, S. 2.
232 | Indenrigsministeriet (Hg.): Genteknologi & sikkerhed, S. 98.

zahlen eugenischer Sterilisationen je Einwohner aus verschiedenen Staaten konstruierte. Hieraus ließ sich seiner Meinung nach die »Intensität« ablesen, mit der ein Land erbhygienische Maßnahmen anwendete: »Zu dieser Frage hat man verhältnismäßig verlässliche Informationen aus Dänemark und Schweden, aber es lässt sich darüber hinaus anführen, dass man in Kalifornien damit rechnet, dass ca. 100 Sterilisationen pro Jahr pro 1.000.000 Einwohner durchgeführt werden. In Dänemark hingegen werden derzeit zwischen 500 und 600 Sterilisationen pro Jahr vorgenommen. Die Einwohnerzahl in Dänemark betrug 1940 – 3.826.000, 1945 – 4.045.000, 1950 – 4.251.000, das heißt, dass in Dänemark zur Zeit 100-150 Sterilisationen jährlich pro 1.000.000 Einwohner durchgeführt werden. In Schweden liegt die Zahl deutlich höher. [...] Das bedeutet, dass in Schweden 1947 über 300 Personen pro eine Million Einwohner sterilisiert wurden, also eine wesentlich höhere Anzahl als in Dänemark.«[233] Diese Art des internationalen Vergleichs, die auf die Umsetzung zeitgenössischer eugenischer Maßnahmen abzielte, war derzeit ein fester Bestandteil des humangenetischen Diskurses. Ökonomische Fragen traten demgegenüber in den Hintergrund. Sie folgten zwar indirekt aus derartigen Rechnungen, da eine verstärkte Eugenik mit volkswirtschaftlichen Einsparungen nahezu gleichgesetzt wurde, Hauptbezugspunkt blieben jedoch die epidemiologischen Behälterräume dieser Phase. Zudem waren die Modellrechnungen, mit denen Humangenetiker ihre eugenischen Forderungen bis in die 1970er Jahre verbanden, eher volkswirtschaftlicher Natur, während wirtschaftspolitische Problematisierungen, die auf die Verbesserung des Klimas für privatwirtschaftliche Unternehmungen im Bereich der Gentechnologie und Humangenetik zielten, erst ab den 1980er Jahren in den Vordergrund rückten.

Deutsche Humangenetiker griffen die dänischen Statistiken zur nationalen Implementierung der Eugenik mahnend auf und empfohlen sie zur Nacheiferung. Hans Nachtsheim zitierte die Zahlen Kemps in zahlreichen Publikationen aus den 1950er und 1960er Jahren. Hier nur ein Beispiel: »Kemp kommt zu dem Schluß, daß seit dem Erlaß des Gesetzes [zur Sterilisation] die Zahl der pro Jahr mit erblichem Schwachsinn Geborenen in Dänemark um mehr als die Hälfte herabgedrückt wurde. In der Bundesrepublik rechnen wir mit 2-4 % angeborenem Schwachsinn, in Dänemark machen die Schwachsinnigen nach Kemp jetzt noch 1-2 % der Bevölkerung aus. Angesichts derartiger Erfolge eugenischer Gesetzgebung in unserem Nachbarland kann man nur sagen: Wir handeln fahrlässig, wenn wir nichts tun, um die durch Zivilisationseinflüsse in zunehmendem Maße steigende Häufigkeit und Verbreitung der Erbkrankheiten einzudämmen.«[234] Die Geschwindigkeit und das Ausmaß, mit dem eine Nation auf die vermeintlich

---

233 | Kemp: Arvehygiejne, S. 86-87.
234 | Nachtsheim: Warum Eugenik?, S. 713.

drängenden eugenischen Probleme der Gegenwart reagierte, war auch hier der ausschlaggebende Faktor.[235]

In den 1970er Jahren, mit der Einführung der Pränataldiagnostik, setzte sich die eugenische Konkurrenz fort – zu dieser Zeit jedoch als Konkurrenz um die beste Versorgung der Patienten. Hierbei ging es verstärkt um Effizienzfragen der Gestaltung eines für Nutzer und Anbieter möglichst kostengünstigen Versorgungsnetzes. Zudem verstärkte sich die Konkurrenz auf der Ebene zwischen den Regionen. Im Zuge der Einrichtung der humangenetischen Beratungsstelle in Bremen wies der dortige Leiter Werner Schloot darauf hin, dass bereits »das gesamte Gebiet der Bundesrepublik incl. West-Berlin gleichmäßig abgedeckt ist« mit der Ausnahme des Nordwestens Niedersachsens.[236] Schloot argumentierte hier unter anderem ökonomisch: »Nach meinen Informationen wurden in Bremen bisher vorwiegend die Untersuchungsstellen in Münster/Westf. und Kiel konsultiert. Zur genetischen Beratung müssen Patienten und deren Angehörige einen erheblichen Aufwand an Zeit und Geld in Kauf nehmen, um kompetent in anderen Bundesländern beraten zu werden, oder es müssen Kollegen von außerhalb nach Bremen kommen. Soweit die Kosten dafür von den Kassen in Bremen getragen werden, fließt das Geld aus Bremen in andere Bundesländer.«[237] Zu dieser Zeit stand der Ausbau eines flächendeckenden Versorgungsnetzes in Deutschland genau wie in Dänemark, um den internationalen Standard humangenetischer Leistungen auch im eigenen Land anbieten zu können, im Vordergrund.[238]

Am Übergang zur dritten Phase der 1980er Jahre überschnitten sich die Argumentationen. Im Zuge der Antragstellung des DFG-Schwerpunktprogramms zur »Analyse des menschlichen Genoms« war die Sorge, in Bezug auf die ge-

---

235 | Homologe Argumentationen prägten die – in Deutschland und Dänemark abgelehnten – Utopien der »positiven Eugenik« dieser Jahrzehnte aus dem angloamerikanischen Raum, vgl. die Argumentation des Nobelpreisträgers Francis Crick auf der CIBA-Tagung »The Future of Man« von 1962: »Nach Einführung dieses Verfahrens [Reproduktion mittels eugenischer Samenbänke] stellt vielleicht das eine Land ein ausgedehnteres Programm auf als ein anderes, und nach 20, 25 oder 30 Jahren könnten sich recht erstaunliche Ergebnisse zeigen. Man stelle sich vor, daß plötzlich alle Nobelpreise nach Finnland gehen, weil dort eine intensivere Verbesserung der Bevölkerung eingeführt ist! Wenn das Verfahren Vorteile bietet und eine Gesellschaft oder Nation es mit erkennbarem Erfolg durchführt, so werden andere Nationen das in beschleunigem [sic] Maße auch tun.« (Eugenik und Genetik, S. 304)
236 | Werner Schloot: Einrichtung einer genetischen Untersuchungsstelle an der Universität Bremen, 28.9.1974 (BUA, 1/AS – Nr. 290b), S. 2-3.
237 | Ebd.; siehe auch Fritz: Bremer Eltern über Erbschäden beraten.
238 | Vgl. auch: »Viele andere Länder sind uns vorausgegangen. So ist Großbritannien von einem vollständigen Netz genetischer Beratungsstellen überzogen« (Vogel: Vom Nutzen der genetischen Beratung, S. 371) Als weitere Länder die breits »vorbildlich versorgt« seien, nennt Vogel an selber Stelle Dänemark, Finnland und die Tschechoslowakei.

netische Versorgung der eigenen Bevölkerung im internationalen Vergleich in Rückstand zu geraten, noch deutlich präsent.[239] Zu diesem Wettlauf kam jedoch eine qualitativ anders geartete Konkurrenz hinzu. Während des Schwerpunktprogramms schob sich nach und nach der Wettstreit im Rahmen eines Konglomerats aus wissenschaftlichem Fortschritt, Kapital und Investitionen sowie kommerzieller Produktentwicklung, also der Wettstreit um die Attraktivität von Forschungsstandorten, in den Vordergrund. Davon legte die Tagung »Gen-Forschung in Deutschland – die neue Schöpfung, das neue Geschäft«, die das populärwissenschaftliche Magazin »Bild der Wissenschaft« Anfang der 1980er Jahre ausrichtete, beredtes Zeugnis ab.[240] Es heißt hier reißerisch, dass ein »neues Zeitalter« der Genetik angebrochen sei: »Mit Milliardensummen an Risikokapital wetteifern Hunderte von US-Gen-Firmen um die lukrativen Früchte dieser jungen Wissenschaft. In Deutschland dagegen suchen innovative Forscher oft erfolglos nach Geld, um ihre Ideen in Produkte umzusetzen. Die Banken lassen sie im Stich. Spitzenforschung auf dem Gebiet der Gen-Technologie – die gibt es hierzulande. Trotzdem ist es schwer, für unsere vier Gen-Zentren erstklassige Wissenschaftler zu gewinnen, denn Verwaltungsbürokratie und Arbeitsrecht stehen im Wege. Die US-Patentwelle gen-technologischer Produkte rollt bereits ins Land. Die deutschen Chemie-Konzerne müssen sich beeilen, den Know-how-Rückstand aufzuholen.«[241] An diesem Beispiel lässt sich die Konstruktion eines internationalen Konkurrenzfelds beobachten, das wesentlich durch die Unterschiede des Kapitalflusses in Forschung und Entwicklung geprägt wurde. Der wissenschaftliche Fortschritt – das »Know-how« – musste stärker als bislang gefördert werden, doch nicht zum Selbstzweck. Die Forschung war nicht mehr ohne ihre Verbindung

---

239 | Karl Sperling: Antrag auf Einrichtung eines neuen DFG-Schwerpunktprogrammes »Analyse des menschlichen Genoms mit gentechnologischen Methoden«, 8.9.1983 (DFG-Archiv, 322 256), S. 2.

240 | Bild der Wissenschaft: Einladung: »Gen-Forschung in Deutschland – die neue Schöpfung, das neue Geschäft – forum bild der wissenschaft« (BA, B 227/225066).

241 | Ebd. In einem später erschienenen Bericht über die Veranstaltung im »Bild der Wissenschaft« war zu lesen: »Vor zwei Jahren waren es gerade ein paar Millionen Dollar, die auf dem internationalen Markt der Gen-Technologie umgesetzt wurden. Dieses Jahr wird der Umsatz gen-technologischer Produkte endgültig die Milliarden-Dollar-Grenze überspringen.« (BA, B 227/225066) Die Aufgabe bestand darin, ein möglichst breites privatwirtschaftliches Engagement in Deutschland zu initiieren, indem der lokale Marktraum dem US-Amerikanischen Vorbild entsprechend gestaltet und ausgebaut würde: »Der Rückstand zur internationalen Gen-Technologie besteht weniger im Bereich der basalen Forschung als vielmehr bei der Umsetzung dieser Forschung in Produkte. [...] Die Großunternehmen erkennen erst langsam, wie wichtig Gen-Technologie für ihre zukünftige Produkt-Palette sein wird. Oft versuchen diese Firmen noch mit ›kleinen Lösungen‹ auszukommen, während ihre Konkurrenten in USA und Japan bereits enorme Entwicklungslabors mit Hunderten von Mitarbeitern unterhalten.« (Ebd.)

zum wirtschaftlichen Erfolg nationaler Pharmazie- und Chemieunternehmen zu denken.

Dieses Bild zeigte sich auch in Dänemark. Dort hatte sich im Laufe der dritten Phase die »Wirtschaftsgemeinschaft« zu einem gleichrangigen Akteur entwickelt, deren Interessen es neben denen des Individuums und der Gesellschaft im humangenetischen Diskurs zu berücksichtigen galt.[242] Entsprechende Debatten nahmen in Dänemark vor allem ab der Mitte der 1980er Jahre eine konkrete Gestalt an, namentlich nachdem die beiden pharmazeutischen Unternehmen Novo und Nordisk Gentofte 1984 bekannt gaben, dass sie auf der Grundlage von genetisch modifizierten Organismen Insulin beziehungsweise Wachstumshormone herzustellen gedachten. Sowohl wirtschaftlichen Unternehmen als auch der dänischen Gesellschaft als Ganzer sprachen die humangenetischen Experten hierbei den Anspruch zu: »to be in the forefront of the technological race«.[243] Diese Formulierung zeugte ausdrücklich von der Verortung in einem »Wettlauf« der Genomforschung, der eine eindeutige wirtschaftliche Dimension aufwies. Die Fortschritte der Forschung waren vermeintlich unmittelbar mit dem Interesse des privaten Sektors verbunden, neue Märkte zu erschließen.[244]

Die Transnationalisierung der Genomforschung

Nachdem zuletzt die Konkurrenz der Forschungsnationen bei der Kartierung der unentdeckten genetischen Ebene sowie der Etablierung attraktiver Standorte im Vordergrund stand, soll nun die bereits erwähnte andere Seite dieser Konkurrenz in den Blick geraten: die Ausweitung der internationalen Kooperation, konkreter: die Entstehung einer transnationalen Genomforschung.[245] Sobald sich die »Jahrhundertaufgabe« der Gesamtkartierung des menschlichen Genoms im humangenetischen Diskurs abzuzeichnen begann, stellten sich auch Überlegungen ein, wie die internationale Zusammenarbeit auf diesem Gebiet intensiviert werden könne.[246] Eine der wichtigsten Initiativen stellten die seit 1973 unter der Leitung des re-

---

242 | Diese Dreiheit tauchte beispielsweise im Abschlussbericht der dänischen »Consensus Conference« zur Sequenzierung des menschlichen Genoms 1989 auf, Teknologinævnet (Hg.): Consensus Conference, S. 15-16.
243 | Teknologinævnet (Hg.): Consensus Conference, S. 16.
244 | Ebd., S. 17. Ohnehin war es im Verlauf der 1980er immer schwieriger geworden, Forschung und Produktion rechtlich voneinander zu trennen, Indenrigsministeriet (Hg.): Genteknologi & sikkerhed, S. 113.
245 | Die dänische »Gentechnologie-Kommission« (*gensplejsningsudvalg*) formulierte diese Ambivalenz im Blick auf den »gentechnologischen Bereich« ausdrücklich, der »im Ganzen gesehen stark von internationalen Aspekten geprägt« sei: »sowohl in Form der Zusammenarbeit als auch der starken Konkurrenz«. (Indenrigsministeriet (Hg.): Genteknologi & sikkerhed, S. 98)
246 | Für eine exemplarische Übersicht über die Anfänge der Kartierungsbemühungen des menschlichen Genoms am Ende der 1960er Jahre siehe Passarge: Population Cytogenetics.

nommierten Humangenetikers Victor A. McKusick regelmäßig stattfindenden Workshops dar, die die weltweit verstreuten Bemühungen zur Kartierung des menschlichen Genoms koordinieren sollten und die in der fortlaufenden Reihe »The Human Gene Map« dokumentiert wurden. An dieser Arbeit waren neben Forschern aus anderen europäischen Nationen auch deutsche und dänische Wissenschaftler beteiligt.[247] Die Beteiligung wurde dabei durch das Bedrohungsszenario eines internationalen Rückstandes, der sich negativ auf den eigenen nationalen Standort auswirken würde, auf der einen Seite und der Einsicht, dass das globale Großprojekt der Genkartierung den eigenen nationalen Forschungsrahmen sprengen würde, auf der anderen Seite gerechtfertigt.

Im Laufe der 1980er Jahre setzte sich immer mehr die Überzeugung im humangenetischen Diskurs durch, dass entscheidende Fortschritte auf dem Gebiet der Genomanalyse nur in transnationalen Gemeinschaftsprojekten zu verwirklichen sein würden – auch wenn sich der Großteil der Forschungen und Zukunftsplanungen faktisch weiterhin auf den nationalen Rahmen konzentrierte. Die Forschungsprojekte des DFG-Schwerpunktprogramms »Analyse des menschlichen Genoms« waren in vielfältiger Weise in europäische bzw. weltweite Anstrengungen zur Kartierung und Sequenzierung des menschlichen Genoms eingebunden. Der Koordinator des Schwerpunktes Karl Sperling musste im Abschlussbericht zwar resigniert feststellen, dass der deutsche »Beitrag zur systematischen Kartierung und Sequenzierung des menschlichen Genoms eher gering war«.[248] Es wird jedoch deutlich, dass die deutsche molekulargenetische Forschung sich als Teilnehmer eines nur noch international zu finanzierenden, weltweiten Forschungsvorhabens verortete. Obwohl sich dieses Vorhaben auf eine Vielzahl nationaler Forschungslandschaften verteilte, war das »Gesamtprojekt« allein durch eine internationale Koordination der Forschungen überhaupt zu stemmen. Dänische Molekulargenetiker klagten in den 1980er Jahren, wie ihre deutschen Kollegen, fortlaufend darüber, dass die nationale Forschungsförderung bei Weitem nicht ausreiche, die hohen finanziellen Anforderungen der Genomforschung zu befriedigen.[249] Die dänische »Consensus Conference« zur Kartierung des menschlichen Genoms stellte daraufhin paradigmatisch fest: »By joining the EC project ›Human Genome Analysis‹ we can benefit from the

---

247 | Die Quantität der Beiträge zu diesem transnationalen Unterfangen wurde als nationales Auszeichnungsmerkmal wahrgenommen, vgl. z.B. Kirsten Fenger: Basal humangenetik: Kortlægning af menneskets genom ved udredning af koblingsrelationer, kromosomtilhørighed, regional beliggenhed samt struktur af normale og patologiske humangenetiske systemer, 3.2.1984 (RA, Københavns Universitet, Afdeling for Medicinsk Genetik, Institutsager, 1980-1989, Lb.nr. 7).
248 | Karl Sperling: Einleitung, S. 4-5.
249 | Vgl. nur den Brief von Jens Vuust an Statens Lægevidenskabelige Forskningsråd, 13.11.1987 (RA, Statens Serum Institut, Klinisk Biokemisk Afdeling, Korrespondance – udland, Lb.nr. 29).

experience gained by other countries, and we can help shape gene technology research in other countries. Cooperation between several countries gives the possibility of running larger projects and also gives better utilization of the economic resources.«[250]

Der gerade zitierte Bericht nimmt mit dem »Human Genome Analysis Programme« auf die Institutionalisierung eines Genomprogramms auf europäischer Ebene Bezug. Dieses Unterfangen wurde erst zum Ende des hier untersuchten Zeitraums, im Jahr 1990, Realität, es befand sich jedoch bereits seit Längerem in der Diskussion. Ein weiteres Jahr später wurde überdies das zugehörige Programm »European Human Genetic Linkage Mapping Project« eingerichtet.[251] Bereits im Jahr 1988 war die internationale »Human Genome Organization« (HUGO) gegründet worden. »Sie sollte dazu beitragen, die Genom-Forschung auf internationaler Ebene zu koordinieren, den Austausch von Daten, Material und Technologien zu fördern«.[252] Die HUGO wies zwar einen deutlichen US-amerikanischen Schwerpunkt auf, stellte jedoch eine tragfähige weltweite Dachorganisation aller Kartierungs- und Sequenzierungsbemühungen im Blick auf das menschliche Genom dar. Die nationalen Genomprogramme und deren internationale Koordination standen in einem symbiotischen Wechselverhältnis. Der internationale Wettlauf um die Genkartierung trieb die »Globalisierung« der Forschung und ihren Charakterwandel zur *Big Science* gewissermaßen als Nebeneffekt voran: »The proliferation of research programs in different nations and agencies is a healthy sign of enthusiasm for genome research, laying the informational and technological foundations for a new approach to biology. Rapid growth and pluralistic sources of support, however, bring their own problems. Coordination of effort is preeminent among these. [...] New methods must become rapidly

---

250 | Teknologinævnet (Hg.): Consensus Conference, S. 24; siehe auch Det Etiske Råd: Fosterdiagnostik og ethik, S. 74-78.

251 | Commission of the European Communities: Proposal for a Council Decision; dies.: Modified Proposal; Rat der Europäischen Gemeinschaft: Entscheidung des Rates. Laut Daniel J. Kevles sah der EG-Haushalt im Jahr 1990 eine Gesamtsumme von 34 Millionen US-Dollar zur Förderung der Genomforschung vor, Kevles: Die Geschichte der Genetik und Eugenik, S. 44. Das »Human Genome Analysis«-Programm wurde im Laufe der 1990er Jahre in das europäische »BIOMED 1«-Programm aufgenommen. In expliziter Abgrenzung zum »Human Genome Project« sollte es in dem europaweiten Projekt ausschließlich um die Sequenzierung ausgewählter Krankheitsgene gehen. Bereits 1989 war die gemeinsame Sequenzierung des Hefegenoms durch 35 europäische Laboratorien begonnen worden. Weitere Sequenzierungsprojekte wurden daraufhin in dem Projekt »Biotechnology Research and Innovation for Development an Growth in Europe« gefördert. Siehe hierzu auch Driesel: Genomforschung, S. 64.

252 | Kevles: Die Geschichte der Genetik und Eugenik, S. 40. Auch ihr gingen mehrjährige Initiativen und Planungen voran, Watson/Cook-Deegan: Origins of the Human Genome Project, S. 10.

dispersed and the information widely disseminated, or there will be no point in special genome efforts.«[253] Es lässt sich konstatieren, dass die transnationale Zusammenarbeit der Humangenetik gegenüber ihrem Gegenstück – internationaler Konkurrenz – zum Ende der 1980er Jahre und damit meines Untersuchungszeitraums tendenziell an Bedeutung gewonnen hatte. Dessen ungeachtet blieb der internationale Konkurrenzkampf um »Standorte« weiterhin von zentraler Bedeutung und verhinderte dadurch, dass der nationale Wahrnehmungsrahmen im humangenetischen Diskurs an Wichtigkeit einbüßte.

Exkurs: Globale Versorgungsräume

Die Versorgungsräume, die im Mittelpunkt des vorangehenden Abschnitts standen, basierten im Wesentlichen auf einer Einteilung in versorgte und unterversorgte Zonen im Blick auf humangenetische bzw. präventionsmedizinische Leistungen. Eine analoge Raumwahrnehmung begann sich ab den späten 1970er Jahren immer stärker im weltweiten Maßstab durchzusetzen. Hier überschnitten sich parallele Entwicklungen der Medizin, Pharmaindustrie, Entwicklungspolitik und genetischen Forschung im Allgemeinen,[254] so dass dieser Exkurs die engeren Kreise des humangenetischen Diskurses deutlich überschreitet. Allerdings steht dieser Einblick in die »medizinisch-gentechnologische Entwicklungshilfe« nicht nur in einem Analogieverhältnis zu dem räumlichen Dispositiv, das im vorangehenden Abschnitt für den nationalen Ausbau humangenetischer Leistungen beschrieben wurde, sondern er schließt auch an die zuvor dargestellte Transnationalisierung der Genomforschung an.

Dies soll am Beispiel einer dänischen Forschungseinrichtung illustriert werden: der Treponematose-Abteilung (*treponematoseafdeling*) des Staatlichen Seruminstituts (*Statens Serum Institut*). Obwohl dieses Institut in den 1980er Jahren routinemäßige gendiagnostische Kapazitäten aufwies, mit gentechnologischen Methoden arbeitete und Kontakte zu humangenetischen Forschungseinrichtungen unterhielt, handelte es sich nicht um eine (human)genetische Forschungseinrichtung im engeren Sinn. Das staatliche Institut diente in erster Linie der Erforschung und Bekämpfung von Infektionskrankheiten.[255] Während des Unter-

---

253 | Ebd.
254 | Vgl. die Analyse, die der Dänische Ethikrat in seinem Bericht zur genetischen Forschung an menschlichen Keimzellen und Embryonen anstellte: »Conditions in Denmark cannot be viewed in isolation. The majority of the world's people live in so-called developing countries. Efforts to obtain health for all are a common, global concern. Consequently, there is also a global aspect to the question of fair economic prioritizing and research planning within the health area.« (The Danish Council of Ethics: Second Annual Report, S. 76)
255 | Das dänische Reichsarchiv (*rigsarkivet*) stellt umfangreiche Archivalien unter dem Bestandsnamen *Statens Serum Institut, Klinisk Biokemisk Afdeling* bis in die 1980er Jahre zur Verfügung. Siehe auch Jensen: Bekæmpelse af infektionssygdomme.

suchungszeitraums der vorliegenden Studie stand hierbei die Syphilis im Vordergrund, insbesondere im Blick auf die »Problemzonen« Färöer und Grönland. In den 1980er Jahren befassten sich drei Unterabteilungen der Treponematose-Abteilung mit der Diagnose von Infektionskrankheiten. Neben dem namensgebenden Treponematose-Bereich, in dessen Zuständigkeitsbereich auch die Syphilis fiel, handelte es sich hierbei um den »Borreliose-Bereich« (*borrelioseafsnittet*) und den »Toxoplasmose-Bereich« (*toxoplasmoseafsnittet*), der sich unter anderem mit Malaria befasste.[256] In diesen Abteilungen wurde routinemäßig auf die Arbeit mit gentechnologischen Methoden zurückgegriffen, meist im Rahmen von Experimenten mit Mikroorganismen.[257] Die Erkenntnisse dieser Forschungen sollten für humanmedizinische Zwecke nutzbar gemacht werden, beispielsweise durch die Herstellung diagnostischer, therapeutischer oder präventiver Instrumente wie z.B. Impfungen.

Das Staatliche Seruminstitut war unter anderem in ein internationales WHO-Projekt zur Malariaforschung und -bekämpfung eingebunden. Die geografische Reichweite dieses Projekts war nicht auf Dänemark begrenzt, sondern wies weit darüber hinaus, insbesondere auf zahlreiche Gebiete in Entwicklungsländern. Der Institutsmitarbeiter Nils Axelsen schrieb 1985, »dass das Malariaforschungsprojekt des Seruminstituts als Teil eines weltumspannenden Teamworks angesehen werden muss«.[258] Die dänische Forschung verfolgte hierbei ein weltweit geteiltes Ziel – die Entwicklung eines Malariavakzins – in einer Mischung aus Wettlauf und Kooperation mit anderen Laboratorien zugleich.[259] Diesen Forschungen lag eine räumliche Gliederung der Weltkarte in medizinische Normal- und Problemzonen zugrunde. Solche Problemzonen trugen nicht allein einen epidemiologischen Charakter im Blick auf einen statistisch hohen Verbreitungsgrad bestimmter Krankheiten wie z.B. Malaria. Sie galten zugleich als Räume, die medizinisch unterversorgt waren. Diese Unterversorgung war letztendlich auf ein Forschungsdefizit zurückzuführen. Vor

---

256 | Redegørelse for treponematoseafdelingens overvågning af syfilis, 16.9.1988 (RA, Statens Serum Institut, Klinisk Biokemisk Afdeling – Korrespondance indland, Lb.nr. 29).

257 | Neben der Klonierung und Analyse von DNA und RNA, führte das Institut Tierversuche durch und nahm immunologische sowie mikrobiologische Untersuchungen vor. Zudem integrierte es weitere Forschungsbereiche, die im Rahmen von Infektionskrankheiten von Bedeutung waren. Außerdem hatte es ein nationales Syphilisregister angelegt.

258 | Brief von Nils Axelsen an die Institutsleitung (*direktionen*), 20.8.1985 (RA, Statens Serum Institut, Klinisk Biokemisk Afdeling, Korrespondance indland, Lb.nr. 28).

259 | Vgl. z.B. »Bei diesen Forschungen geht es um eine Reihe verschiedener Vorgehensweisen, um neues Wissen zur Malariaimpfung zu erzielen, das heißt Wissen, das nicht bereits zuvor in anderen Laboratorien vorhanden war. Obwohl wir viel mehr als noch vor einigen Jahren wissen, ist weiterhin ungeklärt, wie sich ein etwaiger menschlicher Malariaimpfstoff zusammensetzen soll. Es gibt folglich keinen Grund, sich um eventuelle Dopplungen zu sorgen oder um den Gebrauch von Forschungsmitteln für ›unnötige‹ Forschungen.« (Ebd.)

allem Dritte-Welt-Länder schienen nicht in der Lage, die nötigen gentechnologischen Forschungen unterhalten zu können, die zur Prävention der auf ihren Territorien vorherrschenden Krankheiten erforderlich waren. Es galt folglich, medizinische und forschungstechnische Infrastrukturen in den betroffenen Gebieten aufzubauen. Sofern dies nicht möglich war, mussten unterversorgte bzw. untererforschte Gebiete aus den Zentren der medizinischen Wissenschaft mitbetreut werden. Überschüssige Forschungskapazitäten in den führenden Forschungsnationen sollten genutzt werden, um kaum bearbeitete Krankheiten, die in Entwicklungsländern vorherrschend waren, abzudecken.[260] Dadurch sollten die Versorgungsvakua auf der Weltkarte Stück für Stück ausgefüllt werden, um letztlich eine flächendeckende Versorgung mit medizinischen Leistungen auf dem neuesten wissenschaftlichen Stand zu gewährleisten.

Diesem Zweck diente auch die wissenschaftliche Ausbildung als Entwicklungshilfe, die am Staatlichen Seruminstitut durchgeführt wurde. Der dänische Mediziner Allan Schapira schrieb zu Beginn der 1980er Jahre mit Blick auf die Malariadiagnostik stellvertretend für das Institut an einen Kollegen in Kolumbien, dass die Entwicklungshilfeabteilung des dänischen Außenministeriums (*Danida*) Stipendien an Mediziner vergebe. Voraussetzungen seien, dass das nationale Gesundheitsministerium des jeweiligen Landes, in diesem Fall Kolumbien, den Kandidaten empfehle und dass die institutionelle Ausstattung zugesichert würde, um die in Dänemark erworbenen Kenntnisse und Fähigkeiten nach der Rückkehr im Heimatland anzuwenden.[261] Über die individuelle Ausbildung sollte das mit neuesten Methoden erarbeitete Wissen aus Dänemark in die Entwicklungsländer getragen werden, um die geografisch ungleich verteilten »Wissenslücken« zu schließen.[262]

In Deutschland beinhaltete die Entwicklungshilfe im weiteren Sinne ebenfalls Bestrebungen, gentechnologische Forschungen und Anwendungsmöglichkeiten in Entwicklungsländer zu exportieren, um dadurch zur Lösung der Probleme vor Ort bzw. von Problemen mit vermeintlich globaler Reichweite beizutragen. Dies

---

260 | An diesem Konzept einer »Umverteilung von Überschüssen« ändert die Tatsache nichts, dass auch auf dänischem Staatsgebiet selbst einige wenige Malariapatienten verzeichnet wurden. Das Reichshospital (*rigshospitalet*) in Kopenhagen habe in den 1980er Jahren 50 bis 100 Erkrankte pro Jahr empfangen, Brief von Allan Schapira an Carolyn Acosta, 14.1.1983 (RA, Statens Serum Institut, Korrespondance – udland, Lb.nr. 21).
261 | Ebd.
262 | Auch am humangenetischen Institut in Kopenhagen fanden seit 1961 WHO-Kurse zur Fortbildung von Ärzten und Universitätsangehörigen aus Entwicklungsländern statt. Es ging hierbei erklärtermaßen um den Ausbau der Erbkrankheitsprävention in den entsprechenden Ländern, indem die Humangenetik an den Universitäten der Entwicklungsländer – vermittelt über die in Kopenhagen ausgebildeten Vertreter – etabliert werden sollte. Udenrigsministeriet: WHO-Kursus i Medicinsk Arvelighedslære – Pressemeddelelse, 22.8.1968 (RA, Københavns Universitet, Jan Mohr, professor, Lb.nr.4).

galt beispielsweise für die biochemische Humangenetik und die humangenetische Beratung in den 1970er Jahren.[263] Auch beteiligten sich deutsche humangenetische Institute an der Erforschung und Bekämpfung von Tropenkrankheiten und bildeten hierzu ausländische Wissenschaftler aus.[264] Außerdem absolvierten deutsche Humangenetiker Forschungsreisen, beispielsweise im Rahmen pharmakogenetischer Studien.[265] Diese Aktivitäten prägte, wie bereits am dänischen Beispiel gezeigt, ein Wahrnehmungsmuster, das die Weltkarte in wissenschaftlich und technologisch versorgte und unterversorgte Gebiete einteilte. Friedrich Vogel analysierte 1984: »Underdeveloped societies have simply other priorities; they have no reason for attributing many resources even to medical applications, especially the more expensive ones, – and much less for basic research. As a consequence, we have – in oversimplification – two ›quality‹ levels in research – ›first quality‹ in the USA and probably in some European countries, – ›second quality‹ in the rest of the world, – not only India and South America but Eastern European countries as well«.[266]

Auf der anderen Seite stellten die Entwicklungsländer für die Wissenschaftler in Dänemark und Deutschland eine Art Experimentierfeld dar. Sie dienten als Ressourcen für Forschungsmaterialien. Die Zuwendung zu untererforschten Gebieten bzw. Krankheiten in den Entwicklungsländern bedeutete zugleich eine Zuwendung zu »Datenlieferanten« für die Forschung und Testmöglichkeiten für Diagnostik, Prävention oder Therapien, was sich wiederum am Beispiel des dänischen Seruminstituts veranschaulichen lässt. Wie erwähnt stellte die Syphilis ein Hauptforschungsbereich der Treponematose-Abteilung dar. Ein Mediziner aus Sambia schrieb 1983 an Axelsen: »Congenital syphilis is currently a problem

---

263 | Vgl. für viele die Bitte Peter Emil Beckers an Karl-Heinz Degenhardt, den indischen Wissenschaft V.B. Lal aufzunehmen, der in Deutschland Erfahrungen zu sammeln gedachte, um in Neu Delhi eine humangenetische Beratungsstelle einzurichten. Degenhardt bezog für die Ausbildung genetischer Berater Mittel vom Bundesministerium für Jugend, Familie und Gesundheit, Brief von Peter Emil Becker an Karl-Heinz Degenhardt, 13.8.1975 (ArchMHH, Dep. 2 acc. 2011/1 Nr. 12).

264 | Siehe hierzu vor allem die Übersicht in: Antwort der Bundesregierung auf die Große Anfrage der Abgeordneten Frau Dr. Hickel. Vgl. des Weiteren die Beziehungen Friedrich Vogels zu verschiedenen Universitäten und Wissenschaftlern in Indien, z.B. Brief von Friedrich Vogel an Bundesministerium für Wirtschaftliche Zusammenarbeit, 15.2.1973 (UAH, Acc 12/95 - 35).

265 | »Bei mir gehts [sic] Anfang Mai zu Felduntersuchungen nach Südkorea, vornehmlich bezüglich Prädispositionen für Umweltnoxen, Pharmakogenetik etc.; auf diesen Gebieten läuft in diesen Ländern ja noch sehr wenig. Wir werden dort gleichzeitig – wie in China, Chile, Ungarn und anderen Ländern – Laboratorien einrichten, ›know how‹ vermitteln und die entsprechen Geräte anschließend auch dort lassen«, schrieb der Hamburger Humangenetiker Werner Goedde 1985 an Helmut Baitsch, 26.4.1985 (ArchMHH, Dep. 1 acc. 2011/1 Nr. 8).

266 | Brief von Friedrich Vogel an James V. Neel, 7.12.1984 (UAH, Acc 12/95 - 16).

of epidemic proportion in Zambia and excellent opportunities exist for studying the disease in detail. Since you are interested, would it be possible for you to plan a visit to Zambia, so that we have more detailed discussions on possibility of collaborative work«.²⁶⁷ Die Einladung macht deutlich, dass Sambia einerseits eine statistisch modellierte Zone erhöhter Krankheitsgefahr und andererseits gerade deshalb ein »exzellentes« Forschungsreservoir auch für die dänische Forschung darstellte. Eine »Entwicklungszusammenarbeit« auf diesem Forschungsgebiet schien somit beiden Seiten nützlich werden zu können. Bei der Syphilis handelte es sich ohnehin um eine Krankheit, für die Dänemark eigene Problemzonen aufwies. Die Ursachenforschung erhöhter Verbreitung oder auch Behandlungsresistenz in afrikanischen Ländern stellte ein beliebtes Vergleichsfeld dänischer Wissenschaftler zu Grönland dar.²⁶⁸

Wissenschaftler der Industrienationen boten Proben, die sie von verschiedenen »Expeditionen« mitgebracht hatten, zum gegenseitigen Austausch an – gewissermaßen zum Ausbau von Sammlungen. Der Mitarbeiter des Seruminstituts Søren Jepsen sandte ein Antwortschreiben an seinen Kollegen James B. Jensen vom Department of Microbiology and Public Health der Michigan State University, nachdem er gerade aus Afrika zurückgekehrt war. Er sah sich gezwungen, eine Bitte um Zusendung von Seren aus Liberia größtenteils abschlägig zu bescheiden, da diese entweder aufgebraucht oder unzureichend katalogisiert worden waren. Jepsen stellte jedoch zukünftige Proben im Austausch gegen Seren von malariaresistenten Schwangeren aus West-Neuguinea in Aussicht: »These sera were collected by me personally during June-July 1977 and I have all the data on the parturient mothers, age, tribe, haemoglobin, number of births, and I still keep the slides examined for malaria parasites. The sera were collected in the coastal holoendemic areas and the mountainous holoendemic area in the mid rainy season. [...] You can have these sera. In exchange I would like a pool or sera from Irian Jaya to be used for screening of our cDNA library. [...] As for the future I can have several sera collected in Liberia, and if you find it important I could possibly have a regular serum collection established. I have contacted my old co-worker Schapira in Mozambique and asked him to start collecting sera, also these sera we could share with you«.²⁶⁹ Der internationale Austausch solcher Seren zum Screening

---

267 | Brief von V. Ratnam Attili, University of Zambia, an Dr. Nils Axelsen, 14.4.1983 (RA, Statens Serum Institut, Klinisk Biokemisk Afdeling, Korrespondance – udland, Lb.nr. 21).
268 | Vgl. z.B. den Brief von A. Meheus an Nils Strandberg Pedersen, 30.6.1988 (RA, Statens Serum Institut, Klinisk Biokemisk Afdeling, Korrespondance – udland, Lb.nr. 22).
269 | Brief von Søren Jepsen an James B. Jensen, 5.5.1985 (RA, Statens Serum Institut, Klinisk Biokemisk Afdeling, Korrespondance – udland, Lb.nr. 21). Der Austausch war zuvor mündlich zwischen den Briefpartnern in Genf vereinbart worden.

der eigenen DNA-Bibliotheken war Routine.²⁷⁰ Wissenschaftliche und medizinische Ziele gingen in dieser Form der »Entwicklungshilfe« Hand in Hand.

Ausblick: Weltweite medizinische Märkte

Im Jahr 2008 haben der Ökonom Aidan Hollis und der Philosoph Thomas Pogge die Gründung eines »Health Impact Fund« (HIF) vorgeschlagen.²⁷¹ In wenigen Sätzen zusammengefasst lautet das Prinzip: Staaten sollen sich verpflichten, für einen festgelegten Zeitraum eine bestimmte Summe in den Fonds einzuzahlen. Dieser vergüte teilnehmende Medikamentenhersteller nach dem tatsächlichen, weltweiten *health impact* ihrer Produkte (gemessen in *quality adjusted life years*). Dadurch würde das bestehende Patentsystem ersetzt werden. Die Preise für Medikamente und Therapien in wohlhabenden wie in Entwicklungsländern würden gleichermaßen gedrückt. Medizinische Forschung zu jeder Art von Krankheit solle rentabel werden, insbesondere solle es sich auszahlen, arme Bevölkerungsteile zu berücksichtigen. Entscheidend sind in diesem Konzept weder anthropologisch-evolutionäre noch medizinisch definierte Problemzonen, also weder »Behälter«- noch »Versorgungsräume«. Im Zentrum steht die Kartierung von Märkten und des geografisch sehr ungleich verteilten Zugangs zu diesen. Zwar soll letzten Endes die epidemiologisch bestimmte lokale Krankheitslast (*disease burden*) reduziert werden, doch der Weg zu diesem Ziel besteht nicht in der Zurückdrängung finanzieller Rationalität – zugunsten gesundheitspolitischer beispielsweise –, sondern im Gegenteil: in der radikalen Ausweitung finanzieller Anreize. »Regionale Unebenheiten« des weltweiten Marktraumes – im Blick auf Forschung und Entwicklung medizinischer »Produkte« – sollen durch eine Veränderung der Rahmenbedingungen dieses Marktes ausgeglichen werden. »The HIF eliminates this problem by requiring a uniformly low price worldwide, while offering innovative companies direct payment based on the health impact of their innovations, no matter where the health impact occurs. This approach will make it profitable to develop medicines for heretofore neglected diseases as well as medicines with global impact.«²⁷² Die Entwicklungsländer stellen die vorrangigen Brennpunkte dieses Raumes dar, da sie über zu wenig finanzielle Mittel verfügen, um die Erforschung und Eindämmung der vor Ort vorherrschenden Krankheiten durchzuführen. In diesem Konzept drückt sich eine weitgehende Ökonomisierung medizinischer Raum-Dispositive im Allgemeinen aus. Exper-

---

270 | Vgl. als weitere Beispiele Brief von Palle Høy Jacobsen ohne Adressat, 22.10.1986; Brief von Palle Høy Jacobsen an John Scaife, 5.5.1987; Brief von Søren Jepsen an Gordon Langsley, 17.11.1987 (alle: RA, Statens Serum Institut, Korrespondance – udland, Lb.nr. 22); Brief von Anette Wind and Barbara J. Bachmann, 14.10.1985 (RA, Statens Serum Institut, Korrespondance – udland, Lb.nr. 21).
271 | Hollis/Pogge: The Health Impact Fund.
272 | Ebd., S. 3.

ten konstatieren zwar unerwünschte Auswüchse des Marktprinzips in der Medizin, die von ihnen vorgeschlagenen Gegenmaßnahmen gehen jedoch von dem gleichen Prinzip aus. Markt und medizinische Wirksamkeit sollen in Einklang gebracht werden.[273] Ein Ausgleich medizinischer Ungleichheiten begünstige letztlich die Wohlfahrt aller: »The citizens of the wealthier countries benefit not only directly from lower drug prices and a greater industry focus on achieving actual health impact, but also indirectly from improved health in developing countries which has global benefits in terms of economic growth and reduction in the development and spread of harmful pathogens.«[274] Die Idee des HIF führt hierbei die Mechanismen von Versorgungsräumen und konkurrenzorientierten Standorträumen gleichermaßen weiter, wodurch sich die Konturen eines globalen »medizinischen Marktraums« abzeichnen.

In diesem Zusammenhang sei auf eine weitere Entwicklung der letzten Jahrzehnte verwiesen: die Entstehung eines gendiagnostischen Marktes. Damit ist die zunehmende Verfügbarkeit persönlicher Gentests gemeint, die von Unternehmen angeboten und von Klienten ohne medizinische Hintergründe in Anspruch genommen werden können. Auf den ersten Blick erscheint dieses Phänomen eine konsequente Fortführung der Angebotslogik darzustellen, die bereits in den 1970er Jahren Einzug in den humangenetischen Diskurs gehalten hatte. In den Augen humangenetischer Experten handelt es sich hierbei allerdings vielmehr um einen Auswuchs als eine rationale Weiterentwicklung. Die Ökonomisierung humangenetischer Diagnostik scheint, so ist man sich vor allem unter Bioethikern weitgehend einig, eher bedrohliche Formen anzunehmen. Dies gilt insbesondere für das rasch anwachsende Angebot an privaten Gentests, die über das Internet zugänglich sind. So schreibt der Hamburger Medizinsoziologe Thomas Uhlemann, dass der »Markt für genetische Tests global und nicht kontrollierbar« sei.[275] Er fährt fort: »Die Entwicklung der Informationstechnologien ermöglicht die Bereitstellung globaler Kommunikationsräume, die die bestehenden Strukturen der Gesundheitsversorgung und die entsprechenden nationalen Regelungssysteme vor allem deshalb transzendieren, weil mit ihnen zugleich ein neuer Markt entsteht, der kaum Beschränkungen kennt. Im Bereich der Biomedizin können somit Produkte angeboten werden, die auf dem traditionellen Markt

---

273 | »The affluent will also benefit greatly from a realignment of pharmaceutical companies‹ interests with actual health impact.« (Ebd., S. 7) Im Mittelpunkt steht die Beseitigung von Verzerrungen des medizinischen Markts: »The HIF is thus more market-oriented and less prone to creating distortions than are existing systems of financing pharmaceutical innovations.« (Ebd., S. 4)
274 | Ebd., S. 6.
275 | Uhlemann: Gentests aus dem Internet, S. 4.

schon aus rechtlichen Gründen keine Chancen hätten.«[276] Da sich dieser Markt vernünftigen Zugangsregelungen entziehe, wirkt er auf viele Humangenetiker und Bioethiker unkontrollierbar und deshalb auch gefährlich.[277] Allzu deutlich scheinen hier die »Heterotopien« der gegenwärtigen medizinischen Markträume durch.[278] Die Rationalität von Angebot und Nachfrage gendiagnostischer Leistungen offenbart ihre »Schattenseiten«. Es geht keineswegs mehr um eine flächendeckende Angebotsausweitung. Der in den 1970er Jahren vorherrschende Versorgungsraum wurde hierbei gewissermaßen von innen – durch eine sich überschlagende Ökonomisierungs-Logik – unterminiert. Auch ist die Steigerung der Attraktivität von Standorten angesichts dieser Entwicklungen nicht mehr allein entscheidend. Ein weiterer Imperativ gerät in den Blick: die Durchsetzung rechtlicher und anderer Beschränkungen in Anbetracht eines globalen, vermeintlich unkontrollierten medizinischen Marktraums.

---

276 | Ebd., S. 5. Weitere Bedenken bringt zum Beispiel die Medizinsoziologin Irmgard Nippert vor, Nippert: Gentests. Vgl. auch die typische Forderung nach »Marktregulierung« für Gentests bei Heinrichs: Ethische Aspekte, S. 166.
277 | Zumal die medizinischen Auswirkungen derartiger Gentests laut Uhlemann bestenfalls eine »Illusion von Gesundheit« erzeugen, Uhlemann: Gentests aus dem Internet, S. 5.
278 | Der Begriff der Heterotopien stammt von Michel Foucault: Von anderen Räumen, S. 935, und bezeichnet Orte, die hegemoniale Raumwahrnehmungen, beispielsweise durch Übersteigerung, in ihr Gegenteil verkehren.

4. Subjekte der Humangenetik

Selbsttechnologien und Biopolitik

Die Entstehung der »Selbstsorge« in der Antike und ihr historischer Wandel bis zur Neuzeit standen im Mittelpunkt der späten Arbeiten Michel Foucaults.[1] Er zeigte anhand einer exemplarischen Analyse zur Sexualität, wie Wissen, Macht und spezifische Selbsttechnologien in der europäischen Geschichte in Wechselwirkung standen. Von zentraler Bedeutung sei hierbei die »Selbstbeherrschung«, bei der das abendländische Subjekt die Ausübung von Macht weitgehend verinnerlicht und in Form verstetigter Prüf-, Kontroll- und Disziplinarmechanismen auf sich selbst gewendet habe. Dabei grenzte Foucault seine Arbeiten ausdrücklich von einer Analyse von Herrschaftsmechanismen ab, die diese ausschließlich als Unterdrückung in den Blick nahmen. Vielmehr stellte er heraus, dass die Macht über das Selbst zugleich eine produktive Dimension aufwies. In diesem Sinne brächte die ständige Selbstkontrolle, die das Sexualitätsdispositiv erfordere, bestimmte Subjektformen überhaupt erst hervor.[2] Diese historische Rekonstruktion der Selbstsorge ergänzte sich in Foucaults Schriften mit der Beschreibung von spezifisch modernen Herrschaftstechnologien auf einer globaleren Ebene, und zwar der »Disziplinarmacht« sowie der »Gouvernementalität«.[3] Beide Herrschaftsformen hätten ihre Wurzeln in der Frühen Neuzeit gehabt, wobei die Disziplinarmacht im 19. Jahrhundert vorherrschend gewesen sei, während die Gouvernementalität sich im 20. Jahrhundert als Leitmodell moderner Regierungen in der westlichen Welt durchgesetzt habe – ohne dass hierbei die spannungsvolle Wechselseitigkeit beider Herrschaftstechnologien grundsätzlich aufgehoben worden wäre. Foucault beschrieb damit eine Entwicklung, die von einer rigiden, das

---

1 | Foucault: Der Wille zum Wissen; ders.: Der Gebrauch der Lüste; ders.: Die Sorge um sich.
2 | In dieser zugleich hervorbringenden wie begrenzenden Weise sollen in der Folge auch die Subjektformen des humangenetischen Diskurses betrachtet werden. Siehe zur Subjektivierung als historischem Forschungsgegenstand bei Foucault darüber hinaus: Foucault: Hermeneutik des Subjekts.
3 | Foucault: Sicherheit; ders.: Die Geburt der Biopolitik; ders.: In Verteidigung der Gesellschaft; ders.: Die Anormalen.

Individuum aktiv disziplinierenden und formenden Regierungstechnologie zu einer regulatorischen Technologie führte, die auf die Schaffung eines günstigen Umfelds für sich selbst organisierende und selbst regulierende Prozesse abzielte. Die Verbreitung gouvernementaler Regierungsformen beförderte sich hierbei gegenseitig mit der Durchsetzung eines »eigenverantwortlichen Subjekts«.[4]

Ein zentrales Moment stellte hierbei die »Regierung von Risiken« dar, sowohl auf der Ebene der individuellen Lebensführung als auch der Gesellschaft.[5] Sie stand im Mittelpunkt der im 19. Jahrhundert aufkommenden »Biopolitik«, die die Steuerung des biologischen Lebens auf beiden Ebenen – der Individuen sowie der Bevölkerungen – miteinander verknüpfte.[6] Es entstand ein zwischenstaatliches Konkurrenzfeld um die stete Steigerung der Quantität und der Qualität der Bevölkerungen. Um das Konstrukt »Bevölkerung« zu steuern, verlegten sich die Regierungen auf eine probabilistische Politik der Minimierung von Risiken und der Maximierung von Wachstumsfaktoren. Biopolitik ist eine gouvernementale Regierungsform, die sich in Risikomanagement und Optimierung biologischer Entitäten mit den selbstsorgerischen Bemühungen des Subjekts um seine eigene Gesundheit traf. Diesen Zusammenhang hat der Sozialwissenschaftler Thomas Lemke treffend herausgestellt. Er konnte zeigen, wie sich – vor allem im Laufe der zweiten Hälfte des 20. Jahrhunderts – Eigenverantwortlichkeit und Gesundheit alliierten: »So wird heute von den Individuen zunehmend erwartet, sich ihrer ›körperlichen Verantwortung‹ entsprechend auf Krankheitsrisiken einzustellen. Auch innerhalb der Medizin finden sich Forderungen nach Selbst- bzw. Eigenverantwortung, und immer deutlicher zeichnet sich die Konzeption eines ›pursuit of healthiness‹ ab, in der Gesundheit ein sichtbares Zeichen von Initiative und Verantwortungsbereitschaft darstellt, während umgekehrt Krankheit auf einen mangelnden Willen oder eine unzureichende Selbstführung verweist.«[7] Lemke führte die Dominanz dieser Vorstellung vor allem auf den Erfolg der jüngeren Humangenetik zurück.[8] Sie stelle das Wissen zur Verfügung, auf deren Grundlage das Individuum seine Lebensführung, seine Gesundheit und damit seine gesellschaftlichen Chancen sowie die seiner Nachkommen optimieren könne.[9]

---

4 | Siehe hierzu auch Lemke: Eine Kritik der politischen Vernunft.
5 | Ebd.
6 | Foucault: Der Wille zum Wissen; ders.: Leben machen und sterben lassen; ders.: Die Geburt der Biopolitik.
7 | Lemke: Veranlagung und Verantwortung, S. 17; siehe auch ders.: Lebenspolitik und Biomoral.
8 | Lemke: Die Regierung der Risiken. Der Autor schreibt hier von einer »Genetifizierung« als »Wahrheitsprogramm«, »Machtstrategie« und »Selbsttechnologie«, ebd., S. 229-230.
9 | Die Existenz des genetischen Wissen zwinge den Menschen dazu, sich bei der Reproduktion vor dem Hintergrund dieses Wissens zu entscheiden – und es sei es durch eine bewusste Entscheidung zum »Nicht-Wissen«, ebd., S. 250-256.

Die bislang skizzierten Entwicklungslinien moderner Gesellschaften lassen sich in gewinnbringender Weise mit dem Wandel von Normalisierungsstrategien verknüpfen. Der Literaturwissenschaftler Jürgen Link hat die Entstehung einer modernen »Normalisierungsgesellschaft« im 19. und 20. Jahrhundert beschrieben, die auf einer »konstitutiven Spannung zwischen fixistischem Protonormalismus und flexiblem Normalismus« basierte.[10] Der Protonormalismus gehe mit der Etablierung eines eher starren und eher engen Normalfeldes, das von hoher zeitlicher Konstanz sei, und eines relativ breiten Abweichungsbereiches einher. Der flexible Normalismus hingegen bringe breite, dynamischen Veränderungen unterlegene Normalfelder und vergleichsweise minimale Abweichungsbereiche mit sich. Erstere Normalisierungsstrategie steht in Beziehung zu Foucaults disziplinarischen Machttechnologien, während der flexible Normalismus eher der gouvernementalen Regierungsführung entspricht. Die Strategie des flexiblen Normalismus sei Link zufolge die nach dem Zweiten Weltkrieg weltweit immer stärker dominierende geworden.[11] Links Modell weist zentrale subjektivierungstheoretische Aspekte auf: Während dem Protonormalismus eine »Tendenz zur Bildung fixer ›anormaler‹ biographischer und ›Abstammungs-‹Identitäten« innewohne, sei der flexible Normalismus eher durch »Statuswechsel ›normal‹-›anormal‹ in Biographie und Generationenfolge« gekennzeichnet.[12] Auf der Seite des individuellen Erlebens der eigenen Biografie entsprechen dem die fundamental verschiedenen »Denormalisierungs-Ängste«, entweder unwiederbringlich aus dem engen Normalbereich zu fallen oder das ständige Spiel mit der Grenze zwischen Normalität und Abweichung nicht mehr aufrechterhalten zu können. Die Normalfelder des flexiblen Normalismus seien zudem als Konkurrenzfelder konzipiert. Das heißt, es gehe um die ständige Steigerung des als »normal« Erwarteten in einem nach oben offenen Spektrum. Hierbei stelle sich die spezifische Denormalisierungsangst ein, in dieser Konkurrenz nicht mithalten zu können und abgehängt zu werden. Im Zuge der Durchsetzung des flexiblen Normalismus setzten sich nach Link auch dessen »Normalitäts-Dispositive« durch, worunter er unter anderem die Motive »Selbst-Normalisierung, Selbst-Adjustierung«

---

10 | Link: Versuch über den Normalismus.

11 | Dem Nebeneinander disziplinärer und gouvernmentaler Herrschaftstechnologien bei Foucault vergleichbar koexistieren die beiden Normalisierungsstrategien des Protonormalismus und des flexiblen Normalismus Link zufolge weitgehend, obwohl jeweils eine Strategie hegemonial ist. Daraus entstehen einige eigentümliche Spannungen und Anachronismen im Habitus derjenigen Individuen, in deren Lebenszeit der Wandel der Dominanz des Protonormalismus zum flexiblen Normalismus fällt, was sich auch an humangenetischen Experten vortrefflich zeigen ließe.

12 | Ebd., S. 57.

und »selbständiges Risiko- und Kompensationskalkül« versteht, die sich als anschlussfähig an die Thesen Foucaults und Lemkes erweisen.[13]

Die Studien Foucaults, ihre Weiterführung durch Lemke unter besonderer Berücksichtigung der Humangenetik sowie ihre normalisierungstheoretische Pointierung bei Link demonstrieren alle, dass sich gesellschaftliche Herrschaftsformen, disziplinäre Wissensformen und Formen der individuellen Selbstführung gegenseitig bedingen. Auch zeigen sie, dass das in der facheigenen Historiografie der Humangenetik zu lesende Narrativ einer »Individualisierung« nach 1945 kaum als Befreiungsgeschichte des Individuums aufgefasst werden kann.[14] Vielmehr handelte es sich um einen Wandel von Selbstführungstechnologien, der in einem Komplementaritätsverhältnis zu einer gouvernementalen Biopolitik stand. Allerdings gilt es, diesen Wandel in der vorliegenden Studie genauer in den Blick zu nehmen und im Rahmen der Humangenetik in Deutschland und Dänemark historisch weiter zu differenzieren. Die bislang dargestellten Studien stellen hierfür zwar einen wichtigen Ausgangspunkt dar, ihre Perspektive ist jedoch auf eher globale Entwicklungslinien moderner europäischer Gesellschaften gerichtet.

Drei Phasen der Subjektivierung

Den Grundstein einer Geschichte der Subjektformen der Humangenetik hat die Sozialwissenschaftlerin Anne Waldschmidt gelegt.[15] Sie beobachtete eine Abfolge von drei Phasen der Subjektkonzepte in der Expertenliteratur zur humangenetischen Beratung, die sie mit den Schlagworten »Individualisierung« (1945 bis 1968), »prüfende Sanktion« (1969 bis 1979) und »Selbstobjektivierung« (1980 bis 1990) kennzeichnete. Das Subjekt der ersten Phase sei im humangenetischen Diskurs vorrangig als medizinischer Fall repräsentiert worden und durch »Ohnmacht« und »Passivität« gekennzeichnet gewesen. Es war laut Waldschmidt fest in einen familiären Zusammenhang eingebunden und wurde in erster Linie als »fortpflanzungswilliges« Subjekt thematisiert. Der humangenetische Berater hingegen sei überlegen und bevormundend aufgetreten. In der zweiten Phase habe sich sodann eine ambivalente Betonung der Passivität und Aktivität des Patienten eingestellt. Er erschien in der humangenetischen Beratungsliteratur in der charakteristischen Form eines »Ratsuchenden«. Waldschmidt spricht auch vom »ratsuchenden Jedermann«, um zu betonen, dass das Subjekt im human-

---

13 | Ebd., S. 58. Es unterscheiden sich ebenfalls die »As-Sociations-Taktiken« beider Normalisierungsstrategien. Dem flexiblen Normalismus entsprechen dabei eher »flexible Formen von Konkurrenz und Ver-Sicherung«, ebd., S. 58. Siehe auch Krause: Von der normierenden Prüfung; Waldschmidt: Normalistische Landschaften.

14 | Siehe hierzu auch Thomaschke: »Eigenverantwortliche Reproduktion«; Keller: Normalisierungsverfahren.

15 | Waldschmidt: Das Subjekt in der Humangenetik.

genetischen Diskurs darüber hinaus kaum individuelle Züge aufwies, sondern vielmehr stark abstrahiert erschien. Zudem sahen humangenetische Berater das vermeintliche Eigeninteresse der Ratsuchenden weiterhin wie selbstverständlich als deckungsgleich mit dem Gemeinschaftsinteresse an. Die Perspektive habe sich allerdings vom vorigen Vergangenheitsprimat der Familieneinbindung ab- und der Zukunftsplanung der zukünftigen Familien zugewandt. In den 1980er Jahren sei dann die »Eigeninitiative« der »Klienten« der humangenetischen Beratung in den Vordergrund gerückt. Der Berater habe sich nun darauf konzentriert, die kommunikative Dimension der Beratungssituation möglichst »emphatisch« und »vertrauensvoll« zu gestalten; er habe sich als »partnerschaftlich und therapeutisch« verstanden.[16] Nach Waldschmidt vertraute der humangenetische Berater »nun völlig auf aktiv handelnde Subjekte, die selber wissen, was zu ihrem eigenen Besten ist.«[17] Eugenik und Nichtdirektivität hätten sich in dieser Phase miteinander »versöhnt«. Denn weiterhin würden institutionelle Rahmenbedingungen sowie subtile soziale Mechanismen auf die Verhütung von Erbkrankheiten hinwirken.[18]

Die folgenden Überlegungen werden Waldschmidts Periodisierung im Kern aufgreifen, dabei jedoch weniger eindeutige Jahresgrenzen zwischen den einzelnen Phasen setzen. Vielmehr ist von ihrer weitgehenden Überlappung auszugehen, allerdings ohne die jeweilige Eigenart der drei Phasen dadurch gänzlich zu verwischen. Sie greifen ineinander, so dass Frühformen der dritten Phase bis in die 1960er Jahren reichen und umgekehrt Residuen der ersten Phase noch in den 1980er Jahren zu finden sind. In vielen der untersuchten Quellen überschneiden sich die zentralen Charakteristika verschiedener Phasen, zumal diese keineswegs an einzelnen Schlüsselwörtern, Technologien oder Praktiken exklusiv festgemacht werden können.[19] Des Weiteren sind Waldschmidts enger Fokus auf die humangenetische Beratung zu überwinden und weitere Themenfelder des humangenetischen Diskurses einzubeziehen. Was bei Waldschmidt jeweils als »Hintergrund« auftritt und das weitere Spektrum des humangenetischen Diskurses der jeweiligen Phase ausmacht, stand in einer wechselseitigen Beziehung zur Entwicklung der humangenetischen Beratung.[20] Außerdem gilt es, die Wechselseitigkeit der Subjektformen auf beiden Seiten der Experten/Laien-Unterscheidung stärker zu berücksichtigen. Die Subjektivierung von Patienten, Klienten,

---

16 | Ebd., S. 264.
17 | Ebd., S. 238. Parallel sei das Subjekt bis auf die Ehepartnerschaft weitgehend aus seiner Familienbindung herausgelöst worden.
18 | Ebd., S. 245-251.
19 | Entscheidend ist, dass es die in der Folge vorgenomme Periodisierung im Blick auf konkrete empirische Beispiele erlaubt zu entscheiden, welche Charakteristika jeweils dominant waren und welche Phase sich folglich ankündigte, durchgesetzt hatte oder bereits im Auslaufen begriffen war.
20 | Ebd., S. 87-96, 132-147, 191-228.

Betroffenen etc. durch humangenetische Praktiken und Programme war zu keinem Zeitpunkt ein einseitiger Prozess ohne Rückwirkungen auf die andere Seite. Ihr stand die entsprechende Selbstbildung von Ärzten, Sozialtechnologen, Versorgern, Betreuern etc. gegenüber. Es handelte sich um zwei Seiten derselben Medaille, die beide im humangenetischen Diskurs geprägt wurden. Da der humangenetische Diskurs weitgehend durch die Sprecherpositionen der Expertenseite bestimmt wurde, handelte es sich hierbei allerdings weniger um kooperativ als vielmehr asymmetrisch gezogene Grenzen. Diese Konstruktion der Experten/Laien-Differenz durch die humangenetischen Experten selbst, wurde im humangenetischen Diskurs jedoch kaum reflektiert. Die Beobachtung der Laien wurde in aller Regel »externalisiert«, das heißt auf unabhängige Gegebenheiten anstatt auf die eigene Konstruktionsleistung zurückgeführt.

Die Geschichte der Subjektbildungen im humangenetischen Diskurs lässt sich also im Wesentlichen in drei Phasen einteilen, da es sich aber um sehr vielschichtige Abschnitte handelt, empfiehlt es sich, ihrer genauen Analyse eine Übersicht über ihre hauptsächlichen Aspekte voranzustellen. Im Jahr 1964 veröffentlichte der Humangenetiker Friedrich Vogel in der Heidelberger Universitätszeitschrift »Ruperto Carola« einen kurzen Artikel, der einem breiteren akademischen Publikum den derzeitigen Stand der humangenetischen und eugenischen Forschungen bekannt machen wollte.[21] Vogel ging von einer »Last an erblicher Krankheit und Schwäche« aus, »die die Menschheit als Preis für die hinter ihr liegende Stammesentwicklung zu tragen hat«.[22] Dass es vor diesem Hintergrund geboten war, »in die Vorgänge der natürlichen Auslese einzugreifen«, war für Vogel eine ausgemachte Sache. Er fragte weiter: »Wie soll man eingreifen?«[23] Ungeachtet der konkreten Maßnahmen, die er diskutierte, stellte Vogel hierzu ein generelles Konzept auf: »Man greift ein, indem man den im Volke vorhandenen Willen zur praktischen Eugenik ermutigt und durch individuelle Beratung in die richtigen Wege zu lenken versucht.«[24] Dieses Zitat ist bezeichnend für die Phase der 1950er und 1960er Jahre. Die humangenetischen Experten gingen von Normen im Bereich der menschlichen Reproduktion aus, die sie als allgemeinmenschliche auffassten. In einer Mischung aus direktiven Maßnahmen und pädagogisch verstandener Aufklärung sollten die Individuen dazu angehalten werden, ihr eigenes Interesse in einer Weise zu verfolgen, die sich mit dem Interesse der Allgemeinheit als kompatibel erwies. Laien firmierten im humangenetischen Diskurs in erster Linie als Patienten mit dem Interesse, Leid zu vermeiden, das durch Erbkrankheiten erzeugt wurde. Darüber hinaus erwiesen sie sich als weitgehend passiv, was allerdings kein Anlass zur Sorge darstellte, da die Patienten

---

21 | Vogel: Über Sinn und Grenzen praktischer Eugenik.
22 | Ebd., S. 243.
23 | Ebd., S. 242.
24 | Ebd., S. 242.

sich »in guten Händen« befanden. Individuelles Wohl, Allgemeinwohl und die objektive Feststellung beider durch Experten standen in Einklang.

Eine weitere Frage stellte Vogel folglich gar nicht erst: Wer soll mit wem über humangenetische Probleme und Maßnahmen diskutieren? Nichtsdestoweniger gibt es einige Indizien in seinem Artikel, wie die so gestellte Frage zu beantworten wäre. Vorerst ist auffällig, dass »Patienten« nur im individuellen Gespräch mit humangenetischen Experten, also in einer ausgeprägt asymmetrischen Situation, zu Wort kommen sollten oder als passive Rezipienten öffentlicher Aufklärung und Anleitung vorgesehen waren. Die selbstverständlichen Ansprechpartner für die Diskussion humangenetischer Krisenszenarien, wie zum Beispiel die eingangs angesprochene »Last an erblicher Krankheit und Schwäche«, und etwaiger Gegenmaßnahmen waren in der Verwaltung, in der Politik und in der Justiz zu finden. Es handelte sich primär selbst um Experten. Dies zeigte sich insbesondere bei der heiklen Frage der Schaffung eines bundesrepublikanischen Sterilisationsgesetzes, die in diesen Jahrzehnten in Expertenkreisen viel diskutiert wurde.[25] Eine vorbehaltlose Einbeziehung der »Öffentlichkeit« erschien Vogel in dieser Debatte sogar hinderlich zu sein. Er schrieb: »Man wird früher oder später nicht darum herumkommen, hier klare gesetzliche Zustände zu schaffen. Auf welchem Wege das zu geschehen hätte, das müßten die Juristen entscheiden. Am geeignetsten wäre sicher ein Weg, der ein dramatisches Gesetzgebungswerk vermeidet. Es würde doch nur zu einer von wenig Sachkenntnis getrübten öffentlichen Diskussion führen, die gerade dieses Thema noch nicht vertragen kann.«[26] Eine eigenständige Stimme von »Betroffenen«-Verbänden beispielsweise war, sofern sie sich nicht ohnehin mit den Forderungen der Experten deckte, im humangenetischen Diskurs nicht vorgesehen. Derartige Sprecherpositionen erschienen, solange Experten grundsätzlich von der Deckungsgleichheit von individuellem und Allgemeinwohl ausgingen, kaum vonnöten zu sein. Die »Bekämpfung von Erbkrankheiten« sollte in erster Linie auf der objektiven, rationalen Handlungsorientierung basieren, die die Aufklärung durch humangenetische Experten vermittelte. Dieses stark verpflichtende Modell ging Hand in Hand mit einer indivi-

---

25 | Zielke: Sterilisation per Gesetz; Schwerin: »Vom Willen im Volk zur Eugenik«. Zum 1961 öffentlich gewordenen »Fall Dohrn«, der seit 1946 etwa 1300 Frauen sterilisiert hatte, siehe Ott (Hg.): Der Fall Dr. Dohrn. In der sich anschließenden gesellschaftlichen Kontroverse ging es jedoch nur am Rande um eugenische Fragen. Im Mittelpunkt standen Sittenwidrigkeit, Selbstbestimmungsrecht und die Eindämmung legaler und illegaler Schwangerschaftsabbrüche.

26 | Vogel: Über Sinn und Grenzen praktischer Eugenik. S. 242. Vogel fuhr fort: »Geeignet wäre vielleicht eine neue, genauere Fassung des Körperverletzungs-Paragraphen, aus der deutlich hervorginge, daß eine operative Unfruchtbarmachung aus eugenischer Indikation, d.h. auf Grund von Gutachten anerkannter Fachleute, nicht als Körperverletzung verfolgt werden kann.«

duellen Angst auf Seiten der potentiell »Belasteten«, aus dem relativ starren und relativ engen Normalbereich zu fallen.[27]

Der Übergang zur zweiten Phase war durch die Versprechungen der im Entstehen begriffenen Pränataldiagnostik geprägt, allen voran der neuen »Sicherheit« und »Präzision« der Technologie. Zunächst bestand die Sorge um das »genetische Gleichgewicht« der Bevölkerung in Expertenkreisen fort – und damit auch das vergleichsweise technokratische Steuerungsdenken der ersten Phase. Allerdings stellten sich sehr bald entscheidende Verschiebungen ein. Die individuelle Verantwortung für die Erbgesundheit der eigenen Familie trat massiv in den Vordergrund. Es galt die Aufklärungsarbeit der Humangenetik auszubauen und möglichst alle Bereiche der Bevölkerung über den humangenetischen Fortschritt und seine präventivmedizinischen Möglichkeiten zu informieren. Die Humangenetiker verstanden sich dabei zunehmend als eine Art »Versorger«. Das humangenetische »Angebot« sollte vorbehaltlos ausgebaut werden. Die Subjekte, die diese Angebote in Anspruch nehmen sollten, behielten eine auffallende Eigenschaftslosigkeit bei. Sie erschienen vorrangig als eine Art persönlicher »Risikokalkulator«. In den Augen der Experten ergab sich ein nicht problematisierter Automatismus zwischen der Aufklärung mit humangenetischem Wissen und der bereitwilligen Handlungsorientierung an diesem Wissen. Dies betraf vor allem die Inanspruchnahme des Schwangerschaftsabbruchs nach vorangegangener humangenetischer Beratung und pränataler Diagnose. Ein grundlegender »Wille zur Leidvermeidung« in der Bevölkerung wurde fraglos vorausgesetzt; er musste nur angeregt und seine Umsetzbarkeit durch entsprechende Infrastrukturen unterstützt werden. Hierzu seien zwei Beispiele aus Dänemark angeführt, deren knappe, technische, unpersönliche, gleichzeitig angebotsorientierte Sprache charakteristisch für diese Phase ist. Der Leiter des Kopenhagener Universitätsinstituts für menschliche Erbbiologie und Eugenik, Jan Mohr, schrieb in einer Publikation aus dem Jahr 1968: »The advances of recent years which have made possible the diagnosis in cell culture of sex, chromosomal aberration, and certain biochemical defects and traits, represent important new possibilities in counteracting genetic disease: If cells of foetal origin may be procured safely from a sufficiently early stage of development, and if legislation permits therapeutic abortion in case of eugenic risk, pregnancy may be interrupted when the foetus is found to be genetically defective.«[28] In einem anderen Artikel mehrerer dänischer Wis-

---

27 | Hierbei ist an die obige Skizze des »Protonormalismus« nach Link zu denken, der diese Phase sowohl in Deutschland als auch in Dänemark noch maßgeblich bestimmte.

28 | Mohr: Foetal Genetic Diagnosis, S. 73. Mohr wählte hier eine unpersönliche Formulierung in Kombination mit dem Modalverb »may«, um die Folge des eugenischen Schwangerschaftsabbruchs nach pränataler Diagnose als Routine erscheinen zu lassen. Eine Passivformulierung an einer anderen Stelle desselben Artikels – im Zusammenhang mit der pränatalen Geschlechtsdiagnose bei einem Hämophilierisiko – legte ebenfalls einen unhinterfragten Automatismus zwischen Diagnose und Schwangerschaftsabbruch nahe: »In

senschaftler aus der Mitte der 1970er Jahre zur Pränataldiagnostik bei Anenzephalie und offenem Rücken hieß es: »Es ist heutzutage möglich eine recht große Anzahl an Krankheiten des Fötus im zweiten Trimester der Schwangerschaft zu diagnostizieren. Die Krankheiten, um die es geht, sind ernst und führen schwere Mißbildungen oder Entwicklungsstörungen mit sich. Das Ziel der frühen Pränataldiagnostik ist es, den Abbruch der Schwangerschaft in den Fällen anzubieten, in denen der Fötus eine solche Krankheit aufweist.«[29] Auch hier zeigt sich der für diese Zeit typische Kurzschluss zwischen Angebotsausweitung und Inanspruchnahme pränataler Diagnostik.

Dessen ungeachtet war diese Phase bereits eindeutig von der »genetischen Selbstsorge« der Laien und – damit einhergehend – flexibel-normalistischen Strategien gezeichnet. Dadurch änderte sich die Priorität bei der Vereinbarkeit von individuellem und allgemeinem Wohl aus humangenetischer Perspektive. Nannten Experten in den 1950er und 1960er Jahren noch die Verhinderung eines gesellschaftsbedrohenden Anstiegs von Erbkrankheiten zuerst und präsentierten sie sodann in ihrer Komplementarität mit der Vermeidung individuellen Leids, so kehrte sich die Reihenfolge nun um. Das individuelle Interesse an der Prävention von Leid in der eigenen Familie ging voran; die Deckungsgleichheit mit Interessen an einer positiven Bevölkerungsentwicklung und Kosteneinsparungen im Gesundheitswesen folgten nach – gewissermaßen als leicht anrüchige, aber durchaus erfreuliche Nebenfolge. »Positive Nebeneffekte« in eugenischer Hinsicht schienen sich aus einer Vielzahl »genetisch verantwortungsvoller« Individualentscheidungen wie von selbst zu ergeben.

Ein Jahrzehnt nach ihrer Entdeckung begann die »Individualisierung genetischer Verantwortung« ihre Kehrseiten zu offenbaren, womit der Übergang zur dritten Phase markiert ist. Die humangenetische Selbstsorge drohte ab dem Ende der 1970er und in den 1980er Jahren »zu wuchern« und damit von einer Rationalisierung des Fortpflanzungsverhaltens in ihr Gegenteil, eine Irrationalisierung, umzuschlagen. Die Beobachtung, dass die humangenetische Beratung einer »Über-Inanspruchnahme« durch Personen ohne erhöhtes Risiko ausgesetzt war, verbreitete sich im humangenetischen Diskurs. Während in den 1970er Jahren der quantitative Ausbau der Diagnosekapazitäten und ein ständiges Mehr an Aufklärung im Mittelpunkt standen, trafen humangenetische Berater nun immer öfter auf »Klienten«, die nicht in die gängigen Schemata der genetischen Risikobestimmung passten. Utopien der Selektion »normaler« Nachkommen

---

the special case of sex linked disease, a kind of foetal diagnosis has been accomplished already about a decade ago [...]: In carriers for haemophilia the amniotic fluid was sampled by suprapubic puncture and the cells in the fluid, which are of foetal origin, examined for sex chromatin. Therapeutic abortion was given in case of male sex, the risk of haemophilia being fifty per cent for this sex. In cases of female sex, for which the risk of haemophilia is practically nil, the pregnancy was allowed to go to term.« (Ebd., S. 73-74)

29 | Nørgaard-Pedersen u.a.: Fosterdiagnostik af anencefali og spina bifida, S. 1703.

dienten humangenetischen Experten zwar weiterhin als Abgrenzungsfolie, doch etablierte sich ein beunruhigendes Bewusstsein für den Konstruktionscharakter aller »Risikogruppen«-Bestimmungen und den Eigensinn des Risikoempfindens der Schwangeren.

Zudem offenbarten sich neuartige Belastungsquellen, die dem Individuum die Wahrnehmung seiner genetischen Selbstverantwortung scheinbar zur Last werden ließen. Zuvor rein medizinische Technologien gewannen erstmals psychische und gesellschaftliche Dimensionen. Im vorangegangenen Jahrzehnt hatten humangenetische Experten einen allgemeinmenschlichen Bedarf an humangenetischen Informationen für die Familienplanung sowie ein allgemeinmenschliches Interesse an der Vermeidung von durch Erbkrankheiten erzeugtem Leid im Wesentlichen unhinterfragt vorausgesetzt. Doch nun traten Fragen der psychologischen Belastung von prospektiven Eltern durch die genetische Beratung ins Zentrum der Debatten. Potentielle Ängste und Risikoempfindungen, die durch eben diese Beratung – oder nur deren Angebot – selbst erzeugt wurden, entwickelten sich zu einem schwerwiegenden Problem. Durch die stetige Zunahme der diagnostizierbaren Phänomene im Zuge der Molekulargenetik schien diese Entwicklung eher verschärft als aufgefangen zu werden. Die Diagnosesicherheit ließ sich anscheinend nicht steigern, ohne zugleich die individuelle Unsicherheit in ungekannte Höhen zu schrauben. Der Abschlussbericht des vom Bundesministerium für Forschung und Technologie eingesetzten Arbeitskreises »Ethische und soziale Aspekte der Erforschung des menschlichen Genoms« beschrieb die Wissenssteigerung im Blick auf die humangenetische Beratung Ende der 1980er Jahre drastisch als »überwältigende Informationsflut«. Der Abschlussbericht fragte: »Wieviel Rationalität verträgt der Mensch bei seiner Lebensplanung?« und »Wieviel Angst erzeugen wir durch Tests?«[30] Im Zuge dieser psychologischen Perspektive trat auch der soziale Kontext der Betroffenen in einer neuen Weise auf den Plan: nämlich als potentielle Quelle sozialen Drucks, der aus der Verbreitung neuer technologischer Möglichkeiten wie der Gendiagnostik entstehen konnte. Ein weiteres Problemfeld ergab sich vor allem aus der zunehmenden Verbreitung gentechnologischer Anwendungsmöglichkeiten, die die für das menschliche Selbstverständnis vermeintlich fundamentale Differenz von Natürlichkeit und Künstlichkeit ins Wanken brachte. Dies äußerte sich zum einen in der Angst vor gentechnologisch veränderten Organismen als potentiellen Seuchenherden, blieb aber als grundsätzliches Problem während der gesamten 1980er Jahre bestehen, beispielsweise in den Debatten über das Klonen, die In-vitro-Befruchtung oder die aufkommenden Möglichkeiten der Präimplantationsdiagnostik.

Im Zuge dieser neuen Problematisierung der Subjekte als »Betroffene« eines ambivalent gewordenen humangenetischen Wissensfortschritts entstanden neue

---

30 | Abschlußbericht des Arbeitskreises »Ethische und soziale Aspekte der Erforschung des menschlichen Genoms« – Einberufen durch den Bundesminister für Forschung und Technologie, 1990 (HHStAW, Abt. 511 Nr. 1096).

Expertenrollen. Hier ist vor allem an den Einzug bioethischer Fragestellung in den humangenetischen Diskurs zu denken.[31] Ein Faktor der Institutionalisierung der Bioethik in den 1980er Jahren ist darin zu sehen, dass sie die psychologischen und sozialen Belastungen dieser Betroffenen zu kompensieren versuchte. Im Zuge der Verbreitung bioethischen Denkens stellte sich zudem ein merklicher »Pluralisierungsschub« des humangenetischen Diskurses ein. Neuartige Gesprächspartner humangenetischer Experten gewannen an Gewicht. Betroffenenverbände, die den Forschungs- und Anwendungsinteressen der Humangenetik widersprachen, mussten als ernstzunehmende Diskussionspartner anerkannt werden. Im Zuge dieser Prozesse wandelte sich zudem die Existenz widersprüchlicher fachlicher und eugenischer Überzeugungen von einem vermeintlichen Hindernis der Forschung zum Normalzustand.

4.1 Fortpflanzungsgemeinschaften

Einleitung: Die Sorge um das Erbgut

Otmar Freiherr von Verschuer referierte im Jahr 1956 auf der Tagung der westfälischen Arbeitsgemeinschaft »Arzt und Seelsorger« zum Thema »Eugenik«. Es lohnt sich, eine oben bereits zitierte Stelle aus dem Vortragsmanuskript in Erinnerung zu rufen, in der Verschuer postulierte, dass die Fortschritte des humangenetischen Wissens, dem Menschen eine »neue Verantwortung« für die zukünftigen Generationen auferlegt hätten.[32] Der Erbforscher war der Überzeugung, dass dieses Wissen »unser Handeln und unsere Entscheidungen mitbestimmen« müsse.[33] Teils feststellend, teils fordernd beschrieb Verschuer hier ein »humangenetisches Verantwortungsbewusstsein«, hinter das es kein Zurück mehr geben könne. Der mal mehr, mal weniger deutliche normative Impetus, der von angeblich legitimen eugenischen Forderungen der Gesamtheit an das Individuum ausging, war typisch für diese Zeit. Die Orientierung am Gemeinwohl einer »Fortpflanzungsgemeinschaft« bedeutete aus der Perspektive der Humangenetik der 1950er und 1960er Jahre die Pflege des Erbguts der Gemeinschaft. In dem Vortragsmanuskript Verschuers heißt es weiter: »Die Erbforschung hat im

---

31 | Peter Weingarts Einschätzung einer »Re-Moralisierung« der bundesrepublikanischen Humangenetik, die bereits ab den 1960er Jahren eingesetzt habe, überzeugt vor diesem Hintergrund nicht, Weingart/Kroll/Bayertz: Rasse, Blut und Gene, S. 631. Die Debatten, auf die Weingart Bezug nimmt, markierten keinesfalls einen epistemischen Bruch von der Qualität, wie er sich zu Beginn der 1980er Jahre einstellte.
32 | Otmar Freiherr von Verschuer: Eugenik, biologisch und ethisch. Referat auf der Tagung der westfälischen Arbeitsgemeinschaft »Arzt und Seelsorger« in Hamm, 17.11.1956 (MPG-Archiv, Abt III Rep 86A Nr. 74), S. 10.
33 | Ebd.

Bereich des Biologischen sinnfällig gemacht, daß das Leben ein ›unverbrauchtes Pfund‹ ist, uns zum ›Wuchern‹ gegeben und zur verantwortungsvollen Weitergabe an die kommende Generation. Wir sind – in gewissem Sinne – Treuhänder eines durch die Generationen hindurchgehenden biologischen Gutes. [...] Die Verantwortung gegenüber dem kommenden Geschlecht ist somit: Gesunderhaltung und richtige Weitergabe des Erbgutes.«[34] Diese generationenübergreifende Mission umfasste in Verschuers Denken vor allem drei Dimensionen. In einem anderen Vortrag mit dem Titel »Die Mitverantwortung der Wissenschaft an unserer Zukunft« aus dem Jahr 1968 benannte er diese »Aufgabenbereiche« als, erstens, die »Bewahrung des in der heutigen Menschheit enthaltenen genetischen Potentials«, zweitens, die »Verhütung der Weitervererbung krankhafter Erbanlagen« und, drittens, die »bestmögliche Entfaltung« des Erbguts.[35] Die Erbanlagen boten dem humangenetischen Diskurs ein Medium, in dem eine stetige Verpflichtung des Individuums für die Gegenwart und Zukunft seiner Fortpflanzungsgemeinschaft verhandelt wurde. An den von Verschuer formulierten Aufgaben der Erhaltung, Verhütung und Entfaltung des Erbguts der Fortpflanzungsgemeinschaft hätte der Einzelne seine Lebensgewohnheiten, insbesondere ihre Sexualität und Fortpflanzung, auszurichten.[36]

Diesem genetischen Verantwortungsbewusstsein entsprach eine individuelle »Denormalisierungsangst«. Diese Sorge, als Träger einer »schädlichen genetischen Substanz« stigmatisiert zu sein und die Grenzen des »humangenetischen Normalbereichs« zu verlassen, war unter den mit Humangenetik befassten Experten selbst vorhanden.[37] Darüber hinaus sollten sich diese Bedenken jedoch, ging es nach Humangenetikern wie Verschuer, ausnahmslos in der gesamten Be-

---

34 | Ebd., S. 20.

35 | Otmar Freiherr von Verschuer: Die Mitverantwortung der Wissenschaft an unserer Zukunft. Tagung der Evangelischen Akademie von Kurhessen-Waldeck, 23.-25.2.1968 (MPG-Archiv Abt. III Rep. 86A Nr. 134), S. 2. Vorgesehen war ein Auditorium aus Medizinern, Naturwissenschaftlern, Politikern und Medienvertretern. Eine Augenoperation Verschuers verhinderte seine Teilnahme an der Tagung.

36 | Verschuer hob in dem eingangs zitierten Vortrag beispielsweise den hohen Stellenwert der Wahl eines geeigneten Ehepartners hervor, Otmar Freiherr von Verschuer: Eugenik, biologisch und ethisch. Referat auf der Tagung der westfälischen Arbeitsgemeinschaft »Arzt und Seelsorger« in Hamm, 17.11.1956 (MPG-Archiv, Abt III Rep 86A Nr. 74), S. 20.

37 | Wie sehr gerade Ärzte selbst ein »genetisches Verantwortungsbewusstsein« bei der »Partnerwahl« verinnerlicht hatten, zeigen einige private Anfragen unter ärztlichen Kollegen an führende Humangenetiker dieser Zeit, vgl. z.B. den Brief an Hans Nachtsheim, 1.3.1960 (UAH, Acc 12/95 - 4). Ein weiteres Beispiel für die »große Sorge« im Zusammenhang mit der Heirat der Tochter – einer »für das Schicksal meiner Kinder und Kindeskinder so entscheidenden Lebensfrage« – bietet ein Brief an Friedrich Vogel, 1.5.1960 (UAH, Acc 12/95 - 4). Aufgrund einiger Verdachtsmomente stellte der Absender die Frage, ob »die angestrebte eheliche Verbindung aus der Schau eines verantwortungsbewußten Erbbiologen und Mediziners

völkerung verbreiten. Die daraus zu ziehenden Schlüsse waren nicht selten existenzieller Art; die eugenische Praxis zielte zu dieser Zeit meist auf den vollständigen Ausschluss einzelner Individuen aus dem »Reproduktionsgeschehen der Fortpflanzungsgemeinschaft«. Überträgt man Verschuers Vorstellung von Altern und Tod im Allgemeinen – als die »biologische Notwendigkeit« des Ausscheidens eines Individuums aus dem »Lebensprozeß« – auf den »Erbprozess« im engeren Sinne,[38] musste die Identifikation potentieller »Gefährder« des Erbguts notwendig zu ihrem Ausschluss aus der Fortpflanzungsgemeinschaft führen.

In diesem Rahmen hatte sich das Subjekt einer ständigen (Selbst-)Kontrolle zu unterwerfen, allerdings auf einer unterschiedlichen institutionellen Grundlage. Die vorgesehene Umsetzung der eugenischen Grundsätze bewegte sich zwischen den Polen der persönlichen Einsicht und der gesetzlichen Regelung.[39] Auf Seiten der Experten galten diese Einschnitte in die individuelle Lebensführung auf einer eher freiwilligen Grundlage – als Vorbilder, die aus persönlicher Einsicht handelten. Für alle anderen war in der Regel die führende Anleitung durch Humangenetiker vorgesehen. Letztlich konnte im Zusammenhang mit gesellschaftlichen Randgruppen auch Bevormundung das Mittel der Wahl darstellen. Die Klärung der gesetzlichen Lage zur eugenischen Sterilisation in der Bundesrepublik Deutschland bzw. das Sterilisationsgesetz in Dänemark zielten zu einem großen Teil auf unmündige »Schwachsinnige«. Genetisches Verantwortungsbewusstsein und genetische Denormalisierungsangst waren zwei Seiten derselben Medaille. Sie ergaben sich für die Humangenetik der 1950er und 1960er Jahre, wie hier zu Beginn am Beispiel Otmar Freiherr von Verschuers gezeigt, nahezu zwangsläufig aus der steigenden wissenschaftlichen Einsicht in die erblichen Verhältnisse des Menschen.

---

gutgeheissen werden« kann. Vgl. des Weiteren die private Anfrage eines dänischen Amtsarztes an Tage Kemp, 13.10.1959 (RA, Københavns Universitet, Tage Kemp, professor Lb.nr. 6).

38 | »Im Leben der Arten bedingen Fortpflanzung und Tod einander: Weil der Tod im Lebensprozeß des Individuums liegt, muß es sich fortpflanzen, sonst stürbe die Art aus; weil die Fortpflanzung in der Lebensbestimmung der Art liegt, muß das Individuum sterben. Das Altern ist also ein Auf-dem-Wege-Sein zum Tode, der eine biologische Notwendigkeit ist, aber im ganzen Prozeß des Lebens eingeschlossen ist und damit die Vollendung des Lebens darstellt«. (Otmar Freiherr von Verschuer: Das Altern des Menschen – Gegebenheit und Aufgabe. Vortrag gehalten im Evang. Hospiz »Helenburg«, Bad Gastein, 6.10.1961 [MPG-Archiv, Abt III Rep 86A Nr. 77])

39 | Otmar Freiherr von Verschuer: Eugenik, biologisch und ethisch. Referat auf der Tagung der westfälischen Arbeitsgemeinschaft »Arzt und Seelsorger« in Hamm, 17.11.1956 (MPG-Archiv, Abt III Rep 86A Nr. 74), S. 22.

Die Faszination der genetischen Ebene (Vorgeschichte)

Das »genetische Verantwortungsbewusstsein«, das weite Expertenkreise – über fachlich ausgebildete Humangenetiker und Anthropologen hinausreichend – zusammenhielt, wurde nicht allein aus der Sorge um eine mögliche Bedrohung des Erbguts der Gesamtheit gespeist. Es ergab sich zudem aus einer ebenso wirkmächtigen Faszination für die Fortschritte der menschlichen Erbforschung. Die Begeisterung für das humangenetische Wissen richtete sich einerseits auf die Vorstellung, zu einer verborgenen, jedoch »eigentlichen« Identität menschlicher Individuen und Bevölkerungen vorzudringen. Andererseits richtete sie sich auf die mehr oder weniger ausdrücklichen Möglichkeiten der praktischen Lenkung des Fortpflanzungsgeschehens, die sich daraus ergaben. Die fundamentale Bedeutung der genetischen Ebene für das menschliche Selbstverständnis im Allgemeinen begann sich freilich schon seit dem späten 19. Jahrhundert nach und nach durchzusetzen und war zu Beginn des Untersuchungszeitraums in den 1950er Jahren bereits ein fester Bestandteil humangenetischer Expertenkulturen. An dieser Stelle empfiehlt sich jedoch ein exemplarischer Rückblick auf die enorme Steigerung des allgemeinen Interesses an genetischen Fragen, die sich in Dänemark mit der Einrichtung des Kopenhagener Universitätsinstituts Ende der 1930er Jahre einstellte.

Die Errichtung und der Ausbau des dänischen Erbkrankheitsregisters ab 1938 führten zu einem deutlichen Schub des genetischen bzw. anthropologischen Interesses im ganzen Land. Die Arbeit des Kopenhagener Instituts inspirierte einen breiten Kreis an Medizinern, Wissenschaftlern und Intellektuellen. Der Aufbau und Betrieb des Registers war hierbei anfangs zu einem gewissen Grad auf die freiwillige Mitarbeit dieses Personenkreises angewiesen.[40] Einerseits fragten der Institutsleiter Tage Kemp und seine Mitarbeiter bei Praktikern in verschiedenen Regionen des Landes nach, wenn sie auf der Spur bestimmter Krankheitsgruppen oder Familienangehöriger waren.[41] Andererseits wurde Kemp in den 1940er und 1950er Jahren geradezu überschüttet mit anthropologischen Plänen und Untersuchungen, die in Eigeninitiative entstanden waren. Dies lässt sich leicht durch einige Beispiele illustrieren. Im Jahr 1939 schrieb ein Pfarrer bezüglich seiner Familienforschung auf der dänischen Halbinsel Reersø an Kemp. Auf die Anfrage nach einer Zusammenarbeit mit dem Kopenhagener Institut hin sendete dieser dem Laienforscher vorerst die standardisierten Erhebungsschemata

---

40 | Siehe z.B. Tage Kemp: Bericht über die Institutsarbeit vom 3.9.1939 (RA, Københavns Universitet, Afdeling for Medicinsk Genetik, Institutsager, Lb.nr. 1), S. 3.

41 | Dieses Vorgehen blieb über viele Jahrzehnte unerlässlich für die humangenetische Forschungs- und Beratungstätigkeit des Instituts, vgl. nur Brief von H.N. Gregersen an Jan Mohr, 4.6.1970; Brief von Esther Frantyen an Jan Mohr, 16.10.1970 (beide: RA, Københavns Universitet, Jan Mohr, professor, Lb.nr. 8).

des Instituts zu.⁴² Zudem bekundete Kemp sein ausgeprägtes Interesse an der Erfassung eines »polnischen Isolats«, die der Geistliche in seiner Pfarrei durchzuführen gedachte. »Es interessiert mich sehr über die Familien auf Reersø zu hören, speziell darüber, ob es viele Verwandtenehen gibt, und ebenfalls über die polnischen Einwanderer. Ich hoffe, wir bekommen die Gelegenheit uns darüber zu unterhalten.«⁴³ Es handelte sich hierbei um ein typisches Angebot, Daten auszutauschen und über Untersuchungsvorhaben bzw. -ergebnisse zu informieren, die das Kopenhagener Institut von Amateuren und Laien in großer Zahl erreichten. In der Regel gingen sie auf die persönliche Begeisterung für anthropologische, erbbiologische und evolutionäre Fragen zurück.⁴⁴

Derartige Vorhaben und der Ausbau des Instituts für menschliche Erbbiologie an der Universität Kopenhagen forcierten sich in den Anfangsjahrzehnten des Instituts gegenseitig. Kemp griff viele Angebote auf, sendete formalisierte Erhebungsbögen, prüfte Daten, führte sie zusammen, initiierte Kooperationen und beriet Amateurforscher.⁴⁵ Ein Diplomingenieur und »Amateur-Familienforscher« schrieb 1945 über die wertvolle Orientierungsfunktion, die das erbbiologische Institut für zahlreiche laufende Arbeiten in ganz Dänemark hatte: »Außer uns gibt es sicher eine große Anzahl Amateur-Familienforscher, für die es von

---

42 | Brief von Tage Kemp an Sognepræst Glenthøj, 25.2.1939 (RA, Københavns Universitet, Tage Kemp, professor Lb.nr. 2).

43 | Brief von Tage Kemp an Sognepræst Glenthøj, 5.10.1939 (RA, Københavns Universitet, Tage Kemp, professor Lb.nr. 2).

44 | Vgl. beispielsweise den Brief eines Arztes und Universitätsprofessors an Tage Kemp, 20.8.1942 (RA, Københavns Universitet, Tage Kemp, professor Lb.nr. 2): »Da ich mich derzeit mit Plänen der anthropologischen Untersuchung an Schulkindern beschäftige, würde ich gerne Ihre Meinung dazu hören, sofern es Sie interessiert. [...] Ich habe oft Lust verspürt anthropologische Messungen an dänischen Kindern vorzunehmen, um, falls möglich, einen einfachen Index zu erstellen, um ihre Konstitutionstypen zu beschreiben, so wie Dr. Strømgren das hierzulande für Erwachsene getan hat. Solche Messungen wurden, soweit ich weiß, bislang im Land noch nicht an Kindern durchgeführt.« Die Untersuchungen sollten – nicht unüblich – an einer Institution in der Nähe des Wohnorts des Interessenten, einer städtischen Schule, durchgeführt werden und sie sollten – ebenfalls nicht unüblich – eine beträchtliche Menge Probanden, 1.400 in diesem Fall, erfassen. Vgl. als weiteres Beispiel den Brief von Niels Andersen an Tage Kemp vom 5.11.1954 (RA, Københavns Universitet, Tage Kemp, professor Lb.nr. 5). Oft hatten Ärzte eine Veröffentlichung Kemps gelesen oder waren unter ihren eigenen Patienten auf »auffallende« Häufungen bestimmter Krankheiten gestoßen, vgl. z.B. den Brief von Knud Krabbe an Tage Kemp, 13.9.1940; Brief von E.A. Hallas an Tage Kemp, 18.11.1933; Brief von Axel Thomsen an Tage Kemp, 27.10.1938 (alle RA, Københavns Universitet, Tage Kemp, professor Lb.nr. 2).

45 | Zudem stellte das Institut einige Gutachten über Forschungsvorhaben aus, vgl. für viele den Brief von Thorkild Møller an Tage Kemp, 5.5.1947 (RA, Københavns Universitet, Tage Kemp, professor, Lb.nr.3).

sehr großem Wert wäre, legitime Anleitung darüber zu bekommen, was man auf diesem Gebiet machen kann und wie man seine Arbeit im entsprechenden Fall anlegen sollte.«[46] Auch wenn Kemp zahlreiche Vorhaben von Laien ermutigte, musste hierbei ein qualitativer Mindeststandard gewahrt bleiben, um von Nutzen für das Kopenhagener Institut zu sein. Kemp war sich sehr wohl bewusst, dass viele »Hobbyforscher« die Voraussetzungen hierfür nicht zwangsläufig erfüllten.[47] Waren gewisse Grundbedingungen erfüllt, übernahm das Erbbiologische Institut die jeweils erarbeiteten Daten allerdings bereitwillig. Die Förder- und Beratungstätigkeit des Instituts sowie die privaten humangenetischen Unterfangen überall im Land standen damit in einem symbiotischen Verhältnis.[48] In jedem Fall trug die Zusammenarbeit zu einer rapiden Verbreitung eines grundlegenden humangenetischen Bewusstseins und Interesses in Dänemark bei.

Diese am dänischen Beispiel gezeigte allgemeine Resonanz genetischer Fragen unter verschiedenen medizinischen, wissenschaftlichen und anderen Expertengruppen traf auch auf Deutschland zu. Die menschliche Erbbiologie war hierzulande bereits einige Jahre früher in einschlägigen Forschungseinrichtungen institutionalisiert gewesen, als dies in Dänemark der Fall war, doch erlebte die Erbforschung ebenfalls einen bereits viel beschriebenen Schub in den 1930er und 1940er Jahren. Während des »Dritten Reichs« fand – unter den spezifischen Bedingungen der nationalsozialistischen Rassenhygiene – ebenfalls ein reger

---

46 | Brief von Per Schrøder an Tage Kemp vom 2.11.1945, (RA, Københavns Universitet, Tage Kemp, professor Lb.nr. 3). Der Verfasser plante, da er sich für medizinische Diagnosen nicht ausreichend kompetent fühlte, vor allem musikalische und andere Begabungen sowie »rein äußerliche Besonderheiten« zu verzeichnen. Hierbei dachte er beispielhaft an Lippen-Kiefer-Gaumenspalten und Kopfformen. Andererseits zog er für seine Untersuchung auch Blutgruppen und Todesursachen in Betracht.

47 | Vgl. als Beispiel den Brief von P.O. Pedersen an Tage Kemp, 24.9.1948 (RA, Københavns Universitet, Tage Kemp, professor, Lb.nr.3). In Reaktion auf die Anfrage eines Zahnarztes aus Viborg vom 6.9.1948 (RA, Københavns Universitet, Tage Kemp, professor, Lb.nr.3), der eine anthropologische Untersuchung an Patienten plante, hatte sich Kemp in diesem Fall Informationen über die fachliche Befähigung des Arztes von dritter Seite erbeten. In dem Vorhaben sollten Zahnformen und -farben im Zusammenhang zu Kopfformen auf der Grundlage von im Selbststudium angeeignetem Wissen erforscht werden. Das Urteil von Kemps Gewährsmann fiel eher skeptisch aus. Unter anderem schrieb Pedersen an Kemp in dem oben genannten Brief: »Die Anthropometrie scheint ja eine magische Anziehungskraft auf Personen zu haben, die die Voraussetzungen sie durchzuführen völlig vermissen lassen.«

48 | Dies gilt wie an den Beispielen gesehen nicht allein für den Austausch mit Medizinern. Dieser war allerdings von größtem Wert für das Kopenhagener Institut, da die zugrundeliegenden medizinischen Diagnosen als vergleichsweise gesichert gelten konnten, vgl. zum Beispiel die Initiative eines Assistenzarztes im Blick auf eine Patientengruppe mit Muskelatrophie, Brief an das Arvebiologisk Institut, 11.2.1947 (RA, Københavns Universitet, Tage Kemp, professor Lb.nr. 2).

Austausch zwischen Freiwilligen, Amateuren und den humangenetischen Forschungsinstituten statt. Dies galt beispielsweise für die Tätigkeit des Kaiser-Wilhelm-Instituts für Anthropologie, menschliche Erblehre und Eugenik in Berlin-Dahlem.[49] In teils systematischer, teils weniger systematischer Weise entstanden reichsweit viele verstreute Pläne, die »erbbiologische Bestandsaufnahme« des deutschen Volkes voranzutreiben. Diese Vorhaben sowie die Versuche ihrer Institutionalisierung und Systematisierung während des »Dritten Reichs« sind weitgehend erforscht.[50] Projekte wie die anthropologische Erfassung der Bevölkerung der Rhön, der Vulkaneifel oder Finkenwerders, um nur drei Beispiele zu nennen, begeisterten eine Vielzahl von fachfremden Akademikern und Laien, griffen auf deren Mitarbeit und Datenbestände zurück und regten zu weiteren privaten Forschungen an. Während sich diese breite Faszination für Fragen der menschlichen Erbbiologie in Dänemark über das Kriegsende hinaus ungebrochen fortsetzen konnte, war dies in Deutschland nicht der Fall. Die nationalsozialistische Rassenhygiene sowie viele ihrer Hauptvertreter waren einer weltweiten Ächtung anheimgefallen. Nichtsdestoweniger hatte sie zur Verbreitung eines allgemeinen Interesses an genetischen Untersuchungen in einem breiten Kreis naturwissenschaftlicher, medizinischer und gesellschaftswissenschaftlicher Experten geführt, die in gewissem Grad auch nach dem nationalsozialistischen Regime erhalten blieb.

»Follow and control« – Krisenmanager des Genpools

Es hat sich gezeigt, dass der humangenetische Diskurs zu Beginn der 1950er Jahre von einem »genetischen Verantwortungsbewusstsein« geprägt war, das sich aus zwei gegensätzlichen Aspekten zusammensetzte: einerseits der Faszination für die genetische Ebene menschlicher Bevölkerungen, die weit über die fachlichen Kreise der Humangenetiker und Anthropologen ausstrahlte, und andererseits der Sorge um den Zustand dieser genetischen Ebene. Nun gilt es zu fragen, welche Position humangenetischen Experten vor diesem Hintergrund zukam. Welche Aufgabenfelder taten sich ihnen auf und in welchem Verhältnis standen sie zu diesen? Das zentrale Ziel humangenetischer Forschung bestand in der Nach-

---

49 | Siehe nur Verschuer: Das ehemalige Kaiser-Wilhelm-Institut. Siehe in diesem Bericht insbesondere die Arbeit über »Die deutschen Bauern des Burzenlandes« aus dem Jahr 1937, S. 133: »Die letztere Arbeit wurde angeregt durch eine Reise von E. Fischer und O. von Verschuer 1928 nach Siebenbürgen. Es wurden damals interessierte und freiwillig sich meldende Persönlichkeiten (meist Lehrer) in den anthropologischen Methoden ausgebildet, um nach einem festgelegten Plan eine Untersuchung der deutschen Bevölkerung (Siebenbürger Sachsen) vorzunehmen.«
50 | Siehe nur Roth: »Erbbiologische Bestandsaufnahme«; Pyta: »Menschenökonomie«; Schmuhl (Hg.): Rassenforschung an Kaiser-Wilhelm-Instituten; Weingart/Kroll/Bayertz: Rasse, Blut und Gene; Etzemüller: Die große Angst.

kriegszeit darin, einen Überblick über den Genbestand der Bevölkerung zu gewährleisten, und zwar um dessen Entwicklung kontrollierend zu begleiten. Dies fand in prägnanter Weise in dem Paradigma des »follow and control« Ausdruck, das Tage Kemp in Verbindung mit dem Kopenhagener Erbkrankheitsregister formuliert hatte.[51] Dabei war das »Erbgut« gerade nicht direkt sichtbar. Es musste mittels aufwendiger Methoden der Statistik und der Familienforschung sowie mit Tierexperimenten und Erbregistern rekonstruiert werden. Die Experten mussten sich hierbei zuerst selbst wahrnehmungstechnisch sensibilisieren, um die entscheidenden Manifestationen des Genbestandes in der Masse der gesammelten bzw. erzeugten Daten sehen zu lernen. In aller Regel galt das Prinzip, je mehr Datenmaterial, desto weiter reichte der »Überblick«. In einem weiteren Schritt mussten die Daten aufbereitet und die genetische Ebene in Abbildungen visualisiert werden, um die Wahrnehmung der Allgemeinheit zu schulen.[52] Es ging hierbei in den 1950er und 1960er Jahren jedoch nicht einfach um wissenschaftlichen Erkenntnisfortschritt; es ging zugleich um die praktische Verwendbarkeit der Daten. Dies galt nicht nur in einem individualmedizinischen Sinne, sondern darüber hinaus im Hinblick auf die Aufdeckung von bislang unerkannten oder unterschätzten Gefahren für den Genpool. Von besonderer Brisanz war, dass unentdeckte Fehlentwicklungen auf der genetischen Ebene in der Regel zu langfristigen und irreparablen Schäden führen würden. Derartige Bedrohungen sollten deshalb möglichst rechtzeitig aufgespürt werden, um sie, sofern sie nicht abzuwenden waren, zumindest in ihren Auswirkungen abzumildern. Die Experten dieser Jahrzehnte verstanden sich in gewisser Weise als »Aufseher« des Erbguts.

In den 1950er Jahren richtete sich dieses Kontrollbedürfnis vor allem auf einen möglicherweise erheblichen Anstieg an Erbkrankheiten durch die Auswirkungen atomarer Strahlung. Neben der friedlichen Nutzung der Kernenergie fürchteten Genetiker vor allem die vermeintliche Belastung, die von Atomversuchen im Zuge

---

51 | Siehe Kapitel 3.1.

52 | Dies galt insbesondere für rezessive Erbkrankheiten und heterozygote, phänotypisch gesunde Anlagenträger solcher Erbkrankheiten, deren »oberflächliche Normalität« die Sichtbarmachung des Unsichtbaren erforderte, um ihre mittelbare Bedrohlichkeit dennoch bewusst zu machen. Vgl. für viele: »Diese ganz gesund wirkenden, erblich aber abnormen Heterozygoten werden unter ihren Kindern das mutierte Gen weiter verbreiten, ohne sich ihrer kranken Erbanlage bewußt zu sein.« (Bickel: Genetisch bedingte Stoffwechselanomalien, S. 30) Vgl. des Weiteren: »Die Mehrzahl der auftretenden Mutationen ist jedoch ›rezessiv‹, d.h. sie werden zunächst überdeckt von Generation zu Generation weitergegeben und führen erst viel später zur Schädigung oder Tötung eines Individuums, wenn zwei gleiche Mutationen in diesem Individuum zusammentreffen. Die genetische Strahlengefahr ist deshalb besonders tückisch, weil durch Mutationsauslösung bei einem Individuum nicht nur die folgende, sondern auch alle weiteren Generationen geschädigt werden können.« (Friedrich Vogel: Gutachterliche Äußerung zur Frage der Vorteile von Röntgenbildverstärkern in der Kinderröntgenologie vom Standpunkt des Genetikers, 19.5.1960 [UAH, Acc 12/95 - 4])

des Kalten Krieges ausging.[53] Auch die möglichen Folgen der medizinischen Anwendung der Röntgenstrahlung, ebenfalls eine ionisierende Strahlung, erregten Besorgnis. Alexander von Schwerin hat in mehreren Aufsätzen hervorgehoben, dass sich der Schwerpunkt dieser Sorge, die nicht nur unter Humangenetikern verbreitet war, sondern auch in der Politik geteilt wurde, zu Beginn der 1960er Jahre verschob.[54] Mehr und mehr gerieten die potentiellen genetischen Auswirkungen von zahllosen »Mutagenen« in der zivilisatorischen Umwelt des Menschen in den Blick. Insbesondere chemische Mutagene, in der Nahrung beispielsweise, stellten eine Gefahrenquelle sowie ein breites Forschungsfeld zugleich dar.[55] Das Selbstverständnis humangenetischer Experten, unsichtbare Gefahren des biologischen Zustands der Bevölkerung aufzudecken und Maßnahmen zu ihrer Eindämmung zu konzipieren, änderte sich im Zuge dieses Paradigmenwechsels allerdings nicht. Karl-Heinz Degenhardt gab auf einer Fachkonferenz 1968 die vermeintlich drängende Frage wieder, ob es angesichts »eines erschreckend hohen jährlichen Zuwachses an behinderten Kindern [...] nicht gelingen möchte, in Anbetracht der Fortschritte in den Erkenntnissen der Medizin und Naturwissenschaften, die zu einer Behinderung führenden wirklichen Einflußfaktoren allmählich auszuschalten«.[56] Die Zuständigkeit der Humangenetik dafür, die allgemeine Anzahl an Behinderungen, die auf Veränderungen des Erbguts zurückgeführt werden konnten, zu minimieren, stand für Degenhardt außer Frage. Diese Aufgabe zeichnete die Umrisse eines Expertensubjekts, das – unabhängig vom jeweiligen Auslöser – biologische Krisen, die die gesamte Bevölkerung betrafen, aufzuspüren, zu erforschen und zu bekämpfen hatte.

Gerade die Humangenetik schien dafür prädestiniert zu sein, bislang »unsichtbare« Gefahren aufzudecken. Den Genpool der Bevölkerung sowie die Erbanlagen des Individuums nahmen humangenetische Experten als ein sehr fragi-

---

53 | Vgl. für zahllose Forschungsvorhaben und -ergebnisse: Universitetets Arvebiologiske Institut: Ansøgning til Sundhedsstyrelsen om fornyet bevilling for finansåret 1961-62 til fortsættelse af stråleundersøgelserne på Arvebiologisk Institut, 28.11.1960; Atomtidens lys- og skyggesider, o.D. [nach 1956] (beide: RA, Københavns Universitet, Afdeling for Medicinsk Genetik, Institutsager, Lb.nr. 1).

54 | Schwerin: 1961 – Die Contergan-Bombe; ders.: Der gefährdete Organismus; ders.: Humangenetik im Atomzeitalter; ders.: Mutagene Umweltstoffe. Vgl. Cottebrune: Der planbare Mensch.

55 | Ausdruck hiervon ist die Gründung der Mutagenitäts-Kommission sowie des Zentrallaboratoriums für Mutagenitätsforschung in Freiburg durch die Deutsche Forschungsgemeinschaft im Laufe der 1960er Jahre. Vgl. das einschlägige Bedrohungsszenario im Brief von Carsten Bresch an Meyl, 21.7.1971 (BA, B 227/225090).

56 | Karl-Heinz Degenhardt: Die Bedeutung von genetischen Informationen und Umweltfaktoren in der vorgeburtlichen Entwicklung des Menschen. Zusammenfassung des Vortrags im Rahmen der Fachkonferenz Humangenetik vom 4.-6.10.1968 (ArchMHH, Dep. 1 acc. 2011/1 Nr. 9).

les, einer prinzipiell unbegrenzten Zahl von Gefahren ausgesetztes »Gut« wahr. Insbesondere die Contergan-Affäre habe deutlich gemacht, wie anfällig der Prozess der unbeschädigten Weitergabe des Erbguts zwischen den Generationen sei. Degenhardt formulierte in dem eben zitierten Vortrag weiter, dass die »perinatale Entwicklungsperiode des Menschen« von der Keimzellenreifung und Befruchtung bis zur Geburt eine »kritische sensible Zeit« sei. Die Humangenetik sei aufgerufen, gerade solch gefährdete Bereiche akribisch zu überwachen, insbesondere an »der Aufdeckung von ursächlichen Faktoren der Entstehung von Anomalien mitzuwirken.«[57] Die potentielle Existenz – oberflächlich unsichtbarer – erbgutschädigender Einflüsse forderte die Bildung wahrnehmungstechnisch geschulter, überwachender Subjekte heraus; sie wurde auf der anderen Seite erst durch die so subjektivierten humangenetischen Experten so stark betont. Die Sensibilisierung für und die Bekämpfung von kritischen Einflüssen auf das menschliche Erbgut erstreckte sich zu dieser Zeit von der individuellen Schwangerschaftsbetreuung bis zur Ebene der gesamten Bevölkerung. Gerade auf diesen nationalen, gelegentlich globalen Rahmen richtete sich in den 1950er und 1960er Jahren ein erheblicher Teil der Aufmerksamkeit humangenetischer Experten. Humangenetiker vermieden das belastete NS-Vokabular, insbesondere den Begriff der »Degeneration«, doch die Sorge vor irreversiblen Fehlentwicklungen des Genbestandes der Bevölkerung war dadurch keineswegs verschwunden.[58] Hierauf galt es vor allem politische und administrative Stellen hinzuweisen und einen gesellschaftlichen Handlungsbedarf anzumahnen.

Den zeitgenössischen Wissensstand, insbesondere zu populationsgenetischen Fragen, fassten Humangenetiker selbst hierbei als stark lückenhaft auf. Dies schränkte die Kontrollfunktion, die der Humangenetik zukam, allerdings mitnichten ein. Dass die Wissensgrundlage, auf der die Prävention zukünftiger Verschlechterungen erfolgen musste, derzeit noch unzureichend sei, beschnitt ihre handlungsleitende Kraft keineswegs.[59] Vielmehr verstärkte fehlendes Wissen die Krisenwahrnehmungen. Friedrich Vogel fragte: »Ist es sinnvoll und geboten, in die Vorgänge der natürlichen Auslese aktiv und planend einzugreifen, oder

---

57 | Ebd.

58 | Vgl. beispielsweise die Äußerung Vogels im Zusammenhang mit »unbemerkten« Strahlenschädigungen des Erbguts: »Eine weitere wichtige Erkenntnis der Strahlengenetik ist: Einmal gesetzte genetische Defekte können nicht mehr rückgängig gemacht werden. Die Schäden, die – auch bei wiederholter Belastung mit ganz geringen Dosen – gesetzt werden, kumulieren sich.« (Friedrich Vogel: Gutachterliche Äußerung zur Frage der Vorteile von Röntgenbildverstärkern in der Kinderröntgenologie vom Standpunkt des Genetikers, 19.5.1960 [UAH, Acc 12/95 - 4]) Vgl. für den Zusammenhang der »Kumulation« genetischer Schädigungen und einem befürchteten durchschnittlichen Rückgang der Intelligenz die Briefe von Peter Emil Becker an A. Schulz, 18.6.1963, und an Otto Manz, 16.2.1970 (beide: ArchMHH, Dep. 2 acc. 2011/1 Nr. 9).

59 | Siehe beispielsweise Nachtsheim: Kampf den Erbkrankheiten, S. 63-64.

ist es besser, bei dem heutigen lückenhaften Stande unseres Wissens diese Vorgänge noch sich selbst zu überlassen?«[60] Vogel beantwortete die Frage selbst und formulierte einen Handlungsimpetus, der vor allem auf der vorausschauenden Einsicht, möglicherweise auch Intuition, der Experten beruhen sollte: »Wie wir gesehen haben, überblickt man das Wirken der natürlichen Auslese noch nicht im ganzen; man kann jedoch Einzeltendenzen erkennen. So ist eine gewisse Vermehrung von Erbanlagen, die zu seltenen Anomalien und Krankheiten mit einfachem Erbgang führen, als Folge ärztlicher Behandlung ihrer Träger unschwer vorauszusehen. Es liegt hier nahe, den alten ärztlichen Grundsatz ›Vorbeugen ist besser als Heilen‹ anzuwenden und nach Wegen zu suchen, wie man die Geburt derartiger Erbkranker von vornherein verhindern kann«.[61] Dass ein gewisses Maß an Eingriffen erforderlich war, um Entwicklungen wie den Anstieg der »Mutationsrate« einzudämmen, stand kaum in Frage. Dies galt gerade dann, wenn die Grenzen solcher Zielsetzungen diskutiert wurden, ihre grundsätzliche Berechtigung dabei jedoch akzeptiert wurde. Carsten Bresch formulierte im Rahmen des Zentrallaboratoriums für Mutagenitätsforschung die offene Frage: »Wie weit und gegen welche Defekte ist der Mensch durch natürliche Abwehr oder Selektion (z.B. früher Spontanabort) automatisch abgesichert, bzw. – die reziproke Frage – gegen vorrangig welche Defekte benötigt die Population einen Schutz durch wissenschaftliche Massnahmen?«[62] Die Frage war auch hier weniger, ob, sondern welche Gegenmaßnahmen ergriffen werden und wie weit diese gehen mussten. Fehlende Einsicht in die tatsächlichen Ausmaße genetischer Bedrohungslagen der Bevölkerung war in den 1950er und 1960er Jahren eben kein Anlass zur Zurückhaltung, sondern vielmehr zur Verstärkung der Besorgnis. Der leitende Imperativ hieß vereinfacht gesagt: Schütze und bekämpfe, bevor sich herausstellt, wie schlimm es wirklich ist. In einer Mischung aus Objektivitäts-, Fortschritts- und Selbstbewusstsein gingen humangenetische Experten davon aus, dass der Wissensfortschritt nachträglich – gewissermaßen pro forma – die Rechtfertigung bereits jetzt dringend gebotener eugenischer Maßnahmen erbringen werde.

Bedrohungen, die modernen Gesellschaften aus atomarer Strahlung, Mutagenen, einer differenzierten Fertilität oder einem anders bedingten Anstieg von Erbkrankheiten erwuchsen, mussten sichtbar gemacht, erforscht und auch eingedämmt werden – eine Aufgabe die fachlich erfahrenen humangenetischen Experten zukam. Große Wissenslücken, die sowohl die Beschaffenheit des Erbguts in mikrobiologischer Hinsicht als auch seine Verteilungsmechanismen im populationsgenetischen Maßstab betrafen, änderten an dieser prinzipiellen Aufgabe nichts Wesentliches. Dass humangenetische Experten sich gleichzeitig für die Er-

---

60 | Vogel: Über Sinn und Grenzen praktischer Eugenik, S. 239.
61 | Ebd., S. 239-240.
62 | Carsten Bresch: Memo zur Langzeitplanung für das ZLM, 20.7.1973 (UAH, Acc 12/95 - 33), S. 1-2. Interessanterweise wurde diese Frage in dem zitierten Text als rein »wissenschaftliche« von »wissenschaftlich-gesellschaftspolitischen« unterschieden.

arbeitung wissenschaftlicher Kenntnisse und die Konzeptualisierung ihrer praktischen Anwendung als zuständig ansahen, stand außer Frage. Es handelte sich zudem, folgt man der Überzeugung, die sich in zahllosen humangenetischen Programmschriften dieser Zeit niederschlägt, um Expertenkreise aus Wissenschaftlern, Ärzten, Politikern, Journalisten und Verwaltungsbeamten, die – qua fachlicher Objektivität – nahezu exklusiv über derartige Problemfelder diskutieren sollten. Die »Öffentlichkeit« sollte meist erst in einem zweiten Schritt durch konzertierte »Aufklärungs«-Aktivitäten angesprochen werden.

**Aufklärung der Bevölkerung –
Hilfestellung zur rationalen Lebensführung**

Das individuelle Verhalten wurde in humangenetischer Hinsicht vor allem als Reproduktionsverhalten relevant. Dieses Reproduktionsverhalten stand im Rahmen einer breiteren Fortpflanzungsgemeinschaft, der es, so die allgemeine Ansicht humangenetischer Experten, Rechenschaft schuldig war. Auch wenn Humangenetiker ihr eigenes Verhalten bereits an entsprechenden Normen orientierten, musste dieses genetische Verantwortungsbewusstsein in der Breite der Bevölkerung jedoch verankert werden.[63] In diesem Sinne stellte die Aufklärung über humangenetisches Wissen, eugenische Problemlagen und eugenische Praktiken ein zentrales Anliegen im humangenetischen Diskurs der 1950er und 1960er Jahre dar. Bei den Laien sollte eine Art »humangenetischer Einsicht« erzeugt werden, die zugleich die eigene Lebensführung rationalisieren half als auch dem Wohl der Gesamtheit in Gegenwart und Zukunft diente. Dieses Doppelkalkül sollte nach Möglichkeit von allen Gesellschaftsangehörigen verinnerlicht werden. Hans Nachtsheim schrieb in seiner populärwissenschaftlichen Werbeschrift »Kampf den Erbkrankheiten« in den 1960er Jahren: »Wenn in Familien mit dieser Muskeldystrophie alle das krankhafte Gen tragenden Frauen einsichtig genug sind, auf Nachkommenschaft zu verzichten, so kann die Erbkrankheit und damit viel Leid praktisch aus der Welt geschafft werden«.[64] Dieses für die Muskeldystrophie-Patienten und ihre Angehörigen postulierte Gebot war für Nachtsheim exemplarisch für das Ideal einer »aufgeklärten und einsichtigen Bevölkerung« im Ganzen.[65] Eine solchermaßen aufgeklärte Gesellschaft würde – so die Utopie – dem individuell wie epidemiologisch wünschbaren Zustand einer »Welt ohne Leid durch Erbkrankheiten« näherkommen. Als Projektionsfläche dieses Ideal-

---

63 | Vgl. Jan Mohr: Beratung über Vererbung, in: James F. Crow/James V. Neel (Hg.): Proceedings of the Third International Congress of Human Genetics, Baltimore 1967 (vorliegend als übersetzter und nicht paginierter Reprint des Vereins für freiwillige Erbpflege (VfE), in: RA, Københavns Universitet, Jan Mohr, professor, Lb.nr.4; original: Mohr: Genetic Counseling).
64 | Nachtsheim: Kampf den Erbkrankheiten, S. 103. Gemeint ist die X-chromosomal vererbte Muskeldystrophie vom Typ Duchenne.
65 | Ebd.

zustands diente Nachtsheim an anderer Stelle die japanische Bevölkerung, die sich bereits als »diszipliniertes und einsichtiges Volk« in reproduktiver Hinsicht erwiesen habe.[66] Ebenso war Nachtsheims jüngerer Fachkollege Widukind Lenz der Ansicht, dass sich die vom Patientensubjekt gewünschten Handlungen in der Folge der Aufklärung, wie Hans Nachtsheim sie durch seine Schrift verfolgte, automatisch ergeben müssten. Aus seinem Vortrag auf dem Marburger Symposium »Genetik und Gesellschaft« sprach die Annahme, dass eine Empfängnisverhütung aus eugenischen Gründen die selbstverständliche Folge aus der Aufklärung der Eltern sei.[67] Die Existenz sowie die Bekanntmachung humangenetischen Wissens und eugenischer Anwendungsmöglichkeiten ist in Lenz' Ausführungen gleichbedeutend mit ihrem tatsächlichen Einsatz.[68] Diese nicht reflektierte Selbstverständlichkeit, mit der Information und Handlung verknüpft wurden, findet sich in zahlreichen Äußerungen deutscher und dänischer Humangenetiker der 1950er und 1960er Jahre.[69]

Um die Alternative von Zwang und Freiwilligkeit ging es hierbei in aller Regel nicht. Zeitgenössische humangenetische Aufklärungsprogramme bewegten sich ihrem Selbstverständnis nach jenseits dieser Differenz. Der Zusammenhang von Eugenik und Zwang kam dann ausdrücklich zur Sprache, wenn Humangenetiker sich von dem vermeintlichen »Sonderfall« des nationalsozialistischen »Gesetzes zur Verhütung erbkranken Nachwuchses« distanzierten. Das Gesetz, dessen Unrechtmäßigkeit unter Genetikern in Deutschland wie im Ausland außer Frage stand, diente der Abgrenzung vom »Irrweg« nationalsozialistischer Genetik im Allgemeinen sowie Zwangsprogrammen im Besonderen. Humangenetiker setzten sich mit eugenischen Zwangsmaßnahmen vorrangig aus rhetorischen Gründen auseinander, da die etwaige Wiedereinführung eines solchen Zwangs im humangenetischen Diskurs dieser Jahrzehnte keine entscheidende Rolle spielte.[70] Das direktive Experten-Patienten-Verhältnis dieser Phase trug aus heutiger Sicht zwar deutlich autoritäre, wenn nicht sogar nötigende Züge, doch entsprach dies keineswegs dem zeitgenössischen Selbstverständnis. Im Vordergrund stand eine

---

66 | Nachtsheim: Familienplanung, S. 338.
67 | Lenz: Missbildungen, Genetik und Umwelt, S. 46-47.
68 | Friedrich Vogel war im Blick auf die humangenetische Beratung der Ansicht, dass die Bereitschaft zur freiwilligen Eugenik »in unserer Bevölkerung sehr stark ist«. Nur seien die Beratungsmöglichkeiten noch zu unbekannt, Vogel: Genetische Beratung, S. 100.
69 | Vgl. als weitere Beispiele: Fuchs u.a.: Antenatal Detection; Mohr: Foetal Genetic Diagnosis, S. 73.
70 | Es lassen sich im Rahmen des dänischen Sterilisationswesens immer wieder Diskussionen um mögliche Vorfälle der Zwangsausübung bei der Sterilisation von »Schwachsinnigen« belegen. Im humangenetischen Diskurs wurde dies jedoch nicht als Normalfall, sondern als Debatte um die Ahndung oder Verhinderung punktueller Missbrauchsfälle wahrgenommen. Das System stand hingegen nicht in Frage, vgl. Betænkning om Sterilisation og Kastration, S. 20, 36.

eher selbstverständliche als zwanghafte Kongruenz in zweierlei Hinsicht: Erstens sollten Expertenrat und vernünftiges Handeln von Patienten und Probanden übereinstimmen.[71] Zweitens sollten sich der individuelle und der allgemeine eugenisch-epidemiologische Nutzen eines solchen Handelns decken.[72]

Alternative Verhaltensweisen ließen sich nur jenseits dessen denken, was als vernunftbasierte Experten-Laien-Konstellation angesehen wurde, beispielweise vor dem Hintergrund einer als unzulässig empfundenen Kontamination von Sachfragen mit weltanschaulichen Motiven. Eine solche Vermischung von Sach- und Wertfragen erschien den Humangenetikern der 1950er und 1960er Jahre als unzulässiger Störfaktor. Die hauptsächlichen Antipoden der rationalen humangenetischen Verhaltensanleitung stellten in dieser Sicht die Kirchen sowie der vorgeblich interessengeleitete Vorwurf der nationalsozialistischen Fachvergangenheit dar. Dabei reflektierten die Experten nicht, wie stark ihre eigene Auffassung von Wissen normativ imprägniert war. Die Vermittlung humangenetischen Wissens war gleichbedeutend mit der rigiden Vorstrukturierung eines Handlungsfeldes, das durch dieses Wissen gleichzeitig eröffnet und eingegrenzt wurde. Die immer wieder geforderte Aufklärung und die Aufforderung zu »vernünftigen« Handlungsweisen verschmolzen miteinander. Humangenetiker forderten »nur« die Aufklärung einer humangenetisch unbedarften Bevölkerung. In den Augen der Experten führte diese jedoch automatisch zur Lösung individueller wie gesellschaftlicher Probleme. Dieses technokratische Expertenverständnis überlagerte die Frage nach »Zwang« oder »Freiwilligkeit« in ihrer Bedeutung nahezu vollständig.[73]

In diesem Zusammenhang zeichneten sich allerdings »Problemzonen« der Bevölkerung ab, in denen die Selbstverständlichkeit von Wissensvermittlung und

---

71 | Vgl. die Beschreibung Tage Kemps: »Genetic-hygienic measures are taken exclusively at the desire of the persons concerned. Experience shows that patients, after having been informed on the significnace of the hereditary taint, nearly always follow their doctor's advice within this field. [...] Genetic hygiene is here based on the principle of voluntariness, and the population has learned to understand its purpose.« (Kemp: Genetic-Hygienic Experience in Denmark, S. 12)

72 | Vgl. hierzu die Äußerungen des ausländischen Ehrengastes Lionel Penrose auf dem Marburger Forum Philipinum: Es sei »beachtenswert, daß in der Praxis diejenigen Patienten, die genetischen Rat suchen und erhalten, zumeist dann auch so handeln, wie man es im allgemeinen als vernünftig bezeichnen würde: Sie vermeiden Risiken und akzeptieren solche mäßigen Grades. Eine geschickte Beratung über eine lange Zeit hinweg wird unzweifelhaft zu einer zwar sehr geringen, aber fortschreitenden Verminderung schwerer Erbleiden in der Bevölkerung führen.« (Penrose: Genetik und Gesellschaft, S. 9)

73 | Vgl. die Argumentation Nachtsheims: »Um einen freiwilligen Verzicht der Betroffenen auf Nachkommen in dem notwendigen Umfang zu erreichen, ist eine weitgehende Aufklärung der Bevölkerung in erbgesundheitlichen und erbhygienischen Fragen notwendig.« (Nachtsheim: Kampf den Erbkrankheiten, S. 98)

sich anschließendem, einsichtsvollem Handeln unsicher zu sein schien. Hier ist für die 1950er und 1960er Jahre vor allem an weniger gebildete Bevölkerungsschichten sowie die »Schwachsinnigen« zu denken. Diesen Gruppen schenkten humangenetische Experten nicht nur besonderes Augenmerk, es kamen auch Praktiken zum Tragen, die aus heutiger Sicht an die offene Ausübung von Zwang grenzten.[74] Der Gießener Humangenetiker Walter Fuhrmann sprach zwar von der Unhintergehbarkeit der freiwilligen Kooperation zwischen Ärzten und Laien, betonte jedoch zugleich, dass bei »Schwachsinnigen« sowie Familien aus »Asozialen-Siedlungen« wenig Eigeninitiative im Blick auf die eugenische Sterilisation zu erwarten sei.[75] Diese potentiell besonders gefährdeten Gruppen zeichneten sich gleichsam durch die schwerste Zugänglichkeit für genetische Aufklärung aus. Dabei bedurften gerade sie eines besonderen Maßes an Unterstützung bzw. Führung, da sie zur eugenischen Verantwortungsschwäche neigten.[76]

Im Zuge der Bemühungen um humangenetische Aufklärung waren die primären Ansprechpartner der Humangenetik andere Expertenkreise. Es sollten in erster Linie Multiplikatoren in der medizinischen Ausbildung und Praxis sowie im Schul- und Sozialwesen in Dienst genommen werden.[77] Als vorrangiges Ziel gaben Humangenetiker immer wieder die Integration humangenetischer und eugenischer Themen in die universitären Kurrikula aus.[78] Friedrich Vogel schrieb 1967 in einer medizinischen Fachzeitschrift, dass es »dringend notwendig« für eine vernünftige Eugenik sei, »eine Verbreitung biologischen Grundwissens in der Bevölkerung und insbesondere eine ausreichende humangenetische Ausbil-

---

74 | Koch: Tvangssterilisation i Danmark; dies.: How Eugenic was Eugenics?

75 | Ethik und Genetik, S. 138. Die Formulierung »Asozialen-Siedlungen« stammt aus einem Wortbeitrag von Widukind Lenz, ebd. Der Marburger Humangenetiker Heinrich Oepen wandte ein, dass zuallererst die gesellschaftlichen und institutionellen Bedingungen dieser Randgruppen verbessert werden müssten, bevor »genetisch sinnvolles« Verhalten erwartbar sei. Es handelte sich allerdings um ein Argument, das im humangenetischen Diskurs dieser Jahre von zweitrangigem Interesse war. Zudem sollte die Verbesserung der »Umwelt« in erster Linie dazu dienen, genetisch erwünschtes Verhalten zu ermöglichen.

76 | Baitsch: Das eugenische Konzept, S. 64.

77 | Humangenetiker widmeten sich darüber hinaus gelegentlich der Wissensverbreitung durch die Massenmedien, vgl. zum Beispiel: Hans Nachtsheim: Interview über Eugenik im 2. Fernsehen/Das Zweite Deutsche Fernsehen und die Eugenik, o.D. [1963/1964] (MPG-Archiv, Abt III Rep 20A Nr. 142-4).

78 | Die Humangenetik war in der medizinischen Ausbildung in Dänemark in den 1950er und 1960er Jahren tendenziell besser etabliert als in Deutschland, entsprechende Forderungen finden sich jedoch auch dort, vgl. z.B. den Brief von Tage Kemp an Bichel, 19.11.1956 sowie Tage Kemp: Vortragsmanuskript, o.D. [1953-1956] (beide: RA, Københavns Universitet, Tage Kemp, professor Lb.nr. 5). In der Bundesrepublik galt es das durch den Niedergang der nationalsozialistischen Rassenhygiene entstandene genetische »Ausbildungsdefizit« zu beheben, weshalb im Folgenden deutsche Beispiele im Vordergrund stehen.

dung des Arztes« einzuleiten.[79] Vogel fuhr empört fort: »Was man in der Beratungspraxis über falsche genetische Familienberatung durch praktizierende Ärzte aller ›Rangstufen‹ zu hören und zu lesen bekommt, übersteigt zur Zeit das Maß des Erträglichen bei weitem.«[80] Gerhard Wendt äußerte sich wenige Jahre später sehr ähnlich vor einem Publikum aus Wissenschaftlern, Ärzten, Journalisten und Politikern: Vor allem die Effektivität der humangenetischen Beratung leide darunter, dass Ärzte »moderne humangenetische Kenntnisse« vermissen ließen und diese deshalb auch nicht an die Bevölkerung vermitteln könnten.[81] Folglich müsse die ärztliche Ausbildung und Fortbildung ausgebaut werden. Darüber hinaus galt für die Bevölkerung als Ganzes, dass bereits während der schulischen Ausbildung der Grundstein eines allgemeinen genetischen Verantwortungsbewusstseins gelegt werden sollte.[82]

Hierbei stand Einiges auf dem Spiel. Der Humangenetiker Karl-Heinz Degenhardt spekulierte, dass die Verbesserung und Verbreitung der Kenntnisse »der erblichen Einflussfaktoren auf Entwicklungsstörungen vor und kurz nach der Geburt zur Einsparung von ›Millionenbeträgen‹ führe könnten«.[83] Die beiden Hauptwege zur Verwirklichung dieses Ziels lagen seiner Ansicht nach im Ausbau der Forschung und der Ausweitung humangenetischer Aufklärung – wiederum über den vermittelten Weg der vorangehenden Expertenaufklärung: »Es ist aber dringend erforderlich, daß hierbei Kliniker, Theoretiker der Medizin und Naturwissenschaftler bei Anwendung der verschiedensten Forschungsmethoden über die Grenzen ihrer Fachgebiete hinweg, also interdisziplinär, zusammenarbeiten und es hierbei auch nicht versäumen, die Öffentlichkeit auf ihre Aufgaben und Ziele aufmerksam zu machen; vor allem gilt es auch, die jungen Menschen richtig anzusprechen, aufzuklären und ihnen Verhaltensempfehlungen zu geben zum Wohl der Familien, die sie verwirklichen möchten.«[84] Die allseits gewünschte Aufklärung hatte folglich in zwei Schritten zu erfolgen. Zuerst ging es um die Wissensverbreitung unter Ärzten und anderen Wissenschaftlern wie Biologen, aber auch unter Pädagogen, Politikern und Verwaltungsbeamten. In diesen Krei-

---

79 | Vogel: Ist mit einer Manipulierbarkeit auf dem Gebiet der Humangenetik zu rechnen?, S. 649.
80 | Ebd.; vgl. für Dänemark z.B. den Brief von H.P. Stubbe Teglbjerg an Tage Kemp, 26.4.1941 (RA, Københavns Universitet, Afdeling for Medicinsk Genetik, Institutsager Lb.nr. 1).
81 | Wendt: Thesen und Forderungen, S. 157.
82 | Ebd.; siehe auch Lenz: Humangenetik vor grossen Aufgaben; Saller: Probleme der Eugenik für die ärztliche Praxis, S. 143.
83 | Karl-Heinz Degenhardt: Die Bedeutung von genetischen Informationen und Umweltfaktoren in der vorgeburtlichen Entwicklung des Menschen im Rahmen der Fachkonferenz Humangenetik, 4.-6.10.1968 (ArchMHH, Dep. 1 acc. 2011/1 Nr. 9).
84 | Ebd. Vgl. Jan Mohr: Beratung über Vererbung, in: James F. Crow/James V. Neel (Hg.): Proceedings of the Third International Congress of Human Genetics, Baltimore 1967 (vorliegend als übersetzter und nicht paginierter Reprint des Vereins für freiwillige Erbpflege (VfE), in: RA, Københavns Universitet, Jan Mohr, professor, Lb.nr.4; original: Mohr: Genetic Counseling).

sen sollte daraufhin die Aufklärung gegenüber der Öffentlichkeit koordiniert und konzertiert umgesetzt werden. Im Rahmen des Schutzes vor atomarer Strahlung wurde Ende der 1950er Jahre die programmatische Forderung aufgestellt, »Möglichkeiten echter koordinierter gesundheitserzieherischer Aufklärungsarbeit für die Öffentlichkeit durch Ärzte, Naturwissenschaftler und Ingenieure mit den Pädagogen und allen an der gesundheitlichen Aufklärung interessierten und berufenen Organisationen und Verbänden« umzusetzen.[85] Die Formulierung einer »echten koordinierten gesundheitserzieherischen Aufklärungsarbeit« bringt das direktive, jedoch trotzdem auf die individuelle Verinnerlichung ausgerichtete Subjektivierungsschema der 1950er und 1960er Jahre paradigmatisch zum Ausdruck.

Auch ließ sich auf diesem Wege der Informationsfluss von den Experten zu den Laien besser kanalisieren. Denn humangenetische Experten legten einen ausgeprägt strategischen Umgang mit »der Öffentlichkeit« an den Tag, der ihr nur so viel Aufklärung »zumuten« wollte, wie förderlich schien. Ansonsten drohe gerade in der Bundesrepublik Deutschland die Gefahr, dass zahlreiche Themen allzu unkontrolliert und »vorurteilsvoll« aufgenommen und ihre Umsetzung eher behindert werden könnte. Dies galt insbesondere für die Schaffung eines bundesrepublikanischen Sterilisationsgesetzes, das sich aufgrund des nationalsozialistischen »Gesetzes zur Verhütung erbkranken Nachwuchses« besonders irrationalem Widerstand gegenüber sehe. Hier sei die eingangs zitierte Vermutung Friedrich Vogels in Erinnerung gerufen, dass eine entsprechende öffentliche Diskussion »von wenig Sachkenntnis getrübt« werden würde.[86] Vogel erläuterte seine Einschätzung genauer: »Zur Zeit ist die öffentliche Meinung noch überempfindlich gegenüber einer unvoreingenommenen Diskussion gerade dieser im Grunde nicht so entscheidend wichtigen Teilfrage der Eugenik. Das hängt damit zusammen, daß das Naziregime ein ›Gesetz zur Verhütung erbkranken Nachwuchses‹ kannte, in dem die zwangsweise Unfruchtbarmachung bestimmter Gruppen von Erbkranken vorgesehen war. Gemäß der bekannten, allgemein verbreiteten Neigung zu unklarem Denken wird dieses Gesetz, obwohl es mit der Rassenideologie des Nationalsozialismus und den daraus folgenden Judenmorden keinerlei sachlichen Zusammenhang hatte, häufig noch in einem ›Vorstellungszusammenhang‹ mit diesem grauenvollen Komplex gesehen, wie kürzlich richtig betont wurde. Dieser Vorstellungszusammenhang muß als vorhanden in Rechnung gestellt werden, auch wenn wir ihn als sachlich unberechtigt durchschauen. Er sollte uns davon zurückhalten, zur Unzeit Forderungen zu erheben,

---

85 | Altvater: Gesundes Leben im Atomzeitalter. Populärmedizinische Betrachtung des Amtsarztes, 4.11.1959 (MPG-Archiv, Abt. III Rep. 20A Nr. 5-7). Der Amtsarzt Altvater aus Duisburg hatte diese zweiseitige Schrift Hans Nachtsheim zur Durchsicht gesendet. Nachtsheim ließ den Text am 19.10.1959 zurückgehen mit dem Vermerk: »Ich habe keinerlei Bedenken gegen Ihre Formulierungen.«

86 | Vogel: Über Sinn und Grenzen praktischer Eugenik, S. 242.

die diesen ganzen Komplex wieder aktuell machen, indem sie zu verständlichen, wenn auch sachlich durchaus unberechtigten Verwechslungen mit solchen Bestrebungen der Vergangenheit führen, die wir alle aufs tiefste verabscheuen.«[87] Diesem Argumentationsgang zufolge mussten die Themen, die der Aufklärung der Öffentlichkeit im Hinblick auf Eugenik und Humangenetik dienten, zuerst von Experten rational bewertet und sodann in aufbereiteter Form an Laien weitergegeben werden. Es schien in diesem Zusammenhang durchaus nicht illegitim, die vermittelten Informationen einer teilweise deutlichen Vorauswahl zu unterziehen, um vermeintlich vernünftige Ziele nicht zu gefährden.

Humangenetisches Verantwortungsbewusstsein

Die »genetische Aufklärung« richtete sich in den 1950er und 1960er Jahren auf einige mehr oder weniger konkrete Ziele wie zum Beispiel den Ausbau der genetischen Eheberatung oder des eugenischen Sterilisationswesens. Sie richtete sich jedoch auch auf übergreifende Ziele wie die Verbreitung eugenischer Eigeninitiative in der Bevölkerung sowie ein allgemeines Gefühl der Verantwortung für die Fortpflanzungsgemeinschaft. Letztendlich sollte sich in der ganzen Bevölkerung das Bewusstsein verbreiten, Teil einer umfassenden Fortpflanzungsgemeinschaft zu sein und entsprechende Verhaltensregeln zu verinnerlichen. Der österreichische Humangenetiker Walter F. Haberlandt nannte diese Aufgabe auf dem zwölften Internationalen Soziologenkongress 1963 die Schaffung eines »wirklichen Verantwortungsbewußtseins der Menschheit« für die »wirksame Verhütung weiterer irreversibler Schädigungen des Erbgutes«.[88] Die Einbindung des Einzelnen in diese Gesamtheit bezeichnete einerseits eine biologische Verortung, andererseits stellte sie eine moralische Verpflichtung dar.

Das Kollektiv, von der diese Verpflichtung auszugehen schien, stellte in erster Linie das »Volk« bzw. die »Nation« dar. Auch nach dem Ende des Zweiten Weltkriegs hielten viele Humangenetiker an der »Gesundheit des Volksganzen« fest, der sich der Einzelne verpflichtet fühlen sollte.[89] In diesen Jahrzehnten begann sich in Deutschland und Dänemark zudem langsam der Ausdruck des »Gen-

---

87 | Ebd., S. 242-243. Für einen vergleichbar strategischen Umgang mit der Öffentlichkeitsinformation siehe den Brief von Tage Kemp an Helen G. Hammons, o.D. [1954] (RA, Københavns Universitet, Tage Kemp, professor Lb.nr. 5).
88 | Haberlandt: Soziologische Beobachtungen, S. 164.
89 | Siehe zum Beispiel den Beitrag Hans Nachtsheims zur Debatte um die Entschädigung von nach dem »Gesetz zur Verhütung erbkranken Nachwuchses« Zwangssterilisierten: »Wenn auch die vielfach unter Zwang erfolgte Unfruchtbarmachung bedauerlich bleibt, so ist doch auf der anderen Seite zu bedenken, dass die Sterilisierung aus eugenischer Indikation an sich nichts mit Politik zu tun hat, sondern der Gesundheit des Volksganzen dient.« (Brief von Hans Nachtsheim an das Bundesministerium der Finanzen, 16.8.1960 [MPG-Archiv, Abt. III Rep. 20A Nr. 12-9]) Siehe zur Entschädigungskontroverse auch Tümmers: Annerkennungskämpfe;

pools« zu verbreiten, zu dem die Individuen in einer Abhängigkeitsbeziehung, beispielsweise als »Anteilsnehmer« oder »Treuhänder«, standen. Allerdings lockerten sich die Grenzen dieses »Volksganzen« mehr und mehr, zumal Humangenetiker einen rapiden Anstieg der sozialen und geografischen Mobilität des Reproduktionsverhaltens konstatierten.[90] Die Grenzen der Fortpflanzungsgemeinschaft lösten sich immer stärker von denen des eigenen »Volkes«. Nicht selten wurde die gesamte »Menschheit« als einzig konkretisierbarer Bezugspunkt genannt. Im Zuge der Bedrohung des menschlichen Erbguts durch atomare Strahlung in den 1950er und 1960er Jahren konstruierten Humangenetiker eine globale Gefahrengemeinschaft in humangenetischer Hinsicht. Der Begriff des »Volkes« tauchte im Rahmen der genetischen Gefahr, die von ionisierender Strahlung ausging, hingegen weniger auf. In einer von zahlreichen Äußerungen zu diesem Thema erklärte Friedrich Vogel die »biologische Grundlage zukünftiger Generationen von Menschen« zum Bezugspunkt. Diese Grundlage liege »in den Erbanlagen beschlossen«, einem »Bestand«, der gewahrt bleiben müsse.[91] Dass sich der Rahmen des humangenetischen Verantwortungsbewusstseins zwischen den Polen des Volkes und der Menschheit als Ganzer erstreckte und dadurch auffallend diffus blieb, schränkte die normative Aufgabe des Einzelnen, seine Fortpflanzung zu rationalisieren, keineswegs ein.

Es handelte sich in jedem Fall um einen »Erbanlagenbestand«, der das Individuum zeitlich überdauerte. Das Wohl zukünftiger Generationen war in den Argumentationen der Humangenetiker von zentraler Bedeutung. In einer ironischen Formulierung im Blick auf die religiöse Opposition gegenüber der Eugenik sprach Hans Nachtsheim von der Ausdehnung der »Nächstenliebe auf zukünftige Generationen«.[92] Tage Kemp rechtfertigte das dänische Sterilisationsgesetz in den 1940er bis 1960er Jahren wiederholt mit der »Wohlfahrt« der nachfolgenden Generationen und der Minimierung von Leid in diesen Generationen, für die die

---

Hahn: Modernisierung und Biopolitik; Westermann: Der Umgang mit den NS-Zwangssterilisierten; Neppert: Warum sind die NS-Zwangssterilisierten nicht entschädigt worden.
90 | Siehe Kapitel 3.1.
91 | Vogel: Über Sinn und Grenzen praktischer Eugenik, S. 237. Sein Gegenstück fand dieses humangenetische Menschheitskonzept in der »Weltbevölkerung«, deren Problematisierung in den Bevölkerungswissenschaften nach dem Zweiten Weltkrieg aufkam, vgl. Friedrich Vogel: Thesen zum Bevölkerungsproblem, besonders zu seiner qualitativen Seite, 30.1.1967 (UAH, Acc 12/95 – 10a); Nachtsheim: Familienplanung, S. 321-342.
92 | Nachtsheim: Betrachtungen zur Ätiologie, S. 1849. Ohne Ironie, stattdessen im Einklang mit seinem seit 1945 stark religiös imprägnierten Eugenikverständnis bezeichnete Verschuer die freiwillige Sterilisation aus eugenischen Gründen als »Opfer, das ein Mensch in seinem individuellen Leben für einen außerhalb seines eigenen Lebens gelegenen Zweck bringt.« (Otmar Freiherr von Verschuer: Eugenik, biologisch und ethisch. Referat auf der Tagung der westfälischen Arbeitsgemeinschaft »Arzt und Seelsorger« in Hamm, 17.11.1956 [MPG-Archiv, Abt III Rep 86A Nr. 74])

jetzt Lebenden Sorge zu tragen hätten. 1947 rechnete Kemp in einer Publikation die angeblich positiven Auswirkungen des dänischen Sterilisationswesens in einer ambitionierten Kalkulation über einen 100-Jahres-Zeitraum vor. »If the somewhat less than 3.000 mental defectives sterilized in the period 1929-45 had not been sterilized they would have had over 5.000 children, of which one-third to one-half would have been feeble-minded. And among their descendants in later generations there would be many more mental defectives. [...] There is every reason to assume that the 2.600 sterilized mental defectives within the next 100 years might have had several times 10.000 feeble-minded descendants, from whom posterity is now freed.«[93] Kemps Ausführungen bezogen sich in diesem Beispiel auf die sogenannten »Schwachsinnigen«, also gerade die Gruppe, die in den Augen der Experten ihrer humangenetischen Verantwortung nur sehr begrenzt selbst nachkommen konnte. Nichtsdestoweniger ließ sich an ihrem Beispiel die Verpflichtung des Einzelnen für das Wohl einer weit in die Zukunft hineinreichenden Erbanlagengemeinschaft (»posteriority«) in besonders plastischer Weise beschreiben – einer Verpflichtung, die für mündige Patienten gleichermaßen galt.

Der humangenetische Diskurs der 1950er und 1960er Jahre in Deutschland und Dänemark trug deutliche Züge eines protonormalistischen Diskurses nach Jürgen Link. Derartige Diskurse produzieren einen rigiden, engen Bereich des Normalen. Das »Abrutschen« in die Anomalität bedeutet einen tiefen biografischen Einschnitt, den es nach Möglichkeit zu vermeiden gilt. Das Streben nach »Erbgesundheit« war ein vorgeblich von der Allgemeinheit geteiltes Ziel, dessen Rationalität nicht in Frage gestellt werde konnte (ohne hierbei selbst den Bereich des Rationalen zu verlassen). Auf der Kehrseite bedeutete dies, dass der Einzelne, sofern er sich »normal« verhielt, von der Sorge um Erbkrankheiten in der eigenen Familie erfüllt war. Damit sind die Grundzüge einer protonormalistischen Denormalisierungsangst beschrieben, die durch die Furcht vor einem katastrophalen Ereignis geprägt war, das das nachhaltige Abgleiten in die Anomalität bedeutete und kaum umkehrbar zu sein schien.[94] Erhöhte sich das humangenetische Verantwortungsbewusst-

---

93 | Kemp: Danish Experiences in Negative Eugenics, S. 184.
94 | Vgl. z.B. Hans Nachtsheim: Gutachten, 24.11.1954 (MPG-Archiv, Abt III Rep 20A Nr. 100-11), S. 2. Einen besonderen Fall stellten Adoptionsregelungen für Waisenkinder dar. Das Erbbiologische Institut in Kopenhagen prüfte in den Jahren 1946 bis 1950 standardmäßig knapp 1.000 Fälle, in denen potentielle erbliche Belastungen prospektiver Adoptivkinder ermittelt wurden. Da sich einige Erbkrankheiten erst im Laufe der Kindesentwicklung offenbarten, schlug Tage Kemp eine Art »Probezeit« von fünf Jahren vor, in denen das Adoptionsverhältnis nachträglich gelöst werden konnte, falls sich bei den Kindern vererbte Defekte einstellten. Eine solche Regelung war bis dato bereits für Fälle von erblichem Schwachsinn vorgesehen. Dadurch blieb das Auftreten einer schweren Erbkrankheit bei dem adoptierten Kind – und damit der Übergang der gesamten Familie in die Anomalität – gewissermaßen »reversibel«, Tage Kemp: Svar på forespørgsel fra Justitsministeriet, om forslag til ændring af lov om adoption, 5.2.1951 (RA, Københavns Universitet, Tage Kemp, professor Lb.nr. 4).

sein gegenüber der Allgemeinheit, so wie es die humangenetische Aufklärung der Bevölkerung erreichen sollte, erhöhte sich – vermeintlich automatisch – auch eine entsprechende individuelle Sorge, ein erbkrankes Kind zu bekommen.

Die humangenetischen Experten setzten voraus, dass die Laien vor diesem Hintergrund das Bedürfnis nach objektiver Anleitung zur Vermeidung dieser »Denormalisierung« hegten. Das Gegenstück der Sorge des Einzelnen war folglich seine ausgeprägte Bereitschaft, sich an den direktiven Ratschlägen der Experten zu orientieren. Die Ratschläge humangenetischer Berater fungierten hierbei als individuelle und gesellschaftliche Hilfe zugleich. Die Vermeidung wirtschaftlicher und psychischer Belastungen der Eltern traf sich mit dem allgemeinen Interesse der Eindämmung von Erbkrankheiten. Hans Nachtsheim formulierte diese simple Gleichung am Beispiel einer erblichen Myopathie deutlich: »Der Wunsch der Eltern auf Schwangerschaftsunterbrechung und Sterilisierung entspricht aber auch dem allgemeinen Interesse, denn nur so kann die weitere Verbreitung der subletalen Erbanlage eingedämmt werden.«[95] In der Furcht vor dem Abweichungsbereich »Erbkrankheit« trafen sich die individuellen und allgemeinen Entlastungsinteressen, die über die Vermittlungsarbeit der Experten in Forschung und Praxis zusammengebunden wurden.[96]

Bei Patienten, bei denen die humangenetische Selbstbildung nicht in »normalem« Maß als gelungen vorausgesetzt werden konnte, waren bevormundende Eingriffe von Expertenseite vorgesehen. Vor allem die große Gruppe der sogenannten »Schwachsinnigen« schien in dieser Hinsicht der individuellen »Hilfe« zu bedürfen. Bei ihnen sei nicht davon auszugehen, so die Annahme, dass sie die genetische Denormalisierungsangst verinnerlicht hatten, weshalb sie nicht als rational handelnde Subjekte behandelt werden konnten. Ihre Bevormundung würde jedoch im individuellen Interesse der Entmündigten selbst erfolgen. Der Vormund nahm das Bedürfnis der Vermeidung des Risikos, »weitere Erbkranke

---

95 | Hans Nachtsheim: Gutachten, 24.11.1954 (MPG-Archiv, Abt III Rep 20A Nr. 100-11), S. 2.
96 | Vgl. ein weiteres Gutachten Nachtsheims zur privaten Anfrage nach einer Sterilisation: »Mit Rücksicht auf die bitteren Erfahrungen, die Frau Pohl mit dem Erbleiden bei sich selbst, ihrem Vater und ihrer erstgeborenen Tochter gemacht hat und fortgesetzt machen muss, halte ich es für wünschenswert, sie von dem schweren psychischen Druck, unter dem sie infolge ihrer erneuten Schwangerschaft steht, in dem Gedanken, auch ihr zweites Kind könne Träger des Erbleidens sein, zu befreien und weitere Schwangerschaften zu verhindern. Die Verhinderung der Erzeugung weiteren erbkranken Nachwuchses betrachte ich auch im Interesse der Allgemeinheit als dringend notwendig. Das Keratoma herditarum palmare et plantare ist, wie wir auch aus zahlreichen anderen Fällen wissen, ein Erbleiden mit ganz klarem einfach-dominanten Erbgang. Bei Verbindung eines Kranken mit einem gesunden Individuum sind 50 % kranke Nachkommen zu erwarten. Bei Verhinderung der Fortpflanzung der Merkmalsträger ist eine völlige Ausmerzung der krankhaften Erbanlage möglich.« (Hans Nachtsheim: Antrag der Frau Pohl (Name geändert) auf Schwangerschaftsunterbrechung und Sterilisierung, 21.5.1954 [MPG-Archiv, Abt III Rep 20A Nr. 100-13])

zu produzieren«, gewissermaßen stellvertretend in Anspruch. Dieses Stellvertreterprinzip machte einen zentralen Aspekt des dänischen Sterilisationswesens aus, zumindest im Selbstverständnis seiner Akteure. Tage Kemp kommentierte das geltende Sterilisationsgesetz 1947 im Blick auf unmündige Patienten dementsprechend: »It must also be regarded as a benefit to the person concerned that he is incapacitated from propagation.«[97]

In seiner weltweit rezipierten Einführung in die Humangenetik verwendete der britische Humangenetiker Lionel S. Penrose eine grafische Darstellung eines »stabilen genetischen Gleichgewichts« einer Population. Diese Grafik war auch in der vielzitierten deutschen Übersetzung des Lehrbuchs enthalten (Abb. 19).[98] Sie zeigt eine figürlich dargestellte Menge an Männern und Frauen, die nebeneinanderstehend in einer kompakten, geraden Reihe angeordnet sind, die wiederum durch eine große Klammer als Gruppe der »Normalen« zusammengefasst wird. An ihrem Rand befindet sich in einer Art Übergangszone ein »Puffer« zur wesentlich kleineren Gruppe der »Debilen«, die durch eine dunkle Schraffur gekennzeichnet ist. Das einzelne »weiße« Paar in dieser Zwischenzone stellt laut Begleittext den »Anteil zu der Gruppe der Normalen« dar, den die sich im Schnitt stärker vermehrenden Debilen »beisteuern«. Die Debilen wiederum stellen selbst eine fein säuberlich, scheinbar hermetisch verlaufende Trennlinie gegenüber den ganz in schwarz gehaltenen »Imbezillen« dar. Hierbei handelt es sich um diejenigen, die die Gruppe der »Debilen« an »Nachkommen verlieren, die von sehr geringer Intelligenz sind und sich daher nicht vermehren«.[99] Die gesamte Reihe wurde zweimal identisch untereinander kopiert, was eine stabile Reproduktion in der Zeit veranschaulichen soll.

Penrose betonte, dass es sich um ein stark vereinfachtes Modell einer realen Population handelte. Entscheidend ist seine suggestive Wirkung. Die Fortpflanzungsgemeinschaft – als Gesamtheit der »Normalen« und »Anormalen« – stellte eine hermetisch wirkende, homogene Gruppe dar. Sie wirkte durch ihre unterschiedslose symmetrische Reihung genauso wie ihre identische Wiederabbildung in der »zweiten« und »dritten Generation« statisch. Der Abschnitt der »Normalen« verkörpert ohne Zweifel den Wunschbereich der eigenen Zuordnung des Betrachters. Diese Zugehörigkeit scheint eindeutig und mit einer gewissen Endgültigkeit

---

97 | Kemp: Danish Experiences in Negative Eugenics, S. 183. Siehe auch Betænkning om sterilisation og kastration. Ein entsprechendes Prinzip sollte auch in einem deutschen Sterilisationsgesetz enthalten sein, so wie Humangenetiker, Ärzte, Politiker und Juristen es in den 1950er und 1960er Jahren in der Bundesrepublik Deutschland fortlaufend diskutierten.
98 | Penrose: Einführung in die Humangenetik, S. 89. Die Bildunterschrift lautete: »Stabiles genetisches Gleichgewicht in einer Bevölkerung mit strenger Fortpflanzung in Gruppen und enger negativer Korrelation von Intelligenz und Kinderreichtum. Die Normalen haben den Genotyp AA, die Debilen Aa und die Imbezillen aa.«
99 | Penrose: Einführung in die Humangenetik, S. 90.

vornehmbar zu sein.[100] Damit sind zugleich wesentliche Charakteristika des Normalbereichs und seines Verhältnisses zur Abweichung in der Ära des Protonormalismus nach Link beschrieben. Die Grafik fungierte zugleich als Simplifikation eines analytischen Modells der Populationsgenetik sowie als Sinnbild der Denormalisierungsangst einer Experten und Laien umgreifenden protonormalistischen Fortpflanzungsgemeinschaft.

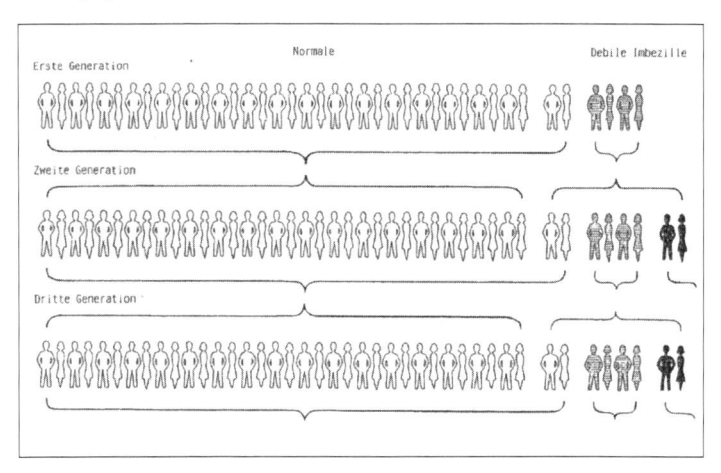

Abb. 19: Ein »stabiles genetisches Gleichgewicht« in einer Modellpopulation mit differenzierter Fertilität: deutliche, statische Blockbildung der »Normalen« und der »Anormalen«

Experten und Laien: Ein asymmetrisches Vertrauensverhältnis

Aus den bisherigen Ausführungen zu den Subjektformen der 1950er und 1960er Jahre ging hervor, dass das Patientsubjekt im humangenetischen Diskurs als ein vom Arzt und Wissenschaftler stark abhängiges Subjekt konzeptualisiert wurde. Es hatte eigene Interessen und verfolgte eigene Werte, die jedoch nur dann als rational akzeptiert wurden, wenn sie den von Experten als allgemeinmenschlich formulierten Normen entsprachen. Hierzu zählten vor allem die unbedingte Sorge um die Erbgesundheit der eigenen Nachkommen und die vorbehaltlose Bereitschaft, sich von objektiven Experten anleiten zu lassen. Da die Laien angeblich zu irrationalen Reaktionen tendierten, die durch emotionale Überwältigung oder weltanschauliche Vorurteile bedingt sein konnten, benötigten sie Ärzte und Wissenschaftler, um an ihre eigenen Interessen »erinnert« zu werden. Die Anstrengungen der humangenetischen Experten richteten sich auf die Erzeugung individueller Einsicht. Da die Rationalität des anempfohlenen Verhaltens nahezu außer

---

100 | An dieser Stelle sei an die räumliche Konzeption von Individuen als genetischem Behälter und der Bevölkerung als einer Summe dieser Behälter erinnert, die das prägende räumliche Dispositiv der ersten Phase des humangenetischen Diskurses darstellte.

Frage stand, schienen Zwang oder Manipulation in diesem Zusammenhang im Grunde überflüssig zu sein. Von den Patienten wurde ein selbstverständliches Vertrauen gegenüber der Institution, dem Wissen sowie der Persönlichkeit des Humangenetikers erwartet.

Es ist auffällig, dass die breite Masse derjenigen, denen Humangenetiker zu einem verantwortlichen Umgang mit der eigenen Reproduktion verhelfen wollten, durch weitgehende Passivität gekennzeichnet war. Auch wenn ihre »Eigeninitiative« von Expertenseite durchaus erwünscht war, war ihr Handlungsspielraum eng vorstrukturiert. Hierzu ein Beispiel: Tage Kemp berichtete auf einer internationalen Humangenetik-Konferenz in Maryland 1953 von der Besorgnis zahlreicher individueller Ehepaare um die Erbgesundheit ihrer Nachkommen, die einen maßgeblichen Anteil am Ausbau des Kopenhagener Instituts und Erbkrankheitsregisters gehabt hätten: »Then the medical profession started to ask questions. They asked, what is the risk. I have a patient with hairlip and now she wants to have a child and she wants to know the risk. I do not know the hazard. She asked us and we couldn't answer. [...] We started an investigation so that in two or three years we will be able to give the right answer. I think we have not wasted our time. It has been a great help to have this new investigation and to be able to give the right answers on the questions. This is the way this organization has developed.«[101] Dies ist ein treffendes Beispiel dafür, wie die »Eigeninitiative« der Laien in der humangenetischen Forschung und Praxis durch genetische Experten wahrgenommen wurde. Die Patienten blieben trotz der vermeintlich von ihnen ausgehenden Impulse auf eigentümliche Weise passiv. Sie kamen nicht direkt zu Wort; die Besorgnis, die sich in ihren Anfragen ausdrückte, wurde wie selbstverständlich vermittelt über die »medical profession«. Das Anliegen wurde fortan in geschlossenen Expertenzirkeln diskutiert und in das Medium wissenschaftlicher Publikationen transformiert. Es erfolgte keine tiefergehende Thematisierung der anfragenden Patienten. Der Patient dieser Zeit war in erster Linie Träger eines als allgemeingültig angenommenen Wunsches nach Erbgesundheit. Er hatte ein medizinisches Anliegen, aber kaum etwas darüber hinaus. Dieses Anliegen musste in jedem Fall durch Experten angeregt, aufgenommen, übersetzt, mediiert und rückübersetzt werden.

In seinem 1951 publizierten Handbuch »Arvehygiejne« beschrieb Kemp unter anderem die genetische »Eheberatung«. Er stellte diese als eugenische Institution für Heirats- oder Kinderwillige vor, deren Eigenschaften auf eben diese beiden Wünsche und das Bedürfnis nach ärztlicher »Legitimation« reduziert waren.[102] Kemps Beschreibung dieser Beratungstätigkeit fiel technisch und direktiv aus. Eine generelle Infragestellung der Institution und ihrer Funktionsweise durch die beteiligten Patienten oder Dritte war nicht vorgesehen. Ebenso wenig schien es

---

101 | Genetics conference – Evening Session, 10.9.1953 (RA, Københavns Universitet, Tage Kemp, professor Lb.nr. 5), S. 126.
102 | Kemp: Arvehygiejne, S. 60.

nötig zu sein, eine psychologische Dimension der Beratung zu problematisieren. Die humangenetischen Experten dieser Zeit gingen davon aus, dass die Patienten in aller Regel die ihnen nahegelegten eugenischen Argumente akzeptieren würden. Diese Annahmen basierten keineswegs auf der Absicht, offenkundigen oder verhohlenen Zwang auf die Patienten auszuüben.[103] Humangenetiker besaßen ein ausgesprochenes Vertrauen in die generelle Rationalität ihrer Expertise und in ihre Objektivität. Da es um Hilfestellung für Entscheidungen ging, die zum Wohl des Patienten gefällt werden sollten, schien kein Anlass für Widerspruch gegeben.[104] Das Spektrum erwartbarer Aktions- und Reaktionsweisen der Patienten, die nicht den Bereich des Rationalen verließen, war eng. Etwaigen »Widerständen« wurde in aller Regel mit einer Strategie der Abwertung, beispielsweise als »Querulanz«, begegnet.[105] Sowohl Experten als auch Patienten der Humangenetik waren in den 1950er und 1960er Jahren einer vermeintlich außerhalb ihrer etwaigen persönlichen Befindlichkeiten stehenden Objektivität unterworfen. Alle Appelle zu Freiwilligkeit und Aufklärung in der Humangenetik der Nachkriegszeit müssen innerhalb dieses Rahmens verstanden werden.

Allerdings erwarteten humangenetische Experten keineswegs, dass die Orientierung des Handelns an den Maßstäben, die sie vorgaben, vollständig reibungslos vor sich ging. Tage Kemp ging zwar von der allgemeinen Einsichtigkeit eugenischer Maßnahmen aus, er stellte jedoch auch die Unvermeidlichkeit

---

103 | Siehe beispielsweise folgende Äußerung Kemps zu eugenischen Sterilisationen: »Die Erfahrung zeigt allerdings, dass die Patienten und ihre Angehörigen den erbhygienischen Eingriff nahezu immer mit Verständnis aufnehmen und sich ihm nicht widersetzen. [...] Die erbhygienischen Maßnahmen lassen sich nicht durchführen, ohne dass die allgemeine Bevölkerung ein gewisses Verständnis von und Einsicht in die eugenischen Probleme hat. Die erbhygienischen Maßnahmen müssen stets auf freiwilliger Basis und in voller Berücksichtigung des Patienten, die von ihnen betroffen sind, angewandt werden.« (Kemp: Arvehygiejne, S. 76-77)
104 | Vgl. Kemp: Danish Experiences in Negative Eugenics, S. 185; ders.: Genetic-Hygienic Experience in Denmark, S. 12.
105 | So zum Beispiel in einem Schreiben des Leiters einer psychiatrischen Anstalt an Tage Kemp, das die »unvernünftige Unruhe« beschrieb, die eine »sensationslustige« Verbandsvertreterin verbreitete, die nur vorgeblich im Interesse der Eltern von Sterilisationskandidatinnen in dänischen Heimen agieren würde, Brief von Gunnar Wad an Tage Kemp, 5.1.1953 (RA, Københavns Universitet, Tage Kemp, professor Lb.nr. 5). Vgl. des Weiteren die Argumentation von Widukind Lenz, dass die Bevölkerung und Professionelle in anderen Bereichen durch irrationale Gerüchte und politische Propaganda zuungunsten der Humangenetik beunruhigt oder gar verängstigt würden. Die Verbreitung gesicherter Forschungsergebnisse hingegen könne direkt zum Abbau dieser Ängste führen. Widukind Lenz: Missbildungen, Genetik und Umwelt, S. 49-50. Siehe zur allgemeinen Assoziation von »Gegnern« der Humangenetik mit »weltanschaulichen«, also unsachlichen Motiven auch den Brief von Peter Emil Becker an W. von Brunn, 30.11.1964 (ArchMHH, Dep. 2 acc. 2011/1 Nr. 7).

gelegentlicher Konflikte in Rechnung: »Still, it is obvious that measures which interfere so radically with the fate and most intimate life of human individuals may arouse some friction of conflict of views. The physicians and other authorities dealing with eugenic cases are always most considerate and thorough in their investigations«.[106] Auch wenn diese »Friktionen« in den Augen der Experten in der Regel auf irrationale Einflüsse zurückzuführen waren, so war eine gewisse »Trauerarbeit« Einzelner über ihr persönliches Schicksal durchaus anzuerkennen. Daraus musste jedoch keine systematische Infragestellung der eugenischen Praxis folgen, vielmehr war das »Augenmaß« des Humangenetikers angesprochen. Anne Waldschmidt kommt bei ihrer Analyse des Beratungsleitfadens von Walter Fuhrmann und Friedrich Vogel aus dem Jahr 1968 zu dem Ergebnis, dass das Beratungssubjekt der umsichtigen Führung des Humangenetikers bedurfte, was beispielsweise eine strategische Formulierung der Beratungsergebnisse einschloss.[107] Dieses Vorgehen sei darauf zurückzuführen, dass Patienten gelegentlich aufgrund »weltanschaulicher« oder »religiöser« Bindungen »die volle Wahrheit nicht vertragen« könnten.[108] Der humangenetische Berater müsse deshalb Vorsorge treffen, dass die Beratungsergebnisse möglichst vollständig und unmissverständlich beim Adressaten ankommen, was unvernünftige Reaktionen unwahrscheinlicher mache. »Das Beratungssubjekt muß sich offenbar in der genetischen Beratung mit eigenen Tabus, langjährigen Verdrängungen und unliebsamen Gefühlen auseinandersetzen. Dem komplizierten Beratungsergebnis und der schwerwiegenden Entscheidung, die es zu treffen hat, scheint es kaum gewachsen. Es bedarf daher der Lenkung eines sicheren und lebenserfahrenen Arztes«, folgert Waldschmidt über den Subjektbegriff von Fuhrmann und Vogel.[109] Diese pädagogisch anmutende Leitungsfunktion ist keineswegs als systematische Berücksichtigung einer psychologischen Dimension, die die individuelle Besonderheit der jeweiligen Situation in Rechnung stellen würde, misszuverstehen. Eugenische Erwägungen und Handlungsanleitungen stellten im Grunde keine psychologischen Probleme; diese ergaben sich einzig aus dem irrationalen Umgang mit jenen.

Ein treffliches Beispiel für die Vertrauensasymmetrie zwischen Experten und Patienten bot das dänische Sterilisationswesen. Auf der einen Seite war es das erklärte Ziel seiner Betreiber, die Bevölkerung selbst zu der Einsicht zu bewegen, ihr reproduktives Handeln an eugenischen Zielen zu orientieren. Andererseits wollten die Experten die Kontrolle der Rationalität eugenischer Entscheidungen nicht aus der Hand geben. Damit sollte vor allem der etwaige Missbrauch eugenischer Instrumente wie der Sterilisation verhindert werden, der nicht von einem

---

106 | Kemp: Danish Experiences in Negative Eugenics, S. 185-186.
107 | Waldschmidt: Das Subjekt in der Humangenetik, S. 113-114.
108 | Ebd., S. 113. Waldschmidt paraphrasiert hier Fuhrmann/Vogel: Genetische Familienberatung, S. 88.
109 | Waldschmidt: Das Subjekt in der Humangenetik, S. 113-114.

»wirklichen« humangenetischen Verantwortungsbewusstsein zeugte, sondern dieses nur vortäuschte. Die vom Justizministerium eingesetzte Kommission, die in den 1950er Jahren ein Gutachten zum dänischen Sterilisationsgesetz erstellte, wandte sich aus diesem Grund gegen die vollständige Freigabe der Entscheidung zur Sterilisation.[110] Nur eine Minderheit der hauptsächlich aus Medizinern und Juristen zusammengesetzten Kommission sprach sich dafür aus, dass mündige Bürger die Sterilisation ohne eine entsprechende Überprüfung beantragen dürften. Hierzu hieß es in der Stellungnahme: »Der Wunsch nach Sterilisation kann allerdings durch viele andere als rein ärztliche Umstände begründet sein: persönliche, ökonomische, soziale, eugenische usw. [...] Der Wunsch nach Sterilisation wird so gut wie immer aus Schwierigkeiten entstehen, von denen die Betroffene oder deren Umfeld meinen, dass sie durch diese Operation gelöst werden können. Oft sind sie jedoch nicht im Stand, die Lage selbst zu überschauen und Stellung dazu zu nehmen, ob die Sterilisation tatsächlich etwas in dieser Hinsicht bewegt oder ob sich die Probleme auf andere Weise aus der Welt schaffen lassen.«[111] Gerade im Sinne eines Schutzes der Patienten vor der Beeinträchtigung ihrer eigenen, objektiven Interessen sei die abschließende Überprüfung des Falles durch den unparteiischen Expertenblick unverzichtbar. Jeder Antrag auf eine vermeintlich eugenische Sterilisation sei sicherheitshalber daraufhin zu prüfen, ob er tatsächlich den Zwecken entsprach, denen er vorgeblich folgte. Dies könnten nur Expertenkommissionen gewährleisten, die das Wohl des Einzelnen aufgrund ihrer überlegenen Übersicht ohnehin mit bedachten. Das Vertrauen auf die Vernunft der Patienten selbst war stark eingeschränkt und galt nur unter Vorbehalt.[112]

Laien tauchten in der humangenetischen Praxis nicht allein als Patienten auf, sondern auch als Probanden in medizinischen und anthropologischen Forschungsprojekten. Dabei zeigte sich in den 1950er und 1960er Jahren eine homologe Asymmetrie: Während die Probanden den humangenetischen Experten einen erheblichen Vertrauensüberschuss entgegenbringen sollten, begegneten diese

---

110 | Betænkning om sterilisation og kastration.
111 | Ebd., S. 6.
112 | Ein vergleichbares Unbehagen mit der völligen Freigabe des Schwangerschaftsabbruchs prägte auch das entsprechende Gutachten aus den 1960er Jahren: Betænkning om Adgang til Svangerskabsafbrydelse, S. 94. Siehe hierzu auch die Ausführungen Lene Kochs zur Entstehung eines eugenischen »enabling state«, der auf individuelle Anreize setzte und dessen Vorläufer sie bereits in den 1930er Jahren verortet. Diese Anfänge zeichneten sich allerdings – und dies ist im vorliegenden Zusammenhang von besonderem Interesse – durch ein deutlich eingeschränktes Vertrauen gegenüber der »noch nicht« aufgeklärten Bevölkerung aus: »Instead it [the enabling state] facilitates, induces, and encourages individuals to take responsibility for their own reproductive decisions. [...] This is what the more progressive eugenicists of the 1930s hoped to eventually achieve by introducing limited access to reproductive control. But they dared not rely on individual control as long as public understanding of the new genetic and eugenic science was not widespread.« (Koch: The Meaning of Eugenics, S 327-328)

ihnen im Gegenzug eher mit Misstrauen und fast pädagogischer Führung. Dies lässt sich beispielsweise an den zahlreichen Klagen über unzureichend ausgefüllte Erfassungsbögen nachvollziehen, die im Rahmen der Forschungstätigkeit des Kopenhagener Instituts aufkamen und zu Diskussionen führten, wie man Probanden dazu bewegen konnte, die »richtigen« Informationen zu liefern.[113] Auch hier lag es nahe, Probanden durch Experten »führen« zu lassen. Dass humangenetische Experten ein legitimes Recht hatten, die Informationen zu erhalten, die sie zur Durchführung ihrer Forschungsprogramme und Ausübung ihrer Kontrollfunktionen vermeintlich benötigten, stand ohnehin nicht in Frage. Im Rahmen der Schulkinderuntersuchungen zu »Mutationshäufigkeiten«, die Lothar Loeffler und einige andere Erbforscher Anfang der 1960er Jahre in Berlin sowie weiteren Gebieten Deutschlands initiieren wollten, ging es meist weder explizit um Zwang noch um Freiwilligkeit. Stattdessen setzte Loeffler die Bereitschaft zur Teilnahme im Gestus der Selbstverständlichkeit voraus. Über das Verfahren einer Probeerhebung bei Einschulungsuntersuchungen schrieb er 1962, dass die Koordination innerhalb eines kleinen Kreises von Humangenetikern und Ärzten erfolgen würde. Diese würden geeignete Patienten auswählen. »Die Gesundheitsämter bzw. Schulärzte führen dann das Einverständnis der Patienten bzw. deren Familien zur Untersuchung durch den betreffenden Wissenschaftler herbei.«[114] Die Zustimmung der Patienten bzw. deren gesetzlicher Vertreter zur Weitergabe und Verwendung ihrer Daten stellte hier offenbar keinen Anlass zur Problematisierung dar; sie sollte von den Behörden schlicht »herbeigeführt« werden. Die persönlichen und medizinischen Daten kursierten ja in einem sich selbst vertrauenden Zirkel von Experten in Wissenschaft, Medizin und Verwaltung. Falls individuelle »psychologische Befindlichkeiten« der Probanden zu Störungen führten, sollten diese – so das Denken Loefflers und seiner Kollegen – durch die persönliche »Feinfühligkeit« der zuständigen Experten ausgeräumt werden. Um keine unnötigen Reibungen zu erzeugen, müssten beispielsweise Mehrfachuntersuchungen durch die zentrale Koordinationsinstanz minimiert werden: »Auf diese Weise soll vermieden werden, daß unnötige und unkontrollierte Doppelbelastungen der Patienten bzw. deren Familien erfolgen.«[115] Humangenetiker setzten eine generelle Kooperationsbereitschaft voraus, wollten diese zugleich aber durch ein Vorgehen mit »Augenmaß« nicht unnötig beeinträchtigen. Die Probanden sollten aufgrund einer offenbar nicht endlosen Belastbarkeit »geschont«, jedoch nicht als grund-

---

113 | Vgl. z.B. den Brief ohne Autor (*Arbejdsanstaltsundersøgelse*) an Tage Kemp, 12.1.1950 (RA, Københavns Universitet, Tage Kemp, professor Lb.nr. 4). Siehe als weiteres Beispiel den Brief von Michal Schwartz an Tage Kemp, 21.1.1948 (RA, Københavns Universitet, Tage Kemp, professor Lb.nr. 3).

114 | Brief von Lothar Loeffler an den Senator für Gesundheitswesen, 16.11.1962 (UAH, Acc 12/95 - 2).

115 | Ebd.

sätzlich einspruchsfähige Subjekte behandelt werden.[116] Die Entscheidungskompetenz, ob die Untersuchungsteilnahme zu ihrem eigenen Besten war, lag in der Wahrnehmung der beteiligten Wissenschaftler und Behörden in deren Hand.

Exkurs: Die unliebsamen Anfänge des medizinischen Datenschutzes

Den humangenetischen Experten der 1950er und 1960er Jahre, die vor allem auf die Unterstützung der Medizin, Justiz, Politik und Verwaltung setzten, stand ein passives Patienten- und Probandensubjekt gegenüber, dessen Kooperationsbereitschaft in eugenischen und wissenschaftlichen Anliegen an die Differenz von Rationalität und Irrationalität gekoppelt war. Diese Konstellation hatte erhebliche Auswirkungen auf den Umgang mit genetischen Daten. Institutionalisierte Schutzmechanismen medizinscher Daten galten im humangenetischen Diskurs in erster Linie als Forschungshemmnisse. Die Frage des »Datenschutzes« im heutigen Sinne ging nahezu vollständig in der »ärztlichen Schweigepflicht« auf, was dazu führte, dass der Umgang mit Patienten- und Probandendaten praktisch der Selbstkontrolle des vermeintlich objektiven, umsichtigen, direktiv-anleitenden Experten unterworfen war. Auf Seiten der Patienten wurde, erstens, die Bereitschaft vorausgesetzt, ihren Körper, ihre Biografien und ihre medizinischen Daten für die Allgemeinheit – vermittelt über die Forschungs- bzw. Präventionsanliegen der Humangenetik – zur Verfügung zu stellen und, zweitens, den Experten Vertrauen im Umgang mit diesen Daten entgegenzubringen.[117]

---

116 | Vgl. hierzu auch ein Beispiel aus Dänemark, in dem ein Arzt aus Odense angesichts eines besonders eklatanten Falls aus seiner Region in einem Schreiben an Tage Kemp darauf drängte, Familien »mit erbbiologischem Seltensheitswert« nicht durch zu viele Untersuchungen zu »überrennen«. Der Mediziner forderte, die Untersuchungen in Expertenkreisen besser zu koordinieren. Jeder Arzt, der erbbiologische Untersuchungen vornehmen möchte, solle zukünftig das humangenetische Institut in Kopenhagen befragen, ob bereits etwas zu der jeweiligen Familie bekannt sei, Brief von Knud S. Seedorff an Tage Kemp, 26.5.1945 (RA, Københavns Universitet, Tage Kemp, professor Lb.nr. 3).

117 | Dieses Vertrauen brauchte in der Gegenrichtung keineswegs gewährleistet sein. Bezeichnend ist die Vorgehensweise, die Kemp dem Königlichen Geburtsstift (*kongelige fødselsstiftelse*) in Kopenhagen vorschlug, der sich als sehr zögerlich mit der Herausgabe von Daten über die von ihm betreuten Geburten erwies. Kemp, der diese Daten als störende Leerstelle in den Erbkrankheitserfassungen seines Instituts ansah, schlug vor, sie ohne Wissen der Betroffenen für die Forschungen des Instituts zur Verfügung zu stellen. Falls Nachfragen erforderlich würden, sollten die betreffenden Frauen unter einem Vorwand von Mitarbeitern des humangenetischen Institus angesprochen werden, Brief von Tage Kemp an H.F. Øllgaard, 7.9.1940 (RA, Københavns Universitet, Afdeling for Medicinsk Genetik, Institutsager, Lb.nr. 1). Vgl. auch die Kritik des Personalhistorischen Instituts in Kopenhagen an der »Geheimniskrämerei« des »Geburtsstifts« bei der Herausgabe ihrer Akten, Brief von Brenner an Tage Kemp, o.D. [1941/1944] (RA, Københavns Universitet, Tage Kemp, profes-

Erschütterungen dieser Struktur nahmen Humangenetiker als ideologisch motivierte oder schlicht unbegründete Vorstöße von Einzelpersonen bzw. Interessengruppen wahr. Der Kieler Anthropologe Wolfgang Lehmann schrieb Mitte der 1960er Jahre an seinen Göttinger Kollegen Peter Emil Becker über die »ärztliche Schweigepflicht« und zeigte hierbei Unverständnis gegenüber jeder Art kollegialer und justizieller Auseinandersetzungen in dieser Frage: »Mir ist eine ›Sach- und Rechtslage‹ nicht bekannt, auf Grund der Sie einen Kontakt mit Ärzten wegen der Namhaftmachung von Patienten unterlassen müßten. Es bleibt doch dem Ermessen eines jeden Arztes überlassen, ob er uns Namen von Patienten mitteilt oder nicht.«[118] Lehmann rät zudem dazu, eine öffentliche Kontroverse im Dienste der Sache zu vermeiden. Die Weitergabe von persönlichen Daten zwischen Humangenetikern sei am besten als »Ermessenssache« aufzufassen. Lothar Loeffler sprach in Korrespondenz mit Friedrich Vogel von »Querulanten«, die die »ärztliche Schweigepflicht zu Tode ritten«.[119] Bezüglich der Untersuchung an Inzestkindern, die das Kieler Institut für Anthropologie in mehreren Bundesländern durchführte, habe sich nun das nordrhein-westfälische Innenministerium eingeschaltet und »erhebliche Bedenken« angemeldet. Loeffler befürchtete, dass dadurch »jede medizinische Forschung unmöglich« werde.[120] Auch Vogel zeigte sich in seinem Antwortschreiben aufgrund jüngster Entwicklungen in dieser Richtung besorgt: »Bisher eingeholte mündliche und unverbindliche juristische Stellungnahmen gingen zwar öfter von der Voraussetzung aus, es bestehe für unsere Erhebungen ein ›überwiegendes öffentliches Interesse‹, und bei einer allenfalls möglichen gerichtlichen Auseinandersetzung seien die Chancen für eine unseren Vorstellungen entsprechende Entscheidung durchaus günstig. Inzwischen hat sich die Situation jedoch insofern geändert, als sich in der Rechtsprechung eine zunehmende Verschärfung in der Auslegung

---

sor Lb.nr. 2). In analoger Weise betrachtete der Arzt und Kollege Kemps, Mogens Hauge, den Wert einer »Schwachsinnigen«-Registratur als »Umgehung« der Zögerlichkeit von Familienmitgliedern, Angaben über Krankheitsfälle zu geben, Mogens Hauge: Status over registreringen af arvelige sygdomme, 5.5.1964 (RA, Københavns Universitet, Jan Mohr, professor, Lb.nr.5), S. 3.

118 | Brief von Wolfgang Lehmann an Peter Emil Becker, 26.3.1964 (ArchMHH, Dep. 2 acc. 2011/1 Nr. 7). Lehmann schreibt im selben Brief außerdem: »Wir haben [...] bisher keine Schwierigkeiten mit Ärzten gehabt, wenn wir sie um Mitteilung von Namen von Patienten gebeten haben. Wenn einmal eine zögernde Haltung bemerkbar war, sind wir sofort zu den betreffenden Kollegen geeilt und konnten im persönlichen Gespräch alles bereinigen.« Die Haltung, dass sich etwaige »Missverständnisse« in persönlichen Gesprächen am reibungslosesten aufklären lassen, legte auch der Adressat Becker selbst in einem Schreiben an die Bayerische Landesärztekammer an den Tag, 3.4.1964 (Dep. 2 acc. 2011/1 Nr. 8).
119 | Brief von Lothar Loeffler an Friedrich Vogel, 28.7.1960 (UAH, Acc 12/95 - 8).
120 | Ebd.

der ärztlichen Schweigepflicht bemerkbar macht.«[121] Die »Verschärfung« im Umfeld der ärztlichen Schweigepflicht, die Vogel beobachtete, ordnete er in erster Linie als ein sachlich unbegründetes, juristisches Problem ein. Der Problematik war strategisch zu begegnen, um sie letztlich aus der Welt zu schaffen.[122] Bemerkenswert ist die Hervorhebung des »öffentlichen Interesses« durch die Anführungszeichen in Vogels Brief, verstanden sich die humangenetischen Experten in den 1950er und 1960er Jahren doch als führende Vertreter dieses Interesses. Die nun auftauchenden Friktionen deuteten an, dass es nicht mehr ausreichte, sich dem eigenen Verantwortungsbewusstsein zu unterwerfen, um das »öffentliche Interesse« zu wahren, dass sich also ein bisher zentrales Element der Subjektivierung humangenetischer Experten aufzulösen begann.

Ein vergleichbarer Umgang mit der Problematik einer »unkontrollierten Ausweitung der ärztlichen Schweigepflicht«, die sich als unbegründetes Hemmnis des wissenschaftlichen Fortschritts darstellte, lässt sich auch in Dänemark beobachten.[123] Die steigende Sensibilität gegenüber dem Datenschutz in Öffentlichkeit und Verwaltung bzw. Gesetzgebung nahmen Humangenetiker in erster Linie als

---

121 | Brief von Friedrich Vogel an Lothar Loeffler, 2.8.1960 (UAH, Acc 12/95 - 8).

122 | Vogel führte seine Argumentation in dem Brief an Loeffler entsprechend fort: »Darüber hinaus wurde bekannt, daß sich einzelne ärztliche Direktoren beschwerdeführend über jetzt laufende Erhebungen aller Erbkrankheiten, wie sie zur Zeit z.B. von Münster aus durchgeführt werden, an die Bundesärztekammer wandten, und daß diese Direktoren innerhalb des Präsidiums dieser Kammer Unterstützung finden. Angesichts der großen Zahl von Ärzten und Privatpersonen, die mit den bereits laufenden und geplanten Erhebungen befaßt sein werden, ist einfach auf Grund statistischer Wahrscheinlichkeit damit zu rechnen, daß es früher oder später zu einer gerichtlichen Auseinandersetzung kommen wird. Wir sollten auf diese Auseinandersetzung vorbereitet sein. Sonst laufen wir Gefahr, die Untersuchungen eventuell zu einem Zeitpunkt erfolglos abbrechen zu müssen, zu dem bereits erhebliche Mittel investiert sind. Ich erlaube mir daher, Ihnen folgenden Vorschlag zu unterbreiten: Man sollte von mindestens zwei unabhängigen Juristen Gutachten darüber anfordern, ob und inwieweit die z.Z. in Deutschland laufenden oder geplanten Untersuchungen mit dem geltenden Recht vereinbar sind. [...] Je nach dem Ausfall dieser Gutachten wäre dann weiterhin zu klären, was zu tun ist, um die rechtliche Basis zu verbreitern und zu konsolidieren. Sollte insbesondere das ganze Programm sich als ungesetzlich erweisen, so müßte an die Fraktionen im Bundestag herangetreten werden, mit der Bitte um gesetzliche Klärung.« (Brief von Friedrich Vogel an Lothar Loeffler, 2.8.1960, [UAH, Acc 12/95 - 8]) Vgl. hierzu auch den Briefwechsel Vogels mit Hans Christian Ebbing: Brief von Friedrich Vogel an Hans Christian Ebbing, 11.7.1960, Brief von Hans Christian Ebbing an Friedrich Vogel, 13.7.1960 (beide: UAH, Acc 12/95 - 8).

123 | Die »Verschärfung«, die Friedrich Vogel in Deutschland beobachtet hatte, beschrieb Jan Mohr in einer Rückschau Mitte der 1970er Jahre für Dänemark. In den vorangehenden Jahrzehnten habe sich »eine gewisse Verschärfung (*tilstramning*) in Dänemark im Hinblick auf Geheimhaltung (*sekretess*)« gezeigt, Mohr: Erfaringer fra central registrering, S. 162.

Verunsicherung ihrer Arbeit wahr. Anfang der 1970er Jahre zeigte sich jedoch auch unter ihnen ein zunehmendes Umdenken. Als Jan Mohr zu Beginn des Jahrzehnts die zentrale Registratur für »Schwachsinnsfälle« im Erbbiologischen Institut in Kopenhagen auflöste, schlug er den psychiatrischen Anstalten im Land als Ersatz ein System vor, in dem diese auch zukünftig Anfragen zu einzelnen Patienten beantworten sollten, sofern diese in der humangenetischen Beratungspraxis des Instituts anfielen. Der Chefarzt der »Schwachsinnigenanstalt« bei Vodskov (*Åndssvageanstalten ved Vodskov*), Gunnar Wad, sah sich allerdings gezwungen, diesen Vorschlag abzulehnen. Er führte hierbei eine vermeintliche »Aushöhlung der Schweigepflicht« ins Feld, unter der seine Einrichtung bereits seit einiger Zeit zu leiden habe.[124] Aus Wads Schreiben sprach eine offenkundige Skepsis gegenüber der freien Zirkulation von Patientenunterlagen in Expertenkreisen. Dieses neue Bewusstsein gegenüber einer missbräuchlichen, allzu vorbehaltlosen Berufung auf die ärztliche Schweigepflicht führte ein Problem in den humangenetischen Diskurs ein, das in der Folge als »Datenschutz« und »informationelles Selbstbestimmungsrecht« der Patienten immer weiter institutionalisiert wurde. Aus dem Antwortschreiben Mohrs geht hervor, dass dessen Wahrnehmung hingegen noch kein strukturelles Problem erfasste. Er reagierte ganz in der hergebrachten, an den obigen Beispielen bereits veranschaulichten Weise, als habe Wad seine persönliche Integrität bzw. die Sorgfalt seiner Mitarbeiter angegriffen. Mohr habe den aktuellen Vorschlag unterbreitet, da er »die Praxis, Krankenakten auszuleihen und sie umgehend zurückzusenden, nachdem sie auf Mikrofilm abgefilmt worden sind, bereits für eine Reihe von Jahren angewandt habe, ohne eine einzige Klage über eine verspätete Rücksendung oder über Zwischenfälle mit Unannehmlichkeiten (*kedeligheder*) bezüglich der Schweigepflicht erhalten zu haben.«[125] Während Wad in seinem Brief einen prinzipiellen Schutz der »ärztlichen Schweigepflicht« gegenüber einem systematischen Missbrauch

---

124 | »Wir sind innerhalb der Fürsorge in den letzten Jahren sehr besorgt darüber zu sehen, wie unsere Schweigepflicht ausgehöhlt wird. Was meinen Teil angeht, trage ich nicht freiwillig zu einer Fortsetzung oder Auweitung dieser Aushöhlung bei – mit gänzlich unübschaubaren Konsequenzen.« (Brief von Gunnar Wad an Jan Mohr, 25.1.1972 [RA, Københavns Universitet, Afdeling for Medicinsk Genetik, Korrespondance, Lb.nr.5]) Ablehnungen der geplanten Regelung im Anschluss an die Auflösung der Oligophrenie-Registratur aus ähnlichen Gründen finden sich in den Briefen von Freddy Neuenschwander, 1.2.1972, E. Wamberg, 1.2.1972, und T. Samsøe-Jensen an Jan Mohr, 1.2.1972 (alle: RA, Afdeling for Medicinsk Genetik, Korrespondance, Lb.nr. 5).

125 | Brief von Jan Mohr an Gunnar Wad, 1.2.1972 (RA, Københavns Universitet, Afdeling for Medicinsk Genetik, Korrespondance, Lb.nr. 5). Mohr bot als Alternative an, statt einer Zusendung der Originalunterlagen mit Exzerpten zufrieden gestellt zu werden. Dies war ebenfalls Ausdruck davon, dass Mohr kein ausgeprägtes, ethisches Problemempfinden bezüglich des Datenschutzes aufwies, sondern vorrangig auf der Ebene operationalisierbarer Wege des Inhaltsaustausches diskutierte.

vor Augen hatte, argumentierte Mohr auf einer ganz anderen Ebene, die dem Selbstverständnis der Humangenetiker der 1950er und 1960er Jahre viel näher stand und auf der der medizinische Informationsaustausch als »vertrauliche Mitteilung zwischen Ärztekollegen« behandelt werden sollte.[126]

Familiäre Bindungen

Es lohnt sich, ein Postulat Otmar Freiherr von Verschuers in Erinnerung zu rufen, auf das bereits zu Beginn dieses Abschnitt hingewiesen wurde: »Die Gattenwahl ist das entscheidende Ereignis im Leben jeder Familie. Sie richtig zu lenken, ist ein Hauptanliegen der Eugenik.«[127] Aus diesem Zitat spricht die Vorstellung eines »Familien«- und »Fortpflanzungssubjekts«, auf dem die Humangenetik der 1950er und 1960er Jahre aufbaute und das sie zugleich forcierte. Anne Waldschmidt hat dies in ihrer Studie zur humangenetischen Beratung ausgeführt. Sie schreibt über die Jahre 1945 bis 1968: »Das Subjekt der genetischen Beratung ist ein Nachfolger früherer Generationen, eines, das ein Vermächtnis übernimmt, das in einer Reihe steht, eines, das als Zweig eines Baumes von mächtigen Wurzeln getragen wird, von einer Vergangenheit, die unnachgiebig in die Gegenwart, in sein Leben, hineinreicht.«[128] Dass sich Vererbung in Stammbäumen »sichtbar« machen ließ, hatte seit dem 19. Jahrhundert ganz wesentlich zur Verbreitung eines genetischen Bewusstseins unter Experten und Laien beigetragen. Verschuer zitierte 1959 seine Tübinger Antrittsvorlesung aus den 1920er Jahren: »Nun hat aber die Vererbungswissenschaft die Erkenntnis gebracht, daß die Ursachen krankhaften Geschehens nicht in dem Kranken selbst, sondern in seinen Vorfahren liegen können und daß sich aus ihnen auch Folgen für die Nachkommen ergeben. Vorfahren und Nachkommen müssen also in den Bereich ärztlichen Denkens einbezogen werden.«[129] Verschuer assoziierte hier den wissenschaftlichen und medizinischen Fortschritt mit einem generellen »genetischen Bewusstseinsfortschritt«, der durch den Ausbau humangenetischer Familienuntersuchungen erzielt worden war. Diese enge Bindung des Subjekts an seine familiäre Vergangenheit lockerte sich laut Waldschmidt nicht vor den 1970er Jahren. Erst dann habe die Bedeutung der Familie für die humangenetische Beratung graduell abgenommen. Zudem habe sich der Schwerpunkt von der Familienvergangenheit

---

126 | Ebd.
127 | Otmar Freiherr von Verschuer: Eugenik, biologisch und ethisch. Referat auf der Tagung der westfälischen Arbeitsgemeinschaft »Arzt und Seelsorger« in Hamm, 17.11.1956 (MPG-Archiv, Abt III Rep 86A Nr. 74), S. 20.
128 | Waldschmidt: Das Subjekt in der Humangenetik, S. 109.
129 | Otmar Freiherr von Verschuer: Eugenik, biologisch und ethisch. Referat auf der Tagung der westfälischen Arbeitsgemeinschaft »Arzt und Seelsorger« in Hamm, 17.11.1956 (MPG-Archiv, Abt III Rep 86A Nr. 74), S. 7.

auf ihre Zukunft verschoben.¹³⁰ Diese Verschiebungen standen in einem wechselseitigen Bezug zu dem Wandel der Leittechnologien der humangenetischen Beratung und Forschung in den 1970er Jahren. Die Stammbäume und Erbregister, die die 1950er und 1960er Jahre trotz der aufkommenden biochemischen Humangenetik noch dominierten, wichen in ihrer Bedeutung der Laborarbeit der Pränataldiagnostik.¹³¹

Ein genauerer Blick auf die 1950er und 1960er Jahre zeigt, dass die »Familiensubjekte« dieser Zeit fest in Stammbäume eingebettet waren, die ein Hauptinstrument der Forschung, der Diagnostik und des Gutachterwesens darstellten. Im Blick auf die Subjektformen der Humangenetik, hatten Stammbäume einen weitreichenden Effekt. Sie stigmatisierten in grafischer Form einzelne Knotenpunkte sowie ganze »Äste« des Baumes. Typischerweise wurden die Markierungen von Patienten, die Träger einer Erbkrankheit bzw. einer rezessiven Anlage waren, in Stammbäumen schwarz bzw. schraffiert eingefärbt und waren somit deutlich unterscheidbar von den umgebenden weißen Symbolen. Das Handbuch »Genetics und Disease« von Tage Kemp aus dem Jahr 1951 bietet einige Beispiele für die Masse an formalisierten Stammbäumen, die die humangenetische Forschung produzierte und bis heute produziert. Einer dieser Stammbäume ging auf ein eugenisches Schwangerschaftsabbruchs-Verfahren zurück, das aufgrund des Verdachts auf Chorea Huntington eingeleitet worden war (Abb. 20). Kemp schrieb zu dieser

---

130 | Waldschmidt: Das Subjekt in der Humangenetik, S. 156-166.

131 | Die gängigen Methoden der Familienerfassung verschwanden hierbei nicht aus der humangenetischen Praxis. Allerdings änderte sich die »technologische Hierarchie«. In Rahmen der Pränataldiagnostik entstand das ärztliche Urteil weiterhin in einem Wechselspiel mit der Familienanamnese, 4. Informationsblatt über die Dokumentation der Untersuchungen im Rahmen des Schwerpunktprogramms »Pränatale Diagnostik genetisch bedingter Defekte« der Deutschen Forschungsgemeinschaft, 31.7.1975 (BA, B 227/225094). Zwillingsstudien trugen ebenfalls maßgeblich zur Verortung des Subjekts in familiär gebundenen Biografien bei. Auch sie bekamen im Laufe der 1960er Jahre zunehmend den Status einer »klassischen« Methode. Siehe z.B.: »Nun gibt es aber einerseits eine grössere Zahl mehr oder weniger häufiger Krankheiten und Missbildungen, bei deren Entstehung die Erbanlagen mehr oder weniger stark beteiligt sind, ohne dass sich ein einziges Mutationsereignis, sei es eine Genmutation mit einfachem Erbgang, oder eine morphologisch nachweisbare Chromosomenanomalie als Ursache nachweisen liesse. Vielfach ist man hier bei der Analyse auf zwei ›klassische‹ humangenetische Methoden angewiesen, die empirische Familienstatistik und die Zwillingsmethode. Ich schätze diese beiden Methoden sehr und glaube, dass sie in den letzten Jahren – durch wenig intelligente Anwendung in manchen Fällen sicher mitbedingt – durchaus zu Unrecht etwas in den Hintergrund getreten sind. In der grossen Mehrzahl der Fälle geben uns nur diese Methoden Unterlagen für die so wichtige Ehe- und Familienberatung.« (Friedrich Vogel: Neue Entwicklungen auf dem Gebiet der Humangenetik, April 1965 [UAH, Acc 12/95 - 10a], S. 9)

Krankheit: »Patients with Huntington's chorea ought never to have offspring.«[132] Denn das Risiko, dass ein Nachkomme eines Erkrankten ebenfalls an der Krankheit leiden wird, betrage 50 Prozent. Der dänische Humangenetiker sprach in diesem Zusammenhang auch von »tainted families«.[133] Eine mögliche Übersetzung des Ausdrucks »tainted« ins Deutsche lautet: »befleckt«. Der formalisierte Stammbaum zeigte diese Flecken deutlich. Die Farbgebung, das heißt der Hinweis auf das Vorliegen der Krankheit, war hier das einzige Unterscheidungsmerkmal zwischen den ansonsten identischen Symbolen für die einzelnen Familienangehörigen. Die symbolisierten Individuen ließen sich in dieser – für medizinisch-praktische Zwecke reduzierten – Darstellungsform einzig anhand ihrer vermeintlichen Trägerschaft eines bestimmten genetischen Defekts identifizieren. Aus der Bildunterschrift (»The patient marked 1, who was 20 years old, was submitted to induced abortion at eugenic indication«) ging hervor, dass die visuelle Umsetzung einer »tainted family« als Stammbaum suggerierte, wo der Baum »beschnitten« und im Gegenzug: welche Äste »weiterwachsen« sollten. Die Reduktion und farbliche Stigmatisierung im Rahmen von Stammbäumen stellte einen signifikanten Baustein der (Selbst-)Beobachtung humangenetischer Subjekte in den 1950er und 1960er Jahren dar. Mit der Chorea Huntington ging es in diesem Beispiel um eine vergleichsweise »eindeutig zu verfolgende« Krankheit, obwohl sich gerade hier das Problem stellte, dass die Patienten erst im fortgeschrittenen Alter erkrankten und sich somit oft fortpflanzten, bevor sie entsprechend »eingefärbt« werden konnten.

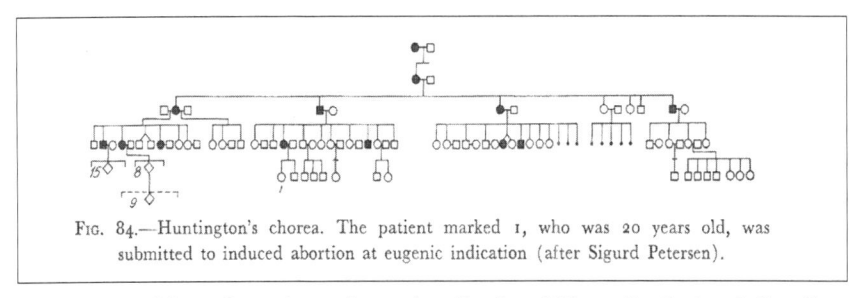

Abb. 20: Formalisierter Stammbaum einer »tainted family« mit Chorea Huntington als Grundlage eines eugenischen Schwangerschaftsabbruchs

In anderen Fällen war die Lage freilich noch komplexer, beispielsweise im Zusammenhang mit »multifaktoriellen Erbkrankheiten« oder einer allgemeinen phänotypischen »Bündelung« von Verhaltensanomalitäten, die für erblich gehalten wurden, deren Erbgang im Einzelnen jedoch unbekannt war. Kemp referierte Beobachtungen, dass Analphabetismus in auffallender Häufung mit Sprechstörungen wie Stottern sowie Linkshändigkeit »and other intellectual and mental defects« auftreten würde. Auch wenn die Erbgänge der einzelnen »Defekte« nicht

---
132 | Kemp: Genetics and Disease, S. 273.
133 | Ebd.

zufriedenstellend geklärt waren, ließen sich dennoch Stammbäume anfertigen, die solche »combined taints« als familiäre Häufung verschiedenster Anomalien grafisch darstellten. In der Bildunterschrift zweier solcher Stammbäume, die Kemp in seinem Handbuch reproduzierte, war eine breite Spanne an diagnostizierten Phänomenen angegeben: von Depressionen und Selbstmordversuchen über Schizophrenie zu Exzentrizität und Alkoholismus (Abb. 21). Es entsteht der Eindruck, als ob die systematische Einfärbung des Stammbaums, die die visuelle Impression einer »farblichen Häufung« erzeugte, gewissermaßen den fehlenden Beweis für die Erblichkeit der einzelnen Phänomene ersetzte. Derartige Stammbäume leisteten darüber hinaus die Verortung von Individuen in genetischen – und gleichzeitig sozialen – »Problemfamilien« und legitimierten damit eine besondere wissenschaftliche und behördliche Aufmerksamkeit gegenüber solchen Familien. Dies konnte sich beispielsweise in der Zulassung von Sterilisations- und Schwangerschaftsabbruchsgesuchen niederschlagen. In jedem Fall wurden in Stammbäumen nach Möglichkeit sehr umfangreiche und einige Generationen umfassende Familienverbünde erfasst, so dass das Individuum in Anne Waldschmidts Worten zum »Zweig eines Baumes von mächtigen Wurzeln« wurde, aus dem auszubrechen nahezu unmöglich erschien.

Die großangelegten Registerprojekte der Humangenetik hatten einen ebenso entscheidenden Einfluss auf die »Familienbindung« des humangenetischen Subjekts, stand doch auch hier die Familienanamnese im Mittelpunkt der Erfassung. Verwandtschaft stellte eine der Hauptzugriffskategorien bei der Arbeit mit genetischen Registern dar und musste deshalb möglichst weitgehend erfasst und verzeichnet werden. Dies ließe sich an den im vorangehenden Abschnitt besprochenen Erbkrankheitsregistern, wie dem in Kopenhagen, verdeutlichen. Als Beispiel soll an dieser Stelle jedoch das Zentralregister der Abteilung für Psychiatrische Demografie (*Afdeling for Psykiatrisk Demografi*) der Psychiatrischen Anstalt (*Psykiatrisk Hospital*) in Risskov dienen. Wie gesehen nahm es 1969 in enger Kooperation mit dem Kopenhagener Erbbiologischen Institut seine Arbeit auf.[134] Auf den Registerkarten war jeweils die Rückseite für die Familienanamnese sowie weitere verfügbare Angaben zur Familie reserviert. Ermittelte Familienmitglieder wurden hierbei nach Möglichkeit ebenfalls in medizinischer und sozialer Hinsicht erfasst.[135] Es finden sich beispielsweise Auskünfte zu Namen, Wohnorten, Berufen, Geburtsdaten, Geburtsorten und etwaigen körperlichen Krankheiten. Zudem wurden die erfassten Verwandtschaftsmitglieder in weitere

---

134 | Die papierenen Karteikarten, angefertigt Ende der 1960er Jahre, sind im Reichsarchiv in Kopenhagen einsehbar.

135 | Dieses Bestreben lag wie gesehen auch dem Kopenhagener Register zugrunde, Kemp: Genetic-Hygienic Experience in Denmark, S. 14. Gleiches galt für Otmar Freiherr von Verschuers Register in Münster, Verschuer: Die Mutationsrate des Menschen II, S. 164.

Gruppen gemäß der Nähe der Beziehung zum jeweiligen Patienten untergliedert (Vater, Mutter, Ehepartner, Geschwister, Kind, weitere Verwandte).[136]

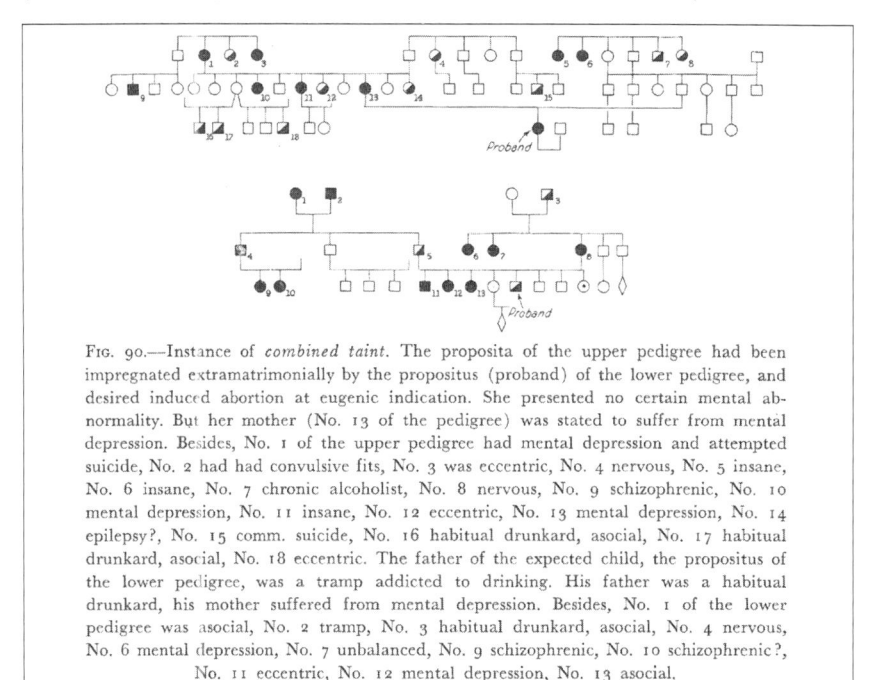

> FIG. 90.—Instance of *combined taint*. The proposita of the upper pedigree had been impregnated extramatrimonially by the propositus (proband) of the lower pedigree, and desired induced abortion at eugenic indication. She presented no certain mental abnormality. But her mother (No. 13 of the pedigree) was stated to suffer from mental depression. Besides, No. 1 of the upper pedigree had mental depression and attempted suicide, No. 2 had had convulsive fits, No. 3 was eccentric, No. 4 nervous, No. 5 insane, No. 6 insane, No. 7 chronic alcoholist, No. 8 nervous, No. 9 schizophrenic, No. 10 mental depression, No. 11 insane, No. 12 eccentric, No. 13 mental depression, No. 14 epilepsy?, No. 15 comm. suicide, No. 16 habitual drunkard, asocial, No. 17 habitual drunkard, asocial, No. 18 eccentric. The father of the expected child, the propositus of the lower pedigree, was a tramp addicted to drinking. His father was a habitual drunkard, his mother suffered from mental depression. Besides, No. 1 of the lower pedigree was asocial, No. 2 tramp, No. 3 habitual drunkard, asocial, No. 4 nervous, No. 6 mental depression, No. 7 unbalanced, No. 9 schizophrenic, No. 10 schizophrenic?, No. 11 eccentric, No. 12 mental depression, No. 13 asocial.

Abb. 21: Der visuelle Beweis der Vererbung von Verhaltensanomalien: Die gehäufte Einfärbung von Stammbäumen

Das Register der Abteilung für Psychiatrische Demografie enthielt neben den Krankheitsdiagnosen der Patienten ausschließlich diese Familienbindungen.[137] Sie stellten das Haupterkenntnisinstrument einerseits und den Hauptorientierungspunkt praktischer Maßnahmen wie der Sterilisation oder humangenetischen Beratung andererseits dar. Die Familie stand in diesem Register jedoch noch auf einer

---

136 | Der Umfang der Einträge variiert sehr stark. Gelegentlich fehlen sie vollkommen, oft scheinen sie jedoch recht gewissenhaft ermittelt worden zu sein.

137 | Zu den »Stammkarten« der Patienten wurde parallel ein »Namenskarten«-Register geführt. Dieser Teil des Gesamtregisters sicherte den Zugriff über die Namen von Patienten. Dazu waren Angaben zu Name, Geburtsdatum, Geburtsort und Klinik bzw. Anstalt vorgesehen. Die Rückseite der Karten wurde gelegentlich für die direkte Eintragung von Verwandten oder Ehepartnern verwendet. Die Querverweise auf die entsprechenden Stammkarten (mittels laufender Nummern) führten zu den dort oftmals erfassten Familienübersichten und somit zu weiteren Personen und gegebenenfalls Karteikarten. Das System der Namenskarten erlaubte folglich die Einbettung von Patienten in »Namensverbände«, die Familien abbildeten (RA, Psykiatrisk Hospital Risskov, Afdeling for Psykiatrisk Demografi - Stamkort und Navnekort).

weiteren Ebene im Mittelpunkt: Die Diagnostik, die in vielen Fällen auf soziales Fehlverhalten abzielte, legte das Ideal eines »normalen« Familienlebens zugrunde und hielt alle Abweichungen davon fest. Die Beschreibung der psychischen Auffälligkeiten bzw. Krankheiten nimmt in mehreren Fällen Bezug auf die Unfähigkeit, eine Beziehung im Sinne eines bürgerlichen Familienideals zu führen.[138]

In der Phase der genetischen Behälterräume war die Bevölkerung als Nebeneinander von »Familienbehältern« gedacht. Die Individuen wiederum waren die »Untereinheiten« dieser Familien. Über die familiäre Fortpflanzung »kanalisiert« lief der gemeinsame »Erbstrom« der jeweiligen Fortpflanzungsgemeinschaft durch die Generationen. An dieses Dispositiv waren Kontrollfantasien gekoppelt, die auf einen möglichst nachhaltigen Ausschluss »kranken Erbguts« aus dem Fortpflanzungsgeschehen gerichtet waren. Insbesondere sollte in diesem Sinne Risikopersonen, die in der humangenetischen Beratung und im psychiatrischen Anstaltswesen ermittelt worden waren, die Unfruchtbarmachung ermöglicht werden. Im Laufe der 1970er Jahre und der Etablierung der Pränataldiagnostik rückte diese Vorstellungswelt stark in den Hintergrund. Die pränatale Diagnostik, als sichere und präzise Aussage, die den Schwangeren an die Hand gegeben werden konnte, entwickelte sich zum zentralen Instrument der Eugenik. Die Entscheidung zur Zeugung eines möglicherweise erbkranken Kindes konnte bis nach der Empfängnis aufgeschoben werden. Vor allem in diesem Zusammenhang verschob sich der »Vergangenheitsprimat« der Familienbindung zu einem »Zukunftsprimat«. Die feste Bindung in eine lange und umfassende Familientradition büßte dadurch ihre Leitfunktion ein, die ihr in den 1950er und 1960er Jahren im humangenetischen Diskurs noch zugekommen war.

4.2 Humangenetik als Angebot

Einleitung: Individualisierung der Humangenetik?

Ein entscheidender Umbruch in den Subjektivierungsweisen der Humangenetik, so dass sich von einer zweiten Phase sprechen lässt, zeigte sich nicht vor den 1970er Jahren. Diese Periodisierung entspricht allerdings nicht den geläufigen Epocheneinteilungen in der Historiografie zur Humangenetik. Ebenso wenig entspricht sie dem Selbstverständnis der zeitgenössischen Humangenetiker. Es ist in Erinnerung zu rufen, dass die Subjekttechnologien eines Diskurses nur mittelbar in Beziehung zu dem Selbstverständnis historischer »Akteure« stehen.

---

138 | Vgl. als ein Beispiel von vielen eine Beschreibung zur Diagnose »Depr. ment. psykogenica«. Als »Krankheitsverlauf« ist hierzu vermerkt: »Eheliche Schwierigkeiten, Der Ehemann geht abends häufig aus und kommt alkoholisiert zurück, die letzten drei Monate haben die Partner überhaupt keinen sexuellen Kontakt gehabt.« (RA, Psykiatrisk Hospital Risskov, Afdeling for Psykiatrisk Demografi, Stamkort, kvinder født efter 1900, 3.1)

Dessen ungeachtet empfiehlt es sich, vorab einen Blick auf die bislang gängigen Periodisierungsmodelle zu werfen, um die in der vorliegenden Arbeit vorgeschlagene Analyseperspektive präziser zu konturieren. Hierbei wird die deutsche Humangenetik im Vordergrund stehen, da hierzulande wesentlich expliziter um Periodisierungsfragen gerungen wurde, was mit den konstanten Abgrenzungsbemühungen bzw. Vergleichen der bundesrepublikanischen Humangenetik zur nationalsozialistischen Rassenhygiene zusammenhing. Wie die sich anschließenden Ausführungen zu den Subjektformen des humangenetischen Diskurses in den 1970er Jahren zeigen werden, ist die hier erarbeitete Phaseneinteilung allerdings auch für den dänischen Fall tragfähig.

In der Retrospektive des Jahres 1989 beschrieb Friedrich Vogel in einem Brief, in dem er seinem Kollegen Helmut Baitsch zur Emeritierung gratulierte, den Aufbruch zu einer »völlig neuen Entwicklung« in der deutschen Humangenetik der späten 1950er Jahre: »Ich kann mich noch gut daran erinnern, wie wir beide im Jahr 1958, zusammen mit Wendt, in Kiel zusammengesessen haben und uns darüber unterhalten haben, wie in der deutschen Humangenetik eine völlig neue Entwicklung durch eine neue Generation in Gang gebracht werden müsse.«[139] Vogel skizzierte in diesem Brief eine Art Triumvirat, in dem Baitsch, Wendt sowie er selbst die Humangenetik in Deutschland in ihrer gegenwärtigen Form aufgebaut und entscheidend geprägt hatten.[140] Baitsch teilte die Auffassung Vogels im Wesentlichen, wie aus seinen eigenen Äußerungen in den 1980er Jahren vielfach deutlich wird. Ebenfalls aus dem Anlass seiner Emeritierung ließ er dem Laudator Wolfgang Engel einen kommentierten Lebenslauf zukommen. Darin machte Baitsch den »Neuanfang« der bundesrepublikanischen Humangenetik vor allem am erzwungenen Rückzug Otmar Freiherr von Verschuers aus der Redaktion der Zeitschrift »Humangenetik« zu Beginn der 1960er Jahre fest: »In diese Zeit fällt auch die Begründung der Zeitschrift ›Humangenetik‹ (jetzt ›Human Genetics‹), gemeinsam mit Friedrich Vogel. Voraus geht eine heftige Auseinandersetzung mit von Verschuer, in der wir beide ihn anläßlich eines Treffens dazu auffordern, als Herausgeber der Zeitschrift für menschliche Vererbungs- und Konstitutionslehre zurückzutreten, der Springer-Verlag will dann diese Zeitschrift mit neuer Bezeichnung und neuer Herausgeberschaft neu beleben. Wir begründen die Rücktrittsfor-

---

139 | Brief von Friedrich Vogel an Helmut Baitsch, 8.12.1989 (ArchMHH, Dep. 1 acc. 2011/1 Nr. 11).

140 | »Wir haben dann alle drei an dieser Entwicklung einen besonderen Anteil gehabt. Sie, lieber Herr Baitsch, am ehesten auf dem wissenschaftspolitisch-organisatorischen Gebiet. Sie haben es zustande gebracht, in Freiburg eine systematische Ausbildungspolitik für Nachwuchs zu betreiben, durch die es möglich war, viele der international gängigen Arbeitsmethoden nun auch in die Bundesrepublik einzuführen. Herr Wendt hatte das große Verdienst, die genetische Beratung auf eine breite Grundlage zu stellen, und die praktischen Voraussetzungen dafür schaffen zu helfen, und ich glaube, ich selber habe auch einen gewissen Anteil an dieser Entwicklung gehabt.« (Ebd.)

derung mit der Verwicklung von Verschuers in die NS-Rassen- und Eugenik-Politik. Von Verschuer ist zunächst sprachlos, er resigniert jedoch und gibt dann nach, macht damit den Weg frei für einen Neuanfang.«[141] Baitsch stilisierte Verschuer in dieser Darstellung gewissermaßen zur Symbolfigur einer älteren Epoche der Humangenetik. Man könnte hier auch an die Emeritierungen von Friedrich Lenz als einem weiteren Exponenten der nationalsozialistischen Rassenhygiene, der noch in der Bundesrepublik tätig war, sowie des damals als »unbelastet« geltenden Hans Nachtsheim (beide 1955) denken. Dieses im Kern auf personellen Diskontinuitäten und dem Wechsel der Generationen basierende Periodisierungsmodell findet sich auch in der Sekundärliteratur wieder, insbesondere in der Studie von Peter Weingart, Kurt Bayertz und Jürgen Kroll zur »Geschichte der Eugenik und Rassenhygiene in Deutschland«, die Ende der 1980er Jahre veröffentlicht wurde.[142]

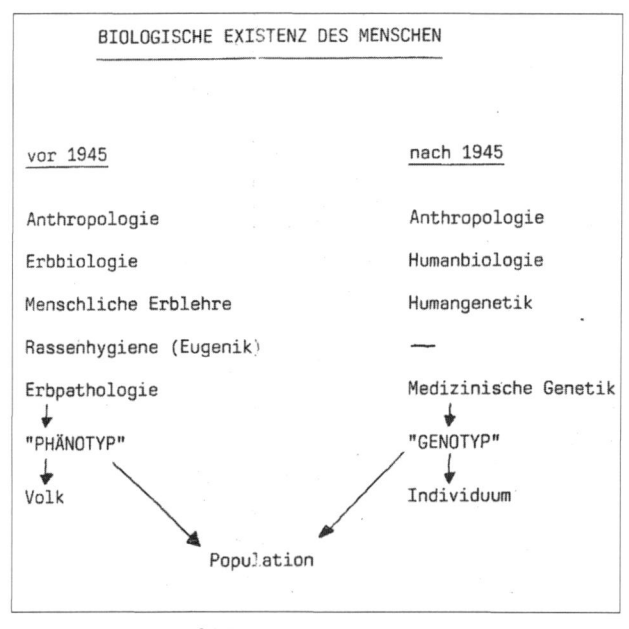

```
                    BIOLOGISCHE EXISTENZ DES MENSCHEN

   vor 1945                          nach 1945

   Anthropologie                     Anthropologie
   Erbbiologie                       Humanbiologie
   Menschliche Erblehre              Humangenetik
   Rassenhygiene (Eugenik)            —
   Erbpathologie                     Medizinische Genetik
        ↓                                 ↓
     "PHÄNOTYP"                        "GENOTYP"
        ↓                                 ↓
      Volk                            Individuum
              ↘                   ↙
                   Population
```

Abb. 22: Die mutmaßliche Neuorientierung der Humangenetik nach 1945: von der Rassenhygiene zur Humangenetik, vom Volk zum Individuum

---

141 | Brief von Helmut Baitsch an Wolfgang Engel, 15.6.1989 (ArchMHH, Dep. 1 acc. 2011/1 Nr. 11). Kritik an der Bedeutung dieses Ereignisses übt Richard Fuchs. Er schreibt über die Neugründung der Zeitschrift: »Mit dem Etiketten- und Personalwechsel wird zwar ein Imagewandel erreicht, nicht jedoch ein grundlegender Paradigmenwechsel.« (Fuchs: Life Science, S. 291)
142 | Weingart/Kroll/Bayertz: Rasse, Blut und Gene. Vgl. auch den Brief von Helmut Baitsch an Peter Weingart, 28.9.1987 (ArchMHH, Dep. 1 acc. 2011/1 Nr. 4); Helmut Baitsch: Naturwissenschaften und Politik. Am Beispiel des Faches Anthropologie während des Dritten Reiches, 8.5.1985 (ArchMHH, Dep. 1 acc. 2011/1 Nr. 8), S. 18.

Was die prägenden Charakteristika der »neuen Humangenetik« im Selbstverständnis ihrer Vertreter waren, hat Dorothee Obermann-Jeschke treffend zusammengefasst: »In diesem Sinne konstituierten die Wissenschaftler eine am Individuum orientierte Humangenetik als ein Teilgebiet der Medizin und grenzten sie dadurch gegenüber einer am Kollektiv ausgerichteten eugenischen Bevölkerungspolitik ab.«[143] Es zeigt sich ein Erzählmuster der bundesrepublikanischen Humangenetik, das mit dem »Generationenwechsel« – gelegentlich auch mit der Chiffre »1945« – einen deutlichen Bruch, wenn nicht gar eine fachliche Revolution ansetzte. Der Nachlass Baitschs enthält eine prototypische Visualisierung dieses Narrativs (Abb. 22).[144] In einer Tabelle sind verschiedene Begriffspaare anhand der beiden zeitlichen Kategorien »vor« bzw. »nach 1945« gegenübergestellt. Die »menschliche Erblehre« sei hierbei mit dem Untergang des »Dritten Reichs« zur »Humangenetik« geworden. Die »rassenhygienischen« Aspekte der Erbforschung seien dabei ersatzlos weggefallen; ein entsprechender Gegenpart für die Zeit nach 1945 fehlte. Stattdessen lässt sich der Tabelle entnehmen, dass die neue Genetik »medizinisch« orientiert gewesen sei. Dies habe dazu geführt, dass nicht mehr das »Volk« im Vordergrund stand. Es wurde durch den vermeintlich neutralen Begriff der »Population« verdrängt. Zudem sei es um das Wohl des »Individuums« gegangen. In diesem Modell sind die fachinterne »Vergangenheitsbewältigung«, das Streben nach internationaler Anschlussfähigkeit, der Generationenwechsel und die fachliche Ausrichtung direkt miteinander verwoben. Eine Zusammenfassung von Engels Laudatio zu Baitschs Emeritierung in der Neu-Ulmer Zeitung brachte dies auf den Punkt: »Baitsch habe sich laut Engel gegen solche eugenischen Maßnahmen schon in den 60er Jahren aufgelehnt und damals noch nicht selbstverständliche molekulargenetische Untersuchungen gefordert. Zusammen mit Vogel habe er die deutsche Humangenetik nach den ›Verbrechen der Nazis‹ wieder international hoffähig gemacht.«[145]

Wie ich im letzten Abschnitt zu zeigen versucht habe, stellte sich in den 1960er Jahren durchaus noch kein grundlegender Wandel im Blick auf die Subjektformen von Experten und Laien im humangenetischen Diskurs ein. Mit dem von den Fachvertretern so betonten Generationenwechsel setzten sich vorerst hergebrachte Subjektivierungsweisen fort. Deren Wandel liegt quer zu den Biografien einschlägiger Protagonisten der bundesrepublikanischen Humangenetik wie Helmut Baitsch, Friedrich Vogel oder Gerhard Wendt. Dies bedeutet freilich

---

143 | Obermann-Jeschke: Eugenik im Wandel, S. 21.
144 | Biologische Existenz des Menschen, o.D. [1985/1986] (ArchMHH, Dep. 1 acc. 2011/1 Nr. 2). Die eindeutige Herkunft der Skizze ist nicht angegeben. Sie dürfte mit hoher Wahrscheinlichkeit in der umfassenden Vortragstätigkeit Baitschs zur Geschichte der Anthropologie und Humangenetik während der NS-Zeit Verwendung gefunden haben.
145 | Professor Baitsch auf Festakt gewürdigt; siehe auch Helmut Baitsch: Verantwortlichkeit des Humangenetikers in Forschung und Praxis. Vergangenheit und Zukunft, 1981 (ArchMHH, Dep. 1 acc. 2011/1 Nr. 8), S. 4.

keineswegs, dass die Vorläufer und Anfänge neuer Subjektformen nicht bereits in die 1960er oder sogar 1950er Jahre zurückreichten. Sie blieben jedoch noch marginal gegenüber den weiterhin hegemonialen Selbstbildungen. Darüber hinaus ist es nicht allzu gewinnbringend, die Periodisierung der Geschichte der Humangenetik an der Wasserscheide zwischen kollektiver und individueller Orientierung festzumachen.[146] Gerade das Zusammenspiel beider Orientierungen, dessen Struktur sich in den unterschiedlichen Phasen wandelte, war von entscheidender Bedeutung für die Subjektivierungsweisen des humangenetischen Diskurses. Geht man hingegen von der vollständigen Marginalisierung der einen Seite dieser Differenz zugunsten der anderen zu einem bestimmten Zeitpunkt nach 1945 aus, ergeben sich allzu viele Ungereimtheiten in der empirischen Beobachtung.[147] Gerade die Zeitgenossen der 1950er und 1960er Jahre grenzten ihre eugenischen Vorstellungen immer wieder als »individuelle, demokratische« von denen »diktatorischer« und »totalitärer« Staaten ab. Sie betonten keineswegs einen einseitigen Vorrang des »Volkswohls«, sondern hingen vielmehr einer epochenspezifischen Verflechtung von individuellem und allgemeinem Wohl an, wie der vorangegangene Abschnitt gezeigt hat. Die »Individualisierung« schien den humangenetischen Experten dieser Jahrzehnte in direkter Verbindung mit – anstatt im Widerspruch zu – dem Wohl der Fortpflanzungsgemeinschaft zu stehen.

Ebenso hatten die Anfänge der biochemischen Humangenetik als neuer Technologie keine unmittelbaren Auswirkungen auf die typischen Subjektivierungsweisen der damaligen Humangenetik und Eugenik. Es handelte sich um nur einen von mehrere interdependenten Faktoren. Für den Wandel der Subjektformen des humangenetischen Diskurses war die Einführung neuer Technologien ebenso wenig alleine ausschlaggebend wie personelle Diskontinuitäten. Dies lässt sich an der Pränataldiagnostik, die die Diskussion um die Anwendungsmöglichkeiten der Humangenetik in Deutschland und Dänemark ab den späten 1960er Jahren zu dominieren begann, veranschaulichen. Mit ihrem Aufkommen setzte keineswegs sofort ein grundlegender diskursiver Wandel ein.[148] Die Pränataldiagnostik wurde von den humangenetischen Experten anfangs mitnichten als Anlass wahrgenommen, vorherrschende Subjektivierungsweisen zu überdenken. Sie wurde in erster Linie vorangetrieben, da sie eine Steigerung der Diagnosesicherheit im

---

146 | So geschehen z.B. bei Hahn: Vom Zwang zur Freiwilligkeit, S. 265; Weingart/Bayert/Kroll: Rasse, Blut und Gene, S. 635; vgl. für Dänemark Koch: Racehygiejne i Danmark, S. 219; dies.: The Meaning of Eugenics, S. 317. Zeitgenössische Beispiele bieten Baitsch: Im Gespräch, S. 34, sowie die Minderheitsmeinung des dänischen Arztes Henrik Hoffmeyer im Gutachten zum Schwangerschaftsabbruch Ende der 1960er Jahre, Betænkning om Adgang til Svangerskabsafbrydelse, S. 137. Zur Kritik an dieser Dichotomie vgl. Tanner: Eugenik und Rassenhygiene, S. 121.
147 | Vgl. Argast: Eugenik nach 1945, S. 455-456.
148 | Umgekehrt ist auch das Abrücken von Forderungen nach Sterilisationen aus eugenischen Gründen nicht gleichbedeutend mit einem Paradigmenwechsel oder gar einem »Ende« der Eugenik.

Rahmen der hergebrachten »Bekämpfung von Erbkrankheiten« versprach.[149] Was man sich Ende der 1960er und Anfang der 1970er Jahre von der Pränataldiagnostik erhoffte, zeigt sich in den folgenden Zitaten des Freiburger Genetikers Carsten Bresch. Im Zusammenhang mit der Vorbereitung des DFG-Schwerpunktes »Pränatale Diagnose genetisch bedingter Defekte« schrieb er 1971 über die »Gefährdung des menschlichen Erbguts«: »Nachlässigkeit oder Sorglosigkeit auf diesem Gebiet mag bezahlt werden müssen mit Tausenden und Abertausenden von bedauernswerten menschlichen Kreaturen, deren körperliche oder geistige Funktionen durch defekte Erbanlagen gestört sind. Der Schutz des menschlichen Erbguts vor der Gefahr einer laufenden Anreicherung von genetischen Defekten infolge von Umwelt-Mutagenität ist daher jede wissenschaftliche Anstrengung wert.«[150] Hierzu sollten Bresch zufolge »Verfahren zur laufenden Reinigung des Erbguts der menschlichen Population von schädlichen Defekten« entwickelt werden, »um im Ernstfalle wirksame Maßnahmen zur Verfügung zu haben, einer steigenden Häufigkeit von Mißgeburten entgegenwirken zu können.«[151] Genau in diesen Rahmen der Bekämpfung einer potentiellen Bedrohung des Genpools der Fortpflanzungsgemeinschaft sollten sich die neuen Methoden der Pränataldiagnostik einfügen: »Als wesentliche Möglichkeit [...] bietet sich die vor kurzem in den USA entwickelte Technik der Amniocentese an.«[152] Die Amniozentese erschien hier als weiteres, nunmehr vielversprechendstes Mittel zur Eindämmung des Anstiegs

---

149 | Die Soziologin Elisabeth Beck-Gernsheim hat die Veränderung der Leitwerte, die mit einer Technologie im Zeitraum ihrer Entstehung bis zur ihrer Etablierung und ihrem Verschwinden einhergehen, am Beispiel der Genomanalyse mit dem Theorem eines »spiral-shaped process« beschrieben: »The focus is on the special relationship of health, responsibility and genome analysis and with the central question being: what happens when new technologies link up with socially established values? Here, the spiral-shaped process moves forward, and I shall suggest the following spiral: at first, the values of health and responsibility create cultural acceptance of genome analysis; they pave the road. Then, through the spread of genome analysis, the values themselves are changed. Seen like this, genome analysis is not just a neutral means for reaching a predefined end, but rather the rapid expansion of this technology will affect the end itself. In other words, genome analysis will bring about a radical redefinition of the concepts of health and responsibility.« (Beck-Gernsheim: Health and Responsibility, S. 122-123) Beck-Gernsheim entlehnt den Begriff des »spiral-shaped process« von Barbara Mettler von Meibom: Mit High-Tech zurück in eine autoritäre politische Kultur? Auch für die Pränataldiagnostik gilt, dass die Fragen, auf die sie eine Antwort geben sollte, am Übergang der 1960er zu den 1970er Jahren stillschweigend durch neue Problemstellungen ersetzt wurden, die den sich wandelnden Subjektformen der 1970er Jahre entsprachen.
150 | Carsten Bresch: Antrag auf Bewilligung von Mitteln zur Durchführung einer Pilot-Studie zum Thema: Computer-Analyse menschlicher Chromosomen, 25.11.1971 (BA, B 227/225090), S. 1.
151 | Ebd.
152 | Ebd., S. 2.

von Erbkrankheiten. Für Bresch stand weiterhin das Wohl der Bevölkerung im Zentrum. Die Bekämpfung von Erbdefekten in der deutschen Bevölkerung ließ sich seiner Meinung nach durch das neue Instrument der Pränataldiagnostik auf elegante Weise mit dem individuellen Interesse an der Vermeidung von Leid in der eigenen Familie zur Deckung bringen. Der Ausbau der Pränataldiagnostik war hier gleichbedeutend mit dem Appell zu ihrer Inanspruchnahme. Die Kongruenz von Expertenratio und einem »vernünftigen« Verhalten der Individuen im Eigeninteresse blieb vorerst selbstverständlich.[153]

Im Zuge der Verbreitung und Institutionalisierung der Pränataldiagnostik stellten sich in den 1970er Jahren in Deutschland und Dänemark allerdings bald einige grundlegende Veränderungen bei den Subjektformen der Humangenetik ein. Dieser Prozess ging einher mit einer sprachlichen Distanzierung von der »Eugenik« in Expertenkreisen.[154] Wie bereits einige historische Studien gezeigt haben, verschwand das Phänomen der Eugenik durch diese Verschiebung im Vokabular allerdings nicht aus dem humangenetischen Diskurs.[155] Im Laufe der 1970er Jahre rückte jedoch die individuelle Selbstsorge für die Erbgesundheit der eigenen Familie massiv in den Vordergrund. Zum bestimmenden Element des Subjektverhältnisses von Experten und Laien wurde hierbei ein Angebot-Nachfrage-Schema,

---

153 | Vgl. hierzu die Erläuterungen, die Friedrich Vogel 1973 einer interessierten Primanerin schreibt (UAH, Acc 12/95 – 15): »Dagegen ist es eine wichtige Aufgabe der Humangenetik, ihnen [den Menschen] zu helfen, daß sie sich in ihrer Fortpflanzung sinnvoll verhalten, wenn man heute etwa der Geburt vieler kranker und mißgebildeter Kinder vorbeugen kann.«

154 | In Dänemark, wo der »Abgrenzungsdruck« von der rassenhygienischen Vergangenheit sehr viel geringer als in Deutschland ausfiel, änderte das führende Forschungsinstitut in Kopenhagen erst 1982 seinen offiziellen Namen von »Institut für menschliche Erbbiologie und Eugenik« (*Institut for Human Arvebiologi og Eugenik*) in »Erbbiologisches Institut« (*Arvebiologisk Institut*). Anlass war mitnichten eine vergangenheitspolitische Kontroverse oder eine fachliche Umorientierung, sondern der Umzug ins neu errichtete Panum Institut. Im informellen Sprachgebrauch war der Namenszusatz »Eugenik« schon länger »unter den Tisch gefallen«. Die damalige Institutsdirektorin Kirsten Fenger schrieb zu dem seit den 1930ern bestehenden Institutsnamen: »Dieser Name findet praktisch gesehen keine Verwendung mehr. Außerdem hat er in diesen Tagen einen etwas unangenehmen Klang. Deshalb werden wir in Zukunft ausschließlich den Namen ›Arvebiologisk Institut‹ gebrauchen.« (Brief von Kirsten Fenger an die Medizinische Fakultät/Panum Institut, September 1982 [RA, Københavns Universitet, Afdeling for Medicinsk Genetik, Institutrådreferater, Lb.nr.6]) Vgl. hierzu auch den handschriftlichen Zusatz zu Tagesordnungspunkt 12 der 371. bestyrelsesmøde, 8.9.1982 (RA, Københavns Universitet, Arvebiologisk Institut, Institutbestyrelse, Lb.nr. 1), der als banalen Anlass der Namensfrage angab, dass das Panum Institut angefragt hatte, wie das Erbbiologische Institut nach seinem Umzug ausgeschildert werden solle.

155 | Obermann-Jeschke: Eugenik im Wandel; Waldschmidt: Das Subjekt in der Humangenetik; Wolf: Eugenische Vernunft; Lösch: Tod des Menschen; Argast: Eine arglose Eugenik?; Reyer: Ellen Key.

das im Dispositiv der »Versorgungsräume« ebenfalls eine zentrale Rolle spielte. In diesem Sinne kann man in der Tat, wie bei Helmut Baitsch gesehen, vom Einzug »neuer Werte« in die Humangenetik sprechen, allerdings nicht vor Beginn der 1970er Jahre und ohne eine grundlegende Verabschiedung der Eugenik.

Die Kosten der Erbkrankheiten – Kontinuität des humangenetischen Krisenmanagers

In der zweiten Phase blieben die humangenetischen Experten weiterhin einem älteren Ziel verpflichtet: der Eindämmung der allgemeinen Ausbreitung von Erbkrankheiten. Genauer gesagt ging es weiter um das janusköpfige Doppel der epidemiologischen Prävention und der Vermeidung von individuellem Leid.[156] Hierbei blieb die Stellung des Experten, der durch wissenschaftlich fundierte Maßnahmen Bedrohungslagen aus der Welt zu schaffen trachtete, im humangenetischen Diskurs im Wesentlichen unhinterfragt. Über Art und Ausmaß dieser Bedrohungen ließen sich freilich Kontroversen ausfechten. Die Definitionsmacht gesellschaftlich-genetischer Problemlagen blieb im Vergleich zum nachfolgenden Jahrzehnt jedoch ebenso unstrittig in der Hand humangenetischer Experten wie die Definitionsmacht geeigneter Maßnahmen zur Lösung dieser Probleme. So formulierte der Humangenetiker Walter Fuhrmann in den 1970er Jahren beispielsweise ein »Behindertenproblem« der Gesellschaft und lieferte die gebotene Antwort gleich mit: »Ein besonders gewichtiges und für jedermann leicht einsehbares Argument für die Notwendigkeit genetischer Beratung ergibt sich aus dem Behindertenproblem.«[157] Der Anstieg der finanziellen Belastung der Gesellschaft durch die Versorgung einer steigenden Anzahl behinderter Menschen drohe, so Fuhrmann weiter, die öffentlichen Kassen zu überlasten: »Wir stehen vor der Notwendigkeit, immer mehr und immer ältere Behinderte zu versorgen, wir diskutieren neben Früherkennung und schulischer Betreuung jetzt auch Sexualität, Partnerschaft, Ehe und berufliche Integration. Alle Kenner der Situation wissen, daß die Grenze der Leistungsfähigkeit unserer Gesellschaft bereits überschritten ist: Es können nicht mehr alle Behinderten lebenslang optimal betreut werden.«[158] Dieser Situation sei einzig durch den Ausbau der genetischen Diagnostik zur »Verminderung des täglichen Zustroms an behinderten Kindern« zu begegnen.[159] An diesem Beispiel lässt sich allerdings nicht allein die fortlaufende Autorität humangenetischer Experten ersehen. Es zeigt sich auch, dass sich der Hauptkristallisationspunkt

---

156 | Vgl. Cottebrune: Eugenische Konzepte, S. 513-517; dies.: Von der eugenischen Familienberatung, S. 170; Schwerin: Mutagene Umweltstoffe, S. 127.
157 | Walter Fuhrmann: Entwurf für den Wissenschaftlichen Beirat der Bundesärztekammer: Genetische Beratung und pränatale Diagnostik in der Bundesrepublik Deutschland, o.D. [ca. 1976] (HHStAW, Abt. 511 Nr. 1095), S. 5.
158 | Ebd.
159 | Ebd.

ihres gesellschaftlichen Krisenmanagements gegenüber den 1950er und 1960er Jahren deutlich verschoben hatte. Statt der Kontrolle von Mutationsraten bzw. der Umweltmutagenität stand nunmehr der Ausbau der Pränataldiagnostik im Mittelpunkt. Dabei entwickelte sich der Topos der Einsparung öffentlicher Kosten zum Leitzweck humangenetischer Praxis. Die mehr oder weniger schleichende Verschlechterung des allgemeinen Erbguts trat demgegenüber schnell in den Hintergrund. Stattdessen richtete sich der Fokus auf die Entlastung der gesellschaftlichen Versorgungssysteme bzw. die Abwendung ihres vermeintlich drohenden Kollapses. Kosten-Nutzen-Rechnungen waren der Eugenik keineswegs unbekannt. Hierzu reicht ein Blick in die umfangreiche geschichtswissenschaftliche Literatur zur Eugenik der ersten Hälfte des 20. Jahrhunderts. Im Vergleich zu den 1950er und 1960er Jahren erlebten derartige Kalkulationen im humangenetischen Diskurs in den 1970er Jahren jedoch einen regelrechten Boom.[160] In diesem Jahrzehnt tauchten keine vollständig neuen Argumentationen auf, es entstand jedoch durch die Neuordnung diskursiver Prioritäten eine Gesamtkonstellation von neuer Qualität. Zudem blitzten marginalisierte Topoi, wie das Theorem der allmählichen Verschlechterung des menschlichen Genpools – die »Degenerations«-These –, an den Rändern der Debatten der 1970er Jahre weiterhin auf.

Als die Finanzierung des »Modellversuchs« der humangenetischen Beratung in Marburg 1976 durch den Bund versiegte, machte Gerhard Wendt vor allem volkswirtschaftliche Begründungen stark, um die Pränataldiagnostik in Hessen nicht nur zu erhalten, sondern weiterhin auszubauen. Er schrieb 1976 an den Hessischen Kultusminister über »Das Behinderten-Problem und die genetische Beratung« und verwendete dabei, wie Walter Fuhrmann, einen typischen Argumentationsgang: »Die Zahl der Behinderten wird von Jahr zu Jahr größer, schon wegen der steigenden Lebenserwartung. Die Betreuung der Behinderten kostet von Jahr zu Jahr mehr Geld denn wir haben es nicht mehr nur mit Kindern, sondern zunehmend mit Jugendlichen und Erwachsenen zu tun, deren soziale und berufliche Eingliederung uns vor neue Probleme stellt. Die Feststellung, daß wir schon heute keine Chance haben, alle Behinderten lebenslang optimal zu betreuen, zwingt zur Vorbeugung. Im Rahmen solcher Vorbeugung könnte eine umfassend angebotene genetische Diagnostik und Beratung einen Teil derjenigen Behinderungen, die eine genetische Ursache haben, künftig verhindern und

---

160 | Dies gilt in erster Linie im Zusammenhang mit der Etablierung der Pränataldiagnostik. Für Dänemark hat Lene Koch, The Meaning of Eugenics, S. 326-327, dies bereits festgestellt. Siehe zum Nexus von Pränataldiagnostik, humangenetischer Beratung und der Diskussion um eine »Kostenexplosion« im Gesundheitswesen Argast: Eine arglose Eugenik?, S. 86, 97-98; siehe auch Hoffmeister: Wieviel Krankheit kann sich die Gesellschaft leisten?, S. 38-40. Weitere Forschungsergebnisse zur Kostenfrage im Gesundheitswesens im Allgemeinen sind von dem Dissertationsprojekt von Mirko Kurmann: »Die Kostenexplosion im deutschen Gesundheitssystem seit den 1970er Jahren« am Institut für Wirtschafts- und Sozialgeschichte der Universität Göttingen zu erwarten.

so die Belastung für unsere Gesellschaft mindern helfen.«[161] Wendt verknüpfte die Verhinderung der Geburt Behinderter direkt mit einer gesellschaftlichen Verantwortung gegenüber den bereits Geborenen. Er fühlte sich dem »Behindertenproblem« vor allem in der Hinsicht verpflichtet, seine quantitative Zunahme zu begrenzen. Dadurch würde letztendlich eine signifikante Kosteneinsparung im Gesundheits- und Sozialwesen erreicht werden.[162] Finanzielle Engpässe, die alle Bürger belasteten, würden sich vermeiden lassen und das eingesparte Geld könnte zur Verbesserung bestehender Leistungen eingesetzt werden. Im Hintergrund dieser Argumentation wird deutlich, dass Wendt hier weiterhin ein humangenetisches Expertensubjekt vor Augen hatte, das einer gesamtgesellschaftlichen Verantwortung verpflichtet war. Um dieser nachzukommen, galt es im Zusammenspiel mit Politikern staatliche Programme zu entwickeln, die die vermeintlich bedrohliche Zunahme von Erbkrankheit einzudämmen vermochten.

Die Kostenbelastung der gesellschaftlichen Versorgungssysteme, die Wendt in dem zitierten Schreiben voraussetzte, rechneten humangenetische Experten in den 1970er Jahren vielfach explizit vor. Vor allem im Rahmen des DFG-Schwerpunktprogramms »Pränatale Diagnose genetisch bedingter Defekte« wurden derartige Kosten-Nutzen-Rechnungen zur Institutionalisierung der humangenetischen Beratung und Pränataldiagnostik angestellt und intern sowie extern verbreitet. Der Hannoveraner Humangenetiker Gebhard Flatz erstellte beispielsweise ein einfaches Schema zum »monetären Nutzen« einer Pränataldiagnostik für alle Schwangeren über 35 bzw. 40 Jahre (Abb. 23).[163] Dieselbe Rechnung erschien in einem populärwissenschaftlichen Überblicksartikel der DFG zum Schwerpunktprogramm.[164] Flatz nahm eine simple Gegenüberstellung vor: Die Kosten für eine »lebenslange Betreuung pro Patient« rechnete er gegen die Durchführungskosten von pränatalen Diagnosen und Schwangerschaftsabbrüchen für Frauen über der »Altersindikation«. Unterm Strich blieb eine beeindruckend hohe »Nutzen«-Summe stehen, die vermeintlich von selbst für die Etablierung dieser Technologie sprach. In Dänemark wurden identische Gegenüberstellungen verbreitet. Die auch in Deutschland vielzitierte, dänische Humangenetikerin Mar-

---

161 | Brief von G. Gerhard Wendt an den Hessischen Kultusminister, 12.5.1976 (HHStAW, Abt. 504 Nr. 13.111).
162 | Vgl. auch Wendt: Vererbung und Erbkrankheiten, S. 115.
163 | Gebhard Flatz: Kosten-Nutzen-Analyse der pränatalen Diagnostik bei Schwangeren mit erhöhtem Alter in der Bundesrepublik Deutschland, o.D. [1977] (BA, B 227/225097), S. 3. Flatz kommentierte: »Die Ergebnisse der Kosten-Nutzen-Analyse für die Bundesrepublik Deutschland sind der neuesten Berechnung aus Dänemark (Mikkelsen, Nielsen und Rasmussen) ähnlich, die – noch nicht veröffentlicht – der dänischen Regierung vorgelegt wurde.« Vgl. zu Dänemark als Vorbild in dieser Hinsicht auch den Brief von Horst Bickel an H. Maier-Leibnitz, 24.2.1977 (BA, B 227/225097).
164 | Deutsche Forschungsgemeinschaft: Pränatale Diagnose genetisch bedingter Defekte, S. 283.

gareta Mikkelsen steuerte zum staatlichen Gutachten zur Pränataldiagnostik in Dänemark 1977 eine Kosten-Nutzen-Analyse bei, in deren Konklusion es heißt: »Fruchtwasseruntersuchungen von 3.532 Frauen im Alter von 35 Jahren oder älter verhindern jedes Jahr die Geburt von 21 mongoloiden Kindern (mongolbørn). 21 mongoloide Kinder würden die Öffentlichkeit gut 13 Millionen Kronen kosten. Die Kosten der Untersuchungen würden sich auf 9,5 Millionen Kronen belaufen. Es würde sich somit ein öffentlicher Gewinn von über 4 Millionen Kronen einstellen. Ein besonders großer Gewinn zeigt sich für die Altersgruppe von 40 und darüber, wo 580 Untersuchungen der Gesellschaft mehr als 3 Millionen Kronen einsparen.«[165] Auch wenn komprimierte Rechnungen wie die von Flatz oder von Mikkelsen meist mit zusätzlichen Kommentaren und Differenzierungen versehen wurden, etablierte sich ihre grafische Abbildung schnell in einer sehr einfachen Form. Die in Abbildung 23 gezeigte Kosten-Nutzen-Rechnung entwickelte sich zu einem gängigen Versatzstück im humangenetischen Diskurs der 1970er Jahre.

Ein weiteres Beispiel bietet ein Antrag Friedrich Vogels zur »Entwicklung und Anwendung von Suchtests zur Darstellung Heterozygoter für Cystische Fibrose in großen Stichproben«.[166] Der Suchtest sollte als Grundlage eines »Präventivprogramms« für die Mukoviszidose entwickelt werden. Vogel berechnete, dass »durch Anwendung des Präventivprogramms über 8 Jahre dessen zusätzliche Anwendungskosten amortisiert sein« würden.[167] Er stellte hierzu ähnliche Rechnungen wie Flatz und Mikkelsen an, machte jedoch deutlich, dass es sich um virtuelle Entitäten handelte: »Für eine unserer Population ähnelnde Modellpopulation sei angenommen, daß Unterhalt und Pflege eines Kindes mit C.F. jährlich 5 000 DM kosten«.[168] Vogel zählte weitere Hypothesen zur Lebenserwartung Erkrankter, zur Einwohnerzahl, zur Geburtenrate, zur »Eheschließungsrate« und zur Häufigkeit der Krankheit auf.[169] Dieses Beispiel verdeutlicht, dass für die Suggestivkraft präventivmedizinischer Kosten-Nutzen-Rechnungen nicht zwangsläufig »wasserdichte« Zahlen und Fakten nötig waren. Die Modellhaftigkeit der Datengrundlage wurde durch das Selbstverständnis humangenetischer Experten aufgefangen.

---

165 | Mikkelsen/Nielsen/Rasmussen: Cost-benefit analyse, S 51. Die Einleitung des Gutachtens, das diese Kosten-Nutzen-Analyse enthielt, zeichnete ebenfalls das Szenario einer drohenden Überlastung der Sozial- und Gesundheitssysteme durch den Anstieg genetisch bedingter Krankheiten, der dem medizinischen, technologischen und zivilisatorischen Fortschritt in Betreuung und Behandlung der Erkrankten geschuldet sei, Betænkning om prænatal genetisk diagnostik, S. 8-9.
166 | Friedrich Vogel: Antrag auf Gewährung einer Sachbeihilfe. Neuantrag – Thema: Entwicklung und Anwendung von Suchtests zur Darstellung Heterozygoter für Cystische Fibrose in großen Stichproben, o.D. [1973] (BA, B 227/011399).
167 | Ebd., S. 9.
168 | Ebd., S. 7.
169 | Ebd.

```
1. Frauen über 40 Jahre

   8900 Amniocentesen und Chromosomenanalysen       8.695.300 DM

   Schwangerschaftsabbruch in 138 Fällen von
   nachgewiesener Trisomie 21                          95.220 DM
                                                    8.790.520 DM

   Öffentliche Kosten für die Behandlung und
   Betreuung von 138 Patienten mit Down-Syndrom    33.672.000 DM

   Monetärer Nutzen                                24.881.480 DM


2. Frauen von 35 - 39 Jahren

   Kosten für 41.900 Amniocentesen                 40.936.300 DM

   Kosten für 182 Schwangerschaftsabbrüche
   bei nachgewiesener Trisomie 21                     125.580 DM
                                                   41.061.880 DM

   Öffentliche Kosten für die Behandlung und
   Betreuung von 182 Patienten mit Down-Syndrom    44.408.000 DM

   Monetärer Nutzen                                 3.346.120 DM
```

Abb. 23: Kosten-Nutzen-Rechnung zur Implementierung der Pränataldiagnostik in der Bundesrepublik Deutschland. Derartig gradlinige Bilanzen präsentierten humangenetische Experten – oft ohne genaue Quellenangaben der verwendeten Zahlen – in den 1970er Jahren in verschiedenen wissenschaftsinternen und popularisierenden Kontexten.

Im Hintergrund stand die implizite Annahme, *dass* Experten die Verbreitung schädlicher Gene in der Bevölkerung beobachten und gezielte Maßnahmen zur Regulierung dieser Verbreitung entwickeln sollten. Dazu waren sie auf der Grundlage ihres wissenschaftlichen Überblicks und ihrer Objektivität berufen, selbst wenn sich die zur Verfügung stehenden Daten derzeit noch als lückenhaft erwiesen.[170] Diese Mentalität sprach auch aus Wendts Argumentationen im Rahmen des Modellversuchs zur genetischen Beratung in Hessen. Er gestand ein, dass genaue Angaben über die Menge der »Betroffenen« der genetischen Beratung nicht bekannt seien. Behelfsmäßig führte Wendt Zahlen aus dem Landkreis Marburg mit publizierten Daten aus Britisch-Kolumbien zusammen. Trotzdem zeigte er sich überzeugt davon, dass eine »genetische Diagnostik und Beratung für Jedermann« heute sinnvoll möglich und im Interesse des Menschen auch

---

170 | Mikkelsen, Nielsen und Rasmussen verbuchten in diesem Sinne die Vorteile, die eine auf das Down-Snydrom gerichtete Pränataldiagnostik gleichsam für die Prävention der Trisomien 13 und 18 sowie Geschlechts-Chromosomenanomalien einbrächte, als unbezifferten, aber sicheren »Extragewinn«, obwohl entsprechende Zahlen faktisch unebkannt waren, Mikkelsen/Nielsen/Rasmussen: Cost-benefit analyse, S. 50.

dringend notwendig ist«.[171] Die eindeutige Schlussfolgerung basierte auf der impliziten Zuständigkeit humangenetischer Experten, zukünftige gesellschaftsrelevante genetische Entwicklungen zu erfassen und steuernd zu begleiten. Ebenso basierte sie auf dem gegenseitigen Vertrauen in Expertenkreisen – Wissenschaftler, Mediziner, Verwaltungsbeamte und Gesundheits- und Sozialpolitiker –,[172] das erst im Laufe der 1970er Jahre nach und nach verloren ging. Dabei wogen fachliche Einsicht und darauf aufbauende Voraussicht fehlende Daten auf.

Die Warnung vor einer Überlastung der Gesellschaft stellte die eine Seite der Expertenverantwortung dar. In der Regel wurde die Forderung nach einem Ausbau der Pränataldiagnostik aber auch von der anderen Seite dieser Verantwortlichkeit begleitet: der Zuständigkeit der Humangenetik für die Vermeidung individuellen Leids einzelner Patienten. In dem oben zitierten DFG-Artikel hieß es hierzu beispielhaft: »Über den ökonomischen Nutzen hinaus kann die unwägbare Bedeutung der pränatalen Diagnostik nicht genügend herausgestellt werden, die darin besteht, unermeßliches Leid für das betroffene Individuum und seine Familie zu vermeiden.«[173] Im Verhältnis dieser beiden Dimensionen humangenetischer Expertise stellte sich in den 1970er Jahren allerdings eine wichtige hierarchische Verschiebung ein. Die Reihenfolge des allgemeinen und des individuellen Wohls kehrte sich um zugunsten des Letzteren.[174] Der dänische Humangenetiker Jan Mohr äußerte am Übergang der 1960er zu den 1970er Jahren, dass die Fortschritte der Humangenetik »die Grundlage dafür geschaffen haben, dass

---

171 | G. Gerhard Wendt: Bericht über den dreijährigen Modellversuch »Genetische Beratungsstelle für Nordhessen« am Humangenetischen Institut der Philipps-Universität Marburg/Lahn, 1975 (HHStAW, Abt. 504 Nr. 13.111).

172 | Diese Aufzählung verwendete beispielsweise der dänische Humangenetiker John Philip, als er 1983 im Rückblick die einhellige Zusammenarbeit bei der Etablierung der Pränataldiagnostik in Dänemark beschrieb (*uafhængige forsker, læger, embedsmænd, politiker*), Philip: Fostervandsundersøgelser, S. 30.

173 | Deutsche Forschungsgemeinschaft: Pränatale Diagnose genetisch bedingter Defekte, S. 283. Der Titel eines Artikel im Weser-Kurier über die Einrichtung der humangenetischen Beratungsstelle an der Universität Bremen bringt diese Doppelfigur exemplarisch auf den Punkt, Fritz: »Leiden verhindern und Kosten sparen«.

174 | Dieser Prozess lässt sich mit dem von Derrida stammenden Konzept der »Supplementarität« beschreiben, so wie Andreas Reckwitz es in seine kulturwissenschaftliche Subjektforschung integriert hat: »Die Frage nach Supplementaritäten [...] sensibilisiert für Unterscheidungen, die mit Asymmetrien zwischen einem Hauptelement und einem bloß hinzugefügten, sekundären Nebenelement hantieren, in denen die Unterscheidung aber sehr wohl ›umkippen‹ kann und sich so das Nebenelement als das Hauptelement erweist.« (Reckwitz: Subjekt, S. 145) Reckwitz verweist auf Derrida: Grammatologie. Da es hier nicht um das Auftauchen eines völlig neuen Elements geht, kann dieser Prozess dem Bewusstsein der Zeitgenossen leicht entgehen und der Wandel der Haupt-Neben-Struktur als ein »immer schon« so gemeinter erscheinen.

Patienten, die Hilfe in der humangenetischen Beratung suchen, Krankheiten in ihrer Familien entgegenwirken können und dadurch eventuell auch in gewissem Grad in der Bevölkerung als Ganzer.«[175] Diese Formulierung ist paradigmatisch für den impliziten Bedeutungsgewinn individueller Interessen. Bezeichnend ist, dass der Blick auf die »Bevölkerung als Ganzer« in zahlreichen Äußerungen im humangenetischen Diskurs der 1970er Jahre den Status eines Addendums erhält. Gerhard Wendt formulierte die Prioritätenliste der Humangenetik sehr ähnlich als Aufeinanderfolge konkreter Familien und zukünftiger Generationen im Allgemeinen: »Das Bemühen der modernen Humangenetik konzentriert sich daher auf die gegenwärtige Familie, auf die Erbgesundheit der Kinder, die heute gezeugt werden. Man kann natürlich überzeugt sein, daß ein entsprechend intensiver Einsatz als erwünschte Nebenwirkung auch die Häufigkeit genetischer Leiden und Defekte in späteren Generationen beeinflussen wird.«[176] Dieses Reihungsprinzip von Hauptorientierung und »Nebenwirkung« kam auch im Zuge der Kosten-Nutzen-Rechnungen zum Tragen. Gebhard Flatz wies im Rahmen seiner Kosten-Nutzen-Rechnung für das Schwerpunktprogramm »Pränatale Diagnose genetisch bedingter Defekte« auf eine gewisse Anrüchigkeit des ärztlichen Blicks hin, der sich auf die Einsparung öffentlicher Aufwendungen richte: »Kosten-Nutzen-Analysen werden in der Medizin nur selten angestellt, vornehmlich wohl deshalb, weil eine Aufrechnung von Geld und menschlichem Leiden dem hippokratischen Denken widerstrebt. Die rapide ansteigenden Kosten medizinischer Behandlungs- und Präventivmaßnahmen, die große öffentliche Investitionen erfordern, zwingen aber dazu, sich Gedanken über die Kosten-Nutzen-Relation zu machen.«[177] Auch wenn es sich um einen »Zwang« handelte, setzten sich hu-

---

175 | Jan Mohr: Motiveret nettoprogram for Arvebiologisk Institut (med Arvebiologisk Klinik) på Panuminstituttet 1969, 14.3.1969 (RA, Københavns Universitet, Jan Mohr, professor, Lb.nr.7), S. 3.
176 | Wendt: Vererbung und Erbkrankheiten, S. 121.
177 | Gebhard Flatz: Kosten-Nutzen-Analyse der pränatalen Diagnostik bei Schwangeren mit erhöhtem Alter in der Bundesrepublik Deutschland, 1977 (BA, B 227/225097). Im selben Gestus schrieb auch Klaus Altland über das gemeinsam mit Friedrich Vogel bearbeitete Projekt zur Zystischen Fibrose im Heidelberger Sonderforschungsbereich »Klinische Genetik«: »Wir sehen, daß diese ökonomische Kalkulation des Präventivprogramms wesentlich günstiger liegt, als die Kosten, die derzeit jährlich durch die Behandlung der C.F. entstehen. Derartige Kalkulationen und Vergleiche mögen manchem Mediziner Unwohlsein bereiten, von anderen als unmoralisch verworfen werden, und ich möchte hier betonen – ich habe es auch schon eingangs gesagt – daß diese ökonomische Kalkulation sicher nicht das wesentliche Argument für die Durchführung eines Präventivprogramms ist. [...] Ich meine, daß ein wichtiges Mittel, um ein Präventivprogramm aus medizinisch-sozialer Indikation durchsetzen zu wollen, darin besteht, die Voraussetzungen für eine zwingende ökonomische Argumentation innerhalb der uns zur Verfügung stehenden Möglichkeiten zu schaffen.« (Klaus Altland: Zur primären Prävention hereditärer Erkrankungen mit hoher Genfrequenz am Beispiel der

mangenetische Experten weiterhin mit der Bekämpfung von Erbkrankheiten zur Entlastung der Allgemeinheit auseinander.

Ein weiteres einschlägiges Beispiel stellt ein Suchtest bei Neugeborenen für die Duchenne'sche Muskeldystrophie dar – einer vererbten Krankheit, die sich im Kindesalter manifestiert –, den der Biochemiker Günther Scheuerbrandt 1975 erstmals in einem Feldversuch in Südwestdeutschland anwendete.[178] Hierzu gründete er in Kooperation mit einer US-amerikanischen Einrichtung ein Privatlabor, das den sogenannten »CK-Suchtest« bundesweit anbot. Über die behandelnden Ärzte als Multiplikatoren sollten die in Frage kommenden Patienten auf den Test aufmerksam gemacht werden. Ziele waren, erstens, die Krankheit bei betroffenen Kindern möglichst früh zu erkennen, um ihren Verlauf durch präventive Maßnahmen abmildern zu können, zweitens, die weiblichen Überträgerinnen zu identifizieren und, drittens, die weitere Geburt erkrankter Kinder zu verhindern, indem die Eltern auf die Möglichkeiten der genetischen Beratung aufmerksam gemacht wurden. Bei der Vermarktung des nicht unumstrittenen Tests setzte Scheuerbrandt neben den Medizinern und Klinikern auch auf Werbebroschüren sowie Massenmedien. Im Zentrum dieser Kampagne stand die Vermeidung von individuellem Leid in Familien, die als Selbstverständlichkeit interpretiert wurde.[179] Außerdem präsentierte sie den Test als eine Art Reflex auf einen in der überwiegenden Mehrzahl der Familien vermeintlich von selbst bestehenden Wunsch.[180] Scheuerbrandt betonte im selben Informationsschreiben jedoch ebenso, dass der Suchtest »wegen der volkswirtschaftlichen Bedeutung seiner Arbeit über die Deutsche Wagnisfinanzierungsgesellschaft indirekt vom Bund gefördert« werde.[181] Eine analoge Dramaturgie zeigte sich in einer weiteren Broschüre der Unternehmung, wo im Anschluss an die Betonung der Hilfe bei individuellen »Schicksalen« gewissermaßen zusätzlich betont wurde, welch volkswirtschaftlicher Nutzen entstünde: »Bei einer konsequenten Anwendung des Tests können die Krankheitsfälle an Duchenne-Muskeldystrophie um 30 bis 40 % reduziert werden. Nicht nur sehr viel menschliches Leid ließe sich so ver-

---

Sichelzell-Erkrankung und der Cystischen Fibrose, Januar 1974 [BA, B 227/011399], S. 10-11) Vgl. des Weiteren Murken: Genetische Beratung und pränatale Diagnostik, S. 104.

178 | Rundbrief von Günter Scheuerbrandt an die niedergelassene Fachärzte für Kinderkrankheiten, 6.6.1978 (ArchMHH, Dep. 2 acc. 2011/1 Nr. 19).

179 | Über die Ergebnisse des Test-Screenings aus dem Jahr 1975 schrieb Scheuerbrandt: »Drei der kranken Kinder hätten nicht geboren zu werden brauchen, wenn ein allgemeines Screeningprogramm mit nachfolgender genetischer Beratung bereits existiert hätte.« (Ebd., S. 4)

180 | »Umfragen bei Familien mit DMD-kranken Kindern und bei Familien mit gesunden Kindern ergaben, daß eine Frühdiagnose von fast 90 % der Eltern gewünscht wird, unabhängig davon, ob sie persönliche Erfahrungen mit der DMD haben oder nicht.« (Ebd.)

181 | Ebd.

meiden, sondern auch ein wirtschaftlicher Schaden von 50 bis 100 Millionen DM pro Jahr.«[182]

Zusammenfassend lässt sich konstatieren, dass die humangenetischen Experten der 1970er Jahre trotz eines Wandels der Leittechnologien (Pränataldiagnostik und biochemische Genetik statt Sterilisation, Mutationsratenberechnung und Mutagenitätsforschung) und der eugenischen Paradigmen (Kosteneinsparungen im öffentlichen Bereich statt »Degeneration«) eine vergleichsweise autoritäre Stellung behielten. Weiterhin lag ihre Aufgabe darin, etwaige Bedrohungslagen der Gesellschaft aufzuspüren und Maßnahmen zu ihrer Linderung zu empfehlen. Auch blieben die typischen Adressatenzirkel humangenetischer Experten in Medizin, Verwaltung und Politik vorerst stabil. Allerdings trat die Aufgabe, das Individuum in seinen vorgeblich eigenen Interessen zu unterstützen, klar in den Vordergrund und drängte die expliziten Äußerungen zum Gemeinwohl der Fortpflanzungsgemeinschaft deutlich zurück. Zudem erschien die pädagogische Anleitung zu einem in genetischer Hinsicht rationalen Fortpflanzungsverhalten zunehmend überflüssig zu sein. Stattdessen wurde die Experten-Laien-Beziehung der 1970er Jahre von einem ubiquitären Angebot-Nachfrage-Muster imprägniert – eine Entwicklung, die humangenetische Experten mehr oder weniger ausgesprochen mit einer deutlichen Modernisierung der Gesellschaftsbeziehungen der Humangenetik assoziierten. Die beteiligten Ärzte und Wissenschaftler erfuhren diesen Wandel in erster Linie als zukunftsweisenden Fortschritt der fachlichen Kultur.

Angebot und Nachfrage humangenetischer Leistungen

Die Semantik von Angebot und Nachfrage prägte das sprachliche Repertoire, mit dem die Stellung von Experten und Laien im humangenetischen Diskurs verhandelt wurde, im Laufe der 1970er Jahre immer umfassender. Diese semantische Verschiebung verweist auf ein neues Dispositiv, das die Subjektformen der zweiten Phase bestimmte. Die Transformation der humangenetischen Subjekte in »Anbieter« und »Nachfrager« stellte einen zentralen Schnittpunkt zu der Entstehung der Versorgungsräume in den 1970er Jahren dar. Ausgehend von einem vermeintlich immensen Bedarf an humangenetischen Leistungen strebten Humangenetiker danach, ihr Angebot flächendeckend auszubauen und Versorgungslücken innerhalb der nationalen Grenzen zu schließen. Die Bedeutung genetisch-epidemiologischer Unterschiede trat zurück. Im Vordergrund stand,

---

182 | Testprogramm zur Früherkennung der Duchenne-Muskeldystrophie und ihrer Überträgerinnen (ArchMHH, Dep. 2 acc. 2011/1 Nr. 19). Wesentlich geringere Zahlen (zwischen 8 und 18 %) nannte der wissenschaftliche Beirat des Vereins Bekämpfung der Muskelkrankheiten e.V.: Stellungnahme zum CK-Suchtest, 29.1.1980 (ArchMHH, Dep. 2 acc. 2011/1 Nr. 21), S. 2. Der Verein befürwortete die »Privatinitiative« Scheuerbrandts allerdings ausdrücklich.

wie Anne Waldschmidt formulierte, der »ratsuchende Jedermann«.[183] In diesem Sinne stand die humangenetische Beratung einer homogenen Gruppe von Nachfragern gegenüber, die sich in ihrem genetischen Informationsbedarf glichen. Sie stellten ein primär quantitatives Phänomen dar, auf das mit dem Ausbau der Kapazitäten reagiert werden musste.[184] Die grundlegende Annahme eines allgemeinmenschlichen Bedürfnisses nach humangenetischer Information, Beratung und Diagnostik äußerte sich vor allem in dem universalisierenden Zuschnitt der Forderungen, die im humangenetischen Diskurs der 1970er Jahre erhoben wurden. Jan-Diether Murken postulierte auf dem Deutschen Ärztetag 1978: »Eine Gesellschaft, die eine Möglichkeit ärztlicher Kunst, wie sie die genetische Beratung und pränatale Diagnostik darstellen, nicht jedem Ratsuchenden zukommen läßt, ist unmoralisch.«[185] Die Formel »jeder Ratsuchende« umfasste die zwar heterogene, jedoch in dieser Hinsicht rein quantitative Gruppe der Nachfrager nach einer bestimmten Leistung. Die Ärzte sollten sich hingegen in der Verantwortung sehen, die nachgefragten Leistungen unterschiedslos zur Verfügung zu stellen.

Die Umbildung der Subjektformen entsprechend einer Angebot-Nachfrage-Logik zeigte sich, wie bereits im Rahmen des Versorgungsraum-Dispositivs angerissen, vor allem in den Bedarfsanalysen der humangenetischen Beratung und Pränataldiagnostik. Die Gutachterkommission zur Pränataldiagnostik des dänischen Innenministeriums ging von der zentralen Frage aus, wie die Kapazitäten der Pränataldiagnostik dauerhaft an den allgemeinen Bedarf angepasst werden konnten.[186] Gleichermaßen stand am Beginn des DFG-SPPs »Pränatale Diagnose genetisch bedingter Defekte« in Deutschland eine Bedarfserhebung. Die Forschungen in diesem Bereich sollten unter dem Gesichtspunkt gefördert werden, die zu erwartende Nachfrage nach pränataler Diagnostik aus der Bevölkerung zu bedienen.[187] Im Laufe des Schwerpunktprogramms schlich sich die Angebot-Nachfrage-Semantik ebenso selbstverständlich wie nachhaltig in den humangenetischen Diskurs ein. Eine herausragende Bedeutung kam hierbei der großen Zahl an Diagrammen zu, die den exponentiellen Anstieg der Chromosomenanalysen und weiterer Untersuchungen im Rahmen der humangenetischen Beratung in den 1970er Jahren illustrierten (Abb. 24). Sowohl in Deutschland als auch in Dänemark fanden im Rahmen der Forderungen nach einer Institutionalisierung der Pränataldiagnostik vor allem Kurvendiagramme eine weite Verbreitung. Offenkundig dienten derartige Grafiken meist einem strategischen Zweck.

---

183 | Waldschmidt: Das Subjekt in der Humangenetik, S. 156-165.

184 | Auf den zweiten Blick konnten dann jedoch sehr wohl deutliche Unterschiede sichtbar werden. Die Über-35-Jährigen und die Familien mit Fällen von Down-Syndrom stellten genauso besonders gefährdete Gruppen dar wie die schlecht Informierten und Ungebildeten.

185 | Murken: Genetische Beratung und pränatale Diagnostik, S. 108.

186 | Betænkning om Prænatal Genetisk Diagnostik, S. 5.

187 | Carsten Bresch: Vorläufiges Ergebnisprotokoll des DFG-Rundgespräches über »Praenatale Diagnose genetischer Defekte«, 20.-22.3.1972 (BA, B 227/225090).

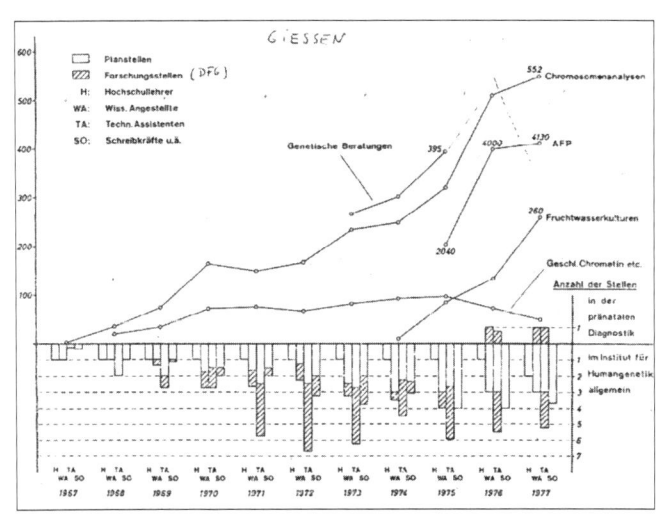

Abb. 24: Der Anstieg durchgeführter Beratungen und Untersuchungen symbolisierte in den 1970er Jahren den Anstieg der »Nachfrage« durch die Patienten.

Sie veranschaulichten in erster Linie die Arbeitsbelastung (in Relation zu den Kapazitäten) humangenetischer Einrichtungen. Sie zeigten jedoch auch, so machen die begleitenden Texte oftmals deutlich, den Kurzschluss vom Anstieg der Untersuchungen auf den Anstieg des Informationsinteresses und des genetischen Risikobewusstseins – letztendlich der Nachfrage – der Bevölkerung. Den »Bedarfsanalysen« der 1970er Jahre wohnte in aller Regel eine nicht reflektierte Zirkularität inne, wurde doch ein Großteil des in der Bevölkerung vorausgesetzten »Bedürfnisses« nach Pränataldiagnostik durch gerade die Maßnahmen »nachgewiesen«, die es bedienten.

Der Wandel der Subjektivierungsweisen mündete darüber hinaus in eine sehr aktive Öffentlichkeitsarbeit der Humangenetik, um der Bevölkerung ihr Leistungsspektrum bekannt zu machen und dadurch die – eigentlich vorausgesetzte – Nachfrage danach zu aktivieren. Gerhard Wendt berichtete über den bisherigen Verlauf seines Marburger Modellversuchs im Jahr 1975: »Das entscheidende Hindernis für die humangenetische Beratung liegt in der höchst mangelhaften Aufklärung und Unterrichtung unserer Bevölkerung.«[188] Er fuhr fort: »Den betroffenen Menschen ist meist nicht bewußt, daß genetische Beratung ihnen wesentliche Entscheidungshilfen geben könnte.«[189] Sodann argumentierte Wendt, dass darüber hinaus irrational bedingte Vorurteile in der Bevölkerung anzutref-

---

188 | G. Gerhard Wendt: Bericht über den dreijährigen Modellversuch »Genetische Beratungsstelle für Nordhessen« am Humangenetischen Institut der Philipps-Universität Marburg/Lahn, 1975 (HHStAW, Abt. 504 Nr. 13.111), S. 10.
189 | Ebd.

fen seien, die durch Aufklärung beseitigt werden müssten.¹⁹⁰ Gerade letztere Argumentation zeigt, dass in den 1970er Jahren noch deutliche »Überhänge« der Subjektivierungsweisen aus den 1950er und 1960er Jahren zu beobachten sind und das Misstrauen gegenüber der Rationalität der Laien gelegentlich noch deutlich spürbar war. Wie in den vorangehenden Jahrzehnten so war das Subjekt auch in den 1970er Jahren keineswegs eine »fertige« Entität. Ein individuelles Interesse an eindeutigen Orientierungspunkten für die eigene Fortpflanzung stand im Zentrum der Rationalität des Subjekts der 1970er Jahre. Doch diese idealen, sich vernünftig verhaltenden Patienten mussten in der Praxis erst produziert werden. Das Interesse an den Angeboten zur Prävention von Erbkrankheiten in der eigenen Familie war noch nicht flächendeckend geweckt und ausgebildet worden. Die humangenetische »Aufklärung« stellte ein zentrales Mittel hierzu dar. Allerdings blendeten humangenetische Experten den Anteil ihrer Eigenaktivitäten in der Regel gänzlich aus, wenn es um das nachfragende, informationsbedürftige Laiensubjekt ging. Dieses existierte eigentlich unabhängig von den Öffentlichkeitskampagnen der Humangenetik – oft allerdings, so meinten die Experten, in sich selbst (noch) nicht bewusster Form.

Aus Wendts weiteren Ausführungen zum Modellversuch wird zudem klar, dass auch in den 1970er Jahren noch ein wesentlicher Teil der Informationsverbreitung über die Kanäle anderer Expertengruppen erfolgen sollte. In erster Linie ist hier an Ärzte verschiedener Fachgebiete zu denken, die in alltäglichem Kontakt mit den Patienten standen. Doch auch die Lehrerausbildung stellte einen entsprechenden Ansatzpunkt dar. Darüber hinaus sollte die Bevölkerung allerdings im großen Maßstab »direkt« angesprochen werden. Hierzu wurden nahezu alle erreichbaren Kanäle in Betracht gezogen: »Fast wöchentlich halten die Mitarbeiter der Beratungsstelle in Nordhessen Vorträge. Vor Landfrauenverbänden, Elternversammlungen, Volkshochschulen, den Verbänden der Behindertenfürsorge und ähnlichen Institutionen. Bewußt haben wir uns auch um den Einsatz der Presse, des Rundfunks und des Fernsehens in unsere Werbung bemüht.«¹⁹¹ Aus den Äußerungen Wendts, die sich an die zitierte Passage anschlie-

---

190 | Wendt konkretisierte die Vorurteile: »Die betroffenen Menschen wollen sich darüber hinaus vielfach nicht mit der Möglichkeit konfrontieren, eine genetische Krankheit könne ihre Kinder treffen. Sie meinen, Erbkrankheiten seien eine Schande, die man besser verbirgt und totschweigt. Offensichtlich bedarf also die Durchsetzung einer umfassenden genetischen Beratung, genau wie andere Maßnahmen der prophylaktischen Medizin, einer fortgesetzten werbenden Unterrichtung der Öffentlichkeit.« (Ebd.) Hier wirkte offenkundig die protonormalistische Denormalisierungsangst der ersten Phase nach, die sich scheinbar nicht von selbst in die von Experten gewünschten Bahnen lenkt, sondern vielmehr zu einer »Verdrängung« des genetischen Verantwortungsbewusstseins geführt hatte.
191 | G. Gerhard Wendt: Bericht über den dreijährigen Modellversuch »Genetische Beratungsstelle für Nordhessen« am Humangenetischen Institut der Philips-Universität Marburg/Lahn, 1975 (HHStaW Abt. 504 Nr. 13.111), S. 20. Vgl. auch Stiftung Rehabilitation:

ßen, geht hervor, dass es sich hierbei keineswegs um eine traditionelle, sondern eher ungewohnte Vorgehensweise handelte. Diese Kreativität im Hinblick auf die direkte Ansprache der Bevölkerung sollte dazu führen, möglichst alle Gesellschaftsschichten zu erreichen. Gerade die weniger gebildeten Schichten wurden zu dieser Zeit als Risikogruppen entdeckt, da sie im Publikum der humangenetischen Beratungsstellen unterrepräsentiert waren: »Eine sehr wichtige Erfahrung unseres Modellversuches ist, daß wir unter den Ratsuchenden ein deutliches Defizit an Fragestellern aus einfachen Berufen, mit geringem Einkommen und geringerer Bildung haben. Nachdem die Beratung kostenlos war [...], hat dies seine Ursache wesentlich darin, daß für diesen Teil unserer Bevölkerung noch nicht genügend Motivierung erzielt werden konnte. Wir versuchen auf immer neuen Wegen, diese Menschen anzusprechen. Erfahrungsgemäß könnten gerade sie häufig Nutzen aus der genetischen Diagnostik und Beratung ziehen.«[192] Inwieweit es gelang die anvisierten Zielgruppen tatsächlich zu erreichen, ist nicht Gegenstand dieser Studie.[193]

Ziel der Aufklärungsarbeit war es, die Einsicht in die Sinnhaftigkeit humangenetischer Forschung und Anwendung bei »jedem Menschen« zu erzeugen. Wendt zufolge musste jeder Einzelne lernen, »sein Fortpflanzungsverhalten auch unter dem Gesichtspunkt der Erbgesundheit zu planen«.[194] Diese individuelle Selbstsorge in Fragen der Fortpflanzung sollte sich ausnahmslos in der gesamten Bevölkerung verbreiten und in das Selbstverständnis eines jeden Bürgers integ-

---

Antrag auf Förderung eines Modellvorhabens. Modell zur ausreichenden Versorgung der Bevölkerung einer Region mit genetischer Präventiv-Medizin in Kooperation zwischen einer Genetischen Beratungsstelle und dem Öffentlichen Gesundheitsdienst – Entwicklung eines Satellitensystems für den Rhein-Neckar-Raum, Oktober 1977 (UAH, Acc 12/95 - 24).

192 | Ebd., S. 35. Dieser Fokus auf die mangelnde Erreichbarkeit »bildungsferner« Schichte durch Aufklärungsoffensiven war auch in Dänemark vorhanden: »The socially skewed distribution indicates that further information concerning the possibility of prenatal chromosome examination is needed in a way that it can be available also for those in the lower occupational and social class levels.« (Nielsen (Hg.): The Danish Cytogenetic Central Register, S. 73)

193 | Hierzu liegen zudem bislang kaum verlässliche Quellen vor. Vereinzelte Anfragen, die in den gesichteten Archivbeständen enthalten sind, deuten daraufhin, dass die massenmediale Aufklärung vor allem gebildete Schichten zur Eigeninitiative anregte. Siehe zum Beispiel Brief an Jan Mohr, 23.2.1969 (RA, Københavns Universitet, Jan Mohr, professor, Lb.nr.5); Brief an Friedrich Vogel, 28.4.1976 (UAH Acc. 12/95-22). Ab der zweiten Hälfte der 1970er Jahre häuften sich die statistischen Erhebungen zu den Besuchern der – mittlerweile gestiegenen Zahl an – humangenetischen Beratungsstellen. Derartige Studien versuchten meist die Wirksamkeit »humangenetischer Aufklärung« indirekt mitzuerfassen, in dem die Motivationen, die Beratungsstelle zu besuchen, erfragt wurden, vgl. für viele Genetische Beratungsstelle Heidelberg: Patientenbogen, o.D. [1979] (UAH, Acc 12/95 - 14); Bundeministerium für Jugend, Familie und Gesundheit (Hg.): Genetische Beratung.

194 | Wendt: Vererbung und Erbkrankheiten, S. 122.

riert werden.¹⁹⁵ Aus der allgemeinen Aufklärung folge sodann ein direkter Anstieg der Nachfrage nach humangenetischer Beratung: »fast reflektorisch«, wie Wendt schrieb.¹⁹⁶ In vergleichbarer Weise setzte Friedrich Vogel die »Bereitschaft der Betroffenen, sich beraten zu lassen« mit dem »objektiven Bedarf an genetischer Beratung« gleich.¹⁹⁷ Letztlich folgerten die humangenetischen Experten aus diesem Bedarf den dringenden Ausbau ihrer »Infrastruktur« (Beratungsstellen, Laborkapazitäten etc.). Dieser Nexus – Aufklärung, individuelles Verantwortungsbewusstsein und Informationsbedürfnis, Nachfrage, Ausbau des Angebots – stellte im humangenetischen Diskurs der 1970er Jahre eine logische, sich zwangsläufig ergebende Abfolge dar.

Die Sicherheit der Pränataldiagnostik

Die Versprechungen, die Humangenetiker in den 1970er Jahren mit der Pränataldiagnostik assoziierten, waren groß. Mit der Amniozentese hielt die Humangenetik ein Instrument von bislang ungekannter Zielsicherheit und Funktionalität in den Händen. Jan Mohr, einer der profiliertesten Propagandisten der neuen Technologie in Dänemark, gab 1969 eine anschauliche Formulierung der vormals angeblich bestehenden Dilemmata, für die die Amniozentese nun definitive Lösungen bereitzustellen schien: »In countries with a legislation which permits therapeutic abortion on the grounds of a serious genetic prognosis, the practice of genetic counseling may incur the destruction of numerous healthy embryos. If, for instance, abortion is permitted because of a twenty five per cent risk, three healthy embryos may be destroyed for every defective one. The lack of certainty in an individual case, as to whether an expected child will turn out to be defective or not, also implies that a number of defective embryos, that would have been destroyed in case of definite knowledge, give rise to seriously defective children or adults.«¹⁹⁸ Mit der Pränataldiagnostik hingegen war, um die Worte der Deutschen Forschungsgemeinschaft zu verwenden, eine »präzise individuelle Aussage« möglich.¹⁹⁹ Im Gegensatz zu den Patienten der 1950er und 1960er Jahre konnte den Patienten der 1970er Jahre nun vorgeblich ein klares »Ja« – gleichbedeutend mit dem Schwangerschaftsabbruch – oder ein klares »Nein« – gleichbedeutend mit einer direkten »Erleichterung« der Eltern und einer indirekten Steigerung

---

195 | Wendts Wunsch war, »daß alle Menschen über eine mögliche genetische Belastung nachdenken, daß Heiratswillige die Frage stellen, ob für ihre künftigen Kinder erhöhte Risiken bestehen«. (Ebd.)
196 | Ebd., S. 125.
197 | Friedrich Vogel: Interview, o.D. [1973] (UAH, Acc 12/95 - 35).
198 | Jan Mohr: Antenatal Fetal Diagnosis in Genetic Disease, 4.6.1969 (RA, Københavns Universitet, Jan Mohr, professor, Lb.nr.7), S. 1.
199 | Deutsche Forschungsgemeinschaft: Pränatale Diagnose genetisch bedingter Defekte, S. 281.

der Geburtenrate – vermittelt werden. »Pränatale Diagnostik bedeutet alternativ Nachweis oder Ausschluß einer angeborenen Krankheit der in der Gebärmutter heranwachsenden Frucht zu einem frühen Zeitpunkt der Entwicklung. Die diagnostischen Methoden gestatten eine präzise individuelle Aussage darüber, ob ein normales oder ein mit einem angeborenen Defekt behaftetes Kind zu erwarten ist. Damit tritt die sichere Diagnose anstelle der bisher empirisch ermittelten Erkrankungswahrscheinlichkeit. Wenn eine schwerwiegende Anomalie nachgewiesen wird, kann die Schwangerschaft innerhalb der gesetzlich festgelegten Frist abgebrochen und so die Geburt eines unheilbar kranken Kindes verhindert werden. Wird eine Fehlentwicklung ausgeschlossen, erhalten die Eltern die erleichternde Auskunft, daß keiner der nachweisbaren Defekte vorliegt.«[200] Das Potential, das Humangenetiker in der neuen Technologie entdeckten, lief einerseits auf die Utopie nahezu vollständiger Diagnosesicherheit hinaus. Andererseits lieferte sie eine – im Denken der 1970er Jahre – eindeutig vorstrukturierte Orientierungsmarke für die Patienten.

Die pädagogische Anleitung zu einem in genetischer Hinsicht rationalen Fortpflanzungsverhalten ließ sich durch die angebliche Sicherheit der pränatalen Diagnose weitgehend ersetzen. Die Lenkungsfunktion des humangenetischen Beraters ging im Rahmen der Pränataldiagnostik vollständig in der Vermittlung der objektiven Diagnose auf. Die sich anschließende eugenische Entscheidung (positive Diagnose – Schwangerschaftsabbruch) stellte sich scheinbar wie von selbst ein. Die Subjektform des humangenetischen Experten veränderte sich dadurch grundlegend. Damit in Wechselbeziehung stand der Wandel des Habitus der Experten, was dazu beigetragen hat, eine »ältere Generation von Humangenetikern« von einer »jüngeren« zu unterscheiden, die vermeintlich ebenso modern wie die von ihr erforschten und verwendeten Technologien war.[201] Außerdem ließ sich durch die »präzise individuelle Aussage« das persönliche Interesse der

---

200 | Brief des Präsidenten der Deutschen Forschungsgemeinschaft an Antje Huber, 11.5.1977 (BA, B 227/225098), S. 1. Die Passage ist eine nahezu wörtliche Übernahme des Beginns des Artikels Deutsche Forschungsgemeinschaft: Pränatale Diagnose genetisch bedingter Defekte, S. 281. Vgl. des Weiteren den Brief von G. Gerhard Wendt an den Hessischen Kultusminister, 12.5.1976 (HHStAW, Abt. 504 Nr. 13.111); Brief von Horst Bickel an H. Maier-Leibnitz, 24.2.1977 (BA, B 227/225097); Wendt: Begründung und Problematik der genetischen Beratung, S. 7.

201 | Die »ältere Generation« wurde von der »jüngeren« als anachronistisch in ihrem Auftreten und Verhalten – eben ihrem Habitus – wahrgenommen. Diese Entwicklung leitete eine stärkere Assoziation älterer Humangenetiker wie Fritz Lenz und Otmar Freiherr von Verschuer mit vorangehenden Epochen, namentlich dem Nationalsozialismus, ein. Ende der 1970er Jahre konnte somit langsam eine facheigene Vergangenheitsbewältigung in Gang kommen, die diese ältere Generation als wesentlich stärker nationalsozialistisch geprägt »wiederentdeckte«, als sie noch in den 1950er und 1960er Jahren gesehen worden war. Dass die humangenetischen Experten der »jüngeren Generation« ungeachtet dieses facheigenen

Patienten scheinbar viel konkreter ansprechen als in der humangenetischen Beratung der vorangehenden Jahrzehnte. Die Diagnostik konnte bis nach der Empfängnis aufgeschoben werden. Es ging im humangenetischen Diskurs von nun an vorrangig um tatsächliche Embryonen und nicht um hypothetische Kinder, die durch eine präventive Sterilisation verhindert werden sollten. In Jan Mohrs Worten bot die zukünftige Pränataldiagnostik eine »direktere« Diagnose: »Only direct information about the embryo or fetus [...] would, as a rule, be capable of providing a definite genetic diagnosis regarding an expected child. The simplest technique for obtaining direct information about a fetus would be amniocentesis«.[202] Die Mohr zufolge »traditionellen« humangenetischen Methoden konnten diese wesentliche Aufgabe, eine »definitive genetische Diagnose« zu liefern, nicht leisten.[203] Diese eindeutige Diagnose stellte zugleich den Schnittpunkt dar, in dem Expertenautorität und Patienteninteresse kongruieren würden. Es handelte sich jedoch um eine Autorität, die auf die »direkte Information über einen Fötus« komprimiert war und – bei Ausblendung des gesamten sozialen Kontextes – vollständig in einer rein technischen Diagnose aufzugehen schien.

Vor dem Hintergrund dieser Eigenschaften, die der Pränataldiagnostik im humangenetischen Diskurs zugesprochen wurden, stellte sich der Schwangerschaftsabbruch aus eugenischen Gründen als eine quasi-automatische Maßnahme dar. Die Verkettung von pränataler Diagnose und Schwangerschaftsabbruch verschmolz zu einer kaum hinterfragten Einheit. Das Expertengutachten zur Pränataldiagnostik im Auftrag des dänischen Innenministeriums fasste den Schwangerschaftsabbruch in den 1970er Jahren als nicht weiter zu thematisie-

---

Wahrnehmungsschemas auch in den 1970er Jahren ebenso technokratische wie autoritäre Züge aufwiesen, ist zuvor gezeigt worden.

202 | Jan Mohr: Antenatal Fetal Diagnosis in Genetic Disease, 4.6.1969 (RA, Københavns Universitet, Jan Mohr, professor, Lb.nr.7), S. 1.

203 | Ebd. Dieses Merkmal machte die Pränataldiagnostik laut Gerhard Wendt immun gegenüber allen Vorwürfen, in Kontinuität zur nationalsozialistischen »Erbgesundheitspolitik« zu stehen: »Gelegentlich taucht die Meinung auf, die Humangenetiker wollten mit ihrem Eintreten für die genetische Beratung heute die Erbgesundheitspolitik aus den Jahren 1933 bis 1945 erneut in Gang setzen. Ein solcher Verdacht ist falsch. Weder die Ziele noch die Methoden lassen sich vergleichen. Was die Humangenetiker heute eine umfassende genetische Beratung nennen, eine Beratung also, die sich bemüht, alle die Menschen zu erreichen, denen genetischer Rat wichtige Entscheidungshilfen geben kann, war zur Zeit nationalsozialistischer Erbgesundheitspolitik noch nicht möglich, weil die wissenschaftlichen Voraussetzungen fehlten. Erst die enormen Fortschritte der Biochemie, der Genetik und der Humangenetik in den letzten 25 Jahren haben die in unserem Modellversuch erprobten Möglichkeiten genetischer Prävention im Interesse der heute gezeugten und geborenen Kinder geschaffen«. (G. Gerhard Wendt: Bericht über den dreijährigen Modellversuch »Genetische Beratungsstelle für Nordhessen« am Humangenetischen Institut der Philipps-Universität Marburg/Lahn, 1975 [HHStAW, Abt. 504 Nr. 13.111], S. 5-6)

renden, »logischen« Zweck dieser Technologie auf. Es heißt dort schlicht: »Frühzeitige pränatale Diagnostik hat als Ziel, eine Möglichkeit zur Vorbeugung der Geburt von Kindern mit erblichen Krankheiten oder Missbildungen zu schaffen, indem dies Frauen angeboten wird, deren Föten als abnorm eingeschätzt wurden.«[204] Gerade die Kürze und Selbstsicherheit derartiger Feststellungen zeugte von der Selbstverständlichkeit der Kopplung von pränataler Diagnose und individueller Entscheidung zum Schwangerschaftsabbruch durch die Mutter bzw. die Eltern.[205]

Das Theorem der Diagnosesicherheit sah einen doppelten Gewinn vor: Nicht nur schienen sich erwünschte, eugenische Konsequenzen im Blick auf die Prävention von Erbkrankheiten mehr oder minder automatisch einzustellen; auch winkten pronatalistische Vorteile. Dies klang bereits in dem oben zitierten Diktum Jan Mohrs an, dass durch die Pränataldiagnostik die »Zerstörung zahlreicher gesunder Embryonen« verhindert werden könne.[206] Die neue Sicherheit der Pränataldiagnostik erlaube es, den prospektiven Eltern eine »Entwarnung« bzw. »Erleichterung« zu geben und dadurch die Zeugung gesunder Kinder anzuregen. Die präventive und pronatalistische Doppelfunktion, die humangenetische Experten der Technologie in den 1970er Jahren zusprachen, stellte ein zentrales Argument in den Debatten um die Gesetzesänderung zum Schwangerschaftsabbruch dar: »Der Gesetzgeber hat in der Bundesrepublik Deutschland durch die Neuregelung des §218 des Strafgesetzbuches das Recht auf Schwangerschaftsabbruch im Fall einer ›eugenischen Indikation‹ anerkannt. Gleichzeitig werden ›flankierende Maßnahmen‹ empfohlen, die bei geringem Risiko die Bereitschaft zur Fortsetzung einer Schwangerschaft fördern sollen. Eine der wirksamsten möglichen flankierenden Maßnahmen ist die pränatale Diagnostik, die anstelle theoretischer Wahrscheinlichkeit Sicherheit über das Vorliegen einer Anomalie beim Feten schafft«, sagte der Humangenetiker Jan-Diether Murken auf dem

---

204 | Betænkning om prænatal genetisk diagnostik, S. 8.

205 | Symptomatischerweise wurde die »Wirkung« der genetischen Beratung in den 1970er Jahren im Wesentlichen als eine eindimensionale Frage der »richtigen Erinnerung« an den erteilten Rat gemessen, siehe Hahn: Wirkung der Genetischen Beratung. Aus dieser Wirkungsanalyse der Pränataldiagnostik anhand von Umfrageergebnissen spricht ein kaum hinterfragter Automatismus der Erteilung einer im besten Fall eindeutigen Diagnose und einem sich anschließenden Verzicht auf Kinder bzw. Schwangerschaftsabbruch: »Wichtige Aufgabe einer Genetischen Beratungsstelle ist es, die Geburt behinderter Kinder im Rahmen des möglichen zu reduzieren. Der Erfolg dieser Arbeit wird wesentlich mitbestimmt von der Kooperation der Ratsuchenden. Man wird von denjenigen, denen eindeutig von eigenen Kindern abgeraten wurde, als einziger Gruppe ein eindeutiges Verhalten erwarten dürfen: das, auf eigene Kinder zu verzichten.« (Ebd., S. 90-91) Vgl. zur Thematik auch Argast: Eine arglose Eugenik?, S. 93.

206 | Jan Mohr: Antenatal Fetal Diagnosis in Genetic Disease, 4.6.1969 (RA, Københavns Universitet, Jan Mohr, professor, Lb.nr.7), S. 1.

Deutschen Ärztetag 1978.[207] Wie bereits in Bezug auf den präventiven, »erbhygienischen« Aspekt gezeigt, ging das Wirken des Expertensubjekts der 1970er Jahre auch bei der pronatalistischen Komponente der Pränataldiagnostik weitgehend in den »automatischen« Konsequenzen der »sicheren Diagnose« auf, namentlich der Erleichterung im individuellen Fall und dem Anstieg der Geburtenziffer der gesamten Bevölkerung. Eine weitere Thematisierung des Arzt-Patienten-Verhältnisses, die über rechtliche, medizinische und technische Aspekte hinausging – beispielsweise in psychologischer, kommunikativer, sozialer oder ethischer Hinsicht –, erschien im humangenetischen Diskurs der 1970er Jahre auch von dieser Seite aus größtenteils überflüssig zu sein.

Die »sichere, direkte Diagnose« stellte ein zentrales humangenetisches Leitbild der zweiten Phase dar. Die tatsächliche diagnostische Reichweite der neuen Technologien war noch sehr begrenzt. Wendt schrieb 1975, dass Fälle, in denen eine »eindeutige Situation« vorlag, in der die »pränatale Diagnostik das Vorliegen einer schweren genetischen Krankheit bei der Leibesfrucht« mit Sicherheit feststellen konnte, selten seien.[208] Für den Großteil der vom Ideal abweichenden Praxis sah Wendt eine intuitive, paternalistisch anmutende Falleinschätzung durch den jeweiligen Experten vor, die stark an die Selbstsicherheit autoritärer Experten der 1950er und 1960er Jahre erinnerte: »Überwiegend steht man vor der Frage, ob bei einem bestimmten Risiko für eine mehr oder weniger schwere Erbkrankheit eine genetische Indikation für einen Schwangerschaftsabbruch konstatiert werden kann. Hier handelt es sich wiederum um eine spezifisch ärztliche Entscheidung. Nach den praktischen Erfahrungen in Marburg wäre es verhängnisvoll, wenn es eine Liste mit Diagnosen oder Risiken gäbe, die dem Arzt vorschreibt, wann er ›Ja‹ und wann er ›Nein‹ zur genetischen Indikation sagen muß.«[209] Die katalysierende Funktion, die den faktisch wenigen sicheren Diagnosen für die entscheidende Transformation der Subjektformen zukam, wurde dadurch allerdings nicht beeinträchtigt. Das Sicherheits- und Direktheits-Paradigma strukturierte den gesamten Diskurs der 1970er Jahre. Diese diskursive Konstellation überlagerte abermals die Frage nach Freiwilligkeit oder Zwang humangenetischer Maßnahmen. Vor dem Hintergrund des prozesshaften Automatismus, der

---

207 | Murken: Genetische Beratung und pränatale Diagnostik, S. 101.
208 | G. Gerhard Wendt: Bericht über den dreijährigen Modellversuch »Genetische Beratungsstelle für Nordhessen« am Humangenetischen Institut der Philipps-Universität Marburg/Lahn, 1975 (HHStAW, Abt. 504 Nr. 13.111), S. 38-39. Vgl. auch Vogel: Vom Nutzen der genetischen Beratung, insbesondere S. 367.
209 | G. Gerhard Wendt: Bericht über den dreijährigen Modellversuch »Genetische Beratungsstelle für Nordhessen« am Humangenetischen Institut der Philipps-Universität Marburg/Lahn, 1975 (HHStAW, Abt. 504 Nr. 13.111), S. 38-39. Etwaige »menschliche Schwierigkeiten« im Austausch mit den Patienten sollten vorzugsweise vorab im vertraulichen Gespräch zwischen verschiedenen beteiligten Experten (Humangenetiker und Gynäkologe) sondiert und nach Möglichkeit umgangen werden, ebd., S. 39.

den Diskurs in der zweiten Phase prägte, erübrigte sich diese Unterscheidung im Grunde. Die Betonung der Freiwilligkeit der Pränataldiagnostik und des eugenischen Schwangerschaftsabbruchs war trotzdem eine omnipräsente rhetorische Figur. Sie ließ sich vor allem strategisch einsetzen, um die »neue Humangenetik« gegen historische Vergleiche mit dem Nationalsozialismus zu verteidigen.[210]

Die Entpersonalisierung der Patienten

Im Rahmen der Experten-Laien-Konstellation der 1970er Jahre fanden auffallend viele unpersönliche und passive Formulierungen Verwendung, die automatisch ablaufende, nahezu technische Prozesse suggerierten. Die Subjekte wurden gewissermaßen »entpersonalisiert«. Hierzu bietet der bereits zitierte Überblicksartikel der Deutschen Forschungsgemeinschaft in der *Umschau in Wissenschaft und Technik* von 1977 ein treffendes Beispiel – genauer gesagt: sein Entstehungsprozess. Der Ulmer Gynäkologe und Teilnehmer des Schwerpunktprogramms »Pränatale Diagnose genetisch bedingter Defekte« Karl Knörr schrieb bezüglich des Manuskripts an einen der Koautoren: »Ihre neu formulierte Einleitung mußte wegen sachlicher Ungenauigkeiten nochmals überarbeitet werden (›... denn entweder lautet die anschließende Empfehlung Abbruch der Schwangerschaft, um die Geburt eines dann toten oder hoffnungslos lebensunfähigen Kindes zu vermeiden, oder die Eltern erhalten die erleichternde Auskunft, daß sie mit aller Wahrscheinlichkeit ein gesundes Kind erwarten dürfen‹). Bei dieser Formulierung brauchte man 1. keinen Schwangerschaftsabbruch vorzunehmen, und 2. treffen wir keine Wahrscheinlichkeitsaussage, sondern eine

---

210 | Das schließt selbstverständlich nicht aus, dass einzelne Äußerungen einiger Experten, wie zum Beispiel Gerhard Wendts, darauf hindeuten, dass eine vollständige mentale Distanzierung von der Sinnhaftigkeit eugenischer Zwangsmaßnahmen auch in den 1970er Jahren noch nicht vollzogen worden war. Vgl. z.B. die zweischneidige Abgrenzung Wendts gegenüber Nachtsheim: »Die Humangenetiker wollen heute mit guten Gründen genetische Prävention nur auf freiwilliger Basis und nur im Hinblick auf die Gesundheit unserer Kinder eingesetzt wissen [...]. Die Auffassung, daß man in der heutigen genetischen Situation unserer Gesellschaft und angesichts der Unsicherheit langfristiger Vorhersagen auf jeden Zwang verzichten kann, darf nicht mit der begründeten Gewißheit gleichgesetzt werden, die genetische Situation sei ungefährlich! Wenn unsere Gesellschaft sich nicht rasch entschließt, genetische Überlegungen in ihrer Familienplanung einzubeziehen, wenn wir nicht eine wirksame Aufklärung über dieses Gebiet heute in die Wege leiten und wenn nicht sofort ausreichend genetische Beratungsstellen eingerichtet werden, dann könnten diejenigen letztlich Recht behalten, die – wie Hans Nachtsheim – meinen, ein Zwang zur Erbgesundheit müsse in wenigen Generationen genauso selbstverständlich sein, wie heute der Impfzwang.« (G. Gerhard Wendt: Bericht über den dreijährigen Modellversuch »Genetische Beratungsstelle für Nordhessen« am Humangenetischen Institut der Philipps-Universität Marburg/Lahn, 1975 [HHStAW, Abt. 504 Nr. 13.111], S. 41-42)

sichere Diagnose bezüglich der in Frage stehenden Anomalie.«[211] Knörr rückte hier die »sichere Diagnose« in den Mittelpunkt. Bereits im Entwurf waren weder der behandelnde Arzt noch die den jeweiligen Fall bearbeitenden Wissenschaftler und Mediziner aufgetaucht. In der letztlich publizierten Version wurden die zuvor noch enthaltenen »Eltern« dann ebenfalls ersetzt. Sie traten in sprachlicher Hinsicht zugunsten einiger Nominalisierungen zurück. Das Wort »Kind« wurde hingegen ersetzt durch eine »in der Gebärmutter heranwachsende Frucht«. Der veröffentlichte Wortlaut lautete folglich: »Pränatale Diagnostik bedeutet alternativ Nachweis oder Ausschluß einer angeborenen Krankheit der in der Gebärmutter heranwachsenden Frucht zu einem frühen Zeitpunkt der Entwicklung, und zwar zwischen der 15. und 18. Schwangerschaftswoche. Die diagnostischen Methoden gestatten eine präzise Aussage darüber, ob ein normales oder ein mit einem angeborenen Defekt behaftetes Kind zu erwarten ist. Damit tritt die sichere Diagnose anstelle der bisher empirisch ermittelten Erkrankungswahrscheinlichkeit.«[212] Das Verhältnis von Experten und Patienten wurde im humangenetischen Diskurs der 1970er Jahre in aller Regel auf eine technische Beziehung reduziert, aus der nicht nur die Eigenschaften der beteiligten Individuen weitgehend ausgeblendet worden waren, sondern auch der gesellschaftliche Kontext der Begegnung.[213] Das schaffte die Voraussetzung dafür, dass sich die noch weitgehend ungebrochene Expertenautorität in einem mutmaßlichen Automatismus von Abläufen niederschlagen konnte. Die Erstellung der »sicheren, direkten Diagnose« oblag freilich einem komplexen Netzwerk aus Experten in Wissenschaft, Medizin und Gesundheitswesen, was die Beteiligten jedoch nicht als Machtverhältnis bzw. als asymmetrisches Abhängigkeitsverhältnis des Patienten von dieser Konstellation reflektierten. Die Pränataldiagnostik wurde stattdessen als ein auf die – entpersonalisierten – Interessen des Individuums zugeschnittenes Instrument konzipiert.

Die Patientensubjekte der 1970er Jahre zeichneten sich durch weitgehende Eigenschaftslosigkeit aus. So wie sich die Aktivität der Experten auf die neutrale Erstellung der »sicheren Diagnose« konzentrierte, waren die Patienten nahezu ausschließlich Träger eines Informationsinteresses über die Gesundheit ihres Kindes. Gerhard Wendt ging wie seine Kollegen von der Erwartung aus, dass alle rationalen Eltern ein allgemeines Interesse an der Prävention von Erbkrankheiten bei den eigenen Nachkommen hegten – und sich hierzu vertrauensvoll an die

---

211 | Brief von K. Knörr an V. Neuhoff, 7.3.1977 (BA B 227/225097).
212 | Deutsche Forschungsgemeinschaft: Pränatale Diagnose genetisch bedingter Defekte, S. 281.
213 | In eine ähnliche Richtung deuten die Ausführungen Regula Argasts zur humangenetischen Beratung Hans Mosers in den 1970er Jahren in der Schweiz: »Während Moser zwar das eigene Vorgehen reflektierte, legte er keine Rechenschaft über die Beratungssituation als solche ab, über Atmosphäre, Gefühle, Hoffnungen, Irritationen, Missverständnisse oder über den zentralen Entscheidungsprozess der Beratenen.« (Argast: Eine arglose Eugenik?, S. 96)

Humangenetik wendeten. Er schrieb: »Sie erwarten vom Arzt, dass er ihnen alle möglichen Hilfen bietet, ein erhöhtes Risiko für ihre Kinder vorher zu erkennen. Die Menschen werden sehr bald etwa auf die Frage nach dem Wiederholungsrisiko für die beim ersten Kind aufgetretene Krankheit von ihrem Arzt eine konkrete Antwort und nicht allgemeine Redensarten erwarten. Und bei genetischen bedingten Leiden läßt sich zumeist dieses Wiederholungsrisiko recht genau beziffern.«[214] Über dieses Interesse hinausgehende Eigenschaften der Laien sind in dieser wie in zahllosen anderen Äußerungen humangenetischer Experten zur Pränataldiagnostik in den 1970er Jahren nicht zu erkennen. Die Sorge um etwaige Erbkrankheiten wurde nicht problematisiert, Handlungsalternativen waren nicht diskutabel, die Konstellation von Experten und Ratsuchenden und ihre einzelnen Beiträge zum Ablauf des »Prozesses« waren eindeutig vorgezeichnet.

Eine dänische Tageszeitung beschrieb 1969 einen publizierten Präzedenzfall einer pränatalen Diagnose aus den USA. Die Formulierungen bieten ein massenmediales Beispiel für die Eindimensionalität, mit der die Arzt-Patienten-Beziehung im Blick auf die Humangenetik konzeptualisiert wurde. Es ging um den Fall einer jung verheirateten Patientin des Humangenetikers und Arztes Henry Nadler in Chicago, deren drei Schwestern alle das Down-Syndrom aufwiesen. Sie fragte: »Falls ich Kinder bekomme, werden sie schwachsinnig werden?«[215] Daraufhin habe Nadler »mit Hilfe einer ganz kleinen Probe« den Karyotyp der Frau untersucht und ihr ein 30-prozentiges Risiko attestiert. Die Patientin habe sich dennoch entschlossen, das »Risiko« einer Schwangerschaft einzugehen, und kehrte daraufhin zur Untersuchung zurück. »Unter Lokalbetäubung wurde der Frau etwas von dem Wasser entnommen, das den Fötus umgibt, und eine Analyse der Chromosomen zeigte, dass der Junge, den die Frau zur Welt bringen sollte, schwachsinnig werden würde – am Down-Syndrom leidend. Die Frau entschloss sich danach, einen Abort vornehmen zu lassen. Drei Monate später war sie erneut schwanger und dieses Mal zeigte die Untersuchung des Fruchtwassers, dass das Kind – ein Mädchen – aller Wahrscheinlichkeit nach gesund und normal sein würde. Die Geburt, die fünf Monate nach der Untersuchung stattfand, bewies, dass die Diagnose richtig gewesen war.«[216] Der Artikel stellte eine scheinbar natürlich ablaufende Kette von Ereignissen dar: Risikobestimmung, Schwangerschaft, pränatale Diagnose, Schwangerschaftsabbruch, erneute Schwangerschaft, pränatale Diagnose, Geburt eines gesunden Kindes. Weder Arzt noch Patientin brachten sich hierbei mit persönlichen Aspekten in den Ablauf ein. Die schwangere Frau war vor allem Träger des Interesses an einem gesunden Kind und einer eindeutigen Information. Das Wirken des humangenetischen Beraters ging im

---

214 | G. Gerhard Wendt: Bericht über den dreijährigen Modellversuch »Genetische Beratungsstelle für Nordhessen« am Humangenetischen Institut der Philipps-Universität Marburg/Lahn, 1975 (HHStAW, Abt. 504 Nr. 13.111), S. 8.
215 | Bostrup: Måske er det vejen.
216 | Ebd.

Grunde vollständig in den durchgeführten Labordiagnosen und den gelieferten Ergebnissen auf. Die skizzierte Ursache-Wirkungs-Kette setzte sich scheinbar unabhängig von den individuellen Eigenschaften der beteiligten Menschen fort. Die Patienten passten sich in den vermeintlich linearen Ablauf der humangenetischen Beratung über ihr Interesse an einem erbgesunden Kind ein. Sie erschienen hierbei in erster Linie als »Risikokalkulatoren«. Ein »erhöhtes« Risiko für die Geburt eines erbkranken Kindes ergebe sich, so die Berechnungen humangenetischer Experten, aus dem Verhältnis zum durchschnittlichen Risiko einer Vergleichspopulation.[217] Aus der formalen Zugehörigkeit zu einer statistisch definierten Risikogruppe resultiere der Wunsch nach Pränataldiagnostik. Dieses Bedürfnis entstehe automatisch: aus hinreichend »verständlichen Gründen«.[218] Die Schwangere als Risikokalkulatorin hatte ihr erhöhtes Risiko, ein genetisch defektes Kind zu bekommen, abzuwägen gegen ein gegenläufiges Risiko. Es war bekannt, dass die Amniozentese als zentrale Technologie der Pränataldiagnostik die Gefahr mit sich brachte, selbst zu gesundheitlichen Schäden des Embryos zu führen. In dem eben zitierten Artikel bezeichnete die Deutsche Forschungsgemeinschaft dieses Risiko zwar als »praktisch zu vernachlässigen«.[219] Allerdings zeigten diese Erwägungen, dass das Subjekt der Humangenetik in den 1970er Jahren verschiedene Gesundheitsrisiken für sich selbst und die eigenen Nachkommen gegeneinander aufzurechnen hatte. Es befand sich im Schnittpunkt verschiedener Risikoziffern, die sich aus statistischen Vergleichspopulationen ergaben. Humangenetische Beratung war in den 1970er Jahren zugleich Beratung im Umgang mit dem persönlichen genetischen Risiko.[220]

---

217 | »Wenn bereits ein Kind mit einer Chromosomenanomalie geboren wurde, ist das Wiederholungsrisiko um das Doppelte gegenüber der Vergleichspopulation erhöht, auch wenn es sich um eine nicht vererbbare Anomalie handelt. Frauen, die bereits ein Kind mit einer Chromosomenanomalie geboren haben, z.B. ein mongoloides Kind, verlangen daher aus verständlichen Gründen die vorgeburtliche Diagnostik.« (Deutsche Forschungsgemeinschaft: Pränatale Diagnose genetisch bedingter Defekte, S. 282) Siehe auch im selben Artikel: »Die Häufigkeit der Geburt eines mongoloiden Kindes wird in der Gesamtbevölkerung mit 1:600 Geburten veranschlagt (=0,16 %). Dieses Risiko steigt nach statistischen Untersuchungen mit dem Lebensalter bei 35- bis 39-jährigen auf etwa 0,5 % und ab dem 40. Lebensjahr auf etwa 2 %. Bezieht man auch andere chromosomale ebenfalls altersabhängige Trisomien mit ein, so sind die Anomalieraten noch höher zu veranschlagen.«
218 | Ebd. Vgl. G. Gerhard Wendt: Bericht über den dreijährigen Modellversuch »Genetische Beratungsstelle für Nordhessen« am Humangenetischen Institut der Philipps-Universität Marburg/Lahn, 1975 (HHStAW, Abt. 504 Nr. 13.111), S. 21.
219 | Deutsche Forschungsgemeinschaft: Pränatale Diagnose genetisch bedingter Defekte, S. 281.
220 | Vgl. z.B. Antrag auf Förderung eines Modellvorhabens. Modell zur ausreichenden Versorgung der Bevölkerung einer Region mit genetischer Präventiv-Medizin in Kooperation zwischen einer Genetischen Beratungsstelle und dem Öffentlichen Gesundheitsdienst –

Analog wurden Screenings wie der ab der zweiten Hälfte der 1970er Jahre angebotene CK-Suchtest für die Muskeldystrophie vom Typ Duchenne als Instrumente zur Minimierung individueller Risiken dargestellt. Die Präsentation des Testvertreibers in Deutschland enthielt eine Grafik, die in zwei Kurven das Missverhältnis zwischen dem »Auftreten erster Symptome« und dem »Zeitpunkt der Diagnose« veranschaulichte (Abb. 25). In dieser »Kurvenlandschaft« erscheint es riskant, sich auf der »falschen« Seite im Diagramm zu verorten und wie der überwiegende Teil der Betroffenen nichtsahnend überrascht zu werden.[221] Durch eine frühzeitige Diagnose ließen sich hingegen rechtzeitige Linderungsmaßnahmen treffen. Auch sollte der Überträgertest so früh wie möglich, bei Neugeborenen, durchgeführt werden, da im fortgeschrittenen Alter die Identifikationsquote drastisch sinke. Die Minimierung von abstrakten Risiken für die Zukunft der eigenen Nachkommen sollte durch die freiwillige, vorbeugende Teilnahme an Tests erreicht werden, um sich im »richtigen« Bereich einer statistisch generierten Population verorten zu können. Hier liegen gleichsam die archäologischen Anfänge des »Risikomanagements« begründet, das im Zusammenhang mit *Personal Genomics* und kommerziell angebotenen prädiktiven Gentests in den letzten beiden Jahrzehnten zum Mittelpunkt einer kontroversen bioethischen Debatte geworden ist.[222]

Das Subjekt der 1950er und 1960er Jahre war in einen ausgreifenden, weit zurückreichenden Familienstammbaum eingebunden gewesen. An der Bedeutung einer umfangreichen Familienerhebung zur Erstellung einer sicheren Diagnose in der humangenetischen Beratung änderte sich vorerst auch in den 1970er Jahren nichts. In einigen Fällen war nicht nur eine krankheitssymptomatische Untersuchung, wie sie die formale Genetik erforderte, sondern nun auch eine Chromosomenuntersuchung mehrerer Familienangehöriger nötig im Sinne einer Diagnosestellung und wünschenswert im Sinne der Forschung.[223] Auch

---

Entwicklung eines Satellitensystems für den Rhein-Neckar-Raum, Oktober 1977 (UAH, Acc 12/95 - 24), S. 1. Die humangenetische Beratung erschien hierbei vereinfacht gesagt als eine Art »Rechenhilfe«. In ihrem Zentrum stand noch keineswegs die Betreuung der psychischen Belastung durch die Kalkulation individueller Risiken wie in der dritten Phase.

221 | Siehe zum Begriff der »Kurvenlandschaft« und seines Zusammenhangs zur Subjektivierung Link: Versuch über den Normalismus, S. 186-190.

222 | Vgl. für die Etablierung der Figur des Risikomanagers im Fahrwasser der fortgeschrittenen Gentechnologie beispielsweise Berg u.a.: Genetics in Democratic Societies, S. 204; Driesel: Genomforschung, S. 65. Siehe auch Koch: Styring af genetisk risikoviden.

223 | Vgl. z.B. den Brief von G. Gerhard Wendt an den Hessischen Kultusminister, 12.5.1976 (HHStAW, Abt. 504 Nr. 13.111), S. 4. Die ersten indirekten Gentests für Erbkrankheiten beim Menschen, die auf Restriktionsfragment-Längenpolymorphismen beruhten und ab den späten 1970er Jahren nach und nach aufkamen, setzten ebenfalls die Erfassung von DNA-Proben von »möglichst vielen Angehörigen der betreffenden Familie« voraus, um überhaupt zu aussagekräftigen Ergebnissen kommen zu können, vgl. Sperling: Pränatale Diagnose von Erbleiden, S. 203.

wurde die Familie als »Hauptfortpflanzungseinheit« der Gesellschaft von der Mehrzahl humangenetischer Experten in rhetorischer Hinsicht nur sehr zögerlich aufgegeben. Gerhard Wendt war der Ansicht, dass die Grundlagen für eine eugenisch informierte Familienpartnerwahl bereits in der Schule gelegt werden sollte: Wer die Schule verlässt, »sollte insbesondere angeregt werden, sehr sorgfältig die Frage nach der Erbgesundheit der eigenen Familie zu prüfen, also etwa die Frage zu stellen, ob gleichartige Krankheitszustände und Schwächen mehrfach vorgekommen sind. Schließlich sollte diese Basisinformation auch erreichen, daß jeder bei der Wahl seines Lebenspartners auch dem Partner die Frage nach der Erbgesundheit in dessen Familie stellt.«[224] Allerdings trat die vormals entscheidende Bedeutung der Familie für das Selbstverständnis des Individuums, die in diesem Zitat noch deutlich zum Ausdruck kam, sowie ihre operationale Bedeutung für die humangenetische Forschung im Laufe der 1970er Jahre deutlich in den Hintergrund. Emphatische Betonungen der Bedeutung der Familie bzw. der Partnerwahl wie die gerade gelesene finden sich immer weniger. Statt ganzen Risikofamilien rückten nunmehr »Schwangere« in den Blickpunkt. Die Pränataldiagnostik erlaubte es in den Augen der Experten, das individuelle Interesse tendenziell noch »direkter« anzusprechen.[225] Hinzu kam die Entpersonalisierung der Patienten der humangenetischen Beratung. Im Mittelpunkt standen vermeintlich technische Abläufe sowie statistische Aussagen, beispielsweise über Geburtenzahlen, die zur Projektion des Bedarfs an genetischen Beratungsstellen vorgebracht wurden.[226] Familien trugen in erster Linie ein bestimmtes Informationsinteresse an die Humangenetik heran. Demgegenüber verloren sie als Bausteine genetischer Behälterräume maßgeblich an Bedeutung. Die Patientensubjekte der 1970er Jahre kamen vorrangig in quasi-automatisch ablaufenden Prozessen vor, statt Mosaiksteine mit mehr oder weniger fest zugewiesenen Plätzen im Rahmen des genetischen Behälterraum-Dispositivs zu sein.

---

224 | Wendt: Vererbung und Erbkrankheiten, S. 125. Siehe auch Vogels Äußerungen in einem populärwissenschaftlichen Artikel aus dem Jahr 1977, in dem das Ideal der Familie als Ort der Fortpflanzung ungebrochen durchscheint. Vogels veranschaulichende Beispiele sprechen ausdrücklich von »Verheirateten«, »Verlobten« oder »Brautpaaren«, Vogel: Vom Nutzen der genetischen Beratung, S. 366-368.
225 | Damit einher ging, dass Formulierungen wie »Patient« im Rahmen der pränatalen Diagnostik deutlich an Präsenz gegenüber »Ehepartner«, »Ehepaar«, »Heiratswillige« etc. gewannen.
226 | Entscheidend ist zudem, dass die Altersindikation zur wichtigsten Indikation einer pränatalen Diagnose in den 1970er Jahren wurde, wie Maria Wolf für die Universitäts-Frauenklinik Graz exemplarisch herausgestellt hat. Die aus der Familienanamnese entstehende Indikation rangierte neben anderen deutlich dahinter, Wolf: Eugenische Vernunft, S. 542.

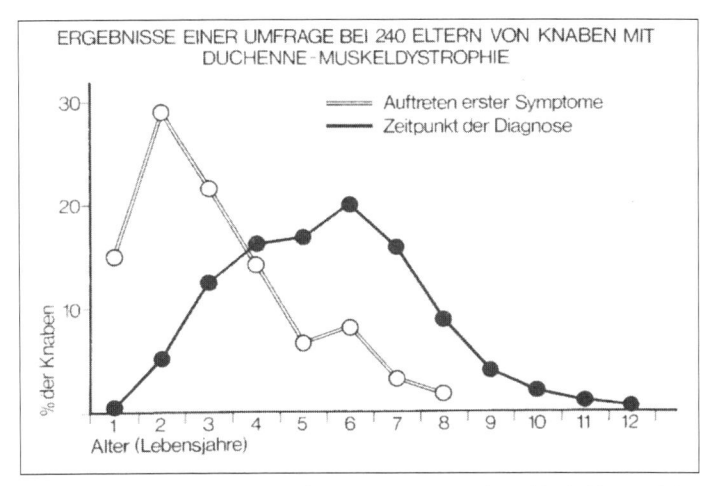

Abbildung 25: Kurvenlandschaft der Duchenne'schen Muskeldystrophie: Appell zur Risikominimierung und Subjektivierung von Eltern als Verwalter der Gesundheitsrisiken ihrer Nachkommen

Ausblick: Das Wuchern der Nachfrage

In den 1970er Jahren waren Humangenetiker fest davon überzeugt, dass die genetische Aufklärung der gesamten Bevölkerung umfassend ausgeweitet werden müsse. Dies würde eine Fülle informationsbedürftiger, Risiken kalkulierender Individuen produzieren, die auf die Vermeidung von Leid in der eigenen Familie bedacht wären. Auf Seiten der Experten waren weiterhin die allgemeinen gesellschaftlichen Vorteile dieser individuellen Selbstsorge im Blick zu behalten. Dabei verließ sich die Humangenetik im Wesentlichen darauf, diagnostische Leistungen anzubieten und damit auf die vermeintliche Nachfragebereitschaft des »ratsuchenden Jedermann« zu reagieren. Die Subjektformen des humangenetischen Anbieters und des Nachfragers begannen die Subjektivierungsweisen des humangenetischen Diskurses in den 1970er Jahren nach und nach zu dominieren – eine Entwicklung, die sich im Folgejahrzehnt fortsetzte. Dies schlug sich schließlich in neuen Sprachregelungen nieder. So mehrten sich in den 1980er Jahren die Äußerungen, in denen zum Beispiel – nun mit deutlich ökonomischer Dimension – von humangenetischen »Dienstleistungen« oder von »Klienten« der humangenetischen Beratung gesprochen wurde.[227] Gleichzeitig stellte sich im Zuge der Etablierung dieses Vokabulars eine stärkere Reflexion derartiger Semantiken ein. Eine Kosten-Nutzen-Analyse zur Pränataldiagnostik des Down-Syndroms in Dänemark aus den frühen 1990er Jahren fasste schließlich eine Reihe einschlägi-

---

227 | Vgl. z.B. Karl Sperling: Antrag auf Einrichtung eines neuen DFG-Schwerpunktprogrammes »Analyse des menschlichen Genoms mit gentechnologischen Methoden«, 8.9.1983 (DFG-Archiv, 322 256); siehe auch Nippert: Die Angst; Reif/Baitsch: Genetische Beratung.

ger Fragen zusammen: »Do women demand an AC [Amniozentese], i.e. a highly specific health service, like they demand a TV-set or a transportation good? Does the general economic assumption that the consumer has her/his full benefits hold in this case? Are the rules of demand and supply in a ›general‹ market also valid for the market of health services?«[228] Derartig ausdrückliche Infragestellungen des Angebot-Nachfrage-Schemas im Bereich der Humangenetik sind allerdings schon der dritten Phase des humangenetischen Diskurses ab den 1980er Jahren zuzurechnen, in der die Subjektformen der 1970er Jahre zum Gegenstand umfassender Reflexion geworden waren. In der zweiten Phase stand das humangenetische Angebot noch in direkter Verbindung zu einem ungebrochenen Fortschrittsvertrauen der Humangenetik.

Ab den späten 1970er Jahren begann sich eine zunehmende Skepsis unter den humangenetischen Experten zu verbreiten, ob die Entwicklung der Nachfrage nach Pränataldiagnostik tatsächlich in »vernünftigen« Bahnen verlief. Die notorische quantitative Überlastung der pränataldiagnostischen Kapazitäten bekam dadurch eine neue qualitative Dimension. Es zeichnete sich eine »Über-Inanspruchnahme« pränataler Diagnostik ab. Humangenetiker äußerten immer öfter die Beobachtung, dass Patienten bei denen weder aus der Familiengeschichte noch aus dem Schwangerschaftsverlauf oder dem Alter und den Lebensumständen der Schwangeren ein erhöhtes Risiko abzuleiten wäre, diagnostische Sonderleistungen forderten.[229] Schreckensszenarien, in denen kaum als schwerwiegend einzustufende Krankheiten durch die Pränataldiagnostik verhindert würden – also die bewusste Selektion »normaler« Nachkommen ermöglicht würde –, ließen sich nicht mehr ohne Weiteres zurückweisen. Für wissenschaftliche und medizinische Praktiker blieben diese Szenarien zwar unrealistisch, allerdings lag der arbiträre Charakter »humangenetischer Risikogruppen« nunmehr gänzlich offen. Das Risikoempfinden der Schwangeren begann, ein unerwartetes Eigenleben zu entfalten.[230] Die Beobachtung der vermeintlich irrationalen Entwicklung der Nachfrage nach Pränataldiagnostik verstärkte sich am Übergang von den 1970er zu den 1980er Jahren gegenseitig mit weiteren Perspektivwechseln im humangenetischen Diskurs. Die Experten entdeckten neue Problemquellen psychologischer und sozialer Art, die Gegenstand des nächsten Abschnitts sein werden.

Diese Entwicklung lässt sich in den übergreifenden Wandel der Normalisierungsstrategien in der zweiten Hälfte des 20. Jahrhunderts einordnen. Ein Subjekt, das die Sorge um die Erbgesundheit der eigenen Nachkommen verinnerlicht hatte und dies als Problem des Wissens um und des gegenseitigen Abwägens

---

228 | Goldstein: Studies of Various Aspects of Down Syndrome, S. 19.
229 | Vgl. Nippert: Die Angst. In der Retrospektive des Jahres 2008 beobachtete die Wissenschaftssoziologen Nippert zudem, dass sich die Entlastung von teils unbegründeten Sorgen schwangerer Frauen nach und nach von einem Neben- zum Haupteffekt der Pränataldiagnostik entwickelt hatte, Nippert: Gentests, S. 7.
230 | Vgl. z.B. Scholz u.a.: Psychosoziale Aspekte.

von verschiedenen Risiken auffasste, bewegte sich bereits weitgehend im Rahmen des flexiblen Normalismus. Entscheidend ist allerdings, dass das Moment der »Optimierung« hinzukommt. Der Normalbereich des flexiblen Normalismus ist durch seinen breiten Inklusionsbereich gekennzeichnet, der zudem von einer konstanten Steigerungslogik geprägt – also »nach oben offen« – ist. Suchten am Ende der 1970er Jahre vermehrt eigentlich »unbelastete« Paare die humangenetische Beratung auf, um potentielle Einschränkungen der »biologischen Startchancen« ihrer Kinder auszuschließen, so kann dies als Bedeutungsgewinn flexibelnormalistischer Strategien interpretiert werden.[231] Es ist jedoch zu betonen, dass Normalitäts-Dispositive der Optimierung, wie sie für den flexiblen Normalismus kennzeichnend sind, im humangenetischen Diskurs der 1950er und 1960er als auch der 1970er Jahre noch weitgehend randständig blieben. Zudem erwiesen sich protonormalistische Dispositive in den 1980er Jahren weiterhin als wirkmächtig. Dass hier beschriebene Drei-Phasen-Modell humangenetischer Subjektivierungsformen zwischen 1950 und 1990 stellt folglich kein einfaches Abbild des Wechsels von Normalisierungsstrategien im 20. Jahrhunderts »im Kleinen« dar. Vielmehr steht die Diskursgeschichte der Humangenetik, hier am Beispiel Deutschlands und Dänemarks untersucht, in einem komplexen Wechselverhältnis zur allmählichen Verschiebung der Normalisierungs-Strategien im Allgemeinen.

---

231 | Vgl. die These des Bremer Kinderarztes Thomas Wagner, der ein Forschungsprojekt im Zuge der Einrichtung der Humangenetischen Beratungsstelle an der Universität Bremen in der zweiten Hälfte der 1970er Jahre beantragte: »Die Einrichtung einer Forschungsgruppe ›Experimentelle und angewandte Humangenetik (einschließlich genetischer Beratung)‹ hat einen hervorragenden gesellschaftlichen Stellenwert, – weil Erbkrankheiten im Gegensatz zu anderen Gesundheitsrisiken nicht nur persönliches Schicksal bedeuten, sondern auch die Lebensqualität von Nachkommen beeinflussen, die den Anforderungen einer technologisch orientierten Leistungsgesellschaft genügen müssen«. (Thomas Wagner: Antrag auf Einrichtung einer Forschungsgruppe »Experimentelle und angewandte Humangenetik (Genetische Beratung)«, 18.12.1976 [BUA, 1/FNK – Nr. 2278], S. 2) Vgl. auch die zeitgenössische Diagnose des Soziologen Ulrich Beck vor dem Hintergrund der Gentechnologie in den 1980er Jahren: »Was früher die Art der Babynahrung, die Stillzeiten und die elterliche Schulnachhilfe war, kann – wenn alles so weiterläuft wie bisher – in Zukunft auch das genetische screening und die Genberatung und die operationale Auswahl der ›Laufbahn-Gene‹ werden, die über die Zukunft der Kinder im Konkurrenzkampf der Gesellschaft entscheiden. Bildungs- und Berufswahl würden dann durch elterliche ›Naturwahl‹ ergänzt, unterlaufen und überhöht.« (Beck: Gegengifte, S. 56) Vgl. des Weiteren Bundesministerium für Forschung und Technologie: Arbeitskreis, S. 7.

4.3 Die Psychologisierung des Subjekts

Einleitung: Die Grenzen des Fortschritts

Im Jahr 1987 fand die 20. Tagung der Gesellschaft für Anthropologie und Humangenetik in Gießen statt. Es war zu dieser Zeit bereits zum Normalfall geworden, dass es eine umfangreiche Sektion zu »ethischen Problemen« gab.[232] In dieser Sektion hielt der Biologe und Theologe Jürgen Hübner einen Vortrag mit dem Titel »Wissenszuwachs als ethisches Problem«. Offenkundig standen selbst humangenetische Experten dem Fortschritt humangenetischen Wissens und humangenetischer Technologie nun keineswegs mehr so vorbehaltlos gegenüber wie noch in den 1970er Jahren. Die Skepsis, mit der der wissenschaftliche Fortschritt von verschiedenen gesellschaftlichen Gruppen außerhalb des humangenetischen Diskurses bereits seit einigen Jahrzehnten wahrgenommen worden war, hielt in den 1980er Jahren in Deutschland und Dänemark immer deutlicher Einzug in den Diskurs selbst. In Dänemark hatte vor allem der Expertenbericht »Preis des Fortschritts« (*Fremskridtets pris*) aus dem Jahr 1984, der zu zahlreichen aktuellen Entwicklungen der Humangenetik Stellung nahm, für eine (Selbst-) Eingrenzung der Wissenschaft und ihrer Anwendung plädiert.[233] Der Kenntniszuwachs, die Technologieentwicklung sowie die Ausweitung der Anwendungen bekamen einen gewissen, dauerhaften Beigeschmack der Ambivalenz – auch im Bewusstsein der Fachvertreter.

In den 1980er Jahren wurde diese Ambivalenz im Rahmen einer breiten gesellschaftlichen Debatte um die »Risiken« der Technologie im Allgemeinen verhandelt. Die Gentechnologie spielte hierbei eine zentrale Rolle.[234] Auf der Kehrseite des Fortschritts hatten sich jedoch nicht allein Risiken offenbart, auch stand die »Sozialverträglichkeit der Resultate naturwissenschaftlich-technischen Handelns« zunehmend in Frage.[235] Die Abschätzung der »Nebenfolgen« neuer Technologien entwickelte sich zu einem zentralen Bestandteil des humangenetischen Diskurses. Ein Beispiel von vielen ist, dass humangenetische Experten

---

232 | Der vollständige Titel der Sektion lautete: »Ethische Probleme und Grenzfragen der genetischen Beratung und pränatalen Diagnostik und die Verbesserung der Versorgung der Bevölkerung mit humangenetischen Dienstleistungen«. Einladung und Programm der Tagung sind im Hessischen Hauptstaatsarchiv einzusehen (Abt. 511 Nr. 428).
233 | Indenrigsministeriet (Hg.): Fremskridtets pris. Siehe hierzu auch Nelausen/Tranberg: Fosterdiagnostik og etik, S. 12.
234 | Lemke: Die Regierung der Risiken, S. 231. Der Soziologe Ulrich Beck prägte im Laufe des Jahrzehnts die Begriffe »Risikogesellschaft« bzw. »reflexive Moderne« und wies damit auf die sich zunehmend verselbständigenden Risiken moderner technologischer Zivilisationen hin, Beck: Die Risikogesellschaft; ders.: Gegengifte. Vgl. auch Indenrigsministeriet (Hg.): Genteknologi & Sikkerhed.
235 | Bundesministerium für Forschung und Technologie: Arbeitskreis, S. 6.

die Fortschritte der Genomanalyse nun nicht mehr allein als reinen Zuwachs des Wissens ansahen, der den auf Erbgesundheit bedachten Individuen zugutekomme, sondern zugleich auch als »Stigmatisierung« und »Belastung« zum Thema machten.²³⁶ Ein weiteres Beispiel stellt die Metaphorik der »Schere« dar, die sich zwischen immer mehr molekulargenetisch diagnostizierbaren Krankheiten und Dispositionen auf der einen Seite und einem kaum ansteigenden Therapiepotential auf der anderen Seite auftat.²³⁷ Diese und andere Entwicklungen bürdeten Experten wie Laien eine ganz neue Art von Belastung und auch Verantwortung auf. Vormals medizinische bzw. wissenschaftliche Fragen bekamen nun eine unübersehbare soziale Dimension. Hinzu kam eine »Psychologisierung« vor allem der humangenetischen Beratung und Diagnostik sowie aller damit zusammenhängenden Entscheidungsprozesse.

Es ergaben sich neue Experten- sowie Laienfiguren. Die »Nachfrager« der 1970er Jahre etablierten sich nun endgültig als »Klienten« humangenetischer »Dienstleistungen«. Die individuelle Verantwortung für die eigene genetische Ausstattung und die der Nachkommen, die bereits in den vorangehenden Phasen eine wichtige Rolle spielte, entwickelte sich zu einer Art Selbst-»Management« im Umgang mit Informationen und Entscheidungen. Damit einher ging die verstärkte Konzeptualisierung der Laien-Subjekte als »Betroffene« humangenetischen Fortschritts. Auf der Seite der Experten ist an die Anfänge der »Bioethik« in Deutschland und Dänemark zu denken.²³⁸ Das enge Expertenbündnis in Wissenschaft, Politik und Verwaltung wurde deutlich durchlässiger. Humangenetiker sahen sich gezwungen, neue kontroverse Gesprächspartner in den vormals ignorierten oder instrumentalisierten Protest- und Betroffenengruppen zu akzeptieren. Diese vermeintliche »Demokratisierung« oder »Pluralisierung« erfüllte allerdings auch eine wichtige strategische Funktion; sie entlastete die humangenetischen Experten zu einem gewissen Grad von der neu entdeckten gesellschaftlichen Dimension ihrer Forschung durch eine Dezentrierung der Verantwortung.

---

236 | Ebd., S. 6. Friedrich Vogel und Peter Propping hatten 1981 vor dem Hintergrund einer rasch anwachsenden Zahl bekannter genetischer Polymorphismen, die in der genetischen Diagnostik nutzbar gemacht werden konnten, die Fragen aufgeworfen: »Wird der Mensch durch dieses Wissen überfordert?« und »Kann solches Wissen nicht auch zur Belastung werden?« (Vogel/Propping: Ist unser Schicksal mitgeboren?, S. 345) Siehe für Dänemark beispielsweise Wihjelm: Behov for en tænkepause.
237 | Bundesministerium für Forschung und Technologie: Arbeitskreis, S. 5.
238 | Die Etablierung der Bioethik im Allgemeinen ist in beiden Ländern über ein Jahrzehnt nach ihren »Ursprüngen« in den USA zu Beginn der 1970er Jahre zu beobachten. Dies folgt im Grunde auch aus den Ausführungen von Andreas Frewer, obwohl er die Anfänge der Institutionalisierung der Bioethik bereits auf die Jahrhundertwende vom 19. zum 20. Jahrhundert verlegt, Frewer: Zur Geschichte der Bioethik, S. 415-437; siehe auch Sass: Fritz Jahrs bioethischer Imperativ. Gerade für Deutschland und Dänemark sowie andere europäische Länder stellt die Geschichte der Bioethik noch sehr viele Desiderate.

Diese Entwicklungen spiegelten sich im Umgang des humangenetischen Diskurses mit seiner Geschichte wider. Ein Großteil der Kritik, der die Humangenetik vor allem in Deutschland angesichts ihrer rassenhygienischen Geschichte ausgesetzt gewesen war und gegen die sie sich bis in die 1970er Jahre hinein zu immunisieren suchte, wurde nun gewissermaßen absorbiert. Sie etablierte sich als inhärenter Bestandteil des humangenetischen Diskurses selbst. »Vergangenheitsbewältigung« verwandelte sich von einem irrationalen externen Angriff auf die fachliche Integrität zu einem innerfachlichen Desiderat. Dadurch wiederum bekam die Humangenetik neben den neuartigen bioethischen, sozialen und psychologischen Dimensionen eine zusätzliche historische Dimension. Der humangenetische Diskurs begann sich nicht nur durch eine zunehmende Ambivalenz des Wissens, sondern auch durch eine zunehmende Selbstreflexion in gesellschaftlicher und historischer Hinsicht auszuzeichnen.

Gentechnologie als Risikotechnologie – Die Differenz von Natur und Kultur

Bereits 1970 wurden die sogenannten »Restriktionsenzyme« entdeckt, mit denen es zwei Jahre später erstmals gelang »rekombinante DNA« von Viren und Bakterien herzustellen. Diese Technologie erlaubte es auch, DNA-Versatzstücke zwischen verschiedenen Spezies zu transduzieren. Nach und nach wurden immer mehr gentechnologische Methoden verfügbar. Die scheinbar grundlegenden Bausteine des Erbmaterials entwickelten sich zu einem im Labor verfügbaren Material, das vervielfältigt, analysiert und theoretisch beliebig zusammengefügt werden konnte. Im Zuge der Überlegungen zu einem Schwerpunktprogramm »Gentechnologie« der Deutschen Forschungsgemeinschaft, das die neuen Methoden auch in Deutschland verbreiten sollte, hieß es Ende der 1970er Jahre: »Über die analytische Auswertung hinaus schaffen die Techniken der gezielten Neukombination von Genabschnitten die Voraussetzungen für eine ›synthetische Genetik‹, in der [...] in stufenweiser Synthese Moleküle mit neuen Eigenschaften hergestellt werden.«[239] Zudem ließen sich mittels Gentechnologie nicht nur DNA, sondern auch ihre »Produkte« im Labor herstellen. Insbesondere im Blick auf medizinisch verwertbare Proteine versprach dies der in den 1970er Jahren in den USA entstehenden privatwirtschaftlichen Gentechnologie-Branche ökonomische

---

239 | H. Schaller: Begründung der Einrichtung eines neuen Schwerpunktprogramms der DFG: »Gentechnologie«, 14.9.1978 (BA, B 227/225066), S. 1. Das Schwerpunktprogramm wurde ab 1980 unter dem Titel »Experimentelle Neukombination von Nucleinsäuren (Gentechnologie)« gefördert. Die in erster Linie von Biologen betriebenen Forschungen standen hierbei in der Tradition einiger verwandter Vorgängerprogramme, unter anderem dem von 1972 bis 1982 geförderten SPP »Nucleinsäure- und Proteinbiosynthese«, das selbst wiederum aus dem seit 1964 geförderten SPP »Molekulare Biologie« hervorgegangen war (BA, B 227/322 231).

Profite. Darüber hinaus ließen sich Ende der 1970er Jahre genetisch modifizierte, pflanzliche und tierische Organismen im industriellen Maßstab produzieren. Über diese Anwendungsbereiche hinaus versprach die Gentechnologie zukünftig auch immer stärker auf die menschliche DNA selbst anwendbar zu sein. Die vollständige »Sequenzierung« des Erbguts des Menschen war zu Beginn der 1980er Jahre zu einem realistischen Forschungsziel geworden – auch wenn dieses Ziel letztlich erst nach massiven Investitionen und weltweiten Forschungsanstrengungen zum neuen Jahrtausend realisiert werden konnte.

Die Wissenschaftshistoriker Staffan Müller-Wille und Hans-Jörg Rheinberger haben beschrieben, wie sich durch die molekulargenetischen und gentechnologischen Methoden ein schleichender Paradigmenwechsel in der genetischen Forschung im Allgemeinen einstellte. Die Untersuchungsrichtung kehrte sich tendenziell um und richtete sich weniger darauf, den Genotyp aus dem Phänotyp zu erschließen, als vielmehr den Genotyp selbst zu manipulieren und die Reaktionen des Phänotyps zu untersuchen.[240] Wie Rheinberger weiter analysiert hat, wurden durch derartig angelegte Experimente die Erkenntnisgegenstände der Genetik selbst zu Instrumenten bzw. Werkzeugen.[241] Aus dieser Entwicklung folgert der Wissenschaftshistoriker: »Auf der Ebene der Gentechnologie verschwindet der letzte Hauch der Illusion, es gäbe hier noch eine Unterscheidungsmöglichkeit zwischen etwas Natürlichem und etwas Künstlichem.«[242] Nichtsdestoweniger wurde der Aufrechterhaltung dieser fragilen Differenz im humangenetischen Diskurs seit den späten 1970er Jahren viel Aufmerksamkeit gewidmet. Laut den Ausführungen des Soziologen Andreas Lösch fungierten gerade bioethische Erwägungen im Zuge der »Entschlüsselung des menschlichen Genoms« als Stabilisator der Trennung von »Natur« und »Kultur«.[243] Analog dazu habe die Bioethik die Aufrechterhaltung einer klaren Differenz zwischen Labor und Gesellschaft bzw. zwischen Forschung und Anwendung gewährleistet. Dessen ungeachtet habe die humangenetische Praxis der 1980er Jahre diese Unterscheidungen selbst fortlaufend unterminiert.[244]

---

240 | Müller-Wille/Rheinberger: Das Gen im Zeitalter der Postgenomik, S. 98.
241 | Rheinberger: Von der Zelle zum Gen, S. 275.
242 | Ebd. Vgl. auch die prominente philosophische Analyse von Jürgen Habermas: Die Zukunft der menschlichen Natur, S. 83.
243 | Lösch: Genomprojekt und Moderne, S. 81.
244 | Ebd., S. 87-88. Während der humangenetische Diskurs nach einer Stabilisation dieser Leitdifferenz strebte, arbeiteten prominente gesellschaftswissenschaftliche Zeitdiagnosen in den 1980er Jahren konstant an ihrer Auflösung, siehe vor allem Ulrich Becks Konzept der »Reflexiven Moderne«. Im 20. Jahrhundert sei die Natur im Zuge der technisch-industriellen Moderne nach und nach »von einem Außen- zu einem Innen-, von einem vorgegebenen zu einem hergestellten Phänomen geworden«. (Beck: Die Risikogesellschaft, S. 9, siehe auch S. 14, 107-109) Beck ging es vor allem darum zu zeigen, wie die »Risikogesellschaft« auf Probleme reagierte, die aus ihrem eigenen zivilisatorischen Fortschritt – ihrer voranschrei-

Wie wichtig es im humangenetischen Diskurs war, die Unterscheidung von Natürlichem und Künstlichem zu bewahren, offenbarte sich vor allem in der Diskussion um das Risiko von Epidemien durch gentechnologisch veränderte Organismen. 1975 fand die in den Folgejahrzehnten viel zitierte »Konferenz von Asilomar« in Kalifornien statt. Die internationale Tagung befasste sich mit den Risiken, die aus der zunehmenden Verbreitung gentechnologischer Forschungs- und Produktionsmethoden entstehen könnten. Genetiker und Humangenetiker stilisierten sie später zu einem weltweiten Fanal des Verantwortungsbewusstseins der Fachvertreter, die sich hier angesichts des selbst erzeugten wissenschaftlichen Fortschritts eine Art Moratorium auferlegt hätten, bevor etwaige negative gesellschaftliche Folgen der Forschung noch nicht geklärt gewesen wären. Auf dem Kongress seien strenge Richtlinien zum Betreiben gentechnologischer Arbeiten konzipiert worden, die die National Institutes of Health in den USA im darauffolgenden Jahr offiziell erließen. In Deutschland folgte man diesem Vorbild und verfügte Ende der 1970er Jahre entsprechende Richtlinien.[245] Im Zentrum der deutschen Richtlinien stand die Absicht, die Sphäre künstlicher, gentechnologischer Produkte – das Labor – vom vermeintlich natürlichen, evolutiv gewachsenen Genpool sauber zu trennen.[246] Die größte Gefahr schien durch eine potentiell unkontrollierbare Erbgutveränderung des Menschen bzw. seiner Umwelt auszugehen, die zu dieser Zeit gelegentlich als »Seuche« beschrieben wurde. Anfang der 1980er Jahre verlor dieses Szenario vor dem Hintergrund einer

---

tenden Naturbeherrschung – entstünden. Vgl. zudem Baark/Jamison: Biotechnology and Culture, S. 37.

245 | 1978 erließ das Bundesministerium für Forschung und Technologie die »Richtlinien zum Schutz vor Gefahren durch in-vitro neukombinierte Nukleinsäuren«, die im Laufe der 1980er Jahre mehrfach neugefasst wurden. Zuvor hatte sich der DFG-Senat im Auftrag der Bundesregierung in den Jahren 1975 und 1976 mit den möglichen Risiken der Gentechnologie auseinandergesetzt. Eine Sachverständigenkommission hatte daraufhin die schließlich erlassenen Richtlinien in den Jahren 1976 und 1977 vorbereitet. Zum internationalen, insbesondere europäischen Kontext siehe zudem: Antwort der Bundesregierung auf die Große Anfrage der Abgeordneten Frau Dr. Hickel.

246 | Der Bestand an experimentell veränderten Nukleinsäuren sollte vollständig verzeichnet und hermetisch abgeschottet werden. Jegliche unkontrollierte, nicht dokumentierte Kontaktaufnahme mit Ökosystemen außerhalb des Labors sollte verhindert werden: »Risiken entstehen, wenn Organismen, die Träger neukombinierter Nukleinsäuren sind, das mit den Versuchen betraute Personal infizieren oder aus dem Labor entkommen und sich unkontrolliert verbreiten. Da noch nicht vorausgesehen werden kann, wie sich die neuen Nukleinsäurekombinationen verhalten werden, wenn sie in den menschlichen Organismus, in Tiere oder Pflanzen gelangen, ist es notwendig, daß die Experimente unter sorgfältigen Sicherheitsvorkehrungen durchgeführt werden, um die beteiligten Menschen und die Allgemeinheit vor unerwünschten Folgen zu schützen.« (Bekanntmachung der Neufassung der Richtlinien zum Schutz vor Gefahren durch in-vitro neukombinierte Nukleinsäuren, S. 4)

mittlerweile weltweit etablierten gentechnologischen Forschungsinfrastruktur deutlich an Bedrohlichkeit und wirkte bereits in der Rückschau der Zeitgenossen übertrieben. Der damalige deutsche Bundesminister für Forschung und Technologie Heinz Riesenhuber sagte über die Konferenz von Asilomar und das nachfolgende Jahrzehnt: »Bei der Konferenz von Asilomar im Jahre 1975 hatten die Molekularbiologen einander Rechenschaft gegeben, ob ein durch Gen-Technik verändertes Virus oder Bakterium, wenn es aus dem Labor entkäme, beispielsweise völlig neue und daher unbeherrschbare Krankheits-Epidemien auslösen könnte. Die Wissenschaftler haben damals auf dieses eventuelle Risiko selbst reagiert durch die Vereinbarung außerordentlich rigider Regeln, die in einer Art Ehrenkodex als verbindlich erklärt wurden und – soweit ich sehen kann – eingehalten worden sind. Die Bundesregierung hat damals mit Richtlinien reagiert und eine sehr unglückliche Diskussion über die Notwendigkeit eines Gen-Technologie-Gesetzes geführt. Gemessen an der ursprünglichen Einschätzung der Risiken hat man mittlerweile aber erkannt – und zwar auf einem gefestigten Fundament erweiterter Kenntnisse –, daß damals die Risiken überschätzt wurden und die Vorsichtsmaßnahmen zu rigide gewesen waren.«[247]

Diese Zuspitzung der Debatten um die Gefahren der Gentechnologie für das menschliche Erbgut beschränkte sich auf einen kurzen Zeitraum am Ende der 1970er Jahre, sie war nichtsdestoweniger eingebettet in eine »viel weiter reichende Diskussion über die ethischen, juristischen, sozialen und kulturellen Perspektiven sowie Konsequenzen dieser Umwälzung«.[248] Diese Diskussion erstreckte sich über die gesamten 1980er Jahre. Sie verstummte keineswegs mit der Entspannung der unmittelbaren Sicherheitsbedenken im Rahmen der Gentechnologie, sondern nahm an Gewicht, Bandbreite und Intensität zu. Daraus lässt sich ersehen, dass hier mitnichten die Entwicklung bestimmter Technologien allein ursächlich war, vielmehr fand ein grundlegender Wandel der Gesellschaftsbeziehungen der Humangenetik – und mit ihr der Wandel ihrer Subjektformen – Ausdruck. Ein prägendes Merkmal dieser Debatten war das kontrollierte »Begegnen-Lassen« des Natürlichen und des Künstlichen in verschiedenen Forschungs- und

---

247 | Gen-Ängste im öffentlichen Dialog aufarbeiten, S. 123. Vgl. auch: »In der Zwischenzeit sind nun eine große Menge gentechnologischer Experimente ausgewertet. Sie lassen sich auf folgenden Nenner bringen: In keinem einzigen Fall hat sich aus einem Experiment eine Gefahr für die Umwelt ergeben.« (Pühler: Gentechnologie, S. 55) Der Genetiker Pühler versuchte die Bedrohlichkeit der gentechnischen Experimente bezeichnenderweise dadurch zu entschärfen, dass er ihre »Künstlichkeit« in Frage stellte: »Dies ist auch weiter nicht verwunderlich, wenn man bedenkt, daß die experimentelle Gentechnologie nur Werkzeuge benutzt, die die Natur im Laufe ihrer Evolution zur Umgestaltung von Erbspeichern entwickelt hat. Man kann deshalb argumentieren, daß die Gentechnologie nur Experimente durchführt, die in der Natur schon abgelaufen sein könnten. Daraus folgt, daß die neuentwickelte Gentechnologie keine größeren biologischen Risiken schafft.« (Ebd.)
248 | Rheinberger/Müller-Wille: Vererbung, S. 252.

Anwendungszusammenhängen. Im Zuge dieser Entwicklung verwandelten sich die humangenetischen Experten in Verwalter der Risiken genau der Technologien, die sie selbst erforschten, entwickelten und anwendeten. Der Formel der »Grenzen der Humangenetik« kam dadurch eine doppelte Bedeutung zu.[249] Erstens ging es um selbstauferlegte Grenzen des wissenschaftlichen Fortschritts, zweitens um das Postulat, die traditionellen Grenzen zwischen Natur und Technik zu bewahren. Die Verhandlung beider Aspekte begann hierbei innerwissenschaftliche und öffentliche Debatten zusehends zu verschmelzen – und deren Grenzen wiederum zu verwischen.

Auch in Dänemark rezipierten Wissenschaftler und Politiker in der zweiten Hälfte der 1970er Jahre die Diskussionen und Konsequenzen der Konferenz von Asilomar. Daraufhin schlossen sich vier der staatlichen Forschungsräte (*forskningsråd*) zusammen und setzten eine zentrale Registraturstelle für Forschung und Anwendung der Gentechnologie (*RUGE*) ein, die alle gentechnologisch arbeitenden Unternehmungen in Dänemark erfassen sollte.[250] Der dänische Umgang mit den »Risiko«- und »Sicherheitsfragen« der neuen Technologie fiel zu Beginn allerdings merklich wohlwollender als im Nachbarland aus. Zudem lief die Debatte in den 1970er Jahren noch größtenteils ohne Beteiligung der Öffentlichkeit ab.[251] Der 1976 einberufene Registerausschuss diente hauptsächlich organisatorischen Zwecken. So war nicht nur die Eintragung freiwillig, auch war sie gegenüber der Öffentlichkeit geschützt.[252] »The overall impression is that until the early 1980s biotechnology was considered neither a problem nor a technological field that needed particular stimulation; hence the strategy can at best be described as expectant. No public initiatives were launched to stimulate Danish research and development; similarly the existing regulatory framework by and large was seen as adequate to cope with potential problems«,[253] schreibt der Sozialwissenschaftler Jesper Lassen. Diese Zögerlichkeit führt er im Wesentlichen auf die Abwesenheit

---

249 | Siehe z.B. Schloot (Hg.): Möglichkeiten und Grenzen der Humangenetik.
250 | Toft: Genteknologi, S. 78. Beteiligt waren der naturwissenschaftliche, der medizinische, der agrar- und veterinärwissenschaftliche sowie der ingenieurwissenschaftliche Forschungsrat. Außen vor blieben der geisteswissenschaftliche und der gesellschaftswissenschaftliche Rat.
251 | Lassen: Changing Modes of Biotechnology Governance, S. 6-7; Jelsøe u.a.: Denmark, S. 30-31. Laut Jesper Toft war es sogar das wesentliche Ziel des Registerausschusses gewesen, einer »hitzigen« Debatte, wie man sie in den USA beobachtet hatte, in Dänemark nach Möglichkeit gänzlich »zuvorzukommen«, Toft: Genteknologi, S. 79.
252 | Lassen: Changing Modes of Biotechnology Governance, S. 7. Siehe auch Indenrigsministeriet (Hg.): Etiske sider, S. 75-76; Indenrigsministeriet (Hg.): Genteknologi & sikkerhed, S. 58-101.
253 | Lassen: Changing Modes of Biotechnology Governance, S. 7.

einer kritischen Öffentlichkeit für die Thematik in Dänemark zurück, die in ihrer Intensität mit der deutschen vergleichbar gewesen wäre.[254]

Eine deutliche Verschärfung der Debatte, die zudem strenge gesetzliche Regelungen nach sich zog, stellte sich nicht vor Mitte der 1980er Jahre ein.[255] Zunehmend widmeten sich die Massenmedien den Risiken der Gentechnologie. Bald darauf gewann diese auch an Bedeutung in der pharmazeutischen Öffentlichkeitsarbeit und der Politik.[256] 1983 wurde eine offizielle Expertenkommission zur Bewertung des Risikos gentechnologischer Forschung und Produktion eingesetzt. In ihrem Bericht mit dem Titel »Gentechnologie und Sicherheit« (*genteknologi og sikkerhed*) äußerte die Kommission 1985 die Befürchtung, dass »unvorhersehbare« ökologische Konsequenzen eintreten könnten, wenn »menschengeschaffene Organismen« unkontrolliert in der Umwelt des Menschen Verbreitung fänden.[257] Eine Folge der in Dänemark geführten Diskussionen war das Gesetz »om miljø og genteknologi«, das 1986 verabschiedet wurde und das die »Freisetzung« genetisch modifizierter Organismen außerhalb geschützter Laborräume generell untersagte.[258] Der Höhepunkt der politischen, juristischen und öffentlichen Debatte um die Gentechnologie als Risikotechnologie, die in Deutschland bereits am Ende der 1970er Jahre eingesetzt hatte, fiel damit in Dänemark erst in die Mitte der 1980er Jahre. Daraus ergab sich eine auffallende Ungleichzeitigkeit in der Wahrnehmung der Risiken der Gentechnologie für Mensch und Umwelt. Dänische Experten hatten – wie ihre deutschen und US-amerikanischen Kollegen

---

254 | Ebd., S. 3-4, 6.

255 | Vgl. Indenrigsministeriet (Hg.): Genteknologi & sikkerhed, S. 21-22.

256 | Borre: Public Opinion on Gene Technology, S. 471. Hierbei entdeckten verschiedene Disziplinen die »gesellschaftlichen Auswirkungen« der Gentechnologie als Forschungsfeld, beispielsweise im Zuge der Pegasus-Studie an der Technischen Hochschule Dänemarks (*Danmarks Tekniske Højskole*), die 1982 initiiert wurde und die sich primär auf ökonomische, politische, rechtliche und ökologische Fragen konzentrierte, Pedersen/Wiegmann: Biotechnology in Denmark; Kiel u.a.: Gensplejsning; Kvistgård u.a.: Bioteknologi og gensplejsning.

257 | Vgl. Indenrigsministeriet (Hg.): Genteknologi & sikkerhed, S. 23. Dieser Kommission waren einige einschlägige europäische Initiativen unmittelbar vorausgegangen, die die Beschäftigung mit diesen Fragen in den Mitgliedsstaaten stimulierten, ebd., S. 28-33. 1982 hatten das dänische Umweltministerium und den Registerausschuss zudem der erste Antrag auf eine produktionsmässige Anwendung gentechnologischer Methoden durch das dänische Unternehmen Novo erreicht, das maltogene Amylase mit Hilfe gentechnisch veränderter Bakterien herzustellen plante. 1984 legte Novo gemeinsam mit Nordisk Gentofte dann mit einigen Enzymen und medizinisch einsetzbaren Hormonen nach.

258 | Lov om miljø og genteknologi af 4. juni 1986, nr. 288. Das Gesetz wurde von inländischen Lobbygruppen in Wissenschaft und Industrie wie auch im Ausland als sehr rigide wahrgenommen, Borre: Public Opinion on Gene Technology, S. 471; Brief von Jens Vuust an Statens Lægevidenskabelige Forskningsråd, 13.11.1987 (RA, Statens Serum Institut, Klinisk Biokemisk Afdeling, Korrespondance udland, Lb.nr. 29).

auch – bereits eine deutliche Distanzierung von den anfänglichen Sorgen um unkontrollierbare genetische Seuchen- oder Infektionsherde vollzogen, als das Thema an gesellschaftlicher Brisanz in Dänemark gewann.[259] In der zweiten Hälfte der 1980er Jahre ging in Dänemark allerdings auch die gesellschaftliche Besorgnis gegenüber der Gentechnologie tendenziell zurück. Die in Öffentlichkeit und Politik bestehenden Bedenken begannen, von der Sorge vor einem Bedeutungsverlust des wissenschaftlich-industriellen »Standorts« Dänemark überlagert zu werden, den auch genetische Experten immer wieder anmahnten.[260]

Ein der deutschen Diskussion homologes Bedürfnis, die zentrale Unterscheidung von Natur und Technik zu stabilisieren, blieb jedoch auch in Dänemark ein integraler Bestandteil des humangenetischen Diskurses. Es hatte sich als Bestandteil genetischer Experten-Subjektformen etabliert, die eigene Arbeit in Beziehung zu einer nunmehr fragilen Natur des Menschen zu setzen und entsprechende Folgen zu reflektieren. Die kontingent gewordene Unterscheidung von Natur und Technologie verlangte gewissermaßen nach stetigen diskursiven »Konsolidierungsmaßnahmen«. Damit in direktem Zusammenhang stand das Motiv, dass die Grenzen einer nicht mehr per se rational fortschreitenden Forschung und Anwendung aktiv gesetzt werden mussten.[261] Diese Motive verbanden die Diskussion um die Sicherheitsrisiken der Gentechnologie mit der Debatte um die ethische Beurteilung ihrer medizinischen Anwendung. Auf einer allgemeineren Ebene wurden alle behandelten Forschungsmethoden und Anwendungsformen – von der Gentechnologie bis zur künstlichen Befruchtung – unter der Fragestellung betrachtet, inwieweit es erlaubt sein solle, »direkt« oder auch »indirekt« in die Erbmasse des Menschen einzugreifen und wo die Grenzen solch »künstlicher« Eingriffe zu setzen seien.[262]

Bedrohungen der menschlichen Natur

Die Schnittpunkte der Debatten um gentechnologische (Produktions-)Verfahren, die auf der genetischen Veränderung von Mikroorganismen, Tieren und Pflanzen beruhten, zu der Diskussion um die künstliche Befruchtung sowie gentechnologische und -diagnostische Verfahren in der Humanmedizin waren auffallend. 1978 wurde das erste sogenannte »Retortenbaby« Louise Brown in Großbritannien

---

259 | Vgl. Hansen: Gensplejsning og gensplejsningsdebat, S. 167-172; Indenrigsministeriet (Hg.): Genteknologi & sikkerhed, S. 21-22.

260 | Borre: Public Opinion on Gene Technology, S. 472.

261 | Der Arzt Jørgen Glenn Lauritsen gab auf einer Tagung des Innenministeriums zur Gentechnologie im Rigshospital 1983 das Motto vor, dass »jeder Fortschritt seinen Preis« habe. »Wir müssen die ganze Zeit abschätzen, ob das was wir erreichen in einem angemessenen Verhältnis […] zu den Risiken steht, die wir damit eingehen.« (Lauritsen: Ægtransplantation, S. 34)

262 | Indenrigsministeriert (Hg.): Fremskridtets pris, S. 10.

nach einer In-vitro-Fertilisation gezeugt. In Deutschland und Dänemark kam diese Technologie erstmals ein halbes Jahrzehnt später zur Anwendung. Im Lauf der 1980er Jahre wurde der gesamte technologische Komplex der künstlichen Befruchtung im humangenetischen Diskurs in Deutschland und Dänemark nicht mehr vor dem Hintergrund utopischer Gesellschaftsentwürfe wahrgenommen, wie sie vor allem im Rahmen der »The Future of Man«-Tagung 1962 skandalisiert worden waren. Es handelte sich nunmehr um eine tatsächlich anwendbare, individualmedizinische Methode. Dadurch erfuhren Visionen einer Präimplantationsdiagnostik einen enormen Schub, auch wenn die erste Präimplantationsdiagnose weltweit erst im Jahr 1990 in den USA gestellt wurde.[263] Um die Wende zu den 1980er Jahren waren zudem die ersten molekulargenetischen Diagnosemethoden in der Pränataldiagnostik verfügbar geworden. Sie galten anfangs als weiteres Mittel zur Steigerung der Diagnosesicherheit, die einen bestimmenden Faktor bei der Verbreitung der Pränataldiagnostik in den 1970er dargestellt hatte.[264] Wie an anderer Stelle gezeigt, waren Humangenetiker nun der Ansicht, das »Erbmaterial selbst« untersuchen und »direkte« bzw. »Ursachendiagnosen« für Erbkrankheiten stellen zu können.[265] Faktisch waren jedoch die Ursachen eines sehr geringen Anteils aller bekannten monogenen Erbkrankheiten erforscht, von denen sich noch weniger mit den zur Verfügung stehenden Methoden diagnostizieren ließen.[266] Diese Anzahl war zwar in ständigem Wachstum begriffen, doch am Ende des Jahrzehnts war die Diskrepanz zwischen bekannten und (pränatal) diagnostizierbaren Krankheiten weiterhin groß.[267] Nichtsdestoweniger gewann die Suggestivkraft der neuen Technologien – vor allem das Versprechen ihrer raschen Weiterentwicklung – immerfort an Kraft.[268] In diesem Zusammenhang erhielt auch die utopische Debatte um die Möglichkeit von »Gentherapien« für den Menschen neue Impulse.[269]

---

263 | Fuchs: Life Science, S. 303-306.

264 | Vgl. Tiemo Grimm: DNA-Techniken in der Pränataldiagnostik. Heterozygoten-Erkennung und vorgeburtliche Diagnostik erblicher Muskelerkrankungen, 21.12.1984 (BA, B 227/225093).

265 | Vgl. auch »Die Untersuchung ist völlig unabhängig von den Symptomen bzw. der Manifestation einer Erkrankung, die Diagnose wird direkt aus dem Erbmaterial gestellt.« (Memorandum zur Versorgung der Bevölkerung mit Leistungen der Medizinischen Genetik, o.D. [ca. 1988] [HHStAW, Abt. 511 Nr. 428], S. 20)

266 | Vgl. ebd.; Philip: Fostervandsundersøgelser, S. 30-31.

267 | Vgl. z.B. Jörg Schmidtke: Molekulargenetische Diagnostik, 6.6.1990 (HHStAW, Abt. 511 Nr. 1096).

268 | Vgl. z.B. Søren Nørby: DNA-Teknologi i Lægevidenskaben. Notat til FLUNA-møde på Panum Instituttet, 8.3.1984 (RA, Københavns Universitet, Afdeling for Medicinsk Genetik, Institutsager, Lb.nr. 7).

269 | Rheinberger/Müller-Wille: Vererbung, S. 267-268. Vgl. für unzählige Äußerungen zur Thematik Driesel: Genomforschung, S. 67; Klingmüller: Genmanipulation und Gentherapie, S. 322-332; Trautner: Gentechnologie und Humanbiologie, S. 40; Brief von Jens Vuust an

Die therapeutische Veränderung der DNA von Patienten schien selbst humangenetischen Experten immer realistischer geworden zu sein. In all diesen Kontexten (In-Vitro-Fertilisation, Präimplantationsdiagnostik, molekulargenetische Pränataldiagnostik, Gentherapie) stellte sich den Experten eine homologe Herausforderung, nämlich die drohende Vermischung des »Natürlichen« und des »Künstlichen«. Diese grundlegende Differenz verlangte nunmehr nach aktiven Bemühungen ihrer Aufrechterhaltung; es galt, den Kontakt beider Seiten zu kontrollieren, zu regulieren und stark einzuschränken, um die »Natur des Menschen« vor der Kontamination mit künstlichen Einflüssen zu bewahren.[270] Der vermeintlich natürliche Genpool sollte vor einer Überlastung durch künstliche Eingriffe geschützt werden, und zwar im weitesten Sinne: Hierzu zählte die Selektion »normaler« Nachkommen genauso wie die etwaige »Infektion« mit im Labor erzeugten genetischen Fragmenten. Auch die Debatte um Gentherapien, insbesondere in Bezug auf die weithin abgelehnte Veränderung von Keimbahnzellen, lebte von diesem Motiv. Dänische Experten befürchteten Mitte der 1980er Jahre: »Ein solcher Eingriff hat mit anderen Worten direkte Auswirkungen auf größere Gruppen von Menschen, ja theoretisch für die Art selbst, weil er gleichbedeutend mit einer direkten Änderung der angeborenen genetischen Variation (*af den medfødte genetiske variation*) wäre.«[271] Demgegenüber spielte die Sorge vorangegangener Jahrzehnte vor potentiell bedrohlichen Entwicklungen des »natürlichen Genpools« selbst, wie beispielsweise dem exponentiellen Anstieg der »Mutationsrate« bzw. der Zunahme »erblicher Defekte«, keine nennenswerte Rolle mehr.

Im humangenetischen Diskurs der 1980er Jahre wurden weniger epidemiologische als vielmehr identitäre Problemkomplexe verhandelt. Dies fand Ausdruck in der aufflammenden Diskussion um die Bedrohung der menschlichen Natur durch ihre potentielle genetische Manipulation – einer vor allem in Deutschland äußerst medienwirksamen Kontroverse, die niemals ganz verloschen war: seit der Abgrenzung von Züchtungs-Utopien der Rassenhygiene in den ersten Nachkriegsjahrzehnten und seit der Debatte um die Züchtung des Menschen mittels künstlicher Befruchtung ab den 1960er Jahren.[272] Ihren Höhepunkt hat-

---

Statens Lægevidenskabelige Forskningsråd, 13.11.1987 (RA, Statens Serum Institut, Klinisk Biokemisk Afdeling, Korrespondance udland, Lb.nr. 29); The Danish Council of Ethics: Second Annual Report, S. 107; Bolund: Gensplejsning, S. 22-23.

270 | Vgl. zu den erheblichen diskursiven Anstrengungen in dieser Richtung auch die politischen Debatten um diese Technologien: Antwort der Bundesregierung auf die Große Anfrage der Abgeordneten Frau Dr. Hickel.

271 | Indenrigsministeriet (Hg.): Fremskridtets pris, S. 54.

272 | Vgl. als Auswahl: Ethik und Genetik; Vogel: Ist mit einer Manipulierbarkeit auf dem Gebiet der Humangenetik zu rechnen?; Karl Sperling: Addendum zu dem DFG Antrag »Analyse des menschlichen Genoms mit molekularbiologischen Methoden« – Ethische Implikationen, o.D. [1983] (DFG-Archiv, 322 256), S. 1. In dieser schillernden Debatte dominierte auf

te letztere Kontroverse im Umfeld des internationalen Ciba-Symposiums »The Future of Man« in London 1962 gefunden.[273] Kritiker warfen der Humangenetik immer wieder eine fundamentale Infragestellung des Selbstverständnisses des Menschen vor, indem sie seine genetische Disposition zum Gegenstand künstlicher Eingriffe mache.[274] Eine von den Bundesministerien für Forschung und

---

Seiten humangenetischer Experten in Deutschland und Dänemark vor allem ein typisches Narrativ: Auf Fortschritte der jüngsten Forschung Bezug nehmend hätten sensationslüsterne Medienvertreter eine »Manipulations«-Gefahr aufgebauscht – oft unter rhetorischer Ausnutzung der rassenhygienischen Vergangenheit der Humangenetik. Dem stünden in der Realität nüchterne, medizinisch orientierte Wissenschaftler und Ärzte gegenüber, die auf die Nicht-Umsetzbarkeit aller Utopien und Dystopien verwiesen (freilich ohne ihre technische Umsetzbarkeit in einer mehr oder weniger fernen Zukunft generell in Frage zu stellen). Das Ziel der Experten sei es, die zu Unrecht verunsicherte Öffentlichkeit zu beruhigen und die jenseits von »Züchtung«, »Keimbahntherapie« oder »Manipulation« tatsächlich sinnvollen eugenischen bzw. präventivmedizinischen Maßnahmen und Forschungsprojekte durchzuführen.

273 | Zur »The Future of Man«-Tagung siehe Das Umstrittene Experiment: Der Mensch; Heumann: Wissenschaftliche Phantasmagorien; Argast: Population under Control; Petermann: Die biologische Zukunft des Menschen. Einer der Schwerpunkte der Tagung lag auf der biologischen Entwicklung des Menschen in den nächsten zwei bis zehntausend Generationen. Hierzu äußerten sich vor allem die eingeladenen Genetiker und Evolutionsbiologen Herman J. Muller, Joshua Lederberg und Julian Huxley. Muller plädierte in seinem Beitrag erneut für die Einrichtung von öffentlichen Samenbänken zur Regelung der menschlichen Fortpflanzung. Auf freiwilliger, jedoch möglichst die gesamte Bevölkerung umfassender Basis sollten Ehepartner hier Keimspenden gesellschaftlich herausragender Persönlichkeiten für die eigene Fortpflanzung auswählen können. Dieser Absicht zugrunde lag die Vorstellung, dass die rasante Entwicklung der menschlichen Zivilisation dazu geführt hatte, die Menschheit der natürlichen Selektion weitgehend zu entziehen, die bis dato ihre biologische Entwicklung bestimmt hatte. Gleichsam boten die erreichten kulturellen Fortschritte die Möglichkeit, eine Höherentwicklung des Menschen nun selbst in die Hand zu nehmen. Mullers Samenbänke wurden in Deutschland und Dänemark bis in die 1980er Jahre zum Sinnbild einer inhumanen »Menschenzüchtung« oder auch eines »Menschenexperiments«. Der zentrale inhaltliche Kritikpunkt richtete sich auf die vermeintliche Unmöglichkeit, die Ziele einer genetischen Aufwertung der Bevölkerung zu bestimmen.

274 | Viele prominente Zeitgenossen außerhalb der Humangenetik unterstellten der Genomforschung diese Absicht als eigentliches Ziel. Vgl. z.B. die Analyse des Philosophen Hans Blumenberg aus dem Jahr 1981, die zu dem Ergebnis kommt, dass die Kehrseite der Code-Metaphorik des menschlichen Genoms der Drang sei, diesen umzuschreiben: »Das ist die ebenso unerwartete wie bestürzende Wendung der Metapher, deren Rhetorik den Leser vergessen läßt, daß in der theoretischen Anstrengung, den genetischen Text lesbar zu machen, nicht nur vordergründig und vorläufig die Absicht motivierend wäre, die Fehler des genetischen Programms auffindbar und korrigierbar zu machen.« (Blumenberg: Die Lesbarkeit der Welt, S. 398)

Technologie sowie Justiz eingerichtete Kommission kam Mitte der 1980er Jahre zu dem Urteil, dass ein hypothetischer »Gentransfer in menschliche Keimbahnzellen« abzulehnen sei, da der Zufall der genetischen Ausstattung des Menschen prinzipiell aufrechterhalten werden müsse: »Seine je einmalige Individualität wie seine Unvollkommenheit gehören zum Wesen des Menschen. Ihn an einer vermeintlich richtigen Norm zu messen und genetisch auf diese Norm hin zu manipulieren, würde zugleich auch dem Menschenbild des Grundgesetzes widersprechen und den Menschen zutiefst in seiner Würde verletzen.«[275] Von besonderer Brisanz erschien den Experten dieser Kommission auch das Verfahren der heterologen Insemination zu sein, bei der die Samenspende zur künstlichen Befruchtung nicht vom Vater stammte. Der Kommissionsbericht sah hier die Gefahr einer unkontrollierbaren »Traumatisierung« im Blick auf die Identitätsbildung des gezeugten Kindes, da es seine Abstammung einem »sogar in doppelter Hinsicht künstlichen Vorgang« verdanke.[276] Wie im Fall der Gentherapie stand auch hier die Problematik der Kontrolle und »Verarbeitung« des Kontakts von Natürlichem und Künstlichem im Hintergrund.

In Dänemark konzentrierte sich die öffentliche Diskussion über die Bedeutung des gentechnologischen Fortschritts für die menschliche Identität zu Beginn der 1980er Jahre auf vergleichbare Themen. Im Jahr 1983 legte das Innenministerium einen Expertenbericht zu einem Themenbündel aus künstlicher Befruchtung, pränataler Diagnostik und gentechnologischer Forschung vor, in dessen Vorwort vermeintliche Ängste der Bevölkerung aufgegriffen wurden. Die jüngsten wissenschaftlichen Fortschritte würden »in jedem Fall derart erlebt werden, dass die Menschheit Gefahr läuft, sich zum Herrscher über das Allerwesentlichste aufzuschwingen: den Ursprung des Lebens und das Erbgut kommender Generationen«.[277] Der Leiter der Tagung, auf die der Bericht zurückging,

---

275 | Bundesministerium für Forschung und Technologie/Bundesministerium der Justiz (Hg.): In-vitro-Fertilisation, S. 45-46; siehe auch Trautner: Gentechnologie und Humanbiologie, S. 38. Vgl. zur Diskussion des Zusammenhangs von Menschwürde und Genomanalyse auch Benda: Erprobungen der Menschenwürde.

276 | Bundesministerium für Forschung und Technologie/Bundesministerium der Justiz (Hg.): In-vitro-Fertilisation, S. 12. Gleiches galt für eine Eizellenspende: »Hinzu kommt, daß dieses [das Kind], sobald es seine Herkunft erfährt, bei seiner Identitätsfindung auf zusätzliche Schwierigkeiten stößt, weil austragende wie genetische Mutter gleichermaßen Anteil an seiner Existenz haben. Insoweit ist die Problematik der Eispende gegenüber derjenigen der Samenspende eher noch verschärft.« (Ebd., S. 18) Vgl. auch Mabeck: Insemination.

277 | Holberg: Indenrigsministerens forord, S. 3. Siehe auch den parallelen Bericht Indenrigsministeriet (Hg.): Fremskridtets pris. In der zugespitzten Zusammenfassung der Kulturwissenschaftlerin Mette Brylds drehte sich die Diskussion in den 1980er Jahren in Dänemark darum, »wie der Gesetzgeber das ungeborene Kind sowie den verschreckten Bürger gegenüber unverantwortlichen und skrupellosen Ärzten beschützen konnte und damit vor den Monstern, die aus deren Experimenten entstehen könnten«. (Bryld: Den

der Humangenetiker, Arzt und Ethiker Povl Riis, entwickelte angesichts dieser Herausforderungen den Begriff der »erblichen Unverletzlichkeit« (*arvemæssige ukrænkelighed*) des Menschen.[278] In Anbetracht der neuen technologischen Herausforderungen gelte es, dieses Grundprinzip der menschlichen Natur von Expertenseite aus zu schützen. Auch wenn humangenetische Experten wie Riis die grundsätzlichen Vorwürfe und Verbotsforderungen aus Öffentlichkeit und Politik kaum als sinnvoll erachteten, verbreitete sich die Einsicht im humangenetischen Diskurs, dass nicht allein individuelle, missbräuchliche Anwendungen humangenetischer Technologien problematisch seien, sondern auch Grundlagenforschung bzw. der Zuwachs des Wissens keineswegs mehr per se als wünschbar vorausgesetzt werden konnten.[279]

Angesichts der Möglichkeiten, die sich aus den Fortschritten der Gentechnologie und der künstlichen Befruchtung ergaben, sowie der kritischen Haltung weiter Teile der Öffentlichkeit und Politik bekannten sich humangenetische Experten bereitwillig zu einem neuen Kernprinzip menschlicher Identität, und zwar, dass das menschliche Genom nicht künstlich verändert, sondern einzig durch natürliche Prozesse beeinflusst werden dürfte. Die »Zufälligkeit« der genetischen Ausstattung des Menschen wurde als ein neues »Recht«, das »Recht anders geboren zu werden«, entdeckt.[280] Humangenetische Experten konstruierten damit einen vermeintlich grundsätzlichen Anspruch des Menschen auf den Schutz seiner Natürlichkeit vor dem gentechnologischen Fortschritt – eine Natürlichkeit, die erst vor dem Hintergrund dieses »Fortschritts« als solche sichtbar geworden war. Was hier auf dem Spiel stand, war in den Augen der Zeitgenossen die Gattungsidentität der gesamten Menschheit (und nicht die einzelner Ethnien oder Bevölkerungen). Das Menschsein schien nun im globalen Maßstab in Frage gestellt zu werden, indem der vermeintliche Kern menschlicher Identität – das Genom – durch seine »Entzifferung« zugleich als potentiell umschreibbar erschien.[281] Parallel zur Würde und Natur des Menschen war in diesen Kontroversen auch das Begriffspaar von Normalität und Anomalität in Bewegung geraten.

---

uendelige bekymringshistorie, S. 64) Die Partei Venstresocialisterne legte im folgenden Jahr gar einen Gesetzesvorschlag vor, der die gentechnologische Forschung vorläufig stoppen wollte, Forslag til folketingsbeslutning om midlertidigt stop for udvidet anvendelse af ny medicinsk teknologi, 4.4.1984.

278 | Riis: Indledning om mødets emne, S. 13.
279 | Vgl. ebd., S. 14.
280 | Ebd.
281 | Vgl. Rifkin: Das biotechnische Zeitalter, S. 17. Zudem ergaben sich in Deutschland und Dänemark breite Bedenken vor einer Art »Kommerzialisierung menschlichen Lebens«, in deren Schatten die Diskussion um die gentechnologische Forschung insgesamt stand. Aus dieser Warte bot vor allem auch das erste Patent auf einen »genetisch veränderten Organismus« in den USA 1981 Anlass zur Kritik. Derartige Patente blieben in den 1980er Jahren sowohl in Deutschland als auch in Dänemark unmöglich.

Es hieß von Experten wie Laien gleichermaßen, dass die menschliche Normalität insbesondere in medizinischer Hinsicht durch die fortschreitende gentechnologische Forschung zunehmend kontingent geworden sei.[282] Sie bedurfte dringend der »Re-Stabilisation«, die vor allem durch eine verstetigte öffentliche Debatte geleistet werden müsse.[283]

Von großer Brisanz für die Identität des Menschen war zudem die Aussicht, genetische Defekte erwachsener Menschen zu diagnostizieren, bevor die entsprechende Krankheit ausbrach.[284] Dies bedeutete in den Augen vieler Zeitgenossen gewissermaßen einen massiven Eingriff in das Schicksal des Individuums, indem die Zukunftsoffenheit seines Lebens eingeschränkt würde. In gewisser Weise ließ sich die Biografie in wesentlichen Aspekten zu einem frühen Zeitpunkt des Lebens vorwegnehmen. Bereits die Pränataldiagnostik hatte in diese Richtung gewiesen, indem das zukünftige medizinische Leben des Fötus anhand der Kultivierung von Gewebeproben im Labor im Hinblick auf einzelne Merkmale durchgespielt werden konnte – eine Simulation, die später durch die Präimplantationsdiagnostik bereits vor den Zeitpunkt der Zeugung verschoben werden konnte. Zu einer auch von Humangenetikern problematisierten Entwicklung, die grundlegende Folgen für das Selbstverständnis des Menschen haben könnte, wurde dies jedoch erst, als der genetische Code »direkt« zugänglich war und »prädiktive Gentests« in Aussicht standen. Die Frage der Zukunft des Individuums schien dadurch aus medizinischer Sicht mit großer Sicherheit, Eindeutigkeit und vor allem »Formelhaftigkeit« berechenbar zu sein.[285]

---

282 | Vgl. Indenrigsministeriet (Hg.): Fremskridtets pris, S. 9.

283 | Siehe z.B. Teknologinævnet (Hg.): Consensus Conference, S. 17-18.

284 | Bundesminister für Forschung und Technologie/Bundesminister der Justiz (Hg.): In-vitro-Fertilisation, S. 41; Grenzen und Möglichkeiten der Humangenetik, S. 30; Teknologinævnet (Hg.): Consensus Conference, S. 19-21. Auch wenn zahlreiche technologische Neuerungen im Bereich der »Personal Genomics« erst in den Folgejahrzehnten möglich wurden, setzte diese »bioethische« Diskussion in Deutschland und Dänemark bereits in den 1980er Jahren ein. Siehe für die Diskussion der jüngeren Entwicklungen außerhalb des Untersuchungszeitraums der vorliegenden Studie Det Etiske Råd: Genundersøgelse af Raske; Schmidtke u.a. (Hg.): Gendiagnostik in Deutschland.

285 | Eine immer wiederkehrende Argumentationsfigur stellte in diesem Zusammenhang die Schutzbedürftigkeit persönlicher genetischer Informationen gegenüber Interessen von Versicherungsunternehmen und Arbeitgebern dar. Vgl. mit Blick auf den paradigmatischen Fall der Chorea Huntington: »Das Wissen um das Vorhandensein des Huntington-Gens bei einer anderen lebenden Person ist in der Beziehung von Menschen untereinander (zu dieser Person), z.B. Arbeitgeber/Arbeitnehmer, Versicherer/Versicherter, Konkurrenten, Kollegen, aber sogar auch unter Ehepartnern und Familienangehörigen, wo es ja bekanntlich auch massive Konflikte geben kann, ein enormer Machtfaktor. [...] Es handelt sich hier um Wissen über den Schicksalsverlauf dieser Person. [...] Neben dieser Mißbrauchsmöglichkeit in allen sozialen Beziehungen sehe ich die große Gefahr, daß die betreffende Person – jeder Hoffnung

Auch in diesem Zusammenhang zeigte sich sehr deutlich, dass technologische Fortschritte, die im humangenetischen Diskurs zuvor vorrangig von ihrer epidemiologischen bzw. präventivmedizinischen Anwendbarkeit her bewertet worden waren, in den 1980er Jahren eine neue Qualität bekamen. Kein Wissenszuwachs und keine neue Technologieentwicklung konnte mehr ohne die Berücksichtigung ihrer Folgen für das menschliche Selbstverständnis im Allgemeinen wahrgenommen werden. Das Gesellschaftsverhältnis der Humangenetik war um eine dauerhafte identitäre Dimension erweitert worden. Dieser Prozess ging mit einer entsprechenden Sensibilisierung humangenetischer Expertensubjekte einher, was keineswegs nur als »Druck von außen« – aus Öffentlichkeit und Politik – empfunden werden musste. Erst durch die Transformation der Subjektivierungsweisen des humangenetischen Diskurses waren Humangenetiker diesen »Vorwürfen« gegenüber aufgeschlossener geworden, empfanden »aus sich heraus« eine stärkere Verantwortlichkeit für den Schutz von Natur und Identität des Menschen und nicht zuletzt auch ein gewisses Interesse bzw. eine gewisse Lust an der Beschäftigung mit derartigen »gesellschaftlichen Nebenfolgen« genetischer Forschung.

Je mehr Diagnostik, desto besser? –
Problematisierungen von Angebot und Nachfrage

Das zentrale Moment im humangenetischen Diskurs der 1970er Jahre war die Bedienung einer »Nachfrage« nach humangenetischer Beratung. Am Umbruch zu den 1980er Jahren deuteten sich allerdings Verwerfungen im Nachfrageverhalten der Patienten an, die die humangenetischen Experten eher überraschend konstatierten. Das rationale Nachfrageideal schien sich im Zuge seiner Implementierung teilweise in sein Gegenteil verkehrt zu haben. Die teils »irrationalen« Entwicklungen der Nachfrage, die humangenetische Experten konstatierten, stellten gewissermaßen frühe seismografische Messungen der psychologischen und sozialen Belastungen dar, in deren Licht die humangenetische Beratung und Pränataldiagnostik in den 1980er Jahren gesehen wurde. Sie führten zu einer Veränderung der Wahrnehmung des Patientensubjekts im humangenetischen Diskurs. Zum anderen wurden diese Fehlentwicklungen als solche überhaupt erst sichtbar, als sich ein neues Wahrnehmungssensorium auf der Expertenseite herausgebildet hatte, das die psychologischen und sozialen Dimensionen der Humangenetik in den Vordergrund rückte. Vor dem Hinter-

---

beraubt – selbst mit dem Wissen, Genträger zu sein, schlecht zurecht kommt.« (Marianne Jarka: Psychologische und ethische Bedenken im Hinblick auf eine präsymptomatische Diagnostik (»Gendiagnostik«) bei Risikopersonen für Chorea Huntington aufgrund von familiären DNA-Analysen, 12.3.1986 [ArchMHH, Dep. 1 acc. 2011/1 Nr. 2], S. 1) Vgl. des Weiteren Bundesministerium für Forschung und Technologie: Arbeitskreis; Teknologinævnet (Hg.): Consensus Conference, S. 21-23.

grund der Aufklärungs-, Versorgungs- und Angebotsausweitungs-Euphorie der 1970er Jahre ließ sich die Frage nach einer etwaigen Über-Inanspruchnahme humangenetischer Diagnostik nicht sinnvoll stellen bzw. einzig als Kapazitätsproblem thematisieren.

In Deutschland widmeten sich zahlreiche statistische Erhebungen dem rasanten Nachfrageanstieg nach humangenetischer Beratung, nachdem der Schwangerschaftsabbruch im Jahr 1976 gesetzlich neugeregelt worden war. Für die erst kurz zuvor errichtete Beratungsstelle an der Universität Bremen beobachtete dessen Leiter Werner Schloot 1979, dass sich die »Zahl der bearbeiteten Fälle erheblich ausgeweitet« hat.[286] »Die überregionalen Erfahrungswerte (Fallzahlen), die ich zur Begründung meines Antrages zur Errichtung einer wissenschaftlichen Einrichtung seinerzeit der Universität vorgelegt habe, sind bei weitem übertroffen worden. Die Bevölkerung in Bremen und im nordwestdeutschen Raum macht offensichtlich von den von uns angebotenen Möglichkeiten genetischer Untersuchungen stärker Gebrauch als bisher auf anderen Gebieten der Bundesrepublik mitgeteilt wurde.«[287] Schloot stellte seine Zahlen nicht ohne Stolz vor und reagierte im hergebrachten Schema. Er drängte auf einen weiteren Ausbau der Kapazitäten, um das Angebot der weiter steigenden Nachfrage anzupassen. Demgegenüber beobachteten im Laufe des folgenden Jahrzehnts immer mehr Experten eine darüber hinausgehende, qualitative Problematik: die steigende Zahl von Anfragen besorgter Eltern bei den humangenetischen Beratungsstellen der Bundesrepublik, die den Rahmen der aufwändig konstruierten »Risikogruppen« sprengte. Der Arbeitskreis zu den »ethischen und sozialen Aspekten des menschlichen Genoms«, der vom Bundesministerium für Forschung und Technologie einberufen worden war, stellte beispielsweise fest, dass 33jährige Frauen nunmehr die gleichen Untersuchungsangebote einfordern würden, »wie sie der 35-jährigen angeboten werden.«[288] Die Bestimmung derjenigen Gruppen, die einen »natürlichen« Zugang zur Pränataldiagnostik haben sollte, wurde nun immer deutlicher – und dies erregte Besorgnis – als Verhandlungssache sichtbar. Die humangenetischen Experten schränkten ihre Bemühungen der aktiven Erzeugung von Risikobewusstsein in der Bevölkerung in den 1980er Jahren tendenziell ein. Demgegenüber gewannen Bestrebungen an Gewicht, die genetische Selbstsorge der Patienten einzudämmen. Darüber hinaus wurde die Abhängigkeit der Nachfrage von der Aufklärung der Bevölkerung stärker reflektiert. Genetische Aufklärung verlor hierbei ihren rein verstärkenden Charakter einer ohnehin vorhandenen all-

---

286 | Werner Schloot: Zentrum für Humangenetik und Genetische Beratung, 17.12.1979 (BUA, 1/AS – Nr. 491), S. 1-2.
287 | Ebd.
288 | Abschlußbericht des Arbeitskreises »Ethische und soziale Aspekte der Erforschung des menschlichen Genoms« – Einberufen durch den Bundesminister für Forschung und Technologie, 1990 (HHStAW, Abt. 511 Nr. 1096), S. 234.

gemeinmenschlichen genetischen Selbstsorge. Sie erschien nun als komplexeres Phänomen, das direkt an der Konstruktion der Nachfrage beteiligt war.[289]

Die gleichen Erfahrungen wurden im Laufe des Jahrzehnts in Dänemark reflektiert. Der wichtige Kommissionsbericht »Fremskridtets pris« warf die Frage nach »Begrenzungen« des Zugangs zur Pränataldiagnostik auf und sprach sich vor allem gegen eine massenhafte Ausweitung aus.[290] Aus der Publikation sprach eindeutig keine ungebrochene Ausweitungslogik mehr. Stattdessen stellte der Bericht den Zusammenhang von medizinischen Diagnoseangeboten und rationalem Nachfrageverhalten an vielen Stellen in Frage. Die Kommission stand mit ihren Beobachtungen nicht alleine. Eine Studie aus den frühen 1990er Jahren fasste die vorherrschende Betrachtungsweise der 1980er Jahre zusammen: »There seems to be a considerable demand for free access to AC among pregnant women, who are not comprised by the risk groups of the circular from the Danish National Board of Health. This is shown in recent literature on groups of pregnant women who were not at risk according to the latest circular from 1981. Also physicians dealing daily with the counseling of pregnant women find an increasing demand for access to AC among women <35 years of age – and therefore not comprised by the largest risk group according to the mentioned circular, namely women >35 years of age.«[291] Bereits im Prozess der diskursiven Verfestigung der »Altersindikation« von 35 Jahren im Laufe der 1970er Jahre war klar gewesen, dass es sich hierbei um ein statistisch generiertes Konstrukt handelte. In den 1980er Jahren hatte dieses Konstrukt jedoch zunehmend die Autorität eingebüßt, die Klienten der humangenetischen Beratungsstellen vorzustrukturieren. Eine zunehmende Zahl von Anfragen besorgter Eltern ergab sich ohne die Grundlage eines von humangenetischen Experten bestimmten »Risikos«.

Die Verknüpfung einer Ausweitung des Angebots und dessen adäquater Inanspruchnahme war eine der zentralen Selbstverständlichkeiten, die die humangenetische Beratung und Pränataldiagnostik in den 1970er Jahren begleitet hat-

---

289 | In einem Memorandum führender Humangenetiker zur »Versorgung der Bevölkerung mit Leistungen der Medizinischen Genetik« in Hessen hieß es Ende der 1980er Jahre: »Es hat sich gezeigt, daß die Häufigkeit von Überweisungen zur genetischen Beratung sehr stark von der Information der Bevölkerung abhängt. Ein Vortrag in einer Einrichtung für Behinderte kann zum Beispiel ausreichen, um auf längere Zeit mehrmonatige Wartefristen für die Beratungstermine zu erzeugen. Den gleichen Effekt wird möglicherweise die Verteilung der Broschüre über die genetische Beratung in Hessen haben.« (Memorandum zur Versorgung der Bevölkerung mit Leistungen der Medizinischen Genetik, o.D. [ca. 1988] [HHStAW, Abt. 511 Nr. 428], S. 11)
290 | Indenrigsministeriet (Hg.): Fremskridtets pris, S. 38-47; siehe auch Nelausen/Tranberg: Fosterdiagnostik og etik, S. 12.
291 | Goldstein: Studies of Various Aspects of Down Syndrome, S. 5. Als Beleg dieser Aussagen verwies Goldstein auf Lundsteen u.a.: De gravide ønsker fostervandsprøver, und Tabor u.a.: Screening for Down's Syndrome, sowie auf persönliche Gesprächspartner.

ten. Sie erodierte zusehends – neben der Über-Inanspruchnahme wurde auch eine Unter-Inanspruchnahme durch manche Risikogruppen und in manchen Regionen konstatiert.[292] Vor diesem Hintergrund bezeichnete es der dänische Ethikrat am Übergang zu den 1990er Jahren als »unverantwortlich«, dass die Weiterentwicklungen auf dem Gebiet der Pränataldiagnostik, insbesondere die Ausweitung ihres Angebots, noch immer größtenteils »automatisch ablaufen«.[293] Stattdessen forderte der Bericht des Rats, an dessen Abfassung einige humangenetische Experten beteiligt waren, dass es möglich sein müsse, »das Angebot an Pränataldiagnostik laufend zu regulieren (*justere*) – nicht notwendigerweise nur in eine ausweitende Richtung.«[294] Für diese Regulierung war in den Augen der Experten eine verstetigte Debatte über die Bedeutung von Begriffen wie »Normalität«, »Krankheit« und »Behinderung« erforderlich, da deren Auslegung im Rahmen der Anwendung humangenetischer Technologien zunehmend unsicher geworden sei.[295]

Diese deutlich bioethisch imprägnierten Beobachtungen unterschieden sich klar von früheren Diskussionen, insbesondere über das »Wuchern« von Schwangerschaftsabbrüchen im Rahmen des dänischen Gesetzes von 1937. In derartigen Debatten war es meist einzig um den Missbrauch der gesetzlichen Bestimmungen gegangen. Die vorgesehenen medizinischen und eugenischen Indikationen wurden, wie eine offizielle Kommission Ende der 1960er Jahre feststellte, vielfach instrumentalisiert, um Schwangerschaftsabbrüche zu legitimieren, die eigentlich aus familiären, finanziellen oder sonstigen Versorgungsschwierigkeiten motiviert seien.[296] Das Problem liege in dem mangelhaften Zugang vieler Frauen zu sozialstaatlichen Leistungen, zu ausreichendem Wohnraum, zu ausreichender Arbeitsentlastung etc. Auch würde der familiäre Druck, »unsittliche« Schwangerschaften zu verbergen, eine wichtige Rolle spielen. Aus diesem Grund plädierte die überwiegende Zahl der Kommissionsmitglieder für die Freigabe einer »sozialen Indikation«, die in den 1950er Jahren noch mehrheitlich abgelehnt worden war. Zudem sollte die Wohnungs- und finanzielle Situation schwangerer Frauen in den einkommensschwachen Gesellschaftsschichten durch den Ausbau öffentlicher Einrichtungen verbessert werden. In diesen Ausführungen äußerte sich ein deutlich anderes Problembewusstsein als in den 1980er Jahren. Es ging um die Instrumentalisierung eugenischer Mittel zu anderen Zwecken und nicht um die besorgniserregende Ausweitung der Nachfrage nach eugenischen Leistungen, die auf ein sachlich unbegründetes, genetisches Risikobewusstsein der Patienten der humangenetischen Beratung zurückzuführen wäre. Dabei handel-

---

292 | Vgl. Goldstein: Studies of Various Aspects of Down Syndrome, S. 19.
293 | Det Etiske Råd: Fosterdiagnostik og etik, S. 48.
294 | Ebd.
295 | Ebd.
296 | Siehe hierzu wie für die folgenden Paraphrasen: Betænkning om Adgang til Svangerskabsafbrydelse, S. 62-65, 78-79.

te es sich um ein neuartiges Phänomen, das humangenetische Experten erst in der dritten Phase grundlegend problematisierten.

Es bietet sich an, auf einen weiteren Aspekt des humangenetischen Diskurses hinzuweisen, der das Aufbrechen der Selbstverständlichkeit zwischen medizinischem Wissen bzw. diagnostischen Möglichkeiten und ihrer Anwendung andeutete. Als sich in den frühen 1980er gendiagnostische Methoden am Humangenetik-Institut der Kopenhagener Universität etablierten, ergab sich die Frage, ob potentielle Träger von Erbkrankheiten, die durch die humangenetische Beratung von Verwandten aufgefallen waren, von den behandelnden Ärzten unaufgefordert über ihr Risiko informiert werden sollten. Die damalige Leiterin des Instituts, Kirsten Fenger, konstatierte 1983: »Die stattfindende Entwicklung neuer diagnostischer Methoden bringt das Erbbiologische Institut und andere klinische Institutionen unweigerlich in die Situation, dass man konkrete Informationen über Namen, Adressen und anderes mehr von Risikoindividuen und -familien vorliegen hat, die von den entsprechenden Methoden profitieren könnten.«[297] Parallel zu den Chancen dieser Entwicklung waren jedoch auch Bedenken zutage getreten. Es war zweifelhaft, ob Humangenetiker bekannte »Risikopersonen« für schwere Erbkrankheiten von sich aus kontaktieren sollten. Derartige Bedenken brachten beispielsweise die medizinische Fakultät sowie die mit dem Datenschutz beauftragte, staatliche Registeraufsicht (*registertilsynet*) vor. Fenger setzte diesen Bedenken vorerst ein standesethisches Selbstverständnis entgegen: »Die Ärzte des Registerausschusses (*registerudvalg*) des Erbbiologischen Instituts sehen es nach ärztlicher Ethik als unverantwortlich an, entsprechenden Familien die neuen diagnostischen Methoden nicht anzubieten, sobald diese verfügbar sind.«[298] Der Kopenhagener Humangenetiker Jørgen Hilden äußerte sich kurz darauf zu Fengers Schreiben und unterstützte ihre Position im Wesentlichen.[299] Aus seinem Brief geht hervor, dass der Stellenwert allgemeiner bioethischer Komitees gegenüber traditionellen standesethischen Mechanismen derzeit Gegenstand von Deutungskämpfen und Kontroversen war. So sah Hilden die Zuständigkeit des Wissenschaftsethischen Komitees (*videnskabsetisk komité*) vor allem in der Beurteilung von Forschungsvorhaben, während sich die »präventivmedizinische Benachrichtigung« im Rahmen der Humangenetik aus dem ärztlichen Selbstverständnis im Grunde von selbst ergebe. Hilden führte hier einen Vergleich zur Bekämpfung von Infektionskrankheiten an, bei denen das Umfeld Betroffener

---

297 | Brief von Kirsten Fenger an Registertilsynet/Den centrale videnskabsetiske komité, November 1983 (Københavns Universitet, Afdeling for Medicinsk Genetik, Registerudvalget, Lb.nr.1).
298 | Ebd.
299 | Brief von Jørgen Hilden an Instituttets Registerudvalg, 7.11.1983 (RA, Københavns Universitet, Afdeling for Medicinsk Genetik, Registerudvalget, Lb.nr.1). »Der verantwortliche Arzt fühlt sich verpflichtet, die Familienmitglieder zu unterrichten, mit denen man keinen unmittelbaren Kontakt in dem entsprechenden Beratungsfall hatte«, hieß es dort.

ebenfalls benachrichtigt werde. Der argumentative Aufwand, mit dem eine präventivmedizinische Verantwortung der Humangenetik konstruiert wurde, zeigt jedoch zugleich: Der Automatismus zwischen der Verfügbarkeit humangenetischer Diagnosetechniken und ihres Angebots an alle »Risikopersonen« konnte keineswegs mehr als selbstverständlich vorausgesetzt werden. Die Möglichkeit dieses Angebots musste, im Gegenteil, mühsam erstritten werden. Aus den Äußerungen von Fenger und Hilden sprach noch eine deutliche Gewöhnungsbedürftigkeit vieler Humangenetiker in den frühen 1980er Jahren daran, dass ihr diagnostischer Fortschritt nicht mehr per se erwünscht zu sein schien. Die in den 1970er Jahren geforderte uneingeschränkte Bedienung eines Informationsbedürfnisses wurde nun zur Gratwanderung zwischen willkommenem Angebot und paternalistischer Aufdringlichkeit.[300] Im Vergleich zur Diskussion um die Irrationalität der Nachfrageentwicklung nach pränataler Diagnostik zeigte sich hier das Gegenbild: das Zuviel an Diagnoseangeboten von Seiten der Experten stand im Mittelpunkt. In beiden Fällen brachen in den 1970er Jahren unhinterfragte Subjektformen von Experten und Laien auf und erforderten Neujustierungen.

Die psychologische Dimension der humangenetischen Beratung

In den Feststellungen einer übersteigerten Nachfrage nach pränataler Diagnostik tauchte eine neues Phänomen im humangenetischen Diskurs auf: der Wunsch eigentlich ungefährdeter, dennoch beunruhigter Eltern bzw. Schwangerer, sich durch die pränatale Diagnostik ihre Ängste nehmen zu lassen. In gewisser Weise kam der humangenetischen Beratung damit eine »betreuende« Komponente zu. Sie etablierte sich als psychologisches Problem. Einerseits übten ihre Existenz und das Wissen um sie psychologischen Druck oder auch psychologische Begehrlichkeiten auf eine beträchtliche Gruppe von Eltern aus, andererseits konnte ihre Anwendung dazu dienen, selbst geschaffene Ängste abzubauen. Zudem schien die vermeintliche Steigerung der Diagnosesicherheit durch gendiagnostische Methoden in der Pränataldiagnostik die individuelle Unsicherheit im Umgang mit den Diagnosemöglichkeiten und -ergebnissen eher in die Höhe zu treiben, als sie

---

300 | Jørgen Hilden schrieb in diesem Zusammenhang über die Meinung eines anderen Institutsmitglieds (der Name ist in dem Schreiben nicht genannt): »Sie ist genau auf der Linie des Wissenschaftsethischen Komitees und meint, dass die meisten Menschen die Kinder bekommen, die sie haben wollen, unabhängig von eventuellen Risiken. Sie bezieht sich auf Patienten mit Chondrodystrophie u.a., die sie behandelt. Sie findet den Gedanken, dass man angelaufen kommt und an die Tür klopft, um Beratung anzubieten, abstoßend.« (Jørgen Hilden: Notat til Instituttets Registerudvalg, 7.11.1983 [RA, Københavns Universitet, Afdeling for Medicinsk Genetik, Registerudvalget, Lb.nr.1])

abzubauen.³⁰¹ Die gendiagnostischen Neuerungen der Pränataldiagnostik riefen scheinbar eine nicht bloß vereinzelte, sondern generelle, systematische psychologische Beunruhigung bei den »Betroffenen« hervor. Es stellte sich eine »Psychologisierung« der Subjekte der humangenetischen Beratung ein, und zwar auf Seiten der Experten, die neuartige Implikationen ihres Tuns reflektieren mussten, sowie auf Seiten der »Klienten«, deren Interesse an humangenetischer Beratung eine psychologische »Tiefendimension« aufwies. Anne Waldschmidt formulierte treffend, dass in den 1980er Jahren »die Psychologie des Subjekts auf den Plan getreten« sei: »Das humangenetische Subjekt der achtziger Jahre als beratenes und beratendes Subjekt ist nicht mehr nur ohne besondere Motive reagierend. Es handelt, es denkt und fühlt nun; es neigt nun zur Introspektion, zur Überprüfung seiner inneren Beweggründe.«³⁰² Der humangenetische Berater geriere sich als eine Art Begleiter dieses Reflexionsprozesses der Patienten. Er schaffe eine möglichst »vertrauensvolle« Atmosphäre und konzentriere sich darauf, Beratungsverlauf und -ergebnisse in einer der spezifischen psychologischen Situation des Patienten angemessenen Weise zu kommunizieren.³⁰³

Diese Entwicklung hatte ihre Vorläufer in den 1970er Jahren, beispielsweise in den Sektionen zur Psychologie oder zum »subjektiven Erleben« der Pränataldiagnostik, die anfangs noch randständig blieben, sich zum Ende des Jahrzehnts jedoch als integraler Bestandteil wissenschaftlicher Fachtagungen durchsetzten.³⁰⁴

---

301 | Vgl. z.B. Abschlußbericht des Arbeitskreises »Ethische und soziale Aspekte der Erforschung des menschlichen Genoms« – Einberufen durch den Bundesminister für Forschung und Technologie, 1990 (HHStAW, Abt. 511 Nr. 1096) S. 221-222. Siehe auch Lengwiler/Madarász: Präventionsgeschichte als Kulturgeschichte, S. 16-17.
302 | Waldschmidt: Das Subjekt in der Humangenetik, S. 265. Dabei reichte die psychologische Belastung über den Zeitraum der humangenetischen Beratung und der medizinischen Behandlung hinaus und schloß die nachträgliche »Trauerarbeit«, die ein erfolgter Schwangerschaftsabbruch bedeutete in die Arzt-Patienten-Beziehung mit ein, Vogel: Humangenetisches Wissen und ärztliche Anwendung, S. 24-25.
303 | Waldschmidt: Das Subjekt in der Humangenetik, S. 260-264.
304 | 1975 sollten psychologische und soziologische Faktoren der humangenetischen Beratung auf der 14. Tagung der Gesellschaft für Anthropologie und Humangenetik noch im »kleinen Kreis« der Experten und als ein Seitenaspekt besprochen werden, siehe den Brief von Peter Emil Becker an H.G. Schwarzacher, 6.1.1975 (ArchMHH, Dep. 2 acc. 2011/1 Nr. 14). Siehe darüber hinaus als frühen interdisziplinären Annäherungsversuch die Arbeitsgruppe »Genetik und die Qualität des Lebens« des Deutschen Ökumenischen Studienausschusses zwischen 1973 und 1975, Altner: Genetik und die Qualität des Lebens, S. 55-56. In den 1980er Jahren hatten sich die psychologischen Aspekte der Humangenetik bereits fest etabliert, vgl. z.B. einige Vorträge der Sektion »Pränatale Diagnostik und genetische Beratung« unter dem Vorsitz von Gebhard Flatz auf der 20. Tagung der Gesellschaft für Anthropologie und Humangenetik 1987 in Gießen: »Psychische Aspekte der pränatalen Diagnostik an Chorionzotten«, »Psychologische Aspekte der Beratung über die genetische Fruchtwasseruntersuchung«,

Einen wichtigen Indikator stellten auch vermehrte Studien zu den »psychologischen Auswirkungen« der Pränataldiagnostik dar, die in kleinerem Umfang bereits im Laufe der 1970er Jahre durchgeführt worden waren, so zum Beispiel auch im Rahmen des SPP »Pränatale Diagnose genetisch bedingter Defekte«.[305] Zu denken ist des Weiteren an einige »Follow-up-Studien« zur humangenetischen Beratung. Vor allem in der zweiten Hälfte der 1970er Jahre bereiteten diese die Psychologisierung humangenetischer Subjekte vor, ohne sie allerdings gänzlich vorwegzunehmen. Alle diese Beispiele verweisen auf Phänomene, die in ihren wesentlichen Bezugspunkten noch der zweiten Phase humangenetischer Subjektivierungsweisen verhaftet blieben. Begriffliche und thematische Kontinuitäten zu den 1980er Jahren und der dritten Phase täuschen über gänzlich verschiedene Wahrnehmungs- und Wertungsschemata sowie Subjektivierungsweisen hinweg. Dessen ungeachtet bereiteten diese Entwicklungen künftige diskursive Rejustierungen vor, die abermals weniger in einer Abschaffung oder Neuerfindung von Begriffen, Themen, Technologien etc. gründeten, als in deren neuer Hierarchisierung.

Dies lässt sich an einem Beispiel aus dem humangenetischen Institut der Universität Kopenhagen illustrieren. Dessen Leiter Jan Mohr befand in einem Schreiben an einen Kollegen vom renommierten Department of Human Genetics in Edinburgh, dass in Dänemark bislang kaum Follow-up-Studien zur humangenetischen Beratung durchgeführt worden seien. Mohr fügte hinzu: »I am afraid this has been a mistake (for instance concerning hemophilia in Denmark, we have just considered cases born in the period 1957-1976; and about a third seem to be cases of ›neglected prevention‹, i.e. cases where the risk should have been known from the family history. My impression is that in most of these cases the mother had been told about the risk [...])«.[306] Es wird deutlich, dass die fehlenden Studien

---

»Subjektives Erleben von genetischer Beratung und pränataler Diagnostik – Befragung von 679 Frauen nach Amniozentese« und »Zur psychologischen Problematik der prädiktiven genetischen Diagnostik bei Huntingtonscher Krankheit – Ein Fallbericht« (HHStAW, Abt. 511 Nr. 428). Vgl. für Dänemark den Rundbrief von Søren K. Sørensen an landets læger, sygehuse m.fl., 28.12.1983 (RA, Københavns Universitet, Afdeling for Medicinsk Genetik, Registerudvalget, Lb.nr.1).

305 | Im Jahr 1976 stellten zwei Vertreter der Psychosomatischen Abteilung der Universität zu Köln einen Förderantrag für eine »psychologische Studie bei Frauen mit erhöhtem Risiko für die Geburt eines Kindes mit genetisch bedingten Defekten«: »Dabei sollen insbesondere die Auswirkungen der Möglichkeit einer pränatalen Diagnose bei der Familienplanung, bei der Einstellung zur Schwangerschaft und die psychische Einstellung einer Schwangeren vor und nach Kenntnis der pränatalen Diagnose untersucht werden.« (Protokoll der Prüfungsgruppe für die Neu- und Verlängerungsanträge des SPP »Pränatale Diagnostik«, November 1976 [BA, B 227/225097])

306 | Brief von Jan Mohr an Alan Emery, 21.2.1977 (RA, Københavns Universitet, Afdeling for Medicinsk Genetik, Korrespondance, 1973-1977, Lb.nr.6).

keineswegs die psychischen Folgen der humangenetischen Beratung erfassen, sondern deren Wirksamkeit im Sinne einer Verhinderung der Geburt erbkranker Kinder überprüfen sollten. Mohr ging es um die Steigerung der »Effektivität« der humangenetischen Beratung, und zwar nicht im Sinne eines ergebnisoffenen Einbezugs aller individuellen psychologischen Komponenten, sondern im eugenischen Sinn, der ganz dem Automatismus-Schema der 1970er Jahre entsprach. Vor allem zu diesem Ziel sollte eine entsprechende Untersuchung die humangenetische Beratung in Dänemark als Kommunikationssituation konzipieren, die optimiert werden könnte.[307] Entsprachen derartige Überlegungen zum Umgang der Patienten mit den »Beratungsergebnissen« bzw. zur »Effektivität« oder »Wirksamkeit« der Beratung in den 1970er Jahren noch nicht einer umfassenden Psychologisierung der beteiligten Subjekte, so leiteten sie diese nichtsdestoweniger ein. Der Funktionswandel von Follow-up-Studien, die immer stärker vom Umgang mit der Beratung zur ihrer »Bewältigung« tendierten, stellte sich im Laufe der 1980er Jahren stillschweigend ein, ohne dass eine explizite Einführung neuer Methoden oder Instrumente nötig geworden wäre.[308] Derartige (sozial-)psychologische Forschungsvorhaben nahmen ihren Ausgangspunkt auch in der dritten Phase keineswegs in einer grundsätzlichen Ablehnung der entsprechenden Technologien. Sie entwickelten sich vielmehr zu einem nicht mehr wegzudenkenden Begleitinstrument humangenetischer Praxis, das die psychologische Ebene auf Seiten der Laien genauso wie auf Seiten der Experten einbezog.

Dass die psychologischen Dimensionen humangenetischen Wissens und seiner Anwendung zu einem zentralen Problem wurden, weist auf einen grundlegenden epistemischen Wandel des humangenetischen Diskurses hin, der den Übergang der zweiten zur dritten Phase kennzeichnet. Voraussetzung dieser Psychologisierung humangenetischer Subjekte war, dass sich die Deckungsgleichheit von technologischen Möglichkeiten mit individuellen und gesellschaftlichen Interessen, die in den 1970er Jahren handlungsleitend gewesen war, verflüchtigte. Das Interesse der Patienten konnte nicht mehr auf eine vermeintlich »selbstverständliche«, »rein medizinische« Diagnose reduziert werden, in der der humangenetische Berater vollständig aufzugehen schien. Der 1977 fertig gestellte offizielle Kommissionbericht zur Pränataldiagnostik, der entscheidenden Einfluss auf die Anwendung der Technologie in Dänemark hatte, entsprach noch im Wesentlichen diesem typischen Muster der zweiten Phase.[309] Einige Jahre später jedoch machte die junge Bioethik genau diese Aspekte zum Gegenstand kriti-

---

307 | Mohr fragte: »Should a proper counseling in such cases always comprise a follow-up session (or at least contact by telephone or letter) some time after the primary counseling? And how active and emphatic should the doctor be. [...] Is it necessary for the doctor to give an explicit recommendation, for the message to come across so as to be acted upon?« (Ebd.)
308 | Vgl. Berg u.a.: Genetics in Democratic Societies, S. 202.
309 | Betænkning om prænatal genetisk diagnostik.

scher Reflexion. In einer medizinethischen Qualifikationsarbeit aus dem Jahr 1986 heißt es über die im Bericht angestellten Kosten-Nutzen-Rechnungen: »Die Berechnungen setzen aber voraus, dass die Frauen bei der Feststellung von Chromosomenanomalien das Angebot zum selektiven (*selektiv*) Schwangerschaftsabbruch annehmen«.[310] Diese Annahme war in den 1980er Jahren keineswegs mehr so eindeutig wie im Jahrzehnt zuvor. Vielmehr entwickelte sich die Pränataldiagnostik von einem neutralen, effektiven Instrument der medizinischen Information zu einer Quelle »psychologischen Drucks«.[311] Die Arbeit thematisierte eine weitere unausgesprochene Voraussetzung des Kommissionsberichts im Zusammenhang mit der Pränataldiagnostik: »Es wird als gegeben angenommen, dass dabei menschliche Tragödien verhindert werden und dass es deshalb gut ist, die Technik zu diesem Zweck anzuwenden.«[312] Zentrale Selbstverständlichkeiten, die 1977 noch ihre Gültigkeit besaßen, waren damit deutlich markiert worden. Ihre Sichtbarkeit setzte sie hierbei zugleich der Kritik aus.

Der humangenetische Berater offenbarte in den 1980er Jahren eine eigene Persönlichkeit und eigene Interessen, die nicht mehr mit denen des Patienten und auch nicht mit denen der Gesellschaft im Allgemeinen deckungsgleich sein mussten. Es ging nunmehr darum, diese individuellen Momente, die an der Beratungssituation beteiligt waren, in Rechnung zu stellen. Berater und Beratener bewegten sich in einem pluralen Gemenge aus Befindlichkeiten, Emotionen sowie unterschiedlichen Bewertungs- und Wahrnehmungsschemata. Diese Faktoren waren keine dem Wesen der genetischen Beratung äußerlichen Einflüsse mehr – wie in den vorangehenden Phasen – und konnten deshalb auch nicht mehr ohne Weiteres im Dienste der Sache ignoriert bzw. in der Praxis umgangen werden. Sie mussten in ihrem eigenen Recht gewürdigt und in ihrer spezifischen Logik reflektiert werden. Dies stellte sich vor allem als psychologisches und kommunikatives Problem dar. In einem Schreiben an seinen Kollegen Friedrich Vogel lieferte Helmut Baitsch Mitte der 1980er Jahre eine paradigmatische Problematisierung der humangenetischen Beratung in diesem Sinne. Er stellte die Beratung als Situation dar, in der divergente Wertvorstellungen aufeinanderträfen. Daraus ergab sich in Baitschs Sicht für den Berater nicht mehr vorrangig die Aufgabe, ein Informationsbedürfnis zu bedienen bzw. ein möglichst klares Beratungsergebnis zu erzielen. Stattdessen war die Beratung im Kern mit sich selbst beschäftigt. Sie

---

310 | Nelausen/Tranberg: Fosterdiagnostik og Etik, S. 3.

311 | Philip: Fostervandsundersøgelser, S. 32-33.

312 | Nelausen/Tranberg: Fosterdiagnostik og Etik; S. 3. Siehe zur expliziten Aufkündigung dieser diskursprägenden Automatismen der 1970er Jahre in Deutschland die Diskussion unter dem Titel »Unwertes Leben?« in der Zeitschrift »der kinderarzt« von 1984, Storm: Unwertes Leben? Vgl. des Weiteren: »Mit der Entwicklung der pränatalen Diagnostik verbindet sich aber allzu selbstverständlich die Vorstellung eines dann möglich werdenden und gesetzlich tolerierten Abbruchs der Schwangerschaft. [...] Ein solcher Eingriff darf aber nicht zum Automatismus werden.« (Fuhrmann: Pränatale Vorsorge, S. 530)

sollte ihre Wertkonflikte offenlegen und reflektieren: »Es steht außer Zweifel, daß wir beratenden Genetiker in eine Vielzahl von Wertvorstellungen eingebunden sind, die teilweise zu einander in Konflikt stehen. Stellt sich nun die Frage, wie weit meine Beratung im Einzelfall beeinflußt wird durch welche konfligierenden Werte. Hier nun muß ich mich entscheiden, und ich stehe als Berater im Grunde in einer ähnlichen Problematik wie meine Klienten, die ja auch bei ihren Entscheidungen zwischen konfligierenden Wertvorstellungen stehen und entsprechend wählen müssen. Ich glaube, daß jeder von uns frei ist, sich zu entscheiden, welche Wertvorstellungen ihm die jeweils wichtigsten sind. Wir können uns also durchaus entscheiden, das Interesse der Gesellschaft höher zu bewerten als das Individualinteresse. Was ich aber fordern muß, ist wohl, daß ich meine eigenen Wertvorstellungen offenlegen muß vor mir selbst und daß ich mir insbesondere drüber klar werden muß, wie weit diese meine Wertvorstellungen eingehen in das Beratungsgespräch; und dabei muß ich unter Umständen den Klienten gegenüber offenlegen, mit welchen Wertvorstellungen ich ihm gegenüber operiere. Ich würde es für einen schwerwiegenden Verstoß gegen das Klient-Arzt-Verhältnis ansehen, wenn ich dem Klienten implizit oder explizit den Eindruck vermittle, ich würde ausschließlich allein seine eigenen Interessen und Wertvorstellungen im Auge haben, aber in Wirklichkeit nicht seine Wertvorstellungen, sondern die Wertvorstellungen der Gesellschaft versuchen, durchzusetzen. Ich glaube, wir befinden uns hier in einem ganz schwerwiegenden Dilemma, bei der Lösung der Problematik gibt es offensichtlich keine eindeutigen und für alle Fälle gleichermaßen gültigen Ergebnisse.«[313] Im Unterschied zu den 1970er Jahren hatte sich hier die Explikation verschiedener Interessenkonflikte in den Mittelpunkt der Beratungssituation geschoben.[314] Es trafen unterschiedliche Persönlichkeiten, unterschiedliche Dispositionen psychischer Art, unterschiedliche Werthierarchien aufeinander und nicht primär ein Anbieter und ein Nachfrager.[315]

Eine vergleichbare Transformation hatte sich in Dänemark eingestellt. Die Experten-Stellungnahme zu den ethischen Problemen der Pränataldiagnostik »Fremskridtets pris« zitierte 1984 das Beratungsideal der 1970er Jahre: Die schwangere Frau solle auf der Grundlage der humangenetischen Beratung eine

---

313 | Helmut Baitsch: Anmerkungen zum Vortragsentwurf »Humangenetik und die Verantwortung des Arztes« von F. Vogel, 26.8.1986 (ArchMHH, Dep. 1 acc. 2011/1 Nr. 14), S. 9-10.
314 | Siehe auch Det Etiske Råd: Fosterdiagnostik og etik, S. 37-42.
315 | Erst aus diesen Umstellungen der Experten-Laien-Konstellation ergab sich eine stärkere Ergebnisoffenheit der humangenetischen Beratung, auch wenn formale Postulate der »Nicht-Direktivität« bereits in den vorangehenden Jahrzehnten aufgetaucht waren. Sie müssen jeweils vor dem Hintergrund der in den vorigen Phasen dominanten Subjektformen interpretiert werden. Die Diskrepanz zwischen nomineller »Nicht-Direktivität« und praktisch gegenläufigen Tendenzen hat auch Regula Argast für die Beratungspraxis Hans Mosers in der Schweiz herausgestellt, Argast: Eine arglose Eugenik?

selbstbestimmte Entscheidung treffen. Eine Beeinflussung durch die persönliche »Interpretation« (*fortolkning*) des Falles durch den Berater solle nicht stattfinden. Stattdessen solle »die Beeinflussung sozusagen durch Sachlichkeit der Aufklärung erfolgen«.[316] Dies ruft das Verschwinden des Beratersubjekts hinter der objektiven Diagnosestellung, das die Subjektformen des humangenetischen Diskurses in den 1970er Jahren bestimmt hatte, in Erinnerung. Der Bericht verwirft dieses überkommene Ideal jedoch. Es handele sich um ein »unerreichbares Ziel«. Die »eigene Einstellung« und die »eigenen Wertvorstellungen« des Beraters würden sich nie gänzlich unterdrücken lassen.[317] Die Beratung wurde dadurch zu einer Art Management ihrer selbst. Der Arzt begleitete den Patienten in dem durch die Beratung geschaffenen Entscheidungsproblem und half ihm bei seiner Selbstreflexion und dem Umgang mit widerstreitenden Einflüssen. Das Beratungsergebnis war nunmehr etwas zu Bewältigendes und die Bewältigung stellte ein von Fall zu Fall individuelles Problem. Arzt und Patient sollten in diesem Prozess als »Partner« agieren.[318]

Diese Entwicklung verlangte den humangenetischen Experten neuartige psychologische und kommunikative Fähigkeiten ab. Waldschmidt hat darauf hingewiesen, dass dieser Prozess mit der allmählichen Professionalisierung »psychosozialer MitarbeiterInnen der genetischen Beratungsstellen« zum Ende der 1980er Jahre an institutioneller Kontur gewann.[319] Diese Etablierung neuer Berufsgruppen darf jedoch nicht darüber hinwegtäuschen, dass es sich bei der Psychologisierung humangenetischer Subjekte um eine Entwicklung handelte, die den humangenetischen Diskurs seit den späten 1970er Jahren bestimmte. Sie beeinflusste die Biografien aller humangenetischen Experten und hielt in traditionelle Berufsfelder Einzug. Statt um die Entstehung neuer Berufsgruppen geht es aus diskursgeschichtlicher Perspektive um die Entstehung neuer Subjektformen innerhalb hergebrachter Expertengruppen. Diese standen in unmittelbarer Wechselwirkung mit dem Wandel der Wahrnehmungsschemata. Der Göttinger Humangenetiker Peter Emil Becker schrieb 1986 im Ruhestand an Helmut Baitsch:

---

316 | Indenrigsministeriet (Hg.): Fremskridtets pris, S. 37.
317 | Ebd., S. 38.
318 | Vergleichbare Probleme ergaben sich aus der Möglichkeit, prädikative Gentests zu stellen. Die individuelle Sinngebung der Beratungsergebnisse schien hier besonders unsicher zu sein. Der Arzt war aufgefordert, ein »partnerschaftlicher« Begleiter des sinnsuchenden Patienten zu werden: »Der Patient ist Subjekt und Partner des Arztes im Prozeß der Diagnose und Therapie, bei zunehmender existenzieller Bedrohung schwinden mit den Alternativen auch die Chancen einer rationalen Entscheidung. Der getroffenen Entscheidung einen Lebenssinn zu verleihen – die sinnhafte Bewältigung eines Lebens- und Selbstwertgefühl bedrohenden Krankheit – ist allein dem Patienten möglich.« (Bundesministerium für Forschung und Technologie: Arbeitskreis, S. 4)
319 | Waldschmidt: Das Subjekt in der Humangenetik, S. 259. Vgl. Cottebrune: Von der eugenischen Familienberatung, S. 202.

»Wenn ich bei Ihnen lese, über was alles man sich bei der genetischen Beratung Gedanken macht, wundere ich mich, mit welcher Naivität ich selbst früher Patienten behandelt habe und die Ärzte es heute noch tun.«[320]

Der Adressat dieses Schreibens, Helmut Baitsch, propagierte in den 1980er Jahren mit großem Einfluss eine »nicht-direktive« humangenetische Beratung, die die psychologischen und kommunikativen Dimensionen der Beratungssituation maßgeblich in Rechnung stellen sollte.[321] Seine eigene Biografie ist beispielhaft dafür, dass diese Neuerungen nicht an die Ablösung einer alten durch eine neue Generation festgemacht werden können, sondern die Lebensläufe humangenetischer Experten durchdrangen.[322] Andererseits reflektiert Baitschs Werdegang diese Verschiebungen in einer besonders markanten Weise und ist in seiner auffallenden »institutionellen Diskontinuität« wiederum nicht repräsentativ für die Biografien vieler Kollegen. Baitsch fertigte eine medizinische sowie eine naturwissenschaftliche Dissertation (1951 und 1953) als auch seine Habilitation (1958) zu klassisch anthropologischen Themen an. Während seiner Forschungs- und Gutachtertätigkeit am anthropologischen Lehrstuhl in München, den Karl Saller innehatte, begann er sich in die neu entstehende biochemische Humangenetik einzuarbeiten. Nach seiner Berufung nach Freiburg baute er dort ab 1961 ein vielfach gerühmtes humangenetisches Forschungsinstitut auf, das zahlreiche weitere Universitätsinstitute in Deutschland als ihr Vorbild nannten.[323] In der zweiten Hälfte der 1960er Jahre wurde er zum Rektor der Universität Freiburg sowie in den Senat der Deutschen Forschungsgemeinschaft berufen. Ab 1970 widmete sich Baitsch kaum noch der humangenetischen Forschung, sondern wirkte als Rektor am Aufbau der jungen Universität in Ulm mit. Zeitgleich war er beratend im Bundesministerium für Bildung und Wissenschaft tätig. 1974 trat Baitsch dann freiwillig vom Rektorenamt zurück und beschäftigte sich nun zum überwiegenden Teil mit psychologischen Studien. Ab 1976 leitete er das Projekt »Ärztliche und psychologische Aspekte in der genetischen Beratung«, das ein Teilprojekt des DFG-Sonderforschungsbereichs »Psychotherapeutische Prozesse« bildete. Er leitete zudem bis zu seiner Emeritierung 1990 die auf sein Betreiben hin eingerichtete Abteilung »Anthropologie und Wissenschaftsforschung« der Universität Ulm.[324] Immer stärker widmete er sich zudem der »Bioethik«. Im

---

320 | Brief von Peter Emil Becker an Helmut Baitsch, 3.7.1986 (ArchMHH, Dep. 1 acc. 2011/1 Nr. 14). Becker bezog sich auf einen Sonderdruck, den Baitsch ihm zuvor hatte zukommen lassen, Reif/Baitsch: Psychological Issues in Genetic Counselling. Vgl. hierzu auch Vogel: Humangenetisches Wissen und ärztliche Anwendung, S. 29.
321 | Vielfach zitiert wurde in dieser Hinsicht das Buch Reif/Baitsch: Genetische Beratung.
322 | Für Unterlagen zur Biografie Baitschs siehe den Nachlass im Archiv der Medizinischen Hochschule Hannover (ArchMHH, Dep. 1 acc. 2011/Nr. 10 und 11).
323 | Vgl. Cottebrune: Die westdeutsche Humangenetik, S. 50-51.
324 | Vgl. den Brief von Helmut Baitsch an D.W. Hahn, 10.3.1975 (ArchMHH, Dep. 1 acc. 2011/1 Nr. 12).

Ruhestand gründete er gemeinsam mit seiner Frau Gerlinde Sponholz das »Institut für Medizin- und Organisationsethik«. An dieser Auswahl zentraler beruflicher Stationen aus Baitschs Leben wird offenkundig, dass er sich »in der zweiten Hälfte« seiner Laufbahn aus der humangenetischen Forschung deutlich zurückzog und sich stattdessen auf ihre psychologischen und ethischen Bedingungen konzentrierte.[325] Er leitete Projekte und Einrichtungen, die sich mit den gesellschaftlichen Konsequenzen humangenetischer und medizinischer Forschungen im Allgemeinen beschäftigten. Diese Reflexion der eigenen Tätigkeit unter bislang kaum berücksichtigten Perspektiven zeigte sich bei anderen zentralen Figuren des humangenetischen Diskurses keineswegs in der Form biografischer Diskontinuitäten und Brüche. Vielmehr vollzog sich die Psychologisierung der Humangenetik, insbesondere der humangenetischen Beratung, weitgehend innerhalb biografischer und institutioneller Kontinuitäten.

Die zuvor erwähnte Akzeptanz neuer, außerfachlicher Gesprächspartner, insbesondere aus der Psychologie und der noch sehr jungen »Bioethik«, war Ausdruck dieses Wandels. Am Ende der 1980er Jahre verfestigte sich dieser Prozess in institutionellen Veränderungen. Nunmehr rekrutierten humangenetische Beratungseinrichtungen gezielt psychologisch geschulte Berater, um in der Beratungssituation sowohl Patienten als auch Humangenetikern zur Seite zu stehen. Der Bremer Senator für Bildung und Wissenschaft schrieb hierzu 1990 im Blick auf die humangenetische Beratung, die am Bremer Gesundheitsamt angeboten wurde, dass »neue Entwicklungen und Erkenntnisse der genetischen Diagnostik und ihr Einsatz in der humangenetischen Beratung [...] es erforderlich gemacht« hätten, die Beratungsstelle umzustrukturieren.[326] Ein zentraler Punkt dieser Neuorientierung war, dass »die notwendige sozial-psychologische Beratung der Ratsuchenden sichergestellt werden« müsse.[327] Die hierzu vorgeschlagene Maßnahme sah vor, eine Psychologin am Gesundheitsamt anzustellen. Das Ziel war, dass die Beratungsstelle »dem Ratsuchenden eine gesprächsorientierte humangenetische Beratung« anbieten konnte, »die insbesondere auf ethische und psychosoziale Probleme der Humangenetik abzielt«.[328] Die festangestellte Psychologin sollte hierbei routinemäßig mit einem Arzt zusammenarbeiten, der weiterhin den »medizinischen Teil« der Beratung zu verantworten hatte.[329] Der

---

325 | Vgl. den Brief von Friedrich Vogel an Helmut Baitsch, 8.12.1989 (ArchMHH, Dep. 1 acc. 2011/1 Nr. 11).

326 | Senator für Bildung, Wissenschaft und Kunst: Tischvorlage Nr. L 552 für die Sitzung der Deputation für Wissenschaft und Kunst am 19. September 1991, 23.8.1991 (BUA, 1/KON – Nr. 5426). Die Vorschläge berufen sich vor allem auf den Bericht der Enquete-Kommission »Chancen und Risiken der Gentechnologie« des Deutschen Bundestages.

327 | Ebd.

328 | Ebd.

329 | Ebd. Das Bremer Beispiel ist im Hinblick auf die Etablierung psychologisch ausgebildeter humangenetischer Berater sowohl für andere Bundesregionen als auch für die Ent-

Fall zeigt, dass im Zuge der Psychologisierung humangenetischer Subjekte neue Ansprechpartner im humangenetischen Diskurs auftauchten, denen nunmehr eine feste Sprecherposition zugemessen wurde. Dass es sich hier um die Pläne des Bremer Wissenschaftssenators handelte, bedeutet jedoch keinesfalls, dass die Einstellung psychologischer Berater eine Maßnahme darstellte, die den humangenetischen Experten von Seiten der Politik oktroyiert wurde. Ein von den Leitern der universitären Beratungsstellen in Hessen verfasstes Memorandum vom Ende der 1980er Jahre sah vergleichbare Maßnahmen vor. Hier ging man ebenfalls von einem »dringenden Bedarf« an psychologischer Expertise im Rahmen der Anwendung humangenetischen Wissens aus: »Wenn sich eine Schwangere aufgrund eines pathologischen Befundes in der pränatalen Diagnostik oder bei entsprechendem genetischen Risiko dazu entschließt, einen Schwangerschaftsabbruch zu verlangen, so bedarf sie meist dringend der Nachsorge und psychologischen Betreuung.«[330] Zu diesem Zweck galt es, geschultes Personal einzustellen: Die psychologische Betreuung »vermag aber weder der Gynäkologe noch der Hausarzt immer zu leisten, es ist eine typische Aufgabe für die Sozialarbeiterin/ Psychologin«, hieß es weiter.[331] Auch auf die Gestaltung der Beratungs-»Atmosphäre« wurde in den 1980er Jahren größerer Wert gelegt. Hier holte man sich nicht nur bei Psychologen, sondern auch bei Geisteswissenschaftlern oder sogar der Kunst neuartige Anregungen.[332]

Im Zusammenhang der Psychologisierung der humangenetischen Beratung empfiehlt sich zudem ein Blick auf die Chorionzottenbiopsie. Diese Technologie etablierte sich ab Mitte der 1980er Jahre in der Pränataldiagnostik. Humangenetiker weltweit sahen sie als große psychische Erleichterung für die Patienten der humangenetischen Beratung an. Sie versprach, die mittlerweile als Problem etablierten psychologischen Nebenfolgen der Pränataldiagnostik bzw. eines eventuellen Schwangerschaftsabbruchs abmildern zu können. Die neue Methode verhieß, die individuelle Entscheidungssituation schwangerer Frauen zu verbessern – und sie somit psychisch zu entlasten. Darin lag ein deutlicher Unterschied zu den Erwartungen, die knapp anderthalb Jahrzehnte zuvor an die Verbreitung der Amniozentese geknüpft worden waren. Die Chorionzottenbiopsie unterscheidet sich

---

wicklung in Dänemark am Ende der 1980er Jahre repräsentativ. Vgl. nur Det Etiske Råd: Fosterdiagnostik og etik, S. 23.
330 | Memorandum zur Versorgung der Bevölkerung mit Leistungen der Medizinischen Genetik, o.D. [ca. 1988] (HHStAW, Abt. 511 Nr. 428), S. 10.
331 | Ebd.
332 | Vgl. z.B. den Brief von Regina Albrecht an den Rektor der Universität Bremen, 21.7.1993 (BUA, 1/KON – Nr. 5426); Brief von Gerhard Amendt an den Rektor der Universität Bremen, 31.7.1991 (BUA, 2/AkAn – Nr. 4994a). Diese Art von interdisziplinären Ausgriffen der bzw. Eingriffen in die humangenetische Beratung stellte auch ein erklärtes Ziel der Forschungen Helmut Baitschs in seiner Ulmer Abteilung »Anthropologie und Wissenschaftsforschung« dar.

von der Amniozentese in erster Linie durch die Art der Zellen, die der schwangeren Frau entnommen werden, da diese nicht dem Fruchtwasser, sondern der Plazenta entstammen. Den wesentlichen Vorteil gegenüber der Fruchtwasserentnahme sahen die humangenetischen Experten allerdings darin, dass Chorionzotten schon zu einem wesentlich früheren Zeitpunkt der Schwangerschaft entnommen werden konnten und trotzdem ein aussagekräftiges Ergebnis lieferten. Der Eingriff konnte in der Regel zwischen der achten und zehnten Schwangerschaftswoche erfolgen, im Unterschied zur Amniozentese, die normalerweise erst in der siebzehnten Woche durchgeführt wurde. Hinzu kam, dass die Kultivierung der Chorionzotten erheblich schneller zu bewerkstelligen war, so dass eine Diagnose in der Regel bereits einen Tag nach ihrer Entnahme gestellt werden konnte. Bei der Amniozentese hingegen musste drei bis vier Wochen gewartet werden.[333]

Diese Faktoren nahmen die behandelnden Ärzte und Humangenetiker in den 1980er Jahren als »erhebliche psychische Belastung« wahr: »Die Tatsache, daß der optimale Zeitpunkt für die Punktion [bei der Amniozentese] um die 17. SSW liegt, bedeutet eine erhebliche psychische Belastung für die werdende Mutter, bei der sich ausgerechnet zu diesem Zeitpunkt komplexe psychologische Vorgänge in Bezug auf die Wahrnehmung der Individualität ihres Kindes abspielen. Diese Art von Belastung darf nicht ignoriert werden«.[334] Die Chorionzottenbiopsie erlaubte es scheinbar, die Entscheidung über den Schwangerschaftsabbruch vor den psychologisch kritischen Punkt einer verstärkten Bindung der Schwangeren an das Kind zu verlegen. Die emotionale Bindung der Schwangeren an ihr Kind war in der dritten Phase zu einem dominanten Problemkomplex im Rahmen der humangenetischen Beratung geworden. Sie schien psychologische Probleme zu generieren, denen mit einer entsprechenden, das bisherige Beraterverständnis übersteigenden Logik begegnet werden musste. Die Diagnosebeschleunigung durch die Chorionzottenbiopsie erlaubte es scheinbar, diese Problematik zu einem gewissen Grad auf technischen Wegen zu umgehen. »Im Gegensatz zur Fruchtwasseruntersuchung verlegt die Chorionbiopsie die vorgeburtliche Diagnostik in eine Zeit, in der nur wenige psychologische Vorgänge zwischen Mutter und Kind stattfinden. [...] Bestätigt die frühe pränatale Diagnostik eine schwerwiegende genetische Anomalie, so kann sich die Schwangere für einen komplikationsärmeren und leichter zu verkraftenden Abbruch vor der 12. Woche entscheiden«, hieß es im Rahmen einer Arbeitsbesprechung der Universitätsklinik in Heidelberg.[335] Um die Richtigkeit dieser Thesen zu bestätigen, setzten Humangenetiker

---

333 | Allerdings war das Risiko eines durch die Chorionzottenbiopsie induzierten Spontanabortes gegenüber der Amniozentese in etwa doppelt so hoch und lag bei ca. 1 %.
334 | J. Klapp: Eine Übersicht über Methoden zur prenatalen Diagnostik im ersten Trimenon. Alternativen zur Amniocentese – nur zum internen Gebrauch, Januar 1983 (UAH, Acc 12/95-36). Vgl. für Dänemark z.B.: Jønsson/Ulrich: Fostervandsprøver, S. 147-148.
335 | Protokoll der Besprechung über das Chorion-Biopsie-Projekt, Universitäts-Frauenklinik Heidelberg, 9.6.1986 (UAH, Acc 12/95 – 36). Vgl. als weitere Beispiele Friedrich

auf ein typisches Instrument des humangenetischen Diskurses der 1980er Jahre: begleitende Untersuchungen zu psychischen, sozialen und ethischen Fragen der Chorionzottenbiopsie. »In einer Arbeitsgruppe des Chorionbiopsieverbundes geht es um die ›Untersuchung ethischer und psychosozialer Aspekte‹. [...] Die Befragung soll Entscheidungen ermöglichen, unter welchen Bedingungen die neue Methode als Alternative zur Fruchtwasseruntersuchung von Arzt und Schwangerer akzeptiert werden kann.«[336] Die Studie suchte nach Ansatzpunkten einer Art Management der unvermeidbaren psychischen Belastungen auf Seiten von Experten und Laien, die die humangenetische Praxis mit sich brachte. Es ging um die Frage, wie psychologische Probleme, die aus den Prozeduren der humangenetischen Beratung selbst entstanden, minimiert werden könnten und gleichzeitig darum, wie das psychisch spannungsvolle Verhältnis von Arzt und Patient entlastet werden könnte.

Die Soziologisierung humangenetischer Subjekte

Eng verbunden mit der Psychologisierung der humangenetischen Subjekte ist deren »Soziologisierung«. Die psychologische Belastung, die beispielsweise eine Entscheidung zum Schwangerschaftsabbruch aus eugenischen Gründen für die Eltern bedeutete, erklärte sich nicht alleine aus der emotionalen Bindung der Mutter an das heranwachsende Kind, sondern auch aus der Einbindung der prospektiven Eltern in eine spezifische Lebenswelt im engeren und eine Gesellschaft im weiteren Sinne. Dieses Umfeld war von bestimmten Werten und Normen geprägt. Waren die Vorgänge der humangenetischen Beratung in den 1970er Jahre als individuelle Entscheidungen angepriesen worden, so nahmen die humangenetischen Experten der 1980er Jahren sie als Entscheidungen mit einer sozialen Dimension – mit Auswirkungen auf größere Gruppen, wenn nicht die Gesellschaft als Ganzes – wahr.[337] Doch nicht nur die humangenetische Beratung, sondern nahezu alle Bereiche der humangenetischen Forschung waren in den Augen der Experten nunmehr in beide Richtungen für Soziales durchlässig. Das heißt, sie wurden einerseits signifikant vom gesellschaftlichen Kontext beein-

---

Vogel: Antrag auf Förderung eines Modellvorhabens: »Pränatale Chromosomendiagnostik ohne Amniocentese im I. Trimenon« mit entsprechend der gutachterlichen Stellungnahmen reduziertem Antrag für Personal- und Investionsmittel, 14.10.1983 (UAH, Acc 12/95 - 36); Giesecke: Ergebnisvermerk zum Fachgespräch »Chorionbiopsie« am 18.12.1984 in Bonn, 24.1.1985 (BA, B 227/225093), S. 2; Indenrigsministeriet (Hg.): Fremskridtets pris, S. 33.

336 | Protokoll der Besprechung über das Chorion-Biopsie-Projekt, Universitäts-Frauenklinik Heidelberg, 9.6.1986 (UAH, Acc 12/95 - 36).

337 | Aus diskursgeschichtlicher Perspektive kann die Soziologisierung nicht als bloßer Reflex auf den Anstieg von Angebot und Inanspruchnahme der Pränataldiagnostik verstanden werden, wie bei Irmgard Nippert zu lesen, Nippert: History of Prenatal Genetic Diagnosis, S. 63.

flusst und stellten keine rein biologischen bzw. medizinischen Vorgänge mehr dar. Andererseits strahlten sie selbst in einem Maß auf gesellschaftliche Entwicklungen aus, das auch im humangenetischen Diskurs – und nicht allein von bislang externalisierten »Protestbewegungen« – ernst genommen werden musste. Der Ausschuss zu den ethischen Konsequenzen der Humangenetik, den das dänische Innenministerium 1983 eingesetzt hatte, forderte in seinem Abschlussbericht paradigmatisch, dass die Trennung zwischen ethischen und Forschungsfragen im Prinzip überwunden werden müsse. Gesellschaftliche Fragen müssten »in die Überlegungen zur Konzeption von Forschungen und ihrer Anwendungen« selbst mit einbezogen und nicht getrennt von diesen geklärt werden.[338]

In diesem Sinne setzte sich eine systematische Soziologisierung der Humangenetik in Deutschland und in Dänemark erst am Umbruch zu den 1980er Jahren durch, auch wenn sich wie im Fall der Psychologisierung wiederum zahlreiche Vorformen in den vorangehenden Jahrzehnten beobachten lassen.[339] Soziale Einwirkungen auf die Patienten der Humangenetik, die ihre Quelle beispielsweise in der Familie, dem Milieu oder der beruflichen Situation haben konnten, waren freilich schon in der ersten und zweiten Phase Diskussionsgegenstand humangenetischer Experten. Sie hatten jedoch eher den Stellenwert einer externen, meist »irrationalen«, in jedem Fall »sachfremden Verzerrung«.[340] Humangenetische Experten reagierten darauf in der ersten Phase mit einem didaktisch-paternalistischen Selbstverständnis und in der zweiten Phase mit einer Entpersonalisierung und Automatisierung der Abläufe humangenetischer Praxis. Der Prozess der Subjektivierung von Experten, die ihre sozialen Verflechtungen reflektierten und ihnen einen wesentlichen Einfluss auf ihr Selbstverständnis sowie ihre Praxis zugestanden, setzte sich erst in der dritten Phase durch. Gleichsam etablierte sich zu dieser Zeit das Desiderat, umfassendes sozialpsychologisches Wissen im Rahmen humangenetischer Forschung, Technologie und Praxis zu erheben.[341]

---

338 | Indenrigsministeriet (Hg.): Fremskridtets pris, S. 6.

339 | Punktuelle Diskussionen über etwaige gesellschaftliche Implikationen begleiteten bereits die Einführung der Pränataldiagnostik in den 1970er Jahren. Vgl. z.B. den Brief von Walther Klofat an Carsten Bresch, 27.6.1972 (BA, B 227/225091); Brief von James R. Sorensen an Jan Mohr, 27.5.1971 (RA, Københavns Universitet, Afdeling for Medicinsk Genetik, Korrespondance, Lb.nr.5).

340 | Im Rahmen des in der ersten und weiten Teilen der zweiten Phase vorherrschenden technokratischen Expertenverständnisses, das davon ausging, dass zentrale Entscheidungen in einem vermeintlich eingeschworenen Zirkel von Humangenetikern, Politikern, Verwaltungsbeamten und gegebenenfalls Medienvertretern getroffen werden sollten, erschienen gesellschaftskritische Einwürfe von anderen meist als isolierte »Störfälle«.

341 | Siehe als Beispiel Scholz u.a.: Psychosoziale Aspekte der Entscheidung. Die Autoren – ein Team aus Humangenetikern, Ärzten und Soziologen – schreiben über die Patientinnen der humangenetischen Beratung: »Wer von ihnen letztendlich die Amniozentese in Anspruch nimmt, aus welchen Gründen dies geschieht, welche ›Zwänge‹ zur Inanspruchnahme prä-

Diese Entwicklung lässt sich an der Unterscheidung von »sozialen« und »eugenischen Indikationen« nachvollziehen. In Dänemark waren rein »soziale Indikationen« zum Schwangerschaftsabbruch bzw. zur Sterilisation bereits lange vor den 1980er Jahren geläufig. Auch in Deutschland waren sie unter Humangenetikern, Juristen und anderen disktuiert worden. Es ging hierbei in aller Regel um die Unfähigkeit, für das zu erwartende Kind adäquat zu sorgen.[342] Auch war den humangenetischen Experten in Dänemark seit Langem klar, dass ein erheblicher Anteil der eugenischen Schwangerschaftsabbruchs-Anträge praktisch aus sozialen Motiven erfolgte, insbesondere wenn das soziale Umfeld der Schwangeren darauf drängte, »unerwünschte« Schwangerschaften zu beenden.[343] Von dieser »sachfremden« Indienstnahme schien sich jedoch bis in die 1980er Jahre eine »echte«, rein eugenische Indikation sauber trennen zu lassen. Im Falle sogenannter »Mischindikationen«, wie sie bis in die 1970er Jahre in der dänischen Sterilisations- und Abtreibungspraxis gängig waren, schienen die einzelnen Komponenten – soziale, medizinische, eugenische – wenigstens theoretisch klar differenzierbar zu sein.[344] Auch wenn sich diese Indikationsstellungen in der Praxis stark überschnitten, blieb ihre Unterscheidung nichtsdestoweniger diskursleitend. Erst in der dritten Phase begannen Humangenetiker ihre Vermi-

---

nataler Diagnostik bestehen, diese Fragen sind Gegenstand zahlreicher empirischer Untersuchungen über psychosoziale Aspekte pränataler Diagnostik.« (Ebd., S. 278) Der Bedarf an derartigem Wissen wird auch in den Folgejahrzehnten kaum gestillt werden, vgl. z.B. Det Etiske Råd: Genundersøgelse af Raske, S. 40, 60.

342 | Siehe Koch: Racehygiejne i Danmark, S. 70-71.

343 | Siehe z.B. Betænkning om Adgang til Svangerskabsafbrydelse, S. 74-75.

344 | Siehe vor allem Betænkning om Sterilisation og Kastration. Die Praxis, Sterilisationen und Schwangerschaftsabbrüche mit Mischindikationen zu begründen, war ein gängiges Verfahren: »Es kommt häufig vor, dass zur Unterstützung einer Sterilisation eine Reihe von Aspekten angeführt wird, die jeder für sich nicht von ausreichendem Gewicht für eine Indikation sind, die aber zusammen genommen so beurteilt werden, dass sie den Eingriff begründen. In der bisherigen Praxis nach dem Gesetz von 1935 hat man anerkannt, dass Indikationen auf diese Weise zusammengefügt werden können (*kan bygges op*). Es ist der Kommission darüber hinaus bekannt, dass vergleichbare Gesichtspunkte bei der Indikationsstellung zum Schwangerschaftsabbruch angelegt werden, obwohl das Schwangerschaftsgesetz im Gegensatz zum 1935er-Gesetz besondere Indikationsrahmen festsetzt«. (Ebd., S. 69-70) Dessen ungeachtet konnten die zu taktischen Zwecken kombinierten Einzelindikationen fraglos jeweils distinkten Bereichen zugeordnet werden. Siehe zu einer genaueren Analyse der Indikationsstellung dänischer Sterilisationen und Schwangeschaftsabbrüche Koch: Tvangssterilisation i Danmark. Vgl. für Deutschland z.B. verschiedene Beiträge auf dem Marburger Forum Philippinum aus dem Jahr 1969, insbesondere einige Diskussionsbeiträge in: Ethik und Genetik, S. 137-138, sowie Schwalm: Recht, Genetik und Humanität; Vogel: Genetische Beratung, S. 96. Vgl. des Weiteren Wendt: Vererbung und Erbkrankheiten, S. 116-117.

schung grundlegend zu problematisieren. Helmut Baitsch war 1985 der Ansicht, »daß jede eugenische Indikation im Grunde eine soziale ist«.[345] Diese Position ging nicht von der praktischen Vermischung von eugenischen und sozialen Indikationen zu einer »additiven« Mischindikation aus. Sie zeugte stattdessen von einer »intrinsischen Sozialität« humangenetischer Forschung und Praxis. Eine im weitesten Sinne »soziale Indikation« absorbierte gewissermaßen die eugenische. Dies zeigte sich vor allem auch im Zusammenhang mit der Zulassung zur künstlichen Befruchtung, einem zentralen Problemkomplex in den 1980er Jahren, an dessen Diskussion Humangenetiker in vielfacher Weise beteiligt waren. Die vollständige »Ablösung« einer eugenischen durch eine soziale Urteilsbildung, wie Lene Koch sie für Dänemark beschreibt,[346] führte hier allerdings weniger zu einer Integration einer neuen Dimension in den humangenetischen

---

345 | Die Formulierung entstammt einem Brief der Bochumer Ärztin Brigitte Demes an Baitsch, die ihn zitierte und sich dieser Ansicht Baitschs vorbehaltlos anschloss, Brief von Brigitte Demes an Helmut Baitsch, 17.7.1985 (ArchMHH, Dep. 1 acc. 2011/1 Nr. 14). Demes erläuterte weiter: »Man kann nicht darüber befinden, wie schwer ein Erbleiden sein muß, damit es eine Abtreibung ›rechtfertigt‹, sondern die Frauen müssen im individuellen Fall entscheiden, ob sie sich das Leben mit und die Versorgung von einem behinderten Kind zutrauen. Die ›Grenzfälle‹ stellen sich dann auch als ein gesellschaftliches Problem dar und sind in öffentlicher und politischer Diskussion zu entscheiden, nicht durch die ›Allmacht‹ von Fachwissenschaftlern.« Die Verwischung der Grenzen von sozialer und eugenischer Indikation ist ein deutlicher Ausdruck der »Soziologisierung« der beteiligten Subjekte. Dieser Prozess mag auch damit zusammenhängen, dass, wie Regula Argast im Anschluss an Anne Waldschmidt (Das Subjekt in der Humangenetik, S. 273) hervorgehoben hat, sich die Klientel der humangenetischen Beratung in den 1980er Jahren schleichend verschoben hatte: »In den 1980er-Jahren änderte sich diese Situation, als im Zuge der Verbreitung genetischer Pränataldiagnostik immer mehr Schwangere die Beratungsstellen aufsuchten und, wie Anne Waldschmidt festhält, die ›ursprünglich präkonzeptionell gedachte genetische Beratung und somit die weit vorausschauende genetische Intervention ins Hintertreffen‹ geriet. Die ›genetische Vorsorge‹ habe dann ›mehr und mehr als Notfall- und Krisenintervention während der Schwangerschaft‹ stattgefunden.« (Argast: Eine arglose Eugenik?, S. 95)

346 | Der Zugang zu den neuen Reproduktionstechnologien wurde sowohl in Dänemark als auch in Deutschland sehr selektiv geregelt, um etwaige soziale Folgeprobleme abzuwenden. Lene Koch schreibt über die künstliche Reproduktion in Skandinavien, dass dieses Verfahren direkt an die Eugenik vorangehender Jahrzehnte anschloss und diese gewissermaßen ablöste: »Thus in spite of a general condemnation of eugenics, health authorities in modern European social-liberal countries are obviously trying to prevent individuals who show what is considered deviant behavior from reproducing or at least from rearing children. This may not be argued with reference to the risk of transmitting defective genes, but rather the risk of reproducing undesirable social problems.« (Koch: The Meaning of Eugenics, S. 321) Siehe auch dies.: How Eugenic was Eugenics?, S. 49; The Danish Council of Ethics: Second Annual Report, S. 58-59; Lauritsen: Ægtransplantation, S. 39-40. Für Deutschland

Diskurs als vielmehr zu einer »Abschiebung« vormals von Medizinern beanspruchten Themenfeldern in andere Bereiche, für die nicht mehr medizinische, sondern Sozialexperten zuständig waren.[347]

An dieser Stelle empfiehlt sich ein Ausblick auf die 1990er Jahre, in denen sich die mittlerweile etablierte soziale Dimension der Humangenetik besonders deutlich in der Kontroverse um das Angebot privater Gentests niederschlug. In dieser Debatte war das Element des »Missbrauchs« freiwillig angebotener Tests durch Arbeitgeber und Versicherungen ein ubiquitärer Topos, der in zahlreichen Aussagen von Wissenschaftlern, Ärzten und Bioethikern vorgebracht wurde. Die potentielle Erzeugung »sozialer Zwänge« durch jeden neuen Test mündete in mehr oder weniger entschiedene Forderungen zur Selbstbeschränkung auf Seiten der Wissenschaft und Medizin. Um die Wende der 1980er zu den 1990er Jahren wurde beispielsweise die Einführung eines gendiagnostischen Überträgertests für die Zystische Fibrose kontrovers diskutiert. Kritische Stimmen wie die der Humangenetiker Jörg Schmidtke und Walther Vogel mahnten in einem Artikel im Deutschen Ärzteblatt die Gefahr an, dass »Kranken- und Lebensversicherungen ein Fragerecht bezüglich derartiger Tests« eingeräumt bekommen könnten.[348] Die Autoren gaben vor allem Gefahrenquellen zu bedenken, die sich aus gesellschaftlichen Dynamiken ergeben könnten: »Das Recht auf informationelle Selbstbestimmung kann nur gewährleistet werden, wenn jeder direkte oder indirekte Zwang zur Teilnahme an dem Test ausgeschlossen werden kann. Ein indirekter Zwang könnte zum Beispiel schon dadurch entstehen, daß der Test Bestandteil einer Schwangerschafts-Routine-Vorsorgeuntersuchung würde, oder wenn ein Versicherungsnehmer bei Nicht-Inanspruchnahme des Tests Nachteile zu befürchten hätte.«[349] In vielfältiger Weise wurde dieses Thema auch bei der zunehmenden Zahl an prädiktiven Gentests variiert.[350] Die gesamte Problematik sozialer Zwänge zur Durchführung von Gentests schien sich aus der Perspektive der Humangenetik im Laufe der 1990er Jahre vor allem dadurch drastisch zu verschärfen, dass sich die Entstehung eines globalen, privatwirtschaftlichen Marktes für individuelle Gentests abzeichnete. Das unkontrolliert wachsende Angebot bedurfte vermeintlich dringend eines begleitenden psychosozialen Betreuungsangebots.[351]

---

vgl. Bundesminister für Forschung und Technologie/Bundesminister der Justiz (Hg.): In-vitro-Fertilisation.
347 | Koch: The Meaning of Eugenics, S. 321.
348 | Schmidtke/Vogel: Zystische Fibrose, S. 1127.
349 | Ebd.
350 | Vgl. nur Det Etiske Råd: Genundersøgelse af Raske, S. 7; Vogel: Humangenetisches Wissen und ärztliche Anwendung, S. 26-28.
351 | »[E]ine Entwicklung von Formen sozialer Verarbeitung, des sozialen Umgangs mit Diagnosen, fehlt gänzlich.« (Uhlemann: Gentests aus dem Internet, S. 4) Vgl. auch Langenbeck: Beispiele für einfach vererbte Krankheiten, S. 27.

Die Beteiligung der Betroffenen –
Ansätze der Pluralisierung des humangenetischen Diskurses

Dass die humangenetischen Experten ihre eigene gesellschaftliche Einbettung sowie die Wechselwirkung ihrer Forschungen und Technologien mit der Gesellschaft zu reflektieren begannen, fand seinen Niederschlag vor allem auch im Wandel ihres Adressatenkreises. Durch den Einzug einer sozialen Rationalität in den humangenetischen Diskurs veränderten sich die Koordinaten der Sprecherpositionen entscheidend. Im Laufe der 1970er und am Übergang zu den 1980er Jahren etablierten sich im Rahmen der Neuen Sozialen Bewegungen immer mehr Protestbewegungen, die sich kritisch gegenüber verschiedenen technologischen und wissenschaftlichen »Fortschritten« zeigten.[352] Der Sozialwissenschaftler Hans-Jürgen Aretz beschreibt eine »Vielzahl sozialer Protestgruppen«, die sich Fragen der gentechnologischen Forschung und Anwendung widmeten und diese zugleich mit diversen sozialen Problemfeldern assoziierten.[353] Im analytischen Modell Aretz' traten diese dem »neokorporatistischen Arrangement von Wissenschaft, Industrie und Politik« gegenüber und artikulierten vor allem die Problemfelder der »Kolonialisierung der Lebenswelt«, der »Instrumentalisierung« von Natur und Leben, der »Ökonomisierung der Gesellschaft«, der »Technisierung«, der »Machtkonzentration«, der »demokratischen Teilhabe«, der »sozialen Diskriminierung«, der »Eugenik« sowie nicht zuletzt der »Gefahr für Mensch und Umwelt«.[354] Daneben forderten prominente soziologische Gegenwartsanalysen wie die Ulrich Becks eine neuartige Kommunikationsbereitschaft der Fachwissenschaftler im Hinblick auf diese Themen. Beck mahnte den Einbezug sozialer Aspekte in eine bislang technisch dominierte, innerfachliche Gentechnologiekritik an und sprach sich für die Institutionalisierung entsprechender Sprecher-

---

352 | Allgemein zum Phänomen der Neuen Sozialen Bewegungen siehe Baumann (Hg.): Linksalternative Milieus und Neue Soziale Bewegungen; Ohme-Reinicke: Moderne Maschinenstürmer; Roth/Rucht (Hg.): Die sozialen Bewegungen in Deutschland; Toft: Genteknologi; Jamison u.a.: The making of the new environmental consciousness. In Dänemark war in den 1980er Jahren vor allem die 1969 gegründete Organisation »NOAH« sichtbar an den gentechnologischen Debatten beteiligt, Lassen: Changing Modes of Biotechnology Governance, S. 15; Jelsøe u.a.: Denmark, S. 30-31. Kritik an der Gentechnologie entstand in Deutschland und Dänemark vor allem auch aus feministischen Perspektiven, Baark/Jamison: Biotechnology and Culture, S. 36. Ein Beispiel hierfür stellte der Kongress für »Frauen gegen Gentechnik und Reproduktionstechnik« dar, der 1985 erstmalig in Bonn stattfand. Im Zusammenhang damit stand die Gründung des »Gen-ethischen Netzwerks« ein Jahr später. Zuvor, im Jahr 1984, hatte sich die internationale Organisation »Feminist International Network of Resistance to Reproductive and Genetic Engineering« zusammengeschlossen.
353 | Aretz: Kommunikation ohne Verständigung, S. 263.
354 | Ebd., S. 264.

positionen aus.³⁵⁵ Zudem setzten Politik und Justiz »die Öffentlichkeit« immer selbstverständlicher als Bezugsrahmen der Gesetzgebung und Rechtsprechung im Blick auf die Gentechnologie.³⁵⁶ Damit drängten auch langjährige Alliierte der wissenschaftlichen Experten auf eine Öffnung des Diskurses.

Entscheidend ist, dass diese Stimmen im humangenetischen Diskurs der 1980er Jahre zunehmend Gehör fanden, nachdem sie vor dem Hintergrund des eher technokratischen Expertenverständnisses der 1970er Jahre eher als »gesellschaftliche Hindernisse« eingeordnet worden waren. Dies ist vor allem auf die Soziologisierung des Diskurses zurückzuführen, die eine deutlich gesteigerte Reflexivität des Verhältnisses der Humangenetik zu ihrer gesellschaftlichen Umwelt mit sich brachte. Den »Betroffenen« der gesellschaftlichen Auswirkungen des humangenetischen Fortschritts sollte – zumindest dem Ideal nach – ein Mitspracherecht an wichtigen Entscheidungen, die Forschung, Entwicklung und Anwendung betreffen, eingeräumt werden. Wissenschaftler und Mediziner kritisierten selbst die bisherige Einseitigkeit der Kommunikationskanäle von Experten zu Laien. Ein Vertreter des Staatlichen Seruminstituts in Dänemark, Jens Vuust, schrieb in den 1980er Jahren im Zusammenhang der Chancen und Risiken der Gentechnologie, dass die Aufklärung seitens der Experten in den letzten Jahrzehnten im Wesentlichen eine »Einbahnstraßen-Kommunikation« (*en-vejs-kommunikation*) gewesen sei.³⁵⁷ Es formte sich eine neue Weise der Subjektivierung humangenetischer Experten, die auf einer gesteigerten Ausbildung der Sensibilität für die Position von Protest-, Betroffenen- und Interessengruppen basierte. Mit dieser Sensibilität ging gleichsam eine gesteigerte Wertschätzung gegenüber bzw. ein gesteigertes Interesse an diesen Positionen einher. Die Subjektivierung humangenetischer Experten setzte nicht allein auf die Bereitschaft, technologische Risiken in Rechnung zu stellen, sondern auch die generelle »Sozialverträglichkeit« des wissenschaftlichen Fortschritts selbst zu einem fachlichen Problem zu machen. Zudem stellten sich Institutionalisierungsprozesse ein, die neuartige

---

355 | Siehe z.B. Beck: Die Risikogesellschaft, S. 31-32. Beck sprach von neuen »Arbeitsteilungsstrukturen im Verhältnis von Wissenschaft, Praxis und Öffentlichkeit« und forderte »neue öffentlichkeitsorientierte Formen wissenschaftlichen Expertenhandelns.« (Ebd., S. 262-263)

356 | Lassen: Changing Modes of Biotechnology Governance, S. 14. In politischen und juristischen Debatten wurde das »image of the concerned public« konstruiert, das in den humangenetischen Diskurs sowohl übernommen als auch dort mitproduziert wurde. Lassen diskutiert die für eine diskursgeschichtliche Untersuchung nachrangige Frage, ob diese Konstruktionen der Öffentlichkeit deren »tatsächliche« Meinung erfassten, ebd., S. 15-16. Vgl. auch Koch/Horst: Fra almenhed til pluralitet, S. 145. Siehe zu neuen Sprecherpositionen im Diskurs zur Gentechnologie ab Ende der 1970er Jahre auch Baark/Jamison: Bioetechnology and Culture, S. 33.

357 | Brief von Jens Vuust an Lars Klüver, 14.12.1987 (RA, Statens Serum Institut, Klinisk Biokemisk Afdeling, Korrespondance udland, 1987-1988, Lb.nr. 29).

»Public-Relations-Funktionen« der Humangenetik erfüllten, allen voran die Bioethik.[358] Diese Entwicklung wurde von den Beteiligten nur in Teilen bewusst reflektiert und oftmals auf Ursachen, die nicht im Wandel der Subjektformen des humangenetischen Diskurses selbst lagen, zurückgeführt, also externalisiert, beispielsweise als Folge des vermeintlich exzeptionellen wissenschaftlichen Fortschritts der 1970er und 1980er Jahre oder, in Deutschland, als Folge einer Heimsuchung der Humangenetik durch die »Vergangenheitsbewältigung«.[359]

In Dänemark etablierte sich in den 1980er Jahren ein besonderer Versuch, die Interaktivität zwischen Experten und Laien zu institutionalisieren: die sogenannten »Consensus Conferences«.[360] Im Rahmen dieser mehrtägigen Veranstaltungen stellte sich eine Reihe von Spezialisten den Fragen eines »laymen panel«. Die »Einbahnstraßen-Kommunikation« vom Experten zum Laien sollte gewissermaßen für den Gegenverkehr geöffnet werden. Im Anschluss oblag es dieser durch ein öffentliches Bewerbungsverfahren zusammengestellten Laienauswahl, eine Schlusserklärung zur Thematik zu verfassen.[361] Allerdings hatten die Experten im Anschluss die Möglichkeit zur »Korrektur«, bevor das Dokument publiziert und an das dänische Parlament übergeben wurde. Im Jahr 1989 veranstaltete der »Technologieausschuss« (*teknologinævnet*) und ein Forschungskomitee des Parla-

---

358 | Der offizielle Bericht einer Expertenrunde im dänischen *Rigshospitalet* zu Gentechnologie, künstlicher Befruchtung und Pränataldiagnostik im Jahr 1983 würdigte die ethischen Aspekte der entsprechenden Technologien unterteilt in drei Gruppierungen: »Fachleute« (»*fagfolk*«), »Experten« (»*eksperter*«) und Politiker (*politikere*). Die ersten beiden Gruppen umfassten Ärzte und Humangenetiker bzw. Philosophen, Theologen und Publizisten. Dass sie in Anführungszeichen gesetzt waren, deutete auf die zunehmende Unschärfe der Expertengruppen angesichts einer sozial kontextualisierten und bioethisch informierten Humangenetik hin. Andererseits geht daraus auch hervor, dass ehemals disziplinär getrennte Expertengruppen in Fluss geraten waren. Indenrigsministeriet (Hg.): Etiske sider, S. 5. Zudem etablierte sich in den 1980er der interdisziplinäre Austausch um die Humangenetik über die Grenzen der Natur-, Geistes- und Sozialwissenschaften hinweg, siehe z.B. Bundesminister für Forschung und Technologie (Hg.): In-vitro-Fertilisation, Genomanalyse und Gentherapie, S. 1; Anne-Lydia Edingshaus: Brauchen wir eine neue Wissenschafts-Ethik?, 9.1.1985 (ArchMHH, Dep. 1 acc. 2011/1 Nr. 2); Gen-Ängste im öffentlichen Dialog aufarbeiten, S. 123.

359 | Vgl. z.B. Grenzen und Möglichkeiten der Humangenetik, S. 30.

360 | Teknologirådet (Hg.): Ti år med Teknologinævnet, S. 22.

361 | Diese Entwicklung ist laut dem Sozialwissenschaftler Jesper Lassen eingebettet in einen generellen Umbruch der Regierungsweise im Zusammenhang mit technologischen und wissenschaftlichen Entwicklungen in den 1980er Jahren in Dänemark: »The discretionary governance strategies of the past are challenged, by the outline of a deliberative model, where decisions are taken after careful assessments actively involving stakeholders such as interest organisations, the industry and the general public.« (Lassen: Changing Modes of Biotechnology Governance, S. 4)

ments eine solche Konferenz unter Beteiligung der Öffentlichkeit mit dem Thema: »Application of Knowledge gained from Mapping the Human Genome«.[362] Die Veranstalter versprachen sich eine möglichst viele Interessen berücksichtigende Evaluation der neuen Technologie und wollten einen möglichst offenen Meinungsbildungsprozess sicherstellen.[363] Dies führte unter anderem zum Ausschluss von vermeintlich voreingenommenen »Interessenvertretern« unter den zugelassenen Laien. Das Expertenpanel hingegen wurde bewusst plural besetzt.[364] Der Ausgangspunkt einer solchen Veranstaltung zur Genomforschung lag in einem vermeintlich beiderseitigen Interesse zwischen Experten und Laien am Austausch. Nicht nur ging es darum, die Öffentlichkeit zur Einflussnahme auf Expertenentscheidungen zu bewegen, auch hatten gerade die Experten einen ausgesprochenen Beratungsbedarf hinsichtlich der öffentlichen Meinung, da sie sich durch die gesellschaftlichen und ethischen Probleme, die ihnen der eigene wissenschaftliche Fortschritt stellte, überfordert sahen.[365] Ebenso schienen die

---

362 | Siehe Teknologinævnet (Hg.): Consensus Conference. Die erste Konferenz im Jahr 1987 hatte sich mit der Gentechnologie in Industrie und Landwirtschaft befasst, siehe Teknologinævnet (Hg.): Gentknologi i industri og landbrug.

363 | Vgl. Jelsøe u.a.: Denmark, S. 34. Die breitestmögliche Ausweitung der Diskussion um die gesellschaftliche Bedeutung der Humagenetik sprach auch aus den Aktivitäten des 1987 gegründeten Dänischen Ethikrats. Der Rat richtete Ende der 1980er Jahre öffentliche Informationsveranstaltungen vor mehreren hundert Gästen aus. Hierbei standen unter anderem die Themen »Der Beginn des Lebens«, »Künstliche Befruchtung und Forschung an menschlichen Gameten und befruchteten Eiern«, »Pränatale Diagnostik, pränatale Screenings, genetische Beratung« sowie »Behandlung von und Experimente mit Föten« zur Debatte. Zudem sorgte der Rat für die Verbreitung seiner Aktivitäten in den Massenmedien und schrieb eine Fülle verschiedener Organisationen direkt an, die um thematische Rückmeldungen gebeten wurden. Hierunter befanden sich Verbände von Angestellten des Gesundheitswesens, Hausfrauen und Homosexuellen sowie medizinische und ethische Facheinrichtungen oder religiöse Gemeinschaften, The Danish Council of Ethics: Second Annual Report, S. 46-47.

364 | Nach einer Anzeigenkampagne in Tageszeitungen meldeten sich 148 Interessenten, aus denen der Technologieausschuss 15 Teilnehmer für das »laymen panel« auswählte. Die Auswahl orientierte sich an einem möglichst repräsentativen Querschnitt der Kategorien Alter, Geschlecht, Wohnort, Beruf und Ausbildung, Teknologinævnet (Hg.): Consensus Conference, S. 3. Dort heißt es auch: »The laymen panel is not representative of the entire Danish population. But then the intention never was to make an exact copy in miniature of the Danish Parliament. Rather it was intended to represent the generally prevailing attitudes and opinions in the Danish population.« Im Expertenpanel waren neben universitären Humangenetikern und Biologen auch Geistes- und Sozialwissenschaftler, feministische Aktivisten sowie Behindertenvertreter und ausländische Experten aus Deutschland und den Niederlanden vertreten, ebd. S. 9-10.

365 | Vgl. Holberg: Indledning om mødets emne, S. 11; Lauritsen: Ægtransplantation, S. 39.

politischen Entscheidungsträger einen Beratungsbedarf seitens der Laien aufzuweisen, um ihrer Entscheidungskompetenz nachkommen zu können.[366] Die in vorigen Phasen selbstbewusste Beratung der Politik durch humangenetische Experten war nicht mehr ausschlaggebend bzw. reichte alleine nicht mehr aus. Die »Fachleute« (*fagfolk*) stellten bei der zukünftigen Entwicklung ihres Fachs nunmehr nur noch eine Teilstimme im Rahmen eines aktiv zu erarbeitenden »allgemeinmenschlichen« (*alment menneskelig*) Spektrums dar, wie es bereits der Bericht »Fremskridtets pris« gefordert hatte.[367] Letztendlich befürwortete die Konferenz in ihren Empfehlungen im Wesentlichen den Fortgang laufender Forschungsvorhaben, solange sie sich auf medizinische und forensische Anwendungen konzentrierten.

Exkurs: Humangenetik und Bioethik

Strategische Anfänge der Bioethik (Beispiel Deutschland)

Die Anfänge der »Bioethik« als Disziplin verorten ihre Vertreter sowie Historiografen in aller Regel am Ende der 1960er und am Beginn der 1970er Jahre in den USA.[368] In der Forschungsliteratur kursieren drei dominante Ursprungserzählungen.[369] Erstens wird die Bioethik auf einen Wandel des Verhältnisses von Individuum und Gesellschaft, der auch die vormals paternalistische Beziehung zwischen Arzt und Patient nachhaltig veränderte, zurückgeführt. Der zweiten These zufolge habe die Bioethik auf den Regulierungsbedarfs reagiert, der sich aus medizinischen Skandalen wie z.B. der »Tuskegee-Studie« ergab, und nach der dritten Sichtweise stellt die Entstehung der Bioethik einen Reflex eines dramatischen technologischen Fortschritts in der Humanmedizin dar. Vor allem der Gründung der beiden Institutionen *Hastings Center* und *Kennedy Institute of Ethics* an der *Georgetown University* wird maßgebliche Bedeutung beigemessen. Dies ist darauf zurückzuführen, dass sich die Geschichtsschreibung der Bioethik seit den 1990er Jahren vorerst auf die Geschichte von Institutionen und Begriffen konzentrierte.[370] In jüngerer Zeit richtete sich der Blick über die vermeintlichen Ursprünge in den USA hinaus auf die weltweite Verbreitung bioethischer Ideen und

---

366 | Vgl. Teknologinævnet (Hg.): Consensus Conference, S. 3-4; Spørgsmål til indlederne og diskussion, S. 86.
367 | Indenrigsministeriet (Hg.): Fremskridtets pris, S. 6-7.
368 | Siehe vor allem Jonsen: The Birth of Bioethics; Rothman: Strangers at the Bedside; Fuchs: Life Science, S. 295-364.
369 | Zu den Gründungsmythen der Bioethik und ihrer Kritik siehe Stevens: Bioethics in America; Gaines/Juengst: Origin Myths in Bioethics.
370 | Siehe Callahan: The Hastings Center; Reich: The Word »Bioethics« (I und II); Thomasma: Early Bioethics. Zudem liegen einige philosophiehistorische Studien mit einer ideengeschichtlichen Ausrichtung vor, vgl. z.B. Eissa/Sorgner (Hg.): Geschichte der Bioethik.

Einrichtungen.³⁷¹ Wichtige institutionelle Ereignisse in diesem Zusammenhang stellten beispielsweise die »Economic Summit Conference on Bioethics« 1985 im Rahmen eines G7-Gipfels sowie die Einrichtung des Bioethik-Komitees der internationalen WHO- und UNESCO-Gemeinschaftsorganisation »Council for International Organizations of Medical Sciences« im selben Jahr dar.³⁷²

Anfangs gingen die historischen Studien zur Bioethik als internationalem Phänomen von einer weltweiten Diffusion von der »Quelle« in den USA aus.³⁷³ Jüngst ist jedoch Kritik an diesem Modell laut geworden, die vorschlägt, die Entwicklung der Bioethik in anderen Nationen und Kulturräumen als eigenständige Entwicklung zu fassen.³⁷⁴ Hier besteht allerdings noch ein weitgehendes Forschungsdesiderat. Für die Geschichte der Bioethik in Deutschland und Dänemark, wo von Bioethik in institutioneller Hinsicht kaum vor Mitte der 1980er Jahre gesprochen werden kann, liegen bislang nur sehr wenige Arbeiten vor. Diese verfolgen überwiegend institutionen- oder ideengeschichtliche Perspektiven.³⁷⁵ Eine Ausnahme in methodischer Hinsicht bietet die historische Studie des Soziologen Andreas Lösch, der die Funktionalität des bioethischen Diskurses im Rahmen des internationalen Genomprojekts untersucht.³⁷⁶ Lösch analysiert die Bioethik als stabilisierenden Faktor einer künstlichen Differenz von Labor und Gesellschaft, die im Zuge der Genomforschung fortlaufend diskursiv reproduziert werde. Zudem vermittle die Bioethik zwischen Labor- und Rechtsordnung. Die verdienstvolle Arbeit liefert jedoch aufgrund ihres zeitlichen Fokus auf die 1990er Jahre wenig Hinweise auf die Entstehung der Bioethik in Deutschland.

Die vorliegende Untersuchung kann nicht an der Geschichtsschreibung der Bioethik im Allgemeinen arbeiten. Zudem lässt sich angesichts des Forschungsstandes bislang bloß spekulieren über den Anteil, der humangenetischen Problemstellungen an der Entstehung der allgemeinen Bioethik zukam. Es kann an dieser Stelle nur angerissen werden, welche Effekte die Allianz des humangenetischen Diskurses mit bioethischen Einrichtungen und Argumentationsweisen auf die Subjektformen der Humangenetik in den 1980er Jahren in Deutschland und Dänemark hatte. Dabei ist davon auszugehen, dass die bereits beschriebenen

---

371 | Siehe vor allem Baker/McCullough: The Cambridge World History of Medical Ethics.
372 | Fuchs: Life Science, S. 314-315.
373 | Vgl. z.B. Gracia: History of Medical Ethics.
374 | Fox/Swazey: Observing Bioethics; Peppin/Cherry: Regional Perspectives in Bioethics.
375 | Frewer: Zur Geschichte der Bioethik; Sass: Fritz Jahrs bioethischer Imperativ; Det Etiske Råd (Hg.): Etik i Tiden. Zur Geschichte der Ethikkommissionen siehe Frewer: Ethikkomitees.
376 | Lösch: Genomprojekt und Moderne. Der begriffliche Umfang dessen, was mit »Bioethik« bezeichnet wird, bleibt bei Lösch allerdings weitgehend unbestimmt und scheint streckenweise alle Aussagen zum Verhältnis von Humangenetik und Gesellschaft zu umfassen.

Phänomene der Psychologisierung und Soziologisierung des humangenetischen Diskurses eng mit dem Aufkommen der Bioethik zusammenhingen.[377]

Zum Ende der 1970er Jahre gibt es in Deutschland sowohl in mehreren Landesregierungen sowie auf Bundesebene als auch in Kliniken Bestrebungen Ethikkommissionen einzurichten, ohne dass hierzu ein Standardverfahren zur Verfügung stand. Die Akteure bezogen sich hierbei vor allem auf die sogenannte Deklaration von Helsinki, die 1964 vom Weltärztebund verabschiedet und auf einer weiteren Sitzung des Bundes im Jahr 1975 abgeändert worden war.[378] Sie legte generelle ethische Richtlinien im Zusammenhang der Forschung am Menschen fest und galt als Anlass zur Bildung von Ethikkommissionen in zahlreichen Ländern weltweit. Auch die medizinischen Fakultäten von Universitäten widmeten sich diesem Projekt, wodurch die humangenetische Forschung betroffen war. 1979 erging beispielsweise ein universitäres Rundschreiben an das Institut für Humangenetik in Göttingen, in dem die baldige Einrichtung einer entsprechenden Kommission angekündigt wurde, um die »rechtliche und ethische Unbedenklichkeit« medizinischer Forschungsvorhaben zu gewährleisten.[379] Im Sinne der Tradition standeseigener Ethiken sollte diese Kommission noch ganz aus klinischen und theoretischen Medizinern zusammengesetzt sein.[380] Die Not-

---

377 | Diesen Zusammenhang benannten bereits Zeitgenossen, wie z.B. Povl Riis auf der dänischen Konferenz zur Bioethik der Gentechnologie, Künstlichen Befruchtung und Pränataldiagnostik im Jahr 1983: »Man kann nicht von Ethik sprechen, ohne auch von Psychologie und sozialen Aspekten zu sprechen.« (Riis: Inledning om mødets emne, S. 15) Riis führte diesen Konnex jedoch nicht auf einen diskursiven Umbruch zurück, sondern sah ihn als bloße Folge neuer technologischer Möglichkeiten.

378 | Siehe die Homepage der World Medical Association, <www.wma.net/en/30publica tions/10policies/b3/index.html>.

379 | Brief von Steffen Berg an die Direktoren der mit klinischer Forschung befaßten Einrichtungen der Medizinischen Fakultät der Universität Göttingen, o.D. [1979] (ArchMHH, Dep. 2 acc. 2011/1 Nr. 7), S. 1.

380 | Eine Ausweitung von Ethikkommissionen, die über den Einbezug von Ärzten, Juristen und Theologen hinausging und neben Vertretern anderer Disziplinen auch Laien einbeziehen sollte – eine Forderung, die vor allem auf der internationalen Bioethikkonferenz 1987 in Ottawa bekräftigt worden war – ließ in Deutschland bis weit in die 1990er Jahre auf sich warten, Aretz: Kommunikation ohne Verständigung, S. 296-300. Der Einbezug von »Betroffenen«-Vertretern stellte in Deutschland noch Ende der 1990er Jahre ein Desiderat dar, Riewenherm: Experten, S. 8. Allerdings setzte das Bundesministerium für Forschung und Technologie im Laufe der 1980er Jahre mehrere einflussreiche Arbeitsgruppen ein, die neben Ärzten und Naturwissenschaftlern unter anderem auch Philosophen, Theologen und Vertreter von Arbeitgeberverbänden sowie dem Deutschen Gewerkschaftsbund zu ihren Mitgliedern zählten, siehe die siebenbändige Berichtsreihe mit dem Titel »Gentechnologie – Chancen und Risiken« im J. Schweitzer-Verlag. Das zuvor zitierte Rundschreiben der Universität Göttingen tat die Ansicht kund, dass entsprechende Pluralisierungsversuche in den

wendigkeit, eine solche Kommission ins Leben zu rufen, führten die Mediziner vor allem auf fach- und universitätsexterne Einflüsse zurück: »Die psychologischen Grundlagen der Einstellung breiter Bevölkerungsteile gegenüber der Tätigkeit unserer Kliniken haben sich verändert; Vorbehalte werden deutlich, ein zunehmendes Bedürfnis der Öffentlichkeit nach ›Transparenz‹ ärztlichen Handelns gerade im Krankenhausbetrieb ist unübersehbar.«[381] Es entsteht der Eindruck, dass der Einrichtung von Ethikkommissionen in der Anfangszeit vor allem ein strategisches Ziel innewohnte: die Akzeptanz der medizinischen Forschung und Praxis zu verwalten, insbesondere gegenüber rechtlichen Instanzen sowie der als Ansprechpartner von neuem Gewicht entdeckten »Öffentlichkeit«.[382] Die Bescheinigung der »rechtlichen und ethischen Unbedenklichkeit« ist vornehmlich in dieser Hinsicht zu lesen.[383]

Das bisherige Expertensubjekt der Humangenetik, das in den 1950er und 1960er Jahren noch vollständig auf ärztliche Intuition und Selbstregulierung mittels standeseigener Ethiken vertraut hatte und dessen Persönlichkeit in den 1970er Jahren durch vermeintlich automatische Abläufe und einen ungebrochenen technologischen Fortschrittsoptimismus verdeckt worden war, war im Zuge dieser Entwicklung einer erneuten Modifikation unterworfen. Gewissensbeteuerungen von Wissenschaftlern und ihre Selbstverpflichtung auf das Allgemein- bzw. das individuelle Wohl reichten nicht mehr aus. Stattdessen waren es zuneh-

---

1970er Jahren im Ausland – genannt werden USA und Schweden – »als weitgehend gescheitert gelten« könnten. Einzig Juristen würden sich als gewinnbringend erweisen.

381 | Brief von Steffen Berg an die Direktoren der mit klinischer Forschung befaßten Einrichtungen der Medizinischen Fakultät der Universität Göttingen, o.D. [1979] (ArchMHH, Dep. 2 acc. 2011/1 Nr. 7), S. 1. Bezüglich der historischen Wurzeln eines derartigen Einstellungswandels der »Öffentlichkeit« konnte nur spekuliert werden. In einem anderen Text aus demselben Jahr brachte ein Göttinger Rechtsmediziner den Bedarf nach einer Ethikkommission beispielsweise mit dem Contergan-Skandal, dem Arzneimittelgesetz von 1970 sowie vagen Bezügen zur NS-Zeit in Verbindung, Aufgaben und Problematik sog. Ethik-Kommissionen in Zusammenhang mit klinischer Forschung an den Universitäten (ArchMHH, Dep. 2 acc. 2011/1 Nr. 7).

382 | Diese Funktionalität der Bioethik hat auch Tina Stevens für die US-amerikanische Bioethik herausgestellt, Stevens: Bioethics in America.

383 | Dies hatte zugleich finanzielle und publikationstechnische Gründe: »In der Zwischenzeit hat sich auch gezeigt, daß bei der Finanzierung von Forschungsvorhaben in zunehmendem Maße von Seiten des Geldgebers die Auflage gemacht wird, die rechtliche und ethische Unbedenklichkeit des Vorhabens prüfen zu lassen; auch von wissenschaftlichen Zeitschriften wird stellenweise bereits die Akzeption [sic] von Publikationen aus dem Bereich der klinischen Forschung von der Vorlage einer derartigen ›Unbedenklichkeitsbescheinigung‹ abhängig gemacht.« (Brief von Steffen Berg an die Direktoren der mit klinischer Forschung befaßten Einrichtungen der Medizinischen Fakultät der Universität Göttingen, o.D. [1979] [ArchMHH, Dep. 2 acc. 2011/1 Nr. 7], S. 1)

mend die humangenetischen Experten selbst, die rechtlichen Regelungsbedarf im Hinblick auf die »Begrenzung« der Wissenschaft und Praxis anmeldeten. Unabhängige ethische Instanzen sollten Selbstbeschränkungen verordnen und die dadurch nicht beschränkten Bereiche zugleich legitimieren. Durch diese gleichsam eingrenzende wie bestätigende Funktion von Ethikkommissionen konnte die eigene, ungewohnte Unsicherheit auf Expertenseite aufgefangen werden.

Die medizinischen Experten im Allgemeinen sowie die Humangenetiker im Besonderen hatten dabei stets die »Absicherung« gegenüber der »öffentlichen Meinung« im Blick, vor allem auch gegenüber etwaigen Protestgruppen, die somit allerdings ex negativo in ihrer Sprecherposition bestätigt wurden.[384] Gerade die explizite Stoßrichtung auf »die Öffentlichkeit« – und damit auf einen prinzipiell offenen Horizont verschiedener Fragen, Zweifel und Sorgen von Laien – unterschied diese Entwicklung vom Wirken früherer Ethikkommissionen, die vor allem die Notwendigkeit von medizinischen Versuchen am Menschen überprüfen und deren korrekte Durchführung beurteilen sollten.[385] Die Sprechergruppen, die mehr oder weniger ernstzunehmende ethische Zweifel anmelden konnten, hatten sich ebenso vermehrt wie die Inhalte und Argumente, auf die Wissenschaftler und Ärzte reagieren mussten.[386] Nicht einmal mehr pauschale Verurteilungen ganzer

---

384 | Vgl. für den Zusammenhang wissenschaftlicher Selbstbegrenzung und der Eindämmung öffentlicher »Ängste« folgende Äußerung Helmut Baitschs gegenüber Friedrich Vogel: »Ich halte es für denkbar und wohl auch für notwendig, daß es bestimmte rechtliche Regelungen geben wird, die durchaus auch zu einem Verbot führen können: die Funktion solcher rechtlichen Regelungen könnte insbesondere darin bestehen, daß sie Exzesse ausschließen, besser: daß sie die Angst vor bestimmten Exzessen etwas zurückhalten könnte. Als Beispiel nenne ich etwa die Angst vor dem Klonieren. Ich gehe davon aus, daß wir beide die Unsinnigkeit solcher Experimente am Menschen gleichermaßen erkennen, daß es sich hier tatsächlich nicht um eine echte humangenetische Fragestellung handelt usw. Dennoch aber scheinen mir unsere Beteuerungen, derartige Dinge würden wir nie tun und die Scientific Community würde solches auch nicht dulden, nicht ausreichend, die Ängste vor solchen denkbaren Experimenten abzubauen. Dies wäre eine Funktion einer rechtlichen Regelung. Zum anderen sehe ich eine Bedeutung darin, daß an solchen Beispielen die Grenzen der Forschungsfreiheit einmal definiert werden. Ich glaube nicht, daß damit ein Schaden gesetzt wird für die Wissenschaft als Institution.« (Helmut Baitsch: Anmerkungen zum Vortragsentwurf »Humangenetik und die Verantwortung des Arztes« von F. Vogel, 26.8.1986 [ArchMHH, Dep. 1 acc. 2011/1 Nr. 14], S. 10)

385 | Vgl. z.B. Brief von H. Geiger an Walther Klofat, 26.3.1975 (BA, B 227/011624); Hess: Presse zwischen Wissenschaft und Öffentlichkeit, S. 12.

386 | Vgl. das im NDR ausgestrahlte Gespräch »Brauchen wie eine neue Wissenschafts-Ethik?« mit Hans-Wolfgang Levi (Vorsitzender der Arbeitsgemeinschaft für Großforschungseinrichtungen), Eugen Seibold (Präsident der DFG) und Heinz Staab (Präsident der Max-Planck-Gesellschaft), 9.1.1985 (ArchMHH, Dep. 1 acc. 2011/1 Nr. 2). Vgl. des Weiteren Max-Planck-Gesellschaft (Hg.): Gentechnologie und Verantwortung, S. 7.

Forschungsbereiche oder hypothetische Schreckensszenarien ihrer zukünftigen Entwicklung ließen sich risikolos ignorieren. Ein Grund hierfür lag in dem mittlerweile deutlichen Auseinanderdriften der »technokratischen Expertenzirkel« aus Humangenetikern, Verwaltungsbeamten, Politikern und Medienvertretern, in denen sich die humangenetischen Experten noch bis in die erste Hälfte der 1970er Jahre verortet hatten. So waren fortan vermeintlich irrationale Kritiken an der Humangenetik und ihren gesellschaftlichen Folgen innerhalb des humangenetischen Diskurses zu berücksichtigen, da sich die für Finanzierung und Förderung der Fachdisziplin verantwortlichen Politiker nicht unbeeindruckt davon zeigten. Es entstand eine Pluralität an Kommunikationsbeziehungen der Humangenetik zu verschiedenen Experten- und Laiengruppen, die jeweils eigene Probleme und Anforderungen stellten. Zusätzliche Komplexität erzeugte die massenmediale Verhandlung zahlreicher Themen. Die Experten der dritten Phase hatten die Kalkulation mit all diesen »Öffentlichkeits-Bereichen« in ihr Selbstverständnis zu integrieren. Die Befürwortung bioethischer Instanzen durch humangenetische Experten stellte eine Folge dieser neuen Belastungen dar.

Die Anfänge der »bioethischen Selbstbildung« humangenetischer Experten an der Wende zu den 1980er Jahren wiesen den Charakter einer vorwegnehmenden Verteidigung gegenüber ethischer Kritik aus »der Öffentlichkeit« auf. So schreibt der Hamburger Humangenetiker Eberhard Passarge über einen Projektantrag im Rahmen des DFG-Schwerpunktprogramms »Analyse des menschlichen Genoms mit molekularbiologischen Methoden« intern an die DFG: »Ich halte den Antrag zwar für ethisch unbedenklich, sehe auch keine rechtlichen Probleme, aber ich stimme Ihnen zu, daß wegen der sensibilisierten Öffentlichkeit zusätzliche Bemerkungen in dieser Hinsicht im Antrag enthalten sein sollten bzw. dem Antrag ergänzend beigefügt werden.«[387] Da Passarge Quelle und Inhalte der zu erwartenden Kritik nicht genauer spezifizierte, war er sich auch über den genauen Inhalt der vorgeschlagenen Ergänzungen keineswegs im Klaren. Er spielte in seinem Schreiben verschiedene Ideen durch, wobei der sachliche Bezug zu den im Projekt beantragten Untersuchungen nicht entscheidend war. Stattdessen zählte vielmehr die Konjunktur kritischer bioethischer Themen in der massenmedialen Diskussion. Passarge spekulierte: »Im wesentlichen müßten die Bemerkungen wohl auf eine Abgrenzung gegenüber ethisch problematischen Untersuchungen hinauslaufen. Daß hieße zunächst, daß klargestellt wird, obwohl dies meines Erachtens durchaus implicit ist, daß Untersuchungen an menschlichen Embryonen im Rahmen dieses Antrags nicht vorgesehen sind. Der Antrag selbst erwähnt, daß eine genetische Veränderung menschlicher Keimzellen nicht Gegenstand dieses Schwerpunktes sein wird.«[388] Bei derartigen Überlegungen stand letztlich die strategische Wirkung im Blick auf bioethische Debatten eindeutig im Zentrum, was der Humangenetiker abschließend nochmals betonte: »In diesem

---

387 | Brief von Eberhard Passarge an Walther Klofat, 20.9.1984 (DFG-Archiv, 322 256).
388 | Ebd.

Falle schien es wichtiger, daß überhaupt etwas zu ethischen Fragen ausgeführt wird, als was im einzelnen dazu gesagt wird.«[389] Diese grundlegende Unsicherheit im Umgang mit bioethischen Fragestellungen wurde auf Seiten der DFG geteilt, ihre Notwendigkeit stand jedoch genauso wenig in Zweifel. Walther Klofat schrieb in einem Vermerk zu demselben DFG-Schwerpunkt anlässlich der medialen Resonanz auf das Buch »Tödliche Wissenschaft« Benno Müller-Hills: »Was ich aber verhindern möchte, ist, daß es in vielleicht dreißig Jahren heißt: .... hätte die DFG und der dieses Gebiet betreuende Fachreferent, der auch die Schwerpunktprogramme ›Pränatale Diagnostik genetisch bedingter Defekte‹, ›Ätiologie und Pathogenese von Erbkrankheiten‹ sowie ›Analyse des menschlichen Genoms mit molekularbiologischen Methoden‹ managte, nicht die potentiell ethischen Implikationen besser vorhersehen müssen? War die geplante molekulare Analyse des menschlichen Genoms mit der damit verbundenen Prognostizierbarkeit, also Schaffung des gläsernen Menschen, nicht vorhersehbar? Hat man bewußt dieses Programm gewollt?«[390] Bei Klofats Fragenkatalog stand außer Zweifel, dass der Verfasser die aufgeworfenen Bedenken selbst kaum teilte. Trotzdem erkannte er den Bedarf einer umfassenden »ethischen Absicherung« an.[391]

Der humangenetische Diskurs löste sich im Laufe der 1980er Jahre nie vollständig von diesem instrumentellen Zugang zu »bioethischen Problemen«.[392] Die

---

389 | Ebd.

390 | Walther Klofat: Vermerk - Betr.: 1. Schwerpunktprogramm »Analyse des menschlichen Genoms mit molekularbiologischen Methoden« 2. Buch von Professor Benno Müller-Hill: Tödliche Wissenschaft: Die Aussonderung von Juden, Zigeunern und Geisteskranken 1933-1945, 7.2.1985 (DFG-Archiv, 322 256).

391 | Ähnliche Beispiele einer bioethischen »Selbst-Hinterfragung« werden im Laufe der 1980er Jahre ubiquitär im humangenetischen Diskurs, so zum Beispiel auch im Zusammenhang mit der neuen Technologie der Chorionzottenbiopsie. Ein Fachgespräch zum Thema kam 1984 in Bonn unter anderem zu dem Ergebnis: »Nach Ansicht der Gutachter sind die ethischen Fragestellungen deshalb sorgfältig zu diskutieren, damit die Forschungsvorhaben in der Öffentlichkeit vertreten werden können.« (Giesecke: Ergebnisvermerk zum Fachgespräch »Chorionbiopsie« am 18.12.1984 in Bonn, 24.1.1985 [BA, B 227/225093]) Vorgesehen war hierfür ein bereits bestehender »ethischer Beraterkreis« des Bundesministeriums für Forschung und Technologie sowie der DFG. Wohlgemerkt wurde im Umkreis dieser Passage nicht einmal erwähnt, welche Problemstellungen inhaltlich im Zentrum dieser ethischen Diskussionen stehen sollten. Die Expertenrunde war von der Notwendigkeit bzw. Güte der Technologie und ihrer Anwendung überzeugt. »Ethik« war vorgesehen, um den Bedenken von Laien und kritischen Stimmen in Medien, Politik und Öffentlichkeit zu begegnen.

392 | Vgl. hierzu auch die in Bremen geführten Diskussionen um einen »Beirat« für bioethische Fragen, den die Bremer Landesregierung dem »Zentrum für Humangenetik und Genetische Beratung« der Universität, mit der sie einen Kooperationsvertrag bezüglich der humangenetischen Beratung unterhielt, Anfang der 1990er Jahre zuteilen wollte. Die Vertreter des Zentrums wehrten sich vehement gegen dieses Vorhaben, schlugen jedoch im Gegenzug die

Bioethik entwickelte eine eigentümliche Funktionalität, indem sie keineswegs, wie man vordergründig betrachtet meinen könnte, den Fortschritt der Forschung und ihrer Anwendung hemmte, sondern paradoxerweise stabilisierte. Ethische Fragen ließen sich in einen neu geschaffenen, Ende der 1970er Jahre noch proto-institutionellen Diskussionsraum auslagern, ohne den Forschungsbetrieb der Humangenetik grundlegend zu behindern.[393] Vor allem zwei Eigenschaften der bioethischen Debatten begünstigten dies: Erstens ließen sich Äußerungen über zukünftige, dystopische Entwicklungen in aller Regel als »Spekulationen« markieren, da sie meist auf derzeit noch nicht umsetzbare Technologien verwiesen. Gegenwärtig verfügbare Technologien dürften nicht vor dem Hintergrund ihrer zukünftig denkbaren Weiterentwicklung abgelehnt werden.[394] Das bedeutete aber, dass der wissenschaftliche Fortschritt immer erst selbst die Grundlage seiner Beurteilung liefern konnte, also alle Entwicklungen im Grunde erst nachträglich kritisiert werden konnten.[395] Humangenetische Experten erkannten den Wert »spekulativer« Diskussionen zwar an und beteiligten sich stellenweise auch daran, sie schienen sich in ihren Augen jedoch auf einer anderen Ebene zu bewegen als die Planung konkreter Forschungsprojekte. Durch derartige »Spekulationen« ließ sich der kontinuierliche wissenschaftliche Fortschritt in zahllosen Einzelprojekten praktisch kaum beeinträchtigen.[396]

Einrichtung einer »Arbeitsgruppe« vor. Diese beschrieben sie als eine Art PR-Agentur der Humangenetik, die Politiker, Wissenschaftler und Ärzte gleichermaßen von öffentlichem Druck entlasten sollte. Bioethische Fragen wurden grundlegend anerkannt, sollten jedoch in einen eigenen Diskussionsraum, der den alltäglichen Fortgang der Forschung und Beratung nicht übermäßig tangierte, ausgelagert werden, Rat der zentralen wissenschaftlichen Einrichtung »Zentrum für Humangenetik und Genetische Beratung«: Kooperationsvereinbarung zwischen dem Senator für Bildung und Wissenschaft, der Universität Bremen und dem Senator für Gesundheit – Entwurf einer Kooperationsvereinbarung, 12.04.1992 (BUA, 1/AS – Nr. 553), S. 2-3. Siehe auch das handschriftliche, ohne Autorenangaben vorliegende Protokoll zum Thema im Bestand: BUA, 1/KON – Nr. 5426.
393 | Siehe auch Rendtorff: Bioethics in Denmark, S. 214. Mette Hartlev spricht davon, dass die bioethischen Problemstellungen in einem »ethischen Vorzimmer geparkt« würden, Hartlev: Med lov og etisk råd, S. 172.
394 | Vgl. z.B. Memorandum zur Versorgung der Bevölkerung mit Leistungen der Medizinischen Genetik, o.D. [ca. 1988] (HHStAW, Abt. 511 Nr. 428), S. 22.
395 | Vgl. Toft: Genteknologi, S. 96. Kritiken an der »Nachträglichkeit« der Bioethik häuften sich im Laufe der 1990er Jahre, vgl. z.B. Det Etiske Råd: Genundersøgelse af Raske, S. 6-7; Bundesministerium for Forschung und Technologie: Arbeitskreis »Ethische und soziale Aspekte des menschlichen Genoms«, S. 6.
396 | Vgl. für eine homologe Analyse der gegenwärtigen Bioethik Weingart: Die Zügellosigkeit der Erkenntnisproduktion, insbesondere S. 110-117; The Danish Council of Ethics: Second Annual Report, S. 72.

Zweitens fuhren sich bioethische Kontroversen in der Regel fest und rieben sich in ihren eigenen »Pluralisierungs«-Bemühungen auf. Gerade die »Demokratisierung« der zulässigen Argumente und Stimmen führte zu unauflösbaren Aporien, die letztlich Handlungsunfähigkeit erzeugten und somit kaum geeignet waren, in tatsächliche Forschungs- und Anwendungsmuster einzugreifen. Die hegemoniale Devise der Bioethik lautete: im Zweifel für den Fortgang der Forschung.[397] Jegliche Fundamentalkritik ließ sich leicht entwerten, da sie gemessen an der widersprüchlichen Wirklichkeit, die die Bioethik angeblich abbildete, einseitig ausfalle und der Vielschichtigkeit der Einschätzungen, Meinungen und möglichen Entwicklungen nicht gerecht würde.[398] Damit erfüllte die Konstruktion einer »realen Widersprüchlichkeit« durch die Bioethik – eigentlich als Demokratisierung gedacht – gewollt oder ungewollt eine strategische Funktion, die den Fortgang der Forschung und Entwicklung begünstigte. Letztlich blieb ihr nur der plurale Austausch über die Folgen etablierter Praxen. Nichtsdestoweniger erschien jede durch eine solche »offene« und »selbstkritische« Kontroverse begleitete Forschung, Technologie und Praxisform – ungeachtet der Inhalte und Ergebnisse der Debatte – in besonderer Weise legitimiert zu sein.

Institutionalisierung und Repräsentativität (Beispiel Dänemark)

In Dänemark griff der humangenetische Diskurs die Bioethik ebenfalls als neue Vermittlungsinstanz zwischen Experten und Laien bzw. Wissenschaft und »Öffentlichkeit« auf. Auch in Dänemark war die Kritik sozialer Bewegungen an der Gentechnologie und der Humangenetik in den 1970er Jahren angewachsen. Zugleich hatte sich der »Zusammenhalt« der Expertenzirkel in Wissenschaft, Medizin, Politik und Verwaltung gelockert. Dänische Humangenetiker waren jedoch nicht in gleichem Maße wie ihre deutschen Kollegen seit einigen Jahrzehnten der »Gefahr« potentieller NS-Vergleiche ausgesetzt.[399] Dies dürfte dazu geführt haben, dass der humangenetische Diskurs im Allgemeinen eine geringere Sensibilität gegenüber öffentlicher Kritik aufwies als im Nachbarland, zumal diese Außenimpulse erfahrungsgemäß weniger drastisch bzw. fundamental ausfielen. Außerdem begleitete die Etablierung der Bioethik tendenziell weniger Misstrauen auf Seiten der Experten als in Deutschland. Auch in Dänemark zeigte sich rasch, dass die Akzeptanz bioethischer Problemstellungen die alltägliche Forschungspraxis faktisch kaum einschränkte.[400]

---

397 | Vgl. die Kritik Ulrich Becks in dem Abschnitt »In dubio pro Fortschritt: Von der Ungleichheit der Beweislasten« in Beck: Gegengifte, S. 38-42.
398 | Vgl. The Danish Council of Ethics: Second Annual Report, S. 5; Vogel: Humangenetisches Wissen und ärztliche Anwendung, S. 29.
399 | Zu vergleichbaren Vorwürfen in Dänemark siehe Sørensen: Det Etiske Råds Betydning, S. 130.
400 | Vgl. Rendtorff: Bioethics in Denmark, S. 214.

Am Übergang zu den 1980er Jahren hatten sich in Dänemark wissenschaftsethische Komitees in medizinischen Institutionen etabliert, die sich wie in Deutschland auf die Helsinki-Deklaration beriefen.[401] Eine nationale Einrichtung – das Wissenschaftsethische Komitee (*den nationale/centrale videnskabsetiske komité*) gegründet 1979 – koordinierte die Arbeit dieser Kommissionen.[402] Wie in Deutschland handelte es sich hierbei noch nicht um »bioethische« Instanzen im Sinne der dritten Phase, da die Kommissionen in erster Linie zur rechtlichen Absicherung des medizinischen Versuchsbetriebs am Menschen zuständig waren. Angesichts der genuin bioethischen Fragen, die im Laufe der 1980er Jahre an Prominenz im humangenetischen Diskurs gewannen und sich auf die psychologischen und soziologischen Dimensionen der Humangenetik in all ihren Facetten bezogen, wurde schnell deutlich, dass die vorhandenen Institutionen hierdurch überfordert waren.[403] Die dänische Diskussion um die Gesellschaftsbeziehungen der Genetik teilte sich daraufhin in zwei vorerst deutlich getrennte Stränge auf. Einem »ethischen« Strang stand hierbei eine relativ autonom verlaufende Debatte um die (technischen) Risiken der Gentechnologie gegenüber.[404] Letztere trug eher instrumentelle Züge und stellte vorrangig strategische Kontakte zur Öffentlichkeit her. Diese »künstliche Trennung« zweier im Grunde verwandter Debatten, wie Jesper Lassen schreibt,[405] schlug sich in der parallelen Gründung jeweils eigener Institutionen nieder. So setzte das Innenministerium im Jahr 1983 eine Kommission zur Gentechnologie ein (*gensplejsningsudvalg*), die sich in erster Li-

---

401 | Indenrigsministeriet (Hg.): Fremskridtets pris, S. 79-83. Eine führende Rolle nahm hierbei der Arzt Poul Riis ein, der 1975 an der Überarbeitung der Helsiniki-Deklaration mitgearbeitet hatte sowie in nationalen und internationalen Wissenschaftsorganisationen mitwirkte.
402 | Anfangs erfolgte die Gründung dieser wissenschaftsethischen Kommissionen auf freiwilliger Grundlage. Sie wurde erstmals 1992 gesetzlich vorgeschrieben, Lov om et videnskabsetisk komitésystem og behandling af biomedicinske forskningsprojekter, nr. 503, 24.6.1992. Siehe auch Sundhedsministeriet (Hg.): Forskning på mennesket.
403 | Siehe Nelausen/Tranberg: Fosterdiagnostik og etik, S. 11; Riis: Det Etiske Råds fødsel, S. 41. Einen hervorstechenden ereignisgeschichtlichen Einschnitt stellte das Angebot künstlicher Befruchtung an kinderlose Eltern in Dänemark dar, das sich Anfang der 1980er Jahre zu einem öffentlichen Skandal zuspitzte, siehe z.B. Wuermeling: Verbrauchende Experiemente, S. 1189-1190; Larsen: Et tilbageblik, S. 72.
404 | Borre: Public Opinion on Gene Technology, S. 472.
405 | Lassen: Changing Modes of Biotechnology Governance, S. 9-10. Diese Trennung wurde zusätzlich konsolidiert durch die jeweilige Assoziation mit unterschiedlichen Zuständigkeitsbereichen: pflanzliche und tierische bzw. industrielle und landwirtschaftliche Gentechnologie auf der einen Seite und medizinische Anwendungen auf den Menschen auf der anderen.

nie mit technischen Risikofragen befassen sollte.[406] Vorgesehen war mehr oder minder eine Art PR-Agentur der Gentechnologie, die die Entscheidungen der Humangenetiker und Politiker gleichermaßen vor öffentlicher Kritik schützen sollte. Drei Jahre später wurde der Technologieausschuss (*teknologinævnet*, später: *teknologirådet*) ins Leben gerufen, der anfänglich eine ähnliche Stoßrichtung aufwies.[407] Nichtsdestoweniger erließ die dänische Regierung im selben Jahr ein vergleichsweise restriktives Gesetz zur Einschränkung von Experimenten und Anwendungen der Gentechnologie, das vor allem Sicherheits- und Umweltbedenken in Rechnung stellte.[408]

Auf der anderen Seite der Unterscheidung von Risiko- und Ethikdiskussion begann sich die Bioethik seit Beginn der 1980er Jahre nach und nach als wichtiges medizinisches, wissenschaftliches und gesellschaftliches Phänomen in Dänemark zu etablieren. Sie widmete sich vorerst eher unspezifischen, das Tagesgeschäft und die gesetzliche Regulation der Forschung nur indirekt betreffenden ethischen Problemfeldern. Hierbei erhielt die Debatte erhebliche Impulse durch interdisziplinäre Kommissionen, insbesondere durch den Bericht eines Treffens aus dem Jahr 1983, auf dem humangenetische Experten mit Politikern sowie fachfremden Wissenschaftlern und Intellektuellen über die sozialen, psychologischen und ethischen Probleme der Gentechnologie, künstlichen Befruchtung und Pränataldiagnostik diskutiert hatten.[409] Einen weiteren zentralen Anstoß lieferte der Bericht »Preis des Fortschritts« (*Fremskridtets pris*) aus dem Jahr 1984.[410] Das Dokument ging aus einer vom Innenministerium parallel zur *gensplejsningsudvalg* eingesetzten Kommission zu den ethischen Problemen des (human)genetischen Fortschritts hervor. Der Bericht trug maßgeblich dazu bei, die wissenschaftliche und politische Diskussion der Themen Gendiagnostik und künstliche Befruchtung aus dem engen Rahmen gesetzlichen Regelungsbedarfs herauszulösen und eine »ethische Diskussion« darüber zu initiieren, »welche Wünsche die Gesellschaft und die Öffentlichkeit bezüglich der Anwendung der Technologie hegten«.[411]

---

406 | Der Kommissionsbericht wurde 1985 publiziert: Indenrigsministeriet (Hg.): Genteknologi & sikkerhed.
407 | Teknologirådet (Hg.): Ti år med Teknologinævnet. Den ein Jahr später gegründeten Gentechnologischen Rat (*det genteknologiske råd*) bezeichnet Jesper Lassen als eine Marionettenorganisation industrieller Interessen, Lassen: Changing Modes of Biotechnology, S. 11; vgl. zum Beispiel Det Genteknologise Råd (Hg.): Genteknologi og Dansk lovgivning.
408 | Lov om miljø og genteknologi, lov nr. 288, 4.6.1986. Siehe zum Kontext Jelsøe u.a.: Denmark, S. 30.
409 | Indenrigsministeriet (Hg.): Etiske sider.
410 | Indenrigsministeriet (Hg.): Fremskridtets pris.
411 | Nelausen/Tranberg: Fosterdiagnostik og Etik, S. 11; siehe auch Øhrstrøm: Værdidebatten. Die 1983 eingesetzte Kommission bestand aus Wissenschaftlern, Ärzten, Juristen, Verwaltungsbeamten und anderen und sollte zuerst vor allem den rechtlichen Regelungsbedarf ermitteln. Während der Arbeit der Kommission schob sich die bioethische

Aus diesen Debatten ergab sich sodann das Ziel, eine interdisziplinäre bioethische Institution zu schaffen, um der Unsicherheit im Umgang mit dem wissenschaftlichen und medizinischen Fortschritt zu begegnen. Die Gründung des Ethischen Rats (*det etiske råd*) erfolgte nach einiger Vorbereitung durch ein Gesetz im Jahr 1987.[412] Damit hatte die Institutionalisierung der Bioethik in Dänemark die deutsche Entwicklung trotz des vergleichsweise verhaltenen Beginns der gesellschaftlichen Debatten um einige Jahre überholt.[413] Ein wichtiges Ziel dieses Rats war es, Richtlinien im Umgang mit biomedizinischen Forschungen und Technologien vorzuschlagen, die als Grundlage politischer und gesetzgeberischer Maßnahmen dienen sollten. Im Gesetzestext hieß es, dass für die Kompetenz seiner Mitglieder die »öffentlich dokumentierte Einsicht in die ethischen, kulturellen und gesellschaftlichen Fragen, die für die Arbeit des Rats von Bedeutung sind«, entscheidend sei.[414] Dieses offene Expertenverständnis sollte einer vermeintlichen Exklusivität des Einflusses von Medizinern und Humanwissenschaftlern auf Politik und Gesetzgebung in biomedizinischen Fragen entgegenwirken. Die Forschung und Technologieentwicklung sollte einem möglichst »demokratischen Entscheidungsprozess« unterworfen werden.[415] Von besonderem Interesse ist an dieser Stelle, dass auch ein gewisser Anteil an Laien im Rat vertreten sein sollte, die sich in öffentlichen, ethischen Diskussionen hervorgetan

---

Dimension der behandelten Themen jedoch unweigerlich in den Vordergrund. Bereits ein Jahr nach Erscheinen des Berichts legte das Innenministerium einen Rechenschaftsbericht zu den ethischen Problemen des medizintechnischen Fortschritts vor, Indenrigsministeriet: Redegørelse om etik og medicinsk teknik.

412 | Das Gesetz zur Errichtung eines ethischen Rats (*lov om oprettelse af et etisk råd*) sah einen 17-köpfigen bioethischen Beirat vor. Der Ethische Rat besteht als dauerhafte Einrichtung bis heute, siehe Det Etiske Råd (Hg.): Etik i tiden. Der Zuständigkeitsbereich des Rats überstieg humangenetische Themen bei Weitem. Allerdings richtete sich die Arbeit des Rats in den ersten Jahren zum Großteil auf Themen wie Gentechnologie, humangenetische Beratung und Pränataldiagnostik, Gentherapie, Künstliche Befruchtung und Präimplantationsdiagnostik, die auch bereits im Gesetz als konkrete Aufgaben genannt wurden. Hierzu waren ab 1988 drei Arbeitsgruppen eingesetzt worden, The Danish Council of Ethics: Second Annual Report, S. 11. Siehe auch Det Etiske Råd: Fosterdiagnostik og etik; The Danish Council of Ethics: The Protection of Human Gametes.

413 | Der anfängliche Widerstand ärztlicher Standesorganisationen gegen die Gründung eines solchen Rats im Zeichen freiwilliger und standesethischer Regelungen versiegte alsbald. Er wurde retrospektiv gelegentlich überbewertet, Riis: Det Etiske Råd fødsel, S. 44-47. Die dänische Ärzteschaft hatte die Subjektivierungsprozesse, die zur Gründung des Ethischen Rats führten, auf einer grundlegenderen Ebene ebenfalls bereits vollzogen und empfand seine Existenz sehr bald als nahezu »natürlich«.

414 | Lov om oprettelse af et etisk råd, nr. 353, 3.6.1987.

415 | Vgl. Teknologirådet (Hg.): Ti år med Teknologinævnet, S. 4.

hatten.[416] Der Ethische Rat formulierte ein Selbstverständnis, in dessen Zentrum die prinzipiell unbeschränkte gesellschaftliche Ausweitung der Diskussion um wissenschaftliche Erkenntnisse und Technologien stand. In einem der ersten Rechenschaftsberichte aus dem Jahr 1989 postulierten die Ratsvorsitzenden: »One of the most significant of the Council's tasks is to contribute to the public debate in the belief that it should not be left to the experts alone to deal with these universal questions – all citizens ought to take a position.«[417] Das implizierte einerseits ein Expertensubjekt, das sich die soziale und ethische Verantwortung für die (nichtintendierten) Folgen, die seine Arbeit auf die Gesellschaft haben kann, bewusst machte. Andererseits sollten sich auf der Grundlage einer massiven Ausweitung von Aufklärung und Partizipation auch Laien selbst als Experten sehen lernen und damit auch bereit sein, einen Teil von deren Verantwortung zu tragen. Der Einzug der Bioethik in den humangenetischen Diskurs förderte die Bildung von Subjekten, die fähig zum zeitweisen Rollentausch waren: Experten, die sich von Laien beraten lassen – Laien, die sich selbst zu Experten machen. Genau dieser Impetus sprach auch aus der *consensus conference* zur Genkartierung von 1989.

In Rahmen der bioethischen Rationalität der 1980er Jahre blieb Aufklärung eines der wichtigsten Ziele humangenetischer Experten. Sie sollte nunmehr jeden Bürger dazu zu befähigen, sich einen individuellen Standpunkt zu neuen Technologien und zu neuem Wissen zu bilden, der nicht nur technische, sondern auch soziale und ethische Erwägungen einschloss. Der Ethische Rat forderte im Blick auf die Humangenetik und ihre Anwendung, dass sich jedermann (*each individual*) an ihrer Diskussion beteiligen sollte. Diese Teilnahme sollte dazu beitragen, ein eigenes ethisches Bewusstsein auszubilden.[418] Dieses Aufklärungsziel unterschied sich sehr wesentlich von dem der zweiten Phase. In den 1970er Jahren forderten humangenetische Experten die Aufklärung der gesamten Bevölkerung, um die Inanspruchnahme humangenetischer Leistungen zu stimulieren. Ende der 1980er Jahre ging es in erster Linie darum, die Laien zur Reflexion ihrer Inanspruchnahme humangenetischer Angebote zu bewegen und sie zugleich an einer gesellschaftsübergreifenden Debatte um die Regulierung dieses Angebots zu beteiligen.

---

416 | Acht der Mitglieder des Rats wurden vom Gesundheitsministerium und neun vom dänischen Parlament ernannt. »Of these seventeen members, there should be representation from the medical-scientific community as well as from other scientific fields, law, philosophy, psychology, and so forth. As mentioned, a substantial number of the Council should be lay people who have manifested a public interest in issues of ethical importance.« (Rendtorff: Bioethics in Denmark, S. 217) Dass die genue Bestimmung des Laien-Begriffs im Rahmen des Ethischen Rats bis heute umstritten blieb zeigt Kappel: Introduktion, S. 19-20.
417 | The Danish Council of Ethics: Second Annual Report, S. 5.
418 | The Danish Council: Second Annual Report, S. 49. Vgl. Philip: Fostervandsundersøgelser, S. 29; Spørgsmål til indledere og diskussion, S. 77.

In diesem Rahmen entwickelte sich die Ausweitung der Kommunikation zu einer Art Selbstzweck: »Debate and conversation with others elevate the consciousness of one's own ethical attitude and its consequences, thus making it possible for one to take a position.«[419] Die Kommunikation über den Fortgang von Forschung und Anwendung sollte um ihrer selbst Willen – ungeachtet der wechselnden Inhalte und Beteiligten – verstetigt werden. Die Bereitschaft zum offenen und ständigen Austausch entwickelte sich in der dritten Phase zu einem zentralen Aspekt humangenetischer Subjekte. Überdies war die Verstetigung der Debatte um die gesellschaftlichen Konsequenzen der Human- und Biowissenschaften mit handfesten Professionalisierungs- und Institutionalisierungsprozessen verknüpft. Die Bioethik etablierte sich als eine Ende der 1980er Jahre unverzichtbare Mediationsinstanz zwischen verschiedenen Expertengruppen und Öffentlichkeitsbereichen. Die Bioethik füllte dabei einen (teils selbstgeschaffenen) Raum zwischen den auseinandergetretenen Expertengruppen in Politik, Verwaltung, Wissenschaft und Medizin auf der einen Seite und den selbstverantwortlichen Klienten der Humangenetik bzw. der Öffentlichkeit auf der anderen Seite. Sie drang über »Zwischenräume« in den humangenetischen Diskurs ein, die in den 1950er und 1960er Jahren nicht vorhanden waren und erst in den späten 1970er Jahren aufzubrechen begannen.

Überlastung der humangenetischen Klienten?
Bioethik antwortete nicht allein auf die Bedürfnisse humangenetischer Experten, die sich auf einen neuartigen Umgang mit »der Öffentlichkeit« einstellen mussten. Zugleich verstand sie sich als Antwort auf die Bedürfnisse orientierungsbedürftiger Laien. Diese erschienen im humangenetischen Diskurs zunehmend als »Betroffene«, die den Nebenfolgen wissenschaftlichen Fortschritts ausgesetzt waren. Zugleich erschienen sie als hochgradig »selbstverantwortliche Klienten« medizinischer Dienstleistungen. Beide Perspektiven auf die Probanden und Patienten hingen wechselseitig zusammen und markieren den Übergang zur dritten Phase humangenetischer Subjektivierungsweisen. In den bisherigen Ausführungen, insbesondere zur Entdeckung der Risiken des wissenschaftlichen Fortschritts sowie zur Psychologisierung und Soziologisierung, ging es bereits um den Aspekt des »Betroffen-Seins«. Auch der Aspekt des selbstbestimmten Klienten wurde bereits in anderen Kapiteln angerissen, soll an dieser Stelle jedoch nochmals in den Mittelpunkt gerückt werden.[420] Gerade für diese selbstverantwortlich handelnden Verwalter ihrer eigenen »genetischen Gesundheit« bzw.

---

419 | The Danish Council of Ethics: Second Annual Report, S. 5.
420 | Anne Waldschmidt erhebt den »Klienten« bzw. die »Klientin« gar zur Signatur der dritten Phase ihres Untersuchungszeitraums, Waldschmidt: Das Subjekt in der Humangenetik. In der Tat breitet sich der Begriff in der Beratungsliteratur der 1980er Jahre ubiquitär aus. Ich gehe davon aus, dass es sich hierbei um einen wichtigen, jedoch keineswegs exklusiven Aspekt handelt, zumal das für den »Klienten« prägende Element der »Eigeninitiative« bereits

derjenigen ihrer Familie sollte die Bioethik eine wichtige Funktion erfüllen. Sie beabsichtigte, die Unsicherheit abzufedern, die sich aus dieser Verantwortung ergab – einerseits indem Bioethiker rechtliche und politische Schutzmechanismen für Individuen konzipierten, andererseits indem sie Orientierungsmöglichkeiten und ethisch vertretbare Haltungen zum Umgang mit neuen technologischen Möglichkeiten anboten.

Ulrich Beck schrieb Mitte der 1980er Jahre in seinem Buch zur »Risikogesellschaft« über die Folgen einer immer weiter fortschreitenden »Individualisierung«: Sie bedürfe neuer Instanzen, die sich der »Selbstverarbeitung von Unsicherheit« widmeten, die den Individuen abverlangt werden würde. »Traditionelle und institutionelle Formen der Angst- und Unsicherheitsbewältigung in Familie, Ehe, Geschlechtsrollen, Klassenbewußtsein und darauf bezogenen politischen Parteien und Institutionen verlieren an Bedeutung. Im gleichen Maße wird deren Bewältigung den Subjekten abverlangt. Aus diesen wachsenden Zwängen zur Selbstverarbeitung von Unsicherheit dürften über kurz oder lang auch neue Anforderungen an die gesellschaftlichen Institutionen in Ausbildung, Therapie und Politik entstehen.«[421] Dieses Problembewusstsein lag der aufkommenden »Bioethisierung« der Humangenetik implizit zugrunde. Angesichts der Entscheidungsunsicherheit der Klienten-Subjekte entstand aus bioethischen Diskussionen die Forderung nach neuen Expertenfiguren, die die von Beck beschriebenen neuartigen Formen der »Angst- und Unsicherheitsbewältigung« bereitstellen könnten. Der britische Soziologe Nikolas Rose hat die Funktion der Bioethik in ganz ähnlicher Weise gedeutet. Im Laufe der zweiten Hälfte des 20. Jahrhunderts hätten sich »new ways of governing human conduct« im Allgemeinen entwickelt.[422] Diese seien parallel mit zahlreichen »subprofessions« entstanden, die eine neue Art von Betreuungsexpertise für sich in Anspruch nahmen.[423] Neben der humangenetischen Beratung sei die Bioethik das treffendste Beispiel hierfür im medizinischen Bereich. Sie forme Experten, »whose role is to advise and guide, to care and support individuals and families as they negotiate their way

---

in der vorangehenden Phase eine nicht unbedeutende Rolle im humangenetischen Diskurs spielte.

421 | Beck: Die Risikogesellschaft, S. 101-102. Durch den Begriff der »Institutionenabhängigkeit« verknüpfte Beck seine Beobachtungen zur »Individualisierung« zugleich mit einer Machtkritik: »Dies alles verweist auf die institutionenabhängige Kontrollstruktur von Individuallagen. Individualisierung wird zur fortgeschrittensten Form markt-, rechts-, bildungs- usw. -abhängiger Vergesellschaftung.« (Ebd., S. 210) Vgl. des Weiteren Indenrigsministeriet (Hg.): Fremskridtets pris, S. 44, wo betont wird, dass die Religion als traditionelle Orientierungshilfe in modernen medizinethischen Fragen nicht mehr ausreiche und durch eigenständige Instanzen ersetzt werden müsse.

422 | Rose: The Politics of Life Itself, S. 6.

423 | Ebd.

through the personal, medical, and ethical dilemmas that they face.«[424] Die Bioethik biete hierbei die Möglichkeit, die verschiedenen Beratungsangebote an das Individuum aus einer übergeordneten Beobachterperspektive zu reflektieren und zu beurteilen.

Eine Facette dieses Prozesses, auf den die Bioethik reagierte, war der richtige Umgang mit Informationen. Das Klienten-Subjekt des humangenetischen Diskurses war ein zum Teil bereits gut informiertes Subjekt. Andererseits musste es sich fehlende Informationen beschaffen, um seine Entscheidung für oder gegen einen Test beispielsweise auf eine ausreichende Grundlage zu stellen.[425] Dies galt insbesondere vor dem Hintergrund des in den 1980er Jahren anwachsenden gendiagnostischen Angebots. Allerdings drohte sich das Informationsangebot zusehends zu diversifizieren und eher verwirrend als orientierend zu wirken.[426] Die individuelle Entscheidungskompetenz drohte, durch ein Übermaß an Information eher verhindert als ermöglicht zu werden. Selbstverantwortlichkeit in eugenischer Hinsicht bedeutete nicht allein Informationsbeschaffung, sondern zugleich Informationsmanagement; und hierbei musste das Individuum nicht allein genetisch beraten werden. Aus der Sicht des Klienten-Subjekts hatte die humangenetische Information ihre Eindimensionalität verloren, ihre selbsterklärende Schlichtheit und ihren Automatismus im Blick auf Folgehandlungen, die sie in den 1970er Jahre ausgezeichnet hatte.

Ein weiterer Ansatzpunkt lag neben dem Wissensmanagement im sozialen Umfeld des Klienten. Durch die Soziologisierung des humangenetischen Diskurses waren Experten wie Laien in ihrer Verstrickung in eine Vielzahl sozialer Bindungen sichtbar geworden, die ihre Rationalität erheblich beeinträchtigen konnten, beispielsweise in Form sozialen Drucks, der durch die Pränataldiagnostik erzeugt wurde. Die Expertenkommission, die das Bundesministeriums für Forschung und Technologie zum Ende der 1980er Jahre eingesetzt hatte, beobachtete: »In der modernen Gesellschaft lautet die Erwartung an die Eltern, sie sollten möglichst alles tun, um dem Kind ›optimale Startchancen‹ zu geben. Je mehr Vorsorge- und Diagnosemöglichkeiten angeboten werden (pränatale Diagnostik, Präimplantationsdiagnostik), desto mehr erweitert sich die Erkenntnismöglichkeit und in der Folge auch die Fürsorgepflicht der Eltern.«[427] Seit den diskursiven Verschiebungen der dritten Phase war klar: Eine Ausweitung des genetischen

---

424 | Ebd.
425 | Vgl. Koch: The Government of Genetic Knowledge, S. 98.
426 | Vgl. Bundesministerium für Forschung und Technologie: Arbeitskreis, S. 11.
427 | Ebd., S. 7. Vgl. für das Folgejahrzehnt Irmgard Nipperts Wiedergabe einer entsprechenden Umfrage: »In der Befragung des Kollektivs Schwangerer, die PD in Anspruch nahm, stimmten 31,7 % der Frauen der Aussage zu: ›Genetisch ›fit‹ zu sein ist genauso erstrebenswert wie körperlich und geistig ›fit‹ zu sein.‹ Mit Einschränkung stimmten 34,3 % zu, ablehnend äußerte sich eine Minderheit von 17,2 %.« (Nippert: Entwicklung der pränatalen Diagnostik, S. 77)

Diagnosehorizonts war ohne eine parallele Erhöhung der psychologischen und sozialen Belastung des Subjekts kaum mehr denkbar. Die Sichtbarkeit dieses Zusammenhangs war einerseits eine Folge bioethischen Denkens, andererseits versprach gerade ihr weiterer Ausbau hier Abhilfe in Form neuer Beratungs- und Reflexionsmöglichkeiten zu schaffen.

Exkurs: Vergangenheitsbewältigung

Der humangenetische Diskurs der 1980er Jahre, insbesondere in der Bundesrepublik Deutschland, hatte eine bemerkenswerte Konjunktur der fachinternen »Vergangenheitsbewältigung« zu verzeichnen. Sie war einerseits Folge der bereits beschriebenen Soziologisierung des Diskurses und trieb diese andererseits entscheidend voran. Mit anderen Worten: Die steigende Bereitschaft, sich mit der nationalsozialistischen Vergangenheit auseinanderzusetzen, war eine Konsequenz des wachsenden Bewusstseins der gesellschaftlichen Einbettung humangenetischen Wissens und sie forcierte dieses Bewusstsein zugleich selbst. Das Interesse humangenetischer Experten an der nationalsozialistischen Rassenhygiene ließ sich eindeutig auf gegenwartsbezogene Themen zurückführen, z.B. etwaige psychische und soziale Zwänge, die durch humangenetische Testangebote als »Nebenfolgen« erzeugt würden. Unter einer rasch zunehmenden Zahl von Humangenetikern verbreitete sich ein Reflexionsbedarf für das nunmehr komplex erscheinende Verhältnis von Wissenschaft und Gesellschaft, insbesondere Wissenschaft und Politik, der sich auch in die Vergangenheit richtete.

Bis in die frühen 1980er Jahre waren die humangenetischen Fachvertreter der Aufarbeitung der nationalsozialistischen Vergangenheit mit Desinteresse, bewusster Ignoranz, Ablehnung oder sogar »Gegenangriffen« wie zum Beispiel persönlichen Polemiken begegnet.[428] Dies traf beispielsweise auf Karl Saller zu, der 1961 eine Schrift mit dem Titel »Die Rassenlehre des Nationalsozialismus in Wissenschaft und Propaganda« im Progress-Verlag des sozialistischen Verlegers Johann Fladung veröffentlicht hatte. Saller war selbst ein entschiedener Vertreter der Rassenhygiene gewesen. Ihm war jedoch zu Beginn des »Dritten Reichs« aufgrund inhaltlicher Differenzen zur nationalsozialistischen Rassenlehre die Lehrerlaubnis entzogen worden.[429] Er konnte seine anthropologische Lehr- und Forschungsarbeit erst 1948 als Ordinarius der Universität München wieder aufnehmen. Dass Saller in seiner Schrift ehemalige und gegenwärtige Kollegen in der Anthropologie und Humangenetik anklagte, trug in erster Linie zur Bekräftigung seines Rufes als Außenseiter des Fachs bei. Sein Versuch, die nationalsozialistische Fachvergangenheit explizit zu machen, verstärkte das von Kollegen wie Schülern geteilte Bild, ein notorischer Querulant, wenn nicht gar »Psycho-

---

428 | Vgl. Müller-Hill: Das Blut von Auschwitz, S. 213-227.

429 | Siehe hierzu Saller: Probleme der Eugenik für die ärztliche Praxis, S. 136.

path« zu sein.⁴³⁰ Es erging dem Buch wie allen Äußerungen inner- und außerhalb des Faches, die die nationalsozialistische Vergangenheit des Humangenetik thematisierten und gegebenenfalls die Frage nach der Mitverantwortung für die nationalsozialistische Verfolgungs- und Vernichtungspolitik aufwarfen: Sie wurden nach Möglichkeit ignoriert oder zurückgewiesen. Dies galt im Wesentlichen auch für den Vortrag, den Helmut Baitsch 1979, mittlerweile selbst nicht mehr aktiv an humangenetischen Forschungsprojekten beteiligt, auf der 16. Tagung der Deutschen Gesellschaft für Anthropologie und Humangenetik in Heidelberg hielt. Er trug den eher abstrakten Titel »Anthropologie und Humangenetik in der deutschen Politik« und befasste sich mit der Genetik im Nationalsozialismus. Der Vortrag wurde nicht publiziert und fand kaum ein über die Tagung hinausgehendes Echo. Allerdings hatte sich das Klima der facheigenen »Vergangenheitsbewältigung« Ende der 1970er Jahre bereits geändert. Der Vortrag Baitschs erregte zwar wenig Aufsehen, aber ebenso wenig engagierte Abwehrreaktionen.

In den 1980er Jahren ergab sich dann aus einer Mischung facheigener Aufarbeitung sowie massenmedialer Skandalisierungen ein deutlicher Umschwung. Die Verflechtung von Nationalsozialismus und menschlicher Erbforschung konnte von kaum einem Fachvertreter mehr übergangen oder als interessengeleitete Polemik abgewiesen werden. Diejenigen, die dies weiterhin taten, erschienen mehr und mehr als borniert. Ein zentrales Ereignis in diesem Prozess war der »Skandal« im Rahmen einer anderen Tagung der Gesellschaft für Anthropologie und Humangenetik zwei Jahre später in Göttingen. Hier klagte der Zentralrat der Sinti und Roma die Tübinger Anthropologin Sophie Ehrhardt an, mitverantwortlich für die Verfolgung dieser Volksgruppen im »Dritten Reich« gewesen zu sein und das in diesem Rahmen gewonnene wissenschaftliche Material noch immer bedenkenlos weiter zu verwenden.⁴³¹ Ehrhardt fühlte sich in der Folge als

---

430 | Siehe hierzu beispielsweise den Briefwechsel seines Schülers Helmut Baitsch aus den 1960er Jahren (ArchMHH, Dep. 1 acc. 2011/1 Nr.12) sowie die Einschätzung Hans Nachtsheims, Brief von Hans Nachtsheim an die Deutsche Forschungsgemeinschaft, 6.1.1960 (BA, 1863 K, 731,17 Heft 3).

431 | Die Staatsanwaltschaft Stuttgart begann daraufhin, gegen Ehrhardt und andere wegen Beihilfe zum Mord zu ermitteln. Ehrhardt hatte sich zuvor die Überführung der sogenannten »Zigeuner-Kartei« vom Anthropologischen Institut der Universität Mainz, wo auch bereits an deren Auswertung gearbeitet worden war, nach Tübingen erbeten. Für die näheren Umstände siehe die Briefwechsel in: ArchMHH, Dep. 1 acc. 2011/1 Nr. 15. Im Jahr 1981 erschien auch die historische Studie Hohmann: Geschichte der Zigeunerverfolgung, die einen knappen Abschnitt zur »Postfaschistischen Zigeunerforschung« enthielt, sich hierbei aber auf Hermann Arnold beschränkte, S. 198-203. Bereits 1979 hatte Reiner Pommerin die Verfolgung einer anderen Minderheit aus rassischen Gründen in einer Publikation behandelt, Pommerin: Sterilisierung der Rheinlandbastarde. Diese Studien schlossen an ein Ende der 1970er Jahre in den Geschichtswissenschaften formuliertes Desiderat einer systematischen Untersuchung des Rassenkonzepts des nationalsozialistischen Regimes an, siehe

»Sündenbock« und sah die vormals angeblich geschlossene wissenschaftliche Gemeinschaft der Anthropologen bzw. Humangenetiker im Zerfall begriffen.[432] Ehrhardt lag durchaus richtig mit ihrer Beobachtung, dass die Geschlossenheit, die humangenetische Experten gegenüber Vorwürfen »nationalsozialistischer Verstrickungen« an den Tag legten, keineswegs mehr mit den vorangehenden Jahrzehnten vergleichbar war. Dies darf jedoch nicht darüber hinwegtäuschen, dass die »Vergangenheitsbewältigung« gerade in den frühen 1980er Jahren noch größtenteils als »von außen aufgezwungen« empfunden wurde. Es waren unter anderem führende Tages- und Wochenzeitungen, die Themen wie die skandalträchtige Beziehung von Josef Mengele und Otmar Freiherr von Verschuer oder das Wirken des Kaiser-Wilhelm-Instituts für menschliche Erblehre, Anthropologie und Eugenik behandelten.[433]

Von großer Öffentlichkeitswirksamkeit war die Publikation eines Humangenetikers selbst: das Buch »Tödliche Wissenschaft« von Benno Müller-Hill, das 1984 erschien. Müller-Hills Studien gingen von dem erstaunlichen Befund aus, dass es bislang praktisch keine historiografische Aufarbeitung der NS-Vergangenheit des Faches gegeben hatte.[434] Auf der Grundlage von Archivrecherchen, Publikationen und einigen Interviews legte Müller-Hill eine engagierte »Anklageschrift« vor, aus der Empörung gegenüber dem Handeln historischer Akteure wie Otmar Freiherr von Verschuer, Ernst Rüdin, Robert Ritter und einigen anderen sowie dem mangelnden Bewusstsein seiner Fachkollegen für die Bedeutung der Humangenetik für die Verbrechen des nationalsozialistischen Regimes sprach. Letztendlich sollte sein Buch allerdings zur »Versöhnung« mit der eigenen Vergangenheit beitragen.[435] Es führte jedoch zu einer breiten Empörung unter Fachkollegen, da es die Verstrickung der Erbforscher in die Verbrechen des Nationalsozialismus angeblich verzerrt und übertrieben darstellte. Der Veröffentlichung waren bereits einige Vorträge Müller-Hills zum Thema vorausgegangen,

---

Hillgruber: Tendenzen, Ergebnisse und Perspektiven. Sie konzentrierten sich im Wesentlichen auf politische Quellen und Akteure und reflektierten die Verbindung von Wissenschaft und Politik nur am Rande. Dies galt auch für Breitling: Die nationalsozialistische Rassenlehre. Ebenso entwickelte die Veröffentlichung der österreichischen Anthropologen Horst Seidler und Andreas Rett zum Reichssippenamt keine nennenswerten Analysekategorien zum Verhältnis von »Wissenschaft und Politik« – jenseits moralischer Verurteilung – trotz eines kurzen gleichnamigen Kapitels, Seidler/Rett: Das Reichssippenamt entscheidet, S. 26-36.
432 | Brief von Sophie Ehrhardt an G. Ziegelmayer, 14.6.1985 (ArchMHH, Dep. 1 acc. 2011/1 Nr. 15). Siehe zu analogen Prozessen und Reaktionsmustern in der Bevölkerungswissenschaft Daldrup: Hans Harmsen, S. 354-355.
433 | Vgl. z.B. Riedl: Labor Auschwitz; Thomann: Die zwei Karrieren des Prof. Verschuer.
434 | Mülller-Hill: Tödliche Wissenschaft, S. 8.
435 | Ebd., S. 10.

die ähnlich kontrovers aufgenommen worden waren.[436] Dennoch bereitete Müller-Hill den Boden für die Verstetigung und Normalisierung dieser Diskussion. Führende Fachvertreter wie Helmut Baitsch und Friedrich Vogel forderten nicht die Beendigung der Debatte, sondern vielmehr ihre Ausweitung, insbesondere in Form einer ausgewogenen Gegendarstellung.

Es folgten zahlreiche Arbeiten inner- und außerhalb des Fachs. Peter Emil Becker beispielsweise legte – gut ein Jahrzehnt nach seiner Emeritierung – ein zweibändiges Werk zur Geschichte der Rassenhygiene vor, das deutlich weniger Aufsehen unter Humangenetikern wie auch Historikern erregte.[437] Das Buch fiel weniger offensiv und moralisch anklagend aus als Müller-Hills Veröffentlichung, verlor sich bei der Deutung der nationalsozialistischen Fachvergangenheit jedoch meist in nichtssagenden, nebulösen Phrasen wie zum Beispiel einer »unheilvollen Verstrickung«.[438] Deutlich geringere Sprengkraft als die breite mediale Diskussion um Müller-Hills Buch hatte die regelmäßige Vortragstätigkeit Helmut Baitschs zur nationalsozialistischen Vergangenheit von Anthropologie und Humangenetik in den 1980er Jahren. Baitsch hatte sich der Thematik in mehreren Lehrveranstaltungen sowie fachinternen und öffentlichen Vorträgen gewidmet.[439] Baitsch beantwortete 1985 eine Anfrage von Studierenden der Universität Ulm: »Ich bin mit Ihnen der Meinung, daß diese Dinge offen und schonungslos an unseren Universitäten diskutiert werden sollten. Vielleicht müssen wir alle noch viel mehr tun, als dies bisher geschehen ist, um diese Problematik

---

436 | Siehe hierzu die Debatten auf der 18. Jahrestagung der Gesellschaft für Anthropologie und Humangenetik 1983 in Münster, die auch als Radiosendung verbreitet wurden: Radio Bremen, »Traum und Alptraum der Genetik«, Sendung vom 22.November 1983.
437 | Becker: Wege ins Dritte Reich (1 und 2). Das ideengeschichtliche Werk behandelte neben der nationalsozialistischen Rassenhygiene vor allem deren Vorläufer.
438 | Vgl. hierzu Massin: Anthropologie und Humangenetik im Nationalsozialismus. Ebenfalls nach seiner Emeritierung am Institut für Anthropologie und Humangenetik der Universität Erlangen-Nürnberg veröffentliche der Humangenetiker Gerhard Koch 1985 eine erste mit autobiografischen Erinnerungen kommentierte Quellensammlung mit dem Titel »Die Gesellschaft für Konstitutionsforschung. Anfang und Ende 1942-1965«. Ein zweites Buch »Humangenetik und Neuro-Psychiatrie in meiner Zeit (1932-1978). Jahre der Entscheidung« folgte 1993 nach. Diese Veröffentlichungen unterschieden sich nicht nur in ihrer Zurückhaltung gegenüber deutlichen Urteilen kaum von Beckers Büchern, sie zeichneten sich streckenweise sogar durch einen deutlich apologetischen Unterton aus.
439 | Vgl. z.B. Helmut Baitsch: Naturwissenschaften und Politik. Am Beispiel des Faches Anthropologie während des Dritten Reiches, 8.5.1985 (ArchMHH, Dep. 1 acc. 2011/Nr. 9). Baitschs Herangehensweise an die Thematik trägt gelegentlich ebenso pathetisch diffuse Züge wie Beckers Werk, vgl. »Mit dieser Vorlesung will ich den Versuch machen, aufzuzeigen, in welch verhängnisvoller Weise unser Fach verwoben war in die politische Ideologie des Nationalsozialismus.« (Ebd., S. 2) Eine größere Publikation ist aus Baitschs Engagement nicht entstanden.

gemeinsam aufzuarbeiten.«⁴⁴⁰ Baitsch wies zudem in den 1980er Jahren immer wieder darauf hin, dass er bereits in den 1950er und 1960er Jahren versucht habe, die »Vergangenheitsbewältigung« in Gang zu setzen, jedoch an dem Widerstand der älteren Generation einerseits sowie dem Desinteresse der jüngeren Humangenetiker andererseits gescheitert sei. Für die Aufarbeitung der NS-Vergangenheit habe sich erst in jüngster Zeit ein fruchtbares Klima ergeben.⁴⁴¹

Die Geschichtsschreibung der Humangenetik im Nationalsozialismus begann sich im Laufe der 1980er zu konsolidieren und auszuweiten. Über den »Umweg« des »Dritten Reichs« trug sie zur Auseinandersetzung mit Fragen bei, die das Verhältnis von Wissenschaft und Gesellschaft in der Gegenwart betrafen. In der zweiten Hälfte der 1980er Jahre ging die Geschichtsschreibung der Rassenhygiene institutionell immer stärker in die Hände der Geschichtswissenschaften über. Diese Studien wurden von Fachvertretern in aller Regel als notwendig anerkannt und gutgeheißen. Die äußerst umfangreiche Arbeit des Wissenschaftssoziologen Peter Weingart wurde von führenden Humangenetikern wie Helmut Baitsch und Friedrich Vogel sogar ausdrücklich begrüßt, sollte sie doch vor allem dazu dienen, der vermeintlich tendenziösen Darstellung Müller-Hills zu begegnen.⁴⁴² Vogel schreibt in einem Gutachten zu Weingarts Projekt: »Es soll das Problem der Politisierung der Wissenschaft am Beispiel der Eugenik in Deutschland vom wissenschaftssoziologischen Standpunkt aus untersucht werden. Dieses Problem erscheint mir nicht nur wichtig, sondern aus verschiedenen Gründen auch äußerst dringlich: Die Möglichkeiten der humangenetischen Diagnostik und des darauf begründeten Eingreifens in das Leben von Individuen haben in den letzten Jahren drastisch zugenommen. Historisch-wissenschaftssoziologische Besinnung kann helfen, die Beteiligten für mögliche Mißbräuche zu sensibilisieren.«⁴⁴³ Hieran wird deutlich, wie das Aufkommen der »Vergangenheitsbewältigung« in der dritten Phase mit dem Bedarf nach der Reflexion des Verhältnisses von Wissenschaft und Gesellschaft konvergierte. Auf der anderen Seite hatten auch die historischen

---

440 | Brief von Helmut Baitsch, 3.7.1985 (ArchMHH, Dep. 1 acc. 2011/1 Nr. 4). Vgl. Helmut Baitsch: Anmerkungen zum Vortragsentwurf »Humangenetik und die Verantwortung des Arztes« von F. Vogel, 26.8.1986 (ArchMHH, Dep. 1 acc. 2011/1 Nr. 14), S. 6.
441 | Brief von Helmut Baitsch an Peter Weingart, 28.9.1987 (ArchMHH, Dep. 1 acc. 2011/1 Nr. 4); Brief von Helmut Baitsch an Hans-Joachim Lang, 30.11.1984 (ArchMHH, Dep. 1 acc. 2011/1 Nr. 4). Siehe zu Baitschs Auffassung zum Zusammenhang von Nationalsozialismus und Humangenetik z.B. den Brief von Helmut Baitsch an Manfred Schäfer, 25.4.1986 (ArchMHH, Dep. 1 acc. 2011/1 Nr. 4) sowie weitere Unterlagen aus seinem Nachlass.
442 | Weingart/Kroll/Bayertz: Rasse, Blut und Gene.
443 | Brief von Friedrich Vogel an die Stiftung Volkswagenwerk, 31.1.1984 (UAH, Acc 12/95 - 15). Kurz darauf grenzt sich Vogel explizit von Müller-Hill ab: »Andererseits ist z.Zt. ein Versuch der ›Vergangenheits-Bewältigung‹ im Gange, der nach dem Eindruck, den man aufgrund gelegentlicher Vorträge etc. gewinnen muß, als einseitig, polemisch und sachlich imkompetent bezeichnet werden muß (Müller-Hill).«

Wissenschaften selbst – aufgrund eigener Paradigmenwechsel – die Geschichte der Naturwissenschaften im Allgemeinen und der Rassenhygiene während des »Dritten Reichs« im Besonderen für sich entdeckt, woraus sich eine Fülle an Publikationen ergab.

Die Beschäftigung mit der Geschichte der Humangenetik im Nationalsozialismus war vorerst ein genuin deutsches Problem. Sie war zweifellos an die starken gesellschaftlichen Impulse zur »Vergangenheitsbewältigung« in Deutschland gebunden. In Dänemark ist eine vergleichbare Konjunktur der Auseinandersetzung mit der »rassenhygienischen« (*racehygiejnisk*) Vergangenheit der Humangenetik nicht zu beobachten. Es fehlten hier vergleichbare Anreize aus anderen Gesellschaftsbereichen bzw. eine gesellschaftsübergreifende Debatte.[444] Andererseits wurde der Begriff »Rassenhygiene« in den bioethischen Debatten der 1980er Jahre nicht selten als pejorative Bezeichnung einer historisch überwundenen und abzulehnenden Eugenik gebraucht.[445] Auch rezipierten dänische Humangenetiker die deutschen Auseinandersetzungen um die Fachvergangenheit. Dadurch gerieten um die Mitte der 1980er Jahre vor allem die Beziehungen der dänischen zur nationalsozialistischen Forschung in den Blickpunkt. Die dänische Historiografie arbeitete sich in der Folge an der Frage ab, wie sich ein spezifisch skandinavisches Modell von der nationalsozialistischen, auf Rassenaufwertung und Zwang basierenden Eugenik abgrenzen ließ.[446] Diese Frage erlangte besondere Brisanz vor dem Hintergrund, dass sich das ehemalige dänische Sterilisationswesen in den Debatten der 1980er Jahre zunehmend von seinem Nimbus der »Freiwilligkeit« zu lösen begann und mit Zwangsmechanismen in Verbindung gebracht wurde.[447] Eine breite historische Aufarbeitung und Diskussion etwaiger Unrechtsmaßnahmen der dänischen Erbgesundheitspolitik setzten erst in den 1990er Jahren mit den Arbeiten der Soziologin Lene Koch ein. Ihre umfassenden Forschungsarbeiten zur Rassenhygiene und zum eugenischen Sterilisationswesen in Dänemark hatten ihren Ausgangspunkt vorerst in den Beziehungen zu NS-belasteten deutschen Wissenschaftlern sowie der Diskriminierung gesellschaftlicher Minderheiten gehabt.[448] Ihre Hauptwerke lösten sich jedoch größtenteils von dem Bezugspunkt »Nationalsozialismus« und widmeten sich vor allem der spezifischen Verknüpfung von Sozialstaat und Eugenik in Dänemark – einem Problemfeld, das die eugenikgeschichtliche Debatte in der Folge bestimmten soll-

---

444 | Siehe hierzu im Allgemeinen die entsprechenden Beiträge in Bohn/Cornelißen/Lammers (Hg.): Vergangenheitspolitik.
445 | Vgl. z.B. Nelausen/Tranberg: Fosterdiagnostik og Etik, S. 27.
446 | Siehe Roll-Hansen: Geneticists and the Eugenics Movement; Drouard: Concerning Eugenics in Scandinavia, S. 262.
447 | Vgl. z.B. Det Etiske Råd: Fosterdiagnostik og etik, S. 11. Siehe auch Kirkebæk: Abnormbegrebet i Danmark.
448 | Koch: Dansk og tysk racehygiejne; dies.: Sigøjnerne I Søgelyset.

te.[449] Es ist nicht zu übersehen, dass auch die »Vergangenheitsbewältigung« der dänischen Humangenetik ihren Ausgangspunkt in den gesellschaftlichen Verflechtungen der Wissenschaft nahm – ein Ausgangspunkt, der wie in Deutschland in direkter Verbindung mit neuen Subjektformen der Gegenwart stand. Die Geschichte der dänischen Eugenik konnte erst dann als Unrechtsgeschichte sichtbar werden, als humangenetische Experten eine entsprechende Sensibilität für schädliche, soziale Folgen ihrer vermeintlich rein wissenschaftlichen, objektiven Erkenntnisproduktion ausbildeten.

---

449 | Koch: Tvangssterilisation i Danmark; dies.: Racehygiejne i Danmark. Die Debatten knüpften zu großen Teilen an die parallele Aufarbeitung des Sterilisationswesens im benachbarten Schweden an, vgl. vor allem Broberg/Tydén: Oönskade i folkhemmet; Runcis: Steriliseringar i folkhemmet.

5. Humangenetik im internationalen Vergleich: Deutschland – Dänemark

Konträre Ausgangslagen nach dem Zweiten Weltkrieg

Die Humangenetik der zweiten Hälfte des 20. Jahrhunderts war ein ausgesprochen internationales Phänomen, das sich dennoch ausschließlich im Rahmen spezifischer nationaler wissenschaftlicher und gesellschaftlicher Kulturen konkretisierte. Im Hauptteil dieser Studie stand die Erarbeitung zentraler räumlicher Dispositive und Subjektivierungsweisen im Mittelpunkt, die sich für die Analyse der Humangenetik sowohl in Deutschland als auch in Dänemark als tragfähig erwiesen. Diese Dispositive ergaben sich zwar zu einem großen Teil aus den internationalen Verflechtungen der Humangenetik, sie lassen sich jedoch ausschließlich in lokalen Formen vorfinden. Eine eingehendere Erörterung unterschiedlicher Ausgangslagen und Entwicklungen in beiden Ländern erfolgte im Hauptteil dort, wo sie besonders dienlich erschien. Es ist angebracht, die Differenzen der Geschichte der beiden verglichenen Länder nochmals gesondert aufzugreifen und zu würdigen. Dieser Abschnitt soll auch dazu beitragen, dem Eindruck einer allzu gleichförmigen Geschichte der Humangenetik in beiden Ländern entgegenzuwirken.

Zu Beginn des Untersuchungszeitraums in den 1950er Jahren befand sich die menschliche Erbforschung in Deutschland und Dänemark in einer sehr unterschiedlichen Ausgangssituation in institutioneller Hinsicht.[1] Nach dem Ende des Zweiten Weltkriegs war die deutsche Rassenhygiene gründlich diskreditiert; zentrale Forschungsinstitute wie das Kaiser-Wilhelm-Institut für Anthropologie, menschliche Erblehre und Eugenik in Berlin-Dahlem oder das von Otmar Freiherr von Verschuer geleitete Institut für menschliche Erblehre und Eugenik in Frankfurt a.M. wurden aufgelöst und nicht wieder eröffnet. Verschuer selbst fand bis zum Jahr 1951 aufgrund wiederholter Kritik an seinem Engagement für das

---

[1] | Siehe für das Folgende vor allem Kröner: Von der Rassenhygiene zur Humangenetik; Cottebrune: Der planbare Mensch, S. 214-223; dies.: Die westdeutsche Humangenetik; Weingart/Kroll/Bayertz: Rasse, Blut und Gene, S. 562-630.

nationalsozialistische Regime keine Möglichkeit der Wiederberufung auf einen Lehrstuhl.² Er konnte sich durch die Abfassung von Vaterschaftsgutachten, die für viele Anthropologen in den nächsten Jahrzehnten die Haupteinnahmequelle darstellen sollten, finanzieren.³ Im Jahr 1951 wurde Verschuer auf eine neugegründete Professur an der Universität Münster berufen, die den Titel »Humangenetik« trug. Sein ehemaliger Kollege am Kaiser-Wilhelm-Institut, Friedrich Lenz, war bereits im Jahr 1946 auf einen außerordentlichen Lehrstuhl an der Universität Göttingen berufen worden, allerdings ohne nennenswerte Forschungsmittel zur Verfügung zu haben. Während der NS-Zeit führende Fachvertreter wie Ernst Rüdin und Eugen Fischer hatten bereits das Pensionsalter erreicht, mussten sich nichtsdestoweniger mit schwierigen Entnazifizierungsverfahren auseinandersetzen. Als einzig »unbelasteter« Genetiker, der viel zur menschlichen Erbforschung beigetragen hatte und weiter beitragen wollte, galt Hans Nachtsheim. Dieser klagte jedoch über fortwährend schlechte Bedingungen seiner Forschungen an der Humboldt-Universität Berlin. Im Jahr 1949 wechselte er an die Freie Universität. Im Allgemeinen vertraten alle Beteiligten an der menschlichen Erbforschung in Deutschland die Ansicht, dass man im internationalen Vergleich sehr deutlich »abgehängt« worden war.⁴

Die deutsche Erbforschung hatte sich darüber hinaus während des »Dritten Reichs«, insbesondere seit dem Ausbruch des Zweiten Weltkriegs, international stark isoliert, was sich nach Kriegsende beispielsweise auf dem Achten Internationalen Genetik-Kongress in Stockholm 1948 zeigte, zu dem deutsche Humangenetiker, außer Hans Nachtsheim, nicht zugelassen worden waren.⁵ Im Zentrum standen auf der personalen Ebene die berechtigten Vorwürfe rassistischer und pro-nationalsozialistischer Äußerungen führender deutscher Erbforscher sowie deren mehr oder weniger direkte Beteiligung an den Verbrechen des Regimes. Auf der wissenschaftlichen Ebene kristallisierte sich dahingehend ein Konsens in der internationalen Wissenschaftslandschaft heraus, dass die deutsche Rassenhygiene eine fehlgeleitete »positive Eugenik« verfolgt habe, die vor

---

2 | Für Verschuers rassistische und regimestützende Äußerungen und Aktivitäten während des »Dritten Reichs« siehe z.B. Müller-Hill: Das Blut von Auschwitz.

3 | Anthropologische Ordinariate und Extraordinariate befanden sich Ende der 1940er und in den 1950er Jahren in München, Hamburg und Mainz sowie Frankfurt a.M., Kiel und Tübingen, Cottebrune: Der planbare Mensch, S. 215. Ab den 1960er Jahren nahmen einige dieser Institute zusätzlich die Bezeichnung »Humangenetik« auf. In diesem Jahrzehnt wurden zudem bundesweit zahlreiche weitere humangenetische Institute gegründet, ebd. S. 215-218. Vgl. zur Bedeutung der Vaterschaftsgutachten auch Cottebrune: »My personal situation has now changed«, S. 65-66.

4 | Siehe nur Hans Nachtsheim: Anthropologie und Humangenetik an den deutschen Universitäten. Eine Entgegnung, o.D. [1961] (MPG-Archiv, Abt III Rep 20A Nr.20-2), S. 5.

5 | Siehe hierzu z.B. den Briefwechsel zwischen Tage Kemp und Gerrit Pieter Frets (RA, Københavns Universitet, Tage Kemp, professor Lb.nr. 1).

allem auf die utopische »Höherzüchtung« der Bevölkerung ausgerichtet gewesen sei.[6] Diese Isolation der deutschen Forschung betraf insbesondere das Verhältnis zur skandinavischen Forschung, für die die deutsche Rassenhygiene im frühen 20. Jahrhundert trotz starker eigener Forschungstraditionen noch ein wichtiger Orientierungspunkt gewesen war.[7] Vergleichsweise enge Kontakte wie der zwischen Otmar Freiherr von Verschuer und Tage Kemp rissen jedoch nie gänzlich ab und ließen sich nach dem Krieg bald wiederaufnehmen.[8] Kemps Fürsprache war sogar ein nicht unbedeutender Faktor in der letztlich erfolgreichen beruflichen Rehabilitierung Verschuers und auch Friedrich Lenz'.[9] Auch wurden deren Arbeiten in dänischen Veröffentlichungen weiterhin zitiert. Bis sich jedoch wieder systematische Arbeitskontakte zwischen der deutschen und dänischen Humangenetik in der Breite etablierten, sollte noch einige Zeit vergehen. Genau daran – an der »Re-Internationalisierung« der deutschen Humangenetik – arbeitete auch das 1953 eingesetzte Schwerpunktprogramm »Genetik« der DFG.[10] Die Hauptanstrengung der DFG richtete sich hierbei in den 1950er Jahren allerdings auf die immer deutlichere »Führungsnation« der neuen »Humangenetik«: die Vereinigten Staaten von Amerika.

---

6 | Vgl. zum Beispiel Kemp: Genetic-Hygienic Experience in Denmark, S. 11. Es kam die These hinzu, dass der nationalsozialistische Antisemitismus einer der Hauptakzente der Rassenhygiene gewesen sei. Die dänische Rassenhygiene (racehygiejne) hingegen wies zu keinem Zeitpunkt ihrer Geschichte ausgeprägte antisemitische Züge auf, Hansen: Something Rotten in the State of Denmark; Koch: Dansk og tysk racehygiejne, S. 152, 154.
7 | Roll-Hansen: Geneticists and the Eugenics Movement, S. 337; Koch: The Ethos of Science, S. 168-172. In allen skandinavischen Ländern wurde der Begriff »Rassenhygiene« übernommen. Lene Koch schreibt: »Die dänische Forschung war in der Zwischenkriegszeit vermutlich stärker an die deutsche als an die angloamerikanische Tradition gebunden.« (Koch: Dansk og tysk racehygiejne, S. 153) Diese Bindung hielt laut Koch bis ca. 1940 an; vgl. hierzu beispielsweise Kurt Pohlisch: Die Entwicklung des Rheinischen Provinzial-Institutes für psychiatrisch-neurologische Erbforschung in Bonn während der Jahre 1935-40, o.D. [1941] (MPIP-HA, GDA 131), S. 2. Für die rasche Distanzierung in den Kriegsjahren siehe z.B. den Brief von Tage Kemp an Det lægevidenskabelige fakultet, 15.2.1941 (RA, Københavns Universitet, Afdeling for Medicinsk Genetik, Institutsager, 1938-1948, Lb.nr. 1). Das hauptsächliche Vorbild des dänischen Sterilisationsgesetzes von 1929 war hingegen die US-amerikanische Gesetzgebung gewesen, Koch: How Eugenic is Eugenics?, S. 66.
8 | Vgl. Kurt Pohlisch: Die Entwicklung des Rheinischen Provinzial-Institutes für psychiatrisch-neurologische Erbforschung in Bonn während der Jahre 1935-40 (MPIP-HA, GDA 131), S. 2.
9 | Koch: Dansk og tysk racehygiejne; dies.: The Ethos of Science; siehe auch die Briefe von Otmar Freiherr von Verschuer an Tage Kemp, 24.3.1947 und 21.9.1948 (RA, Københavns Universitet, Tage Kemp, professor Lb.nr. 3).
10 | Siehe hierzu vor allem J. Straub: Senatsprotokoll vom 20.2.1963 (BA, 1863 K – 731, 17, 5).

In Dänemark war die Ausgangslage nach dem Zweiten Weltkrieg eine gänzlich andere. Das 1938 gegründete Institut for Human Arvebiologi og Eugenik in Kopenhagen konnte auf eine bald zehnjährige, trotz der zeitweiligen Besatzung Dänemarks stabile Tradition zurückblicken. Es befand sich weiterhin in einer bemerkenswerten Aufbruchsstimmung, die sich im Wesentlichen auf den Stolz des Instituts, die erbpathologische Registratur Dänemarks, stützte.[11] Die Humangenetiker im Nachbarland Deutschland sahen voller Bewunderung auf die institutionelle Ausstattung sowie das Erbregister in Kopenhagen.[12] Das dänische Modell sollte, wie gesehen, zum Vorbild deutscher Projekte bis in die 1960er Jahre werden.[13] Auch in anderen Ländern, darunter die USA und Großbritannien, fand die dänische Humangenetik derzeit große Anerkennung.[14] Dies schlug sich in der Wahl Kopenhagens als Austragungsort des Ersten Internationalen Kongresses für Humangenetik 1956 nieder.[15] Im darauffolgenden Jahr hielt Tage Kemp die renommierte Galton-Vorlesung in London, in der er vor allem die Effektivität des dänischen Sterilisationsgesetzes von 1929 anpries.[16] So gab es mit dem Ende des Zweiten Weltkriegs in Dänemark keinen Anlass, die nicht nur im eigenen Land als sehr erfolgreich angesehene eugenische Sterilisationspraxis einzustellen.[17] Sie entwickelte sich zum Vorbild eines »freiheitlichen, demokratischen« Sterilisationsgesetzes, dessen Einführung von humangenetischen Experten in Deutschland in den 1950er und 1960er Jahren fortlaufend gefordert wurde, allen voran Hans Nachtsheim.[18] Diese Vorbildkonstruktion Dänemarks setzte sich in

---

11 | Bennike/Bonde: Physical Anthropology and Human Evolution in Denmark, S. 74-75.

12 | Siehe z.B. den Brief von Otmar Freiherr von Verschuer an Eugen Fischer, 22.8.1956 (MPG-Archiv Abt. III Rep 86A Nr. 291-9); Brief von Friedrich Lenz an Tage Kemp, 8.7.1948; Brief von Hans Nachtsheim an Tage Kemp, 4.9.1948, (beide: RA, Københavns Universitet, Tage Kemp, professor Lb.nr. 3).

13 | Siehe z.B. Verschuer/Ebbing: Die Mutationsrate des Menschen I, S. 93; Haberlandt: Soziologische Beobachtungen, S. 159-160. 1961 war Verschuer dann soweit, das an der Universität Münster aufgezogene Register für Westfalen im internationalen Rahmen auf dem Zweiten Internationalen Kongress für Humangenetik in Rom vorzustellen.

14 | Siehe beispielsweise Haldane: Natural Selection in Man, S. 170.

15 | Auf diesem Kongress waren dann auch wieder einige deutsche Vertreter der älteren sowie nachwachsenden Generation vertreten, neben Hans Nachtsheim und Otmar Freiherr von Verschuer zum Beispiel Karl-Heinz Degenhardt und Widukind Lenz.

16 | Kemp: Genetic-Hygienic Experience in Denmark.

17 | Koch: Tvangssterilisation i Danmark, S. 311.

18 | Hans Nachtsheim: Professor Baitsch und die Eugenik (MPG-Archiv, Abt III Rep 20A 149-4), S. 2; ders.: Interview über Eugenik im 2. Fernsehen/Das Zweite Deutsche Fernsehen und die Eugenik, o.D. [1963/1964] (MPG-Archiv, Abt III Rep 20A nr. 142-4). Der Rechtswissenschaftler Georg Schwalm bezeichnete das dänische Sterilisationsgesetz auf dem Marburger Forum Philippinum 1969 als das derzeit »modernste«, Ethik und Genetik, S. 139. Noch im Jahr 1980 reproduzierte der Anthropologe Hans Stengel diese Euphorie der

der deutschen Humangenetik bis in die 1970er Jahre und die Debatten um die Erforschung und Anwendung der Pränataldiagnostik fort. Weiterhin hielten Humangenetiker deutschen Behörden und Gesetzgebern die vermeintlich liberalere Gesetzgebung sowie den Vorsprung bei der Entwicklung der neuen Technologie in Dänemark bzw. Skandinavien im Allgemeinen vor.[19]

Parallel wurde jedoch der Aufstieg der US-amerikanischen »Human Genetics« weltweit immer präsenter. Die Verantwortlichen des Schwerpunktprogramms »Genetik« in Deutschland wollten davon profitieren, indem sie Nachwuchswissenschaftlern zur Ausbildung Auslandsaufenthalte in den USA finanzierten. Doch auch »ältere Semester« wie Hans Nachtsheim unternahmen Reisen in die führenden amerikanischen Forschungszentren und beschrieben ihre dortigen Erfahrungen derartig überschwänglich, dass man fast den Eindruck von Pilgerreisen bekommen konnte. Nachtsheim kehrte 1958 von einer England- und Amerikareise zurück. Unter anderem besuchte er Forschungslaboratorien in Oak Ridge und Bar Harbor in den USA und London und Oxford in England. Er schrieb darüber in einem Brief an seinen (zeitweisen) Schüler Karl-Heinz Degenhardt: »Das Institut in Bar Harbor hat einen Etat von 1 Mill. Dollar, und von dem Umfang der Versuche in Oak Ridge und Bar Harbor kann sich der Aussenstehende kaum eine Vorstellung machen. Wie wollen wir da bei unseren beschränkten Möglichkeiten mitkommen?«[20] Gerade im Zuge der aufkommenden biochemischen Humangenetik schien der Abstand kaum aufholbar zu sein.[21] Das Protokoll eines Rundgesprächs zur Lage der Humangenetik im »deutschen Sprachbereich«, das 1975 im Rahmen der Jahrestagung der Gesellschaft für Anthropologie und Humangenetik stattfand, enthielt die Feststellung, dass nahezu alle modernen Forschungsmethoden aus dem Ausland importiert werden mussten. Es stellte sich die Frage, ob es überhaupt sinnvoll sei, eigene Forschungen aufzunehmen. »Es bestehe dann die Gefahr, daß das Forschungsfeld bereits leer

---

1950er und 1960er Jahre für das dänische Sterilisationsgesetz nahezu identisch: Stengel: Grundriß der menschlichen Erblehre, S. 339-340.

19 | Siehe den Brief von Eberhard Schwinger an das Bundesministerium für Jugend, Familie und Gesundheit, 3.8.1976 (BA, B 227/225097), S. 3; Carsten Bresch: Vorläufiges Ergebnisprotokoll des DFG-Rundgespräches über »Praenatale Diagnose genetischer Defekte«, 20.4.1972 (BA, B 227/225090); Brief von Friedrich Vogel an den Präsidenten der Deutschen Forschungsgemeinschaft, 8.7.1974 (UAH, Acc 12/95 - 33), S. 1-2; G. Gerhard Wendt: Bericht über den dreijährigen Modellversuch »Genetische Beratungsstelle für Nordhessen« am Humangenetischen Institut der Philipps-Universität Marburg/Lahn, 1975 (HHStAW, Abt. 504 Nr. 13.111), S. 10; Widukind Lenz: Antrag Passarge, Eberhard, Stellungnahme des 1. Fachvertreters, 30.11.1972 (BA, B 227/225090).

20 | Brief von Hans Nachtsheim an K.-H. Degenhardt, 1.10.1958 (MPG-Archiv, Abt. III Rep 20A Nr. 17-3).

21 | Siehe zum Beispiel den Brief von Friedrich Vogel an Helmut Baitsch, 2.1.1960 (UAH, Acc 12/95 - 8).

sei, wenn man mit der eigenen methodischen Vorarbeit fertig sei.«[22] Mithalten ließ sich vor allem im Rahmen von Einzelprojekten, die sich in Nischen gegen den Hintergrund »riesiger Zentren« in den USA behaupten konnten.[23]

In Dänemark war in den 1950er Jahren noch ein ausgeprägtes Selbstbewusstsein im Blick auf die Ausstattung und Originalität der eigenen Forschung verbreitet, das nur langsam zurückging. Auch waren die Anfragen, die das Institut zu Forschungsaufenthalten in Kopenhagen, zum Aufbau des Erbregisters im Allgemeinen sowie zu einzelnen Erbkrankheiten bis in die 1960er Jahre aus den USA und anderen Ländern erhielt, zahlreich.[24] Der Aufstieg der US-amerikanischen Forschung verlief dessen ungeachtet kontinuierlich, bis ihre Führungsrolle in den 1980er Jahren im Rahmen der anlaufenden Genomsequenzierung des Menschen derartig drückend erschien, dass man die Konkurrenz nur noch in europäischen Gemeinschaftsprojekten aufnehmen konnte – und auch das nur in sehr begrenztem Rahmen.

Konjunkturen der nationalsozialistischen Vergangenheit

Die Geschichte der nationalsozialistischen Rassenhygiene sollte nicht allein die Anfänge der deutschen Humangenetik in den 1950er Jahren überschatten. Sie wurde zu ihrem ständigen, mehr oder weniger präsenten Begleiter bis zur Gegenwart. Eine ernstzunehmende historische Aufarbeitung der Rassenhygiene kann nicht vor Mitte der 1980er Jahren verzeichnet werden. Doch auch in den vorangehenden Jahrzehnten mussten Humangenetiker stets damit rechnen, dass sie jederzeit mit dem Vorwurf, in rassenhygienische Muster der NS-Zeit zurückzufallen, konfrontiert werden konnten und oftmals auch wurden. So brach-

---

22 | Peter Propping: Protokoll über das »Rundgespräch über die organisatorische Struktur und die Effizienz der Humangenetik im deutschen Sprachbereich«, 22.10.1975 (ArchMHH, Dep. 2 acc. 2011/1 Nr. 6), S. 7-8.

23 | Die Formulierung findet sich bei Dieter Mecke: Protokoll über die Sitzung der Prüfungsgruppe zum Schwerpunktprogramm »Biochemische Humangenetik«, 14.11.1977 (BA, B 227/1386700); siehe des Weiteren Heinrich Schade: Protokoll über die Sitzung der Prüfungsgruppe zum Schwerpunktprogramm »Biochemische Grundlagen der Populationsgenetik des Menschen«, 19.11.1970 (BA, B 227/138693).

24 | Brief von Bruce E. Walker an Jan Mohr, 2.7.1970 (RA, Københavns Universitet, Jan Mohr, professor, Lb.nr.8); Brief von Robert J.Desnick an Jan Mohr, 24.06.1969 (RA, Københavns Universitet, Jan Mohr, professor, Lb.nr.6); Brief von Sheldon C. Reed an Tage Kemp, 12.5.1948 (RA, Københavns Universitet, Tage Kemp, professor Lb.nr. 3). Dies schließt auch das Interesse am dänischen Sterilisationswesen ein, siehe den Brief von Marian S. Olden an Tage Kemp, 17.9.1947 (RA, Københavns Universitet, Tage Kemp, professor Lb.nr. 3); Brief von Medora S. Bass an Jan Mohr, 26.5.1968 (RA, Københavns Universitet, Jan Mohr, professor, Lb.nr.4); Brief von Clarice U. Heckert an die US-amerikanische Botschaft, 8.3.1969 (RA, Københavns Universitet, Jan Mohr, professor, Lb.nr.5).

ten humangenetische Experten in Deutschland oft ohne konkreten Anlass die selbstbewusste Bestätigung vor, die nationalsozialistische Vergangenheit durch zeitgemäße Forschungsdesigns und medizinische Anwendungen »endgültig« überwunden zu haben.[25] Mit einer gewissen Pauschalisierung lässt sich konstatieren: Die überwiegende Haltung unter Humangenetikern schien bis in die dritte Phase des Untersuchungszeitraums darin bestanden zu haben, den verspäteten Anschluss der öffentlichen Meinung an die Entwicklung herbeizusehnen, die die Humangenetik faktisch schon längst vollzogen habe: eine Überwindung nationalsozialistischer Altlasten durch »moderne«, »wertfreie« Forschungsgegenstände und die Entwicklung zeitgemäßer, »demokratischer« Technologien.

Der Fachwelt war hierbei bis in die 1970er Jahre vermeintlich bekannt, was den Laien weniger klar zu sein schien, nämlich dass das nationalsozialistische Regime die menschliche Erbforschung und ihre Vertreter für unwissenschaftliche und unredliche Zwecke »missbraucht« hatte.[26] Wiederholt machten humangenetische Wissenschaftler die »negative« Haltung der deutschen Öffentlichkeit – in erster Linie geprägt durch Vorurteile, die durch die nationalsozialistische Geschichte bedingt waren – dafür verantwortlich, dass die deutsche Humangenetik im internationalen Vergleich nicht mithalten könne oder den führenden Forschungsnationen stets um mindestens einen Schritt hinterher sei.[27] Erst ab den 1980er Jahren begann sich dieses Wahrnehmungsschema grundlegend zu wandeln. Die Auseinandersetzung mit der nationalsozialistischen Fachvergangenheit verlor ihren »störenden« Charakter. Entsprechende Kontroversen entwickelten sich in den Augen humangenetischer Experten von einer rein destruktiven, blockierenden zu einer produktiven Komponente. Ein stärkeres Bewusstsein gegenüber der nationalsozialistischen Vergangenheit und die Verhütung eventueller »Rückfälle« ließ sich nunmehr in das Selbstverständnis humangenetischer

---

25 | In diesem Zusammenhang wurde der »Nationalsozialismus« bzw. das »Dritte Reich« in den 1950er und 1960er Jahren nicht immer ausdrücklich erwähnt. Vielfach sprachen Humangenetiker von einer kaum spezifizierten »dunklen Vergangenheit« der Eugenik oder Ähnlichem.

26 | Die Beispiele sind Legion. Vgl. nur Vogel: Der Sonderforschungsbereich (SFB) 35 »Klinische Genetik«, S. 27; ders.: Ist mit einer Manipulierbarkeit auf dem Gebiet der Humangenetik zu rechnen?, S. 641; Wendt: Bericht über den dreijährigen Modellversuch »Genetische Beratungsstelle für Nordhessen« am Humangenetischen Institut der Philipps-Universität Marburg/Lahn, 1975 (HHStAW, Abt. 504 Nr. 13.111), S. 35; Löbsack: Eugenik. Der Anthropologe Hans Stengel wartete noch 1980 darauf, dass die »Bedeutung der Erbgesundheitspflege« endlich erkannt werde. Sie werde »von vielen unser Mitbürger noch heute sehr oft mit den Auswüchsen im Dritten Reich in Verbindung gebracht und alle Versuche, erbkranken Nachwuchs zu verhüten, mit der von den Nationalsozialisten praktizierten Euthanasie gleichgesetzt.« (Stengel: Grundriß der menschlichen Erblehre, S. 333)

27 | Vgl. für viele Vogel: Der Sonderforschungsbereich (SFB) 35 »Klinische Genetik«, S. 27; Sperling: Einleitung, S. 2.

Wissenschaftler und Praktiker integrieren. Ein vergleichbarer Umschlag im Blick auf die rassenhygienische Vergangenheit der Humangenetik stellte sich in Dänemark ein. Freilich spielte der Nationalsozialismus hier als Gegenbild einer zeitgemäßen, ethisch verantwortlichen Forschung und Praxis eine geringere Rolle. Im Zentrum stand die dänische Sterilisationspraxis zwischen den 1920er und 1960er Jahren.

Zwar wurden nach und nach auch in Dänemark die Beziehungen der dänischen Humangenetiker zur deutschen Rassenhygiene des »Dritten Reichs« aufgedeckt und öffentlich diskutiert, die ständige Präsenz der nationalsozialistischen Vergangenheit stellte jedoch eine Besonderheit der deutschen Humangenetik dar. Dies darf jedoch nicht dazu verleiten, der Geschichte der Humangenetik in Deutschland einen allzu einzigartigen Verlauf zuzusprechen, beispielsweise von der These ausgehend, dass alle neuen medizinischen und wissenschaftlichen Technologien hauptsächlich im Lichte der NS-Vergangenheit gesehen worden seien.[28] Hier kann der Vergleich mit Dänemark davor bewahren, die Geschichte der Humangenetik in Deutschland einseitig von den Konjunkturen der »Vergangenheitsbewältigung« her zu lesen.[29] Bei einer Betrachtung der Humangenetik als diskursiver Formation zeigten sich deutliche Ähnlichkeiten in den dominanten Dispositiven und Subjektivierungsweisen und ihrer historischen Abfolge in beiden Ländern. So fand die nationalsozialistische Rassenhygiene im humangenetischen Diskurs in Deutschland erstmals in den 1980er Jahren eine systematische Berücksichtigung, was auf die allgemeine Soziologisierung der Humangenetik zu dieser Zeit zurückzuführen ist, die nicht exklusiv an die deutsche Geschichte gebunden war, sondern sich auch in Dänemark einstellte.

Ein dänisches Modell der Eugenik?

Skandinavische Wissenschaftshistoriker begaben sich in den 1980er und 1990er Jahren auf die Suche nach einem typisch skandinavischen Modell der Eugenik.[30] Lange Zeit hatte sich in Skandinavien und in den übrigen westlichen Staaten das Selbst- und Fremdbild in der Hinsicht gedeckt, dass die skandinavischen Staaten

---

28 | So implizit zum Beispiel bei Nippert: History of Prenatal Genetic Diagnosis, S. 52.

29 | In den öffentlichen Debatten um die Gentechnologie in den 1980er Jahren äußerten deutsche Experten immer wieder die These, dass die Skepsis und Ablehnung in weiten Teilen von Politik und Öffentlichkeit auf durch den Nationalsozialismus bedingte Vorurteile zurückzuführen wären. Robert Bud hat demgegenüber gezeigt, dass in den dänischen Diskussionen teilweise »sogar eine noch größere Feindseligkeit gegenüber der ›Gentechnologie‹« als in Deutschland zu Tage trat, Bud: Wie wir das Leben nutzbar machten, S. 277-278. Zudem fiel die dänische Gentechnologie-Gesetzgebung in den 1980er Jahren nicht weniger streng als die deutsche aus, ebd. S. 283. Vgl. auch Arnfred/Hansen/Pedersen: Bio-technology and Politics.

30 | Etzemüller: Sozialstaat, Eugenik und Normalisierung.

einen »non-violent path to modernization« eingeschlagen hätten.[31] Das »Scandinavian Model«[32] entwickelte sich zu einer »Projektionsfläche«, auf der soziale Friktionen mildere Formen angenommen hätten, politische Probleme tendenziell nüchterner und konsensorientierter angegangen worden seien und soziale Umbrüche nicht so drastisch wie in anderen westlichen Industrienationen zu verlaufen schienen.[33] Ab den 1970er und 1980er Jahren mehrten sich allerdings kritische Stimmen im In- und Ausland, dass dieses Gesellschaftsmodell nicht zu übersehende »normalisierende« oder sogar »totalitäre« Züge trage.[34] Nichtsdestoweniger ist dieses Selbstverständnis in weiten Teilen der skandinavischen Gesellschaften bis heute wirksam geblieben.

Tatsächlich lässt sich beobachten, dass der Einzug sozialpsychologischer bzw. gesellschaftlicher Perspektiven in den humangenetischen Diskurs, schließlich der Aufstieg der Bioethik, in Dänemark wesentlich weniger konfrontativ verlief, als dies in Deutschland der Fall gewesen ist. Dies ist darauf zurückzuführen, dass sich die Protestbewegungen der 1970er und 1980er Jahre in Dänemark in der Radikalität ihrer Methoden und Ziele unterschieden.[35] Hinzu kam die im Vergleich zu Deutschland einige Jahre später einsetzende Auseinandersetzung mit der Vergangenheit der dänischen »racehygiejne« und den eugenischen Sterilisationen im Land.[36] Wesentliche Erscheinungen der dritten Phase des human-

---

31 | Borish: The Land of the Living.
32 | Siehe z.B. Musial: Roots of the Scandinavian Model.
33 | Etzemüller: Die Romantik der Rationalität, S. 9-12; siehe des Weiteren Árnason/Wittrock (Hg.): Nordic Paths to Modernity; Sørensen/Stråth (Hg.): The Cultural Construction of Norden; Jelsøe u.a.: Denmark, S. 29-30.
34 | Zum Überblick über die Literatur, allerdings mit Schwerpunkt auf Schweden, siehe Etzemüller: Die Romantik der Rationalität, S. 9-12; ders.: Total, aber nicht totalitär; Kuchenbuch: Geordnete Gemeinschaft, S. 302-305.
35 | Über die gen- bzw. biotechnologischen Oppositionsgruppen in Dänemark dieser Zeit schreibt Jesper Lassen: »Although the social movements play an important role in the science and technology politics, Danish NGOs have rarely employed radical forms of action, but chiefly played after the rules using strategies of information, lobbying, happenings and other legal activities. Compared to other countries, like the UK or Germany, illegal actions including physical boycotts or destruction of property are thus rarely seen, and when these methods are applied, they are often of more symbolic character, seldom causing severe conflicts.« (Lassen: Changing Modes of Biotechnology Governance, S. 4)
36 | Diese zu Beginn der 1980er Jahre weniger präsente moralische Verurteilung der Vergangenheit der Humangenetik hat, so ließe sich spekulieren, dazu beigetragen, dass sich das Vertrauen dänischer Wissenschafler und Ärzte auf standeseigene Ethiken – zuungunsten der Bioethik – tendenziell etwas länger halten konnte. Da die dänische Wissenschaftslandschaft deutlich kleiner als die deutsche ausfiel, konnte sich ein stärkeres Gemeinschaftsgefühl unter Humangenetikern ausbreiten und erhalten. Der quantitative Unterschied des »kleinen Landes« würde in diesem Fall zu einer qualitativen Differenz führen. So ist der alt-

genetischen Diskurses setzten in Dänemark »konsensorientierter« ein, wie man in Anlehnung an die zwei Konferenzen zur Gentechnologie in den späten 1980er Jahren (*consensus conferences*) sagen kann. Der »Erfolg« dieser Konferenzen ist schwer zu beurteilen und zudem einer anderen Forschungsperspektive als der hier angelegten vorbehalten. Deutlich ist jedoch die im Vergleich zu Deutschland obsessive Einbindung von Laien im Sinne eines »Jedermann« und die stets betonte Vermittlungsorientierung des Vorhabens.[37] Zudem erfüllten diese Konferenzen eine wichtige Funktion für die medizinischen und naturwissenschaftlichen Experten: Hier ging es weniger darum, bioethische Instrumente oberflächlich zu installieren und dann hintergründig zu instrumentalisieren, um die öffentliche Meinung »zu beschäftigen«. Vielmehr hatten die Experten selbst ein ausgeprägtes Interesse der psychologischen bzw. ethischen Entlastung von dem Verantwortungsdruck, die die eigenen Forschungen ihnen auferlegten. Die Beteiligung der Öffentlichkeit sollte hier psychologische Abhilfe schaffen und die Autorität humangenetischer Experten auf eine Grundlage stellen, die seit der selbstbewussten »Sachlichkeit« und »Objektivität« der 1950er und 1960er und auch noch der 1970er Jahre nach und nach verloren gegangen war.

Darüber hinaus blieb die generelle Einstellung dänischer Experten gegenüber den Fortschritten der humangenetischen Technologie und vor allem ihrer medizinisch-eugenischen Anwendung tendenziell weniger skeptisch, als dies bei ihren deutschen Kollegen der Fall war. Ein beredtes Beispiel für diese weitgehend ungebrochene Selbstverständlichkeit, dass neue diagnostische Möglichkeiten im Grunde zu begrüßen und anzuwenden seien – sei es die Zunahme des gendiagnostischen Spektrums in der Pränataldiagnostik, sei es die Präimplantationsdiagnostik oder sogar die Gentherapie –, bietet der Bericht des Ethischen Rats zur »Pränataldiagnostik und Ethik« (*Fosterdiagnostik og etik*) aus dem Jahr 1990.[38] Auch im dänischen Fall ist allerdings Vorsicht geboten, diese Entwicklungen allzu vorschnell mit vermeintlich nationalen Eigenheiten eines »nordischen Modells« zu assoziieren.[39] Im Blick auf die diskursiven Verschiebungen der Subjektivierungsweisen ist die dänische Entwicklung mit der deutschen vergleichbar. Sie ist

---

gediente Humangenetiker Bent Harvald auf der dänischen Expertentagung zur Gentechnologie, künstlichen Befruchtung und Pränataldiagnostik 1983 der Ansicht, dass eine Registrierungspflicht und Sanktionsmaßnahmen im Blick auf gentechnologische Forschungen im Land im Grunde überflüssig sind, da ohnehin jeder jeden kenne: »So muss man im übrigen sagen, dass dieses Land so klein ist, dass die einzelnen Mikrobiologen sich gegenseitig kennen, und ich zweifele stark daran, dass es jemandem gelingt, gentechnologisch zu arbeiten, ohne das der Registerausschuss (*registreringsudvalg*) es weiß.« (Riis: Spørgsmål til indlederne og diskussion, S. 76)

37 | Vgl. in idealisierender Abgrenzung zu Deutschland Riewenherm: Experten, S. 8.

38 | Det Etiske Råd: Fosterdiagnostik og etik, siehe insbesondere S. 18-19.

39 | Zumal sich die dänische Bioethik explizit auf internationale Vorbilder, die insbesondere in den USA zu finden waren, berief, vgl. z.B. The Danish Council of Ethics: Second Annual

ebenfalls Ausdruck einer umfassenden Soziologisierung der Humangenetik und Eugenik, einer Psychologisierung der Ärzte und Wissenschaftler sowie Patienten und Probanden und nicht zuletzt einer neuartigen bioethischen Dimension humangenetischer Problemstellungen. Die dänische *consensus conference* und die deutsche »Vergangenheitsbewältigung« stellen unterschiedliche Schwerpunkte derselben diskursiven Formation dar. Sie reflektierten beide die neue Komplexität des Gesellschaftsverhältnisses der Humangenetik. Durch den internationalen Vergleich ließen sich gemeinsame, am Einzelfall schwer zu validierende Entwicklungsrhythmen sichtbar machen, wodurch vermeintliche Kausalbeziehungen zu nationalen, geschichtlichen Ereignissen hinterfragt werden konnten.

Transformationen der Internationalität

Die Analyse der räumlichen Dispositive des humangenetischen Diskurses zwischen den 1950er und den 1980er Jahren hat gezeigt, dass sich die Wahrnehmung des nationalen Raums und seiner Grenzen im humangenetischen Diskurs erheblich gewandelt hat. Die genetischen Behälterräume der ersten Phase waren noch stark an gewachsene Siedlungsräume und letztlich auch an nationale Räume, insbesondere im Fall Dänemarks, gebunden. Mit der biochemischen und anschließend der molekularen Humangenetik haben sich diese geografisch-räumlichen Bezüge nach und nach aufgelöst. Die Kartierungsbemühungen verlegten sich auf die genetische Ebene selbst: auf das menschliche Genom – eine Aufgabe, die schließlich vor allem nationsübergreifende Netzwerke elektronischer Datenverwaltung erforderte. Das Individuum wurde hierbei mehr und mehr aus seinen anfangs engen geografischen und sozialräumlichen Bezügen herausgelöst. Demgegenüber hat sich jedoch – in einer paradoxen Gegenbewegung – der einheitliche Raum der Nation weiterhin erhalten, und zwar ab den 1970er Jahren vor allem im Dispositiv der Versorgungsräume. Im Nebeneinander nationaler Verwaltungsgebiete ging es hier um den flächendeckenden Ausbau humangenetischer Dienstleistungen. Diese Aufgabe war stark an die Vorstellung eines homogenen nationalen Raums gebunden. Als die Versorgungsräume in den 1980er Jahren in den Industrienationen zur Normalität geworden waren, richteten sich die Versorgungsbemühungen zudem immer stärker auf eine »Homogenisierung« weltweiter Ungleichgewichte medizinischer Forschung und Entwicklung. Zur selben Zeit gewann die Diskussion um Forschungsstandorte erheblich an Bedeutung, was wiederum zu einer Stärkung des nationalen Bezugsrahmens führte. Die eigene Nation sollte hierbei gegenüber weltweiten Forschungszentren Nischen ausbilden. Durch die Spezialisierung, beispielsweise in Form der partikularen Beteiligung an weltweiten Forschungsbemühungen wie der Kartierung und Sequenzierung des Genoms, sollte sie zu einem attraktiven Standort

---

Report, S. 26, 45. Für den Einfluss der US-amerikanischen Geschichte auf die Gentechnologie-Kritik in Dänemark siehe auch Baark/Jamison: Biotechnology and Culture, S. 39.

für die Ansiedlung wissenschaftlicher und wirtschaftlicher Ressourcen werden. Der Raum war in diesem Rahmen nicht mehr in Problem- und Normalzonen wie im Behälterraum-Dispositiv unterteilt, ebenso wenig in ausreichend und unterversorgte Zonen wie im Versorgungsraum-Dispositiv, sondern in erster Linie in wissenschaftlich-ökonomische Zentren und Peripherien.

Vor dem Hintergrund dieses Wandels räumlicher Dispositive und des komplementären Wandels nationaler Räume und Grenzen ist auch die »Internationalität« der Humangenetik zu betrachten. Über den gesamten Untersuchungszeitraum stellte der Verweis auf internationale Forschungen oder auch Anwendungen humangenetischen Wissens ein wichtiges Argument im humangenetischen Diskurs dar, um Maßnahmen im eigenen Land zu legitimieren. Friedrich Vogel beschrieb die Humangenetik zu Beginn der 1980er Jahre beispielsweise als »olympische Spiele« der Forschungsnationen.[40] Im Rahmen eines solchen Wettbewerbs ließ sich eine Vielzahl von Forderungen rechtfertigen. Allerdings verschob sich der Vergleichsmaßstab der Nationen über die Jahrzehnte erheblich. Die Hinsichten, in welchen die eigene Nation abgehängt zu werden drohte – oder genauer: die Hierarchien dieser Hinsichten –, veränderten sich. In den 1950er und 1960er Jahren spielte wie gesehen der Institutionalisierungsgrad einer medizinischen, »demokratischen« Eugenik, mit der die Erbkrankheitsbelastung der eigenen Bevölkerung eingeschränkt werden sollte, eine bedeutende Rolle. Gleiches galt für die Kontrolle und Reduktion der erbgutschädigenden Einflüsse in der zivilisatorischen Umwelt des Menschen.[41] In der zweiten Phase stand eine drohende Unterversorgung nationaler Gebiete im internationalen Vergleich im Vordergrund, wobei Humangenetiker in Deutschland immer wieder auch Dänemark zum Vergleich heranzogen.[42] In den 1980er Jahren nahm der Vorsprung anderer Nationen im Blick auf industriell verwertbare Forschungen deutlich an Bedeutung für den eigenen Standort.

Der Verweis auf den internationalen Charakter der Humangenetik diente jedoch nicht allein der Intensivierung eigener Bemühungen in einem weltweiten Konkurrenzfeld. Er konnte auch eine gegenläufige Funktion erfüllen, nämlich den Ausbau der internationalen Kooperation zu animieren. In der ersten Phase sollte die Zusammenarbeit bei der Erforschung der genetischen Belastung durch

---

40 | Friedrich Vogel: Hans Nachtsheim. Persönlichkeit und wissenschaftliches Werk. Gedenkvortrag zum 90. Geburtstag, 13.6.1980 (UAH, Acc 12/95 - 27), S. 1.

41 | Siehe Kemp, Arvehygiejne, S. 86-87; Nachtsheim, Warum Eugenik?, S. 713.

42 | Siehe zum Beispiel Arbeitsgemeinschaft Medizinische Genetik Baden-Württemberg: Memorandum zur Versorgung der Bevölkerung mit Leistungen der Medizinischen Genetik, 22.4.1988 (UAH, Acc 12/95 - 32), S. 3. Indirekt spielte natürlich auch die Konkurrenz um die zytogenetische Forschungsgrundlage, die der Pränataldiagnostik zugrundelag, eine wichtige Rolle, siehe z.B. Karl Sperling: Antrag auf Einrichtung eines neuen DFG-Schwerpunktprogrammes »Analyse des menschlichen Genoms mit gentechnologischen Methoden«, 8.9.1983 (DFG-Archiv, 322 256), S. 2.

atomare Strahlung ausgebaut werden, so wie sie durch die WHO auf dem Ersten Internationalen Kongress für Humangenetik 1956 in Kopenhagen als globale Aufgabe formuliert worden war. Mit dem Ausbau der biochemischen Populationsgenetik ab den 1960er Jahren und der Zytogenetik ab den 1970er Jahren rückte dann die Internationalisierung von Laborproben-Datenbanken in den Mittelpunkt. Auf diesem Weg sollten Kosten gespart und die Effizienz von Forschungs- oder Beratungsbemühungen gesteigert werden.[43] Dieser Aspekt der internationalen Zusammenarbeit gewann im Rahmen der Genkartierung und -sequenzierung ganz entscheidend an Gewicht, was zudem durch die Fortschritte der EDV enorm begünstigt wurde. Das internationale Projekt der Genomforschung wäre ohne die Anlage moderner Datenbanken, auf die prinzipiell weltweit zugegriffen werden konnte, kaum vorstellbar gewesen. So stellte der internationale Raum für Deutschland wie für Dänemark einen fortlaufenden Referenzrahmen der Abgrenzung wie der Einbindung dar. Hierbei unterlagen nicht nur die jeweiligen Fremd- und Selbstbilder dem Wandel. Auch die Parameter, mit denen der internationale Raum vermessen wurde, änderten sich in Wechselwirkung mit der Wahrnehmung des nationalen Raums.

---

43 | Siehe als Beispiele: Brief von Jean de Grouchy an Jan Mohr, 28.5.1970 (RA, Københavns Universitet, Jan Mohr, professor, Lb.nr.8); SPP Pränatale Diagnostik genetisch bedingter Defekte: 8. Informationsblatt über die Dokumentation der Untersuchungen im Rahmen des Schwerpunktprogramms, 30.6.1976 (BA, B 227/225094), S. 23; Jørgen Hilden: Summary of discussions with Drs. Vlietinck, Meulepas, Bouckaert, and De Wals concerning a computer system aid in genetic counselling, 10./11.12.1981 (RA, Københavns Universitet, Afdeling for Medicinsk Genetik, Registerudvalget, Lb.nr.1.); Nielsen (Hg.): The Danish Cytogenetic Central Register, S. 3.

6. Schluss

In den 1950er Jahren rückte es zumindest der Theorie nach in greifbare Nähe: das menschliche Gen. Die wesentlichen Modelle der DNA sowie des genetischen Codes wurden entwickelt. Diese Modelle sind heute noch gültig. Im humangenetischen Diskurs der 1950er und 1960er Jahre standen sie jedoch in einem wesentlich anderen Kontext. Gene wurden als räumliche Einheiten imaginiert. In normalisierungsgeschichtlicher Hinsicht ließe sich auch sagen: die Gene stellten ein Analogon der Kügelchen dar, die durch das Galton'sche »Normalisierungs-Sieb« rollen und sich darunter in bestimmten Formen sammeln.[1] Jürgen Link beschrieb das sogenannte »Galton-Brett« als typisches Instrument des Protonormalismus. Es fungierte als »allgemeiner Simulator von Verteilungen von Kugelhaufen, deren Abweichungen von Normalverteilungen betont sind«.[2] Die menschlichen Gene des humangenetischen Diskurses der ersten Phase lassen sich mit diesen separaten Kugeln vergleichen, die in ihrer Gesamtheit den Genbestand einer Fortpflanzungsgemeinschaft ausmachen würden. Sie würden sich in jeweils unterschiedlichen »Kugelhaufen« auf Individuen als deren Behälter verteilen und so von Generation zu Generation weitergegeben werden. Hierbei gab es einen bestimmten Bereich »normaler« Gene sowie einen bedrohlichen Bereich »abweichender« Gene, der, es sei an die Formel Tage Kemps erinnert, »verfolgt und kontrolliert« werden sollte. An dieser Vorstellung änderten die Technologien der biochemischen Humangenetik vorerst nichts Wesentliches. Die Möglichkeit der elektrophoretischen Differenzierung von Proteinen beispielsweise wurde primär als weitere »Annäherung« an die Grundbausteine der menschlichen Vererbung aufgenommen. Im Hintergrund stand eine komplementäre Staffelung von Behälterräumen: Individuen enthielten Gene, Familien enthielten Individu-

---

1 | Link: Versuch über den Normalismus, S. 241. Aus einem Trichter rollen Kugeln nacheinander über einen schrägen Untergrund durch ein Netz von symmetrischen Hindernissen, die ihren Weg jeweils nach rechts oder links ablenken. Am Grunde des Netzes häufen sich die Kugeln im Sinne der Gauß'schen Normalverteilung an. Sie formen gewissermaßen von selbst eine körperliche Nachbildung der Gaußkurve.
2 | Ebd.

en, Bevölkerungen enthielten Familien. Auf allen Ebenen galt es vergleichbare Strategien zu implementieren: möglichst weitgehende Verdatung, Markierung der Problemzonen, Hemmung ihrer Ausbreitung, Schutz der Normalbereiche.

Prägend für den Protonormalismus ist ein vergleichsweise enger, ständig durch Abweichung bedrohter Normalbereich. Gerade die fehlende direkte Sichtbarkeit der »primären« Vererbungsvorgänge förderte zu dieser Zeit ihre Fragilität. Die zivilisatorische Umwelt des Menschen stellte einen unabschließbaren Horizont potentiell mutagener Strahlungen und Substanzen dar. Auch wenn ein gewisser Anteil an genetischer Abweichung als prinzipiell unvermeidbar angesehen wurde, schien die »normale Mutationsrate« bzw. das »Gleichgewicht« zwischen Abweichung und Normalität umso überwachungswürdiger. Für diese Kontrollaufgabe waren geografisch eindeutig zu verortende Einheiten, die sich über mehrere Generationen verfolgen ließen, am praktikabelsten, so wie das kleine, gut erschlossene, homogene Dänemark. Doch gestaltete sich die Suche nach stabilen genetischen Behälterräumen immer mühseliger, schien doch die Mobilität moderner Gesellschaften deren einstige Grenzen zunehmend zu verwischen. Hier versprach die biochemische Humangenetik einen wichtigen Vorteil: Sie schien die »genetische Essenz« des Menschen mehr oder weniger »direkt« zugänglich zu machen. Man brauchte theoretisch nur eine »Probe« zur Verfügung zu haben und nicht zwangsläufig eine mehrgenerationelle Einordnung in einen umfangreichen Stammbaum sowie detaillierte biografische Angaben oder die eigenhändige Bestätigung und Differenzierung ärztlicher Diagnosen. Gerade die am Ende der 1960er Jahre neu aufkommende Pränataldiagnostik versprach vorerst einen einfacheren, präziseren und direkteren Zugang zur Verortung von Individuen im Normal- oder Devianzbereich.

Die Anschlusspunkte für spezifische Experten- und Patientensubjekte sind deutlich. Der »Schatz der Gene« musste gehütet werden. Solange nicht grundsätzlich in Frage stand, was hierbei – implizit – als »normal« zu gelten hatte und was nicht, stand auch die Objektivität der Experten außer Frage. Aus der vermeintlichen Objektivität ihres Wissens und ihrer Praktiken speiste sich ein Großteil des Selbstverständnisses der humangenetischen Experten dieser Phase. Sie genossen darüber hinaus das Privileg einer überlegenen Perspektive. Die umfangreichen Registraturen genetischer Behälterräume ermöglichten einen Blick auf die genetischen Verhältnisse der Bevölkerung »von oben« – einen zugleich überschauenden als auch »durchschauenden«, das heißt das Durchscheinen der genetischen Ebene erfassenden Blick. Weiterhin stellten Stammbäume ein wesentliches Instrument der Forschung und vor allem der humangenetischen Beratung dar. Pauschal gesprochen galt das Prinzip: Je umfassender diese erhoben worden waren, je mehr Generationen sie zurückreichten, desto wertvoller. Derartige Stammbäume erlaubten einen weiterreichenden Überblick über die »genetische Herkunft« von Individuen. Zugleich offenbarten sie dem Expertenblick – meist in Verbindung mit statistischen Daten – Verlaufsmuster der genetischen Ebene, die sich durch die Familiengeschichte zogen. Orientierungspunkte für die Identifikation von »problematischen Ästen« des Stammbaums konnten visualisiert werden – für präventive Eingriffe oder für weitergehende Beobachtungen. Stets legitimierte die Kombination aus souveränem Über- sowie Durchblick die Autorität humangenetischer Experten.

Das Komplementär zu den Überwachungsfantasien der genetischen Ebene, die durch Datenschutzbedenken praktisch wenig gebremst wurden, stellte die Diskussion von Eingriffs- und Regulierungsmöglichkeiten dort, wo vermeintlich »natürliche« Gleichgewichte gestört schienen, dar. Diese Diskussionen konzentrierten sich vorrangig auf technokratische Zirkel von Politikern, Verwaltungsbeamten, Medizinern und Wissenschaftlern. Die »Öffentlichkeit« strahlte im humangenetischen Diskurs der 1950er und 1960er Jahre zuallererst »Irrationalität« aus. Die Laien sollten primär im Rahmen von Aufklärung angesprochen werden, einer Aufklärung die paternalistische Züge trug. Vor diesem Hintergrund muss die zeitgenössische Absetzung von »Zwangsmaßnahmen«, die humangenetische Experten mit dem Nationalsozialismus assoziierten und aus dem eigenen eugenischen Wertekanon ausblendeten, gelesen werden. Freiwilligkeit bedeutete gewissermaßen, der Anleitung zum gemeinschaftsdienlichen Verhalten zu folgen – mit dem Bezugspunkt »Fortpflanzungsgemeinschaft«. Dieses Verhalten lag vermeintlich zugleich im besten individuellen Interesse, von dem abzuweichen kein Anlass in Sicht war. Die Patienten der Humangenetik imaginierten die Experten als Träger einer ausgeprägten »Denormalisierungsangst«, wie man mit Link sagen kann. Sie mussten »von oben« aufgeklärt werden, um ihr eigenes Interesse, nicht aus dem Rahmen des Normalen zu fallen, wahrnehmen zu können. Diese Sorge des Individuums ist in Beziehung zum Behälterraum-Dispositiv dieser Zeit mit seiner relativen Distinktheit, die sich in den starren Grenzen des Normalen und Anormalen widerspiegelte, zu sehen. Trotz aller bekannten Ambivalenzen, dass beispielsweise jeder Mensch statistisch gesehen Träger einer bestimmten Anzahl potentiell schädlicher Gene war, dass homozygot schädliche Erbanlagen im heterozygoten Zustand in einigen Fällen einen evolutiven Vorteil versprochen hatten, dass eine »genetische Katastrophe« trotz ansteigenden Mutationsraten in absehbarer Zeit nicht zu erwarten war, wurden Individuen noch immer als Behälter von Genkombinationen gedacht, die im Ganzen betrachtet entweder normal oder schädlich waren. Die vollständige »genetische Gesundheit« von Individuen sowie von Populationen blieb in dieser Phase eine zwar oberflächlich in Frage gestellte, jedoch weiterhin alternativlose regulative Idee im humangenetischen Diskurs.

Am Übergang zu den 1970er Jahren waren die genetischen Behälterräume in Auflösung begriffen oder anders gesagt: sie büßten ihre Leitfunktion in Forschung und Praxis nachhaltig ein. Die ausgesprochene Faszination für biochemische Forschungen im Bereich der Humangenetik führte trotz der noch wenigen Anwendungsmöglichkeiten dazu, dass die neuen, »aufs Labor« konzentrierten Forschungspraktiken ins Zentrum des humangenetischen Diskurses rückten. Die menschliche Chromosomendiagnostik, wie sie seit Ende der 1960er Jahre in

Form der Amniozentese operationalisierbar geworden war, erlaubte die vermeintlich direkte Identifikation genetischer Anomalien bereits gezeugter Föten. Registratur- und Kartierungsvorhaben wurden keineswegs überflüssig. Es trat die auf anderen Praktiken beruhende Arbeit mit zytogenetischen Registern und Karten von Proteinvarianten in den Vordergrund. Zudem gestattete es das Ideal der Pränataldiagnostik, die Berechnung einer Risikoziffer aus der weit zurückreichenden Familiengeschichte oder aus epidemiologischen Registraturen zu ersetzen durch eine »sichere« Diagnose als Antwort auf eine Ja/Nein-Frage. Auch richtete sich die Pränataldiagnostik tendenziell eher auf die Simulation einer zukünftigen Biografie als die vergangenheitszentrierte Verankerung in der familiären Herkunft. (Sozial-)Räumliche Verortungen von Individuen wurden dadurch unterlaufen und verloren nach und nach an Bedeutung. Ohnehin hatte man seit den 1950er Jahren im humangenetischen Diskurs bereits einen ausgesprochenen Anstieg der weltweiten »reproduktiven Mobilität« über Regions- und Gesellschaftsgrenzen hinweg beobachtet, der einstige Isolate »verwischte« und die noch bestehenden Überreste zu »archäologischen Relikten« machte. Gleichzeitig zirkulierten die Forschungsgegenstände, mit denen es Humangenetiker nun primär zu tun bekamen – Laborproben – weltweit per Post. Sie gestatteten überdies eine vergleichsweise beliebige Konservierbarkeit und Verfügbarkeit für unvorhersehbare zukünftige experimentelle Settings. Es lässt sich in diesem Sinne ein paralleler Anstieg der Zirkulation in gesellschaftlicher und forschungspraktischer Hinsicht konstatieren, der die Dispositive der Humangenetik nachhaltig umstrukturierte. Diese Entwicklung ist zugleich ein treffendes Beispiel dafür, dass die diskursiven Veränderungen weder auf der programmatischen noch auf der technologischen Ebene alleine stattfinden. Doch ist ihre Praxis und Programmatik strukturierende Wirkung aus dem Zusammenspiel beider Bereich deutlich ablesbar, ohne dass hier ein ausdrücklicher Plan oder eine Reflexion dieses Prozesses zugrunde liegen musste. Beide Bereiche standen wiederum in einem Wechselspiel mit den mehr oder weniger impliziten Gesellschaftsbeziehungen der Humangenetik, die sich ebenfalls grundlegend neu ordneten.

Was sich in der zweiten Phase des humangenetischen Diskurses vorerst durch eine beträchtliche Kontinuität auszeichnete, war die grundsätzliche Objektivität und Autorität humangenetischer Experten. Sie speiste sich während der 1970er Jahre weiterhin aus der Überzeugung, dass allgemeines und individuelles Wohl in genetischer Hinsicht nicht prinzipiell auseinandertraten. Dies äußerte sich vor allem in den Kosten-Nutzen-Rechnungen, mit denen Humangenetiker die öffentlichen Kosteneinsparungen durch die allgemeine Verbreitung der Pränataldiagnostik immer wieder vorrechneten. Nichtsdestoweniger veränderten sich einige zentrale Charakteristika der Subjektformen von Experten und Laien. Da die Amniozentese als direkte, sichere Diagnose eines »faktisch vorliegenden Falls« – im Unterschied zur Risikoberechnung für ein »hypothetisches Kind« – angesehen wurde, rückte das individuelle Interesse der Patienten in den Vordergrund. Bestimmend war hierbei die Form der um die Erbgesundheit der eigenen Familien besorgten und selbstverantwortlichen Eltern. Diese Selbstverantwortung kanalisierte sich in einer vermeintlich uniformen – also alle Eltern in gleicher, eindimensionaler Weise betreffenden – Nachfrage nach humangenetischen Diagnoseleistungen. Hierbei entwickelte sich der Humangenetiker einerseits zum »Anbieter«, andererseits behielt er seine aufklärende Rolle weiterhin bei. Paradoxerweise musste die vermeintlich anthropologisch selbstverständliche Nachfrage nach Pränataldiagnostik erst aufwändig erzeugt werden, bevor die Individuen sich ihrer bewusst werden konnten. Im Laufe der 1970er Jahre wurden allerdings – durch das strategische Bedürfnis, »Öffentlichkeit zu schaffen« – die vormals dominanten Expertenzirkel untergraben. Die Konstruktion des selbstverantwortlichen Individuums ließ sich gleichberechtigt gegenüber widerstreitenden Expertengruppen in Stellung bringen.

Parallel zum Rückgang der genetischen Behälterräume wirkte in den 1970er Jahren das Dispositiv der Versorgungsräume darauf hin, dass der humangenetische Diskurs weiterhin am nationalen Raum als Bezugspunkt festhielt. Hierbei traten jedoch die evolutiv gewachsenen und geografischen Unterteilungen vollständig in den Hintergrund. Genetische Versorgungsräume wurden vielmehr durch Verwaltungsgrenzen sowie Zuständigkeits- und Einzugsbereiche untergliedert. Es ging vorrangig darum, die Erreichbarkeit des Angebots für die Nachfrage sicherzustellen, in erster Linie durch den Ausbau eines landesweiten, flächendeckenden Versorgungsnetzes. Die zentrale Maßeinheit dieses Netzes war die (verkehrstechnische) Mobilität der Individuen – basierend auf wenigen und lückenhaften empirischen Daten. Laut Michel Foucault erzeugen hegemoniale Räume auf ihrer Kehrseite immer auch entsprechende »Heterotopien« der Abweichung. Die Heterotopien der genetischen Versorgungsräume sind die entlegenen, die infrastrukturschwachen Räume. In Dänemark schloss dies vor allem die kleineren Inseln ein. Dass diese teilweise bereits von besonderem Interesse als genetische Behälterräume gewesen waren, änderte nichts an dem grundlegend anderen Charakter der Aufmerksamkeit, der ihnen nun zuteilwurde. Sie galten nicht mehr als Gebiet mit geringer Ab- und Zuwanderung, mit einem erhöhten Grad an Inzucht oder auch als Gebiet von guter statistischer Beherrschbarkeit und auffälliger Inzidenz bestimmter Erbkrankheiten, sondern als Gegend, in denen das Angebot pränataler Diagnostik kaum bis gar nicht ausgebaut war.

Der Umbruch zur dritten Phase der Humangenetik kündigte sich durch das Aufbrechen einer Reihe von Selbstverständlichkeiten an, allen voran des Automatismus von Nachfrage und Angebotsausbau. Ebenso wurde die Vereinbarkeit eines individuellen Interesses an der Vermeidung von Leid und gesellschaftlicher Kosteneinsparung durch die Zurückdrängung von Erbkrankheiten zum Gegenstand der Reflexion. Das individuelle Interesse an der Bekämpfung von Erbkrankheiten überhaupt stand zunehmend in Frage. Individuen wurden als komplexe psychologische Klienten entdeckt, die in vielfältigen sozialen Bindungen standen und deren Handlungen durch widerstreitende psychologische und soziale Einflussfaktoren geprägt wurden. Gleiches musste auch für die zuvor so selbstbewussten humangenetischen Experten selbst in Anspruch genommen werden. Das Individuum wurde »de-isoliert« und in eine vielschichtige Umwelt eingebettet, mit der seine »genetische Selbstverantwortung« – in den 1970er Jahren noch offensiv gepriesen – in Wechselwirkung stand. Es scheint kein Zufall zu sein, dass diese Entwicklung mit einer steigenden Komplexität des Genbegriffs selbst einherging. Im Laufe der 1970er Jahre entstand die Gentechnologie vorerst aus der Forschung an Mikroorganismen. Sie führte zur Entstehung molekulargenetischer Forschungsmethoden, die alsbald auch erste gendiagnostische Anwendungen in der Humangenetik in Aussicht stellten. Im Zuge dieser Entwicklung wurde der Begriff eines einheitlichen, materiell isolierbaren Gens zunehmend aufgelöst. Vielmehr schien die DNA, gewissermaßen der »Boden« der genetischen Ebene, in wesentlich komplexerer Wechselwirkung mit ihrer Umwelt zu stehen, als bisher angenommen worden war. Es gab starke Gegenbewegungen, die dieser Einsicht keineswegs kampflos das Feld überließen. Erstens wurden die ersten molekulargenetischen Diagnoseerfolge in der Pränataldiagnostik vorerst genauso euphorisch begrüßt wie die ersten zytogenetischen und biochemischen Diagnosen ein Jahrzehnt zuvor. Der humangenetische Durchgriff auf die genetische Ebene schien abermals »direkter« und »sicherer« geworden zu sein und nun sogar die »letzte Ursachenebene« erbpathologischer Phänomene erreicht zu haben. Zweitens rückte die Gentechnologie langsam, aber sicher – in Deutschland und in Dänemark gut zehn Jahre später als in den USA – in den Kontext pharmazeutischer Produktion. Deren Ansprüche, unter anderem im Blick auf das Patentrecht und auf vereinheitlichte Produktionsverfahren, führten ebenfalls zur Festigung des klassischen Genbegriffs.

Trotz dieser gegenläufigen Prozesse fiel in den 1980er Jahren sowohl die Vorstellung des Gens als auch der Subjekte des humangenetischen Diskurses komplexer aus. Der humangenetische Fortschritt wandelte sich von einer großen gesellschaftlichen Chance zu einer ambivalenten Mischung aus Chancen und Risiken. Ein neuer, bioethischer Beobachtungsmodus erfasste neben anderen Biowissenschaften auch die Humangenetik. Dadurch mussten (und wollten) humangenetische Experten neue gesellschaftliche Ansprechpartner ernst nehmen. Solange die Ein-Gen-ein-Enzym-Relation als »Einbahnstraße« befahrbar war, verlief auch die Entwicklung der Humangenetik selbst in den Augen ihrer Vertreter gradlinig in Richtung Zukunft. Doch in den 1980er Jahren stellte sich eine omnipräsente Skepsis gegenüber der bisher dominanten Fortschrittserzählung ein. Bezeichnenderweise gewann auch die facheigene Vergangenheit an Ambivalenz und musste »aufgearbeitet« werden. Durch die stets präsente NS-Vergangenheit fiel dieser Prozess in Deutschland deutlich heftiger als in Dänemark aus, doch ist er auch dort zu beobachten.

Durch die Gentechnologie wurden einige Prozesse der genetischen Ebene formbar: sie ließen sich im Labor reproduzieren, amplifizieren und auch modifizieren. Diese Synthetisierbarkeit findet sich auf der Ebene räumlicher Dispositive des humangenetischen Diskurses wieder. In den 1980er Jahren gewinnen die Topoi des Standorts und der Konkurrenz in verschiedenen Kontexten erheblich an Gewicht.[3] Der nationale Standort war hierbei ein hochgradig gestaltbarer Raum, seine Beschaffenheit war davon abhängig, dass er überhaupt erst durch politische, juristische und finanzielle Maßnahmen erschaffen wurde. Diese durch Konkurrenz strukturierten Räume standen hierbei im Zusammenhang mit dem sich bereits seit den 1970er Jahren anbahnenden Wettlauf um die Kartierung und Sequenzierung des menschlichen Genoms. Der altgediente Humangenetiker Friedrich Vogel reflektierte 1980, dass die Humangenetik sich in einer »hektischen Zeit« befinde: »Auch in der Genetik wird man den Eindruck nicht los, als ob die Probleme längst definiert seien, und als ob nun Gruppen überall in der Welt im Wettbewerb stünden, diese Probleme so rasch wie möglich zu lösen. Um jeden Preis möchte man der erste sein«.[4] Derweil hatten sich die hauptsächlichen Kartierungsbemühungen der Humangenetik im Wesentlichen auf die genetische Ebene selbst verlegt. Die Kartierung der kleinsten Einheit menschlicher Vererbung, der DNA, wurde zum Leitparadigma und erhielt zugleich den Nimbus einer »Menschheitsaufgabe«. Hier taten sich neue Horizonte auf, um deren Ersterkundung Humangenetiker konkurrierten. Der humangenetische Diskurs wurde durch eine ambivalente Mischung aus globaler Kooperation und Konkurrenz zugleich geprägt. Die Wahrnehmung des Raums wurde dadurch immer stärker von dem Bestreben imprägniert, nicht abgehängt zu werden oder auch: »provinziell« zu werden. Die Unvermeidbarkeit, an dem weltweiten Wettrennen teilzunehmen, die humangenetische Experten empfanden, stabilisierte abermals – wie im Falle der Versorgungsräume in den 1970er Jahren – den Bezugsrahmen nationaler Räume.

Auch von dieser Seite aus gesehen – der Strukturierung von Räumen über Standortkonkurrenz – ergeben sich Anknüpfungspunkte zur Konstruktion psychisch und sozial belasteter Subjekte im humangenetischen Diskurs. Dieser Konkurrenzdruck spiegelte sich nicht nur auf der Ebene der Klienten der humangenetischen Beratung wider, die Gefahr liefen, einem steigenden erbgesundheitlichen

---

3 | Der Soziologe Nikolas Rose hat die These aufgestellt, dass die Isolierbarkeit, Katalogisierbarkeit und Mobilität kleinster Lebensbausteine maßgeblich dazu beigetragen hat, neue Märkte zu eröffnen. Er spricht hier von »economies of vitality«: »A new economic space has been delineated – the bioeconomy – and a new form of capital – biocapital. [...] Life itself has been made amenable to these new economic relations, as vitality is decomposed into a series of distinct and discrete objects – that can be isolated, delimited, stored, accumulated, mobilized, and exchanged, accorded a discrete value, traded across time, space, species, contexts, enterprises – in the service of many distinct objectives.« (Rose: The Politics of Life Itself, S. 6-7) Diese Beobachtungen weisen darauf hin, wie im letzten Drittel des 20. Jahrhunderts wissenschaftliche, technologische und wirtschaftliche Entwicklungen bei der Erzeugung neuer räumlicher Dispositive zusammenspielten.
4 | Friedrich Vogel: Hans Nachtsheim. Persönlichkeit und wissenschaftliches Werk. Gedenkvortrag zum 90. Geburtstag, 13.6.1980 (UAH, Acc 12/95 - 27), S. 1.

Optimierungszwang zu erliegen, sondern auch auf der Ebene der humangenetischen Berater, deren psychische Belastung durch die eigene Tätigkeit in den Blick geriert. Die aufkeimende Bioethik bot sich als Entlastungsmechanismus für Laien wie Experten gleichermaßen an. Sie reagierte, so ließe sich spekulieren, auch darauf, dass sich der »Fortschritt« der humangenetischen Forschung im Rahmen der vollständigen Genomsequenzierung tendenziell immer weiter von medizinischen Anwendungsmöglichkeiten zu lösen begann. Immer deutlicher schien Forschung auf Forschung zu reagieren, also zu einer Art selbstgenügsamem Kreislauf zu werden, der sich ohne Rücksicht auf medizinische Nützlichkeit voranschraubte. Diese Selbstreflexivität brachte die Bioethik einerseits hervor, sie wurde andererseits im Zuge einer grundlegenden »Bioethisierung« der Humangenetik überhaupt erst sichtbar. Die Bioethik erlaubte es, die fehlende Ausstiegsmöglichkeit aus der Tretmühle des Wettbewerbs um Forschungs- und Industriestandorte als Problem zu thematisieren, die die Gesellschaft sowie die Experten und Laien gleichermaßen belastete, obgleich auch Bioethiker keinen rechten Ausweg aufzeigen konnte.

Die erarbeitete Periodisierung der Geschichte der Humangenetik und Eugenik leistet einen wichtigen Beitrag zur Differenzierung dieser Geschichte – einer Geschichte, die noch allzu oft als mehr oder weniger linearer Übergang von einer rassenhygienischen zu einer medikalisierten, von einer volksorientierten zu einer individualisierten Humangenetik beschrieben wird. Die Analyse der weitgehend vorreflexiven Raum- und Subjektformen, die durch historisch spezifische Forschungs- und Anwendungsmuster der Humangenetik konstruiert und zugleich von ihnen vorausgesetzt wurden, konnte bislang verdeckte Kontinuitäten sowie Brüche aufzeigen. Diese Periodisierung von räumlichen Dispositiven und Experten-Laien-Konstellationen weist hierbei über die disziplinären Grenzen der Humangenetik hinaus. Sie situiert den humangenetischen Diskurs im Kontext einer Kulturgeschichte der zweiten Hälfte des 20. Jahrhunderts. Die Geschichte der Humangenetik leistet einen wichtigen Beitrag zur Historisierung der 1970er und 1980er Jahre und erlaubt es das Ende der »Hochmoderne« bzw. den Übergang zur »Postmoderne« in Europa genauer zu konturieren.[5]

So ließe sich dieser Übergang aus dem Blickwinkel eines fundamentalen Wandels der Bedeutung des Raumes für die modernen Gesellschaften – und vor allem auch ihre wissenschaftliche Beobachtung – konzipieren. Die untersuchten, hegemonialen räumlichen Dispositive des humangenetischen Diskurses legen einen Prozess nahe, der von einer »Verräumlichung« zu einer »Enträumlichung« von Gesellschaften verläuft. Die Konzeption von Behälterräumen von

---

5 | Vgl. Doering-Manteuffel/Raphael: Nach dem Boom; Marx: Vorgeschichte der Gegenwart; Jarausch: Das Ende der Zuversicht?; Haus: Die neue Wirklichkeit. Zur geschichtswissenschaftlichen Debatte um die Periodisierung der Moderne siehe z.B. Herbert: Europe in High Modernity; Maier: Consigning the Twentieth Century to History; Raphael: Ordnungsmuster der »Hochmoderne«?; Etzemüller (Hg.): Die Ordnung der Moderne.

der Bevölkerung bis zum Individuum ging von einer vergleichsweise engen und stabilen Kopplung von Individuen und Raum aus. Die Funktionalität relativ eindeutiger und relativ stabiler räumlicher Verortungen, die auf den physischen wie den sozialen Raum zugleich zielte und zudem von einer engen Kopplung beider ausging, ging jedoch in den 1970er Jahren rasch verloren. Es steht zu vermuten, dass dieser Prozess in einer komplexen Wechselwirkungen mit Vorstellungen gesellschaftlicher Ordnungen stand. Denn die »Enträumlichung«, die hier in ihrer epistemologischen und eugenischen Bedeutung für den humangenetischen Diskurs nachgezeichnet worden ist, hatte gleichsam Folgen für die soziale Identifizierbarkeit von Personen sowie deren Identitätsbildung. In diesem Sinne ist es auffällig, dass sich die Umstellungen der biologischen bzw. medizinischen Humangenetik im kulturwissenschaftlichen Bereich widerspiegeln.

Der (meist implizite) kulturelle Raumbegriff stand während der 1950er und 1960er Jahre in einem Analogieverhältnis zu genetischen Behälterräumen. So stellten Volkskundler in den letzten Jahren fest, dass »die traditionelle Volkskunde« bis in die 1970er Jahre »Kulturen als erdräumlich gekammerte und klar begrenzbare Entitäten« aufgefasst habe.[6] Es ließe sich spekulieren, dass soziale und kulturelle Ordnungsvorstellungen den Diskurs über die Genetik des Menschen ebenso beeinflussten, wie dies umgekehrt der Fall sein könnte. Die Konzeptualisierung genetischer Behälterräume könnte als eine nicht unerhebliche »autoritative Ressource« der Gesellschaft der 1950er und 1960er Jahre fungiert haben. Der Geograf Bruno Werlen versteht hierunter »das Vermögen/die Fähigkeit, die Kontrolle über Akteure zu erlangen oder aufrecht zu erhalten«, wobei er betont, dass die wichtigsten »autoritativen Ressourcen« von Gesellschaft ihre »Räumlichkeit« betreffen.[7] In diesem Sinne könnten genetische und kulturelle Raumkonzepte gleichermaßen dazu beitragen haben, Macht- und Ordnungsinteressen, die in der relativ eindeutigen Verortung von Individuen lagen, zu unterstützen.

Für die 1970er Jahre beobachten neuere Forschungen zum Zusammenhang von Kultur und Raum, wie er in der Volkskunde, der Ethnologie und der Kulturgeographie verhandelt worden ist, sodann eine »De-Territorialisierung«.[8] Hierbei fallen gewisse Anklänge an den beschriebenen Bedeutungsverlust genetischer Behälterräume ins Auge. So zeigt sich, dass »Länder und Kontinente keine ›Container‹ mehr sind, dass große Teile des Sozialen enträumlicht oder entterritorialisiert sind, dass Orte immer öfter ihre Einzigartigkeit und damit ihre besondere Bedeutsamkeit verlieren«.[9] Dieser Prozess ließe sich zum einen auf Veränderungen einer zunehmenden Globalisierung durch Migration, Kommunikationstech-

---

6 | Hänel/Unterkircher: Die Verräumlichung des Medikalen, S. 13. Die Autoren zitieren hier den Kulturgeografen Bruno Werlen: Kulturelle Räumlichkeit, S. 1.
7 | Ebd., S. 10.
8 | Vgl. Hauser-Schäublin/Dickhardt (Hg.): Kulturelle Räume.
9 | Dickhardt/Hauser-Schäublin: Einleitung, S. 14. Vgl. auch Damir-Geilsdorf/Hendrich: Orientierungsleistung räumlicher Strukturen und Erinnerung, S. 29-30.

nologie und vieles anderes zurückführen,[10] ein Befund, der auch bereits die zeitgenössischen populationsgenetischen Debatten prägte. Zum anderen erscheint die vormalige »Containerisierung« der Gesellschaft in den Augen der Ethnologen Michael Dickhardt und Brigitta Hauser-Schäublin vor allem als Produkt des Forschungsdesigns älterer Studien. So hätten die »über Jahrzehnte angefertigten Dorfstudien allein aufgrund ihrer methodischen Anlage eine homogenisierende, totalisierende und essenzialisierende Weltbeschreibung praktiziert [...], die Gesellschaften und Kulturen im Sinne distinkter Einheiten an konkrete definierbare Orte« gebunden hätten.[11] In analoger Weise hat die vorliegende Studie gezeigt, dass es vor allem die praktische Neuorientierung der Humangenetik auf biochemische und molekulargenetische Methoden war, die Verlegung der Humangenetik »ins Labor« (und später »in den Rechner«), die zum Evidenzverlust humangenetischer Behälterräume geführt hat.

Dessen ungeachtet führte die »De-Territorialisierung« des kulturellen Raums keineswegs zu einem Bedeutungsverlust des Raums in den Kulturwissenschaften. Sie habe vielmehr neue Prozesse der »Re-Territorialisierung« hervorgebracht, die allerdings einen deutlich »konstruktivistischeren« Charakter angenommen hätten.[12] In vergleichbarer Weise lassen sich Gegenbewegungen zum Bedeutungsverlust des Raumes im humangenetischen Diskurs ab den 1970er Jahren konstatieren. Die Versorgungs- und Standorträume führten zu einem Erhalt der Bedeutung des Raumes unter gewandelten Vorzeichen. Gegenüber den genetischen Behälterräumen verlangten sie jedoch nach einer aktiven Gestaltung. Auch diese Umbrüche ließen sich in Analogie zu entsprechenden gesellschaftlichen Entwicklungen setzen, etwa dem Boom der Vorsorge im Allgemeinen und der damit verbundenen »Freisetzung« des Individuums, die die 1970er Jahre auszeichnete, oder der Ausbreitung des Neoliberalismus, der die 1980er Jahre prägte.[13] Diese Überlegungen regen nicht nur dazu an, die Analyse räumlicher Strukturen in der Medizingeschichte weiterzuführen, sondern vor allem auch mögliche Transferprozesse räumlicher Konzepte in kulturwissenschaftliche sowie weitere gesellschaftliche Bereichen zu untersuchen.[14]

Im Blick auf die Subjektivierungsweisen des humangenetischen Diskurses konnte diese Untersuchung ebenfalls zu einer wichtigen Differenzierung der Geschichte von Humangenetik und Eugenik beitragen. Hierbei musste die Analyse über die Individualisierungs-Rhetorik humangenetischer Selbstbeschreibungen hinausgehen, um wirkmächtige Kontinuitäten und Brüche von Subjektformen aufzuzeigen. Auf dieser Analyseebene wird sichtbar, dass der Begriff des Indivi-

---

10 | Dickhardt/Hauser-Schäublin: Einleitung, S. 14.
11 | Ebd., S. 17.
12 | Ebd., z.B. S. 19.
13 | Siehe Freeman: The Politics of Health; Doering-Manteuffel/Raphael: Nach dem Boom.
14 | In diese Richtung wies jüngst auch Willer/Weigel/Jussen (Hg.): Erbe.

duums – und damit auch sein Verhältnis zum Volk, zur Bevölkerung, zur Gesellschaft – selbst historisiert werden muss und kaum als überzeitlicher Gradmesser eines Individualisierungsprozesses dienen kann. Zudem konnte gezeigt werden, dass die Geschichte der Humangenetik und Eugenik in der zweiten Hälfte des 20. Jahrhunderts in drei statt wie bisher üblich in nur zwei unterscheidbare Phasen eingeteilt werden muss. Der Diskurs der 1970er Jahre weist signifikante Differenzen gegenüber dem vorangehenden sowie dem folgenden Jahrzehnt auf.

Die Subjektivierungsweisen, die sich im humangenetischen Diskurs finden ließen, weisen eine ähnlich breite gesellschaftliche Verflechtung auf, wie für die räumlichen Dispositive angedeutet. Auch sie erlauben einen Ausblick auf das komplexe Verhältnis von Moderne und »Postmoderne«, ist der Wandel von Experten-Laien-Beziehungen im Allgemeinen doch von entscheidender Bedeutung für die Zeitgeschichte. Die Subjektivierungsweisen des humangenetischen Diskurses zeigten in den 1950er und 1960er Jahren noch deutliche Charakteristika eines »Social Engineerings«, wie es kennzeichnend für zahlreiche Expertenkulturen der Hochmoderne war. Hierbei trachteten vergleichsweise direktive Experten danach, Laien zu lehren, von sich aus »vernünftig«, das heißt im Sinne des Expertenrates, zu handeln.[15] Diese vermeintliche Deckungsgleichheit einer allgemeingültigen, stark normativ getränkten Expertenrationalität mit dem Eigeninteresse des Individuums trat in den 1970er Jahren in den Hintergrund, die »Selbstverantwortung des Individuums« hingegen in den Vordergrund. Es konnte allerdings gezeigt werden, dass diese »Individualisierung« weiterhin an eine universelle, implizit vorausgesetzte Rationalität gebunden war. Das selbstverantwortliche Individuum trat vor allem im Zusammenhang einer auffallenden »technischen Reduktion« auf.

Erst zum Ende des Jahrzehnts stellte sich eine reflexive Problematisierung dieser Entwicklung ein. Die humangenetische Subjektivierung schloss damit an zweierlei Zusammenhänge an. Erstens markiert dieser Umbruch die »reflexive Moderne« bzw. Risikogesellschaft, wie Ulrich Beck sie bald darauf beschrieb. Zahlreiche gesellschaftliche Probleme waren als Folgen der technologischen Mittel, die zu ihrer Lösung bereitgehalten wurden, entdeckt worden. Zweitens steht sie im Kontext einer breiten Skepsis gegenüber Planung, eindeutigen Zielvorstellungen und Expertentum im Allgemeinen, die sich im Laufe der 1970er Jahre durchsetzte.[16] Doch nicht nur der Expertenkosmos unterlag einer »Pluralisierung«; dies galt auch für individuelle Lebensziele.[17] Allerdings ging die Auflösung überkommener Gewissheiten mit der Entstehung neuer Ordnungen einher. Die (teilweise) radikale Infragestellung der eigenen Grundlagen führte zwar zu einer weiteren Erosion ehemaliger Experten-Direktivität. Dieser Prozess mündete jedoch zugleich in eine Re-Stabilisierung neuer Expertensubjekte. Gefragt

---

15 | Vgl. Etzemüller (Hg.): Die Ordnung der Moderne; ders.: Die Romantik der Rationalität.
16 | Vgl. z.B. Jarausch (Hg.): Das Ende der Zuversicht?; Laak: Planung.
17 | Vgl. z.B. Doering-Manteuffel: Konturen von »Ordnung«, S. 44.

waren nunmehr ihrer gesellschaftlichen Verwobenheit bewusste »Fortschritts«-Manager. Zugleich erforderte die vermeintliche »Entscheidungsfreiheit« der Individuen eine neue Form der psychologisch und sozial informierten Betreuung. Die vermeintliche Einschränkung der Bedeutung von Expertise zum Ende der 1970er Jahre stellt sich somit als einseitige Sicht einer ambivalenten Entwicklung heraus. Die Geschichte der Humangenetik ist in besonderer Weise dazu geeignet, aufzuzeigen, wie neue Problemquellen mit neuen Möglichkeitsspielräumen einhergehen. Die Raum- und Subjektformen der Humangenetik stehen in wechselseitiger Beziehung mit anderen Wissens- und Gesellschaftsbereichen. Ohne hierbei einen bewussten Austausch von Ideen oder Praktiken anzunehmen, zeigt ihre Analyse vielversprechende Ansatzpunkte für die Erforschung von Transferprozessen über einzelne Wissensregime hinaus auf.

Anhang

Danksagung

Dieses Buch geht auf das Forschungsprojekt »Bevölkerung: Die ›Bevölkerungsfrage‹ und die soziale Ordnung der Gesellschaft« am Institut für Geschichte der Carl von Ossietzky-Universität Oldenburg zurück. An erster Stelle gebührt der der Deutschen Forschungsgemeinschaft Dank für die großzügige Förderung: Sie hat es mir gestattet, die Geschichte der Humangenetik in den Jahren 2009 bis 2013 intensiv zu erforschen, zu hinterfragen, zu diskutieren, zu präsentieren, zu lehren und nicht zuletzt zu verschriftlichen. Dem Institut sei für die angenehme Unterbringung und Ausstattung während dieser Zeit gedankt, den zahlreichen Kollegen für die überaus menschliche Atmosphäre »auf dem Gang«, beim Essen und Trinken und bei zahlreichen anderen Anlässen.

Die Idee und die Initiative zu einer Untersuchung des Zusammenhangs von Bevölkerungsforschung und Gesellschaftsordnung stammen von Thomas Etzemüller. In beruflicher wie in intellektueller Hinsicht konnte mir nichts Besseres als passieren, als an diesem Unterfangen teilhaben zu dürfen. Ich danke Thomas Etzemüller für die konstruktive Anleitung und Unterstützung, aber auch für seine Begeisterung und Neugier für meine Arbeit, nicht zuletzt für das Vertrauen und die unübertroffene Forschungsfreiheit, die mir gewährt war. Das Projekt hätte nicht gelingen können, ohne die Mitarbeit von Maria Daldrup. Sie hat mein Thema in vielen intensiven, aber auch beiläufigen Gesprächen kritisch und konstruktiv begleitet, sie hat ein ebenso freundliches wie inspirierendes Arbeitsumfeld geschaffen und sie hat durch ihre eingehende Lektüre erheblich zur Verbesserung dieses Buches beigetragen. Dafür gebührt ihr großer Dank. Genauso nachdrücklich möchte ich mich bei Malte Thießen bedanken, der das Zweitgutachten meiner Dissertation übernommen hat. Nicht allein durch seine Sachkenntnis zur Zeitgeschichte der Medizin war er an der Entstehung meiner Arbeit beteiligt, auch hat seine stete Begeisterung und Ermunterung mich vorangebracht.

Ich danke den zahlreichen Archiven und ihren Mitarbeiterinnen und Mitarbeitern, die mich mit Informationen versorgt, mich ausführlich beraten und mich immer freundlich und hilfsbereit aufgenommen haben. Ohne ihre umfassenden Recherchen, zu teilweise verstreuten und noch kaum verzeichneten Beständen, hätte ich dieses Buch nicht schreiben können. Zu nennen sind die Archive der Max-Planck-Gesellschaft in Berlin und München, die Universitätsarchive in Heidelberg und Bremen sowie das Archiv der Medizinischen Hochschule in Hannover, das Hessische Hauptstaatsarchiv und das Bundesarchiv in Koblenz. Bei der Recherche nach den Förderakten der Deutschen Forschungsgemeinschaft war die Unterstützung durch Walter Pietrusziak von unschätzbarem Wert für mich. Ihm sei auch für die Gastfreundschaft und die Gespräche im Archiv der DFG in Bonn gedankt. Ein ganz besonderer Gewinn für meine Forschungen bedeutete es, dass Gerlinde Sponholz und Jörg Schmidtke mir die Einsicht in die Nachlässe von Helmut Baitsch und Peter Emil Becker gewährt haben. Diese Quellen haben meine Dissertation enorm bereichert. Nicht zuletzt sei dem Reichsarchiv Dänemark, insbesondere seinen Mitarbeiterinnen und Mitarbeitern in Kopenhagen, gedankt. Der Service, das Arbeitsklima und die Gastfreundlichkeit dieser Institution sind unübertroffen. Meine ebenso ertragreichen wie angenehmen Forschungsaufenthalte dort werden in bester Erinnerung bleiben.

Es gibt eine Person, die Teile dieser Arbeit und auch ihren Autor, besser kennt als er selbst. Dafür sowie alles über die Wissenschaft hinausgehende gibt es keine angemessen Dankesworte. Dennoch danke ich meiner Frau Mina dafür, dass es sie gibt.

Abbildungsverzeichnis

Abbildung 1: Francis Galton: Hereditary Genius. An Inquiry into Its Laws and Consequences, London 2005 [1869], S. 97
Abbildung 2: Thomas Hunt Morgan: Evolution and Genetics, Princeton 1925, S. 88
Abbildung 3: Biologische Existenz des Menschen, ohne Datum [1985/1986] (ArchMHH, Dep. 1 acc. 2011/1 Nr. 2)
Abbildung 4: Hans Stengel: Grundriß der menschlichen Erblehre. Einführung in die Genetik des Menschen, Stuttgart 1980, S. 273 (abgedruckt nach: Ilse Schwidetzky: Das Menschenbild der Biologe, Stuttgart 1959; dort abgedruckt nach: M. Wolf: Der Rhein als Heirats- und Wandergrenze, in: Homo 7 (1956), S. 2-13)
Abbildung 5: Otmar Freiherr von Verschuer: Die Mutationsrate beim Menschen. Forschungen zu ihrer Bestimmung, IV. Mitteilung: Die Häufigkeit erbkranker Erbmerkmale im Bezirk Münster, in: Zeitschrift für Vererbungswissenschaft und Konstitutionslehre 36 (1962), S. 383-412, hier S. 404
Abbildung 6: Otmar Freiherr von Verschuer: Die Mutationsrate beim Menschen. Forschungen zu ihrer Bestimmung, IV. Mitteilung: Die Häufigkeit erbkranker Erbmerkmale im Bezirk Münster, in: Zeitschrift für Vererbungswissenschaft und Konstitutionslehre 36 (1962), S. 383-412, hier S. 387
Abbildung 7: Helmut Baitsch: Die Serumproteine in ihrer Bedeutung für die Anthropologie, in: Deutsche Gesellschaft für Anthropologie (Hg.): Bericht über die 7. Tagung der Deutschen Gesellschaft für Anthropologie, Göttingen 1961, S. 95-115, hier S. 105
Abbildung 8: 3. Informationsblatt über die Dokumentation der Untersuchungen im Rahmen des Schwerpunktprogramms »PRÄNATALE DIAGNOSTIK GENETISCH BEDINGTER DEFEKTE« Der Deutschen Forschungsgemeinschaft, München 10.3.1975 (BA, B 227/225094)
Abbildung 9: 14. Informationsblatt über die Dokumentation der Untersuchungen im Rahmen des Schwerpunktprogramms »PRÄNATALE DIAGNOSE GENETISCH BEDINGTER DEFEKTE« Der Deutschen Forschungsgemeinschaft, München 10.12.1979 (BA 227/225095)

Abbildung 10: Friedrich Vogel: Genetische Prävention in Kooperation zwischen einer Genetischen Beratungsstelle und dem öffentlichen Gesundheitsdienst, in: Bundesministerium für Jugend, Familie und Gesundheit (Hg.): Forschung im Geschäftsbereich des Bundesministers für Jugend, Familie und Gesundheit. Jahresbericht 1978/1979, Stuttgart u.a. 1980, S. 134-140, hier S. 139

Abbildung 11: Werner Schloot: Einrichtung einer genetischen Untersuchungsstelle an der Universität Bremen, 28.9.1974 (BUA, 1/AS – 2906)

Abbildung 12: Jorinde Krejci: Anthropologen und Gen-Forscher trafen sich in München. Wie die Humangenetik ihre Grenzen definiert, in: Selecta, 10.2.1986, Nr. 6, S. 373-380, hier S. 374

Abbildung 13: Wie Abbildung 12

Abbildung 14: Betænkning om prænatal genetisk diagnostik, nr. 803 (1977), S. 23

Abbildung 15: Johannes Nielsen/John Philip/Poul Videbach: Prenatal Chromosome Examinations in the DCCR, in: Johannes Nielsen (Hg.): The Danish Cytogenetic Central Register. Organization and Results, Stuttgart/New York 1980, S. 70-80, hier S. 71

Abbildung 16: Johannes Nielsen: Cytogenetic Service Planning, in: ders. (Hg.): The Danish Cytogenetic Central Register. Organization and Results, Stuttgart/New York 1980, S. 81-84, hier S. 82

Abbildung 17: Victor A. McKusick: Mapping and Sequencing the Human Genome, in: The New England Journal of Medicine 320 (1989), S. 910-915, hier S. 912

Abbildung 18: Rolf Andreas Zell/Thorwald Ewe: Vom Wissen zum Profit, in: Bild der Wissenschaft (1984), S. 95-111, hier S. 103

Abbildung 19: Lionel S. Penrose: Einführung in die Humangenetik, Berlin/Heidelberg/New York 1965, S. 89

Abbildung 20: Tage Kemp: Genetics and Disease, Kopenhagen 1951, S. 273

Abbildung 21: Tage Kemp: Genetics and Disease, Kopenhagen 1951, S. 290

Abbildung 22: Wie Abbildung 3

Abbildung 23: G. Flatz: Kosten-Nutzen-Analyse der pränatalen Diagnostik bei Schwangeren mit erhöhtem Alter in der Bundesrepublik Deutschland, ohne Datum [1977] (BA, B 227/225097), S. 3

Abbildung 24: Walter Fuhrmann u.a.: Entwurf für den Wissenschaftlichen Beirat der Bundesärztekammer. Genetische Beratung und pränatale Diagnostik in der Bundesrepublik Deutschland, ohne Datum [1978] (HHStAW, Abt. 511 Nr. 1095), Anlage

Abbildung 25: CK-Test-Laboratorium: Testprogramm zur Früherkennung der Duchenne-Muskeldystrophie und ihrer Überträgerinnen (ArchMHH, Dep. 2 acc. 2011/1 Nr. 19)

Ungedruckte Quellen

ArchMHH – Historisches Archiv der Medizinischen Hochschule Hannover
Nachlass Helmut Baitsch
Nachlass Peter Emil Becker

BA – Bundesarchiv, Koblenz
DFG-Aktenverzeichnis
  SFB Klinische Genetik
  SPP Biochemische Grundlagen der Populationsgenetik/Biochemische Humangenetik
  SPP Chromatinstruktur und Regulation der Genexpression
  SPP Experimentelle Neukombination von Nucleinsäuren (Gentechnologie)
  SPP Genetik
  SPP Nucleinsäure- und Proteinbiosyntese
  SPP Pränatale Diagnose genetisch bedingter Defekte

BUA – Zentrales Archiv der Universität Bremen
Akademische Angelegenheiten
Akademisches Auslandsamt
Akademischer Senat
Berufungsakte Werner Schloot
Konrektor
Rektor
Zentrale Forschungskommission

DFG-Archiv – Archiv der Deutschen Forschungsgemeinschaft, Bonn
SPP Analyse des menschlichen Genoms mit molekularbiologischen Methoden

HHStAW – Hessisches Hauptstaatsarchiv, Wiesbaden
Hessisches Kultusministerium
Hessisches Ministerium für Wissenschaft und Kunst

MPG-Archiv – Archiv der Max-Planck-Gesellschaft, Berlin
Nachlass Eugen Fischer
Nachlass Hans Nachtsheim
Nachlass Otmar Freiherr von Verschuer

MPIP-HA – Historisches Archiv des Max-Planck-Instituts für Psychiatrie, München
Genealogisch-Demographische Abteilung

RA – Rigsarkivet, Kopenhagen
Københavns Universitet
  Afdeling for Medicinsk Genetik
  Tage Kemp, professor
  Jan Mohr, professor
Psykiatrisk Hospital, Risskov
  Afdeling for Psykiatrisk Demografi
Statens Serum Institut
  Klinisk Biokemisk Afdeling

UAH – Universitätsarchiv Heidelberg
Institut für Anthropologie und Humangenetik

Gedruckte Quellen und Literatur

Adams, Mark B.: From »Gene Fund« to »Gene Pool«. On the Evolution of Evolutionary Language, in: Studies in History of Biology 3 (1979), S. 241-285
—: The Wellborn science. Eugenics in Germany, France, Brazil, and Russia, New York u.a. 1990
Alemdaroglu, Ayça: Politics of the Body and Eugenic Discourse in Early Republican Turkey, in: Body & Society 11 (2005), S. 61-77
Allen, Garland: The Eugenics Record Office at Cold Spring Harbor 1910-1940. An Essay in Institutional History, in: Osiris 2 (1986), S. 225-264
Alkemeyer, Thomas: Subjektivierung in sozialen Praktiken. Umrisse einer praxeologischen Analytik, in: ders./Budde/Freist (Hg.): Selbst-Bildungen, S. 33-68
—/Budde, Gunilla/Freist, Dagmar (Hg.): Selbst-Bildungen. Soziale und kulturelle Praktiken der Subjektivierung, Bielefeld 2013
—/Budde, Gunilla/Freist, Dagmar: Einleitung, in: dies. (Hg.): Selbst-Bildungen, S. 9-30
—/Villa, Paula-Irene: Somatischer Eigensinn? Kritische Anmerkungen zu Diskurs- und Gouvernementalitätsforschung aus subjektivationstheoretischer und praxeologischer Perspektive, in: Johannes Angermüller (Hg.): Diskursanalyse meets Gourvernementalitätsforschung. Perspektiven auf das Verhältnis von Subjekt, Sprache, Macht und Wissen, Frankfurt a.M. 2010, S. 315-335
Altner, Günter: Genetik und die Qualität des Lebens, in: Schlaudraff (Hg.): Genetik und Gesundheit, S. 55-63
Aly, Götz/Roth, Karl Heinz: Die restlose Erfassung. Volkszählen, Identifizieren, Aussondern im Nationalsozialismus, Berlin 1984
Ammon, Otto: Zur Anthropologie der Badener. Bericht über die von der Anthropologischen Kommission des Karlsruher Altertumsvereins an Wehrpflichtigen und Mittelschülern vorgenommenen Untersuchungen, Jena 1899
Antwort der Bundesregierung auf die Große Anfrage der Abgeordneten Frau Dr. Hickel. und der Fraktion DIE GRÜNEN, in: Deutscher Bundestag 10. Wahlperiode Drucksache 10/2199, 25.10.1984

Aretz, Hans-Jürgen: Kommunikation ohne Verständigung. Das Scheitern des öffentlichen Diskurses über die Gentechnik und die Krise des Technokorporatismus in der Bundesrepublik Deutschland, Frankfurt a.M. 1999

Argast, Regula: Eine arglose Eugenik? Hans Moser und die Neupositionierung der genetischen Beratung in der Schweiz, 1974-1980, in: Traverse 3 (2011), S. 85-103

—: Population under Control. Das Ciba-Symposium »The Future of Man« von 1962 im Spannungsfeld von Reformeugenik, Molekulargenetik und Reproduktionstechnologie, in: Petra Overath (Hg.): Die vergangene Zukunft Europas. Bevölkerungsforschung und –prognosen im 20. und 21. Jahrhundert, Köln/Weimar/Wien 2011, S. 85-116

—: Eugenik nach 1945. Einführung, in: dies./Rosenthal (Hg.): Eugenics after 1945, S. 452-457

—/Rosenthal, Paul-André (Hg.): Eugenics after 1945 (=Journal of Modern European History 10/4), München 2012

Árnason, Jóhann Páll/Wittrock, Björn (Hg.): Nordic Paths to Modernity, Oxford 2012

Arndt, Agnes/Häberlen, Joachim/Rienecke, Christiane (Hg.): Vergleichen, verflechten, verwirren? Europäische Geschichtsschreibung zwischen Theorie und Praxis, Göttingen 2001

Arnfred, Niels/Hansen, Annegrethe/Pedersen, Jørgen Lindgaard: Bio-technology and Politics. Danish Experiences, in: Jørgen Lindgaard Pedersen (Hg.): Technology Policy in Denmark, Kopenhagen 1989

Baader, Gerhard/Hofer, Veronika/Mayer, Thomas (Hg.): Eugenik in Österreich. Biopolitische Strukturen von 1900-1945, Wien 2007

Baark, Erik/Jamison, Andrew: Biotechnology and Culture. The Impact of Public Debate on Government Regulation in the United States and Denmark, in: Technology and Science 12 (1990), S. 27-44

Baitsch, Helmut: Die Serumproteine in ihrer Bedeutung für die Anthropologie, in: Deutsche Gesellschaft für Anthropologie (Hg.): Bericht über die 7. Tagung der Deutschen Gesellschaft für Anthropologie, Göttingen 1961, S. 95-115

—: Im Gespräch, in: Der Weisse Turm 6 (1963), S. 33-36

—: Humangenetik, in: Karl Schlechta (Hg.): Der Mensch und seine Zukunft, Darmstadt 1967, S. 55-65

—: Das eugenische Konzept – einst und jetzt, in: Wendt (Hg.): Genetik und Gesellschaft, S. 59-71

Baker, Robert B./McCullough, Laurence B.: The Cambridge World History of Medical Ethics, Cambridge u.a. 2009

Baron, Jeremy Hugh: The Anglo-American Biomedical Antecedents of Nazi crimes. An Historical Analysis of Racism, Nationalism, Eugenics, and Genocide, Lewiston u.a. 2007

Barth, Fredrik u.a.: One Discipline, Four Ways. British, German, French, and American Anthropology, Chicago/London 2005

Bashford, Alison/Levine, Philippa: The Oxford Handbook of the History of Eugenics, Oxford 2010
Baumann, Cordia (Hg.): Linksalternative Milieus und Neue Soziale Bewegungen in den 1970er Jahren, Heidelberg 2011
Beck, Christoph: Sozialdarwinismus, Rassenhygiene, Zwangssterilisation und Vernichtung »lebensunwerten« Lebens. Eine Bibliografie zum Umgang mit behinderten Menschen im »Dritten Reich« – und heute, Bonn 1995
Beck, Ulrich: Die Risikogesellschaft. Auf dem Weg in eine andere Moderne, Frankfurt a.M. 1986
—: Gegengifte. Die organisierte Unverantwortlichkeit, Frankfurt a.M. 1988
Beck-Gernsheim, Elisabeth: Health and Responsibility. From Social Change to Technical Change and Vice Versa, in: Barbara Adam (Hg.): The Risk Society and Beyond. Critical Issues for Social Theory, London 2000, S. 122-135
Becker, Frank (Hg.): Rassenmischehen – Mischlinge – Rassentrennung. Zur Politik der Rasse im deutschen Kolonialreich, Stuttgart 2004
Becker, Peter Emil: Wege ins Dritte Reich, Teil 1: Zur Geschichte der Rassenhygiene, Stuttgart/New York 1988
—: Wege ins Dritte Reich, Teil 2: Sozialdarwinismus, Rassismus, Antisemitismus und Völkischer Gedanke, Stuttgart/New York 1990
Behren, Dirk von: Die Geschichte des §218 StGB, Tübingen 2004
Bekanntmachung der Neufassung der Richtlinien zum Schutz vor Gefahren durch in-vitro neukombinierte Nukleinsäuren vom 7. August 1981, in: Beilage zum Bundesanzeiger 33 (1981), Nr. 169, S. 1-20
Benda, Ernst: Erprobungen der Menschenwürde am Beispiel der Humangenetik, in: Aus Politik und Zeitgeschichte, B 3 (1985), S. 18-36
Benn, Tony/Chitty, Clyde: Eugenics, Race and Intelligence in Education, London/New York 2009
Bennike, Pia/Bonde, Niels: Physical Anthropology and Human Evolution in Denmark and Other Scandinavian Countries, in: Human Evolution 7 (1992), S. 69-84
Berg, K. u.a.: Genetics in Democratic Societies. The Nordic Perspective, in: Clinical Genetics 48 (1995), S. 199-208
Betænkning om prænatal genetisk diagnostik, nr. 803 (1977)
Betænkning om Adgang til Svangerskabsafbrydelse, nr. 522 (1969)
Betænkning om Sterilisation og Kastration, nr. 353 (1964)
Bickel, Horst: Genetisch bedingte Stoffwechselanomalien, in: Wendt (Hg.): Genetik und Gesellschaft, S. 29-36
Bleker, Johanna/Jachertz, Norbert (Hg.): Medizin im Dritten Reich, Köln 1989
—/Ludwig, Svenja: Emanzipation und Eugenik. Die Briefe der Fauenrechtlerin, Rassenhygienikerin und Genetikerin Agnes Bluhm an den Studienfreund Alfred Ploetz aus den Jahren 1901-1938, Husum 2008
Blume, Stuart S.: Insight and Industry. On the Dynamics of Technological Change in Medicine, Cambridge 1992

Blumenberg, Hans: Die Lesbarkeit der Welt, Frankfurt a.M. 1983
Bock, Gisela: Zwangssterilisation im Nationalsozialismus. Studien zur Rassenpolitik und Frauenpolitik, Opladen 1986
Bodmer, Walter F.: Early British Discoveries in Human Genetics. Contributions of R.A. Fisher and J.B.S. Haldane Especially to the Development of Blood Groups, in: Dronamraju (Hg.): The History and Development of Human Genetics, S. 11-20
Bohn, Robert/Cornelißen, Christoph/Lammers, Karl C. (Hg.): Vergangenheitspolitik und Erinnerungskulturen im Schatten des Zweiten Weltkriegs. Deutschland und Skandinavien seit 1945, Essen 2008
Bolund, Lars Axel: Gensplejsning, in: Indenrigsministeriet (Hg.): Etiske sider, S. 18-28
Borish, Steven M.: The Land of the Living. The Danish Folk High Schools and Denmark's Non-Violent Path to Modernization, Nevada City 1991
Borre, Ole: Public Opinion on Gene Technology in Denmark 1987 to 1989, in: Biotech Forum Europe 7 (1990), S. 471-477
Bostrup, Erik: Måske er det vejen til at udrydde alle de arvelige sygdomme. Medfødte lidelser kan erkendes allerede på fosterstadiet, in: Jyllandsposten, 23.2.1969
Botstein, David u.a.: Construction of a Genetic Linkage Map in Man Using Restriction Fragment Length Polymorphisms, in: American Journal of Human Genetics 32 (1980), S. 314-331
Bowler, Peter J.: Evolution. The History of an Idea, Berkeley 2009
Breitling, Rupert: Die nationalsozialistische Rassenlehre. Entstehung, Ausbreitung, Nutzen und Schaden einer politischen Ideologie, Meisenheim 1971
Breman, Jan (Hg.): Imperial Monkey Business. Racial Supremacy in Social Darwinist Theory and Colonial Practice, Amsterdam 1990
Broberg, Gunnar/Roll-Hansen, Nils (Hg.): Eugenics and the Welfare State. Sterilization Policy in Norway, Sweden, Denmark, and Finland, East Lansing 1996
—/Tydén, Mattias: Oönskade i folkhemmet. Rashygien och sterilisering i Sverige, Stockholm 1991
Brock, Thomas D.: The Emergence of Bacterial Genetics, Cold Spring Harbor 1990
Brügelmann, Jan: Der Blick des Arztes auf die Krankheit im Alltag 1779-1850. Medizinische Topographien als Quelle für die Sozialgeschichte des Gesundheitswesens, Berlin 1982
Bryld, Mette: Den uendelige bekymringshistorie. Reprogenetik og reproduktionsteknologi på Christiansborg (kommentar), in: Kvinder, Køn & Forskning 11 (2002), S. 63-65
Buchanan, Allen u.a.: From Chance to Choice. Genetics and Justice, Cambridge u.a. 2000
Bud, Robert: Wie wir das Leben nutzbar machten. Ursprung und Entwicklung der Biotechnologie, Braunschweig/Wiesbaden 1995

Bundesministerium für Atomenergie und Wasserwirtschaft (Hg.): Strahlenwirkung auf menschliche Erbanlagen. Bericht einer von der Weltgesundheitsorganisation berufenen Studiengruppe mit den Ausarbeitungen einiger ihrer Mitglieder, Braunschweig 1958
— (Hg.): Die spontane und induzierte Mutationsrate beim Versuchstier und beim Menschen. Internationales Symposium des Arbeitskreises »Strahlenbiologie« der Deutschen Atomkommission vom 27.2.-1.3.1959 in Barsinghausen/Hannover, München 1960
Bundesministerium für Forschung und Technologie: Arbeitskreis »Ethische und soziale Aspekte der Erforschung des menschlichen Genoms« – Ergebnisse, Bonn 1990
Bundesministerium für Forschung und Technologie/Bundesministerium der Justiz (Hg.): In-vitro-Fertilisation, Genomanalyse und Gentherapie. Bericht der gemeinsamen Arbeitsgruppe des Bundesministers für Forschung und Technologie und des Bundesministers der Justiz, München 1985
Bundesministerium für Jugend, Familie und Gesundheit (Hg.): Genetische Beratung. Ein Modellversuch der Bundesregierung in Frankfurt und Marburg, Bonn 1979
Burke, Chloe S./Castaneda, Christopher: The Public and Private History of Eugenics. An Introduction, in: Public History 29 (2007), S. 5-17
Buschmann, Nikolaus: Persönlichkeit und geschichtliche Welt. Zur praxeologischen Konzeptualisierung des Subjekts in der Geschichtswissenschaft, in: Alkemeyer/Budde/Freist (Hg.): Selbst-Bildungen, S. 125-149
Cain, Joe: Rethinking the Synthesis Period in Evolutionary Studies, in: Journal of the History of Biology 42 (2009), S. 621-648
Callahan, Daniel: The Hastings Center and the Early Years of Bioethics, in: Kennedy Institute of Ethics Journal 9 (1999), S. 53-71
Campbell, Chloe: Race and Empire. Eugenics in Colonial Kenya, Manchester u.a. 2007
Cantley, Mark F.: The Regulation of Modern Biotechnology. A Historical and European Perspective, in: Dieter Brauer (Hg.): Biotechnology. Legal Economic and Ethical Dimensions, Weinheim u.a. 1995
Carlson, Elof A.: H.J. Muller and Human Genetics, in: Dronamraju (Hg.): The History and Development of Human Genetics, S. 21-47
Cogdell, Christina: Eugenic Design. Streamlining America in the 1930s, Philadelphia 2004
Cohen, Stanley N. u.a.: Construction of Biologically Functional Bacterial Plasmid In Vitro, in: Proceedings of the National Academy of Sciences 70 (1973), S. 3240-3244
Commission of the European Communities: Modified Proposal for a Council Decision Adopting a Specific Research Programme in the Field of Health: Predictive Medicine. Human Genome Analysis, Brüssel 1988

—: Proposal for a Council Decision Adopting a Specific Research Programme in the Field of Health: Predictive Medicine. Human Genome Analysis, Brüssel 1988

Cottebrune, Anne: The Deutsche Forschungsgemeinschaft (German Research Found) and the »Backwardness« of German human genetics after World War II. Scientific controversy over a proposal for sponsoring the discipline, in: Wolfgang U. Eckart (Hg.): Man, Medicine, and the State. The Human Body as an Object of Government Sponsored Medical Research in the 20th Century, Stuttgart 2006, S. 89-105

—: Der planbare Mensch. Die Deutsche Forschungsgemeinschaft und die menschliche Vererbungswissenschaft 1920-1970, Stuttgart 2008

—: Eugenische Konzepte in der westdeutschen Humangenetik 1945-1980, in: Argast/Rosenthal (Hg.): Eugenics after 1945, S. 500-518

—: Von der eugenischen Familienberatung zur genetischen Poliklinik. Vorgeschichte und Ausbau der Heidelberger humangenetischen Beratungsstelle, in: dies./Eckart (Hg.): Das Heidelberger Institut für Humangenetik, S. 170-206

—: »My personal situation has now changed from complete black to complete white« – Friedrich Vogels Berufung auf den neu errichteten Lehrstuhl für Anthropologie und Humangenetik an der Universität Heidelberg, in: dies./Eckart (Hg.): Das Heidelberger Institut für Humangenetik, S. 58-78

—: Die westdeutsche Humangenetik auf dem Weg zu ihrer universitären Institutionalisierung nach 1945 – Zwischen Neuausrichtung und Kontinuität, in: dies./Eckart (Hg.): Das Heidelberger Institut für Humangenetik, S. 26-55

—/Eckart, Wolfgang U. (Hg.): Das Heidelberger Institut für Humangenetik. Vorgeschichte und Ausbau (1962-2012). Festschrift zum 50jährigen Jubiläum, Heidelberg 2012

Cremer, Thomas: »Die funktionale Organisation des Zellkerns zu verstehen, ist das Ziel« – Thomas Cremer und die molekulare Zyotgenetik, in: Anne Cottebrune/Wolfgang U. Eckart (Hg.): Das Heidelberger Institut für Humangenetik, S. 224-238

Curell, Susan/Cogdell, Christina (Hg.): Popular eugenics. National Efficiency and American Mass Culture in the 1930s, Athens 2006

Daldrup, Maria: Hans Harmsen, in: Barbara Stambolis (Hg.): Jugendbewegt geprägt. Essays zu autobiographischen Texten von Werner Heisenberg, Robert Jungk und vielen anderen, Göttingen 2013, S. 341-355

Damir-Geilsdorf, Sabine/Hendrich, Béatrice: Orientierungsleistungen räumlicher Strukturen und Erinnerung. Heuristische Potenziale einer Verknüpfung der Konzepte Raum, Mental Maps und Erinnerung, in: dies./Angelika Hartmann (Hg.): Mental Maps – Raum – Erinnerung. Kulturwissenschaftliche Zugänge zum Verhältnis von Raum und Erinnerung, Münster 2005, S. 25-50

Das Umstrittene Experiment: Der Mensch. Siebenundzwanzig Wissenschaftler diskutieren die Elemente einer biologischen Revolution, München 1966 [1963]

(=Sonderausgabe aus der Sammlung Modelle für eine neue Welt, hg. v. Robert Jungk/Hans Josef Mundt)

Deines, Stefan/Jaeger, Stephan/Nünning, Ansgar (Hg.): Historisierte Subjekte – Subjektivierte Historie. Zur Verfügbarkeit und Unverfügbarkeit von Geschichte, Berlin/New York 2003

Deleuze, Gilles: Was ist ein Dispositiv?, in: François Ewald/Bernhard Waldenfels (Hg.): Spiele der Wahrheit. Michel Foucaults Denken, Frankfurt a.M. 1991, S. 153-162

Den Antropologiske Komité: Meddelelser om Danmarks antropologi, Kopenhagen 1907-1932

Derrida, Jacques: Grammatologie, Frankfurt a.M. 1983 [1967]

Det Etiske Råd: Fosterdiagnostik og etik. En redegørelse, Kopenhagen 1990

—: Genundersøgelse af Raske. Redegørelse om Præsymptomatisk Gendiagnostik, Kopenhagen 2000

— (Hg.): Etik i Tiden – 20 år med det etiske råd, 1987-2007, Kopenhagen 2007

—: Fremtidens Fosterdiagnostik, 2009, <www.etiskraad.dk/upload/publikationer/ abort-kunstig-befrugtning-og-fosterdiagnostik/fremtidens-fosterdiagnostik/ index.htm>

Det Genteknologiske Råd (Hg.): Genteknologi og Dansk lovgivning. Indstilling fra Det Genteknologiske Råd på grundlag af en rapport, Kopenhagen 1988

Deutsche Forschungsgemeinschaft: Pränatale Diagnose genetisch bedingter Defekte, in: Umschau in Wissenschaft und Technik 77 (1977), S. 281-284

— (Hg.): Abschlußbericht zu dem DFG-Schwerpunkt »Analyse des menschlichen Genoms mit molekularbiologischen Methoden« 1985-1995, Bonn 1996

Dickhardt, Michael/Hauser-Schäublin, Brigitta: Einleitung: Eine Theorie kultureller Räumlichkeit als Deutungsrahmen, in: Hauser-Schäublin/Dickhardt (Hg.): Kulturelle Räume, S. 13-42

Dietrich, Anette: Weiße Weiblichkeiten. Konstruktionen von »Rasse« und Geschlecht im deutschen Kolonialismus, Bielefeld 2007

Doering-Manteuffel, Anselm: Konturen von »Ordnung« in den Zeitschichten des 20. Jahrhunderts, in: Etzemüller (Hg.): Die Ordnung der Moderne, S. 41-64

—/Raphael, Lutz: Nach dem Boom. Perspektiven auf die Zeitgeschichte seit 1970, Göttingen 2008

Driesel, Albert J.: Genomforschung – Eine Herausforderung für die pharmazeutische Industrie, in: Die pharmazeutische Industrie 52 (1990), S. 59-68

Dronamraju, Krishna R.: The Foundations of Human Genetics, Springfield 1989

— (Hg.): The History and Development of Human Genetics. Progress in Different Countries, Singapur u.a. 1992

—: Introduction, in: ders. (Hg.): The History and Development of Human Genetics, S. 1-5

Drouard, Alain: Concerning Eugenics in Scandinavia. An Evaluation of Recent Research and Publications, in: Population 11 (1999), S. 261-270

Duden, Barbara: Zwischen »wahrem Wissen« und Prophetie. Konzeptionen des Ungeborenen, in: dies./Jürgen Schlumbohm/Patrice Veit (Hg.): Geschichte des Ungeborenen. Zur Erfahrungs- und Wissenschaftsgeschichte der Schwangerschaft, 17.-20. Jahrhundert, Göttingen 2002, S. 11-48

Ebbing, Hans Christian: Die Mutationsrate des Menschen. Forschungen zu ihrer Bestimmung. III. Mitteilung: Über Möglichkeiten einer Auswertung der ärztlichen Befunddokumentation für ein Genetik-Register, in: Zeitschrift für menschliche Vererbungs- und Konstitutionslehre 35 (1960), S. 405-419

Ehrenreich, Eric: The Nazi Ancestral Proof. Genealogy, Racial Science, and the Final Solution, Bloomington 2007

Eissa, Tina-Louise/Sorgner, Stefan Lorenz (Hg.): Geschichte der Bioethik. Eine Einführung, Paderborn 2011

Elkeles, Thomas u.a. (Hg.): Prävention und Prophylaxe. Theorie und Praxis eines gesundheitspolitischen Grundmotivs in zwei deutschen Staaten 1949-1990, Berlin 1991

English, Daylanne: Unnatural Selections. Eugenics in American Modernism and the Harlem Renaissance, Chapel Hill 2004

Engs, Ruth C.: The Eugenics Movement. An Encyclopedia, Westport 2005

Engstrom, Eric J./Hess, Volker/Thoms, Ulrike (Hg.): Figurationen des Experten. Ambivalenzen der wissenschaftlichen Expertise im ausgehenden 18. und frühen 19. Jahrhundert, Frankfurt a.M. u.a. 2005

Ethik und Genetik – Podiumsgespräch und Diskussion, in: Wendt (Hg.): Genetik und Gesellschaft, S. 135-145

Etzemüller, Thomas: Sozialstaat, Eugenik und Normalisierung in skandinavischen Demokratien, in: Archiv für Sozialgeschichte 43 (2003), S. 492-510

—: »Ich sehe das, was Du nicht siehst«. Wie entsteht historische Erkenntnis?, in: ders./Jan Eckel (Hg.): Neue Zugänge zur Geschichte der Geschichtswissenschaft, Göttingen 2007, S. 27-68

—: Total, aber nicht totalitär. Die schwedische »Volksgemeinschaft«, in: Michael Wildt/Frank Bajohr (Hg.): Volksgemeinschaft. Neue Forschungen zur Gesellschaft des Nationalsozialismus, Frankfurt a.M. 2009, S. 41-59

— (Hg.): Die Ordnung der Moderne. Social Engineering im 20. Jahrhundert, Bielefeld 2009

—: Die Romantik der Rationalität. Alva und Gunnar Myrdal – Social Engineering in Schweden, Bielefeld 2010

—: Biographien. Lesen – erforschen – erzählen, Frankfurt a.M. 2012

—: Der ›Vf.‹ als Subjektform. Wie wird man zum ›Wissenschaftler‹ und (wie) lässt sich das beobachten?, in: Alkemeyer/Budde/Freist (Hg.): Selbst-Bildungen, S. 175-196

—: Die große Angst (erscheint vorauss. 2014)

Eugenik und Genetik – Diskussion, in: Das Umstrittene Experiment, S. 302-324

Eve, I.S.: Statement Made by WHO Before the International Congress of Human Genetics, in: Kemp/Hauge/Harvald (Hg.): Proceedings of the First International Congress of Human Genetics I, S. 220-221

Fisch, Stefan/Rudloff, Wilfried (Hg.): Experten und Politik. Wissenschaftliche Politikberatung in geschichtlicher Perspektive, Berlin 2004

Fischer, Eugen: Die Rehobother Bastards und das Bastardisierungsproblem des Menschen, Jena 1913

Forbenede universiteter sinker forskere i Europa. Fransk Nobelpristager i København ønsker europæisk forsker-samarbejde, in: Politiken, 12.9.1967

Forslag til folketingsbeslutning om midlertidigt stop for udvidet anvendelse af ny medicinsk teknologi, in: Folketingstidende, 4.4.1984, Sp. 3885-3886

Foucault, Michel: Der Wille zum Wissen. Sexualität und Wahrheit 1, Frankfurt a.M. 1977 [1976]

—: Der Gebrauch der Lüste. Sexualität und Wahrheit 2, Frankfurt a.M. 1986 [1984]

—: Die Sorge um sich. Sexualität und Wahrheit 3, Frankfurt a.M. 1986 [1984]

—: Archäologie des Wissens, Frankfurt a.M. 1990 [1969]

—: Die Ordnung des Diskurses, Frankfurt a.M. 1991 [1972]

—: Leben machen und sterben lassen. Die Geburt des Rassismus, in: Duisburger Institut für Sprach- und Sozialforschung (Hg.): Bio-Macht, Duisburg 1992, S. 27-50.

—: In Verteidigung der Gesellschaft, Frankfurt a.M. 1999

—: Hermeneutik des Subjekts, Frankfurt a.M. 2004

—: Sicherheit, Territorium, Bevölkerung. Geschichte der Gouvernementalität I, Frankfurt a.M. 2004

—: Die Geburt der Biopolitik. Geschichte der Gouvernementalität II, Frankfurt a.M. 2004

—: Von anderen Räumen, in: Daniel Defert (Hg.): Dits et Ecrits, Bd. IV, Frankfurt a.M. 2005 [1984], S. 931-942

—: Die Anormalen, Frankfurt a.M. 2007

Fox, Renée C./Swazey, Judith P.: Observing Bioethics, Oxford/New York 2008

Freeman, Richard: The Politics of Health in Europe, Manchester u.a. 2000

Frei, Norbert (Hg.): Medizin und Gesundheitspolitik in der NS-Zeit, München 1991

Frewer, Andreas: Ethikkomitees zur Beratung in der Medizin. Entwicklung und Probleme der Institutionalisierung, in: ders./Uwe Fahr/Wolfgang Rascher (Hg.): Klinische Ethikkomitees. Chancen, Risiken und Nebenwirkungen, Würzburg 2008, S. 47-74

—: Zur Geschichte der Bioethik im 20. Jahrhundert. Entwicklungen – Fragestellungen – Institutionen, in: Eissa/Sorgner (Hg.): Geschichte der Bioethik, S. 415-437

Fritz, Hartmut: Bremer Eltern über Erbschäden beraten. »Humangenetik« an der Universität vorgestellt, in: Weser-Kurier, 26./27.6.1976

—: »Leiden verhindern und Kosten sparen« – Einrichtung der Erb-Beratungsstelle schwierig, in: Weser-Kurier, 11./12.12.1976

Fuchs, F. u.a.: Antenatal Detection of Hereditary Diseases, in: Kemp/Hauge/Harvald (Hg.): Proceedings of the First International Congress of Human Genetics I, S. 261-263

Fuchs, Richard: Life Science. Eine Chronologie von den Anfängen der Eugenik bis zur Humangenetik der Gegenwart, Berlin 2008

Fuhrmann, Walter: Pränatale Vorsorge – Genetische Beratung, in: Hessisches Ärzteblatt 20 (1987), S. 530-534

—/Vogel, Friedrich: Genetische Familienberatung. Ein Leitfaden für den Arzt, Heidelberg/New York/Berlin 1968

Fuhry, Eva: Sammeln, Ordnen und Sortieren – Medizinische Sammlungsprojekte als epistemische Objekte, in: H-Soz-u-Kult, 11.10.2010, <http://hsozkult.geschichte.hu-berlin.de/termine/id=14866>

Füssel, Marian: Die Rückkehr des »Subjekts« in der Kulturgeschichte. Beobachtungen aus praxeologischer Perspektive, in: Deines/Jaeger/Nünning (Hg.): Historisierte Subjekte, S. 141-159

Gaines, Atwood D./Juengst, Eric T.: Origin Myths in Bioethics. Constructing Sources, Motives and Reason in Bioethic(s), in: Culture, Medicine and Psychiatry 32 (2008), S. 303-327

Galton, Francis: The History of Twins as a Criterion of the Relative Powers of Nature and Nurture, in: Fraser's Magazine 12 (1875), S. 566-576

—: Hereditary Genius. An Inquiry into Its Laws and Consequences, London 2005 [1869]

Gannett, Lisa/Griesemer, James R.: The ABO Blood Groups. Mapping the History and Geography of Genes in Homo sapiens, in: Jean-Paul Gaudillière/Hans-Jörg Rheinberger (Hg.): From Molecular Genetics to Genomics. The Mapping Cultures of Twentieth-Century Genetics, London/New York 2004, S. 119-172

Gante, Michael: §218 in der Diskussion. Meinungs- und Willensbildung 1945 bis 1976, Düsseldorf 1991.

Gausemeier, Bernd: Pedigree vs. Mendelism. Concepts of Heredity in Psychiatry before and after 1900, in: Max-Planck-Institut für Wissenschaftsgeschichte (Hg.): A Cultural History of Heredity IV, S. 149-162

—/Müller-Wille, Staffan/Ramsden, Edmund (Hg.): Human Heredity in the Twentieth Century, London 2013

Gelb, Steven A.: Degeneracy Theory, Eugenics, and Family Studies, in: Journal of the History of the Behvavioral Sciences 26 (1990), S. 242-246

Gen-Ängste im öffentlichen Dialog aufarbeiten. Ein Gespräch mit Bundesforschungsminister Dr. Heinz Riesenhuber, in: Bild der Wissenschaft (1984), 4, S. 122-128

Germann, Pascal: The Abandonment of Race. Researching Human Diversity in Switzerland, 1944-56, in: Gausemeier/Müller-Wille/Ramsden (Hg.): Human Heredity in the Twentieth Century, S. 85-99

Gessler, Bernhard: Eugen Fischer (1874-1967). Leben und Werk eines Freiburger Anatomen, Anthropologen und Rassenhygienikers bis 1927, Frankfurt a.M. u.a. 2000

Goldstein, Henri: Studies of Various Aspects of Down Syndrome in Denmark. And Their Use as an Epidemiological Basis for a Cost Benefit Analysis of Genetic Amniocentesis, Kopenhagen 1992

Gracia, Diego: History of Medical Ethics, in: Henk ten Have/Bert Gordijn (Hg.): Bioethics in a European Perspective, Dordrecht 2001, S. 17-50

Graham, Loren R.: Science and Values. The Eugenics Movement in Germany and Russia in the 1920s, in: American Historical Review 83 (1978), S. 1135-1164

Grenzen und Möglichkeiten der Humangenetik. Behandlung vieler Krankheiten möglich, aber noch große Lücken in der Forschung – Vortrag Prof. Fuhrmann, in: Gießener allgemeine Zeitung für Mittelhessen, 24.1.1987

Grosse, Pascal: Kolonialismus, Eugenik und bürgerliche Gesellschaft in Deutschland 1850-1918, Frankfurt a.M. 2000

Grünberg, Hans: Das Problem der Mutationsbelastung, in: Wendt (Hg.): Genetik und Gesellschaft, S. 72-77

Gugerli, David: Soziotechnische Evidenzen. Der »Pictorial Turn« als Chance für die Geschichtswissenschaft, in: Traverse 3 (1999), S. 131-158

Gusella, James u.a.: A Polymorphic DNA Marker Genetically Linked to Huntington's Disease, in: Nature 306 (1983), S. 234-238

Ha, Kien Nghi: Unrein und vermischt. Postkoloniale Grenzgänge durch die Kulturgeschichte der Hybridität und der kolonialen »Rassenbastarde«, Bielefeld 2010

Haberlandt, Walter F.: Soziologische Beobachtungen und eugenische Überlegungen im Rahmen erbstatistischer Untersuchungen, in: Hans Freyer/H.G. Rasch/Helmut Klages (Hg.): Akten des XVII. Internationalen Soziologenkongresses, 4 Bde., Meisenheim 1961/1963, Bd. 4, S. 159-167

Habermas, Jürgen: Die Zukunft der menschlichen Natur. Auf dem Weg zu einer liberalen Eugenik?, Frankfurt a.M. 2001

Hacking, Ian: The Taming of Chance, Cambridge 1990

Hahn, H.: Wirkung der Genetischen Beratung, in: Bundesministerium für Jugend, Familie und Gesundheit (Hg.): Genetische Beratung, S. 86-96

—: Modernisierung und Biopolitik. Sterilisation und Schwangerschaftsabbruch in Deutschland nach 1945, Frankfurt a.M. 2000

—: Vom Zwang zur Freiwilligkeit. Eugenisch orientierte Regulierungen im Nachkriegsdeutschland, in: Regina Wecker (Hg.): Wie nationalsozialistisch ist die Eugenik? Internationale Debatten zur Geschichte der Eugenik im 20. Jahrhundert, Wien u.a. 2009, S. 259-270

Haldane, John B.S.: Natural Selection in Man, in: Kemp/Hauge/Harvald (Hg.): Proceedings of the First International Congress of Human Genetics II, S. 165-176

Haller, M.H.: Eugenics. Hereditarian Attitudes in American Thought, New Brunswick 1962

Hänel, Dagmar/Unterkircher, Alois: Die Verräumlichung des Medikalen. Zur Einführung in den Band, in: Nicholas Eschenbruch/Dagmar Hänel/Alois Unterkircher (Hg.): Medikale Räume. Zur Interdependenz von Raum, Körper, Krankheit und Gesundheit, Bielefeld 2010, S. 9-20

Hansen, Bent Sigurd: Gensplejsning og gensplejsningsdebat, in: Niche 3 (1982), S. 142-174

—: Eugenik i Danmark – Den bløde mellemvej, in: Niche 5 (1984), S. 85-102

—: Something Rotten in the State of Denmark. Eugenics and the Ascent of the Welfare State, in: Broberg/Roll-Hansen (Hg.): Eugenics and the Welfare State, S. 9-76

Haraway, Donna: Die Biopolitik postmoderner Körper. Konstitution des Selbst im Diskurs des Immunsystems, in: dies. (Hg.): Die Neuerfindung der Natur. Primaten, Cyborgs und Frauen, Frankfurt a.M./New York 1995, S. 160-199

Hartlev, Mette: Med lov og etiske råd. Om legitimering af bioteknologien, in: Det Etiske Råd (Hg.): Etik i tiden, S. 167-183

Harwood, Jonathan H.: Editor's Introduction, in: ders. (Hg.): Genetics, Eugenics and Evolution. A Special Issue in Commemoration of Bernard Norton (1945-1984), Cambridge 1989 (=The British Journal for the History of Science 22), S. 257-265

Haupt, Heinz-Gerhard/Kocka, Jürgen (Hg.): Comparative and Transnational History. Central European Approaches and New Perspectives, New York/Oxford 2009

Haus, Sebastian: Die neue Wirklichkeit. Bezeichnungsrevolutionen, Bedeutungsverschiebungen und Politik seit den 1970er Jahren (=Tagungsbericht), in: H-Soz-u-Kult, 2.10.2013, <http://hsozkult.geschichte.hu-berlin.de/tagungsberichte/id=5058>

Hauser-Schäublin, Brigitta/Dickhardt, Michael (Hg.): Kulturelle Räume – Räumliche Kultur. Zur Neubestimmung des Verhältnisses zweier fundamentaler Kategorien menschlicher Praxis, Münster/Hamburg/London 2003

Hauss, Gisela u.a.: Eingriffe ins Leben. Fürsorge und Eugenik in zwei Schweizer Städten (1920-1950), Zürich 2012

Heinrichs, Bert: Ethische Aspekte der Regulierung prädiktiver genetischer Tests, in: Schmidtke u.a. (Hg.): Gendiagnostik in Deutschland, S. 165-177

Herbert, Ulrich: Europe in High Modernity. Reflections on a Theory of the 20th Century, in: Journal of Modern European History 5 (2007), S. 5-20

Hess, Benno: Presse zwischen Wissenschaft und Öffentlichkeit, in: Max-Planck-Gesellschaft (Hg.): Gentechnologische und Verantwortung, S. 9-13

Heumann, Ina: Wissenschaftliche Phantasmagorien. Die Poetik des Wissens in Man and his Future und ihre Rezeption in der Bundesrepublik, in: Dirk Rupnow (Hg.): Pseudowissenschaft. Konzeptionen von Nichtwissenschaftlichkeit in der Wissenschaftsgeschichte, Frankfurt a.M. 2008, S. 343-370

Hillgruber, Andreas: Tendenzen, Ergebnisse und Perspektiven der gegenwärtigen Hitlerforschung, in: Historische Zeitschrift 226 (1978), S. 600-621
Hofer, Hans-Georg/Sauerteig, Lutz: Perspektiven einer Kulturgeschichte der Medizin, in: Medizinhistorisches Journal 42 (2007), S. 105-141
Hoffmeister, Hans: Wieviel Krankheit kann sich die Gesellschaft leisten?, in: Schlaudraff (Hg.): Genetik und Gesundheit, S. 26-40
Hogben, Lancelot: Genetical Principles in Medicine and Social Science, London 1931
Hohmann, Joachim S.: Geschichte der Zigeunerverfolgung in Deutschland, Frankfurt a.M./New York 1981
Holberg, Britta Schall: Inledning om mødets emne, in: Indenrigsministeriet (Hg.): Etiske sider, S. 9-12
—: Indenrigsministerens forord, in: Indenrigsministeriet (Hg.): Etiske sider, S. 3-4
Hollis, Aidan/Pogge, Thomas: The Health Impact Fund. Making Medicines Accessible for All. A Report of Incentives for Global Health, 2008, <www.health impactfund.org>
Horst, Maja: Controversy and Collectivity. Articulations of Social and Natural Order in Mass Mediated Representations of Biotechnology, Kopenhagen 2003
Illinger, Patrick: Schutzlos vor der Gendaten-Flut. Führende deutsche Forscher kritisieren das Gendiagnostik-Gesetz als realitätsfremd, in: Süddeutsche Zeitung, 11.11.2010
Indenrigsministeriet (Hg.): Betænkning om prænatal genetisk diagnostik, Betænkning nr. 803, København 1977
— (Hg.): Etiske sider af gensplejsnings-, ægtransplantations-, fosterundersøgelses- og inseminationsteknikken. Rapport fra orienteringsmøde på Rigshospitalet 4. november 1983, Kopenhagen 1984
— (Hg.): Fremskridtets pris. Rapport af indenrigsministeriets udvalg om etiske problemer ved ægtransplantation, kunstig befrugtning og fosterdiagnostik, Kopenhagen 1984
— (Hg.): Genteknologi & sikkerhed, Kopenhagen 1985 (= Betænkning nr. 1043)
—: Redegørelse om etik og medicinsk teknik, Redegørelse nr. 12, 21.3.1985
Jäger, Siegfried: Kritische Diskursanalyse. Eine Einführung, Münster 2009
Jamison, A. u.a.: The Making of the New Environmental Consciousness. A Comparative Study of the Environmental Movements in Sweden, Denmark and the Netherlands, Edinburgh 1991
Jarausch, Konrad H. (Hg.): Das Ende der Zuversicht? Die siebziger Jahre als Geschichte, Göttingen 2008
Jelsøe, Erling u.a.: Denmark, in: John Durant/Martin W. Bauer/George Gaskell (Hg.): Biotechnology in the Public Sphere. A European Sourcebook, London 1998, S. 29-42
Jensen, Klaus: Bekæmpelse af infektionssygdomme. Statens Serum Institut 1902-2002, Kopenhagen 2002

Johannsen, Wilhelm: Erblichkeit in Populationen und in reinen Linien. Ein Beitrag zur Beleuchtung schwebender Selektionsfragen, Jena 1903
—: Om arvelighed i samfund og i rene linier, in: Oversigt over det Kongelige Danske Videnskabernes Selskabs Forhandlinger 3 (1903), S. 247-270
Jonsen, Albert R.: The Birth of Bioethics. Report of a Conference Celebrating the Past 30 Years and the Next 30 Years of Bioethics in the United States, in: The Hastings Report, 23 (1993), S. S1-S6
Jütte, Robert (Hg.): Geschichte der Abtreibung. Von der Antike bis zur Gegenwart, München 1993
— u.a.: Medizin im Nationalsozialismus. Bilanz und Perspektiven der Forschung, Göttingen 2011
Jønsson, Majken Holm/Ulrich, Maya: Fostervandsprøver. Oplysning – oplevelse – perspektiv, Kopenhagen 1984
Kaelble, Harmut: Die Debatte über Vergleich und Transfer und was jetzt?, in: H-Soz-u-Kult, 8.2.2005, <http://hsozkult.geschichte.hu-berlin.de/forum/2005-02-002>
—: Der historische Vergleich. Eine Einführung zum 19. und 20. Jahrhundert, Frankfurt a.M. 2009
—: Historischer Vergleich, in: Docupedia-Zeitgeschichte 14.8.2012, <http://docupedia.de/zg/Historischer_Vergleich?oldid=84623>
Kaiser, Peter: Genetische Poliklinik in neuen Räumen, in: Marburger Universitätszeitung, 13.6.1985
Kappel, Klemens: Introduktion, in: Det Etiske Råd (Hg.): Etik i tiden, S. 13-26
Kater, Michael H.: Doctors under Hitler, Chapel Hill 1989
Kato, Masae: Women's rights? Social Movements, Abortion and Eugenics in Modern Japan, Leiden 2005
Kaufmann, Doris: Eugenik – Rassenhygiene – Humangenetik. Zur lebenswissenschaftlichen Neuordnung der Wirklichkeit in der ersten Hälfte des 20. Jahrhunderts, in: Richard van Dülmen (Hg.): Erfindung des Menschen. Schöpfungsträume und Körperbilder 1500 – 2000, Wien u.a. 1998, S. 346-365
Kaupen-Haas, Heidrun/Saller, Christian (Hg.): Wissenschaftlicher Rassismus. Analysen einer Kontinuität in den Human- und Naturwissenschaften, Frankfurt a.M./New York 1999
Kay, Lily E.: Cybernetics, Information, Life. The Emergence of Scriptural Representations of Heredity, in: Configurations 5 (1997), S. 23-91
—: Who Wrote the Book of Life? A History of the Genetic Code, Stanford 2000
Keller, Christoph: Normalisierungsverfahren in der Eugenik und in der Humangenetik, in: Wecker u.a. (Hg.): Wie nationalsozialistisch ist die Eugenik?, S. 281-292
Keller, Evelyn Fox: Refiguring Life. Metaphors of Twentieth-Century Biology, New York 1995
—: Das Jahrhundert des Gens, Frankfurt a.M. 2001

Keller, Rainer: Die Genomanalyse im Strafverfahren, in: Neue Juristische Wochenschrift 42 (1989), S. 2289-2296

Kemp, Tage: Danish Experiences in Negative Eugenics, 1929-1945, in: The Eugenics Review 38 (1947), S. 181-186

—: Arvehyiejne, Kopenhagen 1951

—: Genetics and Disease, Kopenhagen 1951

—: Genetic-Hygienic Experience in Denmark in Recent Years, in: The Eugenics Review 49 (1957), S. 11-18

—: Address at the Opening of the First International Congress of Human Genetics, in: ders./Hauge/Harvald (Hg.): Proceedings of the First International Congress of Human Genetics I, S. XII-XIII

—: Strålebeskadigelse – pro et contra. Den radioaktive stråling og dens risiko, in: Berlingske Tidende, 24.3.1961

—/Hauge, Mogens/Harvald, Bent (Hg.): Proceedings of the First International Congress of Human Genetics. Copenhagen, August 1-6, 1956, 4 Bde., Basel/New York 1957

Kevles, Daniel: In the Name of Eugenics. Genetics and the Uses of Human Heredity, Harmondsworth 1985

—: Die Geschichte der Genetik und Eugenik, in: ders./Leroy Hood (Hg.): Der Supercode. Die genetische Karte des Menschen, München 1993, S. 13-47

Kiel, Pauli u.a.: Gensplejsning, bioteknologi og samfundsudvikling. Beskrivelse, Teori og Vurderingsmetode. Udfordring for Danmark i 1980'erne, Projekt PEGASUS rapport nr. 1, Lyngby 1983

Kirkebæk, Birgit: Abnormbegrebet i Danmark i 20erne og 30erne med særlig henblik på eugeniske bestræbelser og især i forhold til åndssvage, Kopenhagen 1985

—: Da de åndssvage blev farlige, Holte 1993

—: Defekt & deporteret. Livø-Anstalten 1911-1961, Holte 1997

Klausen, Susanne: Women's Resistance to Eugenic Birth Control in Johannesburg, 1930-39, in: South African Historical Journal 50 (2004), S. 152-170

Kline, Wendy: Building a Better Race. Gender, Sexuality, and Eugenics from the Turn of the Century to the Baby Boom, Berkeley 2001

Klingmüller, Walter: Genmanipulation und Gentherapie, Heidelberg 1976

Knippers, Rolf: Eine kurze Geschichte der Genetik, Berlin/Heidelberg 2012

Knorr-Cetina, Karin: Laborstudien. Der kultursoziologische Ansatz in der Wissenschaftsforschung, in: Renate Martinsen (Hg.): Das Auge der Wissenschaft. Zur Emergenz von Realität, Baden-Baden 1995, S. 101-135

Knudsen, Janne Lehmann: Fosterdiagnostik – før og nu. En beskrivelse af de fosterdiagnostiske tilbud og deres administrative grundlag, Kopenhagen 1990

Koch, Gerhard: Die Gesellschaft für Konstitutionsforschung. Anfang und Ende 1942-1965. Die Institute für Anthropologie, Rassenbiologie, Humangenetik an den deutschen Hochschulen. Die Rassenpolitischen Ämter 1933-1945, Erlangen 1985

—: Humangenetik und Neuro-Psychiatrie in meiner Zeit (1932-1978). Jahre der Entscheidung, Erlangen/Jena 1993

Koch, Lene: Dansk og tysk racehygiejne, in: Norsk teologisk tidsskrift 99 (1998), S. 146-157

—: Sigøjnerne i søgelyset. Arvebiologi og socialpolitik i 1930'ernes og 1940'ernes København, in: Thomas Söderqvist u.a. (Hg.): Videnskabernes København, Frederiksberg 1998, S. 99-116

—: Tvangssterilisation i Danmark 1929-1967, Kopenhagen 2000

—: Styring af genetisk risikoviden, in: Distinktion 3 (2001), S. 45-53

—: The Ethos of Science. Relations between Danish and German Scientists around World War II, in: Scandinavian Journal of History 27 (2002), S. 167-173

—: The Government of Genetic Knowledge, in: Susanne Lundin/Lynn Åkesson (Hg.): Gene Technology and Economy, Lund 2002, S. 92-103

—: The Meaning of Eugenics. Reflection on the Government of Genetic Knowledge in the Past and Present, in: Science in Context 17 (2004), S. 315-331

—: Eugenic Sterilisation in Scandinavia, in: The European Legacy 11 (2006), S. 299-309

—: On Ethics, Scientists, and Democracy. Writing the History of Eugenic Sterilization, in: Ronald E. Doel/Thomas Söderqvist (Hg.): The Historiography of Contemporary Science, Technology, and Medicine. Writing Recent Science, London 2006, S. 81-96

—: Past Futures. On the Conceptual History of Eugenics – A Social Technology of the Past, in: Technology and Strategic Management 18 (2006), S. 329-344

—: How Eugenic was Eugenics? Reproductive Politics in the Past and the Present, in: Regina Wecker (Hg.): Wie nationalsozialistisch ist die Eugenik? Internationale Debatten zur Geschichte der Eugenik im 20. Jahrhundert, Wien u.a. 2009, S. 39-63

—: How Eugenic is Eugenics? A Dialogue between Lene Koch and Regina Wecker, in: Wecker, Regina (Hg.): Wie nationalsozialistisch ist die Eugenik? Internationale Debatten zur Geschichte der Eugenik im 20. Jahrhundert, Wien u.a. 2009, S. 65-72

—: Racehygiejne i Danmark 1920-56, Kopenhagen 2010 [1996]

—/Horst, Maja: Fra almenhed til pluralitet forestillinger om konsensusskabelse i Det Etiske Råds historie, in: Det Etiske Råd (Hg.): Etik i tiden, S. 143-165

Kögler, Hans-Herbert: Situierte Autonomie. Zur Wiederkehr des Subjekts nach Foucault, in: Deines/Jaeger/Nünning (Hg.): Historisierte Subjekte, S. 77-91

Krause, Marcus: Von der normierenden Prüfung zur regulierenden Sicherheitstechnologie. Zum Konzept der Normalisierung in der Machtanalytik Foucaults, in: Christina Bartz (Hg.): Spektakel der Normalisierung, München 2007, S. 53-75

Krejci, Jorinde: Anthropologen und Gen-Forscher trafen sich in München. Wie die Humangenetik ihre Grenzen definiert, in: Selecta 6 (1986), S. 373-380

Kristoffersen, Karl u.a.: Akrani og spina bifida diagnosticeret ved bestemmelse af alfa-føtoprotein i 16. graviditetsuge, in: Ugeskrift for Læger 137 (1975), S. 1719-1721

Krogh-Jensen, P.: Edb i almen praksis. Disse sanseløse mænd og deres modbydelige maskiner, in: Ugeskrift for Læger 144 (1982), S. 3393-3398

Kröner, Hans-Peter: Von der Rassenhygiene zur Humangenetik. Das Kaiser-Wilhelm-Institut für Anthropologie, menschliche Erblehre und Eugenik nach dem Kriege, Stuttgart u.a. 1988

—: Förderung der Genetik und Humangenetik in der Bundesrepublik durch das Ministerium für Atomfragen in den fünziger Jahren, in: Karin Weisemann/Hans-Peter Kröner/Richard Toellner (Hg.): Wissenschaft und Politik. Humangenetik in der DDR (1949-1989), Münster/Hamburg 1997, S. 69-82

—: Von der Eugenik zum genetischen Screening. Zur Geschichte der Humangenetik in Deutschland, in: Franz Petermann/Silvia Wiedebusch/Michael Quante (Hg.): Perspektiven der Humangenetik. Medizinische, psychologische und ethische Aspekte, Paderborn u.a. 1997, S. 23-47

—: Von der Rassenhygiene zur Humangenetik. Das Kaiser-Wilhelm-Institut für Anthropologie, menschliche Erblehre und Eugenik nach dem Kriege, Suttgart u.a. 1998

Krüger, Lorenz/Daston, Lorraine/Heidelberger, Michael (Hg.): The Probabilistic Revolution, Bd. 1: Ideas in History, Cambridge/London 1987

—/Gigerenzer, Gerd/Morgan, Mary S. (Hg.): The Probabilistic Revolution, Bd. 2: Ideas in the Sciences, Cambridge/London 1987

Kühl, Stefan: Die Internationale der Rassisten. Aufstieg und Niedergang der internationalen Bewegung für Eugenik und Rassenhygiene im 20. Jahrhundert, Frankfurt a.M. 1997

Kuchenbuch, David: Geordnete Gemeinschaft. Architekten als Sozialingenieure – Deutschland und Schweden im 20. Jahrhundert, Bielefeld 2010

Kvistgård, Morten u.a.: Bioteknologi og gensplejsning – dansk design eller international efterligning? En debatbog, Lyngby 1984

Laak, Dirk van: Planung, Planbarkeit und Planungseuphorie, Version: 1.0, in: Docupedie-Zeitgeschichte, 16.2.2010, <http://docupedia.de/zg/Planung>

Landwehr, Achim: Geschichte des Sagbaren. Einführung in die Historische Diskursanalyse, Tübingen 2001

Langenbeck, Ulrich: Beispiele für einfach vererbte Krankheiten, in: Walter Fuhrmann/Karl-Heinz Grzeschik/Ulrich Langenbeck: Humangenetische Beratung, Gießen ohne Datum [1979], S. 24-33

Larsen, Ester: Et tilbageblik på Det Etiske Råd og dets samspil med Christiansborg – set fra ministertaburet og udvalgsformandsstol, in: Det Etiske Råd (Hg.): Etik i tiden, S. 71-86

Larsson, Tage: The Interaction of Population Changes and Heredity, in: Kemp/Hauge/Harvald (Hg.): Proceedings of the First International Congress of Human Genetics II, S. 333-348

Lassen, Jesper: Changing Modes of Biotechnology Governance in Denmark, 2004 (= STAGE Discussion Paper 3)

Lauritsen, Jørgen Glenn: Ægtransplantation, in: Indenrigsministeriet (Hg.): Etiske sider, S. 34-40

Lederberg, Joshua: Genetic Recombination in Bacteria. A Discovery Account, in: Annual Review of Genetics 21 (1982), S. 23-46

Lemke, Thomas: Eine Kritik der politischen Vernunft. Foucaults Analyse der modernen Gouvernementalität, Hamburg 1997

—: Die Regierung der Risiken – Von der Eugenik zur genetischen Gouvernementalität, in: Ulrich Bröckling/Susanne Krasmann/Thomas Lemke (Hg.): Gouvernementalität der Gegenwart. Studien zur Ökonomisierung des Sozialen, Frankfurt a.M. 2000, S. 227-265

—: Veranlagung und Verantwortung. Genetische Diagnostik zwischen Selbstbestimmung und Schicksal, Bielefeld 2004

—: Lebenspolitik und Biomoral. Dimensionen genetischer Verantwortung, in: Heinrich-Böll-Stiftung (Hg.): Die Verfasstheit der Wissensgesellschaft, Münster 2006, S. 332-345

Lengwiler, Martin/Madarász, Jeannette (Hg.): Das präventive Selbst. Eine Kulturgeschichte moderner Gesundheitspolitik, Bielefeld 2010

—/Madarász, Jeannette: Präventionsgeschichte als Kulturgeschichte der Gesundheitspolitik, in: diess. (Hg.): Das präventive Selbst, S. 11-28

Lenz, Bruno: Humangenetik vor grossen Aufgaben. Forderungen der biologischen Revolution an Staat und Gesellschaft, in: Handelsblatt, 9.4.1970

Lenz, Widukind: Missbildungen, Genetik und Umwelt, in: Wendt (Hg.): Genetik und Gesellschaft, S. 40-52

Leonard, Thomas C.: Mistaking Eugenics for Social Darwinism. Why Eugenics is Missing from the History of American Economics, in: History of Political Economy 37 (2005), S. 200-234

Levi, Salvator: The History of Ultrasound in Gynecology 1950-1980, in: Ultrasound in Medicine and Biology 23 (1997), S. 481-552

Link, Jürgen: Versuch über den Normalismus. Wie Normalität produziert wird, Göttingen 2006 [1997]

Lipphardt, Veronika: Isolates and Crosses in Human Population Genetics; or, A Contextualization of German Race Science, in: Current Anthropology 53 (2012), S. S69-S82

Löbsack, Theo: Eugenik – ein »Thema non grata« in der Bundesrepublik. Mit der symptomatischen Behandlung von Erbkrankheiten erweist sich die Medizin als fragwürdige Helferin, in: Frankfurter Rundschau, 19.10.1966.

Lösch, Andreas: Tod des Menschen/Macht zum Leben. Von der Rassenhygiene zur Humangenetik, Pfaffenweiler 1998

—: Genomprojekt und Moderne. Soziologische Analysen des bioethischen Diskurses, Frankfurt a.M. 2001

Lösch, Niels C.: Rasse als Konstrukt. Leben und Werk Eugen Fischers, Frankfurt a.M. 1997

Löw, Martina: Raumsoziologie, Frankfurt a.M. 2001

Ludmerer, Kenneth M.: Genetics and American Society. A Historical Appraisal, Baltimore 1972

Lundborg, Herman: Medizinisch-biologische Familienforschungen innerhalb eines 2232köpfigen Bauerngeschlechts in Schweden (Provinz Blekinge), Jena 1913

Lundsteen, C. u.a.: De gravide ønsker fostervandsprøver, in: Politiken, 24.3.1985

Mabeck, Carl Erik: Insemination, faglige synspunkter mere generelt, in: Indenrigsminsteriet (Hg.): Etiske sider, S. 41-46

Mai, Christoph: Humangenetik im Dienst der »Rassenhygiene«. Zwillingsforschung in Deutschland bis 1945, Aachen 1997

Maier, Charles S.: Consigning the Twentieth Century to History. Alternative Narratives of the Modern Era, in: American Historical Review 105 (2000), S. 807-831

Malmqvist, E. u.a.: Elevated Levels of Alfa fetoprotein in Maternal Serum and Amniotic Fluid in Two Cases of Spina Bifida, in: Clinical Genetics 7 (1975), S. 176-180

Manz, Ulrike: Bürgerliche Frauenbewegung und Eugenik in der Weimarer Republik, Königstein i.Ts. 2007

Marks, Jonathan: The Legacy of Serological Studies in American Physical Anthropology, in: History and Philosophy of the Life Science 18 (1996), S. 345-362

Marx, Christian: Vorgeschichte der Gegenwart. Dimensionen des Strukturbruchs nach dem Boom (=Tagungsbericht), in: H-Soz-u-Kult, 26.08.2013, <http://hsozkult.geschichte.hu-berlin.de/tagungsberichte/id=4980>

Maset, Michael: Diskurs, Macht und Geschichte. Foucaults Analysetechniken und die historische Forschung, Frankfurt a.M. 2002

Massin, Benoît: Anthropologie und Humangenetik im Nationalsozialismus oder: Wie schreiben deutsche Wissenschaftler ihre eigene Wissenschaftsgeschichte?, in: Kaupen-Haas/Saller (Hg.): Wissenschaftlicher Rassismus, S. 12-64

Max-Planck-Gesellschaft (Hg.): Gentechnologie und Verantwortung. Symposium der Max-Planck-Gesellschaft, München 1985 (=Max-Planck-Gesellschaft/Berichte und Mitteilungen 3/85)

Max-Planck-Institut für Wissenschaftsgeschichte (Hg.): A Cultural History of Heredity I. 17th and 18th centuries, Berlin 2002

— (Hg.): A Cultural History of Heredity II. 18th and 19th centuries, Berlin 2003

— (Hg.): A Cultural History of Heredity III. 19th and early 20th centuries, Berlin 2005

— (Hg.): A Cultural History of Heredity IV. Heredity in the Century of the Gene, Berlin 2008

Mayr, Ernst/Provine, William (Hg.): The Evolutionary Synthesis. Perspectives on the Unification of Biology, Cambridge 1980

Mazumdar, Pauline M. H.: Two Models for Human Genetics. Blood Grouping and Psychiatry in Germany between the World Wars, in: Bulletin for the History of Medicine 70 (1996), S. 609-657
— (Hg.): The Eugenics Movement. An International Perspective, London 2006
McKusick, Victor A. (Hg.): Mendelian Inheritance in Man. Catalogs of Autosomal Dominant, Autosomal Recessive, and X-Linked Phenotypes, London 1966
—: Mapping and Sequencing the Human Genome, in: The New England Journal of Medicine 320 (1989), S. 910-915
Meinel, Christoph/Voswinckel, Peter (Hg.): Medizin, Naturwissenschaft, Technik im Nationalsozialismus. Kontinuitäten und Diskontinuitäten, Stuttgart 1994
Mettler von Meibom, Barbara: Mit High-Tech zurück in eine autoritäre politische Kultur?, in: Barbara Böttger/Barbara Mettler von Meibom (Hg.): Das Private und die Technik. Frauen zu den neuen Informations- und Kommunikationstechniken, Opladen 1990, S. 241-268
Mikkelsen, Margareta: Cytogenetiske og autoradiografiske undersøgelser ved Down's syndrom. Betydningen for den genetiske rådgivning, Kopenhagen 1969
—: Prænatal diagnostik i Danmark, udvikling, nuværende stade og fremtidsudsigter, in: Nordisk Medicin 105 (1990), 1, S. 5-7
—/Nielsen, G./Rasmussen, E.: Cost-benefit analyse af forbyggelse af mongolisme, in: Betænkning om prænatal genetisk diagnostik, S. 48-77
—/u.a.: The Impact of Legal Termination of Pregnancy and of Prenatal Diagnosis on the Birth Prevalence of Down Syndrome in Denmark, in: Annals of Human Genetics 47 (1983), S. 123-131
Mohr, Jan: Genetic Counseling, in: James F. Crow/James V. Neel (Hg.): Proceedings of the Third International Congress of Human Genetics, University of Chicago, September 5-10, 1966, Baltimore 1966, S. 37-43
—: Foetal Genetic Diagnosis. Development of Techniques for Early Sampling of Foetal Cells, in: Acta Pathologica Microbiologica Scandinavica 73 (1968), S. 73-77
—: Erfaringer fra central registrering af arvelige sygdomme, in: Harry Boström (Hg.): Ärftliga ämnesomsättningsrubbningar. Symposium den 25 april 1975 (Skandia International Symposia), Stockholm 1975, S. 155-163
—: Human arvebiologi og eugenik, in: Københavns Universitet (Hg.): Københavns Universitet 1479-1979, København 1979, S. 241-254
Montrose, Louis: Die Renaissance behaupten. Poetik und Politik der Kultur, in: Moritz Baßler (Hg.): New Historicism. Literaturgeschichte als Poetik der Kultur, Tübingen/Basel 2001 [1995]
Morgan, Thomas Hunt: Evolution and Genetics, Princeton 1925
— u.a.: The Mechanism of Mendelian Heredity, New York 1915
Morton, Newton E.: The Development of Linkage Analysis, in: Dronamraju (Hg.): The History and Hevelopment of Human Genetics, S. 48-56

Muller, Herman J.: Further Studies Bearing on the Load of Mutations in Man, in: Kemp/Hauge/Harvald (Hg.): Proceedings of the First International Congress of Human Genetics I, S. 157-168
—: The Guidance of Human Evolution, in: Perspectives in Biology and Medicine 3 (1959), S. 1-43
Müller-Hill, Benno: Tödliche Wissenschaft. Die Aussonderung von Juden, Zigeunern und Geisteskranken 1933-1945, Reinbek 1984
—: Das Blut von Auschwitz und das Schweigen der Gelehrten, in: Doris Kaufmann (Hg.): Geschichte der Kaiser-Wilhelm-Gesellschaft im Nationalsozialismus. Bestandsaufnahme und Perspektiven der Forschung, Göttingen 2000, S. 189-227
Müller-Wille, Staffan: Was ist Rasse? Die UNESCO-Erklärungen von 1950 und 1951, in: Petra Lutz u.a. (Hg.): Der (im-)perfekte Mensch. Metamorphosen von Normalität und Abweichung, Köln 2003, S. 57-71
—: Leaving Inheritance behind: Wilhelm Johannsen and the Politics of Mendelism, in: Max-Planck-Institut für Wissenschaftsgeschichte (Hg.): A Cultural History of Heredity IV, S. 7-18
—/Rheinberger, Hans-Jörg: Heredity – The Production of an Epistemic Space, Max-Planck-Institut für Wissenschaftsgeschichte Preprint 276, Berlin 2004
—/Rheinberger, Hans-Jörg: Das Gen im Zeitalter der Postgenomik. Eine wissenschaftshistorische Bestandsaufnahme, Frankfurt a.M. 2009
Murken, Jan-Diether: Genetische Beratung und pränatale Diagnostik, in: Deutscher Ärztetag (Hg.): Stenographischer Wortbericht des 81. Deutschen Aerztetages vom 23. bis 27. Mai 1978, Köln 1978, S. 80-110
Musial, Kazimierz: Roots of the Scandinavian Model. Images of Progress in the Era of Modernisation, Baden-Baden 2002
Møller, Jes Fabricius: Biologismer. Naturvidenskab og politik ca. 1850-1930, Kopenhagen 2002
Møller Jensen, Ole: Registrering, datadestruktion og sundhed (kommentar), in: Ugeskrift for Læger 144 (1982), 19, S. 1397-1399
Nachtsheim, Hans: Vergleichende und experimentelle Erbpathologie in ihren Beziehungen zur Humangenetik, in: Kemp/Hauge/Harvald (Hg.): Proceedings of the First International Congress of Human Genetics I, S. 223-239
—: Betrachtungen zur Ätiologie und Prophylaxe angeborener Anomalien, in: Deutsche Medizinische Wochenschrift 84 (1959), S. 1845-1851
—: Warum Eugenik?, in: Fortschritte in der Medizin 81 (1963), S. 711-713
—: Kampf den Erbkrankheiten, Stuttgart 1966
—: Familienplanung. Der Weg zur Lösung des Weltproblems Nr. 1, in: Gesundheitspolitik 6 (1967), S. 321-342
Neel, James V.G./Schull, W.J.: Studies on the Potential Genetic Effects of the Atomic Bombs, in: Kemp/Hauge/Harvald (Hg.): Proceedings of the First International Congress of Human Genetics I, S. 183-196

Nelausen, Anne/Tranberg, Margrethe: Fosterdiagnostik og Etik. Anvendelsen af og debatten om fosterdiagnostik med henblik på etiske overvejelser og menneskesyn, Kopenhagen 1986

Neppert, Katja: Warum sind die NS-Zwangssterilisierten nicht entschädigt worden?, in: Hans Asbeck/Matthias Hamman (Hg.): Halbierte Vernunft und totale Medizin. Zu Grundlagen, Realgeschichte und Fortwirkungen der Psychiatrie im Nationalsozialismus, Berlin 1997, S. 199-226

Nexø, Sniff Andersen: Gode liv, dårlige liv – problematiseringer og valg i dansk abortpolitik, in: Stinne Glasdam (Hg.): Folkesundhed – i et kritisk perspektiv, Kopenhagen 2009, S. 372-398

Nielsen, Johannes (Hg.): The Danish Cytogenetic Central Register. Organization and Results, Stuttgart/New York 1980

—: Cytogenetic Service Planning, in: ders. (Hg.): The Danish Cytogenetic Central Register, S. 81-84

— u.a.: Chromosome Abnormalities and Variants in the DCCR, in: ders. (Hg.): The Danish Cytogenetic Central Register, S. 36-69

Nippert, Irmgard: Die Angst, ein mongoloides Kind zu bekommen – oder Risikoverhalten und der Weg zur genetischen Beratung, in: Medizin Mensch Gesellschaft 9 (1984), S. 111-115

—: History of Prenatal Genetic Diagnosis in the Federal Republic of Germany, in: Margaret Reid (Hg.): The Diffusion of Four Prenatal Screening Tests Across Europe, London 1991, S. 49-69

—: Entwicklung der pränatalen Diagnostik, in: Gabriele Pichlhofer (Hg.): Grenzverschiebungen. Politische und ethische Aspekte der Fortpflanzungsmedizin, Frankfurt a.M. 1999, S. 63-81

—: Gentests. Vorhandenes Bedürfnis oder erzeugter Bedarf von genetischen Testangeboten? – Eine medizinsoziologische Analyse, in: BioFokus 18 (2008), S. 3-16

Norton, Bernard: Fisher's Entrance into Evolutionary Science. The Role of Eugenics, in: Marjorie Grene (Hg.): Dimensions of Darwinism. Themes and Counterthemes in Twentieth-Century Evolutionary History, Cambridge 1983, S. 19-29

Nüsslein-Volhard, Christiane: Das Werden des Lebens. Wie Gene die Entwicklung steuern, München 2004

Nørgaard-Pedersen, Bent u.a.: Fosterdiagnostik af anencefali og spina bifida. Alfa-føtoproteinbestemmelse i fostervand og serim i 16.-24. graviditetsuge, in: Ugeskrift for Læger 137 (1975), S. 1703-1706

Obermann-Jeschke, Dorothee: Eugenik im Wandel. Kontinuitäten, Brüche und Transformationen. Eine diskursgeschichtliche Analyse, Münster 2008

Ohme-Reinicke, Annette: Moderne Maschinenstürmer. Zum Technikverständnis sozialer Bewegungen seit 1968, Frankfurt a.M. u.a. 2000

Osten, Philipp: »Wir hatten die besseren Bilder.« Historische, mediale und ethische Aspekte der Zytogenetik«, in: Cottebrune/Eckart (Hg.): Das Heidelberger Institut für Humangenetik, S. 149-169
Ott, Sieghart (Hg.): Der Fall Dr. Dohrn. Eine Dokumentation zur Frage der Schwangerschaftsverhütung und der »guten Sitten«, München 1964
Passarge, Eberhard: Einige Ergebnisse, Probleme und Aufgaben der Humangenetik, in: Hamburgisches Ärzteblatt 23 (1969), S. 367-372
—: Population Cytogenetics, Assignment of Gene Loci to Autosomes, Karyotype-Phenotype Correlations. A Progress Report on Human Cytogenetics, in: Humangenetik 9 (1970), S. 1-15
Paul, Diane: Eugenics and the Left, in: Journal of History of Ideas 45 (1984), S. 567-590
Pedersen, Jørgen L./Wiegmann, I.-M.: Biotechnology in Denmark. Institute of Social Sciences, Lyngby 1987
Penrose, Lionel S.: Einführung in die Humangenetik, Berlin/Heidelberg/New York 1965
—: Genetik und Gesellschaft, in: Wendt (Hg.): Genetik und Gesellschaft, S. 3-9
Peppin, John F./Cherry, Mark J. (Hg.): Regional Perspectives in Bioethics, Lisse 2003
Perkin, Harold: The Rise of Professional Society. England since 1880, London 1989
—: The Third revolution. Professional Elites in the Modern World, London u.a. 1996
Petermann, Heike: Die biologische Zukunft des Menschen. Der Kontext des CIBA-Symposiums »Man and his Future« (1962) und seine Rezeption, in: Rainer Mackensen (Hg.): Ursprünge, Arten und Folgen des Konstrukts »Bevölkerung« vor, im und nach dem »Dritten Reich«, Wiesbaden 2009, S. 393-415
Petersson, Birgit/Knudsen, Lisbeth B./Helweg-Larsen, Karin: Abort i 25 år, Kopenhagen 1998
Philip, John: Fostervandsundersøgelser, in: Indenrigsministeriet (Hg.): Etiske sider, S. 29-33
Planert, Ute: Der dreifache Körper des Volkes. Sexualität, Biopolitik und die Wissenschaft vom Leben, in: Geschichte und Gesellschaft 26 (2000), S. 539-576
Pommerin, Reiner: Sterilisierung der Rheinlandbastarde. Das Schicksal einer farbigen deutschen Minderheit 1918-1937, Düsseldorf 1979
Porter, Theodore M.: The Rise of Statistical Thinking, 1820-1900, Princeton 1986
Proctor, Robert N.: Racial Hygiene. Medicine under the Nazis, Cambridge 1988
Professor Baitsch auf Festakt gewürdigt. Schrittmacher für Wissenschaft. Impulse in der Humangenetik und in der Forschung gegeben, in: Neu-Ulmer Zeitung, 9.2.1990
Propping, Peter/Heuer, Bernd: Vergleich des »Archivs für Rassen- und Gesellschaftsbiologie« (1904-1933) und des »Journal of Heredity« (1910-1933). Eine

Untersuchung zu Hans Nachtsheims These von der Schwäche der Genetik in Deutschland, in: Medizinhistorisches Journal 26 (1991), S. 78-83

Provine, William B.: The Origins of Theoretical Population Genetics, Chicago 1992

Pühler, Alfred: Gentechnologie. Keine größeren biologischen Risiken (Interview), in: Medizinische Welt 32 (1981), S. 54-55

Pyta, Wolfram: »Menschenökonomie«. Das Ineinandergreifen von ländlicher Sozialraumgestaltung und rassenbiologischer Bevölkerungspolitik im NS-Staat, in: Historische Zeitschrift 273 (2001), S. 31-94

Quadbeck-Seeger, Hans-Jürgen: Gentechnologie als neue Methode biologischer, medizinischer und chemischer Grundlagenforschung – erste Anwendungen, in: Max-Planck-Gesellschaft (Hg.): Gentechnologische und Verantwortung, S. 27-36

Rafter, Nicole Hahn: White Trash. The Eugenic Family Studies, 1877-1919, Boston 1988

Raphael, Lutz: Ordnungsmuster der »Hochmoderne«? Die Theorie der Moderne und die Geschichte der europäischen Gesellschaften im 20. Jahrhundert, in: Ute Schneider/Lutz Raphael (Hg.): Dimensionen der Moderne. Festschrift für Christoph Dipper, Frankfurt a.M. 2008, S. 73-92

Rat der Europäischen Gemeinschaft: Entscheidung des Rates vom 29. Juni 1990 zur Annahme eines spezifischen Programms für Forschung und technologische Entwicklung auf dem Gebiet des Gesundheitswesens. Analyse des menschlichen Genoms (1990-1991), in: Amtsblatt der Europäischen Gemeinschaften 33 (1990), L 196, S. 8-14

Reardon, Jenny: Race to the Finish. Identity and Governance in an Age of Genomics, Princeton 2005

Reckwitz, Andreas: Subjekt, Bielefeld 2008

—: Praktiken und Diskurse. Eine sozialtheoretische und methodologische Relation, in: Herbert Kalthoff/Stefan Hirschauer/Gesa Lindemann (Hg.): Theoretische Empirie. Zur Relevanz qualitativer Forschung, Frankfurt a.M. 2008, S. 188-209

—: Das hybride Subjekt. Eine Theorie der Subjektkulturen von der bürgerlichen Moderne zur Postmoderne, Weilerswist 2012 [2006]

Reich, Warren T.: The Word »Bioethics«. Its Birth and the Legacies of those Who Shaped it, in: Kennedy Institute of Ethics Journal 4 (1994), S. 319-335

—: The Word »Bioethics« (II). The Struggle Over Its Earliest Meanings, in: Kennedy Institute of Ethics Journal 5 (1995), S. 19-34

Reif, Maria/Baitsch, Helmut: Psychological Issues in Genetic Counselling, in: Human Genetics 70 (1985), S. 193-199

—/Baitsch, Helmut: Genetische Beratung. Hilfestellung für eine selbstverantwortliche Entscheidung?, Heidelberg 1986

Rendtorff, Jacob Dahl: Bioethics in Denmark, in: John F. Peppin/Mark J. Cherry (Hg.): Regional Perspectives in Bioethics, Lisse 2003, S. 209-224

Reyer, Jürgen: Ellen Key und die eugenische »Verbesserung« des Kindes im 20. Jahrhundert – von der autoritären zur liberalen Eugenik?, in: Wolfgang Bergsdorf u.a. (Hg.): Herausforderungen der Bildungsgesellschaft. 15 Vorlesungen, Weimar 2002, S. 59-88

Rheinberger, Hans-Jörg: Von der Zelle zum Gen. Repräsentationen der Molekularbiologie, in: ders./Michael Hagner/Bettina Wahrig-Schmidt: Räume des Wissens. Repräsentation, Codierung, Spur, Berlin 1997, S. 265-279

—: Von der Zelle zum Gen. Repräsentationen der Molekularbiologie, in: ders./Michael Hagner/Bettina Wahrig-Schmidt (Hg.): Räume des Wissens. Repräsentation, Codierung, Spur, Berlin 1997, S. 265-279

—: Experimentalsysteme und epistemische Dinge. Eine Geschichte der Proteinsynthese im Reagenzglas, Frankfurt a.M. 2006 [2001]

—: Experimentalsysteme und epistemische Dinge. Eine Geschichte der Proteinsynthese im Reagenzglas, Frankfurt a.M. 2006

—: Historische Epistemologie. Zur Einführung, Hamburg 2007

—/Müller-Wille, Staffan: Das Gen im Zeitalter der Postgenomik. Eine wissenschaftshistorische Bestandsaufnahme, Frankfurt a.M. 2009

—/Müller-Wille, Staffan: Vererbung. Geschichte und Kultur eines biologischen Konzepts, Frankfurt a.M. 2009

Rickmann, Anahid S.: »Rassenpflege im völkischen Staat«. Vom Verhältnis der Rassenhygiene zur nationalsozialistischen Politik, Bonn 2002

Riedl, Joachim: Labor Auschwitz. Von der Datensammlung über Aussonderung zum Massenmord: der Sündenfall einer politisierten Wissenschaft, in: Die Zeit, 27.9.1985

Riewenherm, Sabine: Experten, Politiker – aber keine Interessengruppen?, in: Gen-ethischer Informationsdienst 134 (1999), S. 8

—: Die Wunschgeneration. Basiswissen zur Fortpflanzungsmedizin, Berlin 2001

Rifkin, Jeremy: Das biotechnische Zeitalter. Die Geschäfte mit der Genetik, München 1998

Riis, Povl: Indledning om mødets emne, in: Indenrigsministeriet (Hg.): Etiske sider, S. 13-28

—: Det Etiske Råds Fødsel, in: Det Etiske Raad (Hg.): Etik i tiden, S. 39-51

Rissom, Renate: Fritz Lenz und die Rassenhygiene, Husum 1983

Rodenhausen, Dieter: Genetische Poliklinik vorläufig geschlossen. Das Geld zur Vorsorge fehlt – also bleiben Millionenausgaben für Behinderte, in: Oberhessische Presse, 3.6.1976

Roll-Hansen, Nils: Geneticists and the Eugenics Movement in Scandinavia, in: Jonathan H. Harwood (Hg.): Genetics, Eugenics and Evolution. A special issue in commemoration of Bernard Norton (1945-1984), Cambridge 1989 (=The British Journal for the History of Science 22), S. 335-346

—: Sources of Wilhelm Johannsen's Genotype Theory, in: Journal of the History of Biology 42 (2009), S. 457-493

Rose, Nikolas: The Politics of Life Itself. Biomedicine, Power, and Subjectivity in the Twenty-First Century, Princeton/Oxford 2007

Roth, Karl Heinz: »Erbbiologische Bestandsaufnahme« – ein Aspekt »ausmerzender« Erfassung vor der Entfesselung des Zweiten Weltkrieges, in: ders. (Hg.): Erfassung zur Vernichtung, S. 57-100

— (Hg.): Erfassung zur Vernichtung. Von der Sozialhygiene zum ›Gesetz über Sterbehilfe‹, Berlin 1984

—: Schöner neuer Mensch. Der Paradigmawechsel der klassischen Genetik und seine Auswirkungen auf die Bevölkerungspolitik des »Dritten Reichs«, in: Heidrun Kaupen-Haas (Hg.): Der Griff nach der Bevölkerung, Nördlingen 1986, S. 11-63.

Roth, Roland/Rucht, Dieter (Hg.): Die sozialen Bewegungen in Deutschland seit 1945, Frankfurt a.M. 2008

Rothman, David J.: Strangers at the Bedside. A History of How Law and Bioethics Transformed Medical Decision Making, New Brunswick/London 1991

Runcis, Maija: Steriliseringar i folkhemmet, Stockholm 1998

Rürup, Miriam: Historikertag 2012. Transnationale Geschichte/Neue Diplomatiegeschichte, in: H-Soz-u-Kult, 12.2.2013, <http://hsozkult.geschichte.hu-berlin.de/forum/id=2022&type=diskussionen>

Sachse, Carola (Hg.): Politics and Science in Wartime. Comparative International Perspectives on the Kaiser Wilhelm Institute, Chicago 2005

Saller, Karl: Die Rassenlehre des Nationalsozialismus in Wissenschaft und Propaganda, Darmstadt 1961

—: Probleme der Eugenik für die ärztliche Praxis, in: Die Heilkunst 77 (1964), S. 135-145

Sandl, Marcus: Geschichtswissenschaft, in: Stephan Günzel (Hg.): Raumwissenschaften, Frankfurt a.M. 2009, S. 159-174

Sarasin, Philipp: Geschichtswissenschaft und Diskursanalyse, Frankfurt a.M. 2003

—: Die Geschichte der Gesundheitsvorsorge. Das Verhältnis von Selbstsorge und staatlicher Intervention im 19. und 20. Jahrhundert, in: Cardiovascular Medicine 14 (2011), S. 41-45

Sass, Hans-Martin: Fritz Jahrs bioethischer Imperativ. 80 Jahre Bioethik in Deutschland von 1927 bis 2007, Bochum 2007

Schade, Heinrich: Erbbiologische Bestandsaufnahme, in: Fortschritte der Erbpathologie, Rassenhygiene und ihrer Grenzgebiete 1 (1937), S. 37-48

Schafft, Gretchen E.: From Racism to Genocide. Anthropology in the Third Reich, Urbana u.a. 2007

Schauz, Désirée/Freitag, Sabine (Hg.): Verbrecher im Visier der Experten. Kriminalpolitik zwischen Wissenschaft und Praxis im 19. und frühen 20. Jahrhundert, Stuttgart 2007

Schenk, Britta-Marie: Behinderung – Genetik – Vorsorge. Sterilisationspraxis und humangenetische Beratung in der Bundesrepublik, in: Zeithistorische

Forschungen, Online-Ausgabe 10 (2013), <www.zeithistorische-forschungen. de/16126041-Schenk-3-2013>
—/Thießen, Malte/Kirsch, Jan-Holger (Hg.): Zeitgeschichte der Vorsorge. Themenheft Zeithistorische Forschungen 10 (ersch. 2013)
Schlaudraff, Udo (Hg.): Genetik und Gesundheit. Tagung vom 31.10.-2.11.1975, ohne Ort [Loccum] 1975
Schloot, Werner (Hg.): Möglichkeiten und Grenzen der Humangenetik, Frankfurt a.M. 1984
Schmidt, Lars-Henrik/Kristensen, Jens Erik: Lys, luft og renlighed. Den moderne socialhygiejnes fødsel, Kopenhagen 1986
Schmidtke, Jörg u.a. (Hg.): Gendiagnostik in Deutschland. Status quo and Problemerkennung, Limburg a.d.L. 2007
Schmidtke, Jörg/Vogel, Walther: Zystische Fibrose. Überlegungen zu einem Überträger-Screening, in: Deutsches Ärzteblatt 87 (1990), S. 1127-1128
Schmuhl, Hans-Walter: Rassenhygiene, Nationalsozialismus, Euthanasie. Von der Verhütung zur Vernichtung »lebensunwerten Lebens«, 1890-1945, Göttingen 1987
— (Hg.): Rassenforschung an Kaiser-Wilhelm-Instituten vor und nach 1933, Göttingen 2003
—: Grenzüberschreitungen. Das Kaiser-Wilhelm-Institut für Anthropologie, menschliche Erblehre und Eugenik 1927-1945, Göttingen 2005
—: The Kaiser Wilhelm Institute for Anthropology, Human Heredity and Eugenics, 1927-1945. Crossing Boundaries, Boston 2008
Scholz, Christine u.a.: Psychosoziale Aspekte der Entscheidung zur Inanspruchnahme pränataler Diagnostik – Ergebnisse einer empirischen Untersuchung, in: Öffentliches Gesundheitswesen 51 (1989), S. 278-284
Schöpfer neuen Lebens, in: Bild der Wissenschaft (1984), 4, S. 78-91
Schreiber, Christine: Natürlich künstliche Befruchtung? Eine Geschichte der In-vitro-Fertilisation von 1878 bis 1950, Göttingen 2007
Schwalm, Georg: Recht, Genetik und Humanität, in: Wendt (Hg.): Genetik und Gesellschaft, S. 78-94
Schwartz, Michael: Sozialistische Eugenik. Eugenische Sozialtechnologie in Debatten und Politik der deutschen Sozialdemokratie 1890-1933, Bonn 1995
—: Konfessionelle Milieus und Weimarer Eugenik, in: Historische Zeitschrift 261 (1995), S. 403-448
—: Abtreibung und Wertewandel im doppelten Deutschland, in: Thomas Raithel/Andreas Rödder/Andreas Wirsching (Hg.): Auf dem Weg in eine neue Moderne? Die Bundesrepublik Deutschland in den siebziger und achtziger Jahren, München 2009, S. 113-128
Schweik, Susan M.: The Ugly Laws. Disability in Public, New York 2009
Schwerin, Alexander von: »Vom Willen im Volk zur Eugenik«. Der Humangenetiker Hans Nachtsheim und die Debatte um eine Sterilisierungsgesetz in

der Bundesrepublik (1950-1963), in: Naturwissenschaft, Technik, Gesellschaft und Philosophie 103/104 (2000), S. 76-85
—: Experimentalisierung des Menschen. Der Genetiker Hans Nachtsheim und die vergleichende Erbpathologie, 1920-1945, Göttingen 2004
—: Der gefährdete Organismus. Biologie und Regulierung der Gefahren am Übergang vom »Atomzeitalter« zur Umweltpolitik (1950-1970), in: Vienne Florence/Christina Brandt (Hg.): Wissensobjekt Mensch. Humanwissenschaftliche Praktiken im 20. Jahrhundert, Berlin 2008, S. 187-214
—: 1961 – Die Contergan-Bombe. Der Arzneimittelskandal und die neue risikoepistemische Ordnung der Massenkonsumgesellschaft, in: Nicholas Eschenbach (Hg.): Arzneimittel des 20. Jahrhunderts. Historische Skizzen von Lebertran bis Contergan, Bielefeld 2009, S. 255-282
—: Humangenetik im Atomzeitalter. Von der Mutationsforschung zum genetischen Bevölkerungsregister, in: Cottebrune/Eckart (Hg.): Das Heidelberger Institut für Humangenetik, S. 82-105
—: Mutagene Umweltstoffe. Günther Röhrborn und eine vermeintlich neue eugenische Bedrohung, in: Cottebrune/Eckart (Hg.): Das Heidelberger Institut für Humangenetik, S. 106-129
Schwidetzky, Ilse: Das Menschenbild der Biologie, Stuttgart 1959
—: Das »Aufbrechen der Isolate« und die Erweiterung am Beispiel Westfalens, in: Hans Freyer/H. Klages/H.G. Rasch (Hg.): Akten des XVII. Internationalen Soziologenkongresses. Bd. IV, Meisenheim 1963, S. 105-110
—/Walter, Hubert: Untersuchungen zur anthropologischen Gliederung Westfalens, Münster 1967
— u.a.: Anthropologische Untersuchungen in Rheinland-Pfalz: Einleitung, in: Homo 26 (1975), S. 1-60
Searle, G.R.: Eugenics and Politics in Britain in the 1930s, in: Annals of Science 36 (1979), S. 159-169
Seidler, Horst/Rett, Andreas: Das Reichssippenamt entscheidet. Rassenbiologie im Nationalsozialismus, Wien/München 1982
Semke, Iris: Künstliche Befruchtung in wissenschafts- und sozialgeschichtlicher Sicht, Frankfurt a.M. 1996
Siegrist, Hannes: Perspektiven der vergleichenden Geschichtswissenschaft. Gesellschaft, Kultur, Raum, in: Harmut Kaelble/Jürgen Schriewer (Hg.): Vergleich und Transfer. Komparatistik in den Sozial-, Geschichts- und Kulturwissenschaften, Frankfurt a.M. 2003, S. 263-297
Sommer, Marianne: History in the Gene. Negotiations between Molecular and Organismal Anthropology, in: Journal of the History of Biology 41 (2008), S. 473-528
Sparing, Frank: Von der Rassenhygiene zur Humangenetik – Heinrich Schade, in: Michael G. Esch (Hg.): Die Medizinische Akademie Düsseldorf im Nationalsozialismus, Essen 1997, S. 341-363

Spektorowski, Alberto: The Eugenic Temptation in Socialism: Sweden, Germany, and the Soviet Union, in: Comparative studies in Society and History 46 (2004), S. 84-106

Sperling, Karl: Pränatale Diagnose von Erbleiden durch Koppelungsanalysen, in: Wiener klinische Wochenschrift 94 (1982), S. 199-204

—: Einleitung, in: Deutsche Forschungsgemeinschaft (Hg.): Abschlußbericht, S. 1-5

Spörri, Myriam: Mischung und Reinheit. Eine Kulturgeschichte der Blutgruppenforschung. 1900-1933, Zürich 2009

Spørgsmål til indlederne og diskussion, in: Indenrigsministeriet (Hg.): Etiske sider, S. 73-87

Stabile, Carol A.: Shooting the Mother. Fetal Photography and the Politics of Disappearance, in: Camera Obscura. A Journal of Feminism and Film Theory 28 (1992), S. 175-205

Steincke, Karl Kristian.: Fremtidens Forsørgelsesvæsen. Oversigt over og kritik af den samlede forsørgelseslovgivning samt betænkning og motiverede forslag til en systematisk nyordning, Kopenhagen 1920

Stengel, Hans: Grundriß der menschlichen Erblehre. Einführung in die Genetik des Menschen, Stuttgart 1980

Stern, Alexandra Minna: Eugenic Nation. Faults and Frontiers of Better Breeding in Modern America, Berkeley u.a. 2005

Stevens, M.L. Tina: Bioethics in America. Origins and Cultural Politics, Baltimore/London 2000

Stöckel, Sigrid/Walter, Ulla (Hg.): Prävention im 20. Jahrhundert. Historische Grundlagen und aktuelle Entwicklungen in Deutschland, Weinheim/München 2002

Storm, Wolfgang: Unwertes Leben? Eine Diskrepanz zwischen Humangenetiker und Kinderarzt?, in: Der Kinderarzt 15 (1984), S. 957

Stoczkowski, Wiktor: UNESCO's Doctrine of Human Diversity. A Secular Soteriology, in: Current Anthropology 52 (2009), S. 7-11

Strasser, Bruno J.: Collecting and Experimenting. The Moral Economies of Biological Research, 1960s-1980s, in: Max-Planck-Institut für Wissenschaftsgeschichte (Hg.): Workshop History and Epistemology of Molecular Biology and Beyond, Berlin 2006, S. 105-132

Sundhedsministeriet (Hg.): Forskning på mennesket, Kopenhagen 1989 (= Betænkning nr. 1185)

Szöllösi-Janze, Margit: Der Wissenschaftler als Experte. Kooperationsverhältnisse von Staat, Militär und Wissenschaft, 1914-1933, in: Doris Kaufmann (Hg.): Die Kaiser-Wilhelm-Gesellschaft im Nationalsozialismus, Göttingen 2000, S. 46-64

—: Wissensgesellschaft in Deutschland. Überlegungen zur Neubestimmung der deutschen Zeitgeschichte über Verwissenschaftlichungsprozesse, in: Geschichte und Gesellschaft 30 (2004), S. 277-313

Sørensen, Sven Asger: Det Etiske Råds betydning fra en genetikers og ateists synspunkt, in: Det Etiske Råd (Hg.): Etik i tiden, S. 129-139

Sørensen, Øystein/Stråth, Bo (Hg.): The Cultural Construction of Norden, Oslo 1997

Tabor, A. u.a.: Screening for Down's syndrome using an iso-risk curve based on maternal age and serum alpha-fetoprotein leven, in: British Journal of Obstetrics and Gynaecology 94 (1987), S. 636-643

Tanner, Jakob: Eugenik und Rassenhygiene in Wissenschaft und Politik seit dem ausgehenden 19. Jahrhundert, in: Michael Zimmermann (Hg.): Zwischen Erziehung und Vernichtung. Zigeunerforschung und -politik im Europa des 20. Jahrhunderts, Stuttgart 2007, S. 109-121

Tascher, Gisela: Staat, Macht und ärztliche Berufsausübung 1920-1956. Gesundheitswesen und Politik: Das Beispiel Saarland, Paderborn 2010

Teknologinævnet (Hg.): Genteknologi i industri og landbrug – Slutdokument, Kopenhagen 1987

— (Hg.): Consensus Conference on the Application of Knowledge gained from Mapping the Human Genome, Kopenhagen 1989

Teknologirådet (Hg.): Ti år med Teknologinævnet. En tiårsberetning om Teknologinævnet 1986-1995, Kopenhagen 1996

The Danish Council of Ethics: The Protection of Human Gametes, Fertilized Eggs and Embryos, Kopenhagen 1989

—: Second Annual Report, 1989, Kopenhagen 1990

Theile, Gert (Hg.): Anthropometrie. Zur Vorgeschichte des Menschen nach Maß, München 2005

Thießen, Malte: Medizingeschichte in der Erweiterung. Perspektiven für eine Sozial- und Kulturgeschichte der Moderne, in: Archiv für Sozialgeschichte 53 (2013), S. 535-599

Thomann, Klaus-Dieter: Die zwei Karrieren des Prof. Verschuer. Wie die Wegbereiter der nationalsozialistischen Bevölkerungspolitik in Frankfurt nach 1945 wieder zu Amt und Würden kamen, in: Frankfurter Rundschau, 20.5.1985

Thomaschke, Dirk: »Eigenverantwortliche Reproduktion« – Individualisierung und Selbstbestimmung in der Humangenetik zwischen den 1950er und 1980er Jahren in der BRD, in: Bernhard Dietz/Christopher Neumaier/Andreas Rödder (Hg.): Gab es den Wertewandel? Neue Forschungen zum gesellschaftlich-kulturellen Wandel seit den seit den 1960er Jahren, München 2014, S. 363-388

—: »A stable and easily traced group of subjects has become more difficult than ever« – Gesellschaftliche Mobilität, biochemische Humangenetik und Raum in den 1950er und 1960er Jahren in Deutschland und Dänemark, in: Thomas Etzemüller (Hg.): »Bevölkerung« und die Ordnung der Gesellschaft in der Nachkriegszeit (ersch. vorauss. 2014)

Thomasma, David C.: Early Bioethics, in: The International Journal of Health Care Ethics Committees 11 (2002), S. 335-343

Thurtle, Philip: The Creation of Genetic Identity. The Implications for the Biological Control of Society, in: Stanford Electronic Humanities Review 5 (1996), <www.stanford.edu/group/SHR/5-supp/text/thurtle.html>
—: The Emergence of Genetic Rationality. Space, Time, and Information in American Biological Science, 1870-1920, Seattle/London 2008
Toft, Jesper: Genteknologi – konsekvenser for miljøet ved anvendelse af gensplejsede mikroorganismer, Kopenhagen 1985
Trautner, Thomas A.: Gentechnologie und Humanbiologie, in: Max-Planck-Gesellschaft (Hg.): Gentechnologische und Verantwortung, S. 37-44
Tümmers, Henning: Anerkennungskämpfe. Die Nachgeschichte der nationalsozialistischen Zwangssterilisationen in der Bundesrepublik, Göttingen 2011
Turda, Marius: Modernism and Eugenics, Basingstoke 2010
—/Weindling, Paul: »Blood and Homeland« – Eugenics and Racial Nationalism in Central and Southeast Europe, 1900-1940, Budapest/New York 2007
Uhlemann, Thomas: Gentests aus dem Internet, in: Gen-ethischer Informationsdienst 15 (1999), S. 3-5
Verschuer, Otmar Freiherr von: Praktische Erbprognose und Indikation für Unfruchtbarmachung, in: Karl Astel (Hg.): Rassekurs in Egendorf. Ein rassenhygienischer Lehrgang des Thüringischen Landesamtes für Rassewesen, München 1935, S. 67-79
—: Genetik des Menschen. Lehrbuch der Humangenetik, München/Berlin 1959
—: Die Mutationsrate des Menschen. Forschungen zu ihrer Bestimmung. II. Mitteilung: Genetik-Register auf regionaler Ebene oder Bundesebene?, in: Zeitschrift menschlicher Vererbungswissenschaft und Konstitutionslehre 35 (1959), S. 163-169
—: Die Mutationsrate beim Menschen. Forschungen zu ihrer Bestimmung. IV. Mitteilung: Die Häufigkeit erbkranker Erbmerkmale im Bezirk Münster, in: Zeitschrift menschlicher Vererbungswissenschaft und Konstitutionslehre 36 (1962), S. 383-412
—: Das ehemalige Kaiser-Wilhelm-Institut für Anthropologie, menschliche Erblehre und Eugenik. Bericht über die wissenschaftliche Forschung 1927-1945, in: Zeitschrift für Morphologie und Anthropologie 55 (1964), S. 127-174
—/Ebbing, Hans Christian: Die Mutationsrate des Menschen. Forschungen zu ihrer Bestimmung. I. Mitteilung, in: Zeitschrift menschlicher Vererbungswissenschaft und Konstitutionslehre 35 (1959), S. 93-99
Versuch der Zensur durch ein Ministerium? »Maulkorberlaß« nur für Mediziner gemildert, in: Gießener allgemeine Zeitung für Mittelhessen, 30.9.1978
Virchow, Rudolf: Gesamtbericht über die von der Deutschen Anthropologischen Gesellschaft veranlassten Erhebungen über die Farbe der Haut, der Haare und der Augen der Schulkinder in Deutschland. Mit zusätzlichen Texten Virchows zur Forschungsgeschichte der Schulkindererhebungen, zur »Rassen«- und anthropologischen »Juden«-Frage, Hildesheim u.a. 2009 [1888]

Vogel, Friedrich: Moderne Anschauungen über Aufbau und Wirkung der Gene, in: Deutsche Medizinische Wochenschrift 40 (1959), S. 1825-1833

—: Über Sinn und Grenzen praktischer Eugenik, in: Ruperto Carola 16 (1964), S. 237-243

—: Ist mit einer Manipulierbarkeit auf dem Gebiet der Humangenetik zu rechnen? – Können und dürfen wir Menschen züchten?, in: Hippokrates 38 (1967), S. 640-650

—: Genetische Beratung, in: Wendt (Hg.): Genetik und Gesellschaft, S. 95-101

—: Der Sonderforschungsbereich (SFB) 35 »Klinische Genetik«, in: Heidelberger Jahrbuecher 16 (1972), S. 23-49

—: Vom Nutzen der genetischen Beratung, in: Universitas, April 1977, S. 365-371

—: Genetische Prävention in Kooperation zwischen einer Genetischen Beratungsstelle und dem öffentlichen Gesundheitsdienst, in: Bundesministerium für Jugend, Familie und Gesundheit (Hg.): Forschung im Geschäftsbereich des Bundesministers für Jugend, Familie und Gesundheit. Jahresbericht 1978/1979, Stuttgart u.a. 1980, S. 134-140

—: Humangenetisches Wissen und ärztliche Anwendung, in: Horst Krautkrämer (Hg.): Ethische Fragen an die modernen Naturwissenschaften. 11 Beiträge einer Sendereihe des Süddeutschen Rundfunks im Herbst 1986, Frankfurt a.M./München 1987, S. 22-30

—: Theorie – Methode – Erkenntnis. Der Fortschritt der humangenetischen Methoden im Laufe von 40 Jahren, dargestellt an der genetischen Analyse des menschlichen Elektronenenzephalogramms (EEG), in: Heidelberger Jahrbücher 39 (1995), S. 41-67

—: Die Entwicklung der Humangenetik in Deutschland nach dem Zweiten Weltkrieg, in: Medizinische Genetik 11 (1999), S. 409-418

—/Propping, Peter: Ist unser Schicksal mitgeboren? Moderne Vererbungsforschung und menschliche Psyche, Berlin 1981

Vossen, Johannes: Gesundheitsämter im Nationalsozialismus. Rassenhygiene und offene Gesundheitsfürsorge in Westfalen, 1900-1950, Essen 2011

Wagenmann, Uta: Massentests und Mißerfolge (Chronologie), in: Gen-ethischer Informationsdienst 134 (1999), S. 9-10

Waldschmidt, Anne: Das Subjekt in der Humangenetik. Expertendiskurse zu Programmatik und Konzeption der genetischen Beratung 1945-1990, Münster 1996

—: Normalistische Landschaften in der genetischen Beratung und Diagnostik, in: Ute Gerhard/Jürgen Link/Ernst Schulte-Holtey (Hg.): Infografiken, Medien, Normalisierung. Zur Kartografie politisch-sozialer Landschaften, Heidelberg 2001, S. 191-203

Ward, R.H. u.a.: Method of Sampling Chorionic Villi in First Trimester of Pregnancy under Guidance of Real Time Ultrasound, in: British Medical Journal 286 (1983), S. 1542-1544

Waters, C. Kenneth: A Pluralist Interpretation of Gene-Centered Biology, in: Stephen E. Kellert/Helen E. Longino/C. Kenneth Waters (Hg.): Scientific Pluralism, Minneapolis 2004, S. 190-214
Watson, James D./Cook-Deegan, Robert Mullan: Origins of the Human Genome Project, in: The FASEB journal 5 (1991), S. 8-11
Weber, Matthias M.: Ernst Rüdin. Eine kritische Biographie, Berlin u.a. 1993
—: Rassenhygienische und genetische Forschungen an der Deutschen Forschungsanstalt für Psychiatrie/Kaiser-Wilhelm-Institut vor und nach 1933, in: Doris Kaufmann (Hg.): Die Geschichte der Kaiser-Wilhelm-Gesellschaft im Nationalsozialismus, Göttingen 2000, S. 95-111
—/Burgmair, Wolfgang: Das Max-Planck-Institut für Psychiatrie/Deutsche Forschungsanstalt für Psychiatrie, in: Peter Gruss/Reinhard Rürup (Hg.): Denkorte. Max-Planck-Gesellschaft und Kaiser-Wilhelm-Gesellschaft 1911-2011, Dresden 2011, S. 166-173
Wecker, Regina: Eugenics in Switzerland before and after 1945 – A Continuum?, in: Argast/Rosenthal (Hg.): Eugenics after 1945, S. 519-539
— u.a. (Hg.): Wie nationalsozialistisch ist die Eugenik? Internationale Debatten zur Geschichte der Eugenik im 20. Jahrhundert, Wien u.a. 2009
— u.a. (Hg.): Eugenik und Sexualität. Die Regulierung reproduktiven Verhaltens in der Schweiz, 1900-1960, Zürich 2013
Weindling, Paul: Health, Race and German Politics between National Unification and Nazism, 1870-1945, Cambridge u.a. 1989
Weingart, Peter: Die Zügellosigkeit der Erkenntnisproduktion – Zur Rolle ethischer und politischer Kontrollen der Wissenschaft in Humangenetik und Reproduktionsbiologie, in: Eva Ruhnau u.a. (Hg.): Ethik und Heuchelei, Bonn 2000, S. 106-117
—/Kroll, Jürgen/Bayertz, Kurt: Rasse, Blut und Gene. Geschichte der Eugenik und Rassenhygiene in Deutschland, Frankfurt a.M. 1988
Weisemann, Karin/Kröner, Hans-Peter/Toellner, Richard (Hg.): Wissenschaft und Politik – Genetik und Humangenetik in der DDR 1949-1989, Münster 1997
Weiss, Sheila Faith: Race Hygiene and National Efficiency. The Eugenics of Wilhelm Schallmayer, Berkeley u.a. 1987
—: Humangenetik und Politik als wechselseitige Ressourcen. Das Kaiser-Wilhelm-Institut für Anthropologie, menschliche Erblehre und Eugenik im »Dritten Reich«, Berlin 2004
—: The Nazi Symbiosis. Human Genetics and Politics in the Third Reich, Chicago u.a. 2010
Welskopp, Thomas: Comparative History, in: European History Online, 12.3.2010, <www.ieg-ego.eu/welskoppt-2010-en>
Wendt, G. Gerhard (Hg.): Genetik und Gesellschaft. Marburger Forum Philippinum, Stuttgart 1970

—: Thesen und Forderungen. Ein zusammenfassendes Schlußwort, in: ders. (Hg.): Genetik und Gesellschaft, S. 155-159
—: Vererbung und Erbkrankheiten. Ihre gesellschaftliche Bedeutung, Frankfurt a.M. 1974
—: Begründung und Problematik der genetischen Beratung, in: Schlaudraff (Hg.): Genetik und Gesundheit, S. 6-25
—: An einer Planstelle scheitert die genetische Beratung, in: Die Welt, 22.6.1976
Werlen, Bruno: Kulturelle Räumlichkeit. Bedingungen, Element und Medium der Praxis, in: Brigitta Hauser-Schäublin/Michael Dickhardt (Hg.): Kulturelle Räume, S. 1-11
Westermann, Stefanie: »Die Gemeinschaft hat ein Interesse daran, dass sie nicht mit Erbkranken verseucht wird« – Der Umgang mit den nationalsozialistischen Zwangssterilisationen und die Diskussion über eugenische (Zwangs-) Maßnahmen in der Bundesrepublik, in: dies./Kühl/Groß (Hg.): Medizin im Dienst der »Erbgesundheit«, S. 169-199
—: Verschwiegenes Leid. Der Umgang mit den NS-Zwangssterilisierten in der Bundesrepublik Deutschland, Köln 2010
—/Kühl, Richard/Groß, Dominik (Hg.): Medizin im Dienst der »Erbgesundheit«. Beiträge zur Geschichte der Eugenik und »Rassenhygiene«, Berlin/Münster 2009
Weß, Ludger: Einleitung, in: ders. (Hg.): Die Träume der Genetik. Gentechnische Utopien von sozialem Fortschritt, Hamburg 1989, S. 7-83
Wieland, Thomas: Neue Technik auf alten Pfaden? Forschungs- und Technologiepolitik in der Bonner Republik. Eine Studie zur Pfadabhängigkeit des technischen Fortschritts, Bielefeld 2009
Wihjelm, Preben: Behov for en tænkepause, in: Niels Carstensen u.a. (Hg.): Børn – ja! Men hvilke?, Kopenhagen 1984, S. 51
Willer, Stefan/Weigel, Sigrid/Jussen, Bernhard (Hg.): Erbe. Übertragungskonzepte zwischen Natur und Kultur, Frankfurt a.M. 2013
Williams, R.J.: Biochemical Genetics and Its Human Implications, in: Kemp/Hauge/Harvald (Hg.): Proceedings of the First International Congress of Human Genetics IV, S. 163-175
Wilson, Philip: Pedigree Charts as Tools to Visualize Inherited Disease in Progressive Era America, in: Max-Planck-Institut für Wissenschaftsgeschichte (Hg.): A Cultural History of Heredity IV, S. 163-189
Wolf, Manfred: Der Rhein als Heirats- und Wandergrenze, in: Homo 7 (1956), S. 2-13
Wolf, Maria A.: Eugenische Vernunft. Eingriffe in die reproduktive Kultur durch die Medizin 1900-2000, Wien/Köln/Weimar 2008
World Health Organization (Hg.): Effect of Radiation on Human Heredity. Report of a Study Group Convened by WHO Together with Papers Presented by Various Members of the Group, Genf 1957

Wuermeling, Hans-Bernhard: Verbrauchende Experimente mit menschlichen Embryonen, in: Münchener Medizinische Wochenschrift 125, 23.12.1983, S. 1189-1191

Zielke, Roland: Sterilisation per Gesetz. Die Gesetzesinitiativen zur Unfruchtbarmachung in den Akten der Bundesministerialverwaltung, 1949-1976, Berlin 2006

Øhrstrøm, Peter: Værdidebatten om menneskelivets beygndelse, in: Det Etiske Råd (Hg.): Etik i tiden, S. 53-70

URLs (Stand 10.06.2014)

Human Genome Organization:
<www.hugo-international.org/abt_history.php>
World Medical Association:
<www.wma.net/en/30publications/10policies/b3/index.html>

Histoire

Stefan Brakensiek, Claudia Claridge (Hg.)
Fiasko – Scheitern in der Frühen Neuzeit
Beiträge zur Kulturgeschichte des Misserfolgs

November 2014, ca. 230 Seiten, kart., zahlr. Abb., ca. 29,99 €,
ISBN 978-3-8376-2782-4

Torben Fischer, Matthias N. Lorenz (Hg.)
Lexikon der »Vergangenheitsbewältigung« in Deutschland
Debatten- und Diskursgeschichte des Nationalsozialismus nach 1945
(3., überarbeitete und erweiterte Auflage)

November 2014, 398 Seiten, kart., 29,80 €,
ISBN 978-3-8376-2366-6

Alexa Geisthövel, Bodo Mrozek (Hg.)
Popgeschichte
Band 1: Konzepte und Methoden

Oktober 2014, ca. 250 Seiten, kart., ca. 29,80 €,
ISBN 978-3-8376-2528-8

Leseproben, weitere Informationen und Bestellmöglichkeiten
finden Sie unter www.transcript-verlag.de

Histoire

Sophie Gerber
Küche, Kühlschrank, Kilowatt
Zur Geschichte des privaten Energiekonsums
in Deutschland, 1945-1990

Dezember 2014, ca. 340 Seiten, kart., zahlr. Abb., ca. 34,99 €,
ISBN 978-3-8376-2867-8

Sebastian Klinge
1989 und wir
Geschichtspolitik und Erinnerungskultur
nach 20 Jahren Mauerfall

November 2014, ca. 430 Seiten, kart.,
z.T. farb. Abb., ca. 38,99 €,
ISBN 978-3-8376-2741-1

Detlev Mares, Dieter Schott (Hg.)
Das Jahr 1913
Aufbrüche und Krisenwahrnehmungen
am Vorabend des Ersten Weltkriegs

September 2014, ca. 240 Seiten, kart., zahlr. Abb., ca. 25,99 €,
ISBN 978-3-8376-2787-9

**Leseproben, weitere Informationen und Bestellmöglichkeiten
finden Sie unter www.transcript-verlag.de**

Histoire

Katharina Gerund, Heike Paul (Hg.)
**Die amerikanische
Reeducation-Politik nach 1945**
Interdisziplinäre Perspektiven
auf »America's Germany«
Oktober 2014, ca. 350 Seiten,
kart., zahlr. Abb., ca. 32,99 €,
ISBN 978-3-8376-2632-2

Ulrike Kammer
Entdeckung des Urbanen
Die Sozialforschungsstelle Dortmund
und die soziologische Stadtforschung
in Deutschland, 1930 bis 1960
November 2014, ca. 420 Seiten,
kart., ca. 39,99 €,
ISBN 978-3-8376-2676-6

Sibylle Klemm
Eine Amerikanerin in Ostberlin
Edith Anderson und
der andere deutsch-amerikanische
Kulturaustausch
Dezember 2014, ca. 440 Seiten,
kart., zahlr. Abb., ca. 39,99 €,
ISBN 978-3-8376-2677-3

Felix Krämer
Moral Leaders
Medien, Gender und Glaube
in den USA der 1970er und 1980er Jahre
September 2014, ca. 430 Seiten,
kart., ca. 35,99 €,
ISBN 978-3-8376-2645-2

Nora Kreuzenbeck
Hoffnung auf Freiheit
Über die Migration von African
Americans nach Haiti, 1850-1865
Februar 2014, 322 Seiten,
kart., 32,99 €,
ISBN 978-3-8376-2435-9

Wolfgang Kruse (Hg.)
Andere Modernen
Beiträge zu einer Historisierung
des Moderne-Begriffs
Januar 2015, ca. 350 Seiten, kart.,
zahlr. z.T. farb. Abb., ca. 38,99 €,
ISBN 978-3-8376-2626-1

Livia Loosen
**Deutsche Frauen in den
Südsee-Kolonien des Kaiserreichs**
Alltag und Beziehungen zur
indigenen Bevölkerung, 1884-1919
Oktober 2014, ca. 650 Seiten,
kart., zahlr. Abb., ca. 48,99 €,
ISBN 978-3-8376-2836-4

*Bodo Mrozek, Alexa Geisthövel,
Jürgen Danyel (Hg.)*
Popgeschichte
Band 2: Zeithistorische Fallstudien
1958-1988
Oktober 2014, ca. 350 Seiten,
kart., zahlr. Abb., ca. 32,99 €,
ISBN 978-3-8376-2529-5

*Claudia Müller, Patrick Ostermann,
Karl-Siegbert Rehberg (Hg.)*
**Die Shoah in Geschichte
und Erinnerung**
Perspektiven medialer Vermittlung
in Italien und Deutschland
Dezember 2014, ca. 280 Seiten,
kart., zahlr. Abb., ca. 32,99 €,
ISBN 978-3-8376-2794-7

Peter Stachel, Martina Thomsen (Hg.)
Zwischen Exotik und Vertrautem
Zum Tourismus in der
Habsburgermonarchie und
ihren Nachfolgestaaten
Dezember 2014, ca. 280 Seiten,
kart., ca. 38,99 €,
ISBN 978-3-8376-2097-9

Leseproben, weitere Informationen und Bestellmöglichkeiten
finden Sie unter www.transcript-verlag.de